U0281748

青藏高原野花大图鉴

WILD FLOWERS OF QINGHAI-XIZANG PLATEAU

牛洋 王辰 彭建生 编著

重庆大学出版社

内容提要

青藏高原及其周边地区拥有丰富而独特的植物种类，在一百多年前就已经成为世界植物学者和植物爱好者的圣地。这里拥有大量著名的观赏植物和壮美的自然景观。书中精选了来自该地区的1 376个有花植物种类，通过近2 600张精美图片向读者展示该地区常见或特有的植物物种，涵盖了从干旱河谷到高山冰缘等多种不同生境，并简要介绍其生物学特征和在该地区的分布信息。

本书可作为了解青藏高原野花的识别图鉴，也可作为植物学、林学工作者的工具书，同时还可供自然爱好者作为参考用书。

图书在版编目（CIP）数据

青藏高原野花大图鉴 / 牛洋，王辰，彭建生编著.
-- 重庆：重庆大学出版社，2018.10（2024.2重印）

（好奇心书系·图鉴系列）

ISBN 978-7-5689-0353-0

Ⅰ.①青… Ⅱ.①牛… ②王… ③彭… Ⅲ.①青藏高原-野生植物-花卉-图解 Ⅳ.①Q949.4-64

中国版本图书馆CIP数据核字（2017）第173911号

青藏高原野花大图鉴
QINGZANG GAOYUAN YEHUA
DA TUJIAN
牛 洋 王 辰 彭建生 编著
责任编辑：梁 涛　　版式设计：黄菡蓉
责任校对：张红梅　　责任印制：赵 晟
*
重庆大学出版社出版发行
出版人：陈晓阳
社址：重庆市沙坪坝区大学城西路21号
邮编：401331
电话：(023)88617190　88617185（中小学）
传真：(023)88617186　88617166
网址：http://www.cqup.com.cn
邮箱：fxk@cqup.com.cn（营销中心）
全国新华书店经销
重庆巨鑫印务有限公司印刷
*
开本：889 mm × 1194 mm　1/16　印张：42.75　字数：2462千
2018年10月第1版　2024年2月第2次印刷
印数：4 001—6 000
ISBN 978-7-5689-0353-0　定价：498.00元

推荐序

被称作“世界屋脊”的青藏高原拥有广阔的地域和多样的环境，孕育了丰富的生物种类。20世纪七八十年代，中国科学院综合考察委员会组织了大规模的综合考察，以探索这片土地的奥秘。后来，吴征镒院士主持的国家自然科学基金重大项目——中国植物区系地理的研究，又一次组织对青藏高原进行了植物区系的调查和采集，我本人曾参加了其中的西喜马拉雅地区（冈底斯山和普兰地区）的考察采集工作，而后又组织了对东喜马拉雅地区特别是墨脱地区历时9个月的越冬考察。进入21世纪后，我们建立了高山植物多样性研究组，致力于探索该区植物的起源与演化，研究它们在这里汇集、生存和繁衍的来龙去脉，同时也组织了若干次对西藏和横断山区的大型考察。这些考察的结果被整理成一系列论著，如《雅鲁藏布江大峡弯河谷地区种子植物》以及《横断山高山冰缘带种子植物》等。然而，这些专业著作主要看重内容的科学性，对公众而言显得晦涩，难免令普通读者望而生畏。一方面，公众很难通过这些专业文献直观地感受青藏高原的植物之美；另一方面，对于那些非分类学专业的科研人员而言，通过志书来认识和分辨植物的身份同样是相当耗费精力的事情。

近年来，随着交通便利性和人民生活水平的提高，越来越多的学者、自然爱好者和普通公众来到青藏高原欣赏自然万物。大家最容易接触到的野生生物就是“野花”，也很愿意了解这些“野花”的名称。有一本浅显易懂、方便快捷地认识当地野花的工具书显得尤为重要。我本人也曾有意组织编纂一本这样的图书，如今见到《青藏高原野花大图鉴》甚感欣慰。该书收录有花植物1 376个分类单元，物种鉴定准确，信息丰富，能够反映青藏高原有花植物的概貌。可贵的是，许多物种配以多张图片，力求反映各种观察视角和物种的自然变异，还有不少物种的图片是首次公开出版。在传播科学的同时，这些图片似乎还表达了作者对自然的敬畏之情。

本书的三位作者既有工作在科研一线的植物学研究者，也有具备植物学背景的卓越科学传播者，还有与公众亲密接触的资深生态旅游倡导者。他们凭着对自然的共同热爱聚到一起，通过精美的图片将植物科学与艺术完美结合，呈现出一幅精彩的自然画卷。

本书完稿之际，恰逢我国第二次青藏高原综合考察启动，希望这本精美的图鉴能激发各行业人士探索自然的热情。

孙 航

2017年9月

膜拜高原野花是一种信仰（代自序）

1. 缘起

“上流石滩有瘾！”

当我们再度登上位于云南省德钦县白马雪山海拔约4 500 m的高度，周遭的生境就是典型的“流石滩”——这是“高山无植被地段与连续植物被覆地段之间过渡地带的一种特殊植被类型”，是临近雪线的高山植被带上部地区，因遍地散乱着大片碎石而得名。看似荒芜，但那些碎石的缝隙之间，却生长着独特的高原植物，它们绽放着或奇异或艳丽的花朵。只要你曾亲眼见过这里的野花，便会从此义无反顾地为之痴迷。纵然要在高原缺氧的环境中艰苦跋涉和攀登，纵然时常面对暴雨狂风等恶劣天气的袭击，但为了与流石滩上的野花相见，你也会涌出一种温柔而坚定的勇气与执著。仿佛那里沉睡着你深深眷恋着的爱人，等待着你去将她唤醒。

这就是高原野花独特的魅力。流石滩可谓青藏高原最具代表性的生境之一，这里姑且以偏代全，窥豹一斑。许多热爱高原野花的朋友，积攒了假期，专程去高原与这些野花约会，他们甘愿拜倒在野花的脚下，仰视花朵的绚烂光彩，仿佛一种膜拜，仿佛一种信仰。

然而当我们一次次登上高原，寻找那些花朵，为她们拍照，却又随之生出一种困扰：要确定这些野花的种类，委实有些困难。当然有专业书籍和资料可以查阅，也可以去科研院所或大专院校的植物标本馆核对标本，但一来工作量较大，二来对于更多非专业出身的爱好者，几乎不可能去完成如此烦琐的操作。能够拥有一本关于高原野花的彩色图鉴，可以查阅出大多数野花的种类，或至少可以查找到与之相似或相关的同类群——这曾是我们一度的期盼和津津乐道的话题，这也成为了编写本书最初也是最原始的缘由。

除了专业的书籍、论文及植物志类工具书，我们最常参考的彩色图册有以下几本：方震东老师的《中国云南横断山野生花卉》；徐凤翔、郑维列老师的《西藏野生花卉》；吉田外司夫先生的*Himalayan Plants Illustrated*（《喜马拉雅植物大图鉴》）；Christopher Grey-Wilson & Phillip Cribb编著的*Guide to the Flowers of Western China*（《中国西部野花图鉴》）。其中尤以*Himalayan Plants Illustrated*最为实用：收录物种较多，鉴定准确，图片清晰。可惜该书仅侧重喜马拉雅地区的植物种类，没有中文版，购买起来也需通过海外渠道，且价格较高。正因如此，本书的几位作者在多次共同外出拍摄野花的途中，相约将各自积累的图片资源整合在一起，编写一本属于我们自己的高原野花图鉴。五年之后，本书终于得以问世。

2. 关于“青藏高原野花”界定的讨论

对青藏高原范围的划定，学术界的讨论和争议也颇多，本书参照了张镱锂等学者于2002年提出的观点：西起帕米尔高原，东至横断山脉，南自喜马拉雅山脉南缘，北迄昆仑山-祁连山北侧。需要注意的是，“高原”与“物种丰富”之间本没有必然联系。例如，青藏高原腹地（高原面）的植物种类就不如边缘地区丰富（高山峡谷）。但正是因为高原的存在，才有了多样的地貌和气候，孕育了多样的植物种类。本书收录的野花种类，以行政区划分，绝大部分生长于西藏自治区、青海省、云南省西北部、四川省西部、甘肃省南部，生长的海拔高度不低于1 000 m；少数见于全国其他地区乃至全球的广布种，极个别在青藏高原常见的外来物种也被包含在内。

因本书着重介绍高原野花而非高原植物，故而收录的全部植物种类均为被子植物，分布于青藏高原的苔藓、蕨类植物和裸子植物等并未涉及。

3. 物种及图片选取规则

本书选取并收录了高原野花共计1 376个分类单元（含种、变种、亚种、变型）。除了满足上述关于“青藏高原野花”的界定之外，全部物种均由本书作者亲见，或由本书的其他图片提供者所亲见并提供目击、拍摄的具体时间和地点信息。

本书所选取的图片，也是以“拍摄记录或目击记录”为基础的。绝大多数物种的图片，均为在高原地区拍摄；极少数物种确实目击并观察到，但未拍摄图片或照片质量不佳，则选取了非高原地区拍摄的同一物种的图片，作为替代和补充。

4. 书写规则

本书主要参考哈钦松分类系统对植物进行分科和排序，我们也鼓励有兴趣的读者参考近年来基于分子系统发育研究建立的APG分类系统。不同植物分类系统的差异主要体现在较高分类介元上，这不会影响对具体属种的识别。具体收录的植物名称（拉丁学名）大多数遵循*Flora of China*（《中国植物志》英文版，FOC）的处理意见，对于部分在FOC出版后才被认识和发表的种类，我们参考了近些年发表物种名称的原始文献，极少数种类的处理依据地方植物志等资料。部分种类除目前采用的拉丁学名外，也标注了拉丁文异名。这些异名通常出现于《中国植物志》中文版等文献中，现在已有新的处理意见，为便于读者查阅并避免混淆，我们仍将这些异名列出，置于拉丁学名之下并用括号圈出。需要注意的是，生物学家对物种的界定是不断发展变化的，每年都有物种被重新安排归属，或有新的物种被发表，不同分类学家之间有时也难以对某些物种的界定达成一致。由于水平、精力有限，本书无法也不太可能涵盖所有新的分类处理意见，我们鼓励读者利用更多资源追踪新的研究进展。

本书在进行属下等级排序时通常按字母顺序进行，但个别在本区非常重要且物种丰富的大属（如杜鹃花属、报春花属、龙胆属等）在排序时考虑了物种的亲缘关系，以方便读者更好地区分。

物种的正式中文名主要参考了《中国植物志》中文版。其中部分植物种类也给出了中文别名，大部分源于地方植物志或地方相关文献。此外，也有少数别名，是作者在考察、拍摄时自民间得来的。

植物的形态描述参考了相关植物志的内容，并尽量选取了该物种直观可见、易识别的特征。关于每一个种类的花期和果期，本书的描述仅仅指该植物最集中开花、结果的时间，除了记载的花期、果期之外，有些物种也可见花果。

本书所记述的植物分布地区，仅将该物种生于青藏高原及其周边地区时的情况进行了描述。有些物种不但可生于高原，也可见于其他地区。青藏高原以外的具体分布情况，本书未作介绍，感兴趣的读者可查阅其他资料获知。植物的生境和生长的海拔高度，与上述分布地区的情况相似，仅记录该物种在青藏高原及其周边地区分布时所在的生境和海拔高度。

5. 不足之处

高原野花种类繁多，本书作者因能力和经历所限，难以将更多的种类收入，其中难免遗漏一些较典型的物种，读者在阅读和使用时，也可能出现按图索骥无果的状况。虽然作者力图为每一种野花尽量选取不同角度、景别的更多图片，但部分种类仍仅有一幅图片，其中极少数种类，仅有一幅花或花序的特写照，难以将该野花的特征更为全面地展现。考虑到读者的生物学基础有所差异，作者在整理文字描述时，将部分较生僻的专业词汇略去，有可能造成描述的科学性不够严谨，但同时有一些名词却无法省略，又无足够的篇幅进行解释，故而也难免在阅读时感觉艰涩。——对于上述种种，以及未能尽言的其他不便之处，作者在此表示诚挚的歉意，望读者海涵。

自然界中的同种植物，常因自身获得资源状况的差异，而具有较大的个体变异，任何有限的图片都远不能展示所有的变异类型，希望读者在遇到鉴定困难的时候考虑到这一点，并查阅更多资料解决问题。

此外，由于水平所限，本书在物种鉴定、文字表述等方面，还存在诸多疏漏和不足，欢迎广大读者及专业人士批评指正。

编著者　牛　洋　王　辰

2018年8月

目　录

青藏高原的主要植被类型和野花分布

1. 青藏高原植物概述

青藏高原是世界上最大、最高的高原，常被称为世界的“第三极”。它的主体部分位于我国青海省和西藏自治区，并由此而得名，但不同学者对其具体范围的界定稍有差异。本书采用张镱锂等地理学家的观点，该观点认为，青藏高原南起喜马拉雅山脉南缘，北至昆仑山、阿尔金山和祁连山北缘，与塔里木盆地及河西走廊相连，西起帕米尔高原，东至玉龙雪山、大雪山、夹金山、邛崃山及岷山，东北与秦岭山脉西段和黄土高原衔接。这片高原平均海拔4 000 m以上，包含多样的地形地貌，一些极高山和峡谷可形成4 000～6 000 m的高差。

若仅是高，还不足以造就丰富的多样性——植物的多样性与生境类型的多样性密切相关。高原不仅拥有极高的海拔，还造就了高原腹地及边缘一系列迥然不同的生境类型。一方面，气候在水平方向的变化，造成了植物物种组成在经纬方向的差异；另一方面，气候沿海拔的变化，引起的植被类型垂直分布在这一地区尤为显著。“一山有四季，十里不同天”的感受在青藏高原及其邻近地区司空见惯。

以青藏高原东南缘的白马雪山为例，海拔约2 000 m的奔子栏镇，位于干旱的金沙江河谷，酷热难耐；向北几十千米外海拔4 300 m的白马雪山垭口附近气候寒凉，六月飞雪。植物物种与它们的生存环境密不可分，如独尾草（*Eremurus chinensis*）和栌菊木（*Nouelia insignis*）适应干旱炎热的环境，仅分布在低海拔河谷中；冷杉（*Abies* spp.）和杜鹃（*Rhododendron* spp.）喜欢温凉的环境，分布在较高海拔的山地；而塔黄（*Rheum nobile*）和绵参（*Eriophyton wallichii*）等植物则非得到极高海拔的流石滩环境才能觅得。正是因为有了多样的生境类型，丰富的物种才得以在此演化。

与世界其他地区相似，青藏高原的植被在水平和垂直方向上都表现出一定的分布格局。由于高海拔和极大的高差是该区域地形的显著特点，且更容易被自然爱好者感受，在此我们仅按垂直分布格局，简要地介绍典型的植被类型及与之相关的野花。

2. 落叶阔叶林

青藏高原及其邻近地区的落叶阔叶林主要由桦木科（Betulaceae）、槭树科（Aceraceae）、杨柳科（Salicaceae）以及蔷薇科（Rosaceae，如花楸属*Sorbus*）植物组成，分布海拔2 300～2 900 m，但并不独立形成显著的植被带，它们的点缀造就了高原最美的秋色。这类森林中有较丰富的野花，如草莓属（*Fragaria*）、点地梅属（*Androsace*）、

西藏朗县的桦木林

滇西北的豹子花属植物

西藏山南地区的多庆错

舞鹤草属（*Maianthemum*）、蔷薇属（*Rosa*）、小檗属（*Berberis*），以及不少兰科（Orchidaceae）植物。在草甸与森林衔接的林缘地带，还生长着桃儿七（*Sinopodophyllum hexandrum*）、滇牡丹（*Paeonia delavayi*）等青藏高原的特有野花。

3. 硬叶常绿阔叶林

青藏高原及邻近地区的硬叶常绿阔叶林，是一类比较特殊的森林，主要由壳斗科几种栎属植物（*Quercus* spp.）组成，主要分布于藏东南、滇西北和川西，海拔2 600～3 900 m。这种植被多分布在山地阳坡或石灰岩基质上，与地中海附近的植被类型非常相似。川滇高山栎（*Quercus aquifolioides*）及黄背栎（*Q. pannosa*）是此类森林中的常见物种，也常伴生有山杨（*Populus davidiana*）、华山松（*Pinus armandii*）等乔木，以及多种杜鹃属灌木（*Rhododendron* spp.）。根据水热条件的不同，这类植被有时矮小开放，有时则高大郁闭。较为高大的高山栎林常常与松萝为伴，幽暗静谧，地面铺满厚实的落叶。虽然其林下草本层植物相对匮乏，但可见到若干奇异的腐生植物（如松下兰*Monotropa hypopitys*、水晶兰*Monotropa uniflora*），雨季则会成为大型真菌的天堂。

以栎属植物为建群种的硬叶常绿阔叶林

森林外貌

4. 寒温性针叶林

亚高山地区的寒温性针叶林，代表了青藏高原地区典型的森林类型。此类森林分布在3 200～4 500 m的高度，也是所有森林植被类型的海拔上线，由它们形成了“上树线”。各种云杉（*Picea* spp.）、冷杉是此类森林中的主要树种，它们高大笔挺，郁闭度高。其中冷杉林分布的海拔通常较云杉更高，且环境更为湿凉。因为这一海拔段降水相对丰沛，时常云雾缭绕，森林底层常常遍布厚实的苔藓，树冠则挂满松萝等地衣，造就了独特而神秘的森林景观。寒温性针叶林中还孕育着不少伴生植物，常见有多种杜鹃属植物，如山育杜鹃（*Rhododendron oreotrephes*）、宽钟杜鹃（*Rh. beesianum*），以及西南花楸（*Sorbus rehderiana*）等花楸属植物。以滇西北的白马雪山

西藏林芝地区的寒温性针叶林

为例，该地著名的杜鹃林实际上就是与亚高山针叶林相互交织的。此类森林下还生长着多种报春花（*Primula* spp.）、驴蹄草（*Caltha* spp.）、梅花草（*Parnassia* spp.）等草本野花。

寒温性针叶林中的杜鹃属植物

5. 高山灌丛

通常，树线以上的自然带才被称作“高山”，因此高山灌丛算得上高山自然带的起点。青藏高原地区的树线通常在4 000～4 200 m（藏东南地区可达4 500 m），于是高山灌丛的海拔段大致在4 200～4 400 m。与森林相比，这里是一片开阔景观。灌丛的高度因海拔、坡向及降水的差异而变化。鲜卑花属（*Sibiraea*）、锦鸡儿属（*Caragana*）和小檗属植物形成的灌丛，与人相比高可及腰，而一些杜鹃灌丛则只没及脚踝。春夏之交是高山杜鹃灌丛最美的时节，由于组成灌丛的杜鹃种类繁多，花色各不相同，形成热闹的花季景观。在这些灌丛中还隐藏着许多美丽而独特的草本野花，如绿绒蒿（*Meconopsis* spp.）、贝母（*Fritillaria* spp.）、党参（*Codonopsis* spp.）等。

云南白马雪山以杜鹃为主的高山灌丛

高山灌丛中的岩须属植物

6. 高山草甸

海拔继续升高，或随着水热条件的愈发苛刻，灌丛也难以生长，高山草甸在这里发展起来。草甸上生长着多种报春花、马先蒿（*Pedicularis* spp.）、虎耳草（*Saxifraga* spp.）、龙胆（*Gentiana* spp.）、无心菜（*Arenaria* spp.）、蓼（*Polygonum* spp.）、蓝钟花（*Cyananthus* spp.）、紫堇（*Corydalis* spp.），亦包括多种绿绒蒿等具有很强观赏价值的野花。开花植物的种类随季节更迭而变化，高山草甸也随之呈现出不同的色彩和样貌。值得指出的是，高山草甸的景观和植物组成与水热条件关系密切，以青藏高原南部为例，随着降水从东向西逐渐减少，植物的丰富程度也表现出逐渐降低的趋势。但这些地区仍不乏本地区的特有类群，如马尿泡（*Przewalskia tangutica*）、羽叶点地梅（*Pomatosace filicula*）等。

西藏波密嘎隆拉山的高山草甸和灌丛

高山草甸的报春花属植物

7. 流石滩

流石滩濒临雪线，是极高山独有的自然带，也是海拔最高的生命带，目前人类记录到的分布最高的高等植物即存在于此——鼠麴雪兔子（*Saussurea gnaphalodes*）的分布海拔超过6 300m。所谓流石滩，就是高山岩石被不断冻融、风化剥离形成的大面积岩石碎屑坡。荒芜是这里给人的第一印象，然而石缝中却孕育着独特的植物种类，如多种绿绒蒿、紫堇、风毛菊（*Saussurea* spp.）、垂头菊（*Cremanthodium* spp.）、虎耳草、蝇子草（*Silene* spp.）等。为应对湿冷的险恶环境，这里的很多植物都具有独特的外形，如绵参和雪兔子（Subgen. *Eriocoryne*）身披绒毛，雪莲（Subgen. *Amphilaena*）和塔黄被温室般的苞片所包裹。另外，来自石竹科（Caryophyllaceae）、蔷薇科、紫草科（Boraginaceae）的多种植物形似团垫，被称作垫状植物，它们也是流石滩独具特色的野花。

流石滩上的绿绒蒿属植物

云南德钦的高山流石滩

8. 亚高山草甸

亚高山草甸属隐域性植被，青藏高原及其邻近地区的亚高山草甸，常形成于森林被砍伐的区域。由于紧邻森林，又具有相对较好的水热条件，故这里的植物种类异常丰富。以川西地区为例，这里的亚高山草甸生长着多种马先蒿、银莲花（*Anemone* spp.）、龙胆、沙参（*Adenophora* spp.）和兰科植物。

四川稻城的亚高山草甸被银莲花属和毛茛属植物装点

9. 干旱河谷

青藏高原是怒江、澜沧江、金沙江等重要河流的发源地。深切的河谷造就了独特的水热条件，也孕育了适应当地特殊气候的植物种类。河谷往往是高原范围内海拔最低的地方，受焚风效应影响，这里的干热气候与高山的湿凉气候形成强烈反差，于是一些耐旱耐热的植物种类在此生息繁衍。稀疏丛生的蓝雪花属植物（*Ceratostigma* spp.）形成了典型的河谷植被景观，贯叶马兜铃（*Aristolochia delavayi*）是马兜铃属植物中少有的分布于干旱河谷的种类，而栌菊木也是典型的河谷类群。该生境中其他的特色植物类群还有独尾草、两头毛（*Incarvillea arguta*）、山紫茉莉（*Oxybaphus himalaicus*）、多枝滇紫草（*Onosma multiramosum*）、滇榄仁（*Terminalia franchetii*）等。

云南德钦金沙江干旱河谷

干旱河谷中的蓝雪花属植物

10. 湿地

湿地亦属隐域性植被，在青藏高原大部分地区都有分布，无论是降水较为丰沛处的湿草甸、高原湖泊、沼泽及池塘，还是较干旱处的河流、湖泊边缘，都可形成典型的湿地景观。因所处的地理位置及气候条件不同，构成湿地植被的植物种类也不尽相同，通常莎草科苔草属（*Carex*）、嵩草属（*Kobresia*）、荸荠属（*Heleocharis*）植物，以及多种灯芯草（*Juncus* spp.），都是构成湿地景观的重要种类。河湖边缘浅水处或沟渠中，亦可见杉叶藻（*Hippuris vulgaris*）、穗状狐尾藻（*Myriophyllum spicatum*）、水毛茛属（*Batrachium*）、眼子菜属（*Potamogeton*）等典型水生植物。潮湿草地或草甸上，管状长花马先蒿（*Pedicularis longiflora* var. *tubiformis*）、花莛驴蹄草（*Caltha scaposa*）、钟花报春（*Primula sikkimensis*）等植物开花时可形成色彩艳丽的景观。部分喜湿的银莲花、报春花、马先蒿、鸢尾（*Iris* spp.）等也是湿地极具特色的野花，常可形成"花海"。一些高原湖泊中的水生植物，如海菜花（*Ottelia acuminata*）、荇菜（*Nymphoides peltata*）等大量生长，也可构成独特景观。

湿地上的报春花属植物

西藏巴松措附近的湿地景观

11. 伴人环境

在城市或村镇边缘、公路两侧，以及经人开垦、修筑、放牧后的地区，可以笼统视作伴人环境。这里的植物受到人类活动影响较大，倘若该影响或干扰停止，经足够长时间的演替，或可恢复为自然植被。伴人环境中常见耐受性强的草本植物或速生物种，如微孔草（*Microula sikkimensis*）可在村头形成大面积群落，开花时构成独特的蓝色花海，狼毒（*Stellera chamaejasme*）、大狼毒（*Euphorbia jolkinii*）等常见于过度放牧或人为影响较严重的草地。在村镇乃至城市中，也可见全国范围内的广布物种，如荠（*Capsella bursa-pastoris*）、酢浆草（*Oxalis corniculata*）等。此外，由于人们喜爱栽种花卉，在村镇旁或道路边常见秋英（*Cosmos bipinnatus*）大面积逸生。

牧场上的大狼毒

云南香格里拉的牧场

青藏高原野花各论

木兰科 长喙木兰属

1 山玉兰

Lirianthe delavayi

(syn. *Magnolia delavayi*)

外观：常绿乔木，高达12 m。**根茎：**树皮灰色或灰黑色，粗糙而开裂；嫩枝榄绿色，被淡黄褐色平伏柔毛，老枝粗壮，具圆点状皮孔。**叶：**厚革质，卵形，卵状长圆形，长10~32 cm，宽5~20 cm，先端圆钝，基部宽圆，有时微心形，边缘波状，叶背密被交织长绒毛及白粉；托叶痕几达叶柄全长。**花：**花梗直立，花芳香，杯状，直径15~20 cm；花被片9~10枚，外轮3片淡绿色，内两轮乳白色，倒卵状匙形；雄蕊约200枚，长1.8~2.5 cm，两药室隔开，药隔伸出成三角锐尖头；雌蕊群卵圆形，顶端尖，长3~4 cm，具约100枚雌蕊，被细黄色柔毛。**果实：**聚合果卵状长圆体形，蓇葖狭椭圆体形，背缝线两瓣全裂，被细黄色柔毛，顶端喙外弯。

花期 / 4—6月　果期 / 8—10月　生境 / 石灰岩山地阔叶林　分布 / 云南中西部、四川西南部　海拔 / 1 500~2 800 m

1

2

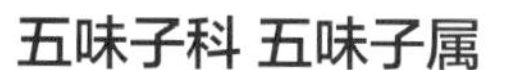

五味子科 五味子属

2 红花五味子

Schisandra rubriflora

别名：过山龙、红血藤、香血藤

外观：落叶木质藤本，全株无毛。**根茎：**小枝紫褐色，后变黑，具节间密的距状短枝。**叶：**纸质，倒卵形至倒披针形，先端渐尖，基部渐狭楔形，边缘具胼胝质齿尖的锯齿，中脉及侧脉在叶下面带淡红色。**花：**红色，雄花花被片5~8枚，外花被片有缘毛，大小近相似，椭圆形或倒卵形；雄蕊群椭圆状倒卵圆形或近球形；雄蕊40~60枚，花药外向开裂，药隔与药室近等长，有腺点；雌花花梗及花被片与雄花的相似，雌蕊群长圆状椭圆体形，心皮60~100枚，倒卵圆形，柱头具明显鸡冠状凸起，基部下延成附属体。**果实：**聚合果轴粗壮；小浆果红色，椭圆体形或近球形，有短柄。

花期 / 5—6月　果期 / 7—10月　生境 / 河谷、山坡林中　分布 / 西藏东南部、云南西部及西南部、四川、甘肃南部　海拔 / 2 000~3 600 m

毛茛科 乌头属

3 褐紫乌头

Aconitum brunneum

外观：多年生草本。**根茎：**块根椭圆球形或近圆柱形；茎无毛或几无毛，在近花序处被反曲的短柔毛。**叶：**叶片肾形或五角形，3深裂至本身长度的4/5~6/7处，中央深裂片倒卵

3

形、倒梯形或菱形；3浅裂，两面无毛；下部叶柄具鞘，中部以上的叶柄渐变短，几乎无鞘。**花：**总状花序；轴和花梗多少密被反曲的短柔毛；最下部的苞片3裂，其他的苞片线形；萼片褐紫色或灰紫色，外面疏被短柔毛，上萼片船形，向上斜展，下缘稍凹，与斜的外缘形成喙；花瓣疏被短柔毛或几无毛，瓣片顶端圆，无距；雄蕊无毛，花丝全缘；心皮3枚，疏被短柔毛或无毛。**果实：**蓇葖果，无毛。

花期 / 8—9月　果期 / 9—10月　生境 / 山坡阳处或冷杉中　分布 / 四川西北部、青海东南部、甘肃西南部　海拔 / 3 000~4 250 m

4 粗花乌头

Aconitum crassiflorum

别名：粗花牛扁

外观：多年生草本，高40~100 cm。**根茎：**茎中部以下疏被淡黄色短糙毛，在花序之下有1条分枝。**叶：**基生叶2~3枚，茎生叶2~3枚，稀至5枚；叶片圆肾形或肾形，3深裂稍超过中部，两面疏被短糙伏毛；叶柄长15~30 cm。**花：**总状花序；轴和花梗密被短毛；基部苞片3深裂，其他苞片较小，不分裂；小苞片线形；萼片蓝紫色，疏被短毛，上萼片圆筒形，外缘在中部之下稍缢缩并伸展为喙；花瓣无毛，距通常比唇稍长，稍拳卷。**果实：**蓇葖果。

花期 / 7—8月　果期 / 8—9月　生境 / 山地草坡、灌丛或林下　分布 / 云南西北部、四川西南部　海拔 / 3 200~4 200 m

李新辉　摄影

5 伏毛铁棒锤

Aconitum flavum

别名：小草乌、乌药、一支篙

外观：多年生草本。**根茎：**块根胡萝卜形，长约4.5 cm，粗约8 mm，茎高35~100 cm，中部或上部被反曲而紧贴的短柔毛，常不分枝。**叶：**下部叶在开花时枯萎，中部叶有短柄；叶片宽卵形，长3.8~5.5 cm，宽3.6~4.5 cm，基部浅心形，3全裂，裂片细裂，末回裂片线形，疏被短缘毛。**花：**顶生总状花序狭长，有12~25朵花；轴及花梗密被紧贴的短柔毛；下部苞片叶状，中部以上的苞片线形；花梗长4~8 mm；小苞片生于花梗顶部，线形；萼片黄色带绿色，或暗紫色，外面被短柔毛，上萼片盔状船形，具短爪，高1.5~1.6 cm；花瓣疏被短毛，距长约1 mm，向后弯曲；花丝无毛或疏被短毛，全缘；心皮5枚，无毛或疏被短毛。**果实：**蓇葖果，无毛，长1.1~1.7 cm。

花期 / 8月　果期 / 9—10月　生境 / 山地草坡或疏林缘　分布 / 四川西北部、西藏北部、青海、甘肃　海拔 / 2 000~3 700 m

毛茛科 乌头属

1 露蕊乌头

Aconitum gymnandrum

别名：泽兰、罗贴巴

外观：一年生草本，高度变化甚大。**根茎：**根近圆柱形；茎被短柔毛，下部有时变无毛，叶等距着生，常分枝。**叶：**基生叶1~6枚，常在开花时枯萎；叶片宽卵形或三角状卵形，全裂，全裂片2~3回深裂，小裂片狭卵形至狭披针形，表面疏被短伏毛，背面沿脉疏被长柔毛或变无毛；上部叶柄渐变短，具狭鞘。**花：**总状花序有6~16朵花；基部苞片似叶，其他下部苞片3裂，中部以上苞片披针形至线形；小苞片生花梗上部或顶部，叶状至线形；萼片蓝紫色，少有白色，外面疏被柔毛，有较长爪，上萼片船形，瓣片与爪近等长；花瓣疏被缘毛，距短，头状，疏被短毛；花丝疏被短毛；心皮6~13枚，子房有柔毛。**果实：**蓇葖果，长0.8~1.2 cm。

花期 / 6—8月　果期 / 8—10月　生境 / 山地草坡、田边草地或河边砂地　分布 / 西藏、四川西部、青海、甘肃南部　海拔 / 1 550~3 800 m

1

1

1

2 瓜叶乌头

Aconitum hemsleyanum var. *hemsleyanum*

别名：藤乌、草乌、羊角七

外观：多年生草本。**根茎：**块根圆锥形；茎缠绕，无毛，常带紫色，叶稀疏着生。**叶：**茎中部叶的叶片五角形或卵状五角形，基部心形，3深裂；叶柄比叶片稍短，疏被短柔毛或几无毛。**花：**总状花序生茎或分枝顶端，有2~12朵花；轴和花梗无毛或被贴伏的短柔毛；下部苞片叶状，或不分裂而为宽椭圆形，上部苞片小，线形；花梗常下垂，弧状弯曲；小苞片生花梗下部或上部，线形，无毛；萼片深蓝色，外面无毛或变无毛，上萼片高盔形或圆筒状盔形，几乎无爪，直或稍凹，喙不明显；花瓣无毛，距长向后弯；雄蕊无毛，花丝有2小齿或全缘；心皮5枚。**果实：**蓇葖果，直，种子三棱形，沿棱有狭翅并有横膜翅。

花期 / 8—10月　果期 / 8—10月　生境 / 山地林中或灌丛中　分布 / 四川、西藏　海拔 / 1 700~2 800 m

2

2

3 拳距瓜叶乌头

Aconitum hemsleyanum var. *circinatum*

别名：血乌

外观：多年生缠绕草本。**根茎：**块根圆锥形；茎缠绕，常带紫色，分枝。**叶：**叶片五角形或卵状五角形，长6.5~12 cm，宽8~13 cm，基部心形，3深裂至基部，中央深裂片梯状菱形或卵状菱形，不明显3浅裂，

3

侧深裂片斜扇形，不等2浅裂；叶柄比叶片稍短，疏被短柔毛或几无毛。**花：**总状花序，生茎或分枝顶端，有2~6朵花，稀可达12朵；轴和花梗无毛，或被贴伏的短柔毛；下部苞片叶状，或不分裂而为宽椭圆形，上部苞片小，线形；花梗常下垂，弧状弯曲；小苞片线形；萼片深蓝色，上萼片高盔形或圆筒状盔形，直或稍凹，侧萼片近圆形；花瓣无毛；雄蕊无毛，花丝有2小齿或全缘；心皮5枚。**果实：**蓇葖果，直立，喙长约2.5 mm。

花期／8—10月　果期／9—10月　生境／山地灌丛中　分布／西藏南部、云南西北部、四川西部　海拔／2 300~3 500 m

4 工布乌头

Aconitum kongboense

外观：多年生草本。**根茎：**块根近圆柱形；茎直立，粗壮。**叶：**叶片心状卵形，3全裂，中央全裂片菱形，中部以上近羽状分裂，小裂片线状披针形或披针形；叶柄与叶片等长或稍短。**花：**总状花序顶生，着生多花；花梗长1~4 cm；萼片白色或淡紫色，上萼片盔形；雄蕊无毛，心皮3~5枚。**果实：**蓇葖果，顶部开裂。

花期／7—8月　果期／8—9月　生境／高山草地、灌丛或栎树林中　分布／西藏、云南西北部、四川西部　海拔／3 200~4 300 m

4

4

5 船盔乌头

Aconitum naviculare

别名：船形乌头、滂噶尔

外观：多年生草本。**根茎：**块根小，胡萝卜形或纺锤形；茎下部无毛，上部疏被反曲而紧贴的短柔毛，不分枝或下部分枝。**叶：**基生叶有长柄；叶片似甘青乌头，肾状五角形或肾形，3裂近中部，中央裂片菱状倒梯形，侧裂片斜扇形，不等2裂近中部，表面疏被短柔毛，背面无毛；叶柄无毛，基部具不明显的鞘；茎生叶1~3枚，稀疏排列，具较短柄。**花：**总状花序有1~5朵花；轴和花梗被反曲的短柔毛；下部苞片叶状，其他苞片线形；小苞片生花梗近顶部处或与花邻接，线形；萼片堇色或紫色，外面疏被短柔毛，上萼片船形，下缘稍凹或近直；花瓣无毛，爪细长，瓣片小，微凹，距近头形，稍向前弯；花丝疏被短毛，全缘或有2小齿；心皮5枚，子房疏被短柔毛。**果实：**蓇葖果，长1~1.2 cm；种子倒金字塔形，生横膜翅。

花期／9月　果期／9—10月　生境／山坡草地或灌丛　分布／西藏南部　海拔／3 200~5 000 m

5

毛茛科 乌头属

1 铁棒锤

Aconitum pendulum

别名：铁牛七、雪上一支篙、一枝箭

外观：多年生草本。**根茎：**块根倒圆锥形；茎无毛，上部疏被短柔毛，中部以上密生叶，不分枝或分枝；茎下部在开花时枯萎，中部叶有短柄。**叶：**叶片形状似伏毛铁棒锤，宽卵形，小裂片线形，两面无毛。**花：**顶生总状花序，长为茎长度的1/5~1/4，有8~35朵花密集排列；轴和花梗密被伸展的黄色短柔毛；下部苞片叶状，或3裂；花梗短而粗；小苞片生花梗上部，披针状线形，疏被短柔毛；萼片黄色常带绿色，外面被近伸展的短柔毛，上萼片船状镰刀形或镰刀形，具爪，下缘弧状弯曲；花瓣无毛或有疏毛，距向后弯曲；花丝全缘，无毛或疏被短毛；心皮5枚，无毛或子房被伸展的短柔毛。**果实：**蓇葖果，长1.1~1.4 cm；种子倒卵状三棱形，沿棱具不明显的狭翅。

花期 / 7—9月　果期 / 9—10月　生境 / 山地草坡或林边　分布 / 西藏、云南西北部、四川西部、青海、甘肃南部　海拔 / 2 800~4 500 m

1

2 中甸乌头

Aconitum piepunense

外观：多年生草本，有时缠绕。**根茎：**块根斜圆锥形；茎下部无毛，上部被反曲的短柔毛，叶等距着生。**叶：**茎下部叶常在开花时枯萎，有长柄；茎中部叶有稍长柄；叶片五角形，基部宽心形，3深裂，表面疏被紧贴的短柔毛，背面无毛；叶柄比叶片短，疏被反曲的短毛。**花：**顶生总状花序，有多数花；轴和花梗密被伸展的淡黄色短柔毛，并混有反曲的小毛；下部苞片叶状，上部者线形；小苞片生花梗上部或中部，狭线形；萼片蓝色，外面无毛，上萼片盔形或高盔形，下缘稍凹，喙短；花瓣无毛，唇向后弯曲；雄蕊无毛，花丝多全缘，有时生2小齿；心皮5枚，无毛。**果实：**蓇葖果，长1~1.5 cm；种子三棱形，背部密生横翅。

花期 / 7—8月　果期 / 8—9月　生境 / 山地草坡　分布 / 云南西北部（香格里拉）　海拔 / 3 000~3 300 m

2

3

3 美丽乌头

Aconitum pulchellum

别名：长序美丽乌头、剑川乌头

外观：多年生矮小草本。**根茎：**块根小，倒圆锥形；茎下部埋在土或石砾中的部分白色，露出地面部分绿色，无毛，生1~2枚叶，不分枝。**叶：**基生叶2~3枚，有长柄；叶片圆五角形，3全裂或3深裂近基部，末回

3

裂片狭卵形或长圆状线形，两面无毛；叶柄无毛，基部具短鞘；茎生叶1~2枚，生茎下部或中部，具较短柄，较小。**花：**总状花序伞房状，有1~4朵花；基部苞片叶状，上部者线形；花梗被反曲的短柔毛，上部混生伸展的柔毛；小苞片生花梗中部附近，线形；萼片蓝色，外面疏被短柔毛或几无毛，上萼片盔状船形或盔形；花瓣无毛，唇细长，反曲；雄蕊无毛，花丝全缘；心皮5枚，子房被伸展的黄色柔毛。**果实：**蓇葖果。

花期 / 8—9月　果期 / 9—10月　生境 / 高山草地多石砾处　分布 / 西藏东南部、云南西北部、四川西南部　海拔 / 3 500~4 500 m

4 高乌头

Aconitum sinomontanum

别名：麻布袋、破骨七、口袋七

外观：多年生草本。**根茎：**根圆柱形；茎中部以下几无毛，上部近花序处被反曲的短柔毛，生4~6枚叶。**叶：**基生叶1枚，茎下部叶具长柄；叶片肾形或圆肾形，基部宽心形，3深裂约至本身长度的6/7处，中深裂片较小，楔状狭菱形，侧深裂片斜扇形，不等3裂稍超过中部，两面疏被短柔毛或变无毛；叶柄具浅纵沟。**花：**总状花序，具密集的花；轴和花梗多少密被紧贴的短柔毛；苞片比花梗长，下部苞片叶状，其他的苞片不分裂，线形；小苞片通常生花梗中部，狭线形；萼片蓝紫色或淡紫色，外面密被短曲柔毛，上萼片圆筒形，外缘在中部之下稍缢缩；花瓣无毛，唇舌形，向后拳卷；雄蕊无毛，花丝大多具1~2枚小齿；心皮3枚，无毛。**果实：**蓇葖果。

花期 / 6—9月　果期 / 8—10月　生境 / 山坡、草地或林中　分布 / 四川、青海东部、甘肃南部　海拔 / 1 600~3 700 m

4

4

4

毛茛科 乌头属

1 甘青乌头

Aconitum tanguticum

别名：辣草、雪乌、翁阿鲁

外观：多年生矮小草本。**根茎：**块根小，纺锤形或倒圆锥形；茎疏被反曲而紧贴的短柔毛或几无毛。**叶：**基生叶7~9枚，有长柄；叶片圆形或圆肾形，3深裂至中部或中部之下，深裂片互相稍覆压，深裂片浅裂边缘有圆牙齿；叶柄无毛，基部具鞘；茎生叶1~2枚，通常具短柄。**花：**顶生总状花序有3~5朵花；轴和花梗多少密被反曲的短柔毛；苞片线形，有时最下部苞片3裂；萼片蓝紫色，偶尔淡绿色，外面被短柔毛，上萼片船形，下缘稍凹或近直，下萼片宽椭圆形或椭圆状卵形；花瓣无毛，稍弯，瓣片极小，唇不明显，微凹，距短而直；花丝疏被毛，全缘或有2小齿；心皮5枚，无毛。**果实：**蓇葖果；种子倒卵形，具3纵棱，只沿棱生狭翅。

花期／7—8月 果期／8—10月 生境／山地草坡或沼泽草地 分布／西藏东部、云南西北部、四川西部、青海东部、甘肃南部 海拔／3 200~4 800 m

1

毛茛科 类叶升麻属

2 类叶升麻

Actaea asiatica

别名：马尾升麻、尖叶升麻

外观：多年生草本，高30~80 cm。**根茎：**根状茎横走，外皮黑褐色；茎圆柱形，微具纵棱，中部以上被白色短柔毛，不分枝。**叶：**2~3枚，茎下部的叶为3回3出近羽状复叶，具长柄；叶片三角形，顶生小叶卵形至宽卵状菱形，3裂边缘有锐锯齿，侧生小叶卵形至斜卵形；叶柄长10~17 cm；茎上部叶较小，

2

2

2

3

3

3

具短柄。**花：**总状花序，轴和花梗密被白色或灰色短柔毛；苞片线状披针形；花梗长5~8 mm；萼片倒卵形；花瓣匙形，白色，下部渐狭成爪；心皮与花瓣近等长。**果实：**浆果状，近球形，成熟时紫黑色。

花期／5—6月 果期／7—9月 生境／山地林下、沟边阴处或河边湿草地 分布／西藏、云南（中部、西部及西北部）、四川、青海、甘肃 海拔／2 200~3 500 m

毛茛科 侧金盏花属

3 短柱侧金盏花

Adonis davidii

(syn. *Adonis brevistyla*)

别名：狭瓣侧金盏花

外观：多年生草本。**根茎：**根状茎粗壮，茎常从下部分枝，基部有膜质鳞片，无毛。**叶：**茎下部有长柄，上部有短柄或无柄；叶片五角形或三角状卵形，3全裂，2回羽状全裂或深裂。**花：**直径1.8~2.8 cm，萼片5~7枚，椭圆形，花瓣多枚，白色，有时淡紫色；雄蕊与萼片几乎等长；心皮多数，花柱极短，柱头球形。**果实：**瘦果，倒卵形，疏被短柔毛，有短宿存花柱。

花期／5—7月 果期／6—9月 生境／山间草地、沟边或林缘 分布／西藏（林芝、波密）、云南西北、四川、甘肃南部 海拔／2 900~3 800 m

毛茛科 银莲花属

1 拟条叶银莲花

Anemone coelestina var. *holophylla*

(syn. *Anemone trullifolia* var. *holophylla*)

外观：多年生草本，植株高10~18 cm。**根茎：**根状茎粗0.8~1.8 cm。**叶：**基生叶5~10枚；叶片匙状倒披针形或匙形，长3.6~7.8 cm，宽0.8~2 cm，基部渐狭成柄，不分裂，在顶端有5~9圆或钝齿。**花：**花葶1~4条，有疏柔毛；苞片3枚，无柄，狭倒卵形或长圆形，顶端有3钝齿或全缘；花梗长0.5~3 cm；萼片5枚，白色、黄色或带蓝紫色，倒卵形，长0.7~1.4 cm，宽4~9 mm，顶端圆形，外面中部有密柔毛；雄蕊长3~4 mm，花药椭圆形；心皮约8枚，子房密被淡褐色柔毛。**果实：**瘦果。

花期 / 5—8月　果期 / 7—9月　生境 / 山地草坡或沟边　分布 / 云南西北部、四川西南部　海拔 / 2 500~3 500 m

1

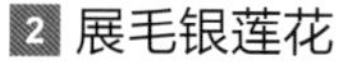

2 展毛银莲花

Anemone demissa var. *demissa*

别名：垂枝莲

外观：多年生草本，株高20~50 cm。**根茎：**茎高可达50 cm。**叶：**基生叶具长柄，叶片卵圆形，3全裂，基部心形；背面有稍密长绒毛；叶柄与花莛都有开展的长绒毛。**花：**花莛1~3条，苞片3枚，3深裂，裂片线性，有长绒毛；伞辐1~5条，长1.5~8.5 cm；萼片5~6枚，蓝色或紫色或白色，倒卵形；雄蕊多数，心皮无毛。**果实：**瘦果，扁平，椭圆形。

花期 / 6—7月　果期 / 7—9月　生境 / 山坡草地或疏林　分布 / 西藏东部至南部、四川西部、青海东南部和南部、甘肃西南部　海拔 / 3 200~4 600 m

1

1

2

2

2

2

2

3

3

3 云南银莲花

Anemone demissa var. *yunnanensis*

外观： 多年生草本。**根茎：** 茎高20~45 cm。**叶：** 基生叶具长柄，叶片卵圆形，3全裂，基部心形，裂片均互相分开，末回裂片顶端钝或圆形；背面有稍密长绒毛；叶柄与花莛都有开展的长绒毛。**花：** 花莛1~3条，苞片3枚，3深裂，裂片线性，有长绒毛；伞辐1~5条，长1.5~8.5 cm；萼片5~8枚，白色至蓝紫色，倒卵形；雄蕊多数，心皮无毛。**果实：** 瘦果，扁平，椭圆形。

花期 / 6—7月　果期 / 7—9月　生境 / 山地草坡或林下　分布 / 云南北部和西北部、四川西南部　海拔 / 3 200~4 000 m

毛茛科 银莲花属

1 疏齿银莲花

Anemone geum subsp. *ovalifolia*

(syn. *Anemone obtusiloba* subsp. *ovalifolia*)

外观：多年生草本，高3.5~15 cm，稀高达25~30 cm。**根茎：**无明显地上茎而具花莛。**叶：**基生，有长柄，多少被短柔毛，3浅裂，中裂片长于侧裂片；叶片稀生短毛。**花：**花序有1朵花；苞片倒卵形，3浅裂，或卵状长圆形，不分裂，全缘或有1~3齿；萼片5枚，白色、蓝色或黄色；心皮20~30枚，子房密被白色柔毛，稀无毛。**果实：**瘦果。

花期 / 5—7月　果期 / 7—8月　生境 / 高山草地或灌丛边　分布 / 云南西北部、四川西部、甘肃南部　海拔 / 4 000~5 000 m

1

1

1

1

1

1

1

毛茛科 银莲花属

1 打破碗花花

Anemone hupehensis

别名：野棉花、遍地爬、五雷火

外观： 草本，高30~120 cm。**根茎：** 根状茎斜或垂直。**叶：** 基生叶3~5枚，有长柄，通常为3出复叶；中央小叶有长柄，不分裂或3~5浅裂，边缘有锯齿，两面有疏糙毛；侧生小叶较小；叶柄疏被柔毛，基部有短鞘。**花：** 花莛直立，疏被柔毛；聚伞花序2~3回分枝；苞片3枚，有柄，不等大，为3出复叶，似基生叶；花梗有密或疏柔毛；萼片5枚，紫红色或粉红色，倒卵形，外面有短绒毛；雄蕊长约为萼片长度的1/4，花药黄色，椭圆形，花丝丝形；心皮约400枚，生于球形的花托上，子房有长柄，有短绒毛，柱头长方形。**果实：** 聚合果，球形；瘦果有细柄，密被绵毛。

花期 / 7—10月　果期 / 7—10月　生境 / 低山或丘陵的草坡、沟边　分布 / 云南、四川　海拔 / 1 000~2 600 m

1

2 多果银莲花

Anemone polycarpa

(syn. *Anemone rupestris* subsp. *polycarpa*)

外观： 草本，高5~20 cm。**根茎：** 根状茎短，垂直。**叶：** 基生叶5~12枚，有长柄；叶片卵形，长达3.4 cm，宽达5.5 cm，3全裂，两面有疏柔毛或近无毛。**花：** 花莛1~3条；苞片长圆状倒卵形至披针形，3浅裂或全缘；萼片5~7枚，白色，倒卵形；心皮40~80枚；子房密被柔毛，偶尔无毛，花柱约与子房等长，顶部钩状弯曲。**果实：** 聚合瘦果。

花期 / 6—8月　果期 / 7—9月　生境 / 山地草坡　分布 / 西藏东南部、云南西北部、四川　海拔 / 3 600~4 800 m

1　朱鑫鑫　摄影

2

2

3

3

3 草玉梅

Anemone rivularis

别名：虎掌草、白花舌头草、汉虎掌

外观：草本，高15~65 cm。**根茎：**根状茎木质，垂直或稍斜。**叶：**基生叶3~5枚，有长柄；叶片肾状五角形，3全裂；中全裂片宽菱形或菱状卵形，3深裂，深裂片上部有少数小裂片和牙齿，侧全裂片不等2深裂，两面都有糙伏毛；叶柄有白色柔毛，基部有短鞘。**花：**花莛1条，直立；聚伞花序，2~3回分枝；苞片3枚，有柄，近等大，似基生叶，宽菱形，3裂近基部，一回裂片多少细裂，柄扁平，膜质；萼片7~8枚，白色，倒卵形或椭圆状倒卵形，外面有疏柔毛，顶端密被短柔毛；雄蕊长约为萼片的1/2，花药椭圆形，花丝丝形；心皮30~60枚，无毛，子房狭长圆形，有拳卷的花柱。**果实：**瘦果，狭卵球形，稍扁，宿存花柱钩状弯曲。

花期 / 5—8月　果期 / 7—9月　生境 / 山地草坡、溪边或湖边　分布 / 西藏南部及东部、云南、四川、青海东南部、甘肃西南部　海拔 / 1 600~4 900 m

毛茛科 银莲花属

1 湿地银莲花

Anemone rupestris subsp. *rupestris*

外观：草本，高5~18 cm。**根茎：**根状茎短，垂直。**叶：**基生叶4~6枚，有长柄；叶片卵形，基部心形，3全裂，中全裂片宽菱形，通常3全裂，基部楔形，突缩成短柄，有时3浅裂或3深裂，末回裂片狭卵形或线状披针形，侧全裂片较小，通常无柄，1或2回3裂，两面有疏柔毛或近无毛；叶柄近无毛。**花：**花莛1~3条；苞片3枚，无柄，长圆状倒卵形，3浅裂，或长圆状披针形，全缘；萼片5枚，白色或紫色，倒卵形；雄蕊长3~4.5 mm，花药椭圆形；心皮5~12枚，子房有柔毛或无毛，花柱短。**果实：**瘦果。

花期 / 6—8月　果期 / 8—9月　生境 / 山地草坡或溪边　分布 / 西藏东南部、云南西北部　海拔 / 2 500~3 000 m

2 冻地银莲花

Anemone rupestris subsp. *gelida*

外观：多年生草本。**根茎：**茎高5~14 cm。**叶：**较小，叶片长0.7~1.5 cm，宽0.9~2 cm；叶2回3全裂，全裂片细裂，末回裂片卵形、狭卵形或椭圆形。**花：**花莛1~3条；苞片2~3枚，无柄，3浅裂或全缘；萼片5~8枚，白色或蓝紫色，倒卵形；心皮25~40枚，无毛，花柱直。**果实：**瘦果。

花期 / 6—8月　果期 / 8—9月　生境 / 高山草地　分布 / 四川西北部　海拔 / 4 800~5 000 m

1

2

3

3

4

3 低矮银莲花

Anemone rupestris subsp. *gelida* var. *wallichii*

外观：草本。**根茎：**茎高4~10 cm。**叶：**较小，叶片长6~9 mm，宽7~9 mm；叶2回3全裂，全裂片细裂，末回裂片卵形、狭卵形或椭圆形。**花：**花莛1~3条；苞片2~3枚，无柄，3浅裂或全缘；萼片5~6枚，白色或带蓝紫色，倒卵形；花柱稍弯曲。**果实：**瘦果。

花期 / 6—8月　果期 / 8—9月　生境 / 高山草地　分布 / 西藏东南部及南部　海拔 / 3 800~4 600 m

4

4 岩生银莲花

Anemone rupicola

别名：岩秋牡丹、秋牡丹

外观：草本，高6~20 cm。**根茎：**根状茎垂直或斜。**叶：**基生叶3~4枚，有长柄；叶片心状五角形，3全裂，中全裂片有短柄，菱形，3裂，边缘有小裂片和锐齿，侧全裂片斜菱形，有短柄，2深裂近基部，表面近无毛，背面疏被短柔毛或近无毛，常带紫色；叶柄近无毛。**花：**花莛1条，只在总苞之下有密柔毛；苞片2枚，无柄，菱状卵形或宽卵形，3深裂；花梗1枚，有柔毛；萼片5枚，白色，倒卵形，外面有密柔毛；雄蕊长约为萼片长度的1/4，花药椭圆形，花丝丝形；心皮90~120枚，生于球形的花托上，子房密被绵毛，花柱短，柱头扁球形。**果实：**聚合果下垂；瘦果近椭圆球形，腹面密被长绵毛。

花期 / 6—8月　果期 / 6—9月　生境 / 山地石崖上或多石砾的坡地、山谷沟边或林下　分布 / 西藏东南部和南部、云南西北部、四川西部　海拔 / 2 400~4 200 m

4

5

5 匙叶银莲花

Anemone trullifolia

外观：草本，高10~18 cm。**根茎：**根状茎粗0.8~1.8 cm。**叶：**基生叶5~10枚，有短柄或长柄；叶片菱状倒卵形或宽菱形，基部楔形或宽楔形，3浅裂，浅裂片有粗牙齿，两面密被长柔毛；叶柄不明显或明显，扁平，基部稍变宽。**花：**花莛1~4条，有疏柔毛；苞片3枚，无柄，狭倒卵形或长圆形，顶端有3钝齿或全缘；花梗1条；萼片5~7枚，黄色、蓝紫色或紫红色，倒卵形，顶端圆形，外面中部有密柔毛；花药椭圆形；心皮约8枚，子房密被淡褐色柔毛。**果实：**聚合瘦果。

花期 / 5—6月　果期 / 5—7月　生境 / 高山草地或林边水沟　分布 / 西藏南部、四川南部、青海南部、甘肃西南部　海拔 / 2 500~4 500 m

毛茛科 银莲花属

1 野棉花

Anemone vitifolia

别名：白头翁、大鹏叶、大星宿草

外观：草本，高60~100 cm。**根茎：**根状茎斜，木质。**叶：**基生叶2~5枚，有长柄；叶片心状卵形或心状宽卵形，顶端急尖3~5浅裂，边缘有小牙齿，表面疏被短糙毛，背面密被白色短绒毛；叶柄有柔毛。**花：**花莛粗壮，有密或疏的柔毛；聚伞花序，2~4回分枝；苞片3枚，形状似基生叶，但较小，有柄；花梗密被短绒毛；萼片5枚，白色或带粉红色，倒卵形，外面有白色绒毛；雄蕊长约为萼片长度的1/4，花丝丝形；心皮约400枚，子房密被绵毛。**果实：**聚合果球形；瘦果有细柄，密被绵毛。

花期 / 7—10月　果期 / 7—10月　生境 / 山地草坡、沟边或疏林　分布 / 西藏东南部和南部、云南、四川西南部　海拔 / 1 200~2 700 m

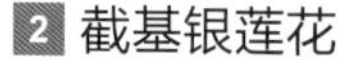

2 截基银莲花

Anemone yulongshanica var. *truncata*

(syn. *Anemone obtusiloba* subsp. *ovalifolia* var. *truncata*)

外观：多年生草本，高7~15 cm。**根茎：**根状茎短而粗。**叶：**基生叶五角形，纸质，长1~3.4 cm，宽1~3.8 cm，基部截状心形、浅心形、截形、圆形或宽楔形，两面被长柔毛；叶柄被长柔毛。**花：**花莛高2~8 cm，常密被长柔毛；花序有1朵花；苞片3枚，无柄，狭菱形或长圆状披针形，3浅裂或不分裂，有3齿或全缘；萼片5~6枚，白色，倒卵形或椭圆形，背面被疏柔毛；子房被柔毛，花柱短于子房。**果实：**瘦果，椭圆形。

花期 / 6—7月　果期 / 7—8月　生境 / 山地草坡、冷杉林下　分布 / 云南西北、四川西南部　海拔 / 2 600~3 900 m

毛茛科 耧斗菜属

3 无距耧斗菜

Aquilegia ecalcarata

别名：大铁糙、倒地草

外观：多年生草本，高20~80 cm。**根茎：**根粗，圆柱形，外皮深暗褐色；茎1~4条，上部常分枝，被稀疏伸展的白色柔毛。**叶：**基生叶数枚，为2回3出复叶；叶片宽5~12 cm，中央小叶楔状倒卵形至扇形，3深裂或3浅裂，裂片有2~3个圆齿，侧面小叶斜卵形，不等2裂，背面疏被柔毛或无毛；叶柄长7~15 cm；茎生叶1~3枚，形状似基生叶，较小。**花：**2~6朵花，直立或有时下垂；苞片线形；花梗被伸展的白色柔毛；萼片紫色，近平展，椭圆形，顶端急尖或钝；花瓣直立，长方状椭圆形，与萼片近等长，顶端近截形，无距；雄蕊长约为萼片的1/2，花药近黑色；心皮4~5枚，直立，被稀疏的柔毛或近无毛。**果实：**蓇葖果，卵形，直立，具宿存花柱。

花期 / 5—6月　果期 / 6—8月　生境 / 山地林下或路旁　分布 / 西藏、四川、青海、甘肃　海拔 / 1 800~3 500 m

4 直距耧斗菜

Aquilegia rockii

外观：多年生草本。**根茎：**根圆柱形，外皮黑褐色；茎高40~80 cm，基部被稀疏短柔毛，上部密被腺毛。**叶：**基生叶少数，2回3出复叶；叶柄基部变宽成鞘。**花：**花序含1~3朵花，花下垂或水平展出；苞片3深裂；花梗长达12 cm，密被腺毛。萼片紫红色，开展，顶端渐尖；花瓣与萼片同色，瓣片顶端圆截形；距长1.6~2 cm，直或末端微弯，被短柔毛；雄蕊短于瓣片，花药黑色，退化雄蕊白膜质；心皮直立，密被短腺毛。**果实：**蓇葖果，长1.5~2.1 cm，先端具宿存花柱。

花期 / 6—8月　果期 / 7—9月　生境 / 疏林下或路边　分布 / 西藏（察隅、波密、林芝）、云南西北、四川南部　海拔 / 3 100~3 700 m

毛茛科 水毛茛属

1 水毛茛

Batrachium bungei

别名：梅花藻、希木白

外观：多年生沉水草本。**根茎：**茎长30 cm以上，无毛或在节上有疏毛。**叶：**叶片半圆形或扇状半圆形，直径2.5~4 cm，3~5回2~3裂，小裂片近丝形，在水外通常收拢或近叉开，无毛；叶柄长0.7~2 cm，基部有宽或狭鞘，多少有短伏毛，偶尔叶柄只有鞘状部分。**花：**1朵与叶对生，挺立出水；花梗长2~5 cm，无毛；萼片5枚，反折，卵状椭圆形，边缘膜质，无毛；花瓣5枚，白色，基部黄色，倒卵形；雄蕊十余枚；花托有毛。**果实：**瘦果，斜狭倒卵形，有横皱纹；聚集为聚合果，卵球形。

花期／5—9月　果期／7—10月　生境／山谷溪流、河滩积水地、湖中或水塘中　分布／西藏、云南西部、四川、青海、甘肃　海拔／可达3 200 m

1

2 小水毛茛

Batrachium eradicatum

外观：多年生草本，生于浅水中，沉水，也可近陆生，高3~6 cm。**根茎：**茎无毛，有时分枝。**叶：**叶片扇形，长4~13 mm，宽7~20 mm，2~3回2~3裂，裂片狭线形或近丝形，质地较硬，在水外叉开；叶柄长5~15 mm，基部有抱茎的耳状叶鞘。**花：**1朵与叶对生，挺立出水；花梗长1~2 cm，较硬直；萼片5枚，卵形，有3脉，边缘白膜质；花瓣5枚，白色，下部黄色，狭倒卵形，有5~7脉，基部有爪；雄蕊8~10枚；花托生短毛。**果实：**瘦果，椭圆形，两侧较扁，有横皱纹，沿背肋有毛，喙直或弯；聚集为聚合果，圆球形。

花期／5—8月　果期／6—9月　生境／山谷溪流、湖边浅水处、水畔湿地　分布／西藏（林芝）、云南北部和西北部　海拔／2 000~3 900 m

1

1

毛茛科 铁破锣属

3 铁破锣

Beesia calthifolia

别名：滇豆根、土黄连、单叶升麻

外观：多年生草本。**根茎：**根状茎斜。**叶：**2~4枚，叶片肾形、心形或心状卵形，顶端圆形，短渐尖或急尖，基部深心形，边缘密生圆锯齿，两面无毛，稀在背面沿脉被短柔毛；叶柄具纵沟，基部稍变宽，无毛。**花：**花莛有少数纵沟，下部无毛，上部花序处密被开展的短柔毛；花序长为花莛长度的1/6~1/4；苞片钻形、披针形或匙形，无毛；花梗密被伸展的短柔毛；萼片白色或带粉红色，狭卵形或椭圆形，顶端急尖或钝，无毛；雄蕊比萼片稍短；

2

心皮基部疏被短柔毛。**果实：**蓇葖果，扁，披针状线形，中部稍弯曲，在近基部处疏被短柔毛，其余无毛，约有8条斜横脉，种皮具斜的纵皱褶。

花期 / 5—8月　果期 / 6—9月　生境 / 山地谷中林下阴湿处　分布 / 云南西北部、四川、甘肃南部　海拔 / 1 400~3 500 m

2

3

3

3

毛茛科 美花草属

1 美花草

Callianthemum pimpinelloides

别名：纤细立金花

外观：多年生草本，植株全体无毛。**根茎：**根状茎短；茎2~3条，直立或渐升，不分枝或有1~2分枝，无叶或有1~2枚叶。**叶：**基生叶与茎近等长，有长柄，为1回羽状复叶；叶片卵形或狭卵形，在开花时未完全发育，羽片2对，近无柄，斜卵形或宽菱形，掌状深裂，边缘有少数钝齿，顶生羽片扇状菱形；叶柄基部有鞘。**花：**直径1.1~1.4 cm；萼片5枚，椭圆形，顶端钝或微尖，基部囊状；花瓣5~7枚，白色至淡紫色，倒卵状长圆形或宽线形，顶端圆形，下部橙黄色；雄蕊长约为花瓣的1/2，花药椭圆形，花丝披针状线形；心皮8~14枚。**果实：**聚合果；瘦果卵球形，表面皱，宿存花柱短。

花期／4—6月　果期／6—8月　生境／高山草地、林缘　分布／西藏南部和东部、云南西北部、四川西部、云南东部　海拔／3 200~5 600 m

毛茛科 驴蹄草属

2 驴蹄草

Caltha palustris var. *palustris*

别名：马蹄叶、马蹄草

外观：多年生草本，全部无毛，有多数肉质须根。**根茎：**茎实心，具细纵沟，在中部或中部以上分枝，稀不分枝。**叶：**基生叶3~7枚，有长柄；叶片圆形至心形，顶端圆形，基部深心形或基部2裂片互相覆压，边缘全部密生正三角形小牙齿；茎生叶通常向上逐渐变小，稀与基生叶近等大，圆肾形或三角状心形，具较短柄或不具柄。**花：**茎或分枝顶

部有由2朵花组成的单歧聚伞花序；苞片三角状心形，边缘生牙齿；萼片5枚，黄色，倒卵形或狭倒卵形，顶端圆形；花药长圆形，花丝狭线形；心皮7~12枚，与雄蕊近等长，无柄，有短花柱。**果实：**蓇葖果，具横脉；种子狭卵球形，黑色，有光泽，有少数纵皱纹。

花期 / 5—9月　果期 / 6—10月　生境 / 山谷溪边、湿草甸或林下较阴湿处　分布 / 西藏东部及东南部、云南西北部、四川、甘肃南部　海拔 / 1 900~4 000 m

3 空茎驴蹄草
Caltha palustris var. *barthei*

外观：多年生草本，高30~120 cm。**根茎：**有多数肉质须根；茎中空，粗壮，具细纵沟，在中部或中部以上分枝，稀不分枝。**叶：**基生叶3~7枚，圆形、圆肾形或心形，长2.5~5 cm，宽2~9 cm，顶端圆形，基部深心形或基部2裂片互相覆压，边缘全部密生正三角形小牙齿；叶柄长4~24 cm；茎生叶向上逐渐变小，具较短的叶柄或最上部叶完全不具柄；花序下之叶与基生叶近等大。**花：**单歧聚伞花序，生于茎或分枝顶部，分枝较多，常有多数花；苞片三角状心形，边缘生牙齿；花梗长1.5~10 cm；萼片5枚，黄色，倒卵形或狭倒卵形，顶端圆形；花药长圆形；心皮5~12枚，与雄蕊近等长，无柄，有短花柱。**果实：**蓇葖果，长圆形，具横脉，喙长约1 mm。

花期 / 5—9月　果期 / 6—10月　生境 / 山地溪边、水畔湿地、草坡、林下　分布 / 西藏东部及东南部、云南西部及西北部、四川西部、甘肃西南部　海拔 / 1 000~3 800 m

毛茛科 驴蹄草属

1 掌裂驴蹄草

Caltha palustris var. *umbrosa*

外观：多年生草本。**根茎：**茎具细纵沟，在中部或中部以上分枝，稀不分枝。**叶：**基生叶3~7枚，有长柄；叶片圆形至心形，基部深心形，边缘具三角形小牙齿；茎生叶圆肾形或三角状心形，最上部者掌状分裂。**花：**茎或分枝顶部有由2朵花组成的单歧聚伞花序；苞片掌状分裂，边缘生牙齿；萼片5枚，黄色，倒卵形或狭倒卵形。**果实：**蓇葖果；种子狭卵球形，黑色，有光泽，有纵皱纹。

花期 / 5—9月 果期 / 6—10月 生境 / 溪边草地 分布 / 云南中部和西北部、四川西南部 海拔 / 2 900 m

1

2 花莛驴蹄草

Caltha scaposa

外观：多年生低矮草本，全体无毛。**根茎：**具多数肉质须根，茎单一或数条，通常只在顶端生1朵花，无叶或生1叶，叶腋不生花或生1花，稀生2叶。**叶：**基生叶3~10枚，有长柄；叶片心状卵形或三角状卵形，有时肾形，顶端圆形，基部深心形，边缘全缘或带波形，有时疏生小牙齿，叶柄基部具膜质长鞘；茎生叶如存在时极小，具短柄或有时无柄。**花：**单生于茎顶部或2朵形成单歧聚伞花序；萼片5枚，黄色，倒卵形至卵形，顶端圆形；花药长圆形，花丝狭线形；心皮6~8枚，与雄蕊近等长，具短柄和短花柱。**果实：**蓇葖果，具明显的横脉；种子黑色，肾状椭圆球形，稍扁，光滑，有少数纵肋。

花期 / 6—9月 果期 / 7—10月 生境 / 高山湿草甸或山谷沟边湿草地 分布 / 西藏东南部、云南西北部、四川西部、青海南部、甘肃南部 海拔 / 2 800~4 100 m

2

2

3 细茎驴蹄草

Caltha sinogracilis f. *sinogracilis*

外观：多年生草本，全部无毛。**根茎：**有肉质须根；茎单一或多达7条，无叶，不分枝。**叶：**通常基生，有长柄；叶片草质，圆肾形或肾状心形，基部深心形，边缘生浅圆牙齿或在下部生宽卵形牙齿；叶柄基部具鞘。**花：**单生于茎顶端；萼片5枚，黄色，狭椭圆形，顶端圆形，自基部生出3条脉；雄蕊约20枚，花药长圆形，花丝狭线形；心皮5~10枚，比雄蕊稍长。**果实：**蓇葖果，无柄；种子狭椭圆球形，暗褐色，多少有闪光，光滑或具少数纵皱纹。

花期 / 5—7月　果期 / 6—8月　生境 / 溪边草地　分布 / 西藏东南部和云南西北部　海拔 / 3 200~4 000 m

4 红花细茎驴蹄草

Caltha sinogracilis f. *rubriflora*

外观：多年生矮小草本，高4~10 cm。**根茎：**有肉质须根；茎不分枝。**叶：**无茎生叶或偶生1叶；叶基生，具长柄；草质，圆肾形，边缘有钝牙齿；叶柄长3~5 cm，基部具鞘。**花：**单生于茎顶端；萼片5枚，玫红色，椭圆形；雄蕊约20枚；心皮5~10枚。**果实：**蓇葖果，具宿存花柱。

花期 / 6—7月　果期 / 7—8月　生境 / 溪边草地或灌丛下　分布 / 西藏（墨脱至林芝）　海拔 / 3 900~4 000 m

毛茛科 升麻属

1 升麻

Cimicifuga foetida

别名：绿升麻、狗尾升麻、火筒杆

外观：多年生草本。**根茎：**根状茎粗壮，坚实，表面黑色，有许多内陷的圆洞状老茎残迹；茎基部微具槽，分枝，被短柔毛。**叶：**2~3回3出状羽状复叶；茎下部叶的叶片三角形。**花：**花序具分枝3~20条；轴密被灰色或锈色的腺毛及短毛；苞片钻形，比花梗短；花两性；萼片倒卵状圆形，白色或绿白色；退化雄蕊宽椭圆形，顶端微凹或2浅裂，几膜质；花药黄色或黄白色；心皮2~5枚，密被灰色毛，无柄或有极短的柄。**果实：**蓇葖果，长圆形，有伏毛，基部渐狭成柄，顶端有短喙；种子椭圆形，褐色，有横向的膜质鳞翅，四周有鳞翅。

花期／7—9月　果期／8—10月　生境／山地林缘、林中或路旁草丛中　分布／西藏、云南、四川、青海、甘肃　海拔／1 700~3 600 m

1

1

1

毛茛科 星叶草属

2 星叶草

Circaeaster agrestis

外观：一年生小草本。**根茎：**茎短，不分枝。**叶：**宿存的2子叶和叶簇生；子叶线形或披针状线形，无毛；叶菱状倒卵形至楔形，基部渐狭，边缘上部有小牙齿，齿顶端有刺状短尖，无毛，背面粉绿色。**花：**小，萼片2~3枚，狭卵形，无毛；雄蕊1~2枚，花药椭圆球形，花丝线形；心皮1~3枚，比雄蕊稍长，无毛，子房长圆形，花柱不存在，柱头近椭圆球形。**果实：**瘦果，狭长圆形或近纺锤形，有密或疏的钩状毛，偶尔无毛。

2

2　徐波　摄影

3

花期 / 4—7月　果期 / 6—8月　生境 / 山谷沟边、林中或湿草地　分布 / 西藏东南部、云南西北部、四川西部、青海东部、甘肃南部　海拔 / 2 100~4 000 m

毛茛科 铁线莲属

3 甘川铁线莲

Clematis akebioides

别名：木通铁线莲

外观：藤本。**根茎：**茎无毛，有明显的棱。**叶：**1回羽状复叶；有5~7枚小叶；小叶片基部常2~3浅裂或深裂，侧生裂片小，中裂片较大，宽椭圆形至长椭圆形，顶端钝或圆形，少数渐尖，基部圆楔形至圆形，边缘有不整齐浅锯齿，裂片常2~3浅裂或不裂，叶两面光滑无毛。**花：**单生或2~5朵簇生；苞片大，常2~3浅裂，中裂片较大，宽椭圆形或椭圆形、狭椭圆形，全缘或有少数牙齿；萼片4~5枚，黄色，斜上展，椭圆形至宽拔针形，顶端锐尖成小尖头，外面边缘有短绒毛，内面无毛；花丝下面扁平，被有柔毛，花药无毛。**果实：**未成熟的瘦果倒卵形、椭圆形，被柔毛，宿存花柱被长柔毛。

花期 / 7—9月　果期 / 9—10月　生境 / 高原草地、灌丛中或河边　分布 / 西藏东南部、云南西北部、四川西部、青海东部、甘肃南部　海拔 / 1 200~3 600 m

4 小木通

Clematis armandii

别名：川木通、蓑衣藤

外观：木质藤本，长达6 m。**根茎：**茎圆柱形，有纵条纹，小枝有棱，有白色短柔毛，后脱落。**叶：**3出复叶；小叶片革质，卵状披针形、长椭圆状卵形至卵形，长4~16 cm，宽2~8 cm，顶端渐尖，基部圆形、心形或宽楔形，全缘。**花：**聚伞花序或圆锥状聚伞花序，腋生或顶生，与叶近等长或稍长；花序下部苞片近长圆形，常3浅裂，上部苞片渐小，披针形至钻形；萼片4~5枚，开展，白色，偶带淡红色，长圆形或长椭圆形，大小变异较大，外面边缘密生短绒毛至稀疏。**果实：**瘦果，压扁，卵形至椭圆形，疏生柔毛，宿存花柱有白色长柔毛。

花期 / 3—4月　果期 / 4—7月　生境 / 山坡、山谷、路边灌丛中、林边或水沟旁　分布 / 西藏东部、云南中部、四川、甘肃　海拔 / 1 000~2 400 m

3

4

毛茛科 铁线莲属

1 金毛铁线莲

Clematis chrysocoma

别名：大风藤棵、大木通、金丝木通

外观：木质藤本，或呈灌木状。**根茎：**茎、枝圆柱形，有纵条纹，小枝密生黄色短柔毛，后变无毛。**叶：**3出复叶，数叶与花簇生，或对生；小叶片较厚，革质或薄革质，两面密生绢状毛，下面尤密，2~3裂，边缘疏生粗牙齿，顶生小叶片卵形、菱状倒卵形或倒卵形，长2~6 cm，宽1.5~4.5 cm，侧生小叶片较小，卵形至卵圆形或倒卵形，稍偏斜。**花：**1~3朵与叶簇生，新枝上1~2朵花生叶腋或为聚伞花序；花直径3~6 cm；花梗长3~10 cm，比叶长，密生黄色短柔毛；萼片4枚，开展，白色、粉红色或带紫红色，倒卵形或椭圆状倒卵形，长1.5~4 cm，宽0.8~2.5 cm，外面除边缘密生绒毛外，其余为短柔毛，内面无毛；雄蕊无毛。**果实：**瘦果，扁，卵形至倒卵形，长4~5 mm，有绢状毛，宿存花柱长达4 cm，有金黄色绢状毛。

花期 / 4—7月　果期 / 7—11月　生境 / 山坡、山谷的灌丛中、林下、林边或河谷　分布 / 云南、四川南部和西部　海拔 / 1 000~3 200 m

2 疏毛银叶铁线莲

Clematis delavayi var. *calvescens*

别名：光秃银叶大蓼

外观：近直立小灌木，高0.6~1.5 m。**根茎：**茎、小枝、花序梗、花梗及叶柄、叶轴有较疏短的绢状毛；茎有棱，少分枝，老枝外皮呈纤维状剥落。**叶：**1回羽状复叶对生，或数叶簇生，有7~17枚小叶，茎上部的簇生叶常少于7枚；小叶片卵形、椭圆状卵形、长椭圆形至卵状披针形，长0.8~3 cm，宽0.4~1.5 cm，顶端有小尖头，基部近圆形或楔形，全缘，有时有1~2缺刻状牙齿或小裂片，顶生小叶片常有不等2~3浅裂至全裂，上面干时黑色，沿叶脉或幼时稍有短柔毛，下面有疏毛；无柄或柄长达0.6 cm。**花：**圆锥状聚伞花序多花，顶生；花直径2~2.5 cm；萼片4~6枚，开展，白色，通常为长圆状倒卵形，长0.8~1.5 cm，外面有较密短的绢状毛，或边缘无毛；雄蕊无毛。**果实：**瘦果，有绢状毛，宿存花柱有银白色长柔毛。

花期 / 6—8月　果期 / 10月　生境 / 向阳干燥的山坡　分布 / 云南西北部、四川西南部　海拔 / 2 700~3 200 m

1

1

1

2

2

2

2

毛茛科 铁线莲属

1 滑叶藤

Clematis fasciculiflora

别名：三叶五香血藤、小粘药、三爪金龙

外观：藤本。**根茎：**茎、枝圆柱形，条纹不明显，外皮紫褐色，老时剥落，幼时稍有短柔毛。**叶：**3出复叶，数叶与花簇生，或对生；小叶片革质，长椭圆形至卵形，顶端常渐尖，基部楔形或近圆形，全缘，偶尔两侧有一锯齿状牙齿，上面亮绿，无毛，下面淡绿，疏生短柔毛或无毛。**花：**1~9朵与叶簇生；花梗比叶短，密生带黄褐色绒毛，萼片4枚，初近直立，后开展，白色，椭圆状倒卵形，外面密生带黄褐色绒毛，内面无毛，雄蕊无毛，稍短于萼片，花药远比花丝短。**果实：**瘦果，干时褐色，卵状披针形至长卵形，宿存花柱长1~1.5 cm，有金黄色绢状毛。

花期 / 12月至翌年3月　果期 / 7—10月　生境 / 山坡丛林、草丛中或林边　分布 / 云南、四川西部　海拔 / 1 000~3 500 m

1

1

2 绣球藤

Clematis montana

别名：三角枫、淮木通、柴木通

外观：木质藤本。**根茎：**茎圆柱形，有纵条纹；小枝有短柔毛，后变无毛；老时外皮剥落。**叶：**3出复叶，数叶与花簇生，或对生；小叶片卵形至椭圆形，边缘缺刻状锯齿由多而锐至粗而钝，顶端3裂或不明显，两面疏生短柔毛，有时下面较密。**花：**1~6朵与叶簇生；萼片4枚，开展，白色或外面带淡红色，长圆状倒卵形至倒卵形，外面疏生短柔毛，内面无毛；雄蕊无毛。**果实：**瘦果，扁，卵形或卵圆形，无毛。

2

2

3

4

4

花期 / 4—6月 **果期** / 7—9月 **生境** / 山坡、山谷灌丛中、林边或沟旁 **分布** / 西藏南部、云南、四川、甘肃南部 **海拔** / 2 200~4 000 m

3 毛茛铁线莲

Clematis ranunculoides

别名：白木通、回龙草、山棉花

外观： 直立草本或草质藤本，长0.5~2 m。**根茎：** 根短而粗壮，木质，表面棕黑色，内面淡黄色；茎基部常四棱形，上部六棱形，有深纵沟，微被柔毛或近于无毛。**叶：** 基生叶有长柄，有3~5枚小叶，茎生叶柄短，常为3出复叶；小叶片薄纸质或亚革质，卵圆形至近于圆形，边缘有不规则的粗锯齿，常3裂，两面被疏柔毛，叶脉在上面不显，在下面凸起；小叶柄短。**花：** 聚伞花序腋生，1~3朵花；花梗细瘦，基部有一对叶状苞片；花钟状；萼片4枚，紫红色，卵圆形，边缘密被淡黄色绒毛，两面微被柔毛，外面脉纹上有2~4条凸起的翅；雄蕊与萼片近于等长，花丝具一脉，被长柔毛，花药线形，无毛，药隔背面被毛；心皮比雄蕊微短，被毛。**果实：** 瘦果，纺锤形，两面凸起，棕红色，被短柔毛；宿存花柱被长柔毛。

花期 / 9—10月 **果期** / 10—11月 **生境** / 山坡、沟边、林下及灌丛中 **分布** / 云南中部及西北部、四川西南部 **海拔** / 1 000~3 000 m

4 长花铁线莲

Clematis rehderiana

别名：垂花发汗藤

外观： 木质藤本。**根茎：** 茎六棱形，有浅纵沟纹，淡黄绿色或微带紫红色，被稀疏开展的曲柔毛。**叶：** 1~2回羽状复叶，小叶5~9枚或更多，叶柄及叶轴上面有槽；小叶片宽卵圆形或卵状椭圆形，顶端钝尖，基部心形至楔形，边缘3裂，有粗锯齿或有时裂成3小叶，叶脉在表面微下陷，在背面隆起，两面均被平伏的柔毛，尤以背面叶脉上较密。**花：** 聚伞圆锥花序腋生，与叶近等长，花序分枝处生一对膜质的苞片，苞片卵圆形或卵状椭圆形，全缘或有时3裂；花萼钟状，顶端微反卷，芳香；萼片4枚，淡黄色，长方椭圆形或窄卵形，内面无毛，外面被平伏的短柔毛，边缘被白色绒毛；雄蕊长为萼片之半，花丝线形，被开展的柔毛，花药黄色，长椭圆形；心皮被短柔毛，花柱被绢状毛。**果实：** 瘦果，扁平，宽卵形或近于圆形，棕红色，边缘增厚，被短柔毛，宿存花柱长2~2.5 cm，被长柔毛。

花期 / 7—8月 **果期** / 9月 **生境** / 阳坡、沟边及林边灌丛中 **分布** / 西藏东部及东南部、云南西北部、四川西部、云南南部 **海拔** / 2 000~4 200 m

毛茛科 铁线莲属

1 甘青铁线莲

Clematis tangutica

外观：落叶藤本。**根茎：**主根粗壮，木质；茎有明显的棱，幼时被长柔毛。**叶：**1回羽状复叶，小叶5~7枚；中裂片较大，卵状长圆形、狭长圆形或披针形，顶端钝，基部楔形，边缘有不整齐缺刻状的锯齿，下面有疏长毛；叶柄长3~4 cm。**花：**单生，有时为单聚散花序，3朵花，腋生；花序梗粗壮，有柔毛；萼片4枚，黄色外面带紫色，先端渐尖或急尖；花丝下面稍扁平，被开展柔毛，花药无毛；子房密生柔毛。**果实：**瘦果，倒卵形，有长柔毛，宿存花柱长达4 cm。

花期／6—9月 果期／8—10月 生境／高原草地或灌丛 分布／西藏（昌都、那曲）、四川西北、青海、甘肃 海拔／3 800~ 4 900 m

1

1

1

1

1

2 西藏铁线莲

Clematis tenuifolia

别名：薄叶铁线莲

外观：藤本。**根茎：**茎有纵棱，老枝无毛，幼枝被疏柔毛。**叶：**1~2回羽状复叶，小叶有柄，2~3全裂或深裂，中间裂片较大，宽卵状披针形，如中间裂片与两侧裂片等宽时，则裂片常成线状披针形，全缘或有数个牙齿，两侧裂片较小，下部通常2~3裂，或不分裂。**花：**单生，少数为聚伞花序有3朵花；萼片4枚，黄色、橙黄色、红褐色、紫褐色，长1.2~2.2 cm，宽0.8~1.5 cm，宽长卵形或长圆形，内面密生柔毛，边缘有密绒毛；花丝狭条形，被短柔毛。**果实：**瘦果，狭长，宿存花柱被长柔毛。

花期／5—7月　果期／7—10月　生境／山谷草地、灌丛、河滩、水沟边　分布／西藏南部和东部、四川西南部　海拔／2 210~4 800 m

1

2　朱鑫鑫　摄影

1

2

毛茛科 翠雀属

1 卵瓣还亮草

Delphinium anthriscifolium var. *calleryi*

别名：鱼灯苏、蛇衔草、野彩雀

外观：一年生草本，高30~78 cm。**根茎：**茎无毛或上部疏被反曲的短柔毛，分枝。**叶：**2~3回近羽状复叶，间或为3出复叶；叶片菱状卵形或三角状卵形，长5~11 cm，宽4.5~8 cm，羽片2~4对，对生，稀互生，下部羽片有细柄，狭卵形，通常分裂至中脉，末回裂片狭卵形或披针形；叶柄长2.5~6 cm。**花：**总状花序，具2~15朵花，稀1朵花；花序轴及花梗被短柔毛；基部苞片叶状，其他苞片小，披针形至披针状钻形；小苞片生花梗中部，披针状线形；萼片堇色或紫色，椭圆形至长圆形，外面疏被短柔毛，距钻形或圆锥状钻形，稍向上弯曲或近直；花瓣紫色；退化雄蕊与萼片同色，瓣片卵形，顶端微凹或2浅裂；心皮3枚。**果实：**蓇葖果，卵圆形。

花期 / 3—6月　果期 / 4—7月　生境 / 山坡草丛
分布 / 云南　海拔 / 1 000~2 000 m

1

1

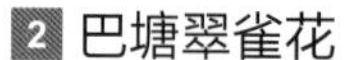

2 巴塘翠雀花

Delphinium batangense

外观：多年生草本。**根茎：**茎被反曲的短柔毛或变无毛，通常有1分枝，等距地生叶。**叶：**茎下部叶有长柄，上部叶有短柄；叶片五角状圆形，3裂几达基部，裂片互相邻接或稍覆压，中央裂片菱形，长渐尖，侧裂片斜扇形，不等2~3深裂，2回裂片细裂，小裂片狭卵形至披针状线形，两面有短柔毛。**花：**伞房花序生茎或分枝顶端，有2~4花；苞片叶状；花梗近直展，长4~8 cm，有短伏毛；小苞片与花邻接，披针形；萼片蓝紫色，近圆形或宽椭圆形，外面疏被短柔毛，距钻形，末端向下弯曲；花瓣褐色，无毛，顶端微凹；退化雄蕊黑褐色，瓣片与爪近等长，椭圆形，2裂至中部附近，腹面有黄色髯毛；雄蕊无毛；心皮3枚，子房密被长柔毛。**果实：**蓇葖果。

花期 / 8—9月　果期 / 9—10月　生境 / 山地草坡
分布 / 云南西北部（德钦）、四川西南部　海拔 / 3 400~4 200 m

2

3 滇川翠雀花

Delphinium delavayi

别名：细草乌、鸡足草乌、滇北翠雀花

外观：多年生草本，高60~100 cm。**根茎：**茎密被反曲的短糙毛，有时下部变无毛。**叶：**茎下部叶五角形，长4.5~6 cm，宽7.5~11 cm，3深裂，中深裂片菱形，3浅裂，有缺刻状小裂片和牙齿，侧深裂片斜扇形，不等2深裂，两面疏被糙伏毛；叶柄长为叶片的2~3倍，具短糙毛；茎上部叶稀疏，

3

4

4

5

5

渐变小。**花：**总状花序，狭长，通常有多数花，花序轴和花梗密被白色短糙毛和黄色短腺毛；基部苞片叶状，其他苞片线状披针形，密被糙毛；小苞片狭披针形；萼片蓝紫色，宽椭圆形，外面有短柔毛，距末端稍向下弯；花瓣蓝色；退化雄蕊蓝色，瓣片长方形，2浅裂，腹面有白色或黄色髯毛；心皮3枚，子房密被柔毛。**果实：**蓇葖果。

花期 / 7—11月　果期 / 8—11月　生境 / 山地草坡、疏林中　分布 / 云南中部及西部、四川西南部　海拔 / 2 000~3 800 m

4 翠雀

Delphinium grandiflorum

别名：鸡爪莲、鹦哥草

外观：多年生草本，高35~65 cm。**根茎：**茎被反曲而贴伏的短柔毛，上部有时变无毛，分枝。**叶：**基生叶和茎下部叶圆五角形，长2.2~6 cm，宽4~8.5 cm，3全裂，中央全裂片近菱形，1~2回3裂近中脉，小裂片线状披针形至线形，侧全裂片扇形，不等2深裂近基部，两面疏被短柔毛或几近无毛；叶柄长为叶片的3~4倍。**花：**总状花序3~15朵花，花序轴和花梗密被贴伏的白色短柔毛；下部苞片叶状，其他苞片线形；小苞片线形或丝形；萼片紫蓝色，距钻形，直或末端稍向下弯曲；花瓣蓝色，无毛，顶端圆形；退化雄蕊蓝色，瓣片近圆形或宽倒卵形，顶端全缘或微凹，腹面中央有黄色髯毛；心皮3枚，子房密被短柔毛。**果实：**蓇葖果。

花期 / 5—10月　果期 / 6—10月　生境 / 草坡、丘陵和砂地　分布 / 云南、四川西北部　海拔 / 1 900~2 800 m

5 拉萨翠雀花

Delphinium gyalanum

外观：多年生草本。**根茎：**茎疏被反曲的白色短柔毛。**叶：**基生叶和茎下部叶有长柄；叶片肾状五角形或五角形，3深裂，中央深裂片菱形，3裂，2回裂片有不整齐的小裂片和牙齿，侧深裂片斜扇形，不等2裂，两面沿脉疏被短伏毛；茎上等距地生5~7叶，中部以上叶渐变小。**花：**总状花序有多数花；轴和花梗被腺毛和短柔毛；下部苞片叶状或3裂，其他苞片线形；花梗与轴成钝角斜展；小苞片生花梗中部或上部，狭披针形；萼片蓝紫色，外面有短柔毛和腺毛，内面无毛，距钻形至近圆筒形，直或末端向下弯曲；花瓣无毛；退化雄蕊紫色，腹面有黄色髯毛；心皮3枚，子房密被柔毛。**果实：**蓇葖果，长约1 cm。

花期 / 7—9月　果期 / 8—10月　生境 / 山地草坡或灌丛中　分布 / 西藏南部（山南）　海拔 / 3 000~4 500 m

毛茛科 翠雀属

1 光序翠雀花

Delphinium kamaonense

外观：多年生草本。**根茎：**茎被稀疏的开展柔毛，分枝。**叶：**基生叶和茎下部叶圆五角形，宽5~6.5 cm，3全裂近基部，中全裂片楔状菱形，3深裂，小裂片狭卵形或条状披针形，侧全裂片扇形，不等2深裂，两面被短柔毛或稍被柔毛；叶柄长8~12 cm，被开展的柔毛；茎上部叶渐变小。**花：**复总状花序，花序轴有极少开展的柔毛或几无毛；下部苞片叶状，其他苞片狭线形或钻形；花梗顶部有时具较密的短柔毛，其他部分几无毛；小苞片钻形；萼片深蓝色，椭圆形或倒卵状椭圆形，外面有短伏毛，距钻形，稍向上弯曲；花瓣无毛，顶端圆形；退化雄蕊蓝色，瓣片宽倒卵形，顶端微凹，腹面基部之上有黄色髯毛；心皮3枚，子房密被长柔毛。**果实：**蓇葖果。

花期 / 6—8月　果期 / 8—10月　生境 / 山地草坡
分布 / 西藏南部和西南部、青海南部、四川西部、甘肃西南部　海拔 / 2 500~4 200 m

1　唐志远　摄影

1

2 普兰翠雀花

Delphinium pulanense

外观：多年生草本，高约15 cm，有时更高。**根茎：**茎直立，常不分枝，具白色柔毛和黄色短腺毛。**叶：**基生叶1枚，肾形，长2~4.5 cm，宽4~9 cm，3深裂，中深裂片菱状倒卵形，3裂近中部，侧深裂片扇形，不等3裂，两面有白色柔毛和黄色腺毛；叶柄长3.5~9.5 cm，基部有狭鞘；下部茎生叶似基生叶，上部茎生叶三角形，3全裂，裂片披针状线形至线形。**花：**总状花序，密集，具白色柔毛和黄色短腺毛；苞片叶状；小苞片2~3枚，线形，有柔毛；萼片深蓝色，外面

2

2

有柔毛，近椭圆形，距圆筒形；花瓣顶端微凹；退化雄蕊瓣片2浅裂，裂片卵形，腹面有白色短髯毛。**果实：**蓇葖果。

花期/7—8月 果期/8—9月 生境/多石砾山坡 分布/西藏（普兰） 海拔/4 800~5 000 m

3 澜沧翠雀花

Delphinium thibeticum

外观：多年生草本。**根茎：**茎被反曲的短柔毛，有时下部变无毛，通常不分枝。**叶：**基生叶约3枚，有长柄；叶片近圆形或圆肾形，3全裂，中央全裂片近菱形，3深裂，2回裂片1~2回细裂，稀浅裂，末回裂片狭卵形至披针状线形，侧全裂片斜扇形，不等2深裂，表面疏被短伏毛，背面近无毛；叶柄，无毛；茎生叶1枚，似基生叶，但较小。**花：**总状花序狭长，有5至多朵花；轴与花梗密被反曲的白色短柔毛，常混生少数开展的黄色腺毛；苞片披针形；小苞片与花邻接，披针形；萼片蓝紫色，椭圆状卵形或倒卵形，外面有短柔毛，距钻形，直或向下弯曲；花瓣蓝色，无毛；退化雄蕊蓝色，瓣片2裂至中部附近，腹面有黄色髯毛；花丝疏被短毛或无毛；心皮3枚，子房只在上部疏被柔毛。**果实：**蓇葖果，长1.2~1.4 cm；种子倒卵状四面体形，沿棱有宽翅。

花期 / 8—9月 果期 / 9—10月 生境 / 山地草坡或疏林中 分布 / 西藏东南部（察隅）、云南西北部和东部、四川西南部 海拔 / 2 800~3 800 m

4 阴地翠雀花

Delphinium umbrosum

外观：多年生草本，高60~110 cm。**根茎：**茎被反曲并紧贴的短糙毛。**叶：**叶片五角形，长达10.5 cm，宽达20 cm，基部心形，3深裂近基部，深裂片分开，中央深裂片菱形，顶端长渐尖；叶柄较叶片稍长，疏被反曲的短糙毛。**花：**总状花序，狭长，具10~15朵花或更多，花序轴和花梗密被短糙毛和黄色腺毛；基部苞片似叶，其他的苞片小，线形；小苞片狭线形或线状钻形，疏被短糙毛；萼片蓝紫色，倒卵形或宽卵形，外面密被短毛，距长为萼片的2倍以上，钻形，下部向下弯曲或有时呈U字弯曲；花瓣与萼片同色；退化雄蕊与萼片同色，瓣片与爪近等长，2裂近中部，被长纤毛，腹面中央被白色髯毛；心皮3枚，子房疏被短毛。**果实：**蓇葖果，卵圆形。

花期 / 7—8月 果期 / 8—9月 生境 / 山地草坡、林下 分布 / 西藏（错那、聂拉木）、云南西北部 海拔 / 3 500~3 900 m

毛茛科 翠雀属

1 中甸翠雀花

Delphinium yuanum

外观：多年生草本。**根茎：**茎无毛或几无毛，中部以上分枝，等距地生叶。**叶：**有长柄；叶片五角状圆形，3全裂几达基部，中央全裂片菱形，近羽状深裂，小裂片狭卵形至线状披针形，有时线形，侧全裂片斜扇形，不等2~3深裂，表面稍密被短柔毛，背面疏被柔毛或几无毛；下部叶的柄无毛，具狭鞘。**花：**顶生总状花序，12~15朵花；基部苞片3裂，其他苞片线形至钻形；花梗斜升，无毛；小苞片披针状线形；萼片深蓝色，椭圆状卵形或椭圆形，外面密被短柔毛，距钻形，与萼片近等长，末端常多少向上弯曲；花瓣蓝色，无毛，顶端圆形；退化雄蕊蓝色，瓣片与爪近等长，椭圆形或倒卵形，顶端微凹或2浅裂，腹面有黄色髯毛；雄蕊无毛；心皮3枚，子房疏被柔毛或几无毛。**果实：**蓇葖果。

花期／7—8月　果期／8—10月　生境／高山草地　分布／云南西北部（香格里拉）　海拔／3 000 m

毛茛科 碱毛茛属

2 水葫芦苗

Halerpestes cymbalaria

别名：圆叶碱毛茛、碱毛茛

外观：多年生草本，高5~15 cm。**根茎：**匍匐茎细长，横走。**叶：**多枚，纸质，近圆形、肾形、宽卵形，长0.5~2.5 cm，宽稍大于长，基部圆心形、截形或宽楔形，边缘有圆齿，有时3~5裂；叶柄长2~12 cm，稍有毛。**花：**花莛1~4条；苞片线形；萼片5枚，绿色，卵形，反折；花瓣5枚，黄色，狭椭圆形，与萼片近等长；花托圆柱形，有短柔毛。**果实：**瘦果，斜倒卵形，有3~5条纵肋，喙极短；聚集为聚合果，椭圆球形。

花期／5—9月　果期／5—9月　生境／盐碱性沼泽地、河湖畔湿地　分布／西藏（拉萨、日喀则、山南）、四川西北部、青海、甘肃　海拔／2 500~4 500 m

3 三裂碱毛茛

Halerpestes tricuspis

别名：三裂叶水葫芦苗

外观：多年生草本，高2~10 cm。**根茎：**匍匐茎纤细，横走，节处生根和簇生数叶。**叶：**均基生；叶片质地较厚，形状多变异，菱状楔形至宽卵形，长1~2 cm，宽0.5~1 cm，基部楔形至截圆形，3中裂至3深裂，有时侧裂片2~3裂或有齿，无毛或有柔毛；叶柄长1~2 cm。**花：**单生；花莛无毛或有柔毛，无叶或有1苞片；萼片5枚，卵状长圆

1

2

形，边缘膜质；花瓣5枚，黄色或表面白色，狭椭圆形，有3~5脉；雄蕊约20枚；花托有短毛。**果实：**瘦果，斜倒卵形，有3~7条纵肋，具短喙；聚集为聚合果，近球形。

花期 / 5—8月　果期 / 5—8月　生境 / 盐碱性湿草地　分布 / 西藏大部、四川西北部、青海、甘肃　海拔 / 3 000~5 000 m

毛茛科 铁筷子属

4 铁筷子

Helleborus thibetanus

别名：黑毛七、九百棒、小桃儿七

外观：多年生草本。**根茎：**密生肉质长须根；茎无毛，上部分枝，基部有2~3个鞘状叶。**叶：**基生叶1枚，无毛，有长柄；叶片肾形或五角形，鸡足状3全裂，中全裂片倒披针形，边缘在下部之上有密锯齿，侧全裂片具短柄，扇形，不等3全裂；茎生叶近无柄。**花：**1~2朵花生茎或枝端，在基生叶刚抽出时开放，无毛；萼片初粉红色，在果期变绿色，椭圆形或狭椭圆形；花瓣8~10枚，淡黄绿色，圆筒状漏斗形，具短柄，腹面稍2裂；花药椭圆形，花丝狭线形；心皮2~3枚，花柱与子房近等长。**果实：**蓇葖果，扁，有横脉；种子椭圆形，扁，光滑，有1条纵肋。

花期 / 4月　果期 / 5月　生境 / 山地林中或灌丛中　分布 / 四川西北部、甘肃南部　海拔 / 1 100~3 700 m

毛茛科 鸦跖花属

1 脱萼鸦跖花

Oxygraphis delavayi

外观：多年生草本，高5~15 cm。**根茎：**须根褐色。**叶：**基生，多数，肾状圆形、圆形至卵圆形，长8~20 mm，宽9~25 mm，基部心形，边缘有钝圆齿；叶柄长2~5 cm，基部有褐色膜质宽鞘。**花：**花莛1~3条，上部有曲柔毛，顶生1朵花，或分枝而有2~3朵花；苞片1枚，线形或卵形；花直径1~2 cm；萼片褐色，窄长圆形，常脱落；花瓣黄色或带白色，6~10枚，椭圆形至长圆形，长6~10 mm，宽2~4 mm，基部渐狭成爪。**果实：**聚合果，卵球形；瘦果长约2 mm，具纵肋，具短喙。

花期 / 5—8月　果期 / 5—8月　生境 / 高山草甸或岩坡　分布 / 西藏东南部、云南西北部、四川北部　海拔 / 4 400~5 000 m

1

2 鸦跖花

Oxygraphis glacialis

别名：塞交赛保、鸦趾花、雅跖花

外观：草本，高2~9 cm。**根茎：**有短根状茎；须根细长，簇生。**叶：**全部基生，卵形至椭圆状长圆形，全缘，3出脉，无毛，常有软骨质边缘；叶柄较宽扁，基部鞘状。**花：**花莛1~3条，无毛；花单生；萼片5枚，果后增大，宿存；花瓣橙黄色或表面白色，10~15枚，披针形或长圆形，基部渐狭成爪，蜜槽呈杯状凹穴。**果实：**聚合果，近球形；瘦果楔状菱形，有4条纵肋，喙顶生，短而硬，基部两侧有翼。

花期 / 6—8月　果期 / 6—8月　生境 / 高山草甸或高山灌丛　分布 / 西藏、云南西北部、四川西部、青海　海拔 / 2 700~5 100 m

2

2

3 小鸦跖花

Oxygraphis tenuifolia

别名：小鸭跖草、小雅跖花

外观：草本，高3~5 cm，簇生，无毛。**根茎：**须根纤细。**叶：**多枚，全部基生；叶片线形至线，状披针形，顶端钝，基部渐狭成叶柄，全缘。**花：**花莛1~3条，无苞片，顶生1朵花；萼片绿色，5枚，椭圆形或宽卵形，无毛，果后增大，宿存；花瓣黄色或表面白色，10~12枚，狭披针形，有3脉，顶端尖或渐尖，基部渐狭成爪，爪上端有点状蜜槽；花药小。**果实：**聚合果，半球形；瘦果约15枚，卵状楔形，有4条纵肋，喙硬而直。

花期 / 6—7月　果期 / 6—7月　生境 / 湿润多石的草甸上　分布 / 云南西北部、四川西部　海拔 / 3 400~4 300 m

毛茛科 拟耧斗菜属

4 乳突拟耧斗菜

Paraquilegia anemonoides

别名：疣种拟耧斗菜

外观：多年生草本。**根茎：**根状茎粗壮，上部分枝，生出数丛枝叶。**叶：**1回3出复叶，无毛；叶柄长1.5~6 cm。**花：**花莛1至数条，高于叶；苞片生于花下，基部有膜质鞘；萼片浅蓝色或浅堇色；花瓣倒卵形，顶端微凹；心皮无毛。**果实：**蓇葖果，直立，具细喙，萼宿存。种子表面有乳突状的小疣状突起。

花期 / 6—7月　果期 / 8—10月　生境 / 山地岩石缝或山区草原　分布 / 新疆、甘肃、宁夏、青海北部、西藏西部　海拔 / 2 600~3 400 m

魏来　摄影

1 陈峰 摄影

毛茛科 拟耧斗菜属

1 拟耧斗菜

Paraquilegia microphylla

别名：榆莫得乌锦、益母宁精、假耧斗菜

外观：多年生草本。**根茎：**根状茎细圆柱形至近纺锤形。**叶：**通常为2回3出复叶，无毛；叶柄细长。**花：**花莛直立，比叶长；苞片2枚，倒披针形，基部有膜质的鞘；萼片淡堇色或淡紫红色，偶为白色；花瓣倒卵形至倒卵状长椭圆形，顶端微凹，下部浅囊状；心皮5枚，无毛。**果实：**蓇葖果，直立；种子狭卵球形，褐色，一侧生狭翅，光滑。

花期 / 6—8月　果期 / 8—9月　生境 / 高山山地石壁或岩石上　分布 / 西藏、云南西北部、四川西部、青海、甘肃西南部　海拔 / 2 700~4 300 m

毛茛科 毛茛属

2 禺毛茛

Ranunculus cantoniensis

别名：自扣草、猴蒜、黄花虎掌草

外观：多年生草本，高25~80 cm。**根茎：**须根伸长簇生；茎具密生的黄白色糙毛。**叶：**3出复叶，宽卵形至肾圆形，长3~6 cm，宽3~9 cm；小叶卵形至宽卵形，2~3中裂，边缘密生锯齿或齿牙，两面贴生糙毛；基生叶和下部叶有长达15 cm的叶柄；上部叶有短柄至无柄。**花：**聚伞花序；花梗长2~5 cm，具糙毛；萼片5枚，开展；花瓣5枚，椭圆形，基部狭窄成爪；花托长圆形，生白色短毛。**果实：**聚合瘦果，瘦果扁平，边缘有窄棱翼，顶端弯钩状。

花期 / 4—7月　果期 / 5—9月　生境 / 田边、林下、水沟旁的湿地　分布 / 云南中西部、四川　海拔 / 1 000~2 500 m

3 茴茴蒜

Ranunculus chinensis

别名：地桑葚、辣辣草、水胡椒

外观：一年生草本，高20~70 cm。**根茎：**须根多数簇生；茎中空，有纵纹，分枝多，密生开展的淡黄色糙毛。**叶：**3出复叶，宽卵形至三角形；小叶2~3深裂，裂片倒披针状楔形，上部有不等的粗齿或缺刻，或2~3裂，两面伏生糙毛；基生叶与下部叶有长柄；上部叶较小，具短叶柄，3全裂，裂片有粗齿牙或再分裂。**花：**聚伞花序；花梗贴生糙毛；萼片5枚，狭卵形，外面生柔毛；花瓣5枚，宽卵圆形，与萼片近等长或稍长，黄色或上面白色，基部有短爪。**果实：**瘦果，扁平，喙极短；聚集为聚合果，长圆形。

花期 / 5—9月　果期 / 5—9月　生境 / 溪边、田旁、湿地草丛中　分布 / 西藏、云南、四川、青海、甘肃　海拔 / 1 000~3 000 m

毛茛科 毛茛属

1 西南毛茛

Ranunculus ficariifolius

别名：卵叶毛茛、雨点草

外观：一年生草本，高10~30 cm。**根茎：**须根细长簇生；茎倾斜上升，近直立，有时下部节上生根，贴生柔毛或无毛。**叶：**基生叶与茎生叶相似，叶片不分裂，宽卵形或近菱形，长0.5~3 cm，宽5~15 mm，顶端尖，基部楔形或截形，边缘有浅齿或近全缘，无毛或贴生柔毛；叶柄长1~4 cm，无毛或生柔毛；上部茎生叶较小，披针形，短叶柄至无柄。**花：**与叶对生；花梗细而下弯，贴生柔毛；萼片5枚，卵圆形，开展；花瓣5枚，长圆形，黄色，有5~7脉，顶端圆或微凹，基部有窄爪；花托生细柔毛。**果实：**瘦果，卵球形，两面较扁，有疣状小突起，喙短直或弯；聚集为聚合果，近球形。

花期 / 4—7月　果期 / 4—7月　生境 / 林缘湿地、水沟旁　分布 / 云南中西部、四川西南部　海拔 / 1 100~3 200 m

1

2

2 甘藏毛茛

Ranunculus glabricaulis

外观：多年生矮小草本。**根茎：**茎单一直立，几无毛。**叶：**基生叶3~5枚，叶片肾状圆形至倒卵形，3深裂至3全裂，裂片倒卵状楔形，中裂片3齿裂，侧裂片2深裂或再2裂，末回裂片长圆形至线形，顶端钝，基部浅心形至截形，无毛或生柔毛；叶柄基部有膜质宽鞘，老后成纤维状包围着茎基；茎生叶2~3枚，叶片3~7掌状全裂，裂片线形至线状披针形，大多无毛，基部成白膜质宽鞘抱茎。**花：**单生茎顶；花梗通常无毛或有时生柔毛；萼片椭圆形，顶端稍尖，紫褐色，无毛或疏生柔毛；花瓣5枚，宽倒卵形，稍大于宽，有多数脉纹，顶端圆或有浅凹，基部有短爪，蜜槽点状；花托无毛。**果实：**聚合果，卵球形；瘦果卵球形，无毛。

花期 / 6—8月　果期 / 6—8月　生境 / 高山草甸　分布 / 西藏东部、甘肃西部　海拔 / 4 000~5 000 m

2

3 浅裂毛茛

Ranunculus lobatus

外观：多年生草本，高6~10 cm。**根茎：**须根簇生；茎斜升直立，多分枝。**叶：**基生叶卵圆形至圆形，长8~20 mm，宽6~15 mm，顶端有3~5浅齿裂，叶柄长2~5 cm，基部有膜质长鞘；茎生叶下部者与基生叶相似，中上部者具短柄至无柄，叶片3~5中裂或单一全缘，有时具柔毛。**花：**单生茎顶和分枝顶端；花梗被白色或黄色柔毛；萼片卵形，常带褐色，具柔毛，边缘膜质；花瓣5枚，

3

黄色，宽倒卵形至近圆形，基部骤窄为爪。**果实：**瘦果，卵球形，喙直伸；聚集为聚合果，卵圆形。

花期 / 6—8月　**果期** / 6—8月　**生境** / 湿润草甸　**分布** / 西藏（林芝、日喀则、阿里）　**海拔** / 3 800~5 100 m

4

4 米林毛茛

Ranunculus mainlingensis

外观：多年生草本。**根茎：**根纤维状，基部加粗；茎4~7条，丛生，长6.5~18 cm。**叶：**基生叶3~7枚，叶柄长3~8 cm，无毛或几无毛；叶片3出，轮廓卵圆形或三角形，草纸或纸质，基部心形；中央小叶扇状卵形、楔形或菱形，3裂；裂片卵形，有的再2裂；侧生小叶斜扇形，不等2裂；茎生叶2枚。**花：**单生于顶端，直径0.8~1 cm；花托无毛；萼5枚，椭圆形，背面具柔毛；花瓣椭圆状卵形，长3.8~4.8 mm，蜜腺槽无鳞，先端圆；雄蕊7~14枚。**果实：**聚合瘦果，狭卵形；瘦果，斜倒卵形，无毛，花柱宿存。

花期 / 7—8月　**果期：**7—8月　**生境** / 溪流边及高山草甸　**分布** / 西藏东南部（波密、米林）　**海拔** / 2 700~4 300 m

4

5

5 云生毛茛

Ranunculus nephelogenes var. *nephelogenes*

(syn. *Ranunculus longicaulis* var. *nephelogenes*)

外观：多年生草本，高约10 cm。**根茎：**茎直立，单一或有腋生短分枝。**叶：**基生叶多数；叶片长椭圆形至线状披针形，全缘，有3~5脉，顶端有钝点，基部楔形或圆形，无毛或生疏毛；叶柄通常无毛；茎生叶数枚，叶片披针形至线形，全缘，多不分裂，基部成膜质宽鞘抱茎，无毛或边缘有柔毛。**花：**单生于茎顶和分枝顶端；花梗伸长，贴生黄柔毛；萼片卵形，带紫色，外面密生短柔毛；花瓣5枚，倒卵形至卵圆形，稍长或2倍长于萼片，基部有短爪，蜜槽呈点状袋穴；花托短圆锥形，生细毛。**果实：**聚合瘦果，卵球形；瘦果卵球形，稍扁。

花期 / 5—8月　**果期** / 5—8月　**生境** / 高山草甸　**分布** / 西藏、青海、四川、甘肃西部　**海拔** / 2 800~5 200 m

5

毛茛科 毛茛属

1 长茎毛茛

Ranunculus nephelogenes var. *longicaulis*

(syn. *Ranuculus longicaulis*)

外观：多年生草本。**根茎：**须根伸长扭曲；茎直立，有2~4次二歧长分枝，无毛或生细毛。**叶：**基生叶多数；叶片长椭圆形至线状披针形，全缘，有3~5脉，顶端有钝点，基部楔形或圆形，无毛或生疏毛；叶柄通常无毛；茎生叶数枚，叶片披针形至线形，全缘，多不分裂，基部成膜质宽鞘抱茎，无毛或边缘有柔毛。**花：**单生于茎顶和分枝顶端；花梗伸长，贴生黄柔毛；萼片卵形，带紫色，外面密生短柔毛；花瓣5枚，倒卵形至卵圆形，稍长或2倍长于萼片，基部有短爪，蜜槽呈点状袋穴；花托短圆锥形，生细毛。**果实：**聚合果，卵球形；瘦果卵球形，稍扁，无毛，背腹有纵肋，喙直伸或外弯。

花期 / 6—8月　果期 / 6—8月　生境 / 沼泽水旁草地　分布 / 西藏、云南、四川、青海、甘肃　海拔 / 1 700~4 200 m

1

1

2 矮毛茛

Ranunculus pseudopygmaeus

外观：多年生小草本。**根茎：**须根基部稍增厚略呈纺锤形；茎直立或斜上，高5 cm左右，疏生柔毛。**叶：**基生叶数枚；叶片小，肾圆形，长4~10 mm，宽6~15 mm，基部截形至心形，3~5掌状深裂或中裂，有时外圈叶片呈3浅裂，表面和边缘疏生柔毛；叶柄长1~3 cm，基部有褐色膜质宽鞘；茎生叶1~2枚，叶片3深裂，裂片椭圆形或披针形。**花：**小，单生茎顶，直径5~8 mm；花梗长5~15 mm，被白柔毛；萼片宽椭圆形，外面生柔毛；花瓣5枚，黄色倒卵形，全缘，3裂达中部，基部渐窄成爪，蜜槽点状；花药卵形，长约0.5 mm；花托细瘦，无毛。**果实：**聚合果，卵球形；瘦果较少，数十枚，卵球形，稍扁；喙细直而后弯。

花期 / 7—8月　果期 / 7—8月　生境 / 高山草坡和砾石地　分布 / 西藏东南部、云南西北部　海拔 / 3 000~4 000 m

2

3 高原毛茛

Ranunculus tanguticus

别名：丝叶毛茛

外观：多年生草本，高10~30 cm。**根茎：**须根基部稍增厚呈纺锤形；茎直立或斜升，多分枝，具白柔毛。**叶：**基生叶多数，圆肾形或倒卵形，长1~6 cm，宽1~4 cm，3出复叶，小叶片2~3回3全裂，或中裂至深裂，末回裂片披针形至线形，两面或下面贴生白柔毛；基生叶和下部茎生叶具长叶柄，被

3

3

柔毛；上部茎生叶渐小，3~5全裂，裂片线形，有短柄至无柄。**花：**多数，单生于茎顶和分枝顶端；花梗被白柔毛；萼片5枚，椭圆形，生柔毛；花瓣5枚，黄色，倒卵圆形，基部有窄爪；花托圆柱形，较平滑，常生细毛。**果实：**聚合瘦果，长圆形；瘦果卵球形，较扁，喙直伸或稍弯。

花期 / 6—8月　果期 / 6—8月　生境 / 山坡、沟边、沼泽、水畔湿地　分布 / 西藏、云南北部及西北部、四川西部、青海、甘肃　海拔 / 3 000~4 500 m

4

4

4 黄毛茛

Ranunculus distans

(syn. *Ranunculus laetus*)

别名：太白黄连、土黄连、长果升麻

外观：多年生草本。**根茎：**根状茎发达，横走，密生黄色糙毛。茎生开展的或上部贴生的黄色柔毛。**叶：**基生叶和下部叶的叶片三角状心形，长及宽约5 cm，3深裂不达基部；叶柄生开展的黄色柔毛。**花：**花托无毛；花单生茎顶和分枝顶端，直径约1.6 cm；花梗长1~4 cm，贴生黄柔毛；花瓣亮黄色或后变白色。**果实：**聚合瘦果；长圆形；瘦果扁平，喙短直。

花期 / 6—8月　果期 / 6—8月　生境 / 山地沟边或林下草地　分布 / 西藏东南部和云南　海拔 / 2 000~3 800 m

毛茛科 黄三七属

5 黄三七

Souliea vaginata

别名：太白黄连、土黄连、长果升麻

外观：多年生草本。**根茎：**根状茎粗壮，横走，分枝；茎无毛或近无毛，基部生2~4片膜质的宽鞘。**叶：**2~3回3出全裂，无毛。**花：**总状花序上着生4~6朵花，苞片卵形，膜质；花梗约与花等长；花先于叶开放；雄蕊长4~7 mm；心皮7~9 mm。**果实：**蓇葖果，长3.5~7 cm；表面密生网状洼陷。

花期 / 5—6月　果期 / 7—9月　生境 / 冷杉或云杉林下或林缘　分布 / 西藏（昌都、林芝、日喀则）、云南西北、四川西部、青海东部、甘肃南部　海拔 / 2 800~4 000 m

5

5

5

毛茛科 唐松草属

1 高山唐松草
Thalictrum alpinum

外观：矮小草本，全株无毛。**根茎：**茎不明显。**叶：**数枚基生，有长柄，2回羽状3出复叶；背面粉绿色。**花：**花莛1~2条，可长达10 cm，不分枝；总状花序长达8 cm，苞片小，卵形或狭卵形；花梗向下弧状弯曲；萼片4枚，绿白色或带紫色，雄蕊7~10枚，长约5 mm，花药长圆形，顶端有小尖头；心皮3~5枚，柱头箭头状，与子房等长。**果实：**瘦果，狭卵球形，6~8条纵肋，几乎无柄。

花期 / 6—8月　果期 / 7—9月　生境 / 高山草地　分布 / 西藏、云南北部和西北部、四川、青海、甘肃　海拔 / 2 400~5 200 m

1

2 狭序唐松草
Thalictrum atriplex

外观：草本，高40~80 cm，植株无毛。**根茎：**茎有细纵槽，上部分枝。**叶：**茎下部叶有长柄，为4回3出复叶；叶柄基部有狭鞘，鞘边缘有薄膜质托叶；茎中部以上叶渐变小。**花：**花序生茎和分枝顶端，狭长，似总状花序；萼片4枚，白色或带黄绿色，椭圆形，钝，早落；雄蕊7~10枚，花药椭圆形，顶端有短尖，花丝比花药窄，上部棒状，下部丝形；心皮4~5枚，花柱长而拳卷，腹面有不明显的柱头组织。**果实：**瘦果，扁卵球形，具若干纵肋，基部无柄或突缩成极短的柄，宿存花柱拳卷。

花期 / 6—7月　果期 / 8—9月　生境 / 山地草坡、林边或疏林　分布 / 西藏东部、云南西北部、四川西部　海拔 / 2 300~3 600 m

1

1

1

2

3 高原唐松草

Thalictrum cultratum

别名：马尾黄连、草黄连

外观：草本，高50~120 cm。**根茎：**茎上部分枝。**叶：**茎中部叶有短柄，为3~4回羽状复叶；一回羽片4~6对；小叶菱状倒卵形至近圆形，顶端常急尖，3浅裂，裂片全缘或有2小齿，背面有白粉。**花：**圆锥花序；花梗细；萼片4枚，绿白色，狭椭圆形，脱落；雄蕊多数，花药狭长圆形，顶端有短尖头，花丝丝形；心皮4~9枚，近无柄或子房基部缩成短柄，柱头狭三角形。**果实：**瘦果扁，半倒卵形，有8条纵肋，宿存花柱长约1.2 mm。

花期 / 6—7月　果期 / 7—9月　生境 / 山地草坡、灌丛中或沟边草地，有时生林中　分布 / 西藏南部、云南西北部、四川西部、甘肃南部　海拔 / 1 700~3 800 m

2

3

3

周卓　摄影

毛茛科 唐松草属

1 偏翅唐松草

Thalictrum delavayi

别名：马尾黄连、马尾黄连、翠云草

外观： 草本，高60~200 cm，植株全部无毛。**根茎：** 茎分枝。**叶：** 基生叶在开花时枯萎；茎下部和中部叶为3~4回羽状复叶；小叶草质，大小变异很大，顶生小叶圆卵形至椭圆形，基部圆形或楔形，3浅裂或不分裂，裂片全缘或有1~3齿，脉平或在背面稍隆起，脉网不明显；叶柄基部有鞘；托叶半圆形，边缘分裂或不裂。**花：** 圆锥花序；花梗细；萼片4枚，淡紫色，卵形或狭卵形，顶端急尖或微钝；雄蕊多数，花药长圆形，顶端短尖头，花丝近丝形，上部稍宽；心皮15~22枚，子房基部变狭成短柄，花柱短，柱头生花柱腹面。**果实：** 瘦果扁，斜倒卵形，有时稍镰刀形弯曲，约有8条纵肋，沿腹棱和背棱有狭翅。

花期／6—9月　果期／6—9月　生境／山地林边、沟边、灌丛或疏林中　分布／西藏、云南西北部、四川西部　海拔／1 900~3 400 m

2 堇花唐松草

Thalictrum diffusiflorum

外观： 草本，高60~100 cm。**根茎：** 茎上部有短腺毛，自中部或上部分枝。**叶：** 3~5回羽状复叶；小叶草质，顶生小叶圆菱形或宽卵形，3~5浅裂，脉平或在背面稍隆起，背面有稀疏短腺毛；叶柄有狭鞘。**花：** 圆锥花序稀疏；轴和花梗有稀疏的短腺毛；萼片4~5枚，淡紫色，卵形或狭卵形，顶端钝或微尖；雄蕊多数，花药黄色，线形，顶端有短尖，花丝丝形；心皮10~15枚，有柄，子房纺锤形，有腺毛，花柱比子房稍长，柱头

1

1

1

生花柱上部腹面，线形。**果实：**瘦果，扁，半倒卵形，细纵肋弯曲并网结，心皮柄长1.2 mm，宿存花柱顶端钩状弯曲。

花期 / 6—8月　果期 / 7—9月　生境 / 山地冷杉林中或沟边草丛中　分布 / 西藏东南部（波密、米林）　海拔 / 2 900~3 800 m

3 滇川唐松草

Thalictrum finetii

别名：千里马

外观：多年生草本，高50~200 cm。**根茎：**茎有浅纵槽，分枝。**叶：**基生叶和茎最下部叶在开花时枯萎；茎中部叶为3~4回3出或近羽状复叶，具短柄；托叶狭，边缘常不规则浅裂；小叶草质，顶生小叶菱状倒卵形、宽卵形或近圆形，长0.9~2 cm，宽0.7~2 cm，顶端有短尖，3浅裂，边缘有疏钝齿或有时全缘，背面沿脉有密或疏的短毛。**花：**花序圆锥状，稀疏；花梗长0.4~1.8 cm；萼片4~5枚，白色或淡绿黄色，椭圆状卵形，脱落；雄蕊花药狭长圆形，有短尖头；心皮7~14枚。**果实：**瘦果，半圆形或半倒卵形，扁平，有短毛，周围有狭翅。

花期 / 7—8月　果期 / 8—9月　生境 / 山地草坡、林中、林缘　分布 / 西藏东南部、云南西部及西北部、四川西部　海拔 / 2 200~4 000 m

毛茛科 唐松草属

1 腺毛唐松草
Thalictrum foetidum

别名：贡布莪正

外观：多年生草本。**根茎：**根状茎短，须根密集；茎无毛或幼时有短柔毛，随后变为无毛。**叶：**基生叶和茎下部叶在开花时枯萎或不发育；茎中部叶具短柄，3回近羽状复叶。**花：**圆锥花序；花梗细，长5~12 mm，通常有白色短柔毛和极短的腺毛；萼片5枚，淡黄绿色，外面常有疏柔毛；花药狭长圆形，顶端有短尖，花丝上部狭线形，下部丝形；心皮4~8枚，子房常有疏柔毛，无柄，柱头三角状箭头形。**果实：**瘦果，半倒卵形，扁平，有短柔毛，有8条纵肋，柱头宿存。

花期 / 5—7月　果期 / 6—9月　生境 / 山坡草地或高山多石砾处　分布 / 西藏、四川西部、青海、甘肃　海拔 / 3 500~4 500 m

1

1

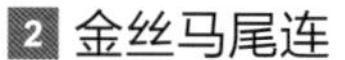

2 金丝马尾连
Thalictrum glandulosissimum

别名：马尾连、多腺唐松草、金丝马尾莲

外观：草本，高60~85 cm。**根茎：**根状茎短，有多数粗壮须根；茎有细纵槽，上部有腺毛，分枝，约生9枚叶。**叶：**3回羽状复叶；小叶草质，顶生小叶宽倒卵形至近圆形，基部圆形或浅心形，3浅裂，浅裂片全缘或有时中裂片有2~3圆齿，表面密被小腺毛，背面沿脉密被短柔毛，脉平，不明显；叶柄基部有短鞘。**花：**花序圆锥状，分枝有少数花；花梗细；萼片黄白色，椭圆形，在外面中部有少数短毛，早落；雄蕊约23枚，无毛，花药长圆形，顶端有极短的小尖头，花丝狭线形或丝形，比花药窄；心皮4~5枚，无柄，柱头有狭翅，狭三角形。**果实：**瘦果，纺锤形或斜狭卵形，密被短毛，稍两侧扁，每侧各有2~3条粗纵肋。

花期 / 6—8月　果期 / 7—9月　生境 / 山坡草地　分布 / 云南（大理、宾川）　海拔 / 2 500 m

2

2

3 爪哇唐松草
Thalictrum javanicum

别名：羊不食、鹅整

外观：草本，高30~100 cm，植株全部无毛。**根茎：**茎中部以上分枝。**叶：**基生叶在开花时枯萎；茎生叶4~6枚，为3~4回3出复叶；小叶纸质，顶生小叶倒卵形至近圆形，基部宽楔形、圆形或浅心形，3浅裂，有圆齿，背面脉隆起，脉网明显；托叶棕色，膜质，边缘流苏状分裂。**花：**花序近二歧状分枝，伞房状或圆锥状，有少数或多数花；萼片4枚，早落；雄蕊多数，花丝上部倒披针形，比花药稍宽，下部丝形；心皮8~15枚。

3

3

4

4

果实： 瘦果狭椭圆形，有6~8条纵肋，宿存花柱顶端拳卷。

花期 / 4—7月　果期 / 6—9月　生境 / 山地林中、沟边或陡崖边较阴湿处　分布 / 西藏南部和东南部、云南、四川、甘肃南部　海拔 / 1 500~3 400m

4 长柄唐松草

Thalictrum przewalskii

外观： 草本，高50~120 cm。**根茎：** 茎无毛，通常分枝，约有9枚叶。**叶：** 基生叶和近基部的茎生叶在开花时枯萎；茎下部叶为4回3出复叶；小叶薄草质，顶生小叶卵形至近圆形，顶端钝或圆形，基部圆形至宽楔形，3裂常达中部，有粗齿，背面脉稍隆起，有短毛；叶柄基部具鞘；托叶膜质，半圆形，边缘不规则开裂。**花：** 圆锥花序多分枝，无毛；萼片白色或稍带黄绿色，狭卵形，有3脉，早落；雄蕊多数，花药长圆形，比花丝宽，花丝白色，上部线状倒披针形，下部丝形；心皮4~9枚，有子房柄，花柱与子房等长。**果实：** 瘦果扁，斜倒卵形，有4条纵肋。

花期 / 6—8月　果期 / 7—9月　生境 / 山地灌丛边、林下或草坡上　分布 / 西藏东部（昌都）、四川西部、青海东部、甘肃　海拔 / 2 000~3 500 m

4

5 小喙唐松草

Thalictrum rostellatum

别名：小果唐松草

外观： 多年生草本，茎高40~60 cm。**根茎：** 茎上部有少数长分枝。**叶：** 基生叶和茎最下部叶在开花时枯萎；茎下部和中部叶为3回3出复叶；叶柄长1~3.3 cm，基部有短鞘，托叶不分裂；小叶草质，顶生小叶宽卵形或近圆形，顶端有短尖，有少数圆齿。**花：** 复单歧聚伞花序，有少数稀疏的花；萼片4枚，白色，卵形或狭卵形，早落；雄蕊8~12枚，花药长圆形，花丝上部稍变宽；心皮4~7枚，花柱较长。**果实：** 瘦果，斜狭卵形或长圆形，两侧扁，花柱宿存，上部钩状弯曲。

花期 / 5—8月　果期 / 6—9月　生境 / 山地林中、沟边　分布 / 西藏南部及东南部、云南西部及西北部、四川西部　海拔 / 2 500~3 400 m

5

5

毛茛科 唐松草属

1 石砾唐松草

Thalictrum squamiferum

别名：札阿中

外观： 草本植物，全株被白粉，有时有少量小腺毛。**根茎：** 根状茎短；茎渐生或直立，长6~20 cm，下部埋在砾石之中，节处具有鳞片。**叶：** 茎中部叶长3~9 cm，有短柄，3~4回羽状复叶，上部叶逐渐变小；小叶几乎无柄，相互覆压。**花：** 单生于叶腋；萼片4枚，淡黄绿色，常带紫色；雄蕊10~20枚；心皮4~6枚，柱头箭头状，与子房等长。**果实：** 瘦果，宽椭圆形，稍扁，具8条粗纵肋，柱头宿存。

花期 / 7月　果期 / 8—9月　生境 / 高山流石滩或高海拔河岸砂地　分布 / 西藏、云南西北部、四川西部、云南南部　海拔 / 3 600~5 100 m

1　徐波 摄影

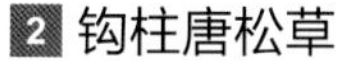

2 钩柱唐松草

Thalictrum uncatum

别名：弩箭药

外观： 草本，高45~90 cm，无毛。**根茎：** 茎上部分枝，有细纵槽。**叶：** 茎下部叶有长柄，为4~5回3出复叶；小叶薄，草质，顶生小叶楔状倒卵形或宽菱形，顶端钝，基部宽楔形或圆形，3浅裂，两面脉平，脉网不明显；叶柄基部有鞘。**花：** 花序狭长，似总状花序，生茎和分枝顶端；花梗细，结果时稍增长；萼片4枚，淡紫色，椭圆形，钝；雄蕊约10枚，花药长圆形，有短尖，花丝上部狭线形，下部丝形；心皮6~12枚，花柱与子房近等长，顶端稍弯曲，腹面生柱头组织。**果实：** 瘦果扁平，半月形，有8条纵肋，宿存花柱顶端拳卷。

花期 / 5—7月　果期 / 7—9月　生境 / 山地草坡或灌丛边　分布 / 西藏东南部、云南西北部、四川西部、青海东部及甘肃南部　海拔 / 2 700~3 200 m

1

3 帚枝唐松草

Thalictrum virgatum

别名：藏唐松草、亮星草、阴阳和

外观： 草本，高15~65 cm，无毛。**根茎：** 茎分枝或不分枝。**叶：** 3出复叶均茎生，有短柄或无柄；顶生小叶具细柄，菱状宽三角形或宽菱形，顶端圆形，基部宽楔形至浅心形，3浅裂，边缘有少数圆齿，侧生小叶较小，有短柄。**花：** 简单或复杂的单歧聚伞花序生茎或分枝顶端；花梗细；萼片4~5枚，白色或带粉红色，卵形，脱落；花丝狭线形；心皮10~25枚，基部有短柄，柱头小。**果实：** 瘦果两侧扁，有8条纵肋，子房柄长约0.4 mm，宿存柱头长约0.3 mm。

花期 / 6—8月　果期 / 7—9月　生境 / 山地林下或林边岩石上　分布 / 西藏南部、云南北部和西部、四川西部　海拔 / 2 300~3 500 m

1

2

2

3

魏来 摄影

3

3

毛茛科 金莲花属

1 矮金莲花

Trollius farreri

别名：五金草、一枝花

外观：多年生草本，高5~15 cm，植株全部无毛。**根茎：**根状茎短，茎不分枝；叶3~4枚，全部基生或近基生，有长柄。**叶：**叶片五角形，基部心形，3全裂达或几达基部，中央全裂片菱状倒卵形或楔形，与侧生全裂片通常分开，3浅裂，小裂片互相分开，生2~3枚不规则三角形牙齿，侧全裂片不等2裂稍超过中部，2回裂片生稀疏小裂片及三角形牙齿；叶柄基部具宽鞘。**花：**单花顶生；萼片黄色，外面常带暗紫色，干时通常不变绿色，5枚，宽倒卵形，顶端圆形或近截形，宿存，偶而脱落；花瓣匙状线形，比雄蕊稍短，顶端稍变宽，圆形；心皮6~9枚。**果实：**聚合果；蓇葖果喙长约2 mm；种子椭圆球形，具4条不明显纵棱，黑褐色，有光泽。

花期 / 6—7月　果期 / 8月　生境 / 山地草坡　分布 / 西藏东北部、云南西北部（维西、德钦）、四川西部、青海南部和东部、甘肃南部　海拔 / 2 000~4 700 m

1

1

1

2 毛茛状金莲花

Trollius ranunculoides

外观：多年生草本，高6~30 cm。**根茎：**茎1~3条，不分枝。**叶：**基生叶数枚，圆五角形或五角形，长1~2.5 cm，宽1.4~2.8 cm，基部深心形，3全裂，全裂片有时互相覆压，中央全裂片宽菱形或菱状宽倒卵形，3深裂至中部，深裂片2裂或3裂，生1~2枚锐牙齿，侧全裂片斜扇形，比中全裂片宽约2倍，2深裂至近基部；叶柄长3~13 cm，基部具鞘；茎生叶1~3枚，较小，通常生茎下部或近基部处，稀达中部以上。**花：**单花顶生；萼片5枚，黄色，干时多少变绿色，倒卵形，顶端圆形或近截形，脱落；花瓣比雄蕊稍短，匙状线形；雄蕊长5~7 mm，花药狭椭圆形；心皮7~9枚。**果实：**蓇葖果，卵圆形，具短喙；聚集为聚合果。

花期 / 5—7月　果期 / 7—8月　生境 / 山地草坡、水边草地、林缘　分布 / 西藏东南部、云南、四川西部、青海南部和东部、甘肃南部　海拔 / 2 900~4 400 m

1

2

2

3 云南金莲花

Trollius yunnanensis

外观：多年生草本。**根茎：**茎高30~80 cm，疏生1~2枚叶片，常不分枝。**叶：**基生叶2~3枚，有长柄；基部深心形，3裂至距基部约3 mm处，深裂片彼此多少分开；叶柄长7~20 mm；基部具狭鞘。**花：**单生于茎顶端或2~3朵花组成顶生聚散花序；花梗长4~9.5 cm；萼片黄色，5~7片，完全展开，宽倒卵形，顶端圆形或截形；花瓣线形，比雄蕊稍短，间或近等长，顶端稍变宽，近匙形；心皮7~25枚。**果实：**聚合蓇突果，近球形，直径1 cm；蓇葖果光滑，喙长约1 mm。

花期／6—9月　果期／8—10月　生境／湿润的山坡草地或溪边　分布／西藏察隅、云南西部及西北部、四川西部、甘肃南部　海拔／2 700~3 600 m

芍药科 芍药属

1 川赤芍

Paeonia anomala subsp. *veitchii*

(syn. *Paeonia veitchii*)

外观：多年生草本，高30~80 cm。**根茎：**根圆柱形，直径1.5~2 cm；茎无毛。**叶：**2回3出复叶，叶片轮廓宽卵形，长7.5~20 cm；小叶羽状分裂，裂片窄披针形至披针形。**花：**2~4朵，直径4.2~10 cm；苞片披针形，不等大；萼片4枚，宽卵形，长1.7 cm；花瓣6~9枚，倒卵形，长3~4 cm，宽1.5~3 cm，紫红色、粉红色至白色；花盘肉质，仅包裹心皮基部；心皮2~5枚，密生黄色绒毛。**果实：**蓇葖长1~2 cm，密生黄色绒毛。

花期 / 5—6月　果期 / 7月　生境 / 疏林下及林缘　分布 / 西藏东部、云南、四川西部、青海东部、甘肃中南部　海拔 / 1 800~3 900 m

1

1　曲上　摄影

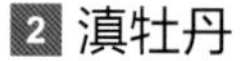

2 滇牡丹

Paeonia delavayi

别名：紫牡丹、黄牡丹、野牡丹

外观：亚灌木，高达1.5 m，全体无毛。**根茎：**当年生小枝草质，小枝基部具数枚鳞片。**叶：**2回3出复叶；叶片轮廓为宽卵形或卵形，长15~20 cm，羽状分裂，裂片披针形至长圆状披针形，宽0.7~2 cm；叶柄长4~8.5 cm。**花：**2~5朵，生枝顶和叶腋，直径6~8 cm；苞片3~4枚，披针形，大小不等；萼片3~4枚，宽卵形，大小不等；花瓣9~12枚，红色、红紫色或黄色，倒卵形，长3~4 cm，宽1.5~2.5 cm；雄蕊长0.8~1.2 cm，花丝长5~7 mm，干时紫色；花盘肉质，包住心皮基部，顶端裂片三角形或钝圆；心皮2~5枚，无毛。**果实：**蓇葖果，长3~3.5 cm，直径1.2~2 cm。

花期 / 5—6月　果期 / 7—8月　生境 / 山地阳坡及草丛　分布 / 西藏东南部、云南西北部、四川西南部　海拔 / 2 000~3 600 m

2

2

3 大花黄牡丹

Paeonia ludlowii

外观：亚灌木，无毛。**根茎：**当年生小枝草质，小枝基部具数枚鳞片。**叶：**2回3出，小叶无柄。**花：**每枝生3~4朵，单生，俯垂，直径11~12 cm，花瓣展开，纯黄色；花丝及花药黄色；心皮1枚或2枚。**果实：**蓇突果。

花期 / 5月　果期 / 6月　生境 / 山地林缘　分布 / 西藏东南部　海拔 / 2 900~3 500 m

2

4 美丽芍药

Paeonia mairei

外观：多年生草本。**根茎：**茎高0.5~1 m，无毛。**叶：**2回3出复叶；小叶长圆状卵形至长圆状倒卵形，顶端尾状渐尖，两面无毛。**花：**单生茎顶，直径6.5~12 cm；花瓣7~9枚，红色，倒卵形；心皮通常2~3枚，密生黄褐色短毛，少有无毛。**果实：**蓇葖果，长3~3.5 cm，顶端具外弯的喙。

花期／4—5月　果期／6—8月　生境／山坡林缘阴湿处　分布／甘肃南部、四川中南部　海拔／1 500~2 700 m

小檗科 小檗属

1 刺红珠
Berberis dictyophylla

外观：落叶灌木。**根茎：**老枝黑灰色或黄褐色，幼枝近圆柱形，暗紫红色，常被白粉；茎刺三分叉，有时单生。**叶：**叶片厚纸质或近革质，狭倒卵形或长圆形，长1~2.5 cm，宽6~8 mm，背面被白粉，全缘。**花：**花梗长3~10 mm，有时被白粉；花黄色；花瓣狭倒卵形，长约8 mm，宽3~6 mm，先端全缘，基部缢缩略呈爪状，具2枚分离腺体；雄蕊长4.5~5 mm，药隔延伸，先端突尖；胚珠3~4枚。**果实：**浆果，卵形或卵球形，直径6~8 mm，红色，被白粉，顶端具宿存花柱，有时弯曲。

花期 / 5—6月　果期 / 7—9月　生境 / 山坡灌丛中、河滩草地　分布 / 四川、云南、西藏　海拔 / 2 500~4 000 m

1

1

2 烦果小檗
Berberis ignorata

外观：落叶灌木，高1~3 m。**根茎：**老枝圆柱形，灰色，幼枝亮紫黑色；茎刺单生或三分叉。**叶：**叶片纸质，狭倒卵形，长1~3.5 cm，宽4~15 mm，基部楔形，背面灰色，微被白粉，叶缘平展，全缘，或有时每边具1~5枚刺齿；叶柄长2~3 mm，或近无柄。**花：**总状花序或近伞形总状花序，具3~9朵花，基部常有数花簇生，无总梗；小苞片宽披针形；萼片9枚，黄色，花瓣状，3轮，外萼片长圆状卵形，中萼片椭圆形，内萼片椭圆状倒卵形；花瓣6枚，倒卵形，浅缺裂。**果实：**浆果，长圆形，红色，顶端无宿存花柱。

花期 / 5—6月　果期 / 8—9月　生境 / 林下、林间空地灌丛中　分布 / 西藏南部及东南部（林芝、山南、日喀则）　海拔 / 2 700~3 800 m

2

3 腰果小檗
Berberis johannis

外观：落叶灌木，高1.5~2 m。**根茎：**老枝灰色，幼枝淡褐色，微具槽；茎刺三分叉，有时单生。**叶：**叶片纸质，倒披针形或倒卵形，背面灰色，微被白粉，叶缘平展，全缘，有时每边具2~5枚刺状小锯齿；近无柄。**花：**伞形花序，具3~10朵花，总梗长3~10 mm，基部常有1至数花簇生；苞片三角状卵形；萼片9枚，黄色，花瓣状，3轮，外萼片长圆状三角形，中萼片长圆状卵形，内萼片椭圆形；花瓣6枚，倒卵形，先端缺裂。**果实：**浆果，长圆状椭圆形或长圆状卵形，亮红色，中部缢缩，常弯曲，顶端无宿存花柱。

2

3

4

4

花期 / 5—6月　果期 / 7—10月　生境 / 林下、灌丛中　分布 / 西藏（米林、林芝、波密）　海拔 / 3 000~4 000 m

4 工布小檗

Berberis kongboensis

外观：落叶灌木，高约2 m。**根茎：**老枝暗紫红色，幼枝亮红色；茎刺三分叉，淡黄色，长1~2.5 cm，腹面具槽。**叶：**叶片纸质，倒披针形，长1~5 cm，宽0.5~1.5 cm，先端急尖，叶缘平展，全缘。**花：**总状花序稀疏，具7~25朵花；胚珠3枚。**果实：**浆果，长圆形，顶端无宿存花柱，不被白粉。

花期 / 5月　果期 / 6—8月　生境 / 林下或杜鹃林　分布 / 西藏　海拔 / 2 680~3 200 m

5

5 藏小檗

Berberis thibetica

别名：西藏小檗

外观：落叶灌木，高1~2 m。**根茎：**老枝暗红色，幼枝棕黄色，具条纹；刺通常单生，偶有三叉状。**叶：**叶片坚纸质，窄长圆状倒卵形，长2.5~3.5 cm，宽5~10 mm，通常全缘；近无叶柄。**花：**花序由4~9朵花组成总状至伞形状花序，间有近簇生；萼片6枚，黄色，花瓣状，2轮，外萼片卵形；花瓣6枚，黄色，倒卵形，先端微凹；雄蕊顶端具尖头。**果实：**浆果，卵圆形，顶端具宿存花柱，外被白粉。

花期 / 5—6月　果期 / 8—9月　生境 / 山坡灌丛中　分布 / 西藏南部、云南西北部、四川西部　海拔 / 1 500~3 200 m

6

6

6 天宝山小檗

Berberis tianbaoshanensis

外观：灌木，高1~2 m。**根茎：**枝黑灰色，具有明显的棱角和黑色疣点；刺黄色，三叉状。**叶：**叶片薄膜质，卵状长圆形，长2~3 cm，先端具尖头，全缘，背面淡绿色，无白粉。**花：**单生，黄色；花柄纤细，长4~7 mm；花瓣倒卵形，长约10 mm，宽约5.5 mm，先端圆形，2裂，基部楔形，在两侧有2枚腺体；雄蕊长约6 mm，顶端钝尖；子房长约5 mm，顶端无花柱，含有4枚胚珠。**果实：**浆果，红色，长卵形，种子1~2粒。

花期 / 6月　果期 / 8—9月　生境 / 山坡灌丛中，冷杉林下，林缘河滩　分布 / 云南（香格里拉）　海拔 / 3 200~4 000 m

小檗科 鬼臼属

1 川八角莲

Dysosma delavayi

(syn. *Dysosma veitchii*)

别名：西南八角莲

外观：多年生草本，高20~65 cm。**根茎：**根状茎短而横走，须根较粗壮。**叶：**2枚，对生，纸质，盾状，轮廓近圆形，直径达22 cm，4~5深裂几达中部，裂片楔状矩圆形，先端3浅裂，上面暗绿色，有时带暗紫色，背面淡黄绿色或暗紫红色，叶缘具稀疏小腺齿；叶柄长7~10 cm，被白色柔毛。**花：**伞形花序，具2~6朵花，着生于2叶柄交叉处，有时无花序梗，呈簇生状；花梗下弯，密被白色柔毛；萼片6枚，长圆状倒卵形，外面被柔毛，常早落；花瓣6枚，紫红色，长圆形；雄蕊6枚；雌蕊短，仅为雄蕊长度之半，柱头大而呈流苏状。**果实：**浆果，椭圆形，熟时鲜红色。

花期 / 4—5月　果期 / 6—9月　生境 / 山谷、沟边、林下阴湿处　分布 / 云南、四川　海拔 / 1 200~2 500 m

1 孙小美 摄影

1 孙小美 摄影

2 董磊 摄影

2 西藏八角莲

Dysosma tsayuensis

外观：多年生草本，高50~90 cm。**根茎：**根状茎粗壮，横生，多须根；茎不分枝，具纵条棱，基部被棕褐色大鳞片。**叶：**茎生叶2枚，对生，圆形或近圆形，几为中心着生的盾状，直径约30 cm，两面被短伏毛，叶片5~7深裂，裂片楔状矩圆形，边缘具刺细齿和睫毛；叶柄长11~25 cm。**花：**2~6朵花簇生于叶柄交叉处；花梗长2~4 cm；花直径4~5 cm；萼片6枚，早落；花瓣6枚，白色，倒卵状椭圆形，长2.7~2.8 cm，宽1~1.1 cm；子房具柄，柱头膨大，皱波状。**果实：**浆果，卵形或椭圆形，2~4枚簇生于两叶柄交叉处，红色，宿存柱头大。

花期 / 5—6月　果期 / 7月　生境 / 生于高山松林、冷杉林、云杉林下或林间空地　分布 / 西藏东南部　海拔 / 2 500~3 500 m

2

2

2

1

1

1

小檗科 桃儿七属

1 桃儿七

Sinopodophyllum hexandrum

别名：鬼臼

外观： 多年生草本，植株高20~50 cm。**根茎：** 根状茎粗短，节状，多须根；茎直立，单生，具纵棱，无毛，基部被褐色大鳞片。**叶：** 2枚，薄纸质，非盾状，基部心形，3~5深裂几达中部，上面无毛，背面被柔毛，边缘具粗锯齿。**花：** 大，单生，先叶开放，两性，整齐，粉红色；萼片6枚，早萎；花瓣6枚，倒卵形或倒卵状长圆形，先端略呈波状；雄蕊6枚，花丝较花药稍短，花药线形，纵裂，先端圆钝，药隔不延伸；雌蕊1枚，子房椭圆形，1室，侧膜胎座，含多数胚珠，花柱短，柱头头状。**果实：** 浆果，卵圆形，熟时橘红色；种子卵状三角形，红褐色，无肉质假种皮。

花期 / 5—6月　果期 / 7—9月　生境 / 林下、林缘湿地、灌丛中或草丛中　分布 / 西藏、云南、四川、青海、甘肃　海拔 / 2 200~4 300 m

1

马兜铃科 马兜铃属

2 山草果

Aristolochia delavayi

(syn. *Aristolochia delavayi* var. *micrantha*)

别名：山胡椒

外观： 柔弱草本，全株无毛，有浓烈辛辣气味。**根茎：** 茎细长，粉绿色，高30~60 cm。**叶：** 纸质，卵形，长2~8 cm，宽1.5~5 cm，基部心形而抱茎，无毛或稍粗糙，密布油点。**花：** 单生于叶腋；花梗长1~1.5 cm，开花后期近顶端常向下弯；花被全长2.5~3.5 cm，基部膨大呈球形，直径

3~5 mm，向上急剧收狭成圆筒形的长管，管口扩大呈漏斗状；檐部一侧极短，稍2裂，另一侧延伸成舌片；舌片卵状长圆形，外面淡黄色，内面近管口粉红色。**果实：**蒴果，近球形，6瓣开裂；果梗长2~3 cm，下垂；种子卵状心形，密布乳头状突起小点，腹面凹入。

花期 / 5—10月　果期 / 12月　生境 / 干暖河谷　分布 / 云南西北部（丽江）　海拔 / 1 600~1 900 m

3 宝兴马兜铃

Aristolochia moupinensis

别名：藤藤黄、准通、老蛇藤、大半药、青木香、木香、南木香、大内消

外观：木质藤本，长3~4 m或更长。**根茎：**嫩枝和芽密被黄棕色或灰色长柔毛；茎有纵棱，老茎基部有木栓层。**叶：**叶片卵形或卵状心形，长6~16 cm，宽5~12 cm，基部深心形。**花：**单生或2朵聚生于叶腋；花梗长3~8 cm，花后伸长，密被长柔毛；花被管中部急遽弯曲而略扁，下部长2~3 cm，直径8~10 mm，弯曲处至檐部与下部近等长而稍狭，外面疏被黄棕色长柔毛，内面仅在近子房处被微柔毛，具纵脉纹；檐部盘状，近圆形，直径3~3.5 cm，内面黄色，有紫红色斑点；裂片常稍外翻，顶端具凸尖；喉部圆形，稍具领状环，直径约8 mm；花药成对贴生于合蕊柱近基部，并与其裂片对生；子房长约8 mm，密被长柔毛；合蕊柱顶端3裂，裂片顶端有时2裂，常钝圆，边缘向下延伸呈皱波状。**果实：**蒴果，长圆形，长6~8 cm，具6条波状棱；种子长卵形，背面平凸状，具皱纹及隆起的边缘，腹面凹入，中间具膜质种脊。

花期/5—7月　果期/8—10月　生境/林中、沟边、灌丛　分布/云南西部、四川西部　海拔/2 000~3 200 m

三白草科 蕺菜属

Houttuynia cordata

4 蕺菜

别名：鱼腥草、狗贴耳、侧耳根、折耳根

外观：具腥臭味的多年生草本。**根茎：**茎下部伏生于地上，节上生有小根，上部直立，常带紫红色。**叶：**薄纸质，卵形或阔卵形，具腺点；叶脉具柔毛，叶背常紫红色；托叶膜质，下部与叶柄合生成鞘，具缘毛，基部略抱茎。**花：**穗状花序，下部具白色长圆形总苞片；雄蕊长于子房。**果实：**蒴果，顶端具宿存花柱。

花期 / 4—9月　果期 / 6—10月　生境 / 田埂上、林下和水边阴湿处　分布 / 西藏、云南、四川　海拔 / 1 700~2 300 m

紫堇科 紫堇属

1 灰绿黄堇

Corydalis adunca

(syn. *Corydalis adunca* subsp. *microsperma*)

别名：师子色色

外观：多年生灰绿色丛生草本，高20~60 cm，多少具白粉。**根茎：**茎不分枝或少分枝，具叶。**叶：**基生叶具长柄，叶片狭卵圆形，2回羽状全裂，1回羽片4~5对，2回羽片1~2对，近无柄，3深裂；茎生叶与基生叶同形，上部的具短柄，近1回羽状全裂。**花：**总状花序；苞片狭披针形；花梗长约5 mm；花黄色，外花瓣顶端浅褐色；萼片卵圆形，基部多少具齿；外花瓣顶端兜状，具短尖；上花瓣长约1.5 cm；距约占花瓣全长的1/4~1/3，末端圆钝；下花瓣长约1 cm，舟状内凹；内花瓣具鸡冠状突起，爪约与瓣片等长。**果实：**蒴果，长圆形，直立或斜伸。

花期 / 5—9月　果期 / 6—10月　生境 / 河谷、河滩、干旱山地或石缝中　分布 / 甘肃、青海、四川西部 、西藏、云南西北部　海拔 / 1 000~3 900 m

1

2 直茎黄堇

Corydalis stricta

别名：玉门透骨草、劲直黄堇、直立紫堇

外观：多年生灰绿色丛生草本。**根茎：**具主根和多头根茎；根茎具鳞片和多数叶柄残基；茎具棱，劲直，多少具白粉，不分枝或少分枝，疏具叶。**叶：**基生叶长10~15 cm，具长柄；叶片2回羽状全裂，1回羽片约4对，具短柄，2回羽片约3枚，宽卵圆形，质较厚而多少具白粉，3深裂，裂片卵圆形，近具短尖，有时羽片较小，2回3深裂，末回裂片狭披针形至狭卵圆形，质较薄，无白粉；茎

1

2

2

3

生叶与基生叶同形，具短柄至无柄。**花：**总状花序密具多花；苞片狭披针形，近白色；花梗果期不伸长，下弯；花黄色，背部带浅棕色；萼片卵圆形，有时基部具流苏状齿；外花瓣不宽展，具短尖，无鸡冠状突起；距短囊状，约占花瓣全长的1/5；蜜腺体粗短；内花瓣具鸡冠状突起；雄蕊束披针形，具中肋；柱头小，近圆形，具10乳突。**果实：**蒴果，长圆形，下垂。

花期／6—7月　果期／8—9月　生境／高山多石地　分布／西藏西部、四川、青海、甘肃　海拔／3 000~5 300 m

3 囊距紫堇

Corydalis benecincta

外观：多年生草本。**根茎：**主根肉质，黄色，常分枝；茎的地下部分约占1/3，具2~4鳞片，分枝。**叶：**地上部分具3~4叶，叶3出，具长柄，基部具鞘，小叶卵圆形至倒卵圆形，肉质，上面绿色，下面苍白色，具短柄，侧生的较小，无柄。**花：**总状花序伞房状，无明显的花序轴，具5~15朵花；苞片倒卵状长圆形至倒披针形，全缘，下部者有时稍分裂；花梗较粗，果期弧形下弯；花粉红色至淡紫红色，粗大；萼片近圆形，具齿；外花瓣具浅鸡冠状突起，顶端具暗蓝紫色调和粉红色脉；上花瓣多少弧形下弯；距粗大，囊状；蜜腺体短，末端钝而下延；下花瓣稍向前伸出，基部具小瘤状突起；内花瓣顶端深紫色；柱头近四方形，宽大于长，顶端具4短柱状乳突。**果实：**蒴果，椭圆形，具长4 mm的花柱。

花期／7—9月　果期／7—9月　生境／高山流石滩的页岩和石灰岩基质上　分布／云南西北部、四川西南部（木里、乡城）　海拔／4 000~6 000 m

3

3

紫堇科 紫堇属

1 灰岩紫堇

Corydalis calcicola

外观： 无毛草本，高7~20 cm。**根茎：** 须根多数成簇，棒状增粗；茎数条，细弱，具条纹，上部有2~4分枝。**叶：** 基生叶柄下部变细，叶片轮廓卵形，3回羽状全裂，末回裂片披针形，锐尖；茎生叶互生于茎上部，3回羽状分裂，背面具白粉。**花：** 总状花序顶生，密集多花；苞片下部者扇状全裂，裂片条形，上部者披针形，具齿，最上部者狭披针形全缘；萼片小，膜质，边缘撕裂状；花瓣紫色，上花瓣背部鸡冠状突起狭而不显著，距圆锥状近圆筒形，钝，近劲直或稍弯曲；下花瓣长圆形，鸡冠状突起同上瓣；内花瓣狭倒卵形，先端深紫色，爪狭；雄蕊束近披针形，蜜腺体贯穿距的1/3；子房具多数小瘤密集排列成的纵棱，胚珠2列，花柱细，柱头近肾形，上端具2乳突。**果实：** 蒴果，狭椭圆形，具多数小瘤密集排列成的纵棱。

花期 / 5—10月　果期 / 5—10月　生境 / 灌丛、高山草甸或石灰岩流石滩　分布 / 云南西北部、四川西南部（木里）　海拔 / 2 900~4 800 m

1

2 粗糙黄堇

Corydalis scaberula

别名：多什勒巴、粗毛黄堇

外观： 多年生草本。**根茎：** 须根6~20条成簇，棒状增粗，向下渐狭，黄褐色，里面白色，肉质，极稀分枝；茎1~4条，上部具叶，下部裸露，基部线形。**叶：** 基生叶少数，3回羽状分裂，第一回裂片4对，第二回羽状深裂至浅裂，第三回裂片下部者2~3浅裂，上部者全缘，背面具柔毛；茎生叶通常2枚，近对生于茎的上部，具短柄，叶片

1

1

2

轮廓长圆形，其他与基生叶相同。**花：**总状花序，密集多花；苞片菱形，下半部楔形全缘，上半部扇状条裂，边缘具软骨质的糙毛；花梗细，短于苞片；萼片小，近肾形，具条裂状齿；花瓣淡黄带紫色，开放后橙黄色；上花瓣舟状倒卵形，背部具绿色的鸡冠状突起，距圆筒形，钝；下花瓣背部具鸡冠状突起；内花瓣先端深紫色；花丝椭圆形；子房椭圆形，柱头近肾形。**果实：**蒴果，长圆形，具8~10枚种子，排成2列；种子圆形；种阜具细牙齿。

花期 / 6—9月　果期 / 6—9月　生境 / 高山草甸或流石滩　分布 / 西藏东北部（昌都）、四川西北部、青海　海拔 / 4 000~5 600 m

2

3

3 斑花黄堇

Corydalis conspersa

别名：密花黄堇、丁冬欧薷

外观：丛生草本。**根茎：**根茎短，簇生棒状肉质须根。**叶：**基生叶多数，约长达花序基部；叶柄约与叶片等长，基部鞘状宽展；叶片2回羽状全裂；茎生叶多数，与基生叶同形，较小。**花：**总状花序头状，花多而密集；苞片菱形或匙形，边缘紫色，全缘或顶端具啮蚀状齿；萼片菱形，棕褐色，具流苏状齿；花淡黄色或黄色，具棕色斑点；上花瓣具浅鸡冠状突起；距圆筒形，钩状弯曲；蜜腺体约贯穿距长的1/2；下花瓣与上花瓣相似，爪较长；内花瓣具高而伸出顶端的鸡冠状突起；爪细长，约长于瓣片2倍；雄蕊束披针形；柱头近扁四方形，顶端2浅裂，具8个乳突。**果实：**蒴果，长圆形至倒卵圆形。

花期 / 7—9月　果期 / 7—9月　生境 / 多石河岸和高山砾石地　分布 / 西藏东部和中部、四川西北及西部、青海中南部、甘肃西南部　海拔 / 3 800~5 700 m

3

3

紫堇科 紫堇属

1 皱波黄堇

Corydalis crispa

别名：抓桑、隆恩、隆结路恩

外观：多年生草本，高20~50 cm。**根茎：**主根长，具少数纤维状分枝；茎直立，自基部具多数开展的分枝。**叶：**基生叶数枚，廓卵形，3回3出分裂，具长柄，通常早枯；茎生叶多数，长卵形，长3.8~5 cm，3回3出分裂，小裂片卵形至披针形；叶柄下部者较长，向上渐短。**花：**总状花序，生于茎和分枝顶端，多花密集；苞片最下部者羽状分裂，下部者3裂，中部以上为狭倒披针形至线形全缘；花梗比苞片长；萼片2枚，鳞片状，边缘具缺刻；花瓣4枚，黄色；上花瓣舟状卵形，背部鸡冠状突起高1~1.5 mm，超出瓣片先端并延伸至距中部，边缘有时具浅波状齿，距圆筒形，向上弧曲，与花瓣片近等长；下花瓣舟状卵形；内花瓣提琴形。**果实：**蒴果，圆柱形，果棱常粗糙。

花期／6—10月　果期／6—10月　生境／山坡草地、灌丛、高山草甸、石缝中　分布／西藏东南部　海拔／3 100~5 000 m

1

2 纤细黄堇

Corydalis gracillima

别名：小黄断肠草

外观：一年生草本，高10~30 cm。**根茎：**主根有少数纤维状分枝；茎纤细，直立或近匍匐。**叶：**基生叶数枚，3回3出分裂；叶柄柔弱，长3~6 cm；茎生叶多数，疏离，互生，与基生叶相似；下部叶具长柄，上部叶具短柄。**花：**总状花序，生于茎和分枝先端，有6~12朵花，排列稀疏；苞片最下部者倒卵形或3浅裂，最上部者钻形全缘；花梗长于苞片；萼片2枚，鳞片状，具细牙齿；花瓣4枚，黄色；上花瓣舟状卵形，背部具极矮的鸡冠状突起，距纤细，圆锥状，与花瓣片近等长；下花瓣舟状狭倒卵形；内花瓣提琴形，先端紫黑色，爪线形，与花瓣片近等长。**果实：**蒴果，狭倒卵状长圆形，幼时绿色，肋红色，种子通常排成2列。

花期／7—10月　果期／7—10月　生境／林下、草坡、石缝中　分布／西藏东南部、云南中西部及北部、四川西部　海拔／2 700~4 200 m

1

3 假全冠黄堇

Corydalis pseudotongolensis

外观：多年生草本，高40~90 cm。**根茎：**主根粗壮，圆柱形，具多数纤维状细根；茎直立，具棱，多分枝。**叶：**基生叶数枚，宽卵形，3~4回羽状分裂，裂片羽状全裂或深裂；叶柄长3~6 cm，基部具鞘；茎生叶多

数，疏离互生，与基生叶相似，但上部叶较小和较少裂；下部叶具长柄，上部叶具短柄，基部均具狭长的鞘。**花：**总状花序，生于茎和分枝先端，有18~25朵花，侧生花序较短，花较少；苞片下部者与茎生叶相似，中部者羽状3~5深裂，上部者狭披针形全缘；花梗明显短于苞片；萼片2枚，鳞片状，近肾形，具流苏状深齿，白色；花瓣4枚，黄色，呈浅V字形弯曲；上花瓣舟状卵形，背部鸡冠状突起高约1.5 mm，自花瓣片先端延伸至其末端，距圆锥状圆筒形，比花瓣片短；下花瓣舟状匙形，鸡冠状突起较上花瓣的短，爪条形，比花瓣片长；内花瓣提琴形，爪狭楔形，与花瓣片近等长。**果实：**蒴果，圆柱形，成熟时自果梗基部反折。

花期 / 7—9月　果期 / 7—9月　生境 / 林下、林缘或山坡灌丛下　分布 / 云南西北部、四川西南部　海拔 / 2 700~3 500 m

紫堇科 紫堇属

1 迭裂黄堇
Corydalis dasyptera

别名：黄连、鸡爪黄连、塞尔歪

外观：多年生铅灰色草本。**根茎：**主根粗大，顶端常具多头的根茎。**叶：**基生叶多数；叶片1回羽状全裂，羽片5~7对，通常较密集，彼此叠压。**花：**总状花序多花、密集；下部苞片羽状深裂，上部的具齿至全缘，全部长于花梗；萼片小，具齿；花污黄色，外花瓣龙骨突起部位带紫褐色，具高而全缘的鸡冠状突起；上花瓣鸡冠状突起延伸至距中部；距约与瓣片等长，圆筒形，末端稍下弯，蜜腺体约长达距的1/2；下花瓣稍向前伸出，瓣片近爪下弯；爪宽展，下凹；内花瓣具粗厚的鸡冠状突起，爪稍短于瓣片；雄蕊束披针形，向上渐狭；柱头扁四方形，顶端2裂，具2短柱状突起，两侧基部下延。**果实：**蒴果，下垂，长圆形。

花期 / 7—9月　果期 / 7—9月　生境 / 高山草地、流石滩或疏林下　分布 / 西藏东部至东南部、四川北部、青海、甘肃南部至西南部　海拔 / 2 700~4 800 m

1

1

2 曲花紫堇
Corydalis curviflora

别名：洛阳花、玉周丝哇

外观：草本，高7~25 cm。**根茎：**须根多数成簇，狭纺锤状肉质增粗，有时粗线形，具细长柄。茎不分枝。**叶：**基生叶少数，叶片3全裂，全裂片2~3深裂，有时指状全裂；茎生叶1~4枚，疏离，背面具白粉。**花：**总状花序顶生或稀腋生，长2.5~12 cm，有10~15朵花或更多；苞片全缘，稀最下部者3~5深裂。花瓣淡蓝色、淡紫色或紫红色；上花瓣舟状宽卵形，背部鸡冠状突起高0.5~1.5 mm，距圆筒形，粗壮，长5~6 mm，末端略渐狭并向上弯曲；下花瓣长0.7~0.9 mm，背部鸡冠状突起较矮；内花瓣提琴形，具1侧生囊；蜜腺体贯穿距的1/2；柱头2裂，具6个乳突。**果实：**蒴果，线状长圆形，成熟时自果梗先端反折。

花期 / 5—7月　果期 / 7—8月　生境 / 云杉林下、灌丛下或草丛　分布 / 宁夏、甘肃西南部、青海东部至南部　海拔 / 2 400~3 900 m

2

2

3 丽江黄堇
Corydalis delavayi

别名：苍山黄堇、丽江紫堇

外观：草本，高20~38 cm。**根茎：**须根多数成簇，纺锤状肉质增粗；茎不分枝或稀上部1~2分枝。**叶：**基生叶少数，3全裂，全裂片再次3深裂，深裂片2或3浅裂，背面具白粉；

3

4

4

叶柄长5~15 cm；茎生叶2~4枚，互生于茎上部，1回奇数羽状分裂，小裂片全缘或稀下部者2浅裂；具短柄或近无柄。**花：**总状花序，顶生，有10~20朵花，稀疏；苞片下部者3浅裂，上部者狭披针形全缘；萼片2枚，边缘具细齿；花瓣黄色；上花瓣舟状卵形，背部鸡冠状突起高约2 mm，距圆筒形，与花瓣片近等长，平伸，末端略下弯；下花瓣比上瓣片长，具鸡冠状突起；内花瓣倒卵形。**果实：**蒴果，狭倒卵形，成熟时自果梗基部反折。

花期 / 6—9月　果期 / 6—9月　生境 / 石灰岩高山灌丛、草甸或流石滩　分布 / 云南西北部、四川西南部　海拔 / 3 000~4 600 m

4 粗距紫堇

Corydalis eugeniae

别名：康定紫堇

外观：直立草本，高15~35 cm。**根茎：**须根数条，纤细，下部极狭的纺锤状增粗。**叶：**基生叶1枚，叶片3回3出分裂，小裂片线状披针形；茎生叶2枚，互生于茎上部，叶片1回奇数羽状全裂，裂片2~3对。**花：**总状花序多花，先密后疏；苞片下部者掌状浅裂，上部者线状披针形；萼片鳞片状，极小，边缘流苏状；花瓣黄色；上花瓣舟状卵形，先端钝，背部鸡冠状突起，自先端开始延伸至距中部消失，边缘浅波状，距圆筒形，漏斗状弯曲，末端圆，与花瓣片近等长；下花瓣舟状倒卵形，背部鸡冠状突起高且短，具短爪，基部稍弯曲；内花瓣提琴形，花瓣片长圆形，具1侧生囊，爪楔形，长于花瓣片；柱头2浅裂。**果实：**蒴果。

花期 / 6—7月　果期 / 7—8月　生境 / 高山灌丛或草坡　分布 / 云南西北部、四川西北部和西部　海拔 / 3 400~4 600 m

5

5 长冠紫堇

Corydalis lathyrophylla

外观：草本，高20~40 cm。**根茎：**须根多数成簇，纺锤状肉质增粗；茎通常不分枝。**叶：**基生叶少数，一回奇数羽状全裂，裂片2~4对，疏离，通常对生；叶柄长达13 cm；茎生叶约3枚，于茎上部疏离互生，具短柄或近无柄。**花：**总状花序，顶生，多花；苞片狭披针形至线形，全缘，有时最下部者分裂；花梗短于苞片，花开后向下弯曲；萼片2枚，鳞片状，半圆形，白色，膜质，边缘撕裂状；花瓣淡蓝色，上花瓣菱状卵形，背部鸡冠状突起自花瓣先端延伸至距末，距圆筒形，下花瓣狭卵形，背部鸡冠状突起半圆形，内花瓣提琴形，爪狭楔形，与花瓣片近等长。**果实：**蒴果。

花期 / 7—8月　果期 / 8—9月　生境 / 高山灌丛、山坡　分布 / 云南西北部、四川西南部　海拔 / 3 500~4 700 m

紫堇科 紫堇属

1 米林紫堇
Corydalis lupinoides
别名：介巴铜达

外观：多年生草本，高20~36 cm。**根茎：**须根多数成簇，狭纺锤状肉质增粗；茎直立，压扁，明显具棱，有少数分枝。**叶：**基生叶少数，3回3出分裂，具长叶柄；茎生叶少数，3回3出分裂，小裂片倒披针形；叶柄长0.5~3.2 cm，上部叶近无柄。**花：**总状花序，顶生；苞片下部者与茎生叶相似，较小而裂片较少，上部者狭卵形至披针形，全缘；花梗与苞片近等长或较长；萼片2枚，极小，早落；花瓣4枚，淡蓝紫色；上花瓣舟状，背部具鸡冠状突起，距劲直，略向上弯曲，与花瓣片近等长；下花瓣倒卵形，具鸡冠状突起，中部缢缩，下部呈囊状；内花瓣匙形，里面先端紫黑色。**果实：**蒴果，狭椭圆形，成熟时自果梗基部反折。

花期 / 7—8月　果期 / 7—8月　生境 / 冷杉林下、灌丛下　分布 / 西藏东南部　海拔 / 3 600~3 800 m

1

1

2 尖瓣紫堇
Corydalis oxypetala

外观：草本，高15~30 cm。**根茎：**须根多数成簇，纺锤状肉质增粗；茎1~2条，不分枝。**叶：**基生叶1~2枚，三角形至圆形，3全裂，全裂片近圆形至扇形，再次3深裂或扇状浅裂；叶柄长10~20 cm，纤细，基部变狭；茎生叶1枚，生于茎上部，三角形，3全裂，全裂片2~3深裂或浅裂；具短柄或近无柄。**花：**总状花序，顶生，有6~15朵花，稀疏；苞片披针形，全缘；花梗长于或短于苞片；萼片2枚，极小，鳞片状，边缘具流苏；花瓣4枚，蓝色；上花瓣卵形，背部具矮鸡冠状突起，距近圆锥形，稍长于花瓣片；下花瓣倒披针形，鸡冠状突起矮小，内花瓣爪狭楔形，与花瓣片近等长。**果实：**蒴果，狭圆柱形。

花期 / 7—9月　果期 / 7—9月　生境 / 疏林下、灌丛、草坡　分布 / 云南西部及西北部　海拔 / 3 000~3 600 m

2

2

2

3 浪穹紫堇
Corydalis pachycentra

外观：草本，高5~30 cm。**根茎：**须根多数成簇，中部纺锤状肉质增粗；茎1~5条，直立，常带紫色，不分枝。**叶：**基生叶2~5枚，有时较多，近圆形，3全裂，全裂片2~4深裂至近基部；叶柄长2~7 cm；茎生叶1枚，稀2枚，多生于茎中部，掌状5~11深裂至近基部，无叶柄。**花：**总状花序，顶生，有4~8朵花；苞片长圆状披针形至线状披针

3

形，全缘；花梗稍长于苞片；萼片2枚，鳞片状，卵形，具缺刻，早落；花瓣4枚，蓝色或蓝紫色；上花瓣舟状宽卵形，向上弯曲，背部鸡冠状突起高1~1.5 mm，自瓣片先端延伸至其末端，距圆筒形，向上弯曲，与花瓣片近等长；下花瓣远超出上花瓣，中部缢缩，下部呈浅囊状，基部具短爪；内花瓣提琴形，爪楔形，略短于花瓣片。**果实：** 蒴果，椭圆状长圆形，成熟时自果梗先端反折。

花期／5—9月　果期／5—9月　生境／林下、灌丛下、高山草甸、石隙间　分布／西藏东南部、云南西北部、四川西部、青海南部　海拔／3 500~5 200 m

3　余天一　摄影

4 裂冠紫堇

Corydalis flaccida

别名：裂冠黄堇、裂瓣紫堇

外观： 多年生草本，半灌木状，高60~90 cm。**根茎：** 主根粗大，老时多少扭曲；茎具棱，分枝。**叶：** 基生叶少数，长达茎的1/3~1/2；叶片卵圆形至三角形，3回羽状全裂，边缘具圆齿；叶柄约与叶片等长，基部鞘状宽展；茎生叶与基生叶同形，1~2回羽状全裂。**花：** 总状花序，生茎和枝顶端，多少组成复总状圆锥花序，密具多花；苞片约与花梗等长，下部的叶状，上部的披针形至线形，常具柄，全缘或多少具齿；萼片2枚，近心形，具啮蚀状齿；花瓣4枚，花紫红色、蓝紫色、粉红色至白色；外花瓣顶端微凹；上花瓣距长约1 cm，稍下弯；下花瓣基部多少具小疣状突起；内花瓣顶端着色较深，爪长于瓣片。**果实：** 蒴果，线形，多少呈念珠状，具1列种子。

花期／7—8月　果期／7—8月　生境／林下、林缘、高山草地　分布／西藏东南部、云南西北部、四川西南部　海拔／3 000~4 000 m

4

4

紫堇科 紫堇属

1 药山黄堇

Corydalis iochanensis

外观：一年生草本，高15~30 cm。**根茎：**具多数纤维状侧根；茎近直立或外倾，具棱，有分枝。**叶：**基生叶少数，宽卵形至近圆形，2回3出全裂；叶柄长5~8 cm，基部扩大成宽鞘；茎生叶少，疏生，与基生叶同形，但向上叶片渐小，叶柄渐短。**花：**总状花序，生于茎和分枝顶端，少花密集；苞片下部者与上部茎生叶相似，中部以上者3~7深裂，裂片条形；花梗稍短于苞片，花后常螺旋状扭转；萼片2枚，鳞片状，边缘流苏状撕裂；花瓣4枚，乳白色至淡黄色；上花瓣舟状宽卵形，背部近无鸡冠状突起，距圆筒形，稍长于花瓣片，自中部向下弧曲；下花瓣舟状宽卵形，背部无鸡冠状突起，下部浅囊状；内花瓣提琴形。**果实：**蒴果，长圆形，种子排成2列。

花期 / 5—9月　果期 / 5—9月　生境 / 林下、灌丛、草地沟边　分布 / 西藏（错那）、云南西北及北部、四川西部　海拔 / 2 700~3 900 m

1

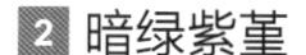

2 暗绿紫堇

Corydalis melanochlora

别名：银周色尔瓦

外观：无毛草本，高5~18 cm。**根茎：**须根多数成簇，棒状肉质增粗，向下渐狭；根茎短，具鳞茎。**叶：**基生叶2~4枚，叶片轮廓卵形或狭卵形，3回羽状全裂，全裂片下部者具柄，上部者近无柄或无柄，轮廓圆形，互生，3全裂或深裂，小裂片不等的2~3浅裂，披针形或宽线形；茎生叶2枚，生于茎上部，通常近对生，具短柄或无柄，其他与基生叶相同，但裂片较疏离。**花：**总状花序顶生，有4~8朵花，密集近于伞形；苞片指状全裂，裂片多数；花梗纤细，比苞片稍短；萼片小，呈撕裂状；花瓣天蓝色；上花瓣花瓣片舟状卵形，背部具鸡冠状突起，距圆筒形，末端钝，略下弯；下花瓣具爪；内花瓣花瓣片倒卵状长圆形，先端深紫色，基部2耳垂，爪线形，略短于花瓣片；花柱细，柱头近肾形，先端具6乳突。**果实：**蒴果，具5~6枚种子，成熟时自果梗先端反折。

花期 / 6—9月　果期 / 6—9月　生境 / 高山草甸或流石滩　分布 / 西藏东南部、云南西北部、四川西部、青海东部、甘肃　海拔 / 4 000~5 000 m

2

3 波密紫堇

Corydalis pseudoadoxa

别名：天葵叶紫堇、藏天葵叶紫堇

外观：草本，高5~25 cm。**根茎：**须根多数成簇，棒状肉质增粗；具鳞茎，鳞片数枚，

3

4 魏来 摄影

覆瓦状排列；茎1~4条，直立或弯曲，不分枝。**叶：**基生叶2~6枚，近圆形至宽卵形，2~3回3出分裂；叶柄长3~13 cm；茎生叶通常1枚，生于茎上部，3全裂，全裂片全缘或2~3深裂或浅裂；具短柄或无柄；有时无茎生叶。**花：**总状花序，顶生，有5~15朵花；苞片狭卵形至披针形，全缘，稀最下部1枚分裂；花梗长于苞片；萼片2枚，鳞片状，早落；花瓣4枚，蓝色；上花瓣舟状卵形，背部鸡冠状突起高1~1.5 mm，距圆筒形，与花瓣片近等长；下花瓣舟状近菱形，背部鸡冠状突起近三角形；内花瓣先端紫褐色，爪短于花瓣片。**果实：**蒴果，卵形、狭卵形或狭椭圆形，成熟时自果梗先端反折。

花期 / 6—9月　果期 / 6—9月　生境 / 高山草甸、流石滩　分布 / 西藏东南部、云南西北部　海拔 / 3 600~4 800 m

4 魏来 摄影

4 卡惹拉黄堇

Corydalis inopinata

别名：天葵叶紫堇、藏天葵叶紫堇

外观：矮小丛生草本。**根茎：**具主根。**叶：**基生叶具长柄；叶柄基部具鞘。**花：**伞房状总状花序，花少；苞片楔形，长约1.2 cm，3深裂，裂片具短尖，边缘具白色缘毛；花黄色，顶端带紫色；外花瓣具短尖和鸡冠状突起；上花瓣长1.2~1.25 cm；下花瓣长约8 mm，后半部浅囊状，边缘具乳突状缘毛；柱头2深裂，具6短柱状乳突，基部具2并生的乳突。**果实：**蒴果。

花期 / 6—8月　果期 / 8—9月　生境 / 高山流石滩　分布 / 西藏南部　海拔 / 4 700~5 200 m

5 尖突黄堇

Corydalis mucronifera

别名：扁柄黄堇、冬丝儿、至马尕共

外观：垫状草本。**根茎：**幼叶常被毛，具主根；茎数条发自基生叶腋，不分枝，具叶。**叶：**基生叶多数，叶柄扁，叶片卵圆形或心形，3出羽状分裂或掌状分裂，末回裂片长圆形，具芒状尖突；茎生叶与基生叶同形，常高出花序。**花：**花序伞房状，少花；苞片扇形，多裂，裂片线形至匙形，具芒状尖突；花梗果期顶端钩状弯曲；花黄色，先直立，后平展；萼片具齿；外花瓣具鸡冠状突起；距圆筒形，稍短于瓣片，轻微上弯；蜜腺体约贯穿距长的2/3；内花瓣顶端暗绿色；柱头近四方形，两侧常不对称，具6乳突，顶生2枚短柱状，侧生的较短，较靠近。**果实：**蒴果，椭圆形，常具4种子。

花期 / 5—6月　果期 / 6—8月　生境 / 高山流石滩　分布 / 西藏北部、青海南部、甘肃西部　海拔 / 4 200~5 300 m

5

5

紫堇科 紫堇属

1 长轴唐古特延胡索

Corydalis tangutica subsp. *bullata*

外观： 矮小多年生草本。**根茎：** 块茎圆锥形或圆球形，基部2浅裂；茎近下部具2~3鳞片，不分枝或具少数腋生枝。**叶：** 叶片3深裂或具3小叶；具长柄，基部鞘状宽展。**花：** 总状花序，密具2~3朵花，花序轴长，明显高出叶；苞片卵圆形或倒卵形；花梗短于苞片或等长；花瓣4枚，浅蓝色至紫红色；外花瓣无鸡冠状突起；上花瓣距长于瓣片1.5倍，末端多少弯曲；下花瓣微具囊。**果实：** 蒴果，椭圆形。

花期 / 5—7月　果期 / 6—7月　生境 / 林下、林缘、石坡地　分布 / 西藏东南部、云南西北部（香格里拉）　海拔 / 2 500~4 000 m

1

2 滇黄堇

Corydalis yunnanensis

别名：云南紫堇

外观： 多年生草本，高0.6~1.5 m，有时达2 m或更高。**根茎：** 须根多数，粗线形；茎分枝，淡绿色，有时带紫色。**叶：** 基生叶少数，三角形或宽卵形，3回3出分裂；叶柄长10~20 cm，常带紫色；茎生叶3~5枚，疏离互生，与基生叶相似；下部叶具长柄，最上部叶近无柄。**花：** 总状花序，顶生和侧生，多花；苞片披针形，全缘；花梗与苞片近等长；萼片2枚，鳞片状，具细牙齿，白色；花瓣4枚，黄色；上花瓣舟状卵形，背部鸡冠状突起高约1.5 mm，距圆筒形，与瓣片近等长，末端稍向上弧曲；下花瓣舟状长圆形；内花瓣提琴形，爪与瓣片近等长。**果实：** 蒴果，圆柱形，成熟时在果梗基部反折。

花期 / 6—9月　果期 / 6—9月　生境 / 林下、山坡灌丛、草坡　分布 / 云南北部及西北部、四川西南部　海拔 / 2 100~3 400 m

2

2

紫堇科 紫金龙属

3 丽江紫金龙

Dactylicapnos lichiangensis

外观： 纤细的草质藤本。**根茎：** 茎长2~4 m，绿色，具分枝。**叶：** 2回3出羽状复叶，具叶柄；小叶卵形至披针形，先端急尖或钝，基部宽楔形，通常不对称，表面绿色，背面具白粉。**花：** 总状花序伞房状，具2~6朵下垂花；苞片线状披针形；萼片狭披针形，早落；花瓣淡黄色，外面2枚先端向两侧微叉开，基部囊状，里面2枚花瓣先端具圆突，背部具鸡冠状突起，爪长7~9 mm。**果实：** 蒴果，线状长圆形，长3~6 cm。

花期 / 6—10月　果期 / 7月至翌年1月　生境 / 林缘、灌丛　分布 / 西藏（樟木）、云南中部和西北部、四川西南部　海拔 / 2 300~3 000 m

3

4 宽果紫金龙

Dactylicapnos roylei

外观：草质藤本。**根茎：**茎长2~3 m，多分枝。**叶：**2回或3回3出复叶，叶柄长3~4 cm。**花：**总状花序伞房状，具2~3朵下垂花；苞片披针形，边缘不规则的撕裂，绿色，两侧带紫色。萼片线状披针形，长5~6 mm，宽1~2 mm，基部流苏状，早落；花瓣淡黄色，外面2枚长1.7~2 cm，宽3.5~5 mm，先端向两侧叉开，基部囊状。**果实：**蒴果，线状长圆形，粗4~5 mm。种子肾形，长约2 mm，黑色，具光泽；外种皮具细网纹。

花期 / 7—10月　果期 / 9—12月　生境 / 林下、山坡灌丛、蕨类丛中或路边　分布 / 四川西部、云南中部至西北部及西藏　海拔 / 1 500~2 800 m

紫堇科 角茴香属

1 细果角茴香

Hypecoum leptocarpum

别名：节裂角茴香、哇日哇达、巴尔巴大

外观：一年生草本，略被白粉。**根茎：**茎丛生，长短不一，铺散而先端向上，多分枝。**叶：**基生叶多数，蓝绿色，叶片2回羽状全裂，裂片4~9对，羽状深裂；茎生叶同基生叶，但较小。**花：**花茎多数，通常二歧状分枝；苞叶轮生，2回羽状全裂；花小，排列成二歧聚伞花序，花梗细长，每花具数枚刚毛状小苞片；萼片卵形或卵状披针形，边缘膜质，全缘，稀具小牙齿；花瓣淡紫色，外面两枚宽倒卵形，先端绿色、全缘、近革质，里面两枚较小，3裂几达基部，中裂片匙状圆形，具短柄或无柄，边缘内弯，极全缘，侧裂片较长，长卵形或宽披针形，先端钝且极全缘；雄蕊4枚，与花瓣对生，花丝丝状，黄褐色，扁平，基部扩大，花药卵形，黄色；子房圆柱形，无毛，胚珠多数，花柱短。**果实：**蒴果，直立，两侧压扁，成熟时在关节处分离成数小节，每节具1枚种子。

花期／6—9月　果期／6—9月　生境／山坡、草地、山谷、河滩、砾石坡、砂质地　分布／西藏、云南西北部、四川西部、青海、甘肃　海拔／2 700~5 000 m

罂粟科 秃疮花属

2 苣叶秃疮花

Dicranostigma lactucoides

外观：草本，全株被短柔毛。**根茎：**根长10~15 cm，顶端上密盖残枯的叶基；茎3~4条，直立，疏被柔毛。**叶：**基生叶丛生，大头羽状浅裂或深裂；表面灰绿色，背面具白粉，两面疏被短柔毛；叶柄具翅，疏被短柔

2

3

3

4

4

4

毛；茎生叶无柄。**花：**聚散花序生于茎和分枝先端；具苞片；萼片宽卵形，淡黄色，被短柔毛，边缘膜质；花瓣黄色，宽倒卵形；花丝丝状，长5~7 mm，花药线状长圆形，淡黄色；子房狭卵圆形，被淡黄色短柔毛，花柱长2~3 mm，柱头帽状。**果实：**蒴果，圆柱形，两端渐尖，长5~6 cm，被短柔毛。

花期 / 6—8月　果期 / 8—9月　生境 / 较干旱的石坡和岩屑坡　分布 / 西藏（帕里、江孜）、云南西北部、青海西部　海拔 / 3 700~4 300 m

3 秃疮花

Dicranostigma leptopodum

别名：秃子花、勒马回

外观：通常为多年生草本，全体含淡黄色液汁，被短柔毛。**根茎：**主根圆柱形；茎具粉，上部具分枝。**叶：**基生叶丛生，叶片羽状深裂，背面灰绿色，疏被白色短柔毛；叶柄条形，疏被白色短柔毛，具数条纵纹；茎生叶少数，生于茎上部，羽状深裂、浅裂或2回羽状深裂。**花：**1~5朵花于茎和分枝先端排列成聚伞花序；花梗无毛；具苞片；花芽宽卵形；萼片卵形，先端渐尖成距，距末明显扩大成匙形，无毛或被短柔毛；花瓣倒卵形至回形，黄色；雄蕊多数，花丝丝状，花药长圆形，黄色；子房狭圆柱形，绿色，密被疣状短毛，花柱短，柱头2裂，直立。**果实：**蒴果，线形，无毛，2瓣自顶端开裂至近基部。

花期 / 3—5月　果期 / 6—7月　生境 / 草坡或路旁、田埂、墙头、屋顶　分布 / 西藏南部、云南西北部、四川西部、青海东部、甘肃南部至东南部　海拔 / 2 000~2 900 m

4 宽果秃疮花

Dicranostigma platycarpum

外观：草本，高1~2 m。**根茎：**根狭圆锥形；茎直立，粗壮，无毛，基部密盖残枯的叶基。**叶：**基生叶数枚，叶片大头羽状分裂，裂片疏离，叶柄基部扩大成鞘；下部茎生叶大头羽状深裂，裂片4~6对，边缘为不规则的粗齿，无柄且近抱茎，上部茎生叶宽卵形，先端渐尖，基部抱茎，边缘为不规则的大型粗齿。**花：**1~3朵花于茎和分枝先端排列成聚伞花序；花梗无毛；花芽宽卵形至近圆形；萼片舟状宽卵形，先端急尖并延长成距，外面疏被短柔毛，边缘一侧薄膜质；花瓣倒卵形，黄色；雄蕊多数，花丝丝状，花药长圆形；子房圆柱形，先端渐狭，无毛，柱头头状。**果实：**蒴果，圆柱形，无毛，2瓣自顶端开裂至近基部；种子卵珠形，具网纹。

花期 / 8—9月　果期 / 8—9月　生境 / 高山草地或沟边岩石隙　分布 / 西藏东南部（亚东至帕里）、云南西北部　海拔 / 3 300~3 500 m

罂粟科 绿绒蒿属

1 白花绿绒蒿

Meconopsis argemonantha

外观：草本，高5~13 cm。**根茎：**主根萝卜状至圆柱形，顶端少许纤维。**叶：**叶片狭长圆形至狭椭圆状长圆形，近基部羽状圆裂，裂片近急尖至圆形，近顶部呈波状，两面疏被刚毛，背面具白粉。**花：**花梗疏被刚毛；花瓣6~8枚，倒卵形，白色，缘细锯齿；花丝丝状，花药黄色；子房椭圆形，密被紧贴的皮刺，花柱长4~5 mm，柱头头状。**果实：**蒴果，圆柱形至纺锤形，1.5~2.5 cm，被稀疏上行刺毛。

花期 / 7—9月　果期 / 8—10月　生境 / 湿润苔藓丛、悬崖边　分布 / 西藏东南部　海拔 / 3 700~4 600 m

2 近全缘叶美花绿绒蒿

Meconopsis bella subsp. *subintegrifolia*

(syn. *Meconopsis zangnanensis*)

别名：藏南绿绒蒿

外观：多年生草本，被厚实的叶片残基。**根茎：**主根圆柱状。**叶：**全部基生；叶柄线形；叶片几乎全缘，无毛；**花：**花莛1~5条；花单生，下垂；花瓣4枚，蓝色，阔卵形；花丝丝状，花药黄色；子房多刚毛；花柱1.5~2 mm。**果实：**蒴果，疏被刚毛。

花期 / 7—8月　果期 / 8—9月　生境 / 高山草甸和石隙　分布 / 西藏（错那）　海拔 / 4 300~4 600 m

3 久治绿绒蒿

Meconopsis barbiseta

外观：一年生草本，植株基部盖以密集的莲

1　张志强　摄影

2　魏来　摄影

2　魏来　摄影

座叶残基。**根茎：**主根萝卜状，长约2 cm，粗约1.2 cm。**叶：**全部基生，叶片倒披针形，长3~5 cm，宽0.7~1 cm，先端钝或圆，两面被黄褐色刚毛。**花：**花莛高30~40 cm，先端细，向基部逐渐增粗，被黄褐色刚毛；花单生于基生花莛上；花瓣6枚，倒卵形至倒卵状长圆形，长4~4.5 cm，宽2~2.5 cm，顶端平截，边缘微波状，蓝紫色，基部紫黑色；花丝丝状，长约1.5 cm，花药长圆形，长约1.6 mm；子房卵形，长约1 cm，密被锈色刚毛，刚毛近基部具数枚倒向的短分枝，花柱圈柱状，长约4 mm，粗约2 mm，柱头4~6裂，裂片下延。**果实：**蒴果。

花期 / 7—9月　果期 / 8—10月　生境 / 高山灌丛及草甸　分布 / 青海东南部（久治）　海拔 / 4 400 m

4 拟藿香叶绿绒蒿

Meconopsis baileyi

外观：多年生多次开花，高可达1.2m。**根茎：**茎直立，单一或多条；被刚毛或近于光滑。**叶：**基部叶有柄，叶片长椭圆形至长椭圆形，长15.2~32 cm，宽5.4~11.6 cm，每侧边缘有8~19个齿；上部叶3~5枚集中成近轮生状态。**花：**天蓝至蓝紫色；花瓣4枚；花柱长2~5.5 mm，柱头直径4~5 mm。**果实：**蒴果；直径10~16 mm，刚毛密或较密。

花期 / 6—8月　果期 / 9月　生境 / 林缘、灌丛、草坡 分布 / 西藏东南部　海拔 / 2 900~3 800 m

5 藿香叶绿绒蒿

Meconopsis betonicifolia

外观：草本，高30~90 cm。**根茎：**根茎短而肥厚，盖以残枯的叶基，其上密被锈色具多短分枝的长柔毛；茎直立，粗壮，不分枝。**叶：**基生叶卵状披针形或卵形，先端圆或急尖，基部心形或截形，下延并扩大成鞘，边缘宽缺刻状圆裂，两面被稀疏的具多短分枝的长柔毛；下部茎生叶与基生叶同形，上部茎生叶较小，基部耳形抱茎。**花：**3~6朵花，生于最上部茎生叶的叶腋中；花瓣天蓝色或紫红色，4枚，具明显的纵条纹；花丝丝状，白色，花药长圆形，橘红色或金黄色；子房椭圆状长圆形，无毛或稀被锈色长柔毛，花柱棒状。**果实：**蒴果，长圆状椭圆形。

花期 / 6—7月　果期 / 8—9月　生境 / 云冷杉林下或林间草地　分布 / 西藏东南部、云南西部和西北部　海拔 / 3 300~4 000 m

拟藿香叶绿绒蒿

1

罂粟科 绿绒蒿属

1 长果绿绒蒿

Meconopsis delavayi

外观：多年生草本。**根茎：**主根圆柱形，向下延长并渐狭；根茎短，具少数极短的分枝。**叶：**全部基生，密聚于根茎每一短分枝的顶端而成几个叶丛，其间棍生鳞片状叶基，叶片卵形至近匙形，先端圆或锐尖，基部渐狭并下延成翅，边缘全缘，两面无毛或疏被紧贴、锈色的长柔毛，表面绿色，背面具白粉，中脉明显，侧脉二歧状分枝；叶柄粗线形。**花：**花莛1~8条，从各自的叶丛中生出，通常被稀疏、平展的锈色长柔毛。花单生于花莛上，半下垂；花瓣4枚，有时6枚或8枚，卵形至近圆形，先端急尖或稀圆，深紫色或蓝紫色，稀玫瑰色，具多数纤细的纵条纹；花丝丝状，与花瓣同色，花药长圆形，橘红色；子房狭长圆状椭圆形，无毛，花柱无毛，柱头头状或有时近棒状。**果实：**蒴果，狭长圆形或近圆柱形；种子镰状长圆形，种皮光滑或具纵纹。

花期／5—10月　果期／5—10月　生境／草坡　分布／云南西北部（丽江至鹤庆）　海拔／2 700~4 000 m

2 丽江绿绒蒿

Meconopsis forrestii

外观：草本。**根茎：**主根圆锥形或萝卜状，具纤维状细根。**叶：**通常全部基生，叶片倒披针形至宽线形，先端圆或锐尖，基部渐狭成翅，翅基部略扩大成膜质鞘，边缘全缘或略呈波状，两面疏被紧贴、亮褐色的长硬毛，中脉明显，在背面突起。**花：**花茎直立，不分枝，顶端渐尖，基部渐细，被亮褐色、平展或稍反曲的长硬毛；3~7朵花，生于花茎上部，无苞片；花梗芽时下垂，花时伸展，被平展、亮褐色的长硬毛；花芽倒卵形或近球形；萼片外面被亮褐色的长硬毛，里面无毛；花瓣通常4枚，稀5枚，卵形或宽卵形，淡蓝色或淡紫蓝色；花丝丝状，带紫色，花药长圆形，橘红色或紫黄色；子房狭椭圆状长圆形，无毛或疏被长硬毛，花柱极短或无，柱头3~4裂。**果实：**蒴果劲直，近狭圆柱形，无毛或疏被长硬毛；种子镰状椭圆形，种皮具不明显的凹痕。

花期／5—9月　果期／5—9月　生境／草坡、林缘及砾石地　分布／云南西北部、四川西南部　海拔／3 400~4 300 m

2

2

1

1

1

2 杨福生 摄影

2 魏来 摄影

罂粟科 绿绒蒿属

1 多刺绿绒蒿

Meconopsis horridula

外观： 草本，全株被黄坚硬的刺。**根茎：** 主根肥厚而延长，圆柱形，长达20 cm或更长；没有明显的茎。**叶：** 全部基生；叶片披针形，先端钝或急尖，边缘全缘或波状；两面密被刺。**花：** 花莛5~12条或更多，坚硬，绿色或蓝灰色，密被刺，有时花莛基部合生；花单生于花莛上，半下垂，萼片外面被刺；花瓣蓝色或蓝紫色，5~8枚，花丝丝状，花药长圆形，子房圆锥状，被刺。**果实：** 蒴果，倒卵形或椭圆状长圆形，被刺。

花期 / 6—8月 果期 / 8—9月 生境 / 高山草坡或石缝中 分布 / 西藏、云南西北部、四川、青海、甘肃西部 海拔 / 3 600~5 400 m

2 滇西绿绒蒿

Meconopsis impedita

外观： 一年生草本，高10~30 cm。**根茎：** 主根肥厚。**叶：** 全部基生，狭椭圆形、披针形、倒披针形或匙形，长2.5~6 cm，宽0.7~1.3 cm，边缘全缘或波状，有时不规则的分裂，两面被刺毛；叶柄长3~7 cm。**花：** 花莛多数，果时延长，被刺毛；花单生于花莛上，下垂；花瓣4~10枚，倒卵形或近圆形，深紫色或蓝紫色；花丝与花瓣同色或较深，花药乳白色、黄色、金黄色或橘红色；子房椭圆形至狭倒卵形，被黄褐色硬毛，花柱棒状，柱头头状，乳白色或绿色。**果实：** 蒴果，狭倒卵形至狭椭圆形，灰褐色，被黄褐色或锈色硬毛。

花期 / 5—8月 果期 / 7—11月 生境 / 草坡、岩坡 分布 / 西藏东南部（察隅）、云南西北部、四川西南部 海拔 / 3 400~4 700 m

2 魏来 摄影

2

罂粟科 绿绒蒿属

1 全缘叶绿绒蒿

Meconopsis integrifolia

别名：鹿耳菜、黄芙蓉、鸦片花

外观：草本，全株被锈色或金黄色长柔毛。**根茎：**主根粗约1 cm，具侧根和纤维状细根；茎粗壮，可高达150 cm，不分枝，具纵条纹，幼时被毛，老时近无毛，基部盖以宿存的叶基。**叶：**基生叶莲座状，全缘，两面被毛；上部茎生叶近无柄。**花：**通常4~5朵花，生于最上部茎生叶的叶腋中；花大，花瓣浅黄色或黄色，6~8枚，具纵条纹；花丝丝状金黄色，花药橘红色；子房宽椭圆状长圆形，密被金黄色长硬毛；花柱不伸长。**果实：**蒴果，宽椭圆状长圆形，长2~3 cm。

花期 / 5—7月　果期 / 7—11月　生境 / 山坡草地、流石滩及灌丛　分布 / 西藏东部至南部、云南西北部和东北部、四川西部和西北部、青海东北部、甘肃南部　海拔 / 3 800~5 100 m

2 长叶绿绒蒿

Meconopsis lancifolia

外观：草本，高8~25 cm。**根茎：**主根萝卜状；茎直立，被黄褐色、平展或反曲的硬毛，或者无毛。**叶：**基生或有时也生于茎下部，叶片倒披针形至狭倒披针形，先端圆或急尖，基部下延成翅，边缘通常全缘，两面无毛或被黄褐色、反曲或卷曲的硬毛。**花：**花茎粗壮，中间粗，两端渐狭，具数条细纵肋，疏被黄褐色硬毛；花数朵于花茎上排列成总状花序，有时单生于基生花莛上；花梗通常密被硬毛；花芽近圆形或长圆形；萼片外面疏被锈色硬毛；花瓣4~8枚，倒卵形至卵圆形，先端圆或急尖，有时具细锯齿，紫色或蓝色；花丝丝状，与花瓣同色，花药长

1

1

1

1

圆形，黄色至黑褐色；子房长圆形至椭圆形，被黄褐色、伸展的刺毛，稀无毛，花柱柱头头状，淡黄色，3~4裂。**果实：**蒴果，狭倒卵形至近圆柱形，成熟时褐色，花柱及果肋深紫色，无毛或被黄褐色硬毛。

花期 / 6—9月　果期 / 6—9月　生境 / 林下和高山草地　分布 / 西藏东南部、云南西北部、四川西部至西北部、甘肃西南部　海拔 / 3 300~4 800 m

2

2

2

2

罂粟科 绿绒蒿属

1 锥花绿绒蒿
Meconopsis paniculata

外观：草本，高达2 m。**根茎：**主根萝卜状或狭长；茎圆柱形，具分枝，被绒毛。**叶：**基生叶密聚，叶片形态多变，披针形至倒披针形，通常近基部羽状全裂，近顶部羽状浅裂，裂片披针形至三角形，先端急尖或圆；下部茎生叶与基生叶同形，但具较短柄，上部茎生叶披针形，先端钝或圆，基部抱茎或耳状，无柄，毛被同基生叶。**花：**多数，下垂，排列成总状圆锥花序；花瓣4枚，稀5枚，倒卵形至近圆形，黄色；花丝丝状，淡黄色，花药橙黄色；子房球形或近球形，密被紧贴，金黄色，具多短分枝的柔毛及星状毛；花柱明显，近基部明显增粗，柱头具6~12裂片，微带紫红色。**果实：**蒴果，长椭圆形，密被金黄色，具多短分枝的柔毛及星状毛，后渐断落。

花期 / 6—8月　果期 / 6—8月　生境 / 林下草地或水沟边、路旁　分布 / 西藏南部　海拔 / 3 000~4 350 m

1　魏来　摄影

2 吉隆绿绒蒿
Meconopsis pinnatifolia

外观：一年生草本，高60~100 cm。**根茎：**主根肥厚；茎粗壮，疏被黄褐色刚毛。**叶：**基生叶披针形，羽裂，被刚毛。**花：**数朵，生于茎上部叶腋内；花瓣4枚，紫红色；花丝丝状；子房近球形，密被刚毛；花柱圆柱形，基部扩大成盘并盖于子房之上，盘边缘深裂，裂片浅三角形。**果实：**蒴果。

花期 / 6—9月　果期 / 8—9月　生境 / 山坡岩石隙　分布 / 西藏（吉隆、聂拉木）　海拔 / 3 500~4 200 m

3 粗茎绿绒蒿
Meconopsis prainiana

外观：多年生一次结实草本；花期高达90 cm。**根茎：**主根粗壮，长约50 cm，顶部直径为1.3~2.8 cm。茎直立，呈绿色，上部偶尔略带紫红色，基部附近直径12~22 mm，密集覆盖着直立细小的刚毛，刚毛通常长5~7 mm。**叶：**基生叶通常有7~11枚，叶片椭圆形至椭圆倒披针形，长9~19.5 cm，宽1~3.8 cm，全缘或有微齿；茎生叶生于下半部，与基生叶相似，但逐渐变少。**花：**松散的总状花序；有花9~19朵，花朵俯垂或半俯垂。花瓣常4枚；浅蓝色至蓝紫色，偶尔黄色或白色。**果实：**蒴果长圆锥形，长18~34 mm，宽8~17 mm，被直立向上的黑褐色至紫黑色刚毛，4~6裂。宿存花柱长8~14 mm。

花期 / 6—8月　果期 / 8—9月　生境 / 高山草坡、灌丛、崖壁下　分布 / 西藏东南部　海拔 / 3 000~4 900 m

1

1　魏来　摄影

2 魏来 摄影

2 魏来 摄影

3

3

3

罂粟科 绿绒蒿属

1 横断山绿绒蒿

Meconopsis pseudointegrifolia

外观：草本，高25~120 cm，被褐色或黄色长柔毛。**根茎：**茎直立，粗壮，有时花莛状。**叶：**基生叶莲座状，卵形或倒披针形，长14~40 cm，宽2~5 cm，全缘，两面被毛或上面近无毛；上部茎生叶近无柄。**花：**通常6~9朵花，稀多达18朵花，生于上部叶腋中；萼片卵形；花瓣6~8枚，卵形至椭圆形，浅黄色或硫磺色；雄蕊多数，花丝黄色，花药黄色至橙黄色；子房倒卵形至椭圆形，被毛，花柱长3~11 mm。**果实：**蒴果，倒卵形至宽椭圆形，被毛或近无毛。

花期 / 6—8月　果期 / 7—10月　生境 / 高山灌丛、草地及流石滩　分布 / 西藏南部及东南部、云南西北部、四川西南部、甘肃南部　海拔 / 2 700~5 100 m

1

1

2

2

2 拟秀丽绿绒蒿

Meconopsis pseudovenusta

外观：草本，植株基部密盖宿存的叶基。**根茎：**主根肥厚而延长。**叶：**全部基生或稀生于花茎下部；叶片通常羽状深裂或2回羽状深裂，稀全缘或波状。**花：**花莛4~15条，无毛或被平伸的刚毛，花莛有时基部合生；花生于基生花莛上，稀生于无苞片的花茎上而与基生花莛混生；花芽近球形；萼片无毛或散生刚毛；花瓣4~10枚，椭圆形至近圆形，先端圆或急尖，基部楔形，边缘具不规则的缺刻，深紫色；花丝丝状，与花瓣同色，花药长圆形，橘黄色至深褐色；子房疏被紧贴或伸展的刚毛，花柱柱头头状。**果实：**蒴果，狭倒卵形至狭椭圆形，疏被锈色、平展或反曲的刚毛，3~4瓣自顶端微裂。

花期 / 6—10月　果期 / 6—10月　生境 / 高山草甸、岩坡或高山流石滩　分布 / 西藏东南部、云南西北部、四川西南部　海拔 / 3 400~4 200 m

3 红花绿绒蒿

Meconopsis punicea

别名：阿柏几麻鲁

外观：多年生草本，高30~75 cm，全株密被淡黄色或棕褐色具短分枝的刚毛。**根茎：**须根纤维状。**叶：**全部基生，莲座状，叶片倒披针形，全缘，两面密被刚毛。**花：**花莛1~6条，从莲座叶丛中抽出，通常具肋，被刚毛；花单生于花莛上，下垂，花瓣深红色，4枚；花丝条形，扁平，浅粉色，花药黄色；子房宽长圆形，密被刚毛，花柱极短。**果实：**蒴果，椭圆状长圆形，长1.8~2.5 cm。

花期 / 6—7月　果期 / 8—9月　生境 / 山坡草地　分布 / 西藏东北部、四川西北部、青海东南部、甘肃南部　海拔 / 2 800~4 300 m

红花绿绒蒿

罂粟科 绿绒蒿属

1 五脉绿绒蒿

Meconopsis quintuplinervia

外观：多年生草本，基部盖以宿存的叶基，其上密被硬毛。**根茎：**须根纤维状，细长。**叶：**全部基生，莲座状，叶片倒卵形至披针形，基部渐狭并下延入叶柄，全缘，两面密被硬毛. 明显具3~5条纵脉；花莛1~3条，具肋，被棕黄色、具分枝且反折的硬毛，上部毛较密。**花：**单生于基生花莛上，下垂；花瓣4~6枚，倒卵形或近圆形，淡蓝色或紫色；花丝丝状，与花瓣同色或白色；子房近球形、卵珠形或长圆形，密被刚毛，花柱短，柱头头状，3~6裂。**果实：**蒴果，椭圆形或长圆状椭圆形，密被紧贴的刚毛。

花期 / 6—9月　果期 / 6—9月　生境 / 阴坡灌丛中或高山草地　分布 / 西藏东北部、四川西北部、青海东北部、甘肃南部　海拔 / 2 300~4 600 m

2 总状绿绒蒿

Meconopsis racemosa var. *racemosa*

别名：刺参、条参、雪参

外观：一年生草本，高20~50 cm，全株被黄褐色或淡黄色坚硬的刺。**根茎：**主根圆柱形，向下渐狭；茎圆柱形，不分枝，有时混生基生花莛。**叶：**基生叶长圆状披针形、倒披针形至条形，长5~20 cm，宽0.7~4.2 cm，基部下延至叶柄，边缘全缘或波状，稀具不规则粗锯齿，两面被刺毛；下部茎生叶同基生叶，上部茎生叶长圆状披针形，有时条形。**花：**生于上部茎生叶腋内，最上部花无苞片，有时也生于基生叶腋的花莛上；花瓣5~8枚，倒卵状长圆形，天蓝色或蓝紫色，有时红色；花丝丝状，紫色；子房卵形，密被刺毛，花柱圆锥形，具棱，柱头长圆形。**果实：**蒴果，卵形或长卵形，密被刺毛，花柱宿存。

花期 / 5—8月　果期 / 6—11月　生境 / 高山草地、灌丛、林缘或流石滩　分布 / 西藏、云南西北部、四川西部和西南部、青海东部和南部、甘肃南部　海拔 / 3 000~4 900 m

罂粟科 绿绒蒿属

1 刺瓣绿绒蒿

Meconopsis racemosa var. *spinulifera*

外观：一年生草本，高20~50 cm，全株被硬刺。**根茎：**主根圆柱形，向下渐狭；茎圆柱形，不分枝，有时混生基生花莛。**叶：**基生叶长圆状披针形、倒披针形至条形，长5~20 cm，宽0.7~4.2 cm，基部下延至叶柄，边缘全缘或波状，稀具不规则粗锯齿，两面被刺毛；叶柄长3~8 cm；下部茎生叶同基生叶，上部茎生叶长圆状披针形，有时条形，全缘，两面被刺毛，具短柄或近无柄。**花：**生于上部茎生叶腋内，最上部花无苞片，有时也生于基生叶腋的花莛上；花芽近圆形或卵形；萼片长圆状卵形，外面被刺毛；花瓣5~8枚，倒卵状长圆形，天蓝色或蓝紫色，有时红色，两面中下部疏生细刺；花丝窄线形，紫色；子房卵形，密被刺毛，花柱具4棱，棱呈膜质翅状。**果实：**蒴果，卵形或长卵形，密被刺毛，花柱宿存。

花期／5—8月　果期／6—11月　生境／高山草地、林缘、流石滩　分布／青海南部　海拔／4 000~4 300 m

1

2 宽叶绿绒蒿

Meconopsis rudis

外观：多年生一次结实草本，可高达90 cm。**根茎：**茎直立，圆柱状，粗5~10 mm；被硬毛。**叶：**全部基生，莲座状；叶柄具狭翅；表面蓝绿色，反面灰绿；正面被基部黑紫色刺毛，中脉在叶背隆起；叶缘波状至浅裂。**花：**花序总状，有花数十朵；花侧向或稍俯垂，直径4.4~8.4 cm；花梗0.7~8.5 cm，被稀疏刺毛；花瓣5~7枚，蓝色至紫色，偶尔浅蓝色或紫红色；花丝与花瓣同色或较之更深，花药灰色或黄灰色；子房卵形，密被刺毛；花柱狭圆柱形，1~3 mm；柱头黄色，伸出雄蕊群之外。**果实：**蒴果，卵形，被直立刺毛，宿存花柱6~7 mm。

花期／6—9月　果期／7—10月　生境／高山草地及流石滩　分布／云南西北部、四川南部和西南部　海拔／3 400~4 800 m

1

3 单叶绿绒蒿

Meconopsis simplicifolia

外观：一年生或多年生草本，高20~50 cm，基部覆盖密集残枯的叶基。**根茎：**纤维根细。**叶：**全部基生，莲座状，叶片倒披针形、披针形至卵状披针形，长达16 cm，宽达5 cm，基部渐狭为叶柄，全缘或具不规则的锯齿，两面被长柔毛；叶柄条形，长达20 cm。**花：**花莛1~5条，基生，被刚毛；花半下垂，单生于花莛上；花芽宽卵形；萼片

2枚，外面密被刚毛；花瓣5~8枚，紫色至天蓝色，倒卵形；花丝与花瓣同色，花药橘黄色；子房狭椭圆形，无毛或被刚毛，花柱明显，柱头4~9裂，绿色。**果实：**蒴果，狭长圆形，被刚毛，自顶端4~9裂至全长的1/3。

花期 / 6—7月　果期 / 8—9月　生境 / 山坡灌丛、高山草甸、石缝中　分布 / 西藏东南部至中南部　海拔 / 3 300~4 500 m

2

3

2

3

3

3

单叶绿绒蒿

罂粟科 绿绒蒿属

1 美丽绿绒蒿

Meconopsis speciosa subsp. *speciosa*

外观：草本，全体被刺毛。**根茎：**主根粗而长；茎圆柱形，不分枝，有时有基生花莛混生。**叶：**基生及茎生，叶披针形或狭卵形，边缘羽状深裂。**花：**多数，极香，生于上部茎生叶腋内，有时生于混生的基生花莛上；花萼外面被黄褐色刺毛；花瓣4~8枚，倒卵形至近圆形，先端圆，蓝色至鲜紫红色；花丝丝状；子房近球形至卵形，密被锈色刺毛，花柱具棱，有时基部具刺毛，柱头长圆形。**果实：**蒴果，椭圆形，密被刺毛。

花果期 / 7—10月　生境 / 高山灌丛草地、岩坡、岩壁和高山流石滩　分布 / 西藏东南部、云南西北部、四川西部　海拔 / 3 700~4 400 m

2 考氏美丽绿绒蒿

Meconopsis speciosa subsp. *cawdoriana*

(syn. *Meconopsis pseudohorridula*)

别名：拟多刺绿绒蒿

外观：一年生草本，全体被黄褐色坚硬而平展的刺。**根茎：**主根长，上部粗约5 mm。**叶：**全部基生，叶片卵形或狭卵形，先端圆或钝，边缘羽状圆裂，裂片约3对。**花：**花莛数枚，粗壮，被黄褐色坚硬而平展的刺，花下刺尤密；花单生于花莛上；花芽近球形；萼片外面被刺；花瓣宽倒卵形，淡青紫色；花丝丝状，与花瓣同色，花药圆形至长圆形，橙黄色；子房卵形，被黄褐色坚硬而平展的刺，花柱柱头头状。**果实：**蒴果。

花期 / 7—8月　果期 / 7—8月　生境 / 山坡草地　分布 / 西藏东南部（林芝）　海拔 / 4 300~4 700 m

1 王培嘉 摄影

2

罂粟科 绿绒蒿属

1 康顺绿绒蒿

Meconopsis tibetica

外观：单次结实草本，高40 cm。**根茎：**茎被长柔毛。**叶：**基生叶略呈莲座状，叶片全缘或具粗齿。**花：**花序总状，7~14朵花；花梗染红色；花瓣暗红色，全缘或有不规则的齿；花丝与花瓣同色，线性；花药黄色；子房被刚毛，顶部盘状，边缘五角形，无毛。**果实：**蒴果。

花期 / 7—8月　果期 / 8—9月　生境 / 高山草地和灌丛　分布 / 西藏南部（康顺地区）　海拔 / 4 200~4 700 m

2 少裂尼泊尔绿绒蒿

Meconopsis wilsonii subsp. *australis*

别名：山莴笋

外观：草本，全体被黄褐色，具多短分枝的长柔毛。**根茎：**主根肥厚延长，向下渐狭；茎圆柱形，粗壮，具分枝，基部盖以宿存的叶基，其上被长柔毛。**叶：**基生叶密集丛生，形态多变，通常基部羽状全裂，先端羽状半裂，两面被毛，边缘具较密的长柔毛；下部茎生叶与基生叶同形，但具短柄，上部茎生叶边缘羽状浅裂、深裂或全裂。**花：**花茎具分枝，多花，在茎、枝先端排列成总状圆锥花序；花下垂；花芽圆形至卵形；萼片卵圆形；花瓣4枚，卵形至近圆形，蓝色，稀红色、紫色或白色；雄蕊多数，花丝丝状，与花瓣同色或较深色，花药橘黄色，长圆形；子房近球形至椭圆形，密被淡黄色或锈色，紧贴，具多短分枝的长柔毛及微柔毛，花柱棒状，基部稍粗，柱头头状，5~8裂，深绿色。**果实：**蒴果，长圆形或椭圆状长圆形，5~8瓣自顶端微裂；种子卵形至宽椭圆形，表面密具乳突。

花期 / 5—6月　果期 / 7—9月　生境 / 湿润的林缘草坡　分布 / 四川西南部和云南西北部、西南部、中部及东北部以及西藏　海拔 / 2 700~4 000 m

3　魏来　摄影

3　魏来　摄影

3 乌蒙绿绒蒿

Meconopsis wumungensis

外观：一年至多年生草本。**根茎：**主根萝卜状。**叶：**叶片宽卵形至披针形，长1.5~4.5 cm，宽1~2 cm，边缘圆裂，有时有少数全缘叶混生，两面无毛。**花：**单生于花莛上；花瓣4枚，长约3 cm，宽约2 cm，浅蓝紫色；花丝丝状；子房狭椭圆形，疏被黄褐色的硬毛。**果实：**蒴果。

花期 / 6—7月　果期 / 8—9月　生境 / 湿润石上、岩壁上分布 / 云南中部（禄劝）　海拔 / 3 600~3 800 m

十字花科 白马芥属

1 白马芥

Baimashania pulvinata

外观：极低矮草本，高0.5~2 cm。**根茎：**茎基多分枝。**叶：**基生叶莲座状，多少肉质，叶片卵形或椭圆形，长2~4 mm，宽1~2 mm，密被柔毛，全缘。**花：**单生，萼片椭圆形，花瓣浅粉色，匙形，爪长1.5~2 mm；雄蕊2~2.5 mm。**果实：**角果，线形，具纵纹。

花期／6—7月　果期／7—8月　生境／高山石灰岩地区的石壁上　分布／云南西北部（德钦）　海拔／4 200~4 600 m

十字花科 肉叶荠属

2 蚓果芥

Braya humilis

(syn. *Neotorularia humilis, Torularia humilis*)

外观：多年生草本，高5~30 cm。**根茎：**茎自基部分枝，有的基部有残存叶柄。**叶：**基生叶窄卵形，早枯；下部的茎生叶叶片宽匙形至窄长卵形，长5~30 mm，宽1~6 mm，近无柄，全缘，或具2~3对明显或不明显的钝齿；中、上部的条形，最上部成苞片。**花：**花序呈紧密伞房状，果期伸长；萼片长圆形，外轮的比内轮的窄，有的在背面顶端隆起，均有膜质边缘；花瓣倒卵形或宽楔形，白色，长2~3 mm，顶端近截形或微缺，基部渐窄成爪；子房有毛；花柱短，柱头2浅裂。**果实：**长角果，筒状，长8~20 mm，略呈念珠状；果梗长3~6 mm。

花期／4—8月　果期／6—8月　生境／林下、河滩、草地　分布／西藏、青海、甘肃　海拔／1 000~4 200 m

4

十字花科 荠属

3 荠

Capsella bursa—pastoris

别名：荠菜、菱角菜

外观：一年生或二年生草本，高7~50 cm。**根茎：**茎直立。**叶：**基生叶莲座状，大头羽状分裂，边缘浅裂，有不规则粗锯齿或近全缘，叶柄长5~40 mm；茎生叶窄披针形或披针形，长5~6.5 mm，宽2~15 mm，基部箭形，抱茎，边缘有缺刻或锯齿。**花：**总状花序，顶生及腋生；花瓣4枚，白色，卵形。**果实：**短角果，倒三角形或倒心状三角形，扁平，顶端微凹。

花期 / 4—7月　果期 / 5—8月　生境 / 山坡、田边、路旁　分布 / 西藏、云南、四川　海拔 / 1 000~4 500 m

4

4

十字花科 碎米荠属

4 宽翅碎米荠

Cardamine franchetiana

(syn. *Loxostemon delavayi*)

别名：宽翅弯蕊芥

外观：多年生草本，高5~20 cm。**根茎：**根茎基部丛生白色小鳞茎；直立，上部疏被短单毛。**叶：**基生叶1~2枚，叶柄长约5 cm，有小叶3~4对，小叶长椭圆形，顶端具小尖头，全缘，基部楔形；茎生叶在中部以上有2~4枚，叶柄长1~6 cm。**花：**总状花序顶生，有花3~8朵；萼片长2.5~4 mm，上部边缘膜质，背面有毛或无毛；花瓣紫红色或白色；长雄蕊长约4 mm，花丝宽约2 mm，上部膝状弯曲；柱头2浅裂。**果实：**角果。

花期 / 6—7月　果期 / 6—8月　生境 / 河谷流石滩及石缝中　分布 / 西藏（定结）、云南西北部、四川南部及西部　海拔 / 2 300~4 800 m

5

5

5 纤细碎米荠

Cardamine gracilis

别名：细弱碎米荠

外观：多年生草本，高20~30 cm。**根茎：**根状茎延长，匍匐，于节上密生须根；茎基部倾卧，上部直立，不分枝。**叶：**茎生叶多数，羽状复叶，无叶柄，小叶7~13对，顶生小叶倒卵形或近于圆形，长3~8 mm，宽1.5~7 mm，边缘有2~4个钝齿，有短柄，侧生小叶卵形或狭长卵形，边缘有1~4个钝齿或全缘。**花：**总状花序，顶生；萼片4枚，长卵形，边缘膜质；花瓣4枚，紫色或玫瑰红色，倒卵形；雌蕊略短于长雄蕊，花柱短。**果实：**长角果，近圆柱形，有时稍弯曲。

花期 / 5—8月　果期 / 8—9月　生境 / 沼泽地　分布 / 云南西北部　海拔 / 2 400~3 300 m

十字花科 碎米荠属

1 山芥碎米荠

Cardamine griffithii

别名：山芥菜

外观：多年生草本，高20~70 cm。**根茎：**根状茎匍匐，有少数匍匐茎，须根多数；茎直立，不分枝，表面有纵棱。**叶：**羽状复叶；具短叶柄，生于茎中部以上者无叶柄。**花：**总状花序，顶生；萼片4枚，卵形；花瓣4枚，紫色或淡红色，倒卵形，顶端微凹；雌蕊与长雄蕊近于等长，柱头扁球形。**果实：**长角果，线形，压扁，果梗平展或上举。

花期 / 5—6月　果期 / 6—7月　生境 / 山坡林下、山沟溪边、岩石间阴湿处　分布 / 西藏（林芝）、云南西部及西北部、四川西南部　海拔 / 2 400~4 500 m

1

1

2 碎米荠

Cardamine hirsuta

别名：雀儿菜、野荠菜

外观：一年生草本，高15~35 cm。**根茎：**茎直立或斜升，分枝或不分枝，下部有时淡紫色，密或疏被柔毛。**叶：**基生叶为羽状复叶；小叶2~5对，顶生小叶肾形或肾圆形，边缘有3~5圆齿，小叶柄明显，侧生小叶卵形或圆形，较小，边缘有2~3圆齿，有或无小叶柄；茎生叶下部者与基生相似，小叶3~6对，生于茎上部者顶生小叶菱状长卵形，顶端3齿裂，侧生小叶长卵形至线形，多数全缘。**花：**总状花序，生于枝顶；萼片4枚，绿色或淡紫色，长椭圆形，边缘膜质，外面有疏毛；花瓣4枚，白色，倒卵形；花柱极短，柱头扁球形。**果实：**长角果，线形，稍扁。

花期 / 4—6月　果期 / 4—7月　生境 / 山坡、路旁、荒地、田边、草丛中　分布 / 西藏、云南、四川　海拔 / 1 000~3 400 m

2

2

3 大叶碎米荠

Cardamine macrophylla

外观：多年生草本。**根茎：**根状茎匍匐延伸，密被须根；茎较粗壮，表面具沟棱。**叶：**茎生叶4~5枚，有叶柄；小叶4~5对。**花：**总状花序多花，花梗长10~14 mm；外轮萼片淡红色，边缘膜质，内轮萼片基部囊状；花瓣淡紫色、紫红色，少有白色，顶端圆或微凹；花丝扁平；子房柱状，花柱短。**果实：**长角果，扁平，长35~45 mm；果瓣平坦无毛，有时带紫色，花柱很短，柱头微凹；果梗直立开展，长10~25 mm。

花期 / 5—6月　果期 / 7—8月　生境 / 山坡灌木林下、潮湿的沟边和草坡　分布 / 西藏东部及东南部、云南、四川、青海、甘肃　海拔 / 2 300~4 200 m

3

3

3

4

5

6

4 细巧碎米荠

Cardamine pulchella

(syn. *Loxostemon pulchellus*)

别名：弯蕊芥

外观：多年生草本。**根茎：**根茎基部丛生白色小鳞茎；茎直立或倾斜，下部白色，上部增粗，被短毛。**叶：**基生叶常1枚，具小叶1~2对，小叶长椭圆形，顶端具小尖头，全缘；茎生叶1~3枚，通常叶腋内有腋芽，具小叶3~5对，顶生小叶与侧生小叶均为条状长椭圆形，最下部的一对小叶常有短柄。**花：**总状花序顶生，有花2~8朵；萼片长椭圆形，背面被短毛或近无毛；花瓣白色、粉红色至紫色，倒卵形，顶端钝圆；长雄蕊花丝宽约0.8 mm，疏被柔毛，上部膝状；柱头2浅裂。**果实：**长角果，线状长椭圆形，两侧边缘具棱；种子2~10粒，近圆形，淡褐色。

花期 / 7—8月　果期 / 7—8月　生境 / 湿润的高山草甸或碎石堆上　分布 / 西藏、云南西北部、四川西北部、青海南部　海拔 / 3 400~4 600 m

5 单茎碎米荠

Cardamine simplex

外观：一年生或多年生草本，高15~50 cm。**根茎：**茎单一，直立，表面有纵细棱，下部散生柔毛，上部毛渐少或近于无毛。**叶：**羽状复叶，生于茎下部者长2~5 cm，小叶2~3对，小叶片菱状卵形，边缘有1~2枚裂齿；生于茎上部者有小叶3对，小叶片线状披针形至线形，基部狭窄成小叶柄，全缘。**花：**总状花序，顶生，花序轴稍弯曲；萼片2枚，卵状椭圆形，边缘膜质；花瓣4，白色，宽倒卵形；雌蕊稍长于内轮雄蕊，花柱细长，柱头头状。**果实：**长角果，长圆柱状线形。

花期 / 6—7月　果期 / 7—8月　生境 / 高山沼泽草地、沟边　分布 / 云南西北部　海拔 / 2 500~3 800 m

6 钝叶云南碎米荠

Cardamine yunnanensis var. *obtusata*

外观：矮小草本，高6~35 cm。**根茎：**茎单一，稍曲折，表面有沟棱。**叶：**多为3枚小叶，偶有5枚小叶，小叶边缘具较少而较大的钝圆齿，齿端有小尖头。**花：**总状花序，花少，花梗纤细，长5~7 mm；萼片边缘膜质；花瓣白色；雄蕊近等长，花丝扁平，稍扩大；子房疏被毛。**果实：**长角果，细长，长2.2~3.6 cm；果梗斜升开展。

花期 / 5—8月　果期 / 7—9月　生境 / 草坡、林下、山谷沟边或湿地　分布 / 四川南部、云南西北部及西藏　海拔 / 2 200~2 900 m

十字花科 垂果南芥属

1 垂果南芥

Catolobus pendula

(syn. *Arabis pendula*)

别名：大蒜芥、粉绿垂果南芥、筷子芥

外观：二年生草本，全株被硬单毛，杂有2~3叉毛。**根茎：**主根圆锥状，黄白色；茎直立，上部有分枝。**叶：**茎下部的叶长椭圆形至倒卵形，顶端渐尖，边缘有浅锯齿，基部渐狭而成叶柄；茎上部的叶狭长椭圆形至披针形，较下部的叶略小，基部呈心形或箭形，抱茎，上面黄绿色至绿色。**花：**总状花序顶生或腋生，有花十几朵；萼片椭圆形，背面被有单毛、2~3叉毛及星状毛，花蕾期更密；花瓣白色、匙形。**果实：**长角果，线形，弧曲，下垂；种子每室1行，种子椭圆形，褐色，边缘有环状的翅。

花期 / 6—9月　果期 / 7—10月　生境 / 山坡、路旁、河边草丛、高山灌木林下和荒漠地区　分布 / 西藏、云南、四川、青海、甘肃　海拔 / 1 000~4 300 m

1

1

十字花科 须弥芥属

2 须弥芥

Crucihimalaya himalaica

(syn. *Arabidopsis himalaica*)

别名：喜马拉雅鼠耳芥

外观：二年生或多年生草本，高20~60 cm，全株被单毛与2叉毛。**根茎：**茎单一或丛生，直立，多数分枝，下部常为紫色。**叶：**下部茎生叶长圆状椭圆形，顶端急尖，边缘有疏齿，基部渐窄成柄；上部者长圆形，顶端尖，边缘有波状齿，基部抱茎，再向上则变为苞叶。**花：**花序伞房状，果期伸长；花梗长1.5~8 mm；萼片长约2.2 mm；花瓣淡红色，长圆状椭圆形，爪部窄，长约3 mm；子房无毛。**果实：**长角果，长1.5~2.7 cm，宽0.5~0.6 mm；果梗展开，有时略偏向一侧。

花期 / 4—9月　果期 / 6—10月　生境 / 高山多石山地、草地及流石滩　分布 / 西藏、云南西北部、四川西南部　海拔 / 2 600~5 000 m

2

2　王洽　摄影

十字花科 双脊荠属

3 盐泽双脊荠

Dilophia salsa

外观：多年生草本，全株无毛。**根茎：**根状茎；茎多数，丛生，分枝。**叶：**基生叶莲座状，叶线形或线状长圆形，顶端圆形，基部渐狭，全缘或有少数钝齿，有短柄或无柄；茎生叶线形，在花序下的成苞片状，两者皆肉质。**花：**总状花序成密伞房状；萼片卵形，宿存；花瓣白色，匙形，顶端略凹。**果实：**短角果，倒心形，果瓣上有2翅状突出

3

3

物，隔膜有孔或不完全。

花期 / 6—9月　果期 / 6—9月　生境 / 盐沼泽地
分布 / 西藏、青海　海拔 / 3 400~5 500 m

十字花科 葶苈属

4 抱茎葶苈

Draba amplexicaulis

外观：多年生草本，高30~60 cm。**根茎：**茎直立，密被毛。**叶：**基生叶狭匙形，全缘或有稀齿，基部缩窄成柄；茎生叶披针形，长2~6 cm，宽4~15 mm，基部扩大，两侧钝耳状，多少抱茎，近全缘或疏生细齿，上面有单毛、叉状毛，下面有星状毛、分枝毛。**花：**总状花序，有30~80朵花，密集成伞房状，后剧烈伸长，下面数花有苞片；花瓣4枚，金黄色，倒卵形，顶端微凹。**果实：**短角果，椭圆状卵形，扭转，先端稍内弯。

花期 / 5—8月　果期 / 7—8月　生境 / 山坡草地
分布 / 西藏、云南西部及西北部、四川西部及西南部　海拔 / 2 500~4 700 m

5 毛葶苈

Draba eriopoda

外观：二年生草本，高6~40 cm。**根茎：**茎直立，单一或分枝，密被单毛、叉状毛或星状毛。**叶：**基生叶莲座状，披针形，全缘；茎生叶长卵形至卵形，两缘各有1~4锯齿，上面被单毛、叉状毛，下面被单毛、叉状毛和星状毛，基部近抱茎，无柄。**花：**总状花序，密集成伞房状，后显著伸长；萼片4枚，椭圆形或卵形，背面有毛；花瓣4枚，金黄色，顶端微凹。**果实：**短角果，卵形或长卵形。

花期 / 7—8月　果期 / 7—8月　生境 / 山坡、草坡、河谷草滩　分布 / 西藏、四川、青海、甘肃
海拔 / 2 000~4 900 m

十字花科 曙南芥属

6 燥原荠

Stevenia canescens

外观：半灌木，基部木质化，高5~30 cm；植株灰绿色，密被小星状毛，分枝毛或分叉毛。**根茎：**茎直立，或基部稍铺散而上部直立，在近地面处分枝。**叶：**密生，条形或条状披针形，长7~15 mm，宽0.7~1 mm，顶端急尖，全缘。**花：**花序伞房状，果期极伸长，花梗长约3.5 mm；花瓣白色，宽倒卵形，长3~5 mm，宽2~3.5 mm；子房密被小星状毛，花柱长，柱头头状。短角果卵形，长3~4 mm，宽2~3 mm；花柱宿存；果梗长2~5 mm。种子每室1粒。

花期 / 6—8月　果期 / 9—10月　生境 / 干燥石质山坡、草地、草原 分布 / 西藏、青海、甘肃等地　海拔 / 3 500~4 200 m

十字花科 葶苈属

1 云南葶苈

Draba yunnanensis

别名：滇葶苈

外观：多年生草本。**根茎：**根茎略伸长，分枝，上部生莲座状叶；茎直立，不分枝，被毛。**叶：**莲座状基生叶椭圆形，顶端钝；基部楔形，几乎无柄，全缘，茎生叶窄披针形，全缘或有锯齿，基部略抱茎；叶都叠盖单毛、叉状毛、星状毛和分枝毛。**花：**总状花序有花10~65朵，下面数花有苞片；萼片基部近囊状；花瓣金黄色，倒卵形，顶端微凹；雄蕊花丝稍扩大，花药椭圆形；雌蕊窄瓶状，无毛。**果实：**短角果，卵形，扁平，有时略扭转；果梗与果序轴成近于直角，向上开展；种子卵形，深褐色。

花期 / 5—7月　果期 / 8月　生境 / 岩石间隙、山坡水边　分布 / 西藏、云南、四川　海拔 / 2 300~5 500 m

十字花科 糖芥属

2 四川糖芥

Erysimum benthamii

外观：两年生草本。**根茎：**茎直立，有棱，不分枝或在基部分枝，有贴生2叉毛。**叶：**基生叶在花期枯萎；茎生叶长圆形或长圆状披针形，顶端渐尖，基部渐狭，边缘有1~4个远离尖锯齿，两面有贴生3叉毛及2叉毛。**花：**总状花序顶生；萼片长圆形，外面有3叉毛；花瓣橘黄色，倒卵形，顶端圆形，基部具线形细爪。**果实：**长角果，线形，具棱角，上升，稍弯曲，有3叉毛；种子棕色。

花期 / 5—7月　果期 / 7—9月　生境 / 山坡岩石边或灌丛中　分布 / 西藏、云南、四川　海拔 / 2 300~4 100 m

1

2

2

2

3 紫花糖芥

Erysimum funiculosum

(syn. *Erysimum chamaephyton*)

外观：多年生草本，全体有2叉丁字毛。**根茎：**根粗，直径达6 mm；茎短缩，根颈多头，或再分歧，在地面有多数叶柄残余。**叶：**基生叶莲座状，叶片长圆状线形，顶端急尖，基部渐狭，全缘。**花：**花莛多数，直立，果期外折；萼片长圆形，背面凸出；花瓣浅紫色，匙形，顶端圆形或截平，有脉纹，具爪。**果实：**长角果，长圆形，四棱，坚硬，顶端稍弯曲；果梗长6~8 mm，斜上；种子卵形或长圆形。

花期 / 6—7月　果期 / 7—8月　生境 / 高山草甸、流石滩　分布 / 西藏、青海、甘肃　海拔 / 3 400~5 500 m

4 红紫糖芥

Erysimum roseum

(syn. *Cheiranthus roseus*)

别名：红紫桂竹香

外观：多年生草本，高10~20 cm，全体有2叉丁字毛。**根茎：**茎直立，不分枝，基部具残存叶柄。**叶：**基生叶披针形或线形，顶端急尖，基部渐狭，全缘或具疏生细齿，具柄；茎生叶较小，具短柄，上部叶无柄。**花：**总状花序；萼片直立，长圆形至卵状长圆形；花瓣粉红色或红紫色，倒披针形，有深紫色脉纹，具长爪。**果实：**长角果，线形，四棱，稍弯曲；种子卵形。

花期 / 6—7月　果期 / 7—8月　生境 / 高山流石滩　分布 / 西藏东北部、青海、四川西北部、甘肃　海拔 / 3 400~3 700 m

十字花科 糖芥属

1 具苞糖芥

Erysimum wardii

(syn. *Erysimum bracteatum*)

外观： 多年生草本，高40~90 cm。**根茎：** 茎直立或上升，有分枝，具贴生2叉丁字毛。**叶：** 基生叶线形或窄线形，长4.5~8 cm，宽0.6~1 mm，基部渐狭成叶柄，全缘或具疏生小齿；茎生叶和基生叶相似，较短。**花：** 总状花序，顶生；几乎每花下有1枚苞片，条形或条状披针形，似茎生叶，宿存；萼片4枚，长圆形，外面有丁字毛；花瓣4枚，黄色至橙黄色，匙形。**果实：** 长角果，线形，压扁，具丁字毛。

花期 / 6—9月　果期 / 7—11月　生境 / 高山草地、河滩　分布 / 西藏（拉萨）、云南西北部、四川南部　海拔 / 3 000~4 600 m

1

1

十字花科 山嵛菜属

2 泉山嵛菜

Eutrema fontanum

(syn. *Taphrospermum fontanum, Dilophia fontana*)

别名：泉沟子荠、双脊荠

外观： 多年生草本。**根茎：** 根肉质，纺锤形；茎多数，丛生，基部匍匐，后上升，分枝，有单毛。**叶：** 基生叶在花期枯萎，茎生叶宽卵形或长圆形；顶端圆形，基部圆形或楔形，全缘或每侧有1齿，两面无毛；叶柄无毛；上部茎生叶较小，有短叶柄。**花：** 总状花序在茎端密生，下部花单生叶腋，常有叶状苞片；萼片宽卵形，外面上方稍有柔毛；花瓣白色或浅紫色，顶端尖凹，下部有短爪。**果实：** 短角果，宽卵形或宽倒三角形，压扁；果梗直立，开展，稍具柔毛。

花期 / 6—7月　果期 / 8月　生境 / 高山草地　分布 / 西藏、四川、青海、甘肃　海拔 / 3 600~5 300 m

2

2

3 密序山嵛菜

Eutrema heterophyllum

别名：异叶山嵛菜、异叶山嵛菜

外观： 多年生草本，高3~20 cm，全体无毛。**根茎：** 根粗大，根颈处有残存枯叶柄，并具一至数茎。**叶：** 基生叶具长柄，叶片长圆状披针形、披针形或条形，叶形变化较大，长1~20 cm。**花：** 萼片倒卵形，宿存，基部渐窄成爪；花瓣白色，卵形，基部具短爪。**果实：** 角果直或微曲，长圆状条形。

花期 / 6—7月　果期 / 7—8月　生境 / 高山草地、流石滩、高山石缝中　分布 / 西藏、云南、四川、青海、甘肃　海拔 / 2 500~5 400 m

3　王洽　摄影

3　王洽　摄影

十字花科 半脊荠属

4 无柄叶半脊荠

Hemilophia sessilifolia

别名：无柄半脊荠

外观：多年生草本，高3~9 cm。**根茎：**茎单生或数枝自基生莲座叶发出，高3~9 cm。**叶：**基生叶到披针形，密被单毛；茎生叶椭圆形至椭圆状披针形，无柄，无毛或疏毛，全缘，顶端钝。**花：**萼倒卵形，膜质，早落或宿存4齿；花瓣乳白色，具深绿色脉，基部浅棕色；先端2裂，向基部突然变狭成爪；花丝白色，花药绿色；子房柄几无；花柱圆锥形，无毛。**果实：**角果，果瓣薄纸质。

花期 / 8月　果期 / 8—9月　生境 / 高山流石滩
分布 / 云南西北部　海拔 / 4 300~4 600 m

十字花科 独行菜属

5 头花独行菜

Lepidium capitatum

外观：一年生或二年生草本，高10~20 cm。**根茎：**茎匍匐或近直立，多分枝，披散，具腺毛。**叶：**基生叶羽状中裂，长2~6 cm，基部渐狭成叶柄或无柄；茎生叶下部者与基生叶相似，上部者较小，羽状半裂或仅有锯齿，无柄。**花：**总状花序，腋生，花紧密排列近头状；萼片4枚，长圆形，常带紫褐色；花瓣白色，与萼片等长或稍短；雄蕊4枚。**果实：**短角果，卵形，顶端微缺，有不明显的翅。

花期 / 5—6月　果期 / 6—7月　生境 / 撂荒地、草坡、水边　分布 / 西藏、云南西北部、四川西部、青海、甘肃南部　海拔 / 2 700~5 000 m

十字花科 高河菜属

1 高河菜

Megacarpaea delavayi

外观：多年生草本，高30~70 cm。**根茎：**根肉质，肥厚；茎直立，分枝，有短柔毛。**叶：**羽状复叶，基生叶及茎下部叶具柄，中部叶及上部叶抱茎，外形长圆状披针形，两面有极短糙毛；小叶5~7对，远离或接近，卵形或卵状披针形，无柄，顶端急尖，基部圆形，边缘有不整齐锯齿或羽状深裂，下面和叶轴有长柔毛。**花：**总状花序顶生，呈圆锥花序状；总花梗及花梗都有柔毛；花粉红色或紫色；萼片卵形，深紫色，顶端圆形，无毛或稍有柔毛；花瓣倒卵形，顶端圆形，常有3齿，基部渐窄成爪；雄蕊6枚，近等长，几不外伸，花丝下部稍扩展。**果实：**短角果，顶端2深裂，裂瓣歪倒卵形，黄绿带紫色，扁平；果梗粗，下弯或伸展，有长柔毛；种子卵形，棕色。

花期／6—7月 果期／8—9月 生境／湿润的高山草地及碎石坡 分布／云南、四川、甘肃 海拔／3 300~4 800 m

1

十字花科 山菥蓂属

2 云南山菥蓂

Noccaea yunnanensis

(syn. *Thlaspi yunnanense*)

别名：云南菥蓂、滇遏兰菜、云南遏兰菜

外观：多年生草本，全株无毛。**根茎：**茎多数，丛生，直立，不分枝。**叶：**基生叶莲座状，倒卵形或圆形，顶端圆钝，基部楔形，全缘；茎生叶长圆形或披针形，有时近卵形，顶端急尖，抱茎，基部耳状或箭形，全缘。**花：**总状花序，具疏生花；花白色；萼片卵形；花瓣倒卵形。**果实：**短角果，长圆

2

3

3

3

形，全部有窄翅，顶端稍凹入；果梗开展；种子椭圆形，棕色。

花期 / 5—6月 果期 / 7—9月 生境 / 草坡、高山草甸 分布 / 西藏、云南、四川 海拔 / 3 200~5 100 m

十字花科 单花荠属

3 单花荠

Pegaeophyton scapiflorum subsp. *scapiflorum*

(syn. *Pegaeophyton scapiflorum* var. *scapiflorum*)

别名：无茎芥

外观：多年生草本，植株光滑无毛。**根茎：**根粗壮，表皮多皱缩；茎短缩。**叶：**多数，旋叠状着生于基部，叶片线状披针形或长匙形，全缘或具稀疏浅齿；叶柄扁平，与叶片近等长，在基部扩大呈鞘状。**花：**单生，白色至淡蓝色；花梗扁平，带状；萼片长卵形，内轮两枚基部略呈囊状，具白色膜质边缘；花瓣宽倒卵形，顶端全缘或微凹，基部稍具爪。**果实：**短角果，宽卵形，扁平，肉质，具狭翅状边缘；种子每室2行，圆形而扁，褐色。

花期 / 6—9月 果期 / 6—9月 生境 / 山坡潮湿地、高山草地、林内水沟边及流水滩 分布 / 西藏、云南西北部、四川西南部、青海 海拔 / 3 500~5 400 m

4

4

4 粗壮单花荠

Pegaeophyton scapiflorum subsp. *robustum*

(syn. *Pegaeophyton scapiflorum* var. *robustum*)

别名：粗壮无茎芥

外观：多年生草本，高12~25 cm，植株光滑无毛。**根茎：**根粗大，表皮多皱缩；茎短缩。**叶：**多数，旋叠状着生于基部，叶片披针形至椭圆形，连柄共长5~10 cm，宽1.5~2.5 cm，边缘具3~4对大疏齿，极少全缘；叶柄扁平，在基部扩大呈鞘状。**花：**单生，白色至淡蓝色；花梗扁平，带状；萼片长卵形，内轮两枚基部略呈囊状，具白色膜质边缘；花瓣长圆形，长6~12 mm，顶端全缘或微凹，基部稍具爪。**果实：**短角果，宽卵形，扁平。

花期 / 4—10月 果期 / 6—11月 生境 / 高山溪流边、林内水沟中、山谷潮湿地 分布 / 西藏东南部、云南西北部、四川西南部 海拔 / 3 500~4 800 m

十字花科 蔊菜属

1 沼生蔊菜

Rorippa palustris

别名：风花菜

外观：一年生或二年生草本，高20~50 cm。**根茎：**茎直立，下部常带紫色，具棱。**叶：**基生叶多数，长圆形至狭长圆形，长5~10 cm，宽1~3 cm，羽状深裂或大头羽裂，裂片3~7对，边缘不规则浅裂或呈深波状，顶端裂片较大，基部耳状抱茎；具长叶柄；茎生叶向上渐小。**花：**总状花序，顶生或腋生，果期伸长；萼片4枚，长椭圆形；花瓣黄色至淡黄色，长倒卵形至楔形，等于或稍短于萼片；雄蕊近等长。**果实：**短角果，椭圆形或近圆柱形，果瓣肿胀。

花期 / 4—7月　果期 / 6—8月　生境 / 水畔湿地、溪岸、路旁、田边、山坡草地　分布 / 西藏东南部、云南、四川、青海、甘肃　海拔 / 1 000~4 100 m

十字花科 香格里拉芥属

2 香格里拉芥

Shangrilaia nana

外观：极矮小的多年生草本，高1 cm左右。**根茎：**茎花莛状、垫状，少分枝，茎端被老叶覆盖。**叶：**线形，全缘，在茎上密叠，基部扁三角形。**花：**花小，单生于茎端；萼片卵形，直立，基部不成囊状；花瓣白色，匙形，具爪；雄蕊6枚，花丝基部细长，花药卵形，蜜腺在雄蕊基部融合。**果实：**短角果，卵形至圆柱形，有短柄。

花期 / 5—6月　果期 / 6—7月　生境 / 高山石灰岩质流石滩　分布 / 云南西北部（香格里拉）　海拔 / 4 200 m

十字花科 芹叶荠属

3 西藏芹叶荠

Smelowskia tibetica

(syn. *Hedinia tibetica*)

别名：藏荠

外观：多年生草本，全株有单毛及分叉毛。**根茎：**茎铺散，基部多分枝。**叶：**叶片线状长圆形，羽状全裂，裂片4~6对，长圆形，顶端急尖，基部楔形，全缘或具缺刻；基生叶有柄，上部叶近无柄或无柄。**花：**总状花序下部花有1枚羽状分裂的叶状苞片，上部花的苞片小或全缺，花生在苞片腋部；萼片长圆状椭圆形；花瓣白色，倒卵形，基部具爪。**果实：**短角果，长圆形，压扁，稍有毛或无毛，有一显著中脉，花柱极短。

花期 / 6—8月　果期 / 6—8月　生境 / 高山山坡、草地、河滩　分布 / 西藏、四川、青海、甘肃　海拔 / 3 900~5 200 m

十字花科 丛菔属

4 宽果丛菔

Solms-laubachia eurycarpa

别名：梭罗加博、巴蓼草

外观： 多年生草本。**根茎：** 根粗壮，外面灰白色；茎多分枝，密被宿存老叶柄。**叶：** 多数，不为肉质，叶片椭圆形至倒披针形，顶端锐尖，基部楔形，侧脉显著，仅边缘具短柔毛。**花：** 浅粉色，具功能单性花；柱头2裂，基部宿存萼片及花瓣；萼片长椭圆形，背面被长毛；花瓣倒卵形，边缘被短柔毛。**果实：** 长角果，镰状长椭圆形，果瓣具中脉，顶端宿存花柱种子每室2行，5~8粒，种子近圆形，淡褐色。

花期 / 5月　果期 / 8月　生境 / 高山悬崖　分布 / 西藏（八宿、江达）、云南西北部、青海南部　海拔 / 3 800~4 900 m

1

十字花科 丛菔属

1 线叶丛菔

Solms-laubachia linearifolia

别名：鸡掌

外观：多年生草本。**根茎：**根粗壮；茎分枝1~5条，密被宿存叶柄及叶痕，草质。**叶：**少数，叶片狭长椭圆形或条形；顶端渐尖或锐尖，基部渐狭，两面密被长柔毛；叶柄被白色长柔毛。**花：**单生于花莛顶端，萼片长椭圆形，背面被长柔毛；花瓣粉红色，倒卵形，基部具长爪；柱头2浅裂。**果实：**长角果，长椭圆形或卵形，密被长柔毛，果瓣具中脉，基部宿存萼片；种子每室2行，5~6粒，种子宽卵形，褐色。

花期 / 5—6月　果期 / 7—8月　生境 / 山坡石灰岩缝中　分布 / 西藏东南部、云南西北部、四川西南部　海拔 / 3 400~4 700 m

张建文　摄影

2 丛生丛菔

Solms-laubachia prolifera

(syn. *Desideria prolifera*)

别名：丛生扇叶芥

外观：低矮多年生草本，植株花莛状，被软毛。**根茎：**无茎。**叶：**基生叶近肉质；叶柄长0.8~2 cm，多毛；叶片阔卵形至匙形，基部钝或楔形，边缘5~9齿，稀近全缘；无茎生叶。**花：**自茎基单生，花梗上升分枝，长0.5~1.5 cm；萼离生，椭圆形，边缘膜质；花瓣蓝紫色至紫色，阔倒卵形，爪长6~7 mm；花丝白色，基部加宽，无齿；柱头头状，2裂。**果实：**角果，线形至线状披针形，长4~6.5 cm，扁平，无柄；隔膜完全。

花期 / 7—8月　果期 / 7—8月　生境 / 高山流石滩及裸地　分布 / 西藏、青海　海拔 / 4 700~5 900 m

十字花科 丛菔属

1 中甸丛菔

Solms-laubachia zhongdianensis

外观：多年生草本，高1.4~4 cm。**根茎：**茎粗壮，茎端被上年宿存的老叶柄覆盖，被密毛。**叶：**基生叶柄长0.8~7.8 mm，硬纸质；中脉明显，叶缘及膜质具毛；叶丝状至狭线形，长4.2~21.6 mm；正面具槽；无茎生叶。**花：**单生；花瓣粉色至淡紫色，卵形，爪明显，长6~8.5 mm；雄蕊6枚，中央花丝较其他更长；每室胚珠4~12枚；花柱2.8~3.4 mm，柱头微2裂。**果实：**角果，披针形，长3.3~5.5 cm。

花期 / 5—7月　果期 / 7—10月　生境 / 高山流石滩　分布 / 云南西北部（香格里拉）　海拔 / 3 200~4 500 m

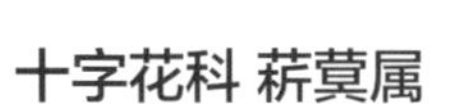

十字花科 菥蓂属

2 菥蓂

Thlaspi arvense

别名：遏蓝菜、犁头草

外观：一年生草本，高9~60 cm。**根茎：**茎直立，分枝或不分枝，具棱。**叶：**基生叶倒卵状长圆形，长3~5 cm，宽1~1.5 cm；叶柄长1~3 cm；茎生叶长圆状披针形或倒披针形，长2.5~5 cm，宽1~1.5 cm，基部抱茎，两侧箭形，边缘具疏齿；无叶柄。**花：**总状花序，顶生；萼片4枚，直立，卵形；花瓣4枚，白色，长圆状倒卵形，顶端圆钝或微凹。**果实：**短角果，倒卵形或近圆形，扁平，顶端凹入，边缘有翅。

花期 / 3—9月　果期 / 4—10月　生境 / 田间、路旁、沟边　分布 / 西藏大部、云南中部至西北部、四川、青海、甘肃　海拔 / 1 000~5 000 m

1

1

2

2

3

堇菜科 堇菜属

3 如意草

Viola arcuata

(syn. *Viola hamiltoniana*)

别名：弧茎堇菜

外观：多年生草本。**根茎：**根状茎横走，向上发出多条地上茎或匍匐枝。**叶：**叶片深绿色，三角状心形或卵状心形，边缘具疏锯齿，两面通常无毛或下面沿脉被疏柔毛。**花：**淡紫色或白色，具长梗，具2枚线形小苞片；萼片卵状披针形，基部附属物极短呈半圆形，具狭膜质边缘；侧方花瓣具暗紫色条纹，里面基部疏生短须毛；距短。**果实：**蒴果，长圆形。

花期／5—6月　果期／6—7月　生境／溪谷、湿地、林缘、灌丛　分布／云南　海拔／1 000~3 000 m

4 双花堇菜

Viola biflora var. *biflora*

别名：短距黄堇、孪生堇菜、双花黄堇菜

外观：多年生草本。**根茎：**根状茎细或稍粗壮；地上茎较细弱，直立或斜升。**叶：**基生叶具长柄，叶片肾形、宽卵形或近圆形，先端钝圆，基部深心形或心形，边缘具钝齿；茎生叶具短柄，叶片较小；托叶与叶柄离生。**花：**黄色，具紫色脉纹；花梗细弱，上部有2枚披针形小苞片；萼片线状披针形或披针形，先端急尖，基部附属物极短，具膜质缘，无毛或中下部具短缘毛；距短筒状；下方雄蕊之距呈短角状。**果实：**蒴果，长圆状卵形。

花期／5—9月　果期／5—9月　生境／草甸、灌丛、林缘、岩石缝隙间　分布／西藏、云南、四川、青海、甘肃　海拔／2 500~4 000 m

5 圆叶小堇菜

Viola biflora var. *rockiana*

(syn. *Viola rockiana*)

别名：圆叶黄堇菜

外观：矮小多年生草本。**根茎：**根状茎具结节，有褐色鳞片。**叶：**基生叶圆形或近肾形，基部心形，有较长叶柄；茎生叶互生，少数，基部浅心形或近截形，边缘具波状浅圆齿，上面微被粗毛；托叶离生，近全缘。**花：**黄色，有紫色条纹；萼片狭条形，基部附属物极短，边缘膜质；距浅囊状；闭锁花生于茎上部叶腋。**果实：**蒴果，卵圆形。

花期／6—7月　果期／7—8月　生境／高山草坡、林下、灌丛　分布／西藏东部及东南部、云南西部及西北部、四川、青海、甘肃　海拔／2 500~4 300 m。

堇菜科 堇菜属

1 深圆齿堇菜

Viola davidii

外观：矮小多年生细弱无毛草本，几无地上茎。**根茎：**根状茎细，几垂直，节密生。**叶：**基生，叶片圆形或有时肾形，先端圆钝，边缘具较深圆齿，两面无毛，上面深绿色，下面灰绿色；托叶褐色，离生或仅基部与叶柄合生，披针形，边缘疏生细齿。**花：**白色或有时淡紫色；距较短，长约2 mm，囊状；药隔顶端附属物长约1 mm，下方雄蕊之距钝角状；子房球形，花柱棍棒状，基部膝曲，柱头两侧及后方有狭缘边，前方具短喙。**果实：**蒴果，椭圆形，常具褐色腺点。

花期 / 3—6月　果期 / 5—8月　生境 / 林缘、山坡草地、溪谷或石上　分布/陕西南部、四川、云南　海拔 / 2 200~3 700 m

1

2 灰叶堇菜

Viola delavayi

别名：黄花地丁

外观：多年生草本，高15~25 cm。**根茎：**茎直立，通常不分枝。**叶：**基生叶通常1枚或缺，叶片卵形，长3~4 cm，宽约3 cm，基部心形，具波状锯齿缘，齿端具腺点，基部疏生长柔毛，叶柄长达7 cm；茎生叶与基生叶相似；托叶草质，披针形、长圆形或卵形，全缘或具疏粗齿。**花：**生于上部叶腋；花梗较叶片为长，长1.5~3 cm，近顶部有2枚线形小苞片；萼片线形，无毛或被疏柔毛，基部附属物很短，呈截形；花瓣黄色，上方花瓣倒卵形，侧方花瓣狭倒卵形，下方花瓣宽倒卵形，基部有紫色条纹；距极短。**果实：**蒴果，卵形或长圆形。

花期 / 6—8月　果期 / 7—8月　生境 / 林缘、草坡、沟谷潮湿处　分布 / 云南中西部至西北部、四川　海拔 / 1 800~3 500 m

2

3 羽裂堇菜

Viola forrestiana

别名：昌都堇菜、门空堇菜

外观：多年生草本。**根茎：**根状茎缩短，直立；无地上茎。**叶：**叶片三角状卵形或狭卵形，基部浅心形或有时近截形，稀呈宽楔形，边缘具不整齐的缺刻状圆齿或在中部以下锐裂；托叶大部分与叶柄合生，披针形，长约1.5 cm，膜质，微白色。**花：**紫色或淡紫色；距粗大，稍弯曲，末端增粗；子房无毛，花柱棍棒状，向上略增粗，柱头两侧及后方有狭缘边，中央部分平坦，前方具短而近平伸的短喙。**果实：**蒴果，圆球形。

花期 / 5—6月　果期 / 6—7月　生境 / 山坡草地、溪旁、河边　分布 / 云南西北部、西藏东南部　海拔 / 2 200~3 700 m

4 四川堇菜

Viola szetschwanensis

外观：多年生草本。**根茎：**茎直立较健壮，高约25 cm。**叶：**基生叶片卵状心形、宽卵形；茎生叶片宽卵形、肾形或近圆形。**花：**黄色，单生于上部叶的叶腋；花梗细，直立，远较叶为长，近上部具2枚线形小苞片；上方花瓣长圆形，具细爪，长1~1.2 cm，宽约2.5 mm，侧方花瓣及下方花瓣稍短；距长2~2.5 mm，末端钝；雄蕊药隔顶部附属物长1.5~2 mm，下方雄蕊之距短，长约1 mm；子房密布褐色斑点；花柱下部膝曲，上部增粗，柱头2裂，裂片耳状，较厚，向两侧伸展。**果实：**蒴果，长圆形，表面密布褐色小点并疏生短柔毛。

花期 / 6—8月　果期 / 7—9月　生境 / 山地林下、林缘、草坡或灌丛　分布 / 四川西部、云南北部、西藏　海拔 / 2 500~3 800 m

5 滇西堇菜

Viola tienschiensis

外观：矮小多年生无茎草本。**根茎：**直立或上升，根白色或黄色。**叶：**托叶狭披针形，1/3~1/2贴生于叶柄；叶片椭圆形，长3~8 cm，宽1.5~5 cm基部浅心形或截形；两面被微毛或光滑。**花：**花梗长于叶，7~9 cm。萼片卵形，附属物狭矩形；距长4~6 mm，多少向上弯曲；花柱基部多少膝曲，棒状，顶端平，向两侧伸展，边缘显著，前端多少具直立的喙。**果实：**蒴果，椭圆形，无毛。

花期 / 3—5月　果期 / 5—10月　生境 / 草坡、林下　分布 / 四川、云南、西藏东南部　海拔 / 2 000~3 200 m

堇菜科 堇菜属

1 心叶堇菜

Viola yunnanfuensis

外观：多年生草本，无茎。**根茎：**根状茎短粗，直径4~5 mm，节密生；根多数，白色。**叶：**基生叶多数；托叶短，约1 mm，1/2~3/4贴生于叶柄，未贴生部分延展。叶柄在花期与叶片近等长，果期显著更长。叶片卵形、阔卵形至三角状卵形，长2~8 cm，宽2.5~7 cm，背面被微柔毛或光滑，有时紫色，正面被白色微柔毛或无毛；基部心形，边缘深圆齿。**花：**白色或堇色花梗不超出叶；小苞片近中部着生，线状披针形；萼片阔披针形，附属物被微柔毛或无毛；距圆筒形，长2~3 mm。子房圆锥形，无毛；花柱棒状，基部微膝曲，上部增粗；柱头顶端平，侧向及后方有缘边，前方具短喙，喙端具阔孔。**果实：**蒴果，椭圆形，无毛。

花期／2—4月　果期／5—10月　生境／草地、灌丛　分布／四川、云南、西藏南部　海拔／3 500 m以下

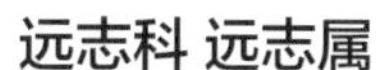

远志科 远志属

2 西伯利亚远志

Polygala sibirica

别名：辰砂草、卵叶远志

外观：多年生草本，高10~30 cm。**根茎：**根直立或斜生，木质；茎丛生，常直立，被短柔毛。**叶：**互生，纸质至亚革质，卵形、披针形至椭圆状披针形，长1~2 cm，宽3~6 mm，先端具短尖头，全缘，两面被短柔毛；具短柄。**花：**总状花序，腋外生或假顶生，通常高出茎顶，被短柔毛；小苞片3枚，钻状披针形，被短柔毛；萼片5枚，背面被短柔毛，具缘毛，外面3枚披针形，里面2枚花瓣状，近镰刀形，淡绿色；花瓣3枚，蓝紫色，侧瓣倒卵形，长5~6 mm，先端圆形，微凹，基部内侧被柔毛，龙骨瓣较侧瓣长，背面被柔毛，具流苏状鸡冠状附属物；雄蕊8枚；柱头2枚。**果实：**蒴果，近倒心形，具狭翅及短缘毛。

花期／4—7月　果期／5—8月　生境／砂质土地、灌丛、林缘、草坡　分布／西藏东南部、云南中西部及西北部、四川　海拔／1 100~4 300 m

3 小扁豆

Polygala tatarinowii

别名：小远志、野豌豆草、天星吊红

外观：一年生直立草本。**根茎：**茎不分枝或多分枝，具纵棱，无毛。**叶：**单叶互生，叶片纸质，卵形或椭圆形至阔椭圆形，先端急尖，基部楔形下延，全缘，具缘毛，两面均绿色，疏被短柔毛，具羽状脉；叶柄稍具

翅。**花：**总状花序顶生；具小苞片2枚；萼片5枚，绿色，花后脱落，外面3枚小，卵形或椭圆形，内面2枚花瓣状，长倒卵形，先端钝圆；花瓣3枚，红色至紫红色，侧生花瓣较龙骨瓣稍长；雄蕊8枚，花药卵形；子房圆形，花柱弯曲，向顶端呈喇叭状，具倾斜裂片。**果实：**蒴果，扁圆形，顶端具短尖头，具翅，疏被短柔毛。

花期／8—9月　果期／9—11月　生境／山坡草地、林下、路旁草丛中　分布／西藏、云南、四川、青海、甘肃　海拔／1 000~3 900 m

景天科 红景天属

4 菊叶红景天

Rhodiola chrysanthemifolia

别名：菊叶景天、菊花红景天

外观：多年生草本。**根茎：**主根粗，分枝；根颈长，在地上部分及先端被鳞片，鳞片三角形；花茎被微乳头状突起，仅先端着叶。**叶：**叶片长圆形至卵状长圆形，先端钝，基部楔形至叶柄，边缘羽状浅裂。**花：**伞房状花序，紧密；花两性；苞片圆匙形；萼片5枚，线形至三角状线形，或狭三角状卵形，花瓣5枚，长圆状卵形，全缘或上部啮蚀状；雄蕊10枚，较花瓣短，对瓣的长4 mm，着生基部上2 mm处，对萼的长6 mm；鳞片5枚，近长方形，先端有微缺。**果实：**蓇葖果，蓇葖5枚，披针形，花柱直立。

花期／8月　果期／9—10月　生境／山坡石缝中　分布／云南西北部、四川西南部　海拔／3 200~4 200 m

1

景天科 红景天属

1 大花红景天

Rhodiola crenulata

别名：宽瓣红景天、宽叶景天、圆景天

外观：多年生草本。**根茎：**地上的根颈短，残存花枝茎少数，黑色；不育枝直立，先端密着叶，叶宽倒卵形；花茎多，直立或扇状排列，稻秆色至红色。**叶：**有短的假柄，椭圆状长圆形至近圆形，先端钝或有短尖，全缘或波状或有圆齿。**花：**花序伞房状，有多花，有苞片；花大形，有长梗，雌雄异株；萼片5枚，狭三角形至披针形；花瓣5枚，红色，倒披针形，有长爪，先端钝；雄蕊10枚，与花瓣同长，与花瓣对生的着生于基部以上2.5 mm处；鳞片5枚，近正方形至长方形，先端有微缺；心皮5枚。**果实：**蓇葖5枚，直立，干后红色；种子倒卵形，两端有翅。

花期 / 6—7月　果期 / 7—8月　生境 / 高山流石滩　分布 / 西藏、云南西北部、四川西部　海拔 / 2 800~5 600 m

2 长鞭红景天

Rhodiola fastigiata

别名：宽叶红景天、竖枝景天、大理景天

外观：多年生草本。**根茎：**根颈长达50 cm以上，不分枝或少分枝，老的花茎脱落，或有少数宿存的，基部鳞片三角形。**叶：**花茎4~10条，着生主轴顶端，叶密生；叶互生，线状长圆形至倒披针形，先端钝，基部无柄，全缘，或有微乳头状突起。**花：**花序伞房状；雌雄异株；花密生；萼片5枚，线形或长三角形，钝；花瓣5枚，红色，长圆状披针形，钝；雄蕊10枚，与花瓣对生的着生于基部以上1 mm处；鳞片5枚，横长方形，先端有微缺；心皮5枚，披针形，直立，花柱长。**果实：**蓇葖直立，先端稍向外弯。

花期 / 6—8月　果期 / 9月　生境 / 山坡石上及流石滩　分布 / 西藏、云南、四川　海拔 / 3 500~5 400 m

景天科 红景天属

1 长圆红景天

Rhodiola forrestii

别名：川滇景天、少花云南景天

外观： 多年生草本，高20~40 cm。**根茎：** 根茎直立或倾斜；花茎直立。**叶：** 3~4叶轮生，或在下部为对生，线状长圆形至卵状长圆形，长2~5 cm，宽6~10 mm，边缘有疏生粗牙齿或羽状浅裂，或几为全缘，无叶柄。**花：** 雌雄异株；聚伞圆锥花序顶生，或聚伞花序腋生；雄花萼片5枚，线形；花瓣5枚，红色、淡红色、褐色、黄色、黄绿色，长圆形；雄蕊10枚；雌花花瓣三角状卵形，心皮5枚，长圆状卵形。**果实：** 蓇葖果，狭卵形，直立，上部外弯。

花期 / 6—7月　果期 / 8月　生境 / 山坡、林缘、岩缝中　分布 / 西藏东南部（米林）、云南北部和西北部、四川西部　海拔 / 2 900~4 000 m

1

2 喜马红景天

Rhodiola himalensis

别名： 喜马拉雅红景天、须弥红景天、参日

外观： 多年生草本。**根茎：** 根颈伸长，老的花茎残存，先端被三角形鳞片；花茎直立，圆，常带红色，被多数透明的小腺体。**叶：** 互生，疏覆瓦状排列，披针形至倒披针形或倒卵形至长圆状倒披针形，先端急尖至有细尖，基部圆，无柄，全缘或先端有齿，被微乳头状突起，尤以边缘为明显，中脉明显。**花：** 花序伞房状，花梗细；雌雄异株；萼片4枚或5枚，狭三角形，基部合生；花瓣4枚或5枚，深紫色，长圆状披针形；雄蕊8枚或10枚，鳞片长方形，先端有微缺；雌花不具雄蕊；心皮4枚或5枚，直立，披针形，花柱短，外弯。**果实：** 蓇葖果。

花期 / 5—6月　果期 / 8月　生境 / 山坡上、林下、灌丛中　分布 / 西藏、云南、四川西北部　海拔 / 3 700~4 200 m

1

2

3 狭叶红景天

Rhodiola kirilowii

外观： 多年生草本。**根茎：** 根粗，直立；根颈直径1.5 cm，先端被三角形鳞片；花茎少数。**叶：** 营养茎上叶互生，线形至线状披针形，先端急尖，边缘有疏锯齿，或有时全缘，无柄。花茎上叶密生。**花：** 花序伞房状，有多花；雌雄异株；萼片5枚或4枚，三角形，先端急尖；花瓣5枚或4枚，绿黄色，倒披针形；雄花中雄蕊10枚或8枚，与花瓣同长或稍超出，花丝与花药黄色；鳞片5枚或4枚，近正方形或长方形，先端钝或有微缺；心皮5枚或4枚，直立。**果实：** 蓇葖披针形，有短而外弯的喙；种子长圆状披针形。

3

3

4

4

花期 / 6—7月　果期 / 7—8月　生境 / 山地多石草地上或石坡上　分布 / 西藏、云南、四川、青海、甘肃　海拔 / 2 000~5 600 m

4 大果红景天

Rhodiola macrocarpa

别名：宽果红景天

外观：多年生草本。**根茎：**根颈粗，先端被长三角形鳞片；花茎少数，直立，不分枝，上部有微乳头状突起。**叶：**近轮生，无柄，上部的叶线状倒披针形至倒披针形，先端急尖，基部渐狭，边缘有不整齐的锯齿或浅裂，下部的叶渐缩小而全缘。**花：**花序伞房状，有苞片；花梗被微乳头状突起；雌雄异株；萼片5枚，线形，花瓣5枚，黄绿色，线形；雄花中雄蕊10枚，黄色；鳞片5枚，近正方形，先端有微缺；雄花中心皮5枚，线状披针形，不育，雌花心皮5枚，紫色，长圆状卵形，基部急狭，近有柄，花柱短，直。**果实：**蓇葖果，种子披针状卵形，两端有翅。

花期 / 7—9月　果期 / 8—10月　生境 / 山坡石上　分布 / 西藏东南部、云南西北部　海拔 / 2 900~4 300 m

5

5 四轮红景天

Rhodiola prainii

别名：四叶红景天

外观：多年生小草本。**根茎：**根颈直立，粗，先端被钻形或狭三角形的鳞片，褐色或黑褐色；花茎单生，直立，老的枝茎不宿存。**叶：**4枚，轮状着生茎下部，叶有长假柄，叶片长圆状椭圆形至横椭圆形，或卵形至宽卵形，先端圆形，基部急狭至长渐狭，全缘，无毛，或有少数微乳头状突起，绿色。**花：**伞房状花序或伞房状复二歧状花序，顶生，被苞片，苞片宽椭圆形至几圆形或卵形，无柄或有短柄；雌雄异株；萼片5枚，狭三角状卵形，先端急尖，顶端钝；花瓣5枚，卵形至长圆状卵形，边缘啮蚀状，淡红色至红色；雄蕊10枚，较花瓣为短；鳞片5枚，倒匙状长方形，心皮5枚，披针形，较花瓣短，花柱细。**果实：**蓇葖果。

花期 / 7—9月　果期 / 8—10月　生境 / 山坡石缝中、河谷阔叶林石上　分布 / 西藏　海拔 / 2 200~4 300 m

5

5

5

景天科 红景天属

1 四裂红景天

Rhodiola quadrifida

外观： 多年生草本。**根茎：** 主根长达18 cm，根颈直径1~3 cm，分枝，黑褐色，先端被鳞片；老的枝茎宿存，常在100条以上；花茎细，稻秆色，直立，叶密生。**叶：** 互生，无柄，线形，先端急尖，全缘。**花：** 伞房花序花少数，花梗与花同长或较短；萼片4枚，线状披针形，钝；花瓣4枚，紫红色，长圆状倒卵形，钝；雄蕊8枚，与花瓣同长或稍长，花丝与花药黄色；鳞片4枚，近长方形。**果实：** 蓇葖4枚，披针形，直立，有先端反折的短喙，成熟时暗红色；种子长圆形，褐色，有翅。

花期 / 5—6月　果期 / 7—8月　生境 / 高山石缝中　分布 / 西藏、四川、青海、甘肃　海拔 / 2 900~5 100 m

1

1

2 齿叶红景天

Rhodiola serrata

外观： 多年生草本，高20~60 cm。**根茎：** 根茎粗；花茎单生或少数，稻秆色。**叶：** 互生，长圆形至线状倒披针形，长6~13 cm，宽1.6~3.5 cm，边缘有锯齿，基部无柄，多少呈耳状。**花：** 聚伞花序大形，顶生，花多数；苞片少数，倒披针形至狭披针形，边有锯齿，无柄；雌雄异株；雄花萼片5~6枚，狭长圆形；花瓣5~6枚，倒披针形至线状倒披针形；雄蕊10~12枚；雌花萼片4~5，稀更多，钻形；花瓣4~5枚，稀更多，线形；心皮5枚，稀更多，直立。**果实：** 蓇葖果，狭卵形，成熟后花柱外弯。

花期 / 7—8月　果期 / 8—9月　生境 / 林下、山坡　分布 / 西藏　海拔 / 3 300~3 800 m

2

3 异鳞红景天

Rhodiola smithii

别名：藏布红景天、史密红景天、线尾红景天

外观： 多年生草本。**根茎：** 根颈直立，粗，不分枝；花茎直立，细弱，不分枝，基部被鳞片。**叶：** 基生叶鳞片状，外面的三角状半圆形，先端有线形或长圆形附属物，里面的宽线形，先端有长尾；花茎的叶互生，长卵形或卵状线形，钝，全缘。**花：** 伞房状花序，花疏生；花两性；萼片5枚，披针形；花瓣5枚，近长圆形，先端尖，外面上部呈龙骨状，全缘；雄蕊10枚，对瓣者长1.5~3.2 mm，着生花瓣中部以下，对萼者长3~6 mm；鳞片5枚，近正方形，先端有微缺；心皮5枚，基部合生。**果实：** 蓇葖果，直立，种子少数；种子近倒卵状长圆形，钝。

2

3

花期 / 7—9月　果期 / 8—12月　生境 / 河滩砂砾地、砂质草地及石缝中　分布 / 西藏（日喀则至亚东）　海拔 / 4 000~5 000 m

4 云南红景天

Rhodiola yunnanensis

别名：云南景天、三台观音、铁脚莲

外观：多年生草本。**根茎：**根茎粗，不分枝或少分枝，植株可高达1 m。**叶：**3叶轮生，稀对生，先端钝，基部圆楔形，边缘多少有疏锯齿；叶片下面苍白绿色，无叶柄。**花：**聚散圆锥花序，长5~15 cm，多次三叉分枝；雌雄异株；雄花小，萼片4枚，披针形，有黄绿色花瓣4枚；雌花萼片、花瓣各4枚，绿色或紫色，线性。**果实：**蓇葖果，星芒状排列，喙长1 mm。

花期 / 5—7月　果期 / 7—8月　生境 / 山坡林下的石上　分布 / 西藏、云南、四川　海拔 / 2 750~3 200 m

景天科 景天属

5 宽萼景天

Sedum platysepalum

外观：一年生或二年生草本，无毛。**根茎：**花茎自基部多分枝，近密生叶。**叶：**叶片线形至线状披针形，有宽距，先端尖。**花：**花序密伞房状，有多数花；花为不等的五基数；萼片长圆形，有距，先端渐尖，脉上有锈色斑点；花瓣黄色，线状披针形，先端有短突尖头；雄蕊10枚，2轮；鳞片线形，上部微扩张；心皮长圆形，先端渐尖为花柱，有胚珠8~10枚。**果实：**蓇葖果，种子倒卵形，有乳头状突起。

花期 / 8—10月　果期 / 10月　生境 / 高山岩石上　分布 / 云南西北部（大理、香格里拉）、四川西南部（木里）　海拔 / 3 200~4 000 m

虎耳草科 岩白菜属

1 岩白菜

Bergenia purpurascens

别名：滇岩白菜、蓝花岩陀、岩七

外观：多年生草本，高13~52 cm。**根茎：**根状茎粗壮，被鳞片。**叶：**均为基生；叶片革质，倒卵形，先端钝圆，边缘具波状齿至近全缘；叶柄长2~7 cm，托叶鞘边缘无毛。**花：**花莛疏生腺毛；聚散花序圆锥状；萼片革质；花瓣紫红色，先端钝或微凹；子房卵球形，花柱2裂。**果实：**蒴果。

花期／5—8月　果期／7—8月　生境／湿润的灌丛、亚高山草甸和石隙　分布／西藏南部及东南部、云南北部及西北部、四川西南部　海拔／2 700~4 800 m

2

虎耳草科 金腰属

2 长梗金腰

Chrysosplenium axillare

别名：腋花金腰子、亚吉

外观：多年生草木，不育枝发达，出自叶腋。**根茎：**花茎无毛。**叶：**无基生叶；茎生叶数枚，互生，中上部者具柄，叶片阔卵形至卵形，边缘具12圆齿，基部圆状宽楔形，无毛，叶柄无毛，下部者较小，鳞片状，无柄。**花：**单花腋生，或疏聚伞花序；苞叶卵形至阔卵形，边缘具10~12圆齿，齿先端具1枚褐色疣点，基部宽楔形至圆形，无毛；花梗纤细，无毛；花绿色；萼片在花期开展，近扁菱形，先端钝或微凹，且具1枚褐色疣点，无毛；花盘明显8裂。**果实：**蒴果，先端微凹，2果瓣近等大，肿胀；种子黑棕色，近卵球形，光滑无毛，有光泽。

花期 / 7—9月　果期 / 7—9月　生境 / 林下、灌丛间或石隙　分布 / 青海东南部、甘肃南部　海拔 / 2 800~4 500 m

2

3 锈毛金腰

Chrysosplenium davidianum

别名：穆坪猫眼草

外观：多年生草本，高3.5~19 cm，丛生。**根茎：**根状茎横走，密被褐色长柔毛，不育枝发达；茎被褐色卷曲柔毛。**叶：**基生阔卵形至近阔椭圆形，长2.1~4.2 cm，宽2~3.7 cm，边缘具7~17圆齿，基部近截形至稍心形，两面和边缘具褐色长柔毛；叶柄长1~3 cm，密被褐色卷曲长柔毛；茎生叶1~5枚，互生，向下渐变小，阔卵形至近扇形，边缘具7~9圆齿，两面和边缘疏生褐色柔毛；叶柄长5~6 mm，被褐色柔毛。**花：**聚伞花序，花较密集；苞叶圆状扇形，边缘具3~7圆齿，疏生柔毛至近无毛，柄长1.2~3.5 mm，疏生柔毛；花梗被褐色柔毛；萼片4枚，黄色，近圆形，先端钝圆或微凹；无花瓣；雄蕊8枚；花柱与雄蕊近等长。**果实：**蒴果，先端近平截而微凹，2果瓣水平状叉开。

花期 / 3—7月　果期 / 4—8月　生境 / 林下阴湿草地、山谷石隙中　分布 / 云南北部、西部及西北部、四川西部　海拔 / 1 500~4 100 m

3

3　朱鑫鑫　摄影

3　朱鑫鑫　摄影

虎耳草科 金腰属

1 肾叶金腰

Chrysosplenium griffithii

别名：高山金腰子、金腰草

外观：多年生草本，高8.5~30 cm，丛生。**根茎：**茎不分枝，无毛。**叶：**基生叶仅1枚，有时缺失，叶片肾形，7~19浅裂；叶柄长7~9 cm，疏生褐色柔毛和乳头突起；茎生叶互生，叶片肾形，长2.3~5 cm，宽3.2~6.5 cm，11~15浅裂，裂片间弯缺处有时具褐色柔毛和乳头突起；叶柄长3~5 cm。**花：**聚伞花序，花较疏离；苞片肾形、扇形、阔卵形至近圆形，3~12浅裂，柄长0.8~1.5 cm；花梗被褐色乳头突起和柔毛；萼片4枚，黄色，在花期开展，近圆形至菱状阔卵形，通常全缘，稀具不规则齿；无花瓣；雄蕊8枚。**果实：**蒴果，先端近平截而微凹，2果瓣水平状叉开。

花期 / 4—8月　果期 / 5—9月　生境 / 林下、林缘、高山草甸、碎石隙中　分布 / 西藏东南部、云南北部和西北部、四川西部和北部、甘肃南部　海拔 / 2 500~4 800 m

1

1

2 山溪金腰

Chrysosplenium nepalense

外观：多年生草本，高5.5~21 cm，具不育枝。**根茎：**花茎无毛。**叶：**叶片卵形至阔卵形，边缘具圆齿，背面无毛；叶柄长0.2~1.5 cm，腹面和叶腋部具乳头突起。**花：**聚伞花序具8~18朵花；苞叶阔卵形，边缘具5~10圆齿；花瓣黄绿色；花梗无毛；萼片在花期直立，无毛；雄蕊8枚；子房近下位；无花盘。**果实：** 2果瓣近等大；种子红棕色，无横纹。

花期 / 5—7月　果期 / 7—9月　生境 / 林下、草甸或石隙　分布 / 西藏、云南和四川　海拔 / 1 550~5 800 m

2

2

3

3

虎耳草科 梅花草属

3 短柱梅花草

Parnassia brevistyla

外观：多年生草本。**根茎：**根状茎有褐色膜质鳞片，其下长出多数较发达纤维状根。**叶：**基生叶2~4枚，具长柄；叶柄扁平，向基部逐渐加宽；托叶膜质，边有流苏状毛，早落；茎生叶1枚，其基部常有铁锈色的附属物，无柄半抱茎。**花：**单生于茎顶；萼筒浅，萼片中脉明显，在基部和内面常有紫褐色小点；花瓣白色，宽倒卵形或长圆倒卵形，先端圆，基部具爪，上部2/3的边缘呈浅而不规则的啮蚀状，1/3之下部具短而流苏状毛，有5~7条紫红色脉，并布满紫红色小斑点；雄蕊5枚，花丝向基部逐渐加宽，花药椭圆形，顶生，药隔连合并伸长呈匕首状；退化雄蕊5枚，具柄，先端浅3裂，裂片深度为头部长度的1/4~1/3，披针形或长圆形，先端渐尖或截形，偶有呈盘状或头状；子房卵球形，花柱短，不伸出退化雄蕊之外，柱头3裂，裂片短。**果实：**蒴果，倒卵球形，各角略加厚；种子多数，长圆形，褐色，有光泽。

花期 / 7—8月　果期 / 9月　生境 / 阴湿的林下和林缘、草坡下或河滩草地　分布 / 西藏东北部、云南西北部、四川西部和北部、甘肃南部　海拔 / 2 800~4 400 m

4

4 突隔梅花草

Parnassia delavayi

别名：芒药苍耳七

外观：多年生草本，高12~35 cm。**根茎：**根状茎上部有褐色鳞片，下部有不太发达的纤维状根；茎具棱脊，无毛。**叶：**基生叶具叶柄，叶片心形至心状肾形，先端钝，无毛；叶柄长3~8.5 cm，基部稍扩大且边缘疏具褐色柔毛。**花：**单生于茎顶端；萼片矩圆形，先端钝圆，无毛，约11条脉，脉于先端汇合；花瓣白色，狭卵形，先端钝圆，边缘上部啮蚀状而中下部具流苏；雄蕊长约8 mm，药隔向上延伸呈芒状；具退化雄蕊；子房半下位，柱头3裂。**果实：**蒴果。

花期 / 7—8月　果期 / 8—9月　生境 / 山林下或灌丛下　分布 / 西藏（波密）、云南、四川、甘肃　海拔 / 1 800~3 800 m

4

虎耳草科 梅花草属

1 长爪梅花草

Parnassia farreri

别名：贡山梅花草

外观：草本，高4~10 cm。**根茎：**根状茎具向下丝状根，具膜质鳞片；茎单一，稀2条。**叶：**基生叶2~3枚，稀5枚，圆形，稀肾形，长宽均为2~9 mm，基部心形，全缘，边有极窄膜，下面密被褐色小斑点；叶柄长1~3 cm，具棱条和窄翼；托叶灰白色，具紫色条斑，边缘有褐色流苏状毛，常早落；茎生叶1枚，卵状三角形或卵形，长约4 mm，宽约3.5 mm，全缘，两面具紫褐色小斑点，无柄或近无柄。**花：**单生于茎顶；萼筒陀螺状，裂片5枚，卵形或长圆形，常具紫褐色小斑点；花瓣5枚，白色，三角状卵形，基部突然窄缩为爪，边缘的上半部全缘或波状，下半部具长流苏状毛，两面具紫褐色小斑点；雄蕊5枚；退化雄蕊5枚；柱头3裂。**果实：**蒴果，扁卵球形。

花期 / 8—9月　果期 / 10月　生境 / 草坡岩石缝、林下、山沟　分布 / 云南西北部（贡山）　海拔 / 3 000~3 400 m

1　魏来　摄影

1　魏来　摄影

2

2 云梅花草

Parnassia nubicola

外观：多年生草本，高15~40 cm。**根茎：**根状茎长圆形或块状；花茎3~4条。**叶：**基生叶3~8枚，具柄；叶片长2.5~7.5 cm，宽2~3.8 cm，先端急尖或短渐尖，基部下延近楔形，有时呈截形或微向内弯，全缘，有明显弧形脉；花茎具1枚茎生叶，长圆状卵形，长2~4 cm，在基部常有数条锈褐色的附属物，无柄半抱茎。**花：**单生于茎顶，直径2.8~3.4 cm；花瓣白色，先端圆，边全缘或有时中下部啮蚀状，具5~7条脉和紫褐色小点，基部偶有短发状附属物；退化雄蕊5枚，扁平，长4~5 mm，具长约2 mm、宽约1 mm之柄，头部与柄近等长，3浅裂，裂片披针形，全长为雄蕊长度的1/2。**果实：**蒴果，卵球形，各角有加厚之棱。

花期 / 8月　果期 / 9月　生境 / 铁杉林下　分布 / 西藏南部（定日）　海拔 / 3 700 m

3 类三脉梅花草

Parnassia pusilla

别名：弱小梅花草

外观：多年生草本，高8~10 cm。**根茎：**根状茎块状，上部有褐色膜质鳞片；茎通常单一，不分枝。**叶：**基生叶2~4枚，肾形或卵状心形，长4~7 mm，宽3~5 mm，基部心形，全缘5条明显脉，稀3条；叶柄长7~9 mm，扁平；茎生叶1枚，生于茎近基

3

部，卵状心形，较小，无柄半抱茎。**花：**单生于茎顶；萼筒陀螺状，裂片5枚，长圆形；花瓣5枚，白色，倒卵形，边缘具流苏状毛、啮蚀状或呈波状；雄蕊5枚；退化雄蕊5枚，先端3裂；柱头3裂。**果实：**蒴果。

花期 / 7—8月　果期 / 8—9月　生境 / 西藏中西部及南部、云南西北部　海拔 / 3 700~4 200 m

4 高山梅花草

Parnassia cacuminum

外观：矮小草本，高7~10 cm。**根茎：**根状茎短小，其下生出多数成簇细长之根，其上有少数褐色膜质鳞片。**叶：**基生叶通常5~7枚，有叶柄；叶片稍厚，卵形，长10~15 mm，宽8~11 mm，基部心形，全缘，下面密被紫褐色小斑点；茎单一，在近花处具1叶，茎生叶卵形，基部稍心形或不为心形，并常有几条褐色短的附属物。**花：**单生于茎顶，直径11~15 mm；花瓣白色，匙形，长8~9 mm，宽3~4 mm，先端圆，基部有长约1 mm的短爪，偶尔在基部有几条短流苏状毛，边缘啮蚀状，两面密具紫褐色小斑点，常具3条弧形脉，脉常有分枝；退化雄蕊5枚，绿色，浅3裂，裂片为全长度1/4~1/3，中间裂片窄而比两侧稍长，两侧裂片宽短而顶端平，有时稍有不规则浅裂。**果实：**蒴果。

花期 / 6—7月　果期 / 8—10月　生境 / 阴湿沟边或灌丛边　分布 / 四川南部及青海南部　海拔 / 3 400~4 000 m

5 近凹瓣梅花草

Parnassia submysorensis

外观：多年生草本，高15~29 cm。**根茎：**根状茎长圆形或块状，上部有褐色膜质鳞片；茎2~3条。**叶：**基生叶2~3枚，卵状长圆形或宽卵形，长2~3 cm，宽和长几相等，基部心形或深心形，全缘，有弧形脉7~9条；叶柄长4~7 cm，扁平；茎生叶1枚，生于茎近中部或稍偏上，与基生叶同形，较小，无柄半抱茎。**花：**单生；萼筒陀螺状，裂片5枚，长圆形；花瓣5枚，白色，倒卵形，边缘呈浅波状、啮蚀状或具极短流苏状毛；雄蕊5枚；退化雄蕊5枚，扁平，先端3浅裂；柱头3裂。**果实：**蒴果。

花期 / 7—8月　果期 / 8—9月　生境 / 林下阴湿草坡灌丛中　分布 / 云南（香格里拉）　海拔 / 3 400~3 600 m

1 王洽 摄影

1

2

虎耳草科 梅花草属

1 青铜钱

Parnassia tenella

外观：矮小细弱草本。**根茎：**根状茎短粗，其上常有宿存膜质褐色鳞片，下部生出很多纤细之根。**叶：**基生叶1~2片，有细弱长柄；叶片肾形，先端圆，常微凹，具小而突起尖头，边全缘，呈薄的一圈窄膜，并起伏不平向外反卷；叶柄扁而两侧带窄翼，具棱条；托叶膜质，大部贴生于叶柄，边有褐色流苏毛，早落；茎生叶无柄半抱茎，肾形。**花：**单生于茎顶；萼筒陀螺状；萼片半圆形至卵形，边缘膜质，啮蚀状，为花瓣长度的1/3；花瓣绿色，基部楔形，具短爪，边缘膜质，呈细密的啮蚀状或具齿；雄蕊5枚，花丝扁平，向基部扩大，雄蕊长度仅为花瓣长度的1/5；退化雄蕊5枚，为雄蕊长度的1/2，锤状，顶端不裂，偶有极小圆齿；子房球形，有紫色小斑点，上位，花柱极短，柱头3裂。**果实：**蒴果，宽倒心形，具3棱，3裂。

花期 / 8月 果期 / 9月 生境 / 阴坡杂木林下或林边 分布 / 西藏（林芝）、云南西北部、四川西部 海拔 / 2 800~3 400 m

2 三脉梅花草

Parnassia trinervis

外观：多年生草本，高7~20 cm。**根茎：**根状茎块状、圆锥状或不规则形状，有褐色膜质鳞片；茎2~4条。**叶：**基生叶4~9枚，长圆形、长圆状披针形或卵状长圆形，长8~15 mm，宽5~12 mm，基部微心形、截形或下延而连于叶柄；叶柄长8~15 mm，稀达4 cm，扁平，两边窄膜质；茎生叶1枚，与基生叶同形而较小，无柄半抱茎。**花：**单生；萼筒漏斗状，萼片5枚，披针形或长圆披针形，外面有明显3条脉；花瓣5枚，白色或带淡绿色，倒披针形，基部楔形下延成爪，

3 魏来 摄影

有明显3条脉；雄蕊5枚；退化雄蕊5枚，先端1/3浅裂，裂片短棒状；柱头3裂，裂片直立，花后反折。**果实：**蒴果。

花期 / 7—8月 果期 / 9—10月 生境 / 山谷潮湿地、山坡草地、沼泽草甸、河滩 分布 / 西藏中部至东南部、四川、青海、甘肃 海拔 / 3 100~4 500 m

3 鸡肫草

Parnassia wightiana

别名：苍耳七、荞麦叶、鸡肫梅花草

外观：多年生草本。**根茎：**根状茎粗大，块状。**叶：**基生叶2~4枚，具长柄；叶片宽心形，基部呈微心形或心形，全缘，向外反卷；茎生叶与基生叶同形，边缘薄而形成一圈膜质，基部具多数铁锈色的附属物，有时结合成小片状膜，无柄半抱茎。**花：**单生于茎顶；花瓣白色，长圆形至似琴形，先端急尖，基部楔形消失成爪，边缘上半部波状或齿状，稀深缺刻状，下半部具长流苏状毛；雄蕊5枚，花丝扁平，向基部加宽，先端尖，花药长圆形，稍侧生；退化雄蕊5枚，扁平，5浅裂至中裂，裂片深度不超过1/2，偶在顶端有不明显的腺体；子房倒卵球形，被褐色小点，花柱先端3裂，裂片长圆形，花后反折。**果实：**蒴果，倒卵球形，褐色，具有多数种子。

花期 / 7—8月 果期 / 9—10月 生境 / 山谷疏林下、山坡杂草中、沟边 分布 / 西藏、云南、四川 海拔 / 1 000~2 000 m

4 盐源梅花草

Parnassia yanyuanensis

外观：多年生矮小草本。**根茎：**根状茎粗大，长圆形或块状，其上部有残存褐色鳞片，其下有多数丝状的根。**叶：**基生叶4~7枚，具柄；叶片卵状心形，先端钝，基部心形，全缘，基部有不明显3条脉；叶柄扁平，两侧近膜质；托叶膜质，贴生于叶柄；苞叶卵状披针形，先端圆，基部截形或微心形，常有数条锈褐色的附属物，并有扁平而极短的柄。**花：**单生于茎顶；萼筒浅钟状，萼片长椭圆形，先端钝，基部常有2~3条锈褐色的附属物；花瓣淡黄色，倒卵状长圆形，先端圆，基部渐窄成爪，边缘全缘或呈不明显的啮蚀状，并具不明显的紫色小点；雄蕊5枚，花丝扁，向基部加宽，花药长圆形，纵裂；退化雄蕊5枚，斧头状，有短柄；头部顶端圆，全长为雄蕊长度的1/3；子房卵球形，柱头3裂。**果实：**蒴果。

花期 / 7月 果期 / 8—9月 生境 / 山坡岩石缝中 分布 / 四川（盐源） 海拔 / 4 000 m

虎耳草科 茶藨子属

1 长刺茶藨子

Ribes alpestre

别名：刺茶藨子、亚高山茶藨子、大刺茶藨子、高山醋栗

外观：落叶灌木，高1~3 m。**根茎：**老枝灰黑色，皮呈条状或片状剥落，小枝灰黑色至灰棕色，幼时被细柔毛，在叶下部的节上着生3枚粗壮刺，节间常具细小针刺或腺毛。**叶：**叶片宽卵圆形，长1.5~3 cm，宽2~4 cm，基部近截形至心脏形，两面被细柔毛，3~5裂，边缘具缺刻状粗钝锯齿或重锯齿；叶柄长2~3.5 cm，被细柔毛或疏生腺毛。**花：**单生，或2~3朵花呈总状花序，腋生；花序轴具腺毛；花梗无毛或具疏腺毛；苞片常成对着生于花梗的节上，宽卵圆形或卵状三角形，边缘有稀疏腺毛；萼片5枚，绿褐色或红褐色，长圆形，外面具腺柔毛，花期向外反折，果期常直立；花瓣5枚，长圆形，白色或带淡绿褐色。**果实：**浆果，近球形或椭圆形，紫红色，外面具腺刺毛。

花期 / 4—6月　果期 / 6—9月　生境 / 林下灌丛中、林缘、河谷草地　分布 / 西藏东部及东南部、云南西部及西北部、四川西部、青海　海拔 / 1 000~3 900 m

1

2 冰川茶藨子

Ribes glaciale

别名：碟花茶藨、黑果醋栗、簣蚕桑

外观：落叶灌木，高2~3 m。**根茎：**小枝深褐灰色或棕灰色，皮长条状剥落，嫩枝红褐色，无毛或微具短柔毛。**叶：**叶片长卵圆形，长3~5 cm，宽2~4 cm，掌状3~5裂，边缘具粗大单锯齿，有时混生少数重锯齿，两面有时略被毛；叶柄长1~2 cm，浅红色，稀疏生腺毛。**花：**单性，雌雄异株；总状花序，直立，花序轴和花梗具短柔毛和短腺毛；苞片卵状披针形或长圆状披针形，边缘有短腺毛；萼片5枚，褐红色，卵圆形或舌形，直立；花瓣5枚，紫红色，近扇形；雄蕊5枚，花药紫红色或紫褐色；花柱先端2裂。**果实：**浆果，近球形或倒卵状球形，红色。

花期 / 4—6月　果期 / 7—9月　生境 / 山谷丛林、林缘　分布 / 西藏（林芝）、云南西北部、西部及东北部、四川　海拔 / 1 900~3 000 m

2

3 糖茶藨子

Ribes himalense

别名：滇藏醋栗、异毛茶藨子、喜马拉雅茶藨子

外观：落叶小灌木，高1~2 m。**根茎：**小枝黑紫色或暗紫色，皮长条状或长片状剥落，

3

3

嫩枝紫红色或褐红色。**叶：**叶片卵圆形或近圆形，长5~10 cm，宽6~11 cm，基部心形，两面微被柔毛，掌状3~5裂，边缘具粗锐重锯齿或杂以单锯齿；叶柄长3~5 cm，红色，无毛或微被柔毛。**花：**总状花序，花排列较密集；花序轴和花梗具短柔毛，或杂以稀疏短腺毛；苞片卵圆形，位于花序下部的苞片近披针形，微具短柔毛；萼片5枚，绿色带紫红色，倒卵状匙形或近圆形，直立；花瓣5枚，近匙形或扇形，红色或绿色带浅紫红色；雄蕊5枚；花柱先端2浅裂。**果实：**浆果，球形，红色，或成熟后变为紫黑色。

花期 / 4—6月　果期 / 7—8月　生境 / 山谷、河边灌丛、林下、林缘　分布 / 西藏东部及东南部、云南北部及西北部、四川西部及北部　海拔 / 1 200~4 000 m

4 裂叶茶藨子

Ribes laciniatum

别名：狭萼茶藨

外观：落叶灌木。**根茎：**嫩枝红褐色，具短柔毛和疏腺毛，无刺。**叶：**叶片基部截形至心脏形，掌状3~5裂，顶生裂片先端急尖至短渐尖。**花：**单性，雌雄异株；总状花序；雄花序长3~5 cm，直立，具花9~20朵；雌花序几与雄花序等长，花较少；苞片披针形或椭圆状披针形；萼片披针形或狭长圆形，直立；花瓣紫红色。**果实：**浆果，球形，红色或暗紫红色。

花期 / 6—7月　果期 / 8—10月　生境 / 山坡针叶林及阔叶林下、灌丛中、林间草地、溪边或山谷　分布 / 云南西北部及北部、西藏东南部及南部　海拔 / 2 700~4 300 m

5 紫花茶藨子

Ribes luridum

别名：褐黄花醋栗

外观：落叶灌木，高1~3 m。**根茎：**小枝黑色或灰黑色，皮呈片状纵裂，嫩枝红色或褐红色。**叶：**叶片近圆形或宽卵圆形，长2~5 cm，宽几与长相似，基部近截形至浅心形，上面具短柔毛并有稀疏短腺毛，掌状3~5浅裂，边缘具粗钝单锯齿或混生少数重锯齿；叶柄长1~3 cm，无毛或微具短柔毛，常疏生短腺毛。**花：**单性，雌雄异株；总状花序，直立，花序轴被短柔毛和稀疏短腺毛；花梗无毛或微具毛；苞片披针形或长圆形，无毛或微具毛；萼片5枚，紫红色或褐红色，稀带绿色，卵圆形，直立；花瓣5枚，甚小；雄蕊长于花瓣，花药紫黑色；花柱先端2裂。**果实：**浆果，近球形，黑色。

花期 / 5—6月　果期 / 8—9月　生境 / 山坡林下、林缘、河岸边　分布 / 西藏（林芝、米林）、云南西北部、四川西部　海拔 / 2 800~4 100 m

虎耳草科 茶藨子属

1 东方茶藨子

Ribes orientale

别名：柱腺茶藨子

外观：落叶灌木。**根茎：**枝粗壮，小枝灰色，皮纵裂，嫩枝红褐色。**叶：**叶片近圆形或肾状圆形，长1~4 cm，基部截形至浅心形，两面被短柔毛及黏质腺体和短腺毛，掌状3~5浅裂，边缘具不整齐的粗钝单锯齿或重锯齿；叶柄长1~3 cm。**花：**雌雄异株，稀杂性；总状花序；苞片披针形或椭圆形，被短柔毛和短腺毛；萼片紫红色，直立；花瓣5枚；雄蕊稍长于花瓣。**果实：**浆果，球形，红色至紫红色，具短柔毛和短腺毛。

花期／4—6月　果期／7—8月　生境／林下、林缘、岩石缝隙中　分布／西藏大部、云南西北部、四川南部　海拔／2 100~4 900 m

2 束果茶藨子

Ribes takare var. *desmocarpum*

外观：落叶灌木。**根茎：**被短柔毛和稀疏短腺毛。**叶：**叶片宽卵圆形或近圆形，长5~9 cm，基部心脏形，掌状3~5裂，顶生裂片长于侧生裂片，先端渐尖。**花：**单性，雌雄异株；总状花序；雄花序长6~10 cm，直立；雌花序粗壮而短；花萼红褐色，外面微具短柔毛，无腺毛；萼片直立或在果期开展。**果实：**浆果，卵球形，浅黄绿色转红褐色。

花期 / 4—5月　果期 / 7—8月　生境 / 山坡或山谷云杉及冷杉林下，林缘或灌丛中及路旁　分布 / 甘肃南部、陕西南部、四川、云南西北部、西藏（墨脱）　海拔 / 1 400~3 250 m

虎耳草科 鬼灯檠属

3 滇西鬼灯檠

Rodgersia aesculifolia var. *henrici*

外观：多年生草本，高0.8~1.2 m。**根茎：**根状茎圆柱形，横生；茎具棱。**叶：**掌状复叶，小叶5~7枚，薄革质，倒卵形至倒披针形，长7.5~30 cm，宽2.7~12 cm，边缘具重锯齿，上面沿脉具长柔毛，下面沿脉疏生腺毛；叶柄长15~40 cm，基部扩大呈鞘状，具长柔毛。**花：**多歧聚伞花序圆锥状，花序轴和花梗均被白色膜片状毛及少量腺毛；花萼白色、淡黄色或淡红色，5~6深裂，裂片宽卵形，里面具腺毛，外面具柔毛及短腺毛；无花瓣；雄蕊10枚；花柱2枚。**果实：**蒴果，卵形，具喙。

花期 / 5—8月　果期 / 7—10月　生境 / 林下、林缘、灌丛、高山草甸　分布 / 西藏（林芝、米林）、云南西部及西北部　海拔 / 2 300~3 800 m

马祥光　摄影

4 羽叶鬼灯檠

Rodgersia pinnata

别名：岩陀、九叶岩陀、大红袍、蛇疙瘩

外观：多年生草本，高0.4~1.5 m。**根茎：**茎无毛。**叶：**近羽状复叶；叶柄长3.5~32.5 cm，基部和叶片着生处具有褐色长柔毛；基生叶和下部茎生叶具小叶片6~9枚，上部茎生叶具小叶片3枚，小叶片边缘有重锯齿。**花：**多歧聚散花序圆锥状，具多花；花序轴与花梗被膜片状毛；花梗长1.5~3.5 mm，萼片5枚，近革质；无花瓣；雄蕊10枚；心皮2枚，基部合生，子房近上位。**果实：**蒴果，紫色。

花期 / 6—7月　果期 / 7—8月　生境 / 亚高山林下、林缘、灌丛和高山草甸　分布 / 云南、四川　海拔 / 2 400~3 800 m

虎耳草科 虎耳草属

1 橙黄虎耳草

Saxifraga aurantiaca

外观：多年生丛生草本，高5~6.5 cm。**根茎：**具莲座叶丛；花茎分枝，被褐色腺毛。**叶：**小主轴之叶近匙形，两面无毛，边缘疏生刚毛状睫毛，肉质肥厚；茎生叶线形。**花：**聚伞花序具2~4朵花；花梗长0.9~1.7 cm，纤细，下部被黑褐色腺毛；萼片在花期反曲，肉质肥厚，3脉于先端不汇合；花瓣黄色，中部以下具紫色斑点，基部渐狭成爪，基部侧脉旁具2痂体。**果实：**蒴果。

花期 / 7—8月　果期 / 8—9月　生境 / 高山草甸和石隙　分布 / 云南丽江及大理　海拔 / 3 700~4 200 m

1　魏来 摄影

2　魏来 摄影

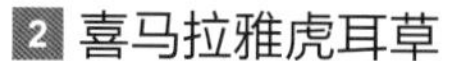

2 喜马拉雅虎耳草

Saxifraga brunonis

别名：直打洒曾

外观：多年生草本。**根茎：**茎紫褐色，上部疏生黑紫色短腺毛；鞭匐枝紫褐色，极疏地被黑紫色腺毛。**叶：**基生叶呈莲座状，灰绿色，有光泽，肉质肥厚硬，先端具软骨质芒，边缘具软骨质刚毛状睫毛；茎生叶较疏。**花：**聚伞花序具3~9朵花；花序分枝，疏生黑紫色短腺毛；萼片在花期开展，通常无毛，稀背面最下部具极少黑紫色腺毛；花瓣黄色，先端急尖或钝，具不明显之2枚痂体；花丝钻形；子房近上位，椭圆球形。**果实：**蒴果。

花期 / 6—10月　果期 / 6—10月　生境 / 林下、高山草甸、岩坡石隙　分布 / 西藏南部、云南（大理）、四川（木里）　海拔 / 3 100~4 000 m

3

3 灯架虎耳草

Saxifraga candelabrum

别名：烛台虎耳草、松蒂、松久蒂

外观：草本。**根茎：**茎被褐色腺毛。**叶：**基生叶莲座状，边缘先端具3~7齿，两面和边缘均具褐色腺毛；茎生叶较疏，轮廓为近匙形，具3~8齿，两面和边缘均具褐色腺毛。**花：**多歧聚伞花序圆锥状，具19~29朵花；花序分枝密被褐色腺毛；萼片在花期开展至反曲，腹面最上部、背面和边缘均具褐色腺毛，3~5脉于先端汇合成1枚疣点；花瓣浅黄色，中下部具紫色斑点，狭卵形至近长圆形，基部侧脉旁具2枚痂体；花丝钻形；子房上位，近圆球形。**果实：**蒴果。

花期 / 7—9月　果期 / 7—9月　生境 / 林下、林缘、高山草甸和石隙　分布 / 云南东北至西北部、四川西部　海拔 / 2 000~4 200 m

4

5

4 肉质虎耳草

Saxifraga carnosula

别名：单脉虎耳草

外观：多年生草本，高7~12 cm，丛生。**根茎：**茎纤细，无毛。**叶：**基生叶倒卵形至匙形，肉质，长约5.5 mm，宽约1.5 mm；茎生叶稍肉质，倒披针形至长圆状线形，长5.5~11.5 mm，宽1~2 mm。**花：**单花生于茎顶，或2~4朵花组成聚伞花序；萼片5枚，花期开展至反折，卵形至近椭圆形；花瓣5枚，黄色，狭卵形至近长圆形，基部侧脉旁具2枚痂体；雄蕊10枚；花柱2枚。**果实：**蒴果。

花期 / 6—9月　果期 / 6—9月　生境 / 林下、高山灌丛、石隙中　分布 / 云南（香格里拉、德钦）、四川西部　海拔 / 3 000~4 900 m

5

5

5 异叶虎耳草

Saxifraga diversifolia

别名：山羊参

外观：多年生草本。**根茎：**茎中下部被褐色卷曲长柔毛或无毛，上部被短腺毛。**叶：**叶片卵状心形至狭卵形，先端急尖，基部心形，背面和边缘具褐色柔毛，叶柄背面和边缘具褐色长柔毛。**花：**聚伞花序通常为伞房状，具5~17朵花；花梗被短腺毛；萼片在花期反曲，先端钝或急尖，稀啮蚀状，腹面通常无毛，背面被短腺毛，边缘膜质且具腺睫毛，3脉于先端不汇合至半汇合；花瓣黄色，椭圆形至狭卵形，稀长圆形，先端钝圆，基部狭缩成爪，常5~7脉，无痂体；花丝钻形；子房近上位，卵球形。**果实：**蒴果。

花期 / 8—10月　果期 / 8—10月　生境 / 林下、林缘、高山草甸和石隙　分布 / 西藏东南部、云南北部、四川西部　海拔 / 2 800~4 300 m

6

6

6 线茎虎耳草

Saxifraga filicaulis

外观：多年生草本，丛生。**根茎：**茎多分枝，通常中上部被腺毛，具芽。**叶：**无基生叶；下部茎生叶在花期多枯凋，中部之茎生叶通常较大，向上渐变小，叶片长圆形至近剑形，先端急尖且具芒状短尖头，边缘多少具软骨质腺睫毛。**花：**单生于枝顶，或聚伞花序具2~3朵花；花梗被腺毛；萼片在花期直立，卵形至三角状卵形，先端钝，腹面无毛，背面被褐色腺毛，边缘具腺睫毛或无毛，3~5脉于先端汇合成1枚疣点；花瓣黄色，卵形至倒卵形，先端急尖或钝，基部狭缩成爪，3~7脉，具2~4枚痂体；花丝钻形；子房近上位，卵球形，花柱2枚。**果实：**蒴果。

花期 / 6—10月　果期 / 6—10月　生境 / 林下、林缘、高山草甸和石隙　分布 / 西藏南部、云南东部和西北部、四川　海拔 / 2 200~4 800 m

虎耳草科 虎耳草属

1 区限虎耳草

Saxifraga finitima

别名：滇西北虎耳草

外观：多年生草本，丛生。**根茎：**小主轴反复分枝，叠结呈座垫状；具密集的莲座叶丛；花茎被褐色腺毛。**叶：**莲座叶稍肉质，近匙形至近长圆形，先端钝，腹面凹陷而无毛，稀其上部具褐色腺毛，背面上部和边缘具褐色腺毛；莲座叶丛之上，具茎生叶和苞片共3枚，较疏，稍肉质。**花：**单生于茎顶；花梗密被褐色腺毛；萼片在花期反曲，近椭圆形至近卵形，先端钝，腹面无毛或其上部被褐色腺毛，背面和边缘多少具褐色腺毛，3~7脉于先端汇合；花瓣黄色，中下部具褐色斑点，基部狭缩成爪，3~7脉，侧脉旁具不明显的2枚痂体；花丝钻形；子房上位，近椭球形。**果实：**蒴果。

花期 / 7—9月　果期 / 7—9月　生境 / 灌丛、高山灌丛草甸和高山碎石隙　分布 / 西藏东部、云南西北部、四川南部　海拔 / 3 500~4 900 m

1

2　魏来 摄影

2 柔弱虎耳草

Saxifraga flaccida

外观：多年生草本，高2~3.9 cm。**根茎：**茎柔弱，被褐色腺毛，下部叶腋具芽；具鞭匐枝。**叶：**茎生叶革质，中部者密集，呈莲座状，向下、向上渐变疏，两面无毛，边缘多少具腺毛。**花：**单生于茎顶或聚伞花序具2~3朵花；花梗密被腺毛；萼片在花期开展，无毛或仅背面下部疏生腺毛；花瓣黄色，先端急尖，基部成爪，具2枚痂体。**果实：**蒴果。

花期 / 7—8月　果期 / 8—9月　生境 / 高山碎石隙　分布 / 西藏（吉隆）　海拔 / 5 000 m

3 小芽虎耳草

Saxifraga gemmigera var. *gemmuligera*

(syn. *Saxifraga gemmuligera*)

外观：矮小草本，高4.5~15 cm。**根茎：**茎不分枝，被腺毛，叶腋和苞腋具珠芽。**叶：**基生叶密集，呈莲座状，叶片近匙形，长约5 mm，先端急尖，全缘，基部渐狭，两面无毛，边缘具刚毛状睫毛；茎生叶卵形，长3~4.8 mm，先端急尖且具短尖头，边缘具腺睫毛。**花：**单生于茎顶；花梗被腺毛；萼片在花期反曲，卵形，先端钝，腹面和边缘无毛，背面基部具腺毛，5脉于先端不汇合；花瓣黄色，椭圆形至卵形，长约4 mm，基部狭缩成爪，3~4脉，2枚痂体；花丝钻形；子房卵球形，花柱2枚。**果实：**蒴果。

花期 / 6—8月　果期 / 7—9月　生境 / 高山草甸、水边石隙　分布 / 四川西部、青海东南部、甘肃南部　海拔 / 3 500~4 250 m

2　魏来 摄影

3

4 芽生虎耳草

Saxifraga gemmipara

别名：杆葬再担、石兰草

外观：多年生草本，丛生。**根茎：**茎多分枝，被腺柔毛，具芽。**叶：**茎生叶通常密集呈莲座状，叶片倒狭卵形至线状长圆形，先端急尖，基部楔形，两面被糙伏毛，有时具腺头，边缘具腺睫毛。**花：**聚伞花序通常为伞房状，具2~12朵花；花梗密被腺毛；萼片在花期由直立变开展，近卵形，先端急尖，腹面无毛，背面和边缘具腺毛，3~7脉于先端汇合；花瓣白色，具黄色或紫红色斑纹，卵形至长圆形，先端急尖或稍钝，基部狭缩成爪，3~7脉，通常具2枚痂体；花丝钻形；子房近上位，卵球形，花柱2枚。**果实：**蒴果。

花期 / 6—11月　果期 / 6—11月　生境 / 林下、林缘、灌丛、草甸和山坡石隙　分布 / 云南、四川西部　海拔 / 2 100~4 900 m

5 金冬虎耳草

Saxifraga kingdonii

外观：多年生草本，高5~30 cm。**根茎：**茎具卷曲长柔毛。**叶：**基生叶早落，茎生叶圆形至卵形，长1.4~3 cm，两面及边缘被毛，无柄。**花：**常单生或2朵花呈聚伞状；花梗被腺毛；萼片直立至开展，卵形，背面及边缘具毛，3~5脉；花瓣黄色至橙色，椭圆形至阔卵形，具痂体，5~7脉；具短爪；雄蕊长6 mm；子房上位，阔卵形。**果实：**蒴果。

花期 / 7—10月　果期 / 7—10月　生境 / 崖壁及裸岩　分布 / 西藏　海拔 / 4 000~4 800 m

6 梅花草叶虎耳草

Saxifraga parnassifolia

外观：多年生丛生草本，高11.5~24 cm。**根茎：**茎不分枝，密被褐色卷曲长腺毛。**叶：**基生叶具长柄，叶片心状卵形，长1.5~4 cm，基部心形，叶柄长1.25~2.7 cm，具卷曲腺柔毛；茎生叶6~7枚，向上渐变小，基部心形，无柄且半抱茎，具腺毛。**花：**多歧聚伞花序具6~11朵花；萼片在花期直立至开展，具褐色短腺毛，5~7脉于先端汇合成1枚疣点；花瓣黄色，具隆起的近柱状4~6枚痂体。**果实：**蒴果。

花期 / 7—9月　果期 / 8—10月　生境 / 中山山坡　分布 / 西藏（聂拉木）　海拔 / 2 700~2 800 m

虎耳草科 虎耳草属

1 洱源虎耳草

Saxifraga peplidifolia

别名：葶叶虎耳草

外观： 多年生草本，密丛生，高2~13 cm。**根茎：** 花茎直立，丛生，被长柔毛及腺毛。**叶：** 基生叶椭圆形至长圆形，长4~6 mm，宽1.9~2.3 mm，两面及边缘多少具腺毛；叶柄长2~7 mm，具长腺毛；茎生叶，椭圆形至狭卵形，两面及边缘多少具腺毛；叶柄边缘具长腺毛。**花：** 单花生于茎顶，或聚伞花序具2~3朵花；花梗被腺毛；萼片5枚，直立后变反折，外面被腺毛；花瓣黄色，倒卵状长圆形至椭圆形，先端微凹或钝圆，基部具2枚痂体。**果实：** 蒴果，卵球形。

花期 / 7—9月 果期 / 8—10月 生境 / 高山草甸、石隙中、流石滩 分布 / 云南西北部、四川西南部 海拔 / 2 700~4 600 m

1

1

2 小斑虎耳草

Saxifraga punctulata

外观： 矮小多年生草本。**根茎：** 茎密被黑紫色的腺毛。**叶：** 基生叶密集，呈莲座状，肉质肥厚，两面无毛，腹面上部具瘤状突起；茎生叶密集，两面和边缘均具黑紫色腺毛。**花：** 单生于茎顶端，或聚散花序具2~3朵花；萼片在花期直立，稍肉质；花瓣乳白色，中下部具有黄色和紫红色的斑点，先端钝圆。**果实：** 蒴果。

花期 / 7—8月 果期 / 8—9月 生境 / 高山草甸和流石滩 分布 / 西藏南部 海拔 / 4 600~5 800 m

2

3 加查虎耳草

Saxifraga sessiliflora

外观： 多年生草本。**根茎：** 小主轴多分枝，具覆瓦状莲座叶丛；茎柔弱，被腺毛。**叶：** 莲座叶狭倒卵状匙形，先端急尖，仅边缘具刚毛状睫毛；茎生叶3~4枚，椭圆形，先端急尖，两面无毛，边缘具刚毛状睫毛。**花：** 单生于茎顶；花梗密被腺毛；苞片与茎生叶相似；萼片在花期直立，卵形，先端钝，两面无毛，边缘具刚毛状睫毛，3脉于先端不汇合；花瓣白色，基部粉红色，阔椭圆形至阔卵形，先端微凹，基部渐狭成爪，5脉，无痂体；花丝钻形。**果实：** 蒴果。

花期 / 7—8月 果期 / 8—10月 生境 / 高山灌丛、草甸和岩壁石隙 分布 / 西藏南部（林芝、拉萨） 海拔 / 4 200~5 020 m

4 山地虎耳草

Saxifraga sinomontana

(syn. *Saxifraga montana*)

外观： 多年生草本，高10~35 cm，丛生。**根茎：** 茎直立，不分枝，被褐色卷曲长柔毛。**叶：** 基生叶椭圆形、长圆形至线状长圆形，长0.5~3.4 cm，宽1.5~5.5 mm；叶柄基部扩大，边缘具长柔毛；茎生叶披针形至线形，长0.9~2.5 cm，宽1.5~5.5 mm，无毛或背面和边缘疏生长柔毛。**花：** 聚伞花序，具2~8朵花，稀单花；花梗被褐色卷曲柔毛；萼片5枚，直立，卵形至椭圆形，外面有时疏生柔毛，边缘具卷曲长柔毛；花瓣5枚，黄色，倒卵形、提琴形至狭倒卵形，基部具2枚痂体；雄蕊10枚；花柱2枚。**果实：** 蒴果，卵圆形。

花期 / 5—10月　果期 / 5—10月　生境 / 灌丛、高山草甸、沼泽、碎石隙中　分布 / 西藏南部及东南部、云南西北部、青海、甘肃南部　海拔 / 2 700~5 300 m

5 金星虎耳草

Saxifraga stella-aurea

外观： 多年生草本，丛生。**根茎：** 小主轴分枝，有时叠结成座垫状，具莲座叶丛；茎花莛状，被黑褐色腺毛。**叶：** 莲座叶肉质，近匙形至近剑形，先端通常钝，稀急尖，两面通常无毛，或有时两面近先端处具褐色腺毛，边缘具褐色腺毛。**花：** 单生于茎顶；花梗纤细，被黑褐色腺毛，无苞片；萼片在花期反曲，近卵形至阔椭圆形，先端钝或急尖，通常腹面无毛，背面和边缘多少具黑褐色腺毛，3~6脉于先端不汇合至汇合；花瓣黄色，中部以下具橙色斑点，椭圆形至狭卵形，先端钝，基部具爪，3~6脉，具不明显的2枚痂体；花丝钻形。**果实：** 蒴果。

花期 / 7—10月　果期 / 7—10月　生境 / 高山灌丛草甸、高山草甸和高山碎石隙　分布 / 西藏、云南西北部、四川西部、青海南部　海拔 / 3 000~5 800 m

虎耳草科 虎耳草属

1 伏毛虎耳草

Saxifraga strigosa

外观：多年生草本。**根茎：**茎分枝或不分枝，下部密被褐色卷曲腺柔毛，中上部密被黑紫色腺毛，基部、叶腋和苞腋均具芽。**叶：**无基生叶；茎生叶通常以中部者较大，密集呈莲座状，全缘或具2~5齿牙，两面和边缘均具糙伏毛，有叶柄，具褐色卷曲腺毛。**花：**单生于茎顶或枝顶，或聚伞花序具3~10朵花；花梗被黑紫色腺毛；苞片披针形，被糙伏毛；萼片在花期由直立变开展至反曲，卵形至椭圆形，先端急尖，腹面和边缘无毛，背面被糙伏毛，3~7脉于先端汇合成1枚疣点；花瓣白色，具褐色斑点，卵形至阔椭圆形，先端急尖至钝圆，基部狭缩成爪，3~7脉，具2~4枚痂体；花丝钻形；子房近上位，卵球形至阔卵球形，花柱2枚。**果实：**蒴果。

花期／7—10月　果期／7—10月　生境／林下、林缘、灌丛、草甸和石隙　分布／西藏南部、云南、四川西部及西南部　海拔／2 100~4 200 m

2 近抱茎虎耳草

Saxifraga subamplexicaulis

外观：多年生草本，高约30 cm。**根茎：**茎仅于叶腋部具褐色柔毛。**叶：**基生叶和下部茎生叶早枯凋；中部茎生叶无柄，近抱茎，卵形，长约3 cm，宽约1.9 cm，先端钝，两面和边缘均具褐色柔毛；苞叶近长圆形，长约1.2 cm，宽约5 mm，先端急尖，腹面和边缘具褐色柔毛，背面无毛。**花：**聚伞花序伞房状，长约5.5 cm，具10朵花；花序分枝和花梗均被褐色腺毛；萼片在花期开展，近卵形，长3~3.6 mm，宽2~2.4 mm，先端钝，边缘膜质且具腺睫毛，腹面无毛，背面被黄褐色腺毛，3脉于先端不汇合；花瓣黄色，椭圆形至近倒卵形，长6.5~7.2 mm，宽3~4 mm，先端钝，基部稍圆，具长0.8~1 mm的爪；雄蕊长约5 mm，花丝钻形；2枚心皮中下部合生，长约5.3 mm；子房近半下位，阔卵球形，花柱2枚，粗壮。**果实：**蒴果。

花期／7—9月　果期／8—9月　生境／山谷石隙和荒地　分布／云南西北部　海拔／2 900~3 000 m

3 爪瓣虎耳草

Saxifraga unguiculata

(syn. *Saxifraga vilmoriniana*)

别名：长圆叶虎耳草、爪虎耳草

外观：多年生草本。**根茎：**小主轴分枝，具莲座叶丛；花茎紫色，中下部无毛，上部疏

生腺毛。**叶：**莲座叶叶片匙形至近狭倒卵形，先端具软骨质短尖头，两面无毛，边缘具软骨质刚毛状睫毛，稍肉质；茎生叶肉质，长圆形至狭长圆形，先端具短尖头，两面无毛，边缘具刚毛状睫毛或腺睫毛。**花：**多歧聚伞花序伞房状，具2~8朵花；花梗纤细，被腺毛；萼片在花期反曲，稍肉质，卵形至狭卵形，先端急尖或钝，腹面和边缘无毛，背面被腺毛，3脉于先端不汇合；花瓣黄色，中下部具橙色斑点，长圆形，先端稍钝或急尖，基部具爪，3脉，基部侧脉旁具2枚痂体，痂体有时不明显；花丝钻形；子房近上位，近卵球形。**果实：**蒴果。

花期 / 7—9月　果期 / 7—9月　生境 / 灌丛下、高山草甸和石隙　分布 / 西藏、云南西北部、四川西部、青海、甘肃南部　海拔 / 3 000~4 780 m

4 流苏虎耳草

Saxifraga wallichiana

外观：多年生草本，丛生。**根茎：**茎不分枝，被腺毛，基部和叶腋具芽。**叶：**茎生叶较密，中部者较大，向下、向上渐变小，卵形至披针形，先端急尖，基部心形且半抱茎，两面无毛，边缘具腺睫毛，有光泽。**花：**聚伞花序具2~4朵花，或单花生于茎顶；花梗被腺毛；萼片在花期直立，卵形，先端急尖，腹面无毛，背面和边缘多少具腺毛，3~7脉于先端半汇合至汇合；花瓣黄色，卵形至椭圆形，先端急尖至钝圆，基部狭缩成爪，3~9脉，基部侧脉旁具2枚痂体；花丝钻形；子房近上位，卵球形至阔卵球形，花柱2枚。**果实：**蒴果。

花期 / 7—11月　果期 / 7—11月　生境 / 林下、林缘、灌丛、高山草甸及石隙　分布 / 西藏南部及东部、云南东北部及西北部、四川西部及西南部　海拔 / 2 700~5 000 m

5 腺瓣虎耳草

Saxifraga wardii

外观：多年生草本，疏丛生。**根茎：**茎不分枝，基部具芽，中下部无毛，上部被黑褐色腺毛。**叶：**茎生叶密集，中部者较大，向下、向上均变小，卵形至线状长圆形，先端急尖且具硬芒，腹面无毛，背面基部具腺毛或无毛，边缘具软骨质腺睫毛。**花：**单生于茎顶；花梗被黑褐色腺毛；萼片在花期直立，卵形至阔卵形，先端急尖，腹面无毛，背面和边缘具黑褐色腺毛，5~6脉于先端不汇合至半汇合；花瓣黄色，阔卵形、近圆形至倒卵形，先端微凹，边缘具腺睫毛，基部狭缩成爪，5~9脉，无痂体；花丝钻形；子房近上位，花柱2枚。**果实：**蒴果。

花期 / 7—9月　果期 / 8—10月　生境 / 高山灌丛草甸、高山草甸和岩隙　分布 / 西藏东南部、云南（德钦）　海拔 / 3 500~4 800 m

虎耳草科 虎耳草属

1 德钦虎耳草

Saxifraga deqenensis

外观：多年生草本，高3~6 cm。**根茎：**茎被腺毛；鞭匐枝出自基生叶之腋部，丝状，被腺柔毛。**叶：**基生叶密集呈莲座状，稍肉质，长圆状倒披针形，具腺柔毛；茎生叶稍肉质，近长圆形，具腺柔毛。**花：**聚伞花序，具3~5朵花；花梗被腺柔毛；萼片在花期直立，稍肉质，近卵形，背面和边缘具腺毛，3脉于先端汇合成1枚疣点；花瓣黄色，倒卵形至倒阔卵形，基部具爪，基部侧脉旁具2枚痂体；花单性，花盘环状肥厚。**果实：**蒴果。

花期／7—8月　果期／8—9月　生境／高山岩隙　分布／云南（德钦）　海拔／4 500~4 600 m

1

2 雪地虎耳草

Saxifraga chionophila

外观：多年生草本；小主轴极多分枝。**根茎：**花茎被褐色腺毛。**叶：**小主轴之叶密集呈莲座状，肉质，具5~7枚分泌钙质之窝孔，两面无毛，边缘基部具小齿状睫毛；茎生叶肉质，腹面无毛，背面中下部和边缘中下部具腺毛。**花：**聚伞花序具4~7朵花；无花梗；萼片在花期直立，近卵形，先端钝，具3窝孔，腹面无毛，背面和边缘具无色腺毛，3~4脉于先端不汇合至汇合；花瓣红色，稍肉质，长圆状倒披针形，先端急尖，具1~3窝孔，腹面无毛，背面和边缘具微白色粗毛，3~5脉于先端半汇合；花丝钻形；子房半下位，花柱极短。**果实：**蒴果。

花期／6—9月　果期／6—9月　生境／高山草甸和高山碎石隙　分布／西藏（察隅）、云南西北部、四川南部　海拔／2 800~5 000 m

2 吴之坤 摄影

3 棒腺虎耳草

Saxifraga consanguinea

别名：混血虎耳草

外观：多年生草本。**根茎：**茎不分枝，被腺毛；鞭匐枝出自茎基部叶腋，疏具腺柔毛，先端通常具芽。**叶：**基生叶呈莲座状，稍肉质，先端具短尖头，两面无毛，边缘具腺睫毛；茎生叶较疏，稍肉质，先端具短尖头，两面无毛，或背面与边缘具腺毛。**花：**单生于茎顶，或聚伞花序具2~10朵花；花梗被腺毛；萼片在花期直立，肉质，阔卵形至狭卵形，先端急尖或钝，腹面无毛，背面和边缘具腺毛，3~6脉于先端不汇合至汇合；花瓣红色，革质，近圆形至卵形，先端通常钝圆，稀急尖，基部突然狭缩成爪，3脉，具2枚痂体；在雄花中，雌蕊退化；在雌花中，雄蕊退化，子房半下位；花盘环状。**果实：**蒴果。

2 吴之坤 摄影

2 吴之坤 摄影

花期 / 6—9月 果期 / 6—9月 生境 / 云杉林下、灌丛下、高山草甸和高山碎石隙 分布 / 西藏东部和南部、云南西北部、四川西部、青海东南部 海拔 / 3 800~5 400 m

4 垂头虎耳草

Saxifraga nigroglandulifera

外观：多年生草本，高5~35 cm。**根茎：**茎不分枝，上部被黑褐色短腺毛。**叶：**基生叶阔椭圆形、椭圆形、卵形至近长圆形，长1.5~4 cm，宽1~1.65 cm，两面无毛或散生毛，全缘，边缘疏生长腺毛；叶柄长1.8~6 cm，具卷曲长腺毛，基部扩大；茎生叶披针形至长圆形，长1.3~7.5 cm，宽0.3~2.2 cm，边缘具褐色长腺毛；叶柄长0.2~1.7 cm，具长腺毛，向上渐变短至无柄。**花：**聚伞花序总状，花通常垂头，多偏向一侧；花梗密被腺毛；萼片5枚，直立，三角状卵形、卵形至披针形，外面和边缘具腺毛；花瓣5枚，黄色，长圆形至狭倒卵形；雄蕊10枚；花柱短。**果实：**蒴果，宽卵珠形。

花期 / 7—9月 果期 / 8—10月 生境 / 林下、林缘、灌丛、高山草甸、草坡、高山湖畔 分布 / 西藏南部、云南西北部、四川西部 海拔 / 2 700~5 400 m

3

4

4

虎耳草科 虎耳草属

1 唐古特虎耳草

Saxifraga tangutica

别名：甘青虎耳草、桑斗

外观：多年生草本，丛生。**根茎：**茎被褐色卷曲长柔毛。**叶：**基生叶具柄，叶片卵形至长圆形，先端钝或急尖，边缘具褐色卷曲长柔毛，叶柄边缘疏生褐色卷曲长柔毛；茎生叶，下部者具柄，上部者变无柄。**花：**多歧聚伞花序；花梗密被褐色卷曲长柔毛；萼片在花期由直立变开展至反曲，卵形至狭卵形，先端钝，两面通常无毛，有时背面下部被褐色卷曲柔毛，边缘具褐色卷曲柔毛，3~5脉于先端不汇合；花瓣黄色，或腹面黄色而背面紫红色，卵形至狭卵形，先端钝，基部具爪，3~5脉，具2枚痂体；花丝钻形；子房近下位，周围具环状花盘。**果实：**蒴果。

花期 / 6—10月　果期 / 6—10月　生境 / 林下、灌丛、高山草甸和高山碎石隙　分布 / 西藏、四川北部、青海、甘肃南部　海拔 / 2 900~5 600 m

1

2 西藏虎耳草

Saxifraga tibetica

外观：多年生草本，密丛生。**根茎：**茎密被褐色卷曲长柔毛。**叶：**基生叶具柄，叶片椭圆形至长圆形，先端钝，无毛，叶柄基部扩大，边缘具褐色卷曲柔毛；下部茎生叶具柄，上部茎生叶变为无柄，叶片狭卵形至长圆形，无毛或边缘具褐色卷曲柔毛。**花：**单生于茎顶；花梗被褐色卷曲柔毛；苞片1枚，狭卵形至长圆形，两面无毛，边缘具卷曲柔毛；萼片在花期反曲，近卵形至近狭卵形，先端钝，两面无毛，边缘具褐色卷曲柔毛，3~5脉于先端不汇合；花瓣腹面上部黄色而下部紫红色，背面紫红色，卵形至狭卵形，

1

2

先端钝，基部具爪，3~5脉，具2枚痂体；花丝钻形；子房卵球形，周围具环状花盘。**果实：** 蒴果。

花期 / 7—9月 果期 / 7—9月 生境 / 高山草甸、沼泽草甸和高山石隙 分布 / 西藏、青海西南部 海拔 / 4 300~5 600 m

3 珠芽虎耳草

Saxifraga granulifera

外观： 多年生草本，高10~25 cm。**根茎：** 茎被腺毛，茎生叶腋部具珠芽。**叶：** 基生叶具柄，具腺毛，叶片肾形至近圆形，7~9浅裂，略具腺毛或近无毛，边缘具腺毛；茎生叶具柄，叶片肾形至近圆形，5~7浅裂，具腺毛。**花：** 聚伞花序，具1~10朵花，具腺毛；萼片在花期直立，卵形，背面略具腺毛，3~5脉于先端不汇合、半汇合至汇合；花瓣白色或淡黄色，狭倒卵形，基部渐狭成爪，3~8脉；子房卵形。**果实：** 蒴果。

花期 / 6—9月 果期 / 6—9月 生境 / 高山草甸、高山碎石隙 分布 / 西藏东南部、云南、四川 海拔 / 3 100~4 600 m

虎耳草科 虎耳草属

1 球茎虎耳草
Saxifraga sibirica

外观：多年生草本。**根茎：**具鳞茎，茎密被腺柔毛。**叶：**基生叶具长柄，叶片肾形，7~9浅裂，裂片卵形、阔卵形至扁圆形，两面和边缘均具腺柔毛，叶柄基部扩大，被腺柔毛；茎生叶肾形至扁圆形，基部肾形、截形至楔形，5~9浅裂，两面和边缘均具腺毛。**花：**聚伞花序伞房状，具2~13朵花，稀单花；花梗纤细，被腺柔毛；萼片直立，披针形至长圆形，先端急尖或钝，腹面无毛，背面和边缘具腺柔毛；花瓣白色，倒卵形至狭倒卵形，基部渐狭成爪，3~8脉，无痂体；花丝钻形；2心皮中下部合生；子房卵球形，花柱2枚，柱头小。**果实：**蒴果。

花期 / 5—11月　果期 / 5—11月　生境 / 林下、灌丛、高山草甸和石隙　分布 / 西藏东部至南部、云南西北部、四川、甘肃　海拔 / 1 000~5 100 m

1

2 叉枝虎耳草
Saxifraga divaricata
别名：阿仲嘎保

外观：多年生草本。**叶：**基生；叶片卵形至长圆形，先端急尖或钝，基部楔形，边缘有锯齿或全缘，无毛；叶柄基部扩大，无毛。**花：**花莛具白色卷曲腺柔毛；聚伞花序圆锥状，具5~14朵花；花序分枝叉开；花梗密被卷曲腺柔毛；苞片长圆形至长圆状线形；萼片在花期开展，三角状卵形，先端钝，无毛，具3脉至多脉，脉于先端汇合；花瓣白色，卵形至椭圆形，先端钝或微凹，基部狭缩成爪，具3脉；花药紫色，花丝钻形；心皮2枚，紫褐色，中下部合生；花盘环状围绕子房；子房半下位。**果实：**蒴果。

花期 / 7—8月　果期 / 7—8月　生境 / 灌丛草甸或沼泽化草甸　分布 / 四川西部、青海东南部　海拔 / 3 400~4 100 m

2

2

3 道孚虎耳草
Saxifraga lumpuensis

外观：多年生草本。**根茎：**根状茎短。**叶：**全部基生，具长柄；叶片卵形至长圆形，先端钝，边缘具圆齿和睫毛，稀近全缘，基部截形至心形，腹面疏生柔毛，背面无毛；叶柄被柔毛。**花：**花莛被白色柔毛；聚伞花序圆锥状，具11~56朵花；花序分枝和花梗均被白色柔毛；萼片在花期开展至反曲，带紫红色，三角状卵形，先端急尖或稍渐尖，无毛，单脉；花瓣紫红色，卵形至狭卵形，先端急尖，基部狭缩成爪，通常单脉；稀3脉；花丝钻形；花盘肥厚，环状围绕子房，10浅

3

3

裂；子房近下位，花柱短。**果实：**蒴果，2果瓣上部叉开。

花期 / 6—7月　果期 / 7—9月　生境 / 针叶林下、山坡、水边　分布 / 四川西部、甘肃南部　海拔 / 3 500~4 100m

4 黑蕊虎耳草

Saxifraga melanocentra

别名：黑心虎耳草、针色达奥

外观：多年生草本。**根茎：**根状茎短。**叶：**均基生，具柄，叶片卵形至长圆形，边缘具圆齿状锯齿和腺睫毛，或无毛；叶柄疏生柔毛；花莛被卷曲腺柔毛；苞叶卵形至长圆形，先端急尖，全缘或具齿，基部楔形，稀宽楔形，两面无毛或疏生柔毛。**花：**聚伞花序伞房状，具2~17朵花；稀单花；萼片在花期开展或反曲，三角状卵形至狭卵形，先端钝或渐尖，无毛或疏生柔毛，具3~8脉，脉于先端汇合成1枚疣点；花瓣白色，稀红色至紫红色，基部具2枚黄色斑点，或基部红色至紫红色，阔卵形至椭圆形，先端钝或微凹，基部狭缩成爪，3~9脉；花药黑色，花丝钻形；花盘环形；2枚心皮黑紫色，中下部合生；子房阔卵球形，花柱2枚。**果实：**蒴果。

花期 / 7—9月　果期 / 7—9月　生境 / 高山灌丛、高山草甸和高山碎山隙　分布 / 云南西北部、四川西部、青海、甘肃南部　海拔 / 3 000~5 300 m

5 多叶虎耳草

Saxifraga pallida var. *pallida*

别名：小花虎耳草

外观：多年生草本，高4~40 cm。**根茎：**须根多数；花茎被卷曲的柔毛，常带紫色。**叶：**基生叶莲座状，狭卵形、卵形至阔卵形，长1.3~8 cm，宽0.7~3.7 cm，边缘具圆齿或钝齿，并具睫毛，基部楔形、截形至近心形，下面被柔毛；叶柄长1~4.5 cm，扁平，具硬毛。**花：**花序圆锥状，花序及花梗均被柔毛；苞片卵形，边缘具齿，近无柄，半抱茎；小苞片线形；萼片5枚，卵形至三角状卵形，绿色带紫色，边缘疏生柔毛；花瓣5枚，白色，卵形，基部具2枚黄色斑点；雄蕊10枚，花药蓝紫色至红色；花柱2枚。**果实：**蒴果，长圆状圆锥形。

花期 / 7—9月　果期 / 8—10月　生境 / 林下、林缘、灌丛、水边、高山草甸、碎石隙中　分布 / 西藏南部、云南北部及西北部、四川西部、甘肃南部　海拔 / 3 000~5 000 m

虎耳草科 虎耳草属

1 平顶虎耳草

Saxifraga pallida var. *corymbiflora*

外观： 多年生草本，高4~40 cm。**根茎：** 须根多数；花茎被卷曲的柔毛，常带紫色。**叶：** 基生叶莲座状，狭卵形、卵形至阔卵形，长1.3~8 cm，宽0.7~3.7 cm，边缘具圆齿或钝齿，并具睫毛，基部楔形；叶柄长1~4.5 cm，扁平，具硬毛。**花：** 伞房状圆锥花序，花序及花梗均被柔毛；苞片线状长圆形至披针形，近无柄；萼片5枚，卵形至三角状卵形，绿色带紫色，边缘疏生柔毛；花瓣5枚，白色，卵形，基部具2枚黄色斑点；雄蕊10枚，花药蓝紫色至红色；花柱2枚。**果实：** 蒴果，长圆状圆锥形。

花期 / 7—9月　果期 / 9—10月　生境 / 林下、草坡、石缝中　分布 / 西藏南部、云南西部及西北部、四川南部　海拔 / 2 750~4 200 m

1

1

2 红毛虎耳草

Saxifraga rufescens

别名：红毛大字草

外观： 多年生草本，高16~40 cm。**根茎：** 根茎粗壮，覆盖膜质褐色的叶鞘；茎单一，直立，不分枝，绿色通常带红色，密被淡红色长腺毛。**叶：** 基生叶2~6枚，肾形至心形，长2.4~10 cm，宽3.2~12 cm，基部心形，边缘浅裂，具齿牙，两面及边缘被腺毛；叶柄长3.7~15.5 cm，被红褐色长腺毛；茎生叶无，或有1~2枚呈苞片状。**花：** 多歧聚伞花序圆锥状，被腺毛；花梗被腺毛；苞片线形，边缘具长腺毛；萼片5枚，绿色带红色或紫红色，在花期反折，卵形至长圆形，外面及边缘具腺毛；花瓣5枚，白色至粉红色，不等大，通常3~4枚较短，披针形至狭披针形，1~2枚较长，披针形至线形；雄蕊10枚，花药红色；柱头紫红色。**果实：** 蒴果，卵球形，成熟时变红色，弯垂。

花期 / 5—9月　果期 / 8—12月　生境 / 林下、林缘、灌丛、高山草甸、岩隙中　分布 / 西藏东南部（察隅）、云南中西部、北部及西北部、四川　海拔 / 1 000~4 000 m

2

2

2

虎耳草科 黄水枝属

3 黄水枝

Tiarella polyphylla

别名：博落、水前胡、防风七

外观： 多年生草本。**根茎：** 根状茎横走，深褐色；茎不分枝，密被腺毛。**叶：** 基生叶具长柄，叶片心形，基部心形，掌状3~5浅裂，边缘具不规则浅齿，两面密被腺毛；茎生叶通常2~3枚，与基生叶同型，叶柄较短。**花：** 总状花序，密被腺毛；花梗被腺

3

3

毛；萼片在花期直立，卵形，先端稍渐尖，腹面无毛，背面和边缘具短腺毛，3脉至多脉；无花瓣；花丝钻形；心皮2枚，不等大，下部合生，子房近上位，花柱2枚。**果实：** 蒴果；种子黑褐色，椭圆球形。

花期 / 4—10月　果期 / 5—11月　生境 / 林下、灌丛和阴湿地　分布 / 西藏南部、云南、四川、甘肃南部　海拔 / 1 000~3 800 m

茅膏菜科 茅膏菜属

4 茅膏菜

Drosera peltata

(syn. *Drosera peltata* var. *glabrata*)

别名：光萼茅膏菜、苍蝇网

外观： 多年生食虫草本，高9~32 cm，具紫红色黏液。**根茎：** 鳞茎状球茎紫色，球形；地上部分常直，无毛或具乳突状黑色腺点。**叶：** 基生叶密集，退化基生叶线状钻形，不退化基生叶圆形或扁圆形；茎生叶稀疏，盾状，互生，叶柄长8~13 mm；叶缘密具头状黏腺毛，背面无毛。**花：** 螺状聚伞花序生于枝顶和茎顶，分叉或二歧状分枝，具花3~22朵；花序下部的苞片楔形或倒披针形，顶部具3~5腺齿或全缘；花梗长6~20 mm；花瓣楔形，白色、淡红色或红色，基部有黑点或无；雄蕊5枚，长约5 mm；子房近球形，花柱3~5枚，稀6枚。**果实：** 蒴果，长2~4 mm，3~5裂，稀6裂。

花期 / 6—9月　果期 / 6—9月　生境 / 湿润的草丛或灌丛中、田边　分布 / 西藏南部、云南、四川西南部　海拔 / 1 200~3 650 m

4

4

石竹科 无心菜属

5 髯毛无心菜

Arenaria barbata

别名：髯毛蚤缀、须花参

外观： 多年生草本，高10~30 cm，全株被长节毛和短腺毛。**根茎：** 根簇生，纺锤状或圆锥状；茎带褐色，常单生，中下部分枝，密被腺毛。**叶：** 叶片长圆形或长圆状倒卵形，长5~15 mm，宽3~10 mm，边缘具白色长缘毛，顶端钝或急尖，两面密被腺毛。**花：** 二歧状聚伞花序，具少数或多数花；苞片与叶同形而小；花梗长1~2.5 cm，密被腺柔毛；萼片5枚，披针形，外面密被腺柔毛；花瓣5枚，白色或粉红色，长为萼片的2倍以上，顶端流苏状；雄蕊10枚，其中5枚的花丝基部扩大，花药紫黑色或黄褐色；子房卵圆形，花柱2枚，线形。**果实：** 蒴果，长圆形，4裂。

花期 / 7—9月　果期 / 7—9月　生境 / 高山草甸、流石滩、林间草地和灌丛中　分布 / 西藏南部及东部、云南西北部、四川西南部　海拔 / 2 400~4 800 m

5

5

石竹科 无心菜属

1 藓状雪灵芝

Arenaria bryophylla

别名：苔藓状蚤缀

外观：多年生垫状草本。**根茎：**根粗壮，木质化；茎密丛生，基部木质化，下部密集枯叶。**叶：**叶片针状线形，基部较宽，膜质，抱茎，边缘狭膜质，疏生缘毛，三棱状，质稍硬。**花：**单生，无梗；苞片披针形，基部较宽，边缘膜质，顶端尖，具1脉；萼片5枚，椭圆状披针形，基部较宽，边缘膜质，顶端尖，具3脉；花瓣5枚，白色，狭倒卵形，稍长于萼片；花盘碟状，具5个圆形腺体；雄蕊10枚，花丝线形，花药椭圆形，黄色；子房卵状球形，1室，具多枚胚珠，花柱3枚，线形。**果实：**蒴果。

花期 / 6—7月　果期 / 7—9月　生境 / 河滩石砾砂地、高山草甸和高山碎石带　分布 / 西藏、青海南部　海拔 / 4 200~5 200 m

1

2 柔软无心菜

Arenaria debilis

别名：黄茎无心菜

外观：一、二年生草本，高30~60 cm，全株被多细胞紫色腺毛。**根茎：**根纺锤形或圆锥形；茎疏丛生或单生，黄色。**叶：**叶片椭圆形或卵状椭圆形，长1~4 cm，宽0.5~2 mm，顶端急尖，基部楔形，两面被稀疏腺毛；茎下部叶具短柄，上部叶无柄。**花：**二歧聚伞花序，具数花；苞片卵状披针形，被腺毛；花梗长1~3 cm，密被腺毛；萼片5枚，披针形，边缘狭膜质，外面密被腺毛；花瓣5枚，白色，倒卵形或倒卵状匙形，顶端缢状裂；雄蕊10枚，微露花萼外，花药淡黄色；子房卵圆形，花柱2枚，线形。**果实：**蒴果，与宿存萼等长或稍短，4裂。

花期 / 7—8月　果期 / 8—9月　生境 / 山坡草地、高山草甸、冷杉林缘、灌丛中　分布 / 西藏东南部、云南西北部　海拔 / 3 200~4 500 m

2

3 甘肃雪灵芝

Arenaria kansuensis

别名：甘肃蚤缀

外观：多年生垫状草本。**根茎：**主根粗壮，木质化，下部密集枯叶。**叶：**叶片针状线形，基部稍宽，抱茎，边缘狭膜质，下部具细锯齿，稍内卷，顶端急尖，呈短芒状，呈三棱形，质稍硬，紧密排列于茎上。**花：**单生枝端；苞片披针形，基部连合成短鞘，边缘宽膜质，顶端锐尖，具1脉；花梗被柔毛；萼片5枚，披针形，基部较宽，边缘宽膜质，顶端尖，具1脉；花瓣5枚，白色，倒卵形，基部狭，呈楔形，顶端钝圆；花盘杯状，具

3

3

4

5个腺体；雄蕊10枚，花丝扁线形，花药褐色；子房球形，1室，具多枚胚珠，花柱3枚，线形。**果实：**蒴果。

花期 / 7月　果期 / 8—9月　生境 / 高山草甸和砾石带　分布 / 西藏东部、云南西北部、四川西部、青海、甘肃南部　海拔 / 3 500~5 300 m

4 澜沧雪灵芝

Arenaria lancangensis

外观：多年生垫状草本。**根茎：**茎密丛生，基部木质化，下部密集枯叶。**叶：**叶片钻形，顶端具刺尖，基部渐宽，抱茎。**花：**单生于小枝顶端；苞片卵形；花梗微弯，无毛；萼片5枚，椭圆形，具3脉，顶端钝或尖；花瓣5枚，白色，椭圆形，基部具黄色胼胝；花丝与萼片相对者基部具腺体，花药白色，基着药；子房扁圆形，光滑，花柱3枚，胚珠5~6枚。**果实：**蒴果圆形，3瓣裂，裂瓣顶端再2裂；种子成熟1~3枚，三角状扁圆形，无毛，灰色。

花期 / 6—9月　果期 / 6—9月　生境 / 高山草甸和砾石带　分布 / 西藏东南部、云南西北部、四川西部、青海东南部　海拔 / 3 500~4 800 m

5 侧长柱无心菜

Arenaria longistyla var. *pleurogynoides*

外观：多年生草本，高7.5~10 cm。**根茎：**根细，多头；茎被2行柔毛或褐色腺柔毛。**叶：**叶片长圆状线形或线状披针形，长1.2~2 cm，宽1~2 mm，基部较宽，连合呈鞘状，边缘被稀疏的缘毛，顶端具短尖头。**花：**腋生；花梗长6~7 mm，被腺柔毛；萼片5枚，披针形，基部在花期后呈囊状，边缘白色，宽膜质，具短尖头，外面被腺柔毛或无毛；花瓣5枚，白色，倒卵状长圆形，长达1 cm，顶端钝圆；雄蕊10枚，稍短于花瓣，花药黄色；子房近球形，花柱2枚，钻形。**果实：**蒴果，卵形。

花期 / 6—7月　果期 / 7—8月　生境 / 高山草甸、流石滩　分布 / 西藏东南部（隆子）、云南西北部　海拔 / 3 900~4 800 m

5

5

5

石竹科 无心菜属

1 山生福禄草

Arenaria oreophila

别名：丽江蚤缀、丽江雪灵芝

外观：多年生垫状草本，高4~9 cm。**根茎：**茎密被腺毛。**叶：**基生叶线形，长1~2 cm，宽约1.5 mm，膜质，边缘具白色硬边，顶端尖；茎生叶2~3对，叶片长卵形或卵状披针形，长约5 mm，宽约1.5 mm，顶端钝，边缘具缘毛。**花：**单生小枝顶端；花梗长5~8 mm，密被腺毛；萼片5枚，椭圆形，顶端钝圆，边缘狭膜质，被腺柔毛，具3脉；花瓣白色，狭倒卵形；雄蕊10枚，与萼片对生者具腺体，花药黄色；子房黄色，倒卵形，花柱3枚，柱头棒状。**果实：**蒴果，卵圆形，与宿存萼等长，3瓣裂，裂瓣顶端2裂。

花期 / 6—7月　果期 / 7—8月　生境 / 高山草甸、流石滩　分布 / 西藏东部、云南西北部、四川西南部、青海东南部　海拔 / 3 500~5 000 m

1

2 须花无心菜

Arenaria pogonantha

别名：须花蚤缀

外观：多年生草本，高7~15 cm。**根茎：**根纺锤形或长圆锥形；茎丛生，直立或近直立，被长柔毛和黑色腺毛。**叶：**叶片卵形或卵状披针形，长5~10 mm，宽3~7 mm，顶端钝，基部楔形，两面密被长柔毛；下部叶具短柄，上部叶无柄。**花：**聚伞花序，具数花；苞片与叶同形而小；花梗密被腺柔毛；萼片5枚，卵形或披针形，边缘膜质，外面密被腺柔毛；花瓣5枚，白色，宽倒卵形，顶端细齿裂；雄蕊10枚，稍长于萼片，花药紫红色；子房卵圆形，花柱2枚。**果实：**蒴果。

花期 / 6—7月　果期 / 7—8月　生境 / 高山草甸、石灰岩缝隙中　分布 / 西藏东部、云南西部及西北部、四川西部　海拔 / 3 300~4 200 m

2

2

3 团状福禄草

Arenaria polytrichoides

别名：团状雪灵芝、金发藓状雪灵芝

外观：多年生垫状草本，呈半球形。**根茎：**主根粗壮，木质化。茎圆柱形，紧密丛生，基部木质化。**叶：**叶片钻形，长0.5~1 cm，宽不足1 mm，密集成覆瓦状排列，基部较宽，顶端具硬尖。**花：**单生枝端，无梗；萼片5枚，宽椭圆形至卵形，长约3 mm，基部较宽，顶端钝，具不明显的3脉；花瓣5枚，白色，宽倒卵形或倒卵形，长于萼片；花盘盃状，具5个深色腺体；雄蕊10枚，花丝扁线形，长约1.5 mm，花药黄色。**果实：**蒴果。

花期 / 6—7月　果期 / 8—9月　生境 / 高山草甸、倒石堆和碎石带　分布 / 青海南部、四川西部、西藏　海拔 / 3 500~5 300 m

3

3

4 红花无心菜

Arenaria rhodantha

别名：红花蚤缀

外观：多年生草本。**根茎：**茎纤细直立，无毛，疏丛生。**叶：**叶片椭圆形、卵形或披针形，顶端急尖，具硬尖头，边缘较厚，具缘毛，稀边缘狭膜质。**花：**单生茎顶端，花梗被腺柔毛；萼片5枚，披针形或长圆形，紫色或绿色，顶端尖或钝，边缘及中脉均有具节纤毛；花瓣5枚，紫红色，倒卵形或宽倒卵形，顶端钝圆；雄蕊短于花瓣，花药紫红色；子房卵圆形，花柱3枚，线形。**果实：**蒴果。

花期 / 6—7月　果期 / 7—8月　生境 / 高山草甸、高山砾石带或裸岩上　分布 / 西藏东南部、云南西北部、四川西部　海拔 / 4 000~5 000 m

4

5 青藏雪灵芝

Arenaria roborowskii

别名：洛氏蚤缀

外观：多年生垫状草本，高5~8 cm。**根茎：**根粗壮木质化；茎紧密丛生，基部木质化，下部密集枯叶。**叶：**叶片针状线形；边缘狭膜质，疏生缘毛，稍内卷，微呈三棱状，顶端急尖，质稍硬，紧密排列于茎上。**花：**单生枝端；苞片线状披针形，基部较宽，边缘狭膜质，顶端尖，具1脉；萼片5枚，披针形，基部较宽，边缘狭膜质，顶端尖，具1~3脉；花瓣5枚，白色，椭圆形，基部楔形，顶端尖；花盘碟状，具大而明显的5个长圆形腺体；雄蕊10枚，花丝线形，短于花瓣，花药近圆形；子房球形，稍压扁，1室，具多枚胚珠，花柱3枚，线形。**果实：**蒴果。

花期 / 7—8月　果期 / 7—8月　生境 / 高山草甸和流石滩　分布 / 西藏东部、青海南部、四川西部　海拔 / 4 200~5 100 m

5

5

石竹科 无心菜属

1 无心菜

Arenaria serpyllifolia

别名：小无心菜、蚤缀、鹅不食草

外观：一年生或二年生草本，高10~30 cm。**根茎：**主根细长，支根较多而纤细；茎丛生，直立或铺散，密生白色短柔毛。**叶：**叶片卵形，基部狭，无柄，边缘具缘毛，顶端急尖，两面近无毛或疏生柔毛，下面具3脉，茎下部的叶较大，茎上部的叶较小。**花：**聚伞花序，具多花；苞片草质，卵形，通常密生柔毛；花梗纤细，密生柔毛或腺毛；萼片5枚，披针形，边缘膜质，顶端尖，外面被柔毛，具显著的3脉；花瓣5枚，白色，倒卵形，长为萼片的1/3~1/2，顶端钝圆；雄蕊10枚，短于萼片；子房卵圆形，无毛，花柱3枚，线形。**果实：**蒴果，卵圆形，与宿存萼等长，顶端6裂；种子小，肾形，表面粗糙，淡褐色。

花期 / 5—9月　果期 / 6—10月　生境 / 沙质或石质荒地、田野、园圃、山坡草地　分布 / 西藏、云南、四川、青海、甘肃　海拔 / 1 000~4 000 m

1

1

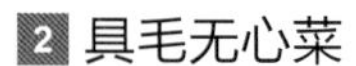

2 具毛无心菜

Arenaria trichophora

别名：具毛蚤缀、硬毛无心菜

外观：多年生草本，高10~30 cm。**根茎：**根圆锥形或纺锤形；茎丛生，基部分枝或不分枝，偃卧或直立，被硬长毛并杂生腺柔毛。**叶：**叶片长圆状椭圆形或卵形，稍厚，长8~20 mm，宽3~10 mm；下部叶具短柄，中上部叶无柄。**花：**聚伞花序，具数花至多花；苞片与叶近同形，很小；花梗密被硬毛和腺毛，直立或向下弯曲；萼片5枚，披针形，边缘白色，膜质，顶端急尖，外面被腺柔毛；花瓣5枚，白色，倒卵形，长为萼片的2倍，顶端繸状分裂；雄蕊10枚，花药黑色或黄褐色；子房卵圆形，花柱2枚。**果实：**蒴果，卵圆形。

花期 / 7—9月　果期 / 7—10月　生境 / 高山灌丛、流石滩、砂地和水边草地　分布 / 西藏东南部、云南北部、四川西南部　海拔 / 2 500~4 700 m

2

3 多柱无心菜

Arenaria weissiana

别名：长硬蚤缀、维西无心菜、中甸蚤缀

外观：多年生草本，高2~10 cm。**根茎：**根纺锤形或圆锥形；茎多数，被两行腺柔毛。**叶：**叶片椭圆形、倒卵形、匙形或披针形，长5~10 mm，宽3~5 mm，基部楔形；具短叶柄，长2~5 mm。**花：**单生或数花呈聚伞花序；苞片与叶同形而小；花梗长1~4 cm，

疏被腺柔毛；萼片5枚，卵形或披针形，边缘狭膜质，具缘毛，顶端锐尖，疏被腺柔毛；花瓣5枚，白色，倒卵圆形，长为萼片的2倍，顶端圆形，有的微凹；雄蕊10枚，长于萼片，花药褐色或橄榄色；子房卵形，花柱3枚，稀5枚。**果实：**蒴果，卵圆形。

花期 / 7—8月　果期 / 7—9月　生境 / 高山草甸、流石滩　分布 / 云南西北部、四川西南部　海拔 / 2 800~4 750 m

石竹科 卷耳属

4 喜泉卷耳

Cerastium fontanum

别名：簇生卷耳、狭叶泉卷耳

外观：多年生或一、二年生草本，高15~30 cm。**根茎：**茎单生或丛生，近直立，被白色短柔毛和腺毛。**叶：**基生叶叶片近匙形或倒卵状披针形，基部渐狭呈柄状，两面被短柔毛；茎生叶近无柄，叶片卵形、狭卵状长圆形或披针形，边缘具缘毛。**花：**聚伞花序顶生；花梗细，密被长腺毛，花后弯垂；萼片5枚，长圆状披针形，外面密被长腺毛，边缘中部以上膜质；花瓣5枚，白色，倒卵状长圆形，等长或微短于萼片，顶端2浅裂；雄蕊短于花瓣，花丝扁线形；花柱5枚，短线形。**果实：**蒴果，圆柱形，长为宿存萼的2倍，顶端10齿裂。

花期 / 5—6月　果期 / 6—7月　生境 / 山地林缘杂草间或疏松沙质土壤　分布 / 西藏、云南、四川、青海、甘肃　海拔 / 1 000~4 300 m

石竹科 卷耳属

1 大花泉卷耳

Cerastium fontanum subsp. *grandiflorum*

别名：大花卷耳

外观：多年生或一、二年生草本。**根茎：**茎单生或丛生，近直立，被毛。**叶：**基生叶叶片近匙形或倒卵状披针形，两面被短柔毛；茎生叶近无柄，叶片卵形、狭卵状长圆形或披针形，边缘具缘毛。**花：**聚伞花序顶生；花梗细，密被长腺毛，花后常弯垂；萼片5枚，长圆状披针形，外面密被长腺毛，边缘中部以上膜质；花瓣5枚，白色，倒卵状长圆形，长7~9 mm，为萼片长的1.5~2倍，顶端2浅裂；雄蕊短于花瓣，花丝扁线形；花柱5枚，短线形。**果实：**蒴果，圆柱形，长为宿存萼的2倍，顶端10齿裂。

花期 / 5—6月　果期 / 6—7月　生境 / 高山草坡和裸地　分布 / 西藏　海拔 / 3 100~4 300 m

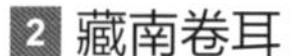

2 藏南卷耳

Cerastium thomsoni

外观：多年生草本，高5~15 cm。**根茎：**茎丛生，浓密腺状短柔毛。**叶：**对生，椭圆形或长圆形。**花：**聚伞花序近伞形，花少数；苞片狭，具干膜质边缘；花梗长3~15 mm，密被腺状短柔毛；萼片披针形至长圆形，背面稀具腺状短柔毛，边缘宽膜质；花瓣5枚，白色，先端2裂；雄蕊短于萼片；子房卵球形；花柱5枚。**果实：**蒴果，圆筒状。

花期 / 5—7月　果期 / 6—8月　生境 / 林下、灌丛及山坡草地　分布 / 西藏南部　海拔 / 2 500~3 500 m

石竹科 石竹属

3 长萼瞿麦

Dianthus longicalyx

别名：长萼石竹、长筒瞿麦

外观：多年生草本，高40~80 cm。**根茎：**茎直立，基部分枝。**叶：**茎生叶对生，线状披针形或披针形，长4~10 cm，宽2~5 mm，边缘有微细锯齿。**花：**疏聚伞花序，具2至多朵花；苞片3~4对，卵形，被短糙毛；花萼长管状，长3~4 cm，有条纹，萼齿5枚，披针形；花瓣5枚，倒卵形或楔状长圆形，粉红色，具长爪，瓣片深裂成丝状；雄蕊10枚；花柱2枚，线形。**果实：**蒴果，狭圆筒形，顶端4裂。

花期 / 6—8月　果期 / 8—9月　生境 / 山坡草地、林下、林缘、沙丘、旱地　分布 / 四川西部、甘肃　海拔 / 1 000~2 500 m

3 唐志远 摄影

4

石竹科 荷莲豆草属

4 荷莲豆草

Drymaria cordata

(syn. *Drymaria diandra*)

别名：穿线蛇、水青草、青蛇子、有米菜

外观：一年生草本，长60~90 cm。**根茎：**根纤细；茎匍匐，丛生，纤细，基部分枝，节常生不定根。**叶：**叶片卵状心形，长1~1.5 cm，宽1~1.5 cm，顶端凸尖，具3~5基出脉；叶柄短；托叶数片，小形，白色，刚毛状。**花：**聚伞花序顶生；苞片针状披针形，边缘膜质；花梗细弱，短于花萼，被白色腺毛；萼片5枚，披针状卵形，草质，边缘膜质，被腺柔毛；花瓣5枚，白色，倒卵状楔形，稍短于萼片，顶端2深裂；雄蕊5枚，稍短于萼片，花药黄色；子房卵圆形，花柱3枚，基部合生。**果实：**蒴果，卵形，3瓣裂。

花期／4—10月　果期／6—12月　生境／山谷、杂木林缘　分布／西藏（樟木）、云南大部、四川　海拔／1 000~2 400 m

石竹科 金铁锁属

5 金铁锁

Psammosilene tunicoides

别名：昆明沙参、独钉子、金丝矮坨坨

外观：多年生草本。**根茎：**根长倒圆锥形，棕黄色，肉质；茎铺散，平卧，2叉状分枝，常带紫绿色，被柔毛。**叶：**叶片卵形，基部宽楔形或圆形，顶端急尖，上面被疏柔毛，下面沿中脉被柔毛。**花：**三歧聚伞花序密被腺毛；花梗短或近无；花萼筒状钟形，密被腺毛，纵脉凸起，绿色，直达齿端，萼齿三角状卵形，顶端钝或急尖，边缘膜质；花瓣紫红色，狭匙形；雄蕊明显外露，花丝无毛，花药黄色；子房狭倒卵形。**果实：**蒴果，棒状；种子狭倒卵形，褐色。

花期／6—9月　果期／7—10月　生境／河谷沿岸的砾石山坡　分布／西藏、云南、四川　海拔／1 000~3 800 m

5

5

石竹科 孩儿参属

1 须弥孩儿参

Pseudostellaria himalaica

外观： 多年生草本，高3~13 cm。**根茎：** 块根球形或纺锤形；茎细弱，直立，分枝，具白色细柔毛。**叶：** 叶片卵形或卵状披针形，长3~14 mm，宽2~8 mm，顶端急尖，基部渐狭成短柄，中脉明显，两面疏生白色短柔毛。**花：** 开花受精花在顶端单生；花梗细，被疏柔毛；萼片5枚，披针形，顶端渐尖，边缘狭膜质，外面疏生白色柔毛；花瓣5枚，白色，狭倒卵形，比萼片稍长，顶端全缘或微凹；雄蕊10枚，比花瓣短，花药紫褐色；花柱2~3枚；闭花受精花1~2朵，生于茎下部叶腋；花梗被白色柔毛；萼片4枚，披针形，无花瓣。**果实：** 蒴果，卵圆形。

花期 / 5—6月　果期 / 6—7月　生境 / 冷杉林、常绿阔叶林下岩石上或灌丛中　分布 / 西藏东部至南部、云南西部及西北部、四川　海拔 / 2 300~3 800 m

1

2 细叶孩儿参

Pseudostellaria sylvatica

别名：疙瘩七、狭叶假繁缕、森林假繁缕

外观： 多年生草本，高15~25 cm。**根茎：** 块根长卵形或短纺锤形，通常数个串生；茎直立，近4棱，被2列柔毛。**叶：** 无柄，叶片线状或披针状线形，顶端渐尖，基部渐狭，质薄，边缘近基部有缘毛，下面粉绿色，中脉明显。**花：** 开花受精花单生茎顶或成二歧聚伞花序；花梗纤细；萼片披针形，绿色，顶端渐尖，边缘白色，膜质，外面被柔毛；花瓣白色，倒卵形，稍长于萼片，顶端浅2裂；雄蕊短于花瓣，花药近圆形，极小，褐色；花柱2~3枚，长线形，常露出花瓣；闭花受精花着生下部叶腋或短枝顶端；萼片狭披针形，顶端渐尖，外面被柔毛。**果实：** 蒴果，卵圆形，稍长于宿存萼，3瓣裂；种子肾形，具棘状凸起。

花期 / 4—5月　果期 / 6—8月　生境 / 松林或混交林下　分布 / 西藏（察隅）、云南西北部、四川、甘肃　海拔 / 2 400~3 800 m

2

2

3 西藏孩儿参

Pseudostellaria tibetica

别名：西藏太子参

外观： 多年生草本，高5~10 cm。**根茎：** 块根纺锤形；茎具2行白色柔毛。**叶：** 叶片卵形或长圆形，长0.5~3 cm，宽0.3~1 cm，顶端钝，具短尖，基部楔形，边缘具短柔毛，上面被稀疏的短柔毛，上部叶较小；叶柄长0.3~2 cm。**花：** 开花受精花在顶端单生，或生于2分叉间；花梗被1行白色短柔毛；萼片5

3

4

5

枚，披针形，顶端渐尖；花瓣5枚，白色，楔状倒卵形，稍长于萼片，顶端全缘；雄蕊10枚；子房卵形，花柱3枚，线形；闭花受精花小，生于茎下部叶腋；近无梗；萼片4枚，被长柔毛，无花瓣。**果实：**蒴果，圆球形。

花期 / 5—6月　果期 / 6—7月　生境 / 林下、河边湿地　分布 / 西藏（昌都、林芝）、四川西部　海拔 / 2 900~4 100 m

石竹科 漆姑草属

4 漆姑草

Sagina japonica

别名：瓜槌草、珍珠草、星宿草

外观：一年生草本，高5~20 cm。**根茎：**茎丛生，稍铺散，上部被稀疏腺柔毛。**叶：**叶片线形，长5~20 mm，宽0.8~1.5 mm，顶端急尖。**花：**小，单生枝端；花梗细，被稀疏短柔毛；萼片5枚，卵状椭圆形，外面疏生短腺柔毛，边缘膜质；花瓣5枚，白色，狭卵形，稍短于萼片，顶端圆钝，全缘；雄蕊5枚，短于花瓣；子房卵圆形，花柱5枚，线形。**果实：**蒴果，卵圆形，微长于宿存萼，5瓣裂。

花期 / 3—6月　果期 / 5—7月　生境 / 河岸沙质地、撂荒地或路旁草地　分布 / 西藏、云南大部、四川、甘肃　海拔 / 1 000~4 000 m

石竹科 蝇子草属

5 掌脉蝇子草

Silene asclepiadea

别名：马利筋女娄菜、青谷藤

外观：多年生草本，全株被短柔毛。**根茎：**根簇生，圆柱形，稍肉质；茎铺散，俯仰，多分枝，上部多少被腺毛。**叶：**叶片宽卵形或卵状披针形，基部圆形或近浅心形，顶端渐尖，上面无毛或被疏柔毛，下面沿脉被疏柔毛，具3条或5条基出脉。**花：**二歧聚伞花序大型；花直立；花梗与花萼近等长，密被腺毛；苞片卵状披针形，草质，被短柔毛；花萼钟形，基部圆形，花后微膨大，纵脉紫色，脉端连合，沿脉密被腺毛，萼齿三角状卵形，顶端急尖；雌雄蕊柄短；花瓣淡紫色或变白色，爪楔形，无毛，上部啮蚀状，瓣片4裂，中裂片狭长圆形，侧裂片小，线形；副花冠片近方形，具齿或全缘；雄蕊外露，花丝无毛。**果实：**蒴果，卵形，比宿存萼短；种子肾形，两侧耳状凹，脊平。

花期 / 7—8月　果期 / 8—10月　生境 / 灌丛草地或林缘　分布 / 云南、四川　海拔 / 1 300~3 900 m

石竹科 蝇子草属

1 阿扎蝇子草

Silene atsaensis

别名：加查女娄菜

外观： 多年生草本，全株密被腺毛。**根茎：** 根垂直，粗壮，稍木质，褐色，常具细长根颈；茎单生或疏丛生，直立，不分枝。**叶：** 基生，叶片匙状倒披针形，基部渐狭，顶端急尖或钝，两面和边缘密被腺柔毛，中脉明显。**花：** 1朵或3朵，顶端下倾，花后直立；花萼筒状钟形，呈囊状，密被多细胞紫色腺毛，纵脉紫色或紫黑色；萼齿卵状三角形，顶端钝，具缘毛；雌雄蕊被绵毛；花瓣露出花萼，瓣片带白色或淡红紫色，深4裂达瓣片的1/2，副花冠片近杯状；雄蕊微露花冠喉部，花丝无毛，有时基部微具柔毛；花柱内藏。**果实：** 蒴果，卵形，10齿裂。

花期 / 8月　果期 / 8—9月　生境 / 高山流石滩草坡　分布 / 西藏（林芝）　海拔 / 4 200~4 500 m

1

2

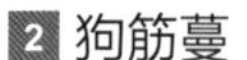

2 狗筋蔓

Silene baccifera

(syn. *Cucubalus baccifer*)

别名：白牛膝、抽筋草、筋骨草

外观： 多年生草本，全株被逆向短绵毛。**根茎：** 根簇生，长纺锤形，白色，断面黄色，稍肉质；根颈粗壮，多头；茎铺散，俯仰，多分枝。**叶：** 叶片卵形至长椭圆形，基部渐狭成柄状，顶端急尖，边缘具短缘毛，两面沿脉被毛。**花：** 圆锥花序疏松；花梗细，具1对叶状苞片；花萼宽钟形，草质，后期膨大呈半圆球形，沿纵脉多少被短毛，萼齿卵状三角形，与萼筒近等长，边缘膜质，果期反折；雌雄蕊无毛；花瓣白色，轮廓倒披针形，爪狭长，瓣片叉状浅2裂；副花冠片不明显微呈乳头状；雄蕊不外露，花丝无毛；花柱细长，不外露。**果实：** 蒴果，圆球形，呈浆果状，成熟时薄壳质，黑色，具光泽，不规则开裂；种子圆肾形，肥厚，黑色，平滑，有光泽。

花期 / 6—8月　果期 / 7—10月　生境 / 山地林缘、灌丛、草地　分布 / 西藏、云南、四川、甘肃　海拔 / 1 000~3 600 m

3

3

3 中甸蝇子草

Silene chungtienensis

外观： 多年生草本。**根茎：** 主根近纺锤形；茎疏丛生或单生，直立，不分枝或下部稀疏分枝，被短柔毛。**叶：** 基生叶叶片椭圆状披针形或狭倒披针形，基部渐狭成短柄状，微抱茎；茎生叶多数，叶片披针形或狭倒披针形。**花：** 疏总状圆锥花序，小聚伞花序互生，具长总梗；花微俯垂；花萼狭钟

4

4

5

形，纵脉紫色，萼齿三角形，边缘膜质，具缘毛；雌雄蕊柄被柔毛；花瓣深红色，爪倒披针形，具圆耳，耳缘啮蚀状，瓣片微露出花萼，轮廓近圆形，浅2裂或深裂达瓣片的1/2；副花冠片近折扇形；雄蕊内藏，花柱不外露。**果实：**蒴果，椭圆形，10齿裂或5瓣裂；种子圆肾形，黑褐色，脊具小瘤。

花期 / 7—8月　果期 / 8—9月　生境 / 草甸、林缘　分布 / 云南西北部　海拔 / 2 800~3 600 m

4 麦瓶草

Silene conoidea

别名：净瓶、米瓦罐

外观：一年生草本，高25~60 cm，全株被短腺毛。**根茎：**根为主根系，稍木质；茎单生，直立，不分枝。**叶：**基生叶匙形，茎生叶长圆形或披针形，长5~8 cm，宽5~10 mm，基部楔形，顶端渐尖，两面被短柔毛，边缘具缘毛，中脉明显。**花：**二歧聚伞花序，具数花；花萼圆锥形，绿色，果期膨大，纵脉30条，沿脉被短腺毛，萼齿狭披针形，长为花萼1/3或更长，边缘下部狭膜质，具缘毛；花瓣5枚，淡红色，倒卵形，全缘或微凹缺，有时微啮蚀状；副花冠片狭披针形，白色，顶端具数浅齿；雄蕊微外露或不外露；花柱微外露。**果实：**蒴果，梨状。

花期 / 5—6月　果期 / 6—7月　生境 / 田间、荒地草坡　分布 / 西藏、云南、四川　海拔 / 2 500~3 500 m

5

5 垫状蝇子草

Silene davidii

(syn. *Silene kantzeensis*)

别名：簇生女娄菜

外观：多年生垫状草本。**根茎：**根圆柱形，稍粗壮，多分枝，褐色，具多头根颈；茎密丛生，极短，不分枝。**叶：**基生叶叶片倒披针状线形，两面无毛，边缘具粗短缘毛；茎生叶1~2对或无，与基生叶同形。**花：**单生，直立；花萼狭钟形或筒状钟形，基部截形，暗紫色，被紫色腺毛，纵脉紫色，萼齿三角状卵形，边缘膜质，具缘毛；雌雄蕊柄无毛；花瓣淡紫色或淡红色，爪狭楔形，耳卵形，瓣片露出花萼，轮廓倒卵形，叉状2深裂达瓣片中部；副花冠片倒卵形，全缘或具缺刻；雄蕊内藏，花丝无毛；花柱不外露。**果实：**蒴果，圆柱形或圆锥形，微长于宿存萼。

花期 / 7—8月　果期 / 9—10月　生境 / 高山草甸　分布 / 西藏、云南西北部、四川西北部、青海东南部　海拔 / 4 100~4 700 m

石竹科 蝇子草属

1 狭果蝇子草

Silene huguettiae

外观：多年生草本。**根茎：**根圆锥形，稍木质；茎单生，稀疏丛生，直立，不分枝，有时下部分枝，密被短柔毛和稀疏腺毛。**叶：**叶片椭圆状披针形或倒披针形，基部渐狭成长柄状，顶端急尖，两面被稀疏腺柔毛，边缘具腺缘毛。**花：**圆锥花序大型；具多数花；花微俯垂，花梗细，被短柔毛和稀疏腺毛；花萼狭钟形，密被白色短柔毛，纵脉暗绿色或紫黑色，被腺毛，萼齿三角状披针形；雌雄蕊柄极短；花瓣露出花萼达4~6 mm，爪匙状倒披针形，微外露，瓣片轮廓近圆形，淡黄绿色，2浅裂，副花冠片舌状，全缘或微凹缺；雄蕊不外露，花丝无毛；花柱5枚，稀4枚，极短，内藏。**果实：**蒴果，长圆形，明显长于宿存萼，常5齿裂。

花期／7—8月 果期／8—9月 生境／林缘或干燥的山坡草地 分布／西藏、云南、四川、青海、甘肃 海拔／2 400~4 600 m

1

2 沧江蝇子草

Silene monbeigii

别名：滇西蝇子草

外观：多年生草本。**根茎：**根簇生，圆柱形；茎俯仰，纤细，多分枝，被短柔毛。**叶：**叶片狭椭圆形或倒披针状椭圆形，质薄，基部渐狭呈短柄状，顶端急尖，两面多少被柔毛，边缘具缘毛，中脉明显，有时从叶腋生出不育短枝。**花：**二歧聚伞花序具数花；花梗密被腺柔毛；苞片披针形，草质；花萼细筒状，被腺毛，花后上部微膨大，纵脉紫色，萼齿披针形，急尖；雌雄蕊柄无毛；花瓣淡红色，爪与花萼近等长，狭楔形，无毛，瓣片轮廓倒卵形，2浅裂；副花冠片卵形或半圆形，全缘；雄蕊微外露，花丝无毛；花柱外露。**果实：**蒴果，卵状长圆形，比宿存萼短。

花期／7—8月 果期／8—9月 生境／林缘 分布／西藏东南部、云南、四川 海拔／1 900~3 400 m

2

2

3 变黑蝇子草

Silene nigrescens subsp. *nigrescens*

别名：变黑女娄菜

外观：多年生草本。**根茎：**根粗壮，常具多头根颈；茎丛生，直立，单一，常不分枝，被腺毛。**叶：**基生叶莲座状，叶片线形或狭倒披针形，两面均被微柔毛，灰绿色或黑绿色，背面中脉凸起，边缘基部具疏缘毛；茎生叶常2~4枚，叶片线形或狭披针形。**花：**单生，稀2朵或3朵花，微俯垂，花后期直

立，花梗密被腺柔毛；花萼圆球形，呈囊状，膜质，口微收缩，基部微脐形，纵脉10条，紫色或近黑色，密被腺柔毛，果期与果实间松弛，萼齿宽三角形；雌雄蕊柄短，被绵毛状柔毛；花瓣露出花萼3~5 mm，爪匙状倒卵形，瓣片黑紫色，2浅裂，裂片具小圆齿，副花冠片近楔状；雄蕊花丝基部多少具绵毛，花药青紫色，微露花冠喉部；花柱微外露。**果实：**蒴果，近圆球形，比宿存萼短，顶端5齿裂。

花期 / 7—9月　果期 / 7—9月　生境 / 高山草甸　分布 / 西藏（亚东）　海拔 / 3 800~4 200 m

4 宽叶变黑蝇子草

Silene nigrescens subsp. *latifolia*

外观：多年生小草本。**根茎：**根粗壮；茎丛生，直立，单一，常不分枝，被腺毛。**叶：**基生叶莲座状，叶片狭披针形，两面均被微柔毛，灰绿色或黑绿色，边缘基部具疏缘毛；茎生叶常2~4枚，狭披针形。**花：**单生，稀2~3朵花，微俯垂，花梗密被腺柔毛；花萼圆球形，囊状，膜质，口微收缩，纵脉10条，紫色或近黑色，密被腺柔毛，萼齿宽三角形；雌雄蕊柄短，被绵毛状柔毛；花瓣露出花萼，爪匙状倒卵形，瓣片黑紫色，2浅裂，裂片具小圆齿，副花冠片近楔状；雄蕊花丝基部多少具绵毛，花药青紫色，微露花冠喉部；花柱微外露。**果实：**蒴果，近球形。

花期 / 7—8月　果期 / 8—9月　生境 / 多砾石草地或高山流石滩　分布 / 云南西北部、四川西南部　海拔 / 3 000~4 500 m

5 宽叶蝇子草

Silene platyphylla

别名：阔叶女娄菜

外观：多年生草本。**根茎：**根圆柱形；茎俯仰，多分枝，被短柔毛。**叶：**叶片卵形，基部圆形或浅心形，顶端急尖，下面被粗毛，边缘具缘毛，具3或5基出脉。**花：**二歧聚伞花序稀疏，稀呈团伞花序；花直立；花梗密被粗毛；花萼筒状棒形，沿纵脉密被刺状毛，萼齿三角状披针形，顶端急尖或渐尖，边缘膜质，具缘毛；花瓣淡红色，爪倒披针形，微露出花萼，无毛，瓣片轮廓倒卵形，2深裂达瓣片的中部，裂片椭圆形，瓣片两侧近基部具1线形小裂片或细齿；副花冠片椭圆形或线形，全缘；雄蕊微外露，花丝无毛；花柱明显外露。**果实：**蒴果卵形，比宿存萼短；种子肾形，两侧耳状凹，黑褐色，脊平。

花期 / 6—8月　果期 / 8—9月　生境 / 林缘或灌丛中　分布 / 云南西北部、四川西南部　海拔 / 2 400~3 200 m

石竹科 蝇子草属

1 云南蝇子草

Silene yunnanensis

别名：滇蝇子草、猪葛根

外观：多年生草本。**根茎：**根簇生，长圆柱形；茎多分枝，被粗毛。**叶：**叶片披针形，顶端渐尖，密被短毛，具3基出脉。**花：**二歧聚伞花序；花直立；花萼筒状棒形，纵脉带紫色，沿脉密被刺状毛，萼齿三角状披针形，顶端渐尖；雌雄蕊柄无毛；花瓣淡红色至白色，爪倒披针形，瓣片轮廓宽倒卵形，2深裂达瓣片的中部，裂片倒卵形，瓣片两侧下部各具1线形小裂片；副花冠片椭圆形，全缘；雄蕊外露，花丝无毛；花柱外露。**果实：**蒴果，狭卵形，比宿存萼短；种子肾形，侧面耳状凹，暗褐色，脊圆。

花期 / 6—7月　果期 / 7—9月　生境 / 疏林下或路旁　分布 / 云南西部及西北部　海拔 / 2 650~3 900 m

1

石竹科 繁缕属

2 针叶繁缕

Stellaria decumbens var. *acicularis*

外观：多年生垫状草本。**根茎：**茎粗壮或纤细，疏丛生，密被白色柔毛。**叶：**叶片窄钻形或钻状披针形，长4~5 mm，顶端长渐尖呈针状，基部较宽，无柄，硬质，具隆起的1脉。**花：**单生，或数花呈聚伞花序；花梗短于萼片或等长；萼片5枚，卵状披针形或长圆状披针形，草质；花瓣5枚，白色，短于萼片，2深裂，裂片线形；雄蕊8~10枚；花柱3枚。**果实：**蒴果，短于宿存萼，6齿裂。

花期 / 7—8月　果期 / 8—10月　生境 / 高山草甸、流石滩、灌丛下　分布 / 西藏南部及东南部、云南西北部　海拔 / 4 000~4 680 m

2

2

2

3 绵毛繁缕

Stellaria lanata

外观：多年生草本，全株密被白绒毛。**根茎：**茎疏丛生，细弱，多少被绒毛。**叶：**叶片狭披针形至线状，顶端尖，基部圆形或楔形，无柄，中脉明显，上面灰绿色，被疏毛或无毛，下面被白色绒毛。**花：**聚伞花序顶生，具少数花；花梗长于叶，果时直立，被白色绒毛；萼片5枚，卵状披针形，顶端尖，边缘膜质，外面被绒毛；花瓣5枚，短于萼片，2深裂，裂片线形；雄蕊8枚，短于花瓣；花柱3枚。**果实：**蒴果，狭卵形，比宿存萼长，6齿裂。

花期 / 6—7月　果期 / 8—9月　生境 / 林下、草地或砾石滩　分布 / 西藏南部　海拔 / 2 700~4 100 m

4 米林繁缕

Stellaria mainlingensis

外观：草本，高10~30 cm。**根茎：**茎疏丛生，被倒向微柔毛。**叶：**叶片卵状披针形，长0.5~1 cm，顶端尖，基部圆形，边缘软骨质。**花：**聚伞花序具数朵花；苞片与叶同形而小；花梗纤细，被倒向微柔毛；萼片披针形，边缘膜质；花瓣稍长于萼片，2深裂至基部。**果实：**蒴果。

花期 / 5—6月　果期 / 6—7月　生境 / 山坡水沟或小河边　分布 / 西藏（米林、聂拉木）　海拔 / 2 500~3 600 m

3

3

4

石竹科 繁缕属

1 繁缕

Stellaria media

别名：鹅肠菜、鸡儿肠

外观： 一年生或二年生草本，高10~30 cm。**根茎：** 茎俯仰或上升，基部多少分枝，常带淡紫红色，被1列毛。**叶：** 叶片宽卵形或卵形，长1.5~2.5 cm，宽1~1.5 cm，顶端渐尖或急尖，基部渐狭或近心形，全缘；基生叶具长柄，上部叶常无柄或具短柄。**花：** 疏聚伞花序，顶生；花梗具1列短毛，花后伸长，下垂；萼片5枚，卵状披针形，边缘宽膜质，外面被短腺毛；花瓣5枚，白色，长椭圆形，微短于萼片，2深裂达基部，裂片近线形；雄蕊3~5枚，短于花瓣；花柱3枚，线形。**果实：** 蒴果，卵形，稍长于宿存萼，顶端6裂。

花期 / 5—7月　果期 / 7—8月　生境 / 田间、路边　分布 / 西藏南部、云南、四川、青海、甘肃　海拔 / 1 000~3 900 m

1

1

2 长毛箐姑草

Stellaria pilosoides

(syn. *Stellaria pilosa*)

别名：长柔毛繁缕

外观： 一年生草本，高20~30 cm，全株被灰白色长柔毛。**根茎：** 根簇生；茎疏丛生、铺散、俯仰或上升，上部分枝，被长柔毛。**叶：** 基生叶较小，中上部叶较大，叶片长圆状披针形，长2.5~4 cm，宽3~10 mm，顶端急尖或渐尖，基部渐狭成短柄或近无柄，两面被白色长柔毛，稀近无毛。**花：** 聚伞花序，疏松，多花；苞片披针形，密被长柔毛；花梗细，被长柔毛；萼片5枚，披针形，顶端长渐尖，边缘狭膜质；花瓣5枚，白色，2深裂，微短于萼片；雄蕊10枚，与花瓣近等长，花药黄褐色；花柱3枚。**果实：** 蒴果，长卵形，与宿存萼近等长，6齿裂。

花期 / 6—7月　果期 / 8—9月　生境 / 疏林、林缘、草地　分布 / 云南西部及西北部、四川西南部　海拔 / 2 200~3 700 m

2

2

3 湿地繁缕

Stellaria uda

外观： 多年生草本，高5~15 cm。**根茎：** 细，具分枝；茎丛生，纤细，基部匍匐，上部近直立，被成列柔毛。**叶：** 近基部者短小而密集，茎上部叶片线状披针形，挺直，长5~10 mm，宽约1 mm，顶端渐尖，基部楔形，无柄，半抱茎，两面无毛或被疏柔毛。**花：** 聚伞花序，顶生；苞片草质；萼片5枚，披针形，顶端渐尖，具3脉，边缘膜质；花瓣5枚，白色，2深裂几达基部，微短于萼片；雄蕊10枚；子房卵圆形；花柱3枚。**果实：** 蒴

3

4

5

5

果，长圆形，稍长于宿存萼。

花期 / 5—7月　果期 / 7—8月　生境 / 水沟边、坡地、高山草甸、砂砾地　分布 / 西藏东部至南部、云南西北部、四川西部、青海　海拔 / 1 150~4 750 m

4 箐姑草

Stellaria vestita

别名：抽筋草、星毛繁缕、假石生繁缕

外观：多年生草本，高30~90 cm，全株被星状毛。**根茎：**茎疏丛生，铺散或俯仰，下部分枝，上部密被星状毛。**叶：**叶片卵形或椭圆形，长1~3.5 cm，宽8~20 mm，顶端急尖，稀渐尖，基部圆形，稀急狭成短柄状，全缘，两面均被星状毛。**花：**聚伞花序，疏散，具长花序梗，密被星状毛；苞片草质，卵状披针形，边缘膜质；花梗细，长短不等，密被星状毛；萼片5枚，披针形，顶端急尖，边缘膜质，外面被星状柔毛，显灰绿色，具3脉；花瓣5枚，2深裂近基部，短于萼片或近等长，裂片线形；雄蕊10枚，与花瓣短或近等长；花柱3枚，稀为4枚。**果实：**蒴果，卵形，6齿裂。

花期 / 4—6月　果期 / 6—8月　生境 / 石滩或石隙中、草坡或林下　分布 / 西藏（吉隆、察隅）、云南、四川　海拔 / 1 000~3 600 m

5 千针万线草

Stellaria yunnanensis

别名：筋骨草、麦参、密柔毛云南繁缕

外观：多年生草本。**根茎：**根簇生，黑褐色，粗壮；茎直立，圆柱形，不分枝或分枝，无毛或被稀疏长硬毛。**叶：**无柄，叶片披针形或条状披针形，顶端渐尖，基部圆形或稍渐狭，下面微粉绿色，边缘具稀疏缘毛。**花：**二歧聚伞花序，疏散，无毛；苞片披针形，顶端渐尖，边缘膜质，透明；花梗细，直伸或稍下弯，果时更长；萼片披针形，顶端渐尖，边缘膜质，具明显3脉；花瓣5枚，白色，稍短于萼片，2深裂几达基部，裂片狭线形；雄蕊10枚；子房卵形，具多枚胚珠；花柱3枚，线形。**果实：**蒴果，卵圆形，稍短于宿存萼，顶端6齿裂，具2~6种子。

花期 / 7—8月　果期 / 9—10月　生境 / 丛林或林缘岩石间　分布 / 云南中西部至西北部、四川南部　海拔 / 1 800~3 500 m

马齿苋科 马齿苋属

1 马齿苋

Portulaca oleracea

别名：五行草、五方草、长命菜

外观：一年生草本，高1~5 cm。**根茎：**茎平卧或斜倚，伏地铺散，多分枝，圆柱形，肉质，常带暗红色。**叶：**互生，有时近对生，叶片扁平，肥厚，倒卵形，长1~3 cm，宽0.6~1.5 cm，顶端有时微凹，下面有时带暗红色。**花：**簇生枝端，常3~5朵；苞片2~6枚，叶状，近轮生；萼片2枚，对生，盔形，基部合生；花瓣5枚，稀4枚，黄色，倒卵形，顶端微凹；雄蕊常8枚，稀更多，花药黄色；雌蕊1枚，柱头4~6裂。**果实：**蒴果，卵球形，盖裂。

花期 / 5—8月　果期 / 6—9月　生境 / 路边、荒地　分布 / 西藏东南部、云南、四川、青海、甘肃　海拔 / 1 000~3 200 m

蓼科 荞麦属

2 荞麦

Fagopyrum esculentum

别名：甜荞、花麦

外观：一年生草本，高30~90 cm。**根茎：**茎直立，上部分枝，绿色或红色，具纵棱，无毛或于一侧沿纵棱具乳头状突起。**叶：**叶片三角形或卵状三角形，长2.5~7 cm，宽2~5 cm，顶端渐尖，基部心形，两面沿叶脉具乳头状突起；下部叶具长叶柄，上部较小近无梗；托叶鞘膜质，短筒状，顶端偏斜，无缘毛，易破裂脱落。**花：**花序总状或伞房状，顶生或腋生，花序梗一侧具小突起；苞片卵形，绿色，边缘膜质，每苞内具3~5朵花；花梗比苞片长；花被5深裂，白色或淡红色，花被片椭圆形；雄蕊8枚；比花被短，花药淡红色；花柱3枚，柱头头状。**果实：**瘦果，卵形，具3锐棱，顶端渐尖，暗褐色，比宿存花被长。

花期 / 5—9月　果期 / 6—10月　生境 / 荒地、路边，常见栽培，有时逸为野生　分布 / 西藏东部至南部、云南、四川、青海、甘肃　海拔 / 2 000~3 800 m

3 心叶野荞麦

Fagopyrum gilesii

别名：心叶野荞麦、岩荞麦、岩野荞麦

外观：一年生草本。**根茎：**茎直立，自基部分枝，无毛，具细纵棱。**叶：**叶片心形，顶端急尖，基部心形，上面绿色，无毛，下面淡绿色，沿叶脉具小乳头状突起，下部叶叶柄比叶片长，上部叶较小或无毛；托叶鞘膜质，偏斜，无毛，顶端尖。**花：**总状花序呈

3

头状，通常成对；着生于二歧分枝的顶端；苞片漏斗状，顶端尖，无毛；每苞内含2~3朵花；花梗细弱，顶部具关节；花被5深裂，淡红色，花被片椭圆形，雄蕊，比花被短；花柱3，柱头头状。**果实：**瘦果，长卵形，黄褐色，具3棱，微有光泽，突出宿存花被之外。

花期 / 6—8月　果期 / 7—9月　生境 / 山谷沟边、山坡草地、干暖河谷　分布 / 西藏、云南、四川　海拔 / 2 200~4 000 m

3

4

4 小野荞麦

Fagopyrum leptopodum

别名：细柄荞麦、疏穗小野荞麦、小荞麦

外观：一年生草本。**根茎：**茎通常自下部分枝，近无毛，细弱，上部无叶。**叶：**叶片三角形或三角状卵形，顶端尖，基部箭形或近截形，上面粗糙，下面叶脉稍隆起，沿叶脉具乳头状突起；叶柄细弱；托叶鞘，偏斜，膜质，白色或淡褐色，顶端尖。**花：**花序总状，由数个总状花序再组成大型圆锥花序，苞片膜质，偏斜，顶端尖，每苞内具2~3朵花；花梗细弱，顶部具关节，比苞片长；花被5深裂，白色或淡红色，花被片椭圆形；雄蕊8枚，花柱3枚，丝形，自基部分离，柱头头状。**果实：**瘦果，卵形，具3棱，黄褐色，稍长于花被。

花期 / 7—9月　果期 / 8—10月　生境 / 山坡草地、山谷、路旁　分布 / 云南、四川　海拔 / 1 000~3 300 m

5

5

5 苦荞麦

Fagopyrum tataricum

别名：鞑靼蓼、额脸、胡食子

外观：一年生草本。**根茎：**茎直立，分枝，绿色或微呈紫色，有细纵棱，一侧具乳头状突起。**叶：**叶片宽三角形，两面沿叶脉具乳头状突起，下部叶具长叶柄，上部叶较小具短柄；托叶鞘偏斜，膜质，黄褐色。**花：**花序总状，顶生或腋生，花排列稀疏；苞片卵形，每苞内具2~4朵花，花梗中部具关节；花被5深裂，白色或淡红色，花被片椭圆形；雄蕊8枚，比花被短；花柱3枚，短，柱头头状。**果实：**瘦果，长卵形，具3棱及3条纵沟，上部棱角锐利，下部圆钝有时具波状齿，黑褐色，无光泽，比宿存花被长。

花期 / 6—9月　果期 / 8—10月　生境 / 田边、路旁、山坡、河谷　分布 / 西藏、云南、四川、青海、甘肃　海拔 / 1 000~3 900 m

蓼科 山蓼属

1 中华山蓼

Oxyria sinensis

别名：金边莲、蓼子七、马蹄草

外观：多年生草本，高30~50 cm。**根茎：**根状茎粗壮，木质；茎直立，通常数条，自根状茎发出，具深纵沟，密生短硬毛。**叶：**无基生叶，茎生叶叶片圆心形或肾形，近肉质，顶端圆钝，基部宽心形，边缘呈波状，上面无毛，下面沿叶脉疏生短硬毛，具5条基出脉；叶柄粗壮，密生短硬毛；托叶鞘膜质，筒状，松散，具数条纵脉。**花：**花序圆锥状，分枝密集，粗壮；苞片膜质，褐色，每苞内具5~8朵花；花梗细弱，中下部具关节；花单性，雌雄异株，花被片4枚，果期时内轮2片增大，狭倒卵形，紧贴果实，外轮2个，反折；雄蕊6枚，花药长圆形，花丝下部较宽；子房卵形，双凸镜状，花柱2枚，柱头画笔状。**果实：**瘦果，宽卵形，双凸镜状，两侧边缘具翅，连翅外形呈圆形；翅薄膜质，淡红色，边缘具不规则的小齿。

花期 / 4—5月　果期 / 5—6月　生境 / 干暖河谷及路旁　分布 / 西藏、云南、四川　海拔 / 1 600~3 800 m

1

1

2

蓼科 蓼属

2 两栖蓼

Polygonum amphibium

别名：湖蓼、醋柳

外观：多年生草本，既可生于水中，漂浮于水面，也可生于陆地，高40~60 cm。**根茎：**生于水中者，茎漂浮，节部生不定根；生于陆地者，根状茎横走，茎直立，不分枝或自基部分枝。**叶：**生于水中者，叶长圆形或椭圆形，浮于水面，长5~12 cm，宽2.5~4 cm，顶端钝或微尖，基部近心形，两面无毛，全缘；叶柄长0.5~3 cm，自托叶鞘近中部发出；托叶鞘筒状，薄膜质，顶端截形，无缘毛；生于陆地者，叶披针形或长圆状披针形，长6~14 cm，宽1.5~2 cm，顶端急尖，基部近圆形，两面被短硬伏毛，全缘，具缘毛；叶柄自托叶鞘中部发出；托叶鞘筒状，膜质，疏生长硬毛，顶端截形，具短缘毛。**花：**总状花序呈穗状，顶生或腋生，苞片宽漏斗状；花被5深裂，淡红色或白色，花被片长椭圆形；雄蕊通常5枚，比花被短；花柱2，比花被长，柱头头状。**果实：**瘦果，近圆形，双凸镜状，黑色，有光泽，包于宿存花被内。

花期 / 7—8月　果期 / 8—9月　生境 / 湖泊边缘的浅水中、沟边及田边湿地　分布 / 西藏、云南中西部、四川、青海、甘肃　海拔 / 1 000~3 700 m

2

3

3

3 丛枝蓼

Polygonum posumbu

别名：长尾叶蓼

外观：一年生草本，高30~70 cm。**根茎：**茎细弱，具纵棱，下部多分枝，外倾。**叶：**叶片卵状披针形或卵形，长3~8 cm，宽1~3 cm，顶端尾状渐尖，基部宽楔形，纸质，两面疏生硬伏毛或近无毛，边缘具缘毛；叶柄长5~7 mm，具硬伏毛；托叶鞘筒状，薄膜质，具硬伏毛，顶端截形，缘毛粗壮。**花：**总状花序呈穗状，顶生或腋生，细弱，下部间断，花稀疏；苞片漏斗状，淡绿色，边缘具缘毛，每苞片内含3~4朵花；花梗短；花被5深裂，淡红色，花被片椭圆形；雄蕊8枚，比花被短；花柱3枚，下部合生，柱头头状。**果实：**瘦果，卵形，具3棱，黑褐色，有光泽，包于宿存花被内。

花期／6—9月　果期／7—10月　生境／山坡林下、山谷水边　分布／云南、四川、甘肃　海拔／1 000~3 000 m

4

4 头花蓼

Polygonum capitatum

别名：草石椒

外观：多年生草本。**根茎：**茎匍匐，丛生，基部木质化，节部生根，节间比叶片短，多分枝，疏生腺毛或近无毛，一年生枝近直立，具纵棱，疏生腺毛。**叶：**叶片卵形或椭圆形，边缘具腺毛，两面疏生腺毛，上面有时具黑褐色新月形斑点；叶柄基部有时具叶耳；托叶鞘筒状，膜质，具腺毛。**花：**花序头状，单生或成对，顶生；花序梗具腺毛；苞片长卵形，膜质；花梗极短；花被5深裂，淡红色，花被片椭圆形；雄蕊8枚，比花被短；花柱3枚，中下部合生，与花被近等长；柱头头状。**果实：**瘦果，长卵形，具3棱，黑褐色，密生小点，微有光泽，包于宿存花被内。

花期／6—9月　果期／8—10月　生境／山坡、山谷湿地　分布／西藏、云南、四川　海拔／1 000~3 500 m

4

蓼科 蓼属

1 窄叶火炭母

Polygonum chinense var. *paradoxum*

别名：黑果拔毒散、狭叶火炭母、狭叶炭母

外观：多年生草本，基部近木质。**根茎：**根状茎粗壮；茎直立，高70~100 cm。**叶：**卵形或长卵形，基部截形或宽心形，边缘全缘，下部叶具叶柄，叶柄长1~2 cm，通常基部具叶耳；托叶鞘膜质，长1.5~2.5 cm，具脉纹。**花：**花序头状，通常数个排成圆锥状，顶生或腋生，花序梗被腺毛；苞片宽卵形，每苞内具1~3朵花；花被5深裂，白色或淡红色，裂片卵形，果期时增大，呈肉质，蓝黑色；雄蕊8枚，比花被短；花柱3枚，中下部合生。**果实：**瘦果，宽卵形，具3棱，黑色，无光泽，包于宿存的花被。

花期 / 7—9月　果期 / 8—10月　生境 / 山谷湿地、山坡草地　分布 / 云南、四川　海拔 / 1 000~2 600 m

1

1

2 蓝药蓼

Polygonum cyanandrum

别名：兰蕊冰岛蓼

外观：一年生草本，高10~25 cm。**根茎：**茎直立或外倾，细弱，具细纵棱，自基部分枝。**叶：**叶片卵形或长卵形，长1~2 cm，宽5~10 mm，顶端尖，基部近截形，纸质，两面疏生柔毛或近无毛，边缘全缘，疏生柔毛；叶柄长5~10 mm；托叶鞘膜质，筒状，松散，棕褐色，疏生柔毛，顶部开裂。**花：**花序头状，直径5~6 mm，顶生或腋生；苞片长卵形，膜质；花被5深裂，白色或淡绿色，花被片倒卵形或椭圆形；雄蕊8枚，比花被短，花药蓝色；花柱3枚，极短，柱头头状。**果实：**瘦果，卵形，具3棱，褐色，比宿存花被稍长。

花期 / 7—9月　果期 / 8—10月　生境 / 山坡草地、林下　分布 / 西藏、云南中西部及西北部、四川、青海、甘肃南部　海拔 / 2 200~4 600 m

2

3 尼泊尔蓼

Polygonum nepalense

别名：红眼巴、小猫眼

外观：一年生草本，高20~40 cm。**根茎：**茎外倾或斜上，自基部多分枝，无毛或在节部疏生腺毛。**叶：**茎下部者卵形或三角状卵形，长3~5 cm，宽2~4 cm，顶端急尖，基部宽楔形，沿叶柄下延成翅，两面无毛或疏被刺毛，茎上部叶较小；叶柄长1~3 cm，或近无柄，抱茎；托叶鞘筒状，膜质，淡褐色，顶端斜截形，基部具刺毛。**花：**花序头状，

2

3

3

顶生或腋生，基部常具1叶状总苞片，花序梗细长，上部具腺毛；苞片卵状椭圆形，边缘膜质，每苞内具1花；花梗比苞片短；花被通常4裂，淡紫红色或白色，花被片长圆形，顶端圆钝；雄蕊5~6枚，与花被近等长，花药暗紫色；花柱2枚，下部合生，柱头头状。**果实：**瘦果，宽卵形，双凸镜状，黑色，密生洼点，包于宿存花被内。

花期 / 5—8月 **果期** / 7—10月 **生境** / 山坡草地、山谷路旁 **分布** / 西藏南部及东南部、云南、四川、青海、甘肃南部 **海拔** / 1 000~4 000 m

4

5

4 大铜钱叶蓼

Polygonum forrestii

别名：大铜钱叶神血宁

外观：多年生草本。**根茎：**茎匍匐，丛生；枝直立，被长柔毛。**叶：**叶片近圆形或肾形，顶端圆钝，基部心形，两面疏生长柔毛或近无毛，边缘密生长缘毛，叶柄疏生长柔毛；托叶鞘膜质，筒状，松散，具柔毛，偏斜。**花：**伞房状聚伞花序，顶生，苞片长圆形，薄膜质，花梗顶部具关节，无毛，比苞片长；花被5深裂，稀4深裂，白色或淡黄色，花被片宽倒卵形，不相等；雄蕊6~8枚，花药紫色；花柱3枚，柱头头状。**果实：**瘦果，长椭圆形，下部较窄，具3棱，黄褐色，无光泽，包于宿存花被内。

花期 / 7—8月 **果期** / 8—9月 **生境** / 山坡草地及林下 **分布** / 西藏、云南、四川 **海拔** / 3 500~4 800 m

5

5 多穗蓼

Polygonum polystachyum

别名：多穗神血宁、多穗假虎杖、高山辣

外观：半灌木。**根茎：**茎直立，具柔毛，有时无毛，多分枝，具纵棱。**叶：**叶片宽披针形或长圆状披针形，顶长渐尖，基部戟状心形或近截形，上面绿色，疏生短柔毛，下面灰绿色，密生白色短柔毛；叶柄粗壮；托叶鞘偏斜，膜质，深褐色，开裂，无缘毛，密生柔毛。**花：**花序圆锥状，开展，花序轴及分枝具柔毛；花被5深裂，白色或淡红色，开展，花被片不相等，内部3片较大，宽倒卵形，外部2片较小，苞片膜质，卵形，被柔毛，顶端尖；花梗纤细，无毛或疏被柔毛，顶部具关节，比苞片长；雄蕊通常8枚，比花被短，花药紫色；花柱3枚，自基部离生，柱头头状。**果实：**瘦果，卵形，具3棱，黄褐色，平滑，长约2.5 mm。

花期 / 8—9月 **果期** / 9—10月 **生境** / 山坡灌丛、山谷湿地 **分布** / 西藏、云南、四川 **海拔** / 2 700~4 500 m

蓼科 蓼属

1 西伯利亚蓼

Polygonum sibiricum

别名：西伯利亚神血宁、剪刀股

外观：多年生草本，高10~25 cm。**根茎：**根状茎细长；茎外倾或近直立，自基部分枝，无毛。**叶：**叶片长椭圆形或披针形，无毛，长5~13 cm，宽0.5~1.5 cm，顶端急尖或钝，基部戟形或楔形，边缘全缘；叶柄长8~15 mm；托叶鞘筒状，膜质，上部偏斜，开裂。**花：**花序圆锥状，顶生，花排列稀疏，通常间断；苞片漏斗状，通常每1苞片内具4~6朵花；花梗短；花被5深裂，黄绿色，花被片长圆形；雄蕊7~8枚，稍短于花被；花柱3枚，柱头头状。**果实：**瘦果，卵形，具3棱，黑色，有光泽，包于宿存的花被内或凸出。

花期 / 6—9月　果期 / 7—9月　生境 / 路边、湖边、河滩、山谷湿地、沙质盐碱地　分布 / 西藏、云南西北部、四川、青海、甘肃　海拔 / 1 000~5 100 m

2 叉枝蓼

Polygonum tortuosum

别名：叉枝神血宁

外观：半灌木。**根茎：**根粗壮；茎直立，红褐色，无毛或被短柔毛，具叉状分枝。**叶：**叶片卵状或长卵形，近革质，顶端急尖或钝，基部圆形或近心形，上面叶脉凹陷，下面叶脉突出，两面被短伏毛或近无毛，边缘全缘，具缘毛，有时略反卷，呈微波状，近无柄；托叶鞘偏斜，膜质，褐色，具数条脉，密被柔毛，开裂，脱落。**花：**花序圆锥状，顶生，花排列紧密；苞片膜质，被柔

1

1

1

毛；花梗粗壮，无关节；花被5深裂，钟形，白色，花被片倒卵形，大小不相等；雄蕊8枚，比花被短，花药紫色；花柱3枚，极短，柱头头状。**果实：**瘦果，卵形，具3锐棱，黄褐色，包于宿存花被内。

花期 / 7—8月　果期 / 9—10月　生境 / 山坡草地、山谷灌丛　分布 / 西藏　海拔 / 3 600~4 900 m

3 长梗蓼

Polygonum griffithii

(syn. *Polygonum calostachyum*)

别名：长梗拳参、美穗拳参、冉玛

外观：多年生草本。**根茎：**根状茎粗壮，横走，黑褐色；茎直立，粗壮，不分枝。**叶：**基生叶椭圆形，长10~15 cm，宽3~5 cm，革质，边缘叶脉增厚，外卷；叶柄粗壮，长6~10 cm；茎生叶较小卵状椭圆形，具短柄；托叶鞘筒状，膜质，长3~6 cm。**花：**总状花序呈穗状，顶生或腋生，俯垂，长3~5 cm；苞片宽披针形或长卵形，每苞内具1~2朵花；花被5深裂，紫红色，花被片长椭圆形，长5~6 mm；花梗丝形，长1~1.2 cm，中部具关节；雄蕊8枚，比花被短；花柱3枚，柱头头状。**果实：**瘦果，长椭圆形，具3棱，黄褐色，有光泽。

花期 / 7—8月　果期 / 9—10月　生境 / 山坡草地及石缝　分布 / 西藏南部、云南西北部　海拔 / 3 000~5 000 m

蓼科 蓼属

1 圆穗蓼

Polygonum macrophyllum var. *macrophyllum*

别名：圆穗拳参、猴子七

外观：多年生草本。**根茎：**根状茎粗壮，弯曲；茎直立，不分枝，2~3条自根状茎发出。**叶：**基生叶长圆形或披针形，顶端急尖，基部近心形，边缘叶脉增厚，外卷；茎生叶较小狭披针形或线形，叶柄短或近无柄；托叶鞘筒状，膜质，顶端偏斜，开裂。**花：**总状花序呈短穗状，顶生；苞片膜质，卵形，顶端渐尖，每苞内具2~3朵花；花梗细弱，比苞片长；花被5深裂，淡红色或白色，花被片椭圆形；雄蕊8枚，比花被长，花药黑紫色；花柱3枚，基部合生，柱头头状。**果实：**瘦果，卵形，具3棱，黄褐色，有光泽，包于宿存花被内。

花期 / 7—8月　果期 / 9—10月　生境 / 山坡草地、高山草甸　分布 / 西藏、云南、四川、青海、甘肃　海拔 / 2 300~5 000 m

1

2 狭叶圆穗蓼

Polygonum macrophyllum var. *stenophyllum*

别名：细叶圆穗拳参

外观：多年生草本，高8~30 cm。**根茎：**根状茎粗壮，弯曲；茎直立，不分枝，2~3条自根状茎发出。**叶：**基生叶叶片线形或线状披针形，长3~11 cm，宽0.2~0.5 cm，顶端急尖，边缘外卷；叶柄长3~8 cm；茎生叶较小，叶柄短或近无柄；托叶鞘筒状，膜质，顶端偏斜，开裂。**花：**总状花序呈短穗状，顶生；苞片膜质，卵形，顶端渐尖，每苞内具2~3朵花；花梗细弱，比苞片长；花被5深裂，淡红色或白色，花被片椭圆形；雄蕊8枚，比花被长，花药黑紫色；花柱3枚，基部合生，柱头头状。**果实：**瘦果，卵形，具3棱，黄褐色，有光泽，包于宿存花被内。

花期 / 7—8月　果期 / 9—10月　生境 / 山坡草地、高山草甸　分布 / 西藏南部、云南西北部、四川、青海、甘肃　海拔 / 2 300~5 000 m

1

2

3 紫脉蓼

Polygonum purpureonervosum

别名：紫脉拳参

外观：多年生草本。**根茎：**根状茎粗壮，弯曲，黑褐色，横断面白色；茎直立，紫红色。**叶：**基生叶椭圆形，革质，边缘稍增厚，微外卷，叶脉紫红色；叶柄紫色；茎生叶1~2枚，卵状椭圆形；托叶鞘筒状，膜质，顶端偏斜，下部紫红色，上部褐色，开裂至中部。**花：**总状花序呈短穗状；苞片卵形，膜质，褐色，顶端渐尖，每苞内具1朵花，比花梗短；花被紫红色，5深裂，花被片

椭圆形；雄蕊8枚，比花被长；子房卵形，具3棱，花柱3枚，中下部合生，比花被长，柱头头状。**果实：** 瘦果，卵形，具3棱，黑褐色，有光泽，包于宿存花被内。

花期 / 7—8月　**果期** / 8—9月　**生境** / 山坡灌丛、山坡草地　**分布** / 四川南部　**海拔** / 4 000~4 800 m

4 翅柄蓼

Polygonum sinomontanum

别名：翅柄拳参、滇拳参、石风丹

外观： 多年生草本。**根茎：** 根状茎粗壮，横走，黑褐色；茎直立，通常数条，无毛，不分枝，有时下部分枝。**叶：** 基部叶近革质，宽披针形，或披针形，顶端渐尖，基部楔形或截形，沿叶柄下延成狭翅，上面无毛，下面有时沿叶脉具柔毛，两面叶脉明显，边缘叶脉增厚，外卷；叶柄具狭翅；茎生叶5~7枚，披针形，较小，具短柄，最上部的叶近无柄；托叶鞘筒状，膜质，全部为褐色，顶端偏斜，开裂至基部；无缘毛。**花：** 总状花序呈穗状，顶生；苞片卵状披针形，膜质，顶端渐尖，每苞内具2~3朵花；花梗细弱；花被5深裂，红色，花被片长圆形；雄蕊8枚，比花被长；花柱3枚，柱头头状。**果实：** 瘦果，宽椭圆形，具3棱，褐色，有光泽，包于宿存花被内。

花期 / 7—8月　**果期** / 9—10月　**生境** / 山坡草地、山谷灌丛　**分布** / 西藏、云南、四川　**海拔** / 2 500~3 900 m

5 细穗支柱蓼

Polygonum suffultum var. *pergracile*

别名：细穗支柱拳参、细穗红三七

外观： 多年生草本，高10~40 cm。**根茎：** 根状茎粗壮，通常呈念珠状；茎直立或斜生，细弱，上部分枝或不分枝。**叶：** 基生叶卵形或长卵形，长5~12 cm，宽3~6 cm，顶端渐尖或急尖，基部心形，全缘，疏生短缘毛，两面无毛或疏生短柔毛；叶柄长4~15 cm；茎生叶卵形，具短柄，最上部的叶无柄，抱茎；托叶鞘膜质，筒状，褐色，顶端偏斜，开裂。**花：** 总状花序，稀疏，细弱，下部间断，顶生或腋生；苞片膜质，长卵形，每苞内具2~4朵花；花梗细弱，比苞片短；花被5深裂，白色或淡红色，花被片倒卵形或椭圆形；雄蕊8枚，比花被长；花柱3枚，基部合生，柱头头状。**果实：** 瘦果，宽椭圆形，具3棱，黄褐色，有光泽，稍长于宿存花被。

花期 / 6—7月　**果期** / 7—10月　**生境** / 山坡林缘、山谷湿地　**分布** / 西藏南部、云南中西部至西北部、四川、甘肃　**海拔** / 1 500~3 900 m

蓼科 蓼属

1 乌饭树叶蓼

Polygonum vaccinifolium

外观：小灌木，密集成簇生状。**根茎：**老枝近平卧，多分枝，树皮黑褐色，纵裂；小枝近直立，密集。**叶：**叶片椭圆形，薄革质，顶端急尖，基部狭楔形，边缘全缘，外卷；叶柄短，粗壮；托叶鞘筒状，膜质，褐色，具数条粗脉，上部偏斜，通常撕裂，无缘毛。**花：**总状花序呈穗状，顶生；苞片长卵形，膜质，顶端尖，每苞内1~2朵花；花梗粗壮，比苞片稍长；花被5深裂，紫红色，花被片长椭圆形；雄蕊8枚，花柱3枚，柱头头状。**果实：**瘦果，椭圆形，具3棱，无光泽。

花期 / 8—9月　果期 / 10月　生境 / 山坡灌丛　分布 / 西藏南部　海拔 / 3 000~4 200 m

2 珠芽蓼

Polygonum viviparum

别名：珠芽拳参、山谷子

外观：多年生草本。**根茎：**根状茎粗壮，弯曲，黑褐色；茎直立，不分枝，通常数条从根状茎发出。**叶：**基生叶长圆形，顶端尖，具长叶柄；茎生叶小，披针形，无叶柄；托叶鞘筒状，无毛。**花：**总状花序呈穗状，顶生，紧密，下部生有珠芽；花被5深裂，白色或粉色；雄蕊8枚，花丝不等长；花柱3枚，下部合生。**果实：**瘦果，卵形，具三棱，有光泽的深褐色；宿存于花被内。

花期 / 5—7月　果期 / 6—9月　生境 / 山坡林下、林缘、草坡、草甸　分布 / 西藏西南部至东部、云南、四川、青海、甘肃　海拔 / 1 200~5 100 m

蓼科 大黄属

3 心叶大黄

Rheum acuminatum

别名：红马蹄乌

外观：多年生草本，高50~80 cm。**根茎：**根较细长，内部橙黄色，杂有白色斑纹；茎直立，中空，通常为暗紫红色。**叶：**基生叶1~3枚，叶片宽心形或心形，长13~20 cm，宽12~19 cm，顶端渐尖或长渐尖，基部深心形，全缘，上面暗绿色，下面紫红色；茎生叶1~3枚，通常上部的1~2枚叶腋有花序枝，叶片较小，宽卵形至心形；托叶鞘抱茎，干后膜质。**花：**圆锥花序，自中部分枝，排列稀疏，花近10朵簇生，紫红色；花梗细；花被片6枚，开展，外轮3片稍小，宽椭圆形，内轮3枚较大，圆形或宽卵圆形；雄蕊9枚，花丝紫红色，花药黑紫色；子房菱状椭圆形，花柱短，柱头大而扁。**果实：**瘦果，长圆状卵形或宽卵圆形，翅较窄，鲜时紫红

4

色，干后紫褐色。

花期 / 6—7月　果期 / 8—9月　生境 / 山坡、林缘、林下　分布 / 西藏南部、云南西部及西北部、四川、甘肃南部　海拔 / 2 800~4 000 m

4 苞叶大黄

Rheum alexandrae

别名：水黄、大苞大黄

外观：中型草本。**根茎：**根状茎及根直而粗壮，内部黄褐色；茎单生，不分枝，粗壮挺直，中空，无毛，具细纵棱，常为黄绿色。**叶：**基生叶4~6枚，茎生叶及叶状苞片多数；下部叶卵形倒卵状椭圆形；托叶鞘大，内外两面均无毛，棕色；上部叶及叶状苞片较窄，小叶片长卵形，一般为浅绿色。**花：**花序分枝腋出，常2~3枝成丛或稍多，直立总状；花小绿色，数朵簇生；花梗细长丝状，关节近基部，光滑无毛；花被6枚，基部合生成杯状，裂片半椭圆形；雄蕊7~9枚，花丝细长丝状，外露，着生于花被上，花药矩圆状椭圆形；花盘薄；子房略呈菱状倒卵形，常退化为2枚心皮，花柱3枚或2枚，短而反曲，柱头圆头状。**果实：**瘦果，菱状椭圆形，顶端微凹，基部楔形或宽楔形，翅极窄，光滑，具光泽，深棕褐色。

花期 / 6—7月　果期 / 9月　生境 / 山坡草地、水边较潮湿处　分布 / 西藏东部、云南西北部、四川西部　海拔 / 3 000~4 500 m

4

4　唐志远　摄影

蓼科 大黄属

1 滇边大黄

Rheum delavayi

别名：岩三七、沙七

外观： 多年生草本，高15~30 cm。**根茎：** 根黑褐色，内部淡黄色；茎直立，常暗紫。**叶：** 基生叶2~4枚，叶片近革质，全缘或不明显浅波状，下面脉常紫色；茎生叶1~2枚；托叶鞘短，不抱茎，干后膜质。**花：** 圆锥花序，常紫色，被短硬毛；花3~4朵簇生，花梗细长；花被6枚，外轮3枚较小，内轮3枚较大，边缘深红紫色；雄蕊9枚，稀较少，花药紫色；子房倒卵形，绿色，花柱反折，柱头紫色。**果实：** 瘦果，翅宽约2.5 mm。

花期 / 6—7月　果期 / 8—9月　生境 / 高山草坡、矮灌丛边、流石滩　分布 / 云南西北部、四川西部　海拔 / 3 000~4 800 m

1

1

2

2

3

2 塔黄

Rheum nobile

别名：高山大黄

外观：高大草本，高可达2 m或更高；多年生一次结实后死亡。**根茎：**根状茎及根长而粗壮；茎中空，粗壮，光滑无毛，具细纵棱。**叶：**基生叶数片，莲座状；多数具茎生叶，叶大；托叶鞘宽大，玫瑰红色。**花：**苞片醒目，浅黄色；花序分枝腋生，花5~9朵簇生；花被片6枚或较少，黄绿色。**果实：**宽卵形或卵形，顶端钝或稍尖，基部近圆形，具翅。

花期／6—7月　果期／7—9月　生境／高山流石滩及其附近草坡　分布／西藏（林芝、米林）、云南西北部　海拔／3 900~4 600 m

3 掌叶大黄

Rheum palmatum

别名：葵叶大黄

外观：高大粗壮的草本，高1.5~2 m。**根茎：**根和根状茎粗壮木质；茎中空。**叶：**叶片大，掌状半5裂，每一大裂片又分为近羽状的小裂片；叶上面粗糙或具乳突状毛，下面及边缘具短毛；叶柄粗壮，几乎与叶等长；托叶鞘大，内面光滑，外表粗糙。**花：**大型圆锥花序，分枝聚拢，密被粗糙短毛；花小，紫红或黄白色；花被片6枚，雄蕊9枚。**果实：**矩圆状椭圆形，两端下凹，具翅。

花期／6—7月　果期／8月　生境／山谷湿地、河滩　分布／西藏南部及东部、云南西北部、四川西部、青海南部、甘肃南部　海拔／1 500~4 400 m

2

3

3

蓼科 大黄属

1 小大黄

Rheum pumilum

外观：矮小草本。**根茎：**茎细，被有稀疏灰白色短毛，靠近上部毛较密。**叶：**基生叶2~3枚，叶片卵状椭圆形或卵状长椭圆形，近革质，全缘，基出脉3~5条；茎生叶1~2枚，叶片较窄小近披针形；托叶鞘短，干后膜质，常破裂，光滑无毛。**花：**窄圆锥状花序，分枝稀而不具复枝，具稀短毛，花2~3朵簇生，花梗极细，关节在基部；花被不开展，花被片椭圆形或宽椭圆形，边缘为紫红色；雄蕊为9枚，稀较少，不外露；子房宽椭圆形，花柱短，柱头近头状。**果实：**三角形或角状卵形，顶端具小凹，基部平直或稍内，翅窄，纵脉在翅的中间部分；种子卵形。

花期／6—7月　果期／8—9月　生境／山坡或灌丛下　分布／西藏、四川、青海、甘肃　海拔／2 800~4 500 m

1

2

2 穗序大黄

Rheum spiciforme

外观：矮壮草本。**根茎：**无地上茎。**叶：**基生，叶片近革质，卵圆形或宽卵状椭圆形，边缘略呈波状，基出脉多为5条，叶上面暗绿色或黄绿色，下面紫红色。**花：**花莛2~4条，有时可达7~8条，自根状茎顶端抽出，高于叶或稍矮，具细棱线，被乳突；穗状的总状花序，花淡绿色，花梗细，关节近基部；花被片椭圆形或长椭圆形，内轮较大；雄蕊9枚，与花被近等长，花药黄色；子房略倒卵球形，花柱短，横展，柱头大，表面有凸起。**果实：**矩圆状宽椭圆形，稀稍大，顶端阔圆或微凹，纵脉在翅的中间。

花期／6月　果期／8月　生境／高山碎石坡或河滩砂砾地　分布／西藏西部、青海南部　海拔／4 000~5 000 m

2

3 鸡爪大黄

Rheum tanguticum

别名：唐古特大黄

外观：高大草本。**根茎：**根及根状茎粗壮，黄色；茎粗，中空，具细棱线。**叶：**茎生叶大型，叶片近圆形或及宽卵形，通常掌状5深裂，最基部的一对裂片简单，中间3个裂片多为3回羽状深裂，小裂片窄长披针形，基出脉5条，叶上面具乳突或粗糙，下面具密短毛；茎生叶较小；托叶鞘大型，多破裂，外面具粗糙短毛。**花：**大型圆锥花序，分枝较紧聚，花小，紫红色稀淡红色；花梗丝状，关节位于下部；花被片近椭圆形，内轮较大；雄蕊多为9枚，不外露；花盘薄并与花丝基部

3

3

连合成极浅盘状；子房宽卵形，花柱较短，平伸，柱头头状。**果实：**矩圆状卵形到矩圆形，顶端圆或平截，基部略心形，纵脉近翅的边缘；种子卵形，黑褐色。

花期／6月　果期／7—8月　生境／高山沟谷中　分布／西藏东部、青海南部、甘肃　海拔／1 600~4 000 m

蓼科 酸模属

4 戟叶酸模

Rumex hastatus

别名：细叶酸模、线叶酸模

外观：灌木，高50~90 cm。**根茎：**老枝木质，暗紫褐色，具沟槽；一年生枝草质，绿色。**叶：**互生或簇生，戟形，近革质，长1.5~3 cm，宽1.5~2 mm，中裂线形或狭三角形，顶端尖，两侧裂片向上弯曲；叶柄与叶片等长或比叶片长。**花：**花序圆锥状，顶生，分枝稀疏；花梗细弱；花杂性；花被片6枚，呈2轮；雄花花被片黄绿色，雄蕊6枚；雌花的外花被片椭圆形，果时反折，内花被片果时增大，圆形或肾状圆形，膜质，半透明，淡红色。**果实：**瘦果，卵形，具3棱，褐色，有光泽。

花期／4—5月　果期／5—6月　生境／干暖河谷的沙质荒坡、山坡阳处　分布／西藏东南部、云南大部、四川　海拔／1 000~3 200 m

5 尼泊尔酸模

Rumex nepalensis

别名：土大黄、大叶酸模、金不换

外观：多年生草本。**根茎：**根粗壮；茎直立，具沟槽，无毛，上部分枝。**叶：**基生叶叶片长圆状卵形，顶端急尖，基部心形，边缘全缘，两面无毛或下面沿叶脉具小突起；茎生叶卵状披针形；托叶鞘膜质，易破裂。**花：**花序圆锥状；花两性；花梗中下部具关节；花被片6枚，外轮花被片椭圆形，内花被片果时增大，边缘每侧具7~8刺状齿，顶端成钩状。**果实：**瘦果，卵形，具3锐棱，顶端急尖，褐色，有光泽。

花期／4—5月　果期／6—7月　生境／山坡路旁、山谷草地　分布／西藏、云南、四川、青海西南部、甘肃南部　海拔／1 000~4 300 m

商陆科 商陆属

1 多药商陆

Phytolacca polyandra

别名：多蕊商陆、多雄蕊商陆

外观：草本。**根茎：**具肥大肉质根；茎直立，常分枝。**叶：**叶片椭圆状披针形或椭圆形，顶端急尖或渐尖，具腺体状的短尖头。**花：**总状花序顶生或与叶对生，圆柱状，直立；花梗基部有一线形苞片，花梗上着生2枚小苞片，线形；花两性；花被片5枚，开花时白色，以后变红，长圆形；雄蕊12~16枚，两轮着生，花丝基部变宽，花药白色；子房通常由8枚心皮合生，有时6枚或9枚，花柱比子房长1.5倍，柱头不明显。**果实：**浆果，扁球形，干后果皮膜质，贴附种子；种子肾形，黑色，光亮。

花期 / 5—8月　果期 / 6—9月　生境 / 山坡林下、山沟、河边、路旁　分布 / 云南、四川、甘肃　海拔 / 1 100~3 000 m

藜科 刺藜属

2 菊叶香藜

Dysphania schraderiana

(syn. *Chenopodium foetidum*)

别名：总状花藜、菊叶刺藜

外观：一年生草本，具强烈气味，全体有具节的疏生短柔毛。**根茎：**茎直立，具绿色色条，通常有分枝。**叶：**叶片矩圆形，边缘羽状浅裂至羽状深裂，先端钝或渐尖，有时具短尖头，下面有具节的短柔毛并兼有黄色无柄的颗粒状腺体。**花：**复二歧聚伞花序腋生；花两性；花被5深裂；裂片卵形至狭卵形，有狭膜质边缘，背面通常有具刺状突起的纵隆脊并有短柔毛和颗粒状腺体，果时开展；雄蕊5枚，花丝扁平，花药近球形。**果实：**胞果，扁球形，果皮膜质。

花期 / 7—9月　果期 / 9—10月　生境 / 林缘草地、沟岸、河沿、路边　分布 / 西藏、云南、四川、青海、甘肃　海拔 / 1 000~3 600 m

亚麻科 石海椒属

3 石海椒

Reinwardtia indica

别名：迎春柳、黄花香草

外观：小灌木，树皮灰色，无毛，枝干后有纵沟纹。**叶：**叶片纸质，椭圆形或倒卵状椭圆形，全缘或有圆齿状锯齿，托叶小，早落。**花：**花序顶生或腋生，或单花腋生；萼片5枚，分离，披针形，宿存；同一植株上的花的花瓣有5枚或4枚，黄色，分离，旋转排列；雄蕊5枚，花丝下部两侧扩大成翅状或瓣状，基部合生成环，退化雄蕊5枚；腺

1

2

3

4

4

5

5

5

体5枚，与雄蕊环合生；子房3室，每室有2小室，每小室有胚珠1枚；花柱3枚，下部合生，柱头头状。**果实：**蒴果，球形，3裂，每裂瓣有种子2粒。

花期／4月至翌年1月　果期／4月至翌年1月　生境／林下、山坡灌丛、路旁和沟坡潮湿处　分布／云南、四川　海拔／1 000~2 300 m

牻牛儿苗科 牻牛儿苗属

4 芹叶牻牛儿苗

Erodium cicutarium

外观：一年生或二年生草本。**根茎：**根为直根系，主根深长；茎多数，直立、斜升或蔓生，被灰白色柔毛。**叶：**对生或互生；托叶三角状披针形或卵形，干膜质，棕黄色，先端渐尖；基生叶具长柄，茎生叶具短柄或无柄，叶片2回羽状深裂，裂片7~11对，小裂片短小，两面被灰白色伏毛。**花：**伞形花序腋生，明显长于叶，总花梗被白色早落长腺毛，每梗通常具2~10朵花；花梗与总花梗相似，长为花3~4倍，花期直立，果期下折；苞片多数，合生至中部；萼片卵形，被腺毛或具枯胶质糙长毛；花瓣紫红色，稍长于萼片，先端钝圆或凹；雄蕊稍长于萼片，花丝紫红色，中部以下扩展；雌蕊密被白色柔色。**果实：**蒴果，被短伏毛。

花期／6—7月　果期／7—10月　生境／草甸、河滩、放牧草地　分布／西藏西部及南部、四川西部、甘肃　海拔／1 000~2 900 m

牻牛儿苗科 老鹳草属

5 五叶老鹳草

Geranium delavayi

别名：观音倒座草

外观：多年生草本，高30~60 cm。**根茎：**根状茎木质化，斜生，围以残存基生托叶，具多数纤维状根；茎直立，假二叉状分枝。**叶：**基生叶早枯，茎生叶对生；托叶棕色干膜质，卵状三角形，被疏柔毛；基生叶和茎下部叶具长柄，被短柔毛，上部叶柄渐短或近无柄；叶片五角形，基部心形，掌状5裂或不明显7裂，表面被伏贴短糙毛，背面被疏糙毛和沿脉被毛较密。**花：**花序腋生或集为圆锥状聚伞花序，长于叶，总花梗密被倒向短柔毛和开展的长腺毛，每梗具2花；苞片钻状；萼片沿脉被开展的腺毛；花瓣紫红色，基部深紫色，稍长于萼片，向上反折，先端圆形；雄蕊长为萼片的1.5倍，花丝淡紫色，蜜腺密被短柔毛，花药黑紫色；子房被柔毛，花柱分枝紫红色。**果实：**蒴果，被短柔毛，果熟时果柄下折。

花期／6—8月　果期／8—10月　生境／山地草甸、林缘和灌丛　分布／云南西北部、四川西南部　海拔／2 300~4 100 m

牻牛儿苗科 牻牛儿苗属

1 吉隆老鹳草
Geranium lamberti

外观：多年生草本。**根茎：**茎具棱角。**叶：**叶片五角状，5深裂近基部，裂片上部羽状浅裂至深裂，小裂片先端钝圆或急尖，表面被短伏毛，背面被疏柔毛和沿脉被毛较密。**花：**总花梗腋生和顶生，长于叶，花大，花瓣白色或基部带红色，开展，长20~29 mm，宽12~15 mm。**果实：**蒴果。

花期 / 7—9月　果期 / 8—10月　生境 / 山地灌丛　分布 / 西藏（吉隆）　海拔 / 3 000 m

2 黑药老鹳草
Geranium melanandrum
别名：黑蕊老鹳草

外观：多年生草本，高40~60 cm。**根茎：**斜生；茎具棱角，上部被倒向短柔毛和腺毛。**叶：**基生叶近圆形，掌状5~7深裂近基部；叶柄长为叶片的4~5倍；茎生叶对生，与基生叶相似。**花：**花序具2朵花，密被短柔毛和棕色腺毛，花下垂或稍弯曲；萼片外被短柔毛和棕红色腺毛；花瓣紫红色至淡紫色，倒卵形，长为萼片的1.5倍，向上反折；雄蕊花丝紫色，中部以下被长糙毛，花药紫黑色。**果实：**蒴果，被细短毛及腺毛。

花期 / 7—8月　果期 / 8—9月　生境 / 草坡、灌丛、高山草甸　分布 / 西藏（林芝、亚东）、云南西北部、四川南部　海拔 / 1 800~4 500 m

3 尼泊尔老鹳草
Geranium nepalense
别名：五叶草

外观：多年生草本。**根茎：**直根，多分枝；茎多数，多分枝。**叶：**基生叶五角状肾形，掌状5深裂，中部以上边缘齿状浅裂或缺刻状，上面被伏毛，下面被柔毛；柄长为叶片的2~3倍，被柔毛；茎生叶对生或偶为互生，与基生叶相似。**花：**总花梗腋生，长于叶，被倒向柔毛，每梗2朵花，少有1朵花；苞片披针状钻形，棕褐色干膜质；萼片被疏柔毛，具短尖头；花瓣淡紫红色，等于或稍长于萼片。**果实：**蒴果，被柔毛。

花期 / 4—9月　果期 / 5—10月　生境 / 林缘、灌丛、草坡、山地　分布 / 西藏东南部、云南大部、四川　海拔 / 1 000~3 600 m

4 草地老鹳草
Geranium pratense

外观：多年生草本。**根茎：**根茎粗壮，斜生，具多数纺锤形块根；茎单一或数个丛生，假二叉状分枝，被柔毛和腺毛。**叶：**基

1　魏来 摄影

2

3

4

生和茎生；托叶披针形或宽披针形，外被疏柔毛；叶片肾圆形或上部叶五角状肾圆形，基部宽心形，掌状7~9深裂近茎部，裂片菱形或狭菱形，羽状深裂。**花：**总花梗腋生或于茎顶集为聚伞花序，长于叶，每梗具2朵花；萼片背面密被柔毛和腺毛，先端具尖头；花瓣紫红色，长为萼片的1.5倍；雄蕊稍短于萼片，花丝具缘毛，花药紫红色；雌蕊被短柔毛，花柱分枝紫红色。**果实：**蒴果。

花期／6—7月　果期／7—9月　生境／草甸、草坡　分布／西藏东部、四川西部、青海东南部、甘肃南部　海拔／2 500~5 000 m

5

5

5 甘青老鹳草

Geranium pylzowianum

别名：川西老鹳草

外观：多年生草本，高15~35 cm。**根茎：**有时具萝卜状根，短而肥厚，有时较细长；茎直立，被倒向短柔毛或近无毛。**叶：**基生叶肾状圆形，掌状5~7深裂至基部，两面疏被伏毛；叶柄长为叶片的4~6倍，被倒向短柔毛；茎生叶互生，与基生叶相似，上向渐变小，叶柄渐变短；托叶披针形，背面及边缘具长柔毛。**花：**花序顶生及腋生，明显长于叶，每梗具2花，花下垂；总花梗与花梗被短柔毛；苞片披针形，边缘被长柔毛；萼片5枚，披针形或披针状矩圆形，外被长柔毛；花瓣5枚，紫红色，倒卵形，长为萼片的2倍；雄蕊与萼片近等长，被疏柔毛，花药紫色；花柱分枝暗紫色，柱头5枚。**果实：**蒴果，疏被短柔毛。

花期／5—7月　果期／8—9月　生境／草地、田边、林缘、沟边　分布／西藏东南部、云南北部、四川西部、青海、甘肃南部　海拔／2 500~5 000 m

6

6

6 汉荭鱼腥草

Geranium robertianum

别名：纤细老鹳草

外观：一年生草本，高20~50 cm。**根茎：**根纤细，数条成纤维状；茎直立或基部仰卧，具棱槽，假二叉分枝。**叶：**有基生叶，茎上叶对生，叶柄长为叶片的2~3倍，被疏柔毛和腺毛；五角状叶片，通常2~3回3出羽状。**花：**花序腋生和顶生，长于叶；总花梗被短柔毛和腺毛，每梗2朵花；苞片钻状披针形；萼片长卵形，外被疏柔毛和腺毛；花瓣粉红色或紫红色，稍长于花萼；雄蕊与萼片近等长，花药黄色，花丝白色；雌蕊与雄蕊近等长，被短糙毛，花柱分枝暗紫红色。**果实：**蒴果，长约2 cm，被短柔毛。

花期／5—6月　果期／6—8月　生境／亚高山草地、灌丛、山谷林下、水边　分布／西藏（林芝）、云南、四川　海拔／1 000~3 300 m

牻牛儿苗科 老鹳草属

1 云南老鹳草

Geranium yunnanense

别名：滇紫地榆、滇老鹳草

外观：多年生草本，高30~60 cm。**根茎：**根茎围以残存基生托叶；茎直立，假二叉状分枝，被倒向短柔毛。**叶：**基生，五角形，长宽6~10 cm，5~7深裂近基部，上面被短伏毛，下面被糙毛；托叶狭披针形，外被疏柔毛；叶柄长为叶片的3~4倍，被短柔毛；茎生叶对生，与基生叶相似，上向渐变小，叶柄渐变短或近无柄。**花：**花序具2朵花，腋生或顶生，长于叶，被短柔毛，花梗直立或稍弯，果期下折；苞片和小苞片披针形，外被短柔毛；萼片5枚，卵状椭圆形，具尖头，边缘和背面被长糙毛；花瓣5枚，紫红色或稀为白色，长为萼片的2倍，宽倒卵形；雄蕊花丝棕褐色，中部以下被糙毛，花药黑紫色；柱头5枚。**果实：**蒴果，被短柔毛。

酢浆草科 酢浆草属

2 酢浆草

Oxalis corniculata

别名：鸠酸、酸角草、黄花酢浆草

外观：草本，高10~35 cm，全株被柔毛。**根茎：**茎多分枝，直立或匍匐，匍匐茎节上生根。**叶：**基生或茎上互生；托叶长圆形或卵形，边缘被密长柔毛；叶柄长1~13 cm，基部具关节；小叶3枚，无柄，倒心形，长4~16 cm，宽4~22 cm，先端凹入，两面被柔毛或近无毛，边缘具缘毛。**花：**单生，或数朵集为伞形花序状，腋生；总花梗淡红色；小苞片2枚，披针形，膜质；萼片5枚，披针形或长圆状披针形，背面和边缘被柔毛；花瓣5枚，黄色，长圆状倒卵形；雄蕊10枚；花柱5枚，柱头头状。**果实：**蒴果，长圆柱形，5棱。

花期 / 4—9月　果期 / 4—9月　生境 / 山坡、河谷、路边、荒地、林下　分布 / 西藏、云南大部、四川、青海、甘肃　海拔 / 1 000~3 400 m

3 山酢浆草

Oxalis griffithii

(syn. *Oxalis acetosella* subsp. *griffithii*)

别名：深山酢浆草

外观：多年生草本，高8~15 cm。**根茎：**横生，棕褐色，节间具小鳞片，具不定根；茎短缩不明显，基部围以多枚残存覆瓦状排列的鳞片状叶柄基。**叶：**基生；托叶阔卵形，被柔毛或无毛，与叶柄合生；叶柄长3~15 cm；小叶3枚，倒三角形或宽倒三角形，先端凹陷，两面被毛或近无毛。**花：**总

3

3

花梗基生，单花，与叶柄近等长或更长；花梗被柔毛；苞片2枚，对生，卵形，被柔毛；萼片5枚，卵状披针形，先端具短尖；花瓣5枚，白色或稀粉红色，倒心形，长为萼片的1~2倍，先端凹陷，具白色或紫红色脉纹；雄蕊10枚；花柱5枚。**果实：**蒴果，椭圆形或近球形。

花期 / 6—8月　果期 / 8—9月　生境 / 山地林下　分布 / 西藏（林芝）、云南大部、四川、甘肃　海拔 / 1 000~3 800 m

4

4

4 白鳞酢浆草

Oxalis leucolepis

(syn. *Oxalis acetosella* subsp. *leucolepis*)

外观：多年生草本，高5~15 cm。**根茎：**横生，极细，具淡褐色小鳞片；茎短缩不明显，基部疏具鳞片状叶柄基。**叶：**基生；叶柄长6~11 cm；小叶3枚，倒心形，长10~18 mm，宽11~20 mm，先端凹陷，背面具短柔毛，常带紫色。**花：**基生，单花，常下垂；花梗与叶柄近等长或更长；苞片2枚，生于花梗中部，卵形，半透明；萼片5，卵状披针形；花瓣5枚，白色，常具淡紫色脉纹，基部具紫色斑点；雄蕊10枚；花柱5枚。**果实：**蒴果，卵球形。

花期 / 6—8月　果期 / 8—9月　生境 / 林下苔藓或岩石上　分布 / 西藏东南部、云南　海拔 / 2 800~4 000 m

5

5

凤仙花科 凤仙花属

5 川西凤仙花

Impatiens apsotis

外观：一年生草本。**根茎：**茎纤细，无毛，不分枝或有纤细的短枝。**叶：**互生，具柄，薄膜质，边缘具粗齿，齿端钝或微凹或具小尖头，基部无腺体；叶柄细。**花：**总花梗腋生，短或长于叶柄；具1~2朵花；花梗中部以上具1卵状披针形的苞片；花小，白色，侧生萼片2枚，线形，绿色，顶端尖，背面中肋具龙骨状突起；旗瓣绿色，舟状，背面中肋具短而宽的翅；翼瓣具柄，基部裂片卵形，尖，上部裂片长于基部裂片3倍，斧形，钝，背面具肾状的小耳；唇瓣檐部舟状，向基部漏斗状，狭成内弯且与檐部等长的距；花药小而钝。**果实：**蒴果，狭线形，顶端尖；种子3~5粒，椭圆形，平滑。

花期 / 6—9月　果期 / 7—10月　生境 / 河谷、林缘潮湿地　分布 / 西藏东南部、四川西部至西北部、青海南部　海拔 / 2 200~3 000 m

凤仙花科 凤仙花属

1 锐齿凤仙花
Impatiens arguta

别名：沽沽罗、锐凤仙花

外观：多年生草本，高达70 cm。**根茎：**茎坚硬，直立，无毛，有分枝。**叶：**互生，卵形或卵状披针形，边缘有锐锯齿；叶柄具柄腺体。**花：**总花梗极短，腋生，具1~2朵花；花梗细长，基部常具2刚毛状苞片；花大或较大，粉红色或紫红色；萼片4枚，外面2个半卵形，顶端长突尖，内面2个狭披针形；旗瓣圆形，背面中肋有窄龙骨状突起，先端具小突尖；翼瓣无柄，2裂，基部裂片宽长圆形，上部裂片大，斧形，先端2浅裂，背面有显明的小耳；唇瓣囊状，基部延长成内弯的短距；花药钝。**果实：**蒴果，纺锤形，顶端喙尖。

花期 / 7—9月　果期 / 8—10月　生境 / 河谷灌丛草地、林下潮湿处、水沟边　分布 / 西藏（林芝）、云南中部及西北部、四川南部　海拔 / 1 850~3 200 m

1

1

2 中甸凤仙花
Impatiens chungtienensis

外观：一年生草本。**根茎：**茎肉质，粗壮，有明显棱条或近四棱形。**叶：**下部及中部叶对生，具短柄，边缘具圆齿状锯齿，叶柄基部有2个具柄的腺体；上部叶互生，基部心形，抱茎。**花：**总花梗生于上部叶腋，花通常5~7朵，近伞房状或总状排列，花梗上部稍膨大，基部有卵状披针形苞片；花粉红色，侧生萼片2枚，斜卵形，具小尖头，基部稍心形；旗瓣近圆形，具长喙尖，中肋背面具龙骨状突起；翼瓣近具柄，2裂，基部裂片卵圆，顶端渐尖，上部裂片长圆状斧形，稍钝，背面有圆形小耳；唇瓣宽漏斗状，有暗紫色斑点，基部渐狭成长6~7 mm稍内弯的距；花丝线形，花药钝；子房纺锤状，顶端尖。**果实：**蒴果，线状长圆形，具短喙尖。

花期 / 8—9月　果期 / 9—10月　生境 / 河沟边、水边灌丛阴湿处　分布 / 云南西北部（香格里拉）　海拔 / 3 200~3 300 m

2

3 舟状凤仙花
Impatiens cymbifera

外观：一年生草本。**根茎：**茎绿色，节明显，有时红色，有分枝，无毛。**叶：**膜质，互生，具柄，顶端渐尖或尾状渐尖，基部楔状狭成叶柄，叶柄基部具无柄腺体，边缘具圆齿状锯齿，齿端尖。**花：**总花梗腋生和近顶生，常短于叶，具1~4朵花，总状排列；花梗长1~2 cm，苞片大，脱落；花蓝紫色，侧生萼片2枚，卵圆形，紫色，渐尖；翼瓣圆形，背面无龙骨突；翼瓣近有柄，基部裂片

3

3

圆形，上部裂片长圆状斧形；唇瓣深舟状，基部急狭成稍弯的距；花药钝。**果实：**蒴果，线形，顶端喙尖。

花期 / 8—9月　果期 / 9—10月　生境 / 山坡阴湿雾林下　分布 / 西藏（樟木）　海拔 / 2 500 m

4 耳叶凤仙花

Impatiens delavayi

外观：一年生草本，高30~40 cm。**根茎：**茎细弱，直立，分枝或不分枝，全株无毛。**叶：**互生，下部和中部叶具柄，宽卵形或卵状圆形，薄膜质，顶端钝；基部急狭成细柄，上部叶无柄或近无柄，长圆形，基部心形，稍抱茎，边缘有粗圆齿，齿间有小刚毛，侧脉4~6对，无毛。**花：**总花梗纤细，生于茎枝上部叶腋，具1~5朵花；花梗细短，花下部仅有1卵形的苞片；苞片宿存；花较大，淡紫红色或污黄色；侧生萼片2枚，斜卵形或卵圆形，顶端尖、不等侧；旗瓣圆形，兜状，背面中肋圆钝；翼瓣基部楔形，基部裂片小近方形，上部裂片大，斧形，急尖，背面具大小耳；唇瓣囊状，基部急狭成内弯的短距，距端2浅裂，花药钝。**果实：**蒴果，线形；种子椭圆状长圆形，褐色，具瘤状突起。

花期 / 7—9月　果期 / 8—10月　生境 / 山坡、溪边、沟边、冷杉林或高山栎林下　分布 / 西藏东南部（察隅）、云南北部及西北部、四川西南部　海拔 / 3 400~4 200 m

凤仙花科 凤仙花属

1 镰瓣凤仙花
Impatiens falcifer

外观：一年生草本，高20~60 cm。**根茎：**茎直立或有平卧的分枝，全株无毛。**叶：**互生，卵状长圆形，顶端尖或渐尖，基部楔形，边缘具锐锯齿，基部边缘具缘毛，侧脉6~8对；叶柄基部具2球形腺体。**花：**总花梗短，单生于叶腋，具1朵花，稀2朵花；花梗细，中部有刚毛状或狭披针形的苞片；花黄色，开展，具红色斑点或无斑点；侧生萼片2枚，卵形或卵状长圆形，具绿色小尖头；旗瓣圆形，盔状，中肋背面加厚，顶端具小尖头；翼瓣基部裂片小，圆形，上部裂片大，2裂，侧生裂片镰状内弯，线状长圆形，顶端裂片长圆形，背面无小耳；唇瓣檐部漏斗状，基部狭成长1~2 cm直或内弯的距；花药小。**果实：**蒴果，线形，顶端喙尖。

花期／8—9月　果期／9—10月　生境／河边草地或栎林下　分布／西藏（聂拉木、定结）　海拔／2 300~2 500 m

1

1

1

2 草莓凤仙花
Impatiens fragicolor

外观：一年生草本，高达30~70 cm。**根茎：**茎粗壮，四棱形或近圆柱形，肉质，不分枝，或有短枝，无毛，常紫色。**叶：**具柄，下部对生，上部互生，披针形或卵状披针形，顶端渐尖，基部楔形，边缘具圆齿状锯齿，齿端具小刚毛；侧脉7~9对；叶柄基部具球状腺体。**花：**总花梗少数，达5~7个，生于上部叶腋，近伞房状排列，与叶等长或稍长于叶，具1~6朵花，花梗顶端常扩大，基部有披针形苞片，苞片渐尖，宿存，花紫色或淡紫色；侧生萼片2枚，斜卵形，顶端渐尖，具短尖头，基部近心形；旗瓣心状宽卵形，顶端钝或微凹，背面中肋不明显加厚，顶端具小尖头，翼瓣无柄，基部裂片近卵形，上部裂片斧形；唇瓣宽漏斗状，基部有内弯的细距；花药钝。**果实：**蒴果，长圆状线形，顶端喙尖。

花期／6—8月　果期／8—10月　生境／山坡路边、河边草丛中、水沟边湿地上　分布／西藏南部及东南部　海拔／3 100~3 900 m

2

2

3 疏花凤仙花
Impatiens laxiflora

外观：一年生草本。**根茎：**茎直立，无毛，有分枝。**叶：**膜质，互生，具长柄，卵状披针形或椭圆状披针形，顶端渐尖，基部楔形渐狭成长叶柄，叶柄基部有两个大腺体，边缘具粗圆齿，齿间具小刚毛，侧脉5~7对，无毛。**花：**总花梗纤细，近顶生，具6~11朵花，短总状排列；花梗细，基部卵状披针

2

形的苞片；苞片小而宿存；花小，淡粉色或白色，侧生萼片小，卵形或卵状钻形，具3脉，顶端具腺状尖头，旗瓣圆形，基部每边有1黑色的微粒；翼瓣无柄，基部裂片圆形，上部裂片长圆状斧形；唇瓣舟状，基部具短直距；花药钝。**果实：**蒴果，棒状，顶端具喙尖。

花期 / 8月　果期 / 9—10月　生境 / 沟边　分布 / 西藏（错那）　海拔 / 3 200 m

4 无距凤仙花

Impatiens margaritifera

外观：一年生草本，高20~50 cm。**根茎：**茎直立，分枝或不分枝。**叶：**互生，卵形，薄膜质，长3~10 cm，宽1.5~3.5 cm，具2个大腺体，边缘有粗圆齿，齿间有小刚毛；叶柄长1~5 cm。**花：**总花梗腋生，总状花序，常具6~8朵花；苞片线形或线状长圆形，脱落；侧生萼片2枚，卵状圆形；花白色，旗瓣椭圆状倒卵形或近圆形；唇瓣舟状，基部肿胀，无距。**果实：**蒴果，线形。

花期 / 7—9月　果期 / 9—10月　生境 / 河滩湿地、溪边、林下　分布 / 西藏（察隅）、云南西北部　海拔 / 2 600~3 800 m

3

3

4

4

凤仙花科 凤仙花属

1 西固凤仙花

Impatiens notolopha

别名：舟曲凤仙花

外观：一年生细弱草本，全株无毛。**根茎：**茎直立，极细，下部常裸露，自中部或中上部疏分枝。**叶：**互生，具细长柄，中部叶有时近对生，边缘具粗圆齿，齿端微凹，齿间无刚毛；上部叶渐小卵形，最上部叶近无柄，基部圆形或心形。**花：**总花梗生于茎枝上部叶腋，极细，具3~5朵花；花梗丝状，上部具苞片；花小或极小，黄色；侧生萼片2枚，卵状长圆形或圆形，膜质，绿色，具小尖；旗瓣近圆形，背面中肋具宽翅顶端圆形；翼瓣无柄，2裂；唇瓣檐部小舟形，基部渐狭成内弯的细距，顶端棒状；花丝短，线形，花药2室，钝；子房纺锤形。**果实：**蒴果，狭纺锤形，渐尖。

花期 / 7—8月　果期 / 8—9月　生境 / 混交林下或山坡林下阴湿处　分布 / 四川北部、青海东南部、甘肃　海拔 / 2 200~3 600 m

2 高山凤仙花

Impatiens nubigena

外观：一年生细弱草本，全株无毛。**根茎：**少数支柱根及须根，自下部或近基部起多分枝，小枝对生或近对生。**叶：**互生，边缘具浅波状圆齿或近全缘，下部叶具长柄；中部及上部叶无柄，心形抱茎，卵状长圆形，基部具圆形的耳。**花：**总花梗生于茎枝上部叶腋，短于叶；花梗线状，在花下部具苞片；花极小，白色；侧生萼片2枚，顶端具硬小尖；旗瓣圆形，顶端微凹，具小尖；翼瓣无柄，2裂，上部裂片长约基部裂片的2倍，背部无小耳，顶端钝；唇瓣檐部舟状，中部以下基部之间具尖距，状似无距；花丝稍扁；花药钝；子房纺锤状，直立，喙尖。**果实：**蒴果，线形。

花期 / 8月　果期 / 9月　生境 / 高山栎或冷杉林下岩石边、山坡草地、山沟水边　分布 / 西藏东南部（察隅）、云南西北部、四川西南部　海拔 / 2 700~4 000 m

3 米林凤仙花

Impatiens nyimana

外观：一年生草本，高20~60 cm。**根茎：**茎不分枝或分枝，上部被黄褐色长节毛。**叶：**互生，膜质，卵形或卵状披针形，长4~10 cm，宽2.5~4 cm，边缘具稍粗圆齿，齿间有小刚毛，上面被疏短硬毛，下面被疏柔毛；具短柄，基部具腺体，上部叶有时近无柄。**花：**总花梗腋生或顶生，短于叶，被疏柔毛或近无毛，具2~5朵花，稀1朵花；苞片卵状披针形；侧生萼片2枚，卵形或卵状披

针形；花浅黄色或白色，喉内部黄色，具红褐色斑点，旗瓣圆形，唇瓣囊状漏斗形，基部急狭成弯曲的短距。**果实：** 蒴果，线形。

花期 / 6—9月　果期 / 9—10月　生境 / 山谷、林下、溪边　分布 / 西藏（林芝、米林）　海拔 / 2 380~3 600 m

4 总状凤仙花

Impatiens racemosa

外观： 一年生草本，高20~60 cm。**根茎：** 茎直立，分枝。**叶：** 膜质，椭圆状披针形或椭圆状卵形，长5~10 cm，宽2~4 cm，基部楔状狭成长1~2.5 cm的叶柄，边缘具圆齿。**花：** 总花梗生于上部叶腋或近顶生，常长于叶，具4~10朵花，总状排列；苞片卵状披针形，顶端具腺体；侧生萼片镰刀状或斜卵形，顶端具矩芒尖；花黄色或淡黄色，旗瓣圆形，翼瓣基部裂片圆形，上部裂片宽斧形，唇瓣锥状，基部狭成内弯的长距。**果实：** 蒴果，线形或狭棒状，顶端喙尖。

花期 / 6—8月　果期 / 8—9月　生境 / 溪边、林下　分布 / 西藏南部（樟木）、云南东南部及西北部　海拔 / 1 200~3 400 m

5 辐射凤仙花

Impatiens radiata

外观： 一年生草本，高达60 cm。**根茎：** 茎粗壮，直立，多分枝。**叶：** 互生，长圆状卵形或披针形，顶端渐尖，边缘具圆齿，齿间有小刚毛，侧脉7~9对；叶柄基部有2个球状腺体。**花：** 总花梗生于上部叶腋；花多数，轮生或近轮生，呈辐射状，每轮有3~5朵花；苞片顶端具腺，宿存；花小，黄色或浅紫色；侧生萼片2枚，小，卵状披针形，具长尖头；旗瓣近圆形，顶端具短喙尖；翼瓣3裂，下部2裂片小，近圆形，上部裂片伸长，长圆形；唇瓣锥状，基部狭成短直距；花药钝。**果实：** 蒴果，线形；种子倒卵形，小，平滑。

花期 / 6—7月　果期 / 7—8月　生境 / 湿润草丛中或林下阴湿处　分布 / 西藏南部及东南部、云南北部及西北部、四川西南部　海拔 / 2 100~3 500 m

凤仙花科 凤仙花属

1 直角凤仙花

Impatiens rectangula

外观：一年生草本，全株无毛。**根茎：**具少数粗支柱根，茎直立，分枝。**叶：**互生，上部的叶密集，近无柄，下部的叶具叶柄；叶片边缘具密圆齿状齿，齿间具刚毛，具硬尖状具柄的腺体。**花：**总花梗生于茎枝端叶腋，长于叶或与叶等长；具15~17朵花；花总状排列；苞片披针形或刚毛状，宿存；花黄色；侧生萼片2枚，斜卵形或近S状，顶端具绿色小尖；旗瓣近四方状圆形，微凹，中肋多少成直角；翼瓣无柄，2裂；唇瓣檐部舟状，管部渐狭成与管部成直角的距，顶端头状，中部内弯或幼时拳卷；花丝线形；花药小，圆形。**果实：**蒴果，纺锤形，顶端急尖；种子多数，圆球形，褐色。

花期 / 9—10月　果期 / 9—10月　生境 / 竹丛边或溪边　分布 / 云南西部及西北部　海拔 / 2 700~3 000 m

1

2 糙毛凤仙花

Impatiens scabrida

外观：一年生草本，高30~50 cm，稀更高。**根茎：**茎直立，多分枝，绿色或下部带紫色，被柔毛或下部近无毛。**叶：**互生，无柄或近无柄，卵形或卵状披针形，顶端渐尖，基部近圆形，边缘具锐锯齿，齿端具腺，侧脉7~9对，上面被疏短糙毛，下面被柔毛；叶柄基部有2球形腺体。**花：**总花梗短，单生于叶腋，具1~3朵花；总花梗，花梗和苞片均被黄褐色疏柔毛；苞片刚毛状或刚毛状披针形，顶端长尖，宿存；花金黄色，具紫红色斑点，侧生萼片2枚，卵形，被疏柔毛，顶端具小尖头；旗瓣宽圆形，中肋背面具绿色角状龙骨状突起，花芽时极明显；翼瓣宽漏斗状，基部急狭成距；花药钝。**果实：**蒴果，线形，无毛或被疏毛，顶端喙尖。

花期 / 7—9月　果期 / 8—10月　生境 / 河边灌丛或林下阴湿处　分布 / 西藏（亚东）　海拔 / 3 400 m

2

2

3 黄金凤

Impatiens siculifer

别名：水指甲

外观：一年生草本，高30~60 cm。**根茎：**茎细弱，不分枝或有少数分枝。**叶：**互生，通常密集于茎或分枝的上部，卵状披针形或椭圆状披针形，先端急尖或渐尖，基部楔形，边缘有粗圆齿，齿间有小刚毛，侧脉5~11对；下部叶的叶柄长1.5~3 cm，上部叶近无柄。**花：**总花梗生于上部叶腋，花5~8朵排成总状花序；花梗纤细，基部有1枚披针形苞片宿存；花黄色；侧生萼片2枚，窄矩圆形，

先端突尖；旗瓣近圆形，背面中肋增厚成狭翅；翼瓣无柄，2裂，基部裂片近三角形，上部裂片条形；唇瓣狭漏斗状，先端有喙状短尖，基部延长成内弯或下弯的长距；花药钝。**果实：**蒴果，棒状。

花期 / 8—9月　果期 / 9—10月　生境 / 山坡草地、草丛、水沟边、山谷潮湿地或密林中　分布 / 云南、四川　海拔 / 1 000~2 600 m

4 滇水金凤

Impatiens uliginosa

别名：金凤花、昆明水金凤、水风仙花

外观：一年生草本，全株无毛。**根茎：**茎粗壮，下部具粗大的节，有不定根。**叶：**互生，近无柄或具短柄，叶片边缘具圆齿状锯齿或细锯齿，齿端具小尖，基部具少数具柄腺体；叶柄基部有1对球状的腺体。**花：**总花梗多数生于上部叶腋；近伞房状排列，短于叶，具3~5朵花；花红色；侧生萼片2枚；旗瓣圆形，背面中肋增厚，具龙骨状突起，具突尖；翼瓣短，无柄；唇瓣檐部漏斗形，基部狭成与檐部近等长内弯的距；花丝线形，花药小，顶端钝；子房纺锤形，直立，喙尖。**果实：**蒴果，近圆柱形，渐尖；种子少数，长圆形，黑色。

花期 / 7—8月　果期 / 9月　生境 / 疏林下、水沟边潮湿处或溪边　分布 / 云南中西部及西北部　海拔 / 1 500~2 600 m

菱科 菱属

1 欧菱

Trapa natans

别名：野菱、刺菱

外观：一年生浮水草本。**根茎：**根着生于水底泥中；茎细长，至水面。**叶：**二型，浮水叶漂浮于水面，沉水叶生于茎中下部；浮水叶互生，聚生于主茎和分枝茎顶，在水面形成莲座状菱盘，叶片三角状菱形至卵状菱形，深绿色，有时具棕色马蹄形斑块，背面具短毛，边缘中上部有缺刻状锯齿；叶柄长5~18 cm，中上部稍膨大，多少具毛或近脱落；沉水叶小，早落，托叶变为同化根，羽状细裂。**花：**单生于叶腋；萼筒4裂；花瓣4枚，白色，或带微紫红色；雄蕊4枚；雌蕊1枚，柱头头状。**果实：**坚果状，三角状圆锥形，表面凹凸不平，具2~4角。

花期 / 5—10月　果期 / 7—11月　生境 / 水塘、池沼、湖泊边缘浅水处　分布 / 西藏、云南西部、四川　海拔 / 1 000~2 700 m

1

1

柳叶菜科 柳兰属

2 柳兰

Chamerion angustifolium

(syn. *Epilobium angustifolium*)

别名：铁筷子、火烧兰、糯芋

外观：多年粗壮草本，直立，丛生。**根茎：**根状茎木质化，自茎基部生出强壮的越冬根出条；茎不分枝或上部分枝，圆柱状，下部多少木质化，表皮撕裂状脱落。**叶：**螺旋状互生，稀近基部对生，披针状长圆形至倒卵形，边缘近全缘或稀疏浅小齿，稍微反卷。**花：**花序总状，直立，无毛；下部苞片叶状，上部者很小，三角状披针形；子房淡红色或紫红色，被贴生灰白色柔毛；萼片紫红色，被灰白柔毛；花瓣粉红至紫红色，稀白色，稍不等大，全缘或先端具浅凹缺；花药长圆形，初期红色，开裂时变紫红色，产生带蓝色的花粉；花柱开放时强烈反折；柱头白色，4深裂。**果实：**蒴果，密被贴生的白灰色柔毛。

花期 / 6—9月　果期 / 8—10月　生境 / 开阔较湿润的草坡灌丛、火烧迹地、高山草甸、河滩、砾石坡　分布 / 西藏、云南西北部、四川西部、青海、甘肃　海拔 / 2 900~4 700 m

2

2

2

3 网脉柳兰

Chamerion conspersum

(syn. *Epilobium conspersum*)

外观：多年生草本，高30~130 cm。**根茎：**根状茎多少木质化；茎直立，不分枝或有少数分枝，被曲柔毛，花期常变红色。**叶：**螺旋状互生，草质至亚革质，狭长圆状或椭圆

状披针形，长4.5~11 cm，宽0.7~1.4 cm，边缘具少数齿凸，两面被曲柔毛，侧脉每侧4~5条，次级脉与细脉结成细网；叶柄长1~3 mm，被曲柔毛。**花：**总状花序，直立，密被曲柔毛；苞片叶状，长不及叶的1/2，近膜质；花萼紫色，萼片4枚，宽披针形；花瓣4枚，红紫色，倒卵形至近心形；雄蕊8枚；子房紫色，外密被灰色柔毛，花柱紫色，下部密被长柔毛，柱头白色，深4裂。**果实：**蒴果，圆柱形，密被柔毛。

花期 / 7—9月　果期 / 9—10月　生境 / 山谷、湿地、山坡潮湿处　分布 / 西藏南部及东南部、云南西北部、四川西部、青海　海拔 / 3 000~4 400 m

柳叶菜科 露珠草属

4 高原露珠草

Circaea alpina subsp. *imaicola*

外观：草本，高3.5~4.5 cm。**根茎：**茎被密或稀的毛。**叶：**叶片卵形至阔卵形，边缘近全缘，偶尔具明显牙齿。**花：**花序被短腺毛，稀无毛，单花序或具分枝；花梗无毛，直立或呈上升，花集生于花序轴之顶端；花梗基部具一刚毛状小苞片；花芽无毛，稀近无毛，开花时子房具钩状毛；花管几乎不存在；萼片矩圆状椭圆形至卵形，先端钝圆；花瓣白色或粉红色，狭倒卵形至阔倒卵形，先端凹缺至花瓣长度的1/4~1/2。**果实：**果实上具钩状毛。

花期 / 7—9月　果期 / 8—11月　生境 / 沟边湿处、灌丛中、山区落叶阔叶林及针叶林中　分布 / 西藏、云南、四川、青海、甘肃　海拔 / 2 000~4 000 m

3

3

4

4

柳叶菜科 柳叶菜属

1 柳叶菜

Epilobium hirsutum

别名：水朝阳花、鸡脚参

外观：多年生粗壮草本，有时近基部木质化。**根茎：**茎高25~120 cm，常在中上部多分枝，周围密被伸展长柔毛，常混生较短而直的腺毛，尤花序上如此。**叶：**草质，对生，茎上部的互生，多少抱茎；茎生叶边缘细锯齿，两面被长柔毛，有时在背面混生短腺毛。**花：**总状花序直立；苞片叶状；花直立，子房灰绿色至紫色，长2~5 cm，密被长柔毛与短腺毛，有时主要被腺毛；花管长1.3~2 mm，径2~3 mm，在喉部有一圈长白毛；萼片长圆状线形，背面隆起成龙骨状；花瓣常玫瑰红色，或粉红、紫红色，先端凹缺；花药乳黄色；柱头白色。**果实：**蒴果，长2.5~9 cm，被毛。

花期／6—8月　果期／7—9月　分布／西藏、云南、四川、青海东部、甘肃　海拔／1 000~3 500 m

1

1

2 锐齿柳叶菜

Epilobium kermodei

别名：片马柳叶菜

外观：粗状的多年生草本，高20~120 cm。**根茎：**自茎基部生出长达10 cm以上的根出条，顶生肉质越冬芽。茎不分枝或少分枝，周围被腺毛和混生有曲柔毛，棱线不明显。**叶：**茎生叶对生，花序上的互生；叶片狭卵状形至披针形，长3.5~11 cm，宽1.5~4.5 cm，先端锐尖，基部宽楔形至近圆形，边缘每边具28~42枚锐锯齿，两面脉上密生曲柔毛。**花：**花序直立，常密被腺毛；苞片叶状，与子房近等长。花直立；子房长2~5 cm；花梗长0.3~1.2 cm；花管长1.2~2 mm，径1.5~2.5 mm，喉部有一环长柔毛；花瓣白色至紫红色，宽倒心形，长7~18 mm，宽4~15 mm，先端凹缺深1~2 mm；花柱近基部有伸展的毛；柱头头状至宽棍棒状。**果实：**蒴果，长7~11 mm，被毛。种子倒卵状，顶端具短喙，深褐色，表面具粗乳突；种缨白色，长5~6 mm，易脱落。

花期/5—7月　果期/6—9月　生境/湿润的河谷与溪沟　分布/云南、四川、西藏　海拔/1800~3600m

2

2

3 鳞片柳叶菜

Epilobium sikkimense

别名：锡金柳叶菜、褐鳞柳叶菜

外观：多年生草本，高10~25 cm。**根茎：**茎直立或上升，常丛生，不分枝或有时分枝，棱线2条，稀4条，其上有曲柔毛；次年鳞

3

3

叶变褐色，宿存于茎基部，倒卵形至匙形，长4~20 mm，宽2~7 mm，边缘全缘或具有远离的细齿。**叶：**对生，靠近花序常互生，草质或近膜质，卵形、椭圆形或长圆状披针形，长1.5~7.5 cm，宽1~3.7 cm，边缘具细锯齿，脉上与边缘有曲柔毛；无柄，稍抱茎，或具1~3 mm的短柄。**花：**花序常下垂；花管长1.3~1.5 mm，喉部有一环长毛；萼片4枚，长圆状披针形；花瓣4枚，粉红色至玫瑰紫色，宽倒心形至倒卵形，先端具凹缺；雄蕊8枚；子房长1.5~3.5 cm，被曲柔毛与腺毛，柱头头状。**果实：**蒴果，圆柱形，直立，疏被曲柔毛与腺毛。

花期 / 6—8月　果期 / 8—9月　生境 / 草坡、溪谷、沟边、高山草甸、砾石地、砾石地湿处　分布 / 西藏南部及东南部、云南西北部、四川西部、青海南部、甘肃东南部　海拔 / 2 400~4 700 m

4 光籽柳叶菜

Epilobium tibetanum

外观：多年生草本，地下茎密生纤维根。**根茎：**茎高13~100 cm；常分枝，上部疏生曲柔毛，下部无毛。**叶：**对生，但花序上的叶互生，先端锐尖或渐尖，基部截形，边缘具细锯齿；叶柄长2~5 mm。**花：**花序直立，花直立；花梗长4~12 mm；花管长1~1.3 mm，喉部无毛；萼片长圆状披针形，龙骨状；花瓣粉红色至玫瑰紫色，稀为白色，先端凹缺。**果实：**蒴果，长4.2~8.8 mm，疏被曲柔毛；果梗长0.8~2.5 cm。

花期 / 7—9月　果期 / 8—10月　生境 / 山坡河谷、溪沟边　分布 / 西藏东南部至西南部、云南西北部、四川西部　海拔 / 2 300~4 500 m

杉叶藻科 杉叶藻属

5 杉叶藻

Hippuris vulgaris

别名：节骨草、蕴藻

外观：多年生草本，水生，高8~60 cm，稀高达150 cm。**根茎：**茎直立，多节，常带紫红色，下部有时分枝，有匍匐肉质根茎，节上生须根；沉水中的根茎粗大，圆柱形。**叶：**轮生，狭长圆形、条形至线状披针形，全缘，无柄。**花：**两性，稀单性，无梗，单生叶腋；萼与子房大部分合生，呈卵状椭圆形，常带紫色；无花瓣；雄蕊1枚，生于子房上略偏一侧，花药红色；子房椭圆形，花柱1枚。**果实：**小坚果状，卵状椭圆形。

花期 / 4—9月　果期 / 5—10月　生境 / 池沼、湖泊、溪流、江河浅水外　分布 / 西藏南部及西南部、云南西北部、四川、青海、甘肃　海拔 / 1 000~5 000 m

小二仙草科 狐尾藻属

1 穗状狐尾藻

Myriophyllum spicatum

别名：泥茜、聚藻

外观： 多年生沉水草本。**根茎：** 根状茎发达，在水底泥中蔓延，节部生根；茎圆柱形，长1~2.5 m，分枝极多。**叶：** 轮生，常5枚，稀3~6片，长3.5 cm，丝状全细裂，裂片细线形；叶柄极短或无柄。**花：** 两性、单性或杂性，雌雄同株，单生于苞片状叶腋内，常4朵花，轮生，由多数花排成穗状花序，顶生或腋生，长6~10 cm，挺立于水面上；上部为雄花，下部为雌花，中部有时为两性花；雄花萼筒广钟状，4深裂，花瓣4枚，阔匙形，凹陷，粉红色，雄蕊8枚，花药淡黄色；雌花萼筒管状，4深裂，无花瓣，花柱4枚，柱头羽毛状。**果实：** 分果，广卵形或卵状椭圆形，具4纵深沟。

花期 / 4—9月　果期 / 5—10月　生境 / 沼泽、池塘、溪流、河流浅水处　分布 / 西藏南部、云南大部、四川、青海、甘肃　海拔 / 1 000~5 200 m

1

1

水马齿科 水马齿属

2 水马齿

Callitriche palustris

别名：春水马齿、沼生水马齿

外观： 一年生草本，高10~40 cm；植株水生者，生于水下，顶端莲座状叶浮于水面，陆生者直立或斜生。**根茎：** 茎纤细，多分枝。**叶：** 在茎顶常密集呈莲座状，倒卵形或倒卵状匙形，长4~6 mm，宽约3 mm；茎生叶互生，匙形或线形，长6~12 mm，宽2~5 mm，无柄。**花：** 单性，同株，单生叶腋，为两个小苞片所托；雄花具1枚雄蕊；雌花子房倒卵形，花柱2枚。**果实：** 果倒卵状椭

2

2

圆形，仅上部边缘具翅，基部具短柄。

花期 / 4—7月　果期 / 6—9月　生境 / 沼泽、溪流静水中、湿地　分布 / 西藏东南部、云南北部及西北部、四川、青海　海拔 / 1 000~3 800 m

瑞香科 瑞香属

3 橙黄瑞香

Daphne aurantiaca

别名：云南瑞香、黄花瑞香、橙花瑞香

外观：矮小灌木，多分枝。**根茎：**枝短，幼时红褐色或褐色，无毛，顶端常被淡白色粉，老时棕褐色或褐色。**叶：**小，对生或近于对生，常密集簇生于枝顶，边缘反卷，两面无毛，通常具白粉，中脉在上面凹下，下面隆起，侧脉不明显。**花：**橙黄色，芳香，2~5朵簇生于枝顶或部分腋生；叶状苞片长卵形或卵状披针形，顶端渐尖，上面淡白色，无毛，有时微具白色柔毛；花梗短；花萼筒漏斗状圆筒形，裂片4枚；雄蕊8枚，2轮，下轮着生于花萼筒的中部，上轮着生于花萼筒的喉部稍下面；花盘通常一侧发达，近方形，常深裂为2鳞片状；子房无毛，长卵状椭圆形，花柱柱头头状。**果实：**球形。

花期 / 5—6月　果期 / 8月　生境 / 石灰岩杂木林中或灌丛中　分布 / 云南西北部、四川西南部　海拔 / 2 600~3 500 m

4 长瓣瑞香

Daphne longilobata

别名：山地瑞香

外观：常绿灌木，高约1 m。**根茎：**枝纤细，不规则分枝，幼枝淡褐色，具灰黄色短柔毛，圆柱形，老枝紫褐色，无毛，微具纵棱。**叶：**互生，纸质，边缘全缘，微反卷或不反卷，两面无毛，中脉在上面凹下，下面隆起，侧脉6~9对，不规则开展，两面稍明显或不甚明显；叶柄短或几无，无毛。**花：**白色至淡黄色，3~5朵花簇生为头状花序，顶生或侧生；无苞片；花序梗具淡黄色柔毛，花梗有短柔毛；花萼筒圆筒状，外面被淡黄色短柔毛，裂片4枚，披针形，顶端长渐尖，外面几无毛或微被淡黄白色短柔毛；雄蕊8枚，2轮，下轮着生于花萼筒的中部以下，上轮着生于花萼筒中部至喉部之间，花丝短，花药金黄色，长圆形；花盘盘状，边缘浅波状，无毛；子房卵球形，淡绿色，无毛，花柱短，柱头头状，上面具淡黄色毛状突起。**果实：**幼时绿色或褐绿色，成熟时红色，卵圆形。

花期 / 6—7月　果期 / 11—12月　生境 / 密林中或灌丛中　分布 / 西藏东部、云南西北部、四川西南部　海拔 / 1 600~3 500 m

瑞香科 瑞香属

1 唐古特瑞香

Daphne tangutica

别名：甘肃瑞香、陕甘瑞香、甘青瑞香

外观：常绿灌木，不规则多分枝。**根茎：**枝肉质，较粗壮，幼枝灰黄色，分枝短，较密，几无毛或散生黄褐色粗柔毛，老枝淡灰色或灰黄色，微具光泽，叶迹较小。**叶：**互生，革质；边缘全缘，反卷；叶柄短或几无叶柄，无毛。**花：**外面紫色或紫红色，内面白色，头状花序生于小枝顶端；苞片早落，卵形或卵状披针形，顶端钝尖，具1束白色柔毛，边缘具白色丝状纤毛；花序梗有黄色细柔毛，花梗极短或几无花梗，具淡黄色柔毛；花萼筒圆筒形，具显著的纵棱，裂片4枚，卵形或卵状椭圆形，开展，先端钝形，脉纹显著；雄蕊8枚，2轮，花药橙黄色；花盘环状，小，边缘为不规则浅裂；子房长圆状倒卵形，无毛，花柱粗短。**果实：**卵形或近球形，成熟时红色。

花 / 4—6月　果期 / 5—7月　生境 / 润湿林中或林缘　分布 / 西藏、云南、四川、青海、甘肃　海拔 / 1 000~3 800 m

1

1

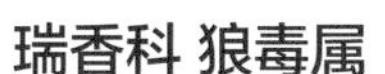

瑞香科 狼毒属

2 狼毒

Stellera chamaejasme

别名：断肠草、拔萝卜、馒头花、瑞香狼毒

外观：多年生草本，高20~50 cm。**根茎：**根茎木质，粗壮，圆柱形，不分枝，表面棕色，里面淡黄色；茎直立丛生；不分枝。**叶：**散生，稀对生或近轮生，薄纸质，披针形或长圆状披针形；上表面绿色，下表面淡绿色至灰绿色。**花：**多花的头状花序；具绿色叶状总苞；花白色、黄色或紫红色；具芳香；无花梗；雄蕊10枚，2轮；花柱短，柱头头状，顶端微被黄色柔毛。**果实：**圆锥形，上部或顶部有灰白色柔毛，被宿存花萼筒包围。

花期 / 5—6月　果期 / 7—9月　生境 / 干燥向阳的高山草坡、河滩台地　分布 / 西藏、云南、四川、青海、甘肃　海拔 / 2 600~4 200 m

2

2

2

2

2

2

瑞香科 荛花属

1 一把香

Wikstroemia dolichantha

别名：长花荛花、土箭七

外观： 灌木，高0.5~1 m。**根茎：** 老枝渐变为紫红色，幼枝被灰色绢状毛；多分枝。**叶：** 互生，纸质，长圆形至倒披针状长圆形，长1.5~3 cm，宽0.4~1 cm，略被毛；叶柄极短。**花：** 穗状花序组成纤弱的圆锥花序；花序梗被绢状疏柔毛，近无梗花；花黄色，花萼窄圆柱形，外面被绢状柔毛，长10~11 mm，顶端5裂，裂片长圆形，外面被绢状柔毛；无花瓣；雄蕊10枚，上列5枚着生于花萼筒喉部，下列5枚着生于花萼筒中部以上。**果实：** 核果，长纺锤形，为残存花萼所包被。

花期 / 6—9月　果期 / 8—10月　生境 / 山坡草地、路旁干燥地　分布 / 云南中西部、四川西南部　海拔 / 1 300~2 300 m

1

1

2 革叶荛花

Wikstroemia scytophylla

别名：小构树

外观： 灌木，高0.5~3 m。**根茎：** 小枝无毛。当年生枝条近四棱形。**叶：** 枝上部叶常对生，革质，无毛，倒披针形至长圆形，长2~4 cm，宽0.3~1.2 cm，先端具短尖，基部楔形至宽楔形，上面绿色，下面白绿色，侧脉在上面较明显；叶柄长约1 mm，无毛。**花：** 总状花序单生、顶生或腋生，花序梗长2~4 cm，花序轴在花时延长；花梗短，长约1 mm，无毛，具关节，开花时花梗常向下弯；花黄色；花萼筒长约1 cm，裂片5枚，长圆形，先端钝，边缘波状，长约1毫米；雄蕊10枚，排成2列，上列5枚着生于花萼筒喉部，下列5枚着生于花萼筒中部以上，花药长圆形，约长1 mm，花丝短；子房纺锤形，疏被绢状柔毛，花柱短，柱头头状。**果实：** 小，圆柱形，基部狭窄，外面被宿存花萼包裹。

花期/7—9月 果期/9—12月 生境/干燥的山坡灌丛　分布/云南、四川、西藏 海拔/1 900~3 200 m

2

2

紫茉莉科 粘腺果属

3 澜沧粘腺果

Commicarpus lantsangensis

外观： 半灌木。**根茎：** 枝圆柱形，带白色，皮纵裂，被腺毛，有浅褐色或黑色点。**叶：** 叶片稍肉质，三角状宽卵形，顶端急尖，基部楔形，全缘，叶脉显，下面带灰白色，几无毛，稀沿脉有腺毛。**花：** 伞形花序顶生或腋生，常具4~6朵花，稀单个腋生；花序梗劲直，带紫色；花梗劲直；花被紫红色，在子房之上缢缩，下部管状，包着子房，上部

3

漏斗状，顶端5裂，裂片三角形，有针状结晶；雄蕊3枚，伸出，花药圆形，花丝线形，基部宽，合生；子房纺锤形，花柱细长，伸出，柱头盾状。**果实：**棍棒状，顶端平截，具10条纵棱，棱上有瘤状腺体，果熟时下垂。

花期 / 6月　果期 / 8月　生境 / 干热河谷、路旁石缝中　分布 / 西藏（芒康）、云南（德钦）、四川（得荣）　海拔 / 2 300~3 000 m

紫茉莉科 山紫茉莉属

4 中华山紫茉莉

Oxybaphus himalaicus var. *chinensis*

(syn. *Oxybaphus himalaicus*)

别名：喜马拉雅紫茉莉、山紫茉莉

外观：一年生草本。**根茎：**茎斜升或平卧，圆柱形，多分枝，长50~180 cm，具腺毛至近无毛。**叶：**叶片卵形，长2~6 cm，宽1~5 cm，顶端渐尖或急尖，基部圆形或心形，下面被毛，边缘具毛或不明显小齿；叶柄长1~2 cm。**花：**生于枝顶或叶腋；花梗长2~2.5 cm，密被粘腺毛；总苞钟状，具5个三角形齿，外面密被粘腺毛；花被紫红色或粉红色，顶端5裂；雄蕊5枚，与花被近等长，花丝线形，拳卷，内弯；花柱线形，与花被等长或稍长，柱头膨大，多裂。**果实：**椭圆体状或卵球形，黑色。

花期 / 8—10月　果期 / 8—10月　生境 / 干暖河谷的灌丛草地、河边大石缝中及石墙上　分布 / 西藏、云南西北部、四川北部、甘肃西南部　海拔 / 1 000~3 400 m

马桑科 马桑属

1 马桑

Coriaria nepalensis

别名：千年红、马鞍子、闹鱼儿

外观：灌木，高1.5~2.5 m。**根茎：**分枝水平开展，小枝四棱形或成四狭翅，常带紫色。**叶：**对生，纸质至薄革质，全缘，基出3脉，弧形伸端，在叶面微凹，叶背突起；叶短柄，疏被毛，紫色，基部具垫状突起物。**花：**花序生于二年生的枝条上，雄花序先叶开放，多花密集，序轴被腺柔毛；苞片和小苞片卵圆形，膜质，半透明；萼片卵形，边缘半透明，上部具流苏状细齿；花瓣极小，卵形；雄蕊10枚，花丝线形，不育雌蕊存在；雌花序与叶同出，序轴被腺状微柔毛；苞片稍大，带紫色；花瓣肉质，较小，龙骨状；雄蕊较短，心皮5枚。**果实：**球形，果期花瓣肉质增大包于果外，成熟时由红色变紫黑色。

花期／2—5月　果期／5—8月　生境／山坡灌丛　分布／西藏、云南、四川、甘肃　海拔／1 000~3 200 m

1

柽柳科 水柏枝属

2 宽苞水柏枝

Myricaria bracteata

别名：河柏、水柽柳、臭红柳

外观：灌木，多分枝。**根茎：**老枝灰褐色或紫褐色，多年生枝红棕色或黄绿色，有光泽和条纹。**叶：**密生于当年生绿色小枝上，卵形至狭长圆形，先端钝或锐尖，基部略扩展或不扩展，常具狭膜质的边。**花：**总状花序顶生于当年生枝条上，密集呈穗状；苞片通常宽卵形或椭圆形，边缘为膜质，后膜质边

2

2

缘脱落，露出中脉而呈凸尖头或尾状长尖，伸展或向外反卷，基部狭缩，具宽膜质的啮齿状边缘，中脉粗厚；易脱落，基部残留于花序轴上常呈龙骨状脊；萼片具宽膜质边；花瓣倒卵形或倒卵状长圆形，粉红色、淡红色或淡紫色，果时宿存；雄蕊略短于花瓣，花丝1/2或2/3部分合生；子房圆锥形，柱头头状。**果实：**蒴果，狭圆锥形；种子狭长圆形或狭倒卵形，顶端芒柱一半以上被白色长柔毛。

花期／6—7月　果期／8—9月　生境／河谷砂砾质河滩、湖边沙地、砂砾质戈壁上　分布／西藏、青海、甘肃西北部　海拔／1 100~3 300 m

3 卧生水柏枝

Myricaria rosea

外观：灌木，仰卧，高10~100 cm，多分枝。**根茎：**老枝平卧，红褐色或紫褐色，具条纹，幼枝直立或斜升，淡绿色。**叶：**叶片披针形、线状披针形或卵状披针形，呈镰刀状弯曲，长5~8 mm，宽1~2 mm；叶腋常生绿色小枝，小枝上的叶较小。**花：**总状花序，顶生，密集近穗状；花序枝常高出叶枝，黄绿色或淡紫红色，疏生叶状苞片；萼片5枚，线状披针形或卵状披针形，稍短于花瓣；花瓣5枚，粉红色或紫红色，狭倒卵形或长椭圆形；雄蕊10枚；柱头3浅裂。**果实：**蒴果，狭圆锥形，三瓣裂。

花期／5—7月　果期／7—8月　生境／砾石质山坡、河滩草地、河谷、冰川冲积地　分布／西藏南部及东南部、云南西北部　海拔／2 600~4 600 m

山茶科 山茶属

1 滇山茶

Camellia reticulata

别名：云南山茶、云南野山茶

外观：灌木至小乔木，有时高达15 m。**根茎：**嫩枝无毛。**叶：**叶片阔椭圆形，长8~11 cm，宽4~5.5 cm，侧脉6~7对，在下面突起，边缘有细锯齿，叶柄长8~13 mm，无毛。**花：**顶生，红色，直径10 cm，无柄；苞片及萼片10~11片，组成长2.5 cm的杯状苞被，最下1~2片半圆形，短小，其余圆形，长1.5~2 cm，背面多黄白色绢毛；花瓣红色，6~7片，最外1片近似萼片，倒卵圆形，长2.5 cm，背有黄绢毛，其余各片倒卵圆形，长5~5.5 cm，宽3~4 cm，先端圆或微凹入，基部相连生约1.5 cm，无毛；雄蕊长约3.5 cm，外轮花丝基部1.5~2 cm连结成花丝管，游离花丝无毛；子房有黄白色长毛，花柱长3~3.5 cm，无毛或基部有白色。**果实：**蒴果，扁球形，3爿裂开，果爿厚7 mm，种子卵球形，长约1.5 cm。

花期 / 12月—翌年3月　果期 / 2~4月　生境 / 中山林中　分布 / 云南　海拔 / 1 500~2 800 m

使君子科 诃子属

2 错枝榄仁

Terminalia franchetii var. *intricata*

(syn. *Terminalia intricata*)

外观：灌木，高0.6~5 m。**根茎：**茎皮红棕色；分枝多弯曲，枝黑褐色或褐色，老时具纵条纹，当年生枝被疏柔毛。**叶：**较小，互生，纸质，密被白色瘤点，倒卵形或卵形，两端钝圆，全缘，无毛，但密被乳突，在两面均明显，叶基常具2腺体；叶柄纤细，长4~9 mm，上面稍有沟。**花：**穗状花序短小，紧密，单生枝顶或腋生，基部的花有柄及叶状苞片，上部的花无柄；萼管高脚碟状，外面密被黄色柔毛，内面被长柔毛，先端5齿裂；雄蕊10枚，花丝无毛，伸出萼管外；花柱短于雄蕊。**果实：**果小，长7~10 mm，连翅宽4~7 mm，红褐色，被毛，具相等的三翅。

花期 / 5—6月　果期 / 7月　生境 / 干暖河谷　分布 / 西藏东南部、云南西北部、四川西南部　海拔 / 1 900~3 400 m

藤黄科 金丝桃属

3 多蕊金丝桃

Hypericum choisyanum

外观：灌木，高1~2 m，丛状。**根茎：**茎红色至橙色，幼时具4纵线棱，两侧压扁，后渐呈圆柱形。**叶：**叶片三角状披针形至卵形，长2.5~8.8 cm，宽1~4.2 cm，具条纹状及点

状的腺体；叶柄长2~4 mm。**花：**花序近伞房状，具1~7朵花，自茎顶端的第1节生出；苞片叶状，狭椭圆形；萼片5枚，离生，椭圆形，具腺体；花瓣5枚，深金黄色，宽倒卵形至倒卵状圆形，长为萼片的1.7~2.2倍，无腺体；雄蕊5束，每束有雄蕊60~80枚，花药金黄色。**果实：**蒴果，卵状圆锥形至近圆球形。

花期／4—8月　果期／9月　生境／山坡、山谷、林缘、灌丛　分布／西藏南部、云南西部　海拔／1 600~4 800 m

4 纤茎金丝桃

Hypericum filicaule

外观：纤细柔弱多年生草本。**根茎：**茎高5~12 cm，柔弱，圆柱形或具不明显的2纵线棱，不分枝或上部2~3节具小分枝，基部匍地而生根。**叶：**叶片宽椭圆形，茎下部的细小，呈鳞片状，向上渐增大。先端钝形或圆形，基部较宽，全缘，坚纸质，上面绿色，下面淡绿色，边缘密生有黑色腺点，全面散生透明或间有黑色腺点。**花：**单一顶生，开放时直径0.6~0.8 cm；花梗纤细，长0.5~1.5 cm。萼片4枚，长圆形，外方2枚较大，长4~5 mm，宽约1.5 mm。花瓣黄色，4枚，披针状长圆形，长3~4 mm，宽1~1.5 mm，花后常不脱落。雄蕊少数，10余枚，呈3束。子房卵形，棕褐色；花柱3枚，自基部离生。**果实：**蒴果，卵珠形，长达8 mm，宽5~6 mm，棕褐色，成熟后先端3裂，有宿存的花柱。

花期／8月　果期／9—10月　生境／山坡岩隙中或草坡　分布／西藏东南部、云南西北部　海拔／3 000~3 900 m

5 西藏金丝桃

Hypericum himalaicum

别名：西藏遍地金

外观：多年生草本，高5~30 cm。**根茎：**茎匍匐生根，直立或上升，多分枝，圆柱形或有时具2~4条纵线棱。**叶：**叶片卵形、长圆形或椭圆形，长0.4~2 cm，宽0.2~1 cm，基部心形、圆形或截形，全缘，坚纸质，边缘有黑色腺点，全面散布不明显淡色腺点；无柄或具短柄。**花：**花序聚伞状，具1~12朵花，顶生，常连同腋生小花枝组成伞房状花序；苞片线状披针形，基部耳形，边缘有黑色腺毛或全缘；萼片5枚，卵状或线状披针形，边缘有黑色腺毛或全缘；花瓣5枚，黄色，长圆状倒披针形，有时具黑色腺纹；雄蕊5束，略短于花瓣，每束有雄蕊12~26枚。**果实：**蒴果，椭圆形。

花期／7—8月　果期／9月　生境／山坡、林缘、灌丛　分布／西藏南部　海拔／2 500~3 300 m

藤黄科 金丝桃属

1 单花遍地金

Hypericum monanthemum

别名：单花金丝桃、长瓣金丝桃

外观：多年生草本，高10~40 cm。**根茎：**根茎短；茎单一，直立或基部膝曲状直立，红褐色。**叶：**对生，基部近心状楔形或圆形，骤狭成极短柄，全缘，近坚纸质，边缘有黑色腺点，全面散布透明或黑色腺点。**花：**花序二岐聚伞状，顶生，通常3~7朵花，但常退化为仅有1朵花；苞片和小苞片狭卵形或披针形，边缘有流苏状具柄的腺齿；萼片4~5枚，边缘有具柄的黑腺体；花瓣4~5枚，金黄色，狭卵形，通常长约为萼片的2倍，无腺点或上部边缘有黑色腺点；雄蕊3束，每束有雄蕊13~15枚；花柱3枚。**果实：**蒴果，卵球形，成熟时红褐色，有腺条纹。

花期 / 7—8月　果期 / 9—10月　生境 / 山坡草地、灌丛、林下、水边　分布 / 西藏东南部、云南北部、西部及西北部、四川西部　海拔 / 2 700~4 300 m

2 突脉金丝桃

Hypericum przewalskii

别名：老君茶、大花金丝桃、大叶刘寄奴

外观：多年生草本，全体无毛。**根茎：**茎多数，圆柱形，具多数叶，不分枝或有时在上部具腋生小枝。**叶：**无柄，基部心形而抱茎，全缘，坚纸质，散布淡色腺点，侧脉约4对，与中脉在上面凹陷，下面凸起。**花：**花序顶生，为了花的聚伞花序，有时连同侧生小花枝组成伞房花序或为圆锥状；花开展；花蕾长卵珠形，先端锐尖；花梗伸长；萼片直伸，长圆形，不等大，边缘全缘但常呈波状，无腺点，果时萼片增大；花瓣5枚，长圆形，稍弯曲；雄蕊5束，每束有雄蕊约15枚，与花瓣等长或略超出花瓣，花药近球形，无腺点；子房卵珠形，5室，光滑；花柱5枚，自中部以上分离。**果实：**蒴果，卵珠形，散布有纵线纹，成熟后先端5裂。

花期 / 6—7月　果期 / 8—9月　生境 / 山坡及河边灌丛　分布 / 四川、青海、甘肃　海拔 / 2 750~3 400 m

锦葵科 锦葵属

3 圆叶锦葵

Malva pusilla

(syn. *Malva rotundifolia*)

别名：野锦葵、托盘果、烧饼花

外观：多年生草本。**根茎：**分枝多而常匍生，被粗毛。**叶：**叶片肾形，基部心形，边缘具细圆齿，偶为5~7浅裂，上面疏被长柔毛，下面疏被星状柔毛；叶柄长3~12 cm，

被星状长柔毛；托叶小，卵状渐尖。**花：**通常3~4朵花簇生于叶腋，偶有单生于茎基部的，花梗不等长，长2~5 cm，疏被星状柔毛；小苞片3枚，披针形，被星状柔毛；萼钟形，被星状柔毛，裂片5枚，三角状渐尖头；花白色至浅粉红色，长10~12 mm，花瓣5枚，倒心形；雄蕊柱被短柔毛；花柱分枝13~15枚。**果实：**果扁，圆形，分果爿13~15枚，被短柔毛。

花期／6—9月　果期／7—10月　生境／山坡路旁、草坡及开阔地　分布／西藏、云南、四川　海拔／1 500~4 000 m

大戟科 铁苋菜属

4 裂苞铁苋菜

Acalypha supera

(syn. *Acalypha brachystachya*)

别名：短穗铁苋菜

外观：一年生草本，被短柔毛和散生的毛。**根茎：**茎直立。**叶：**叶片膜质，基部浅心形，有时楔形，上半部边缘具圆锯齿；叶柄细长，长2.5~6 cm，具短柔毛；托叶披针形。**花：**雌雄花同序，花序1~3个腋生；雌花苞片3~5枚，掌状深裂，苞腋具1朵雌花；雄花密生于花序上部，呈头状或短穗状，苞片卵形；雄花花萼疏生短柔毛，雄蕊7~8枚；雌花萼片3枚，近长圆形，具缘毛，花柱3枚，撕裂3~5条；花序顶端有时具1朵异形雌花，萼片4枚，花柱1枚。**果实：**蒴果，具3个分果爿。

花期／5—12月　果期／5—12月　生境／山坡、湿润草地、溪畔、林间　分布／云南中西部、四川、甘肃南部　海拔／1 000~1 900 m

大戟科 大戟属

5 青藏大戟

Euphorbia altotibetica

外观：多年生草本，全株光滑无毛。**根茎：**根粗线状，单一不分枝；茎直立，上部二歧分枝。**叶：**互生，常呈长方形，先端浅波状或具齿，基部近平截或略呈浅凹；侧脉不明显；近无柄；总苞叶3~5枚，近卵形；伞幅3~5条；苞叶2枚，同总苞叶，但较小。**花：**花序单生，阔钟状，边缘5裂，裂片长圆形，先端2裂或近浅波状，不明显；腺体5枚，横肾形，暗褐色；雄花多枚，明显伸出总苞外；雌花1枚，子房柄较长，明显伸出总苞外；子房光滑；花柱3枚，分离；柱头不分裂。**果实：**蒴果，卵球状；成熟时分裂为3个分果爿；花柱宿存。

花期／5—7月　果期／5—7月　生境／山坡、草丛及湖边　分布／西藏、青海、甘肃　海拔／2 800~3 900 m

大戟科 大戟属

1 地锦

Euphorbia humifusa

别名：地锦草、铺地锦、斑鸠窝

外观：一年生草本，匍匐，高1~5 cm。**根茎：**茎自基部以上多分枝，匍匐，偶而先端斜向上伸展，基部常红色或淡红色，长达20 cm，被柔毛。**叶：**对生，矩圆形或椭圆形，长5~10 mm，宽3~6 mm，基部偏斜，边缘常于中部以上具细锯齿；两面有时带淡红色，被疏柔毛；叶柄极短。**花：**花序单生于叶腋，基部具1~3 mm短柄；总苞陀螺状，边缘4裂；腺体4枚，矩圆形，边缘具白色或淡红色附属物；雄花数枚，与总苞边缘近等长；雌花1枚，子房柄伸出至总苞边缘；花柱3枚；柱头2裂。**果实：**蒴果，三棱状卵球形，成熟时分裂为3个分果爿，花柱宿存。

花期／5—10月 果期／5—10月 生境／荒地、路旁、田间、沙丘、山坡 分布／西藏南部及东部、云南中北部及西北部、四川、青海、甘肃 海拔／1 000~3 800 m

1

2

2 大狼毒

Euphorbia jolkinii

别名：岩大戟、毛狼毒大戟

外观：多年生草本。**根茎：**根圆柱状；茎自基部多分枝或不分枝，每个分枝上部再数个分枝，无毛或被少许柔毛。**叶：**互生；主脉明显，且于叶背隆起，侧脉羽状且不明显；全缘；总苞叶5~7枚；伞幅5~7条；苞叶2枚，卵圆形或近圆形，先端圆，基部近平截。**花：**花序单生于二歧分枝顶端，基部无柄；总苞杯状，边缘4裂，裂片卵状三角状，内侧密被白色柔毛；腺体4枚，肾状半圆形，淡褐色；雄花多数，明显伸出总苞之外；雌花1枚，子房柄伸出总苞之外；子房密被长瘤；花柱3枚，中部以下合生；柱头微2裂。**果实：**蒴果，球状，密被长瘤或被长瘤，瘤先端尖，基部常压扁；花柱宿存，易脱落；成熟时分裂为3个分果爿。

花期／3—7月 果期／3—7月 生境／草地、山坡、灌丛和疏林内 分布／云南西北部、四川西南部 海拔／1 000~3 300 m

2

3 甘青大戟

Euphorbia micractina

别名：疣果大戟

外观：多年生草本。**根茎：**根圆柱状；茎自基部3~4分枝，每个分枝向上不再分枝。**叶：**互生，形态变异较大，全缘；总苞叶5~8枚，与茎生叶同形；伞幅5~8条；苞叶常3枚，卵圆形，先端圆，基部渐狭。**花：**花序单生于二歧分枝顶端，基部近无柄；总苞杯

3

状，边缘4裂，裂片三角形或近舌状三角形；腺体4枚，半圆形，淡黄褐色；雄花多枚；雌花1枚；子房被稀疏的刺状或瘤状突起，变异幅度较大；花柱3枚，基部合生；柱头微2裂。**果实：**蒴果，球状，果脊上被稀疏的刺状或瘤状突起；花柱宿存。

花期 / 6—7月　果期 / 6—7月　生境 / 山坡、草甸、林缘及砂石砾地区　分布 / 西藏、四川、青海、甘肃　海拔 / 1 500~2 700 m

4 高山大戟

Euphorbia stracheyi

别名：藏西大戟、柴胡状大戟

外观：多年生草本，植株高度随海拔变化甚大。**根茎：**根状茎细长，末端具块根；茎自基部多分枝并于上部多分枝。**叶：**互生，边缘全缘；总苞叶5~8枚，长卵形至椭圆形；伞幅5~8条；次级总苞叶与总苞叶相同；苞叶2枚。**花：**花序单生于二歧分枝顶端，无柄；总苞钟状，外部常具褐色短毛；边缘4裂，裂片舌状，先端具不规则的细齿，内侧具柔毛或无；腺体4枚，肾状圆形，淡褐色，背部具短柔毛；雄花多枚，常不伸出总苞外；雌花1枚，子房柄微伸出总苞外；子房光滑，幼时被少许柔毛，老时光滑；花柱3枚，近合生或分离；柱头不裂。**果实：**蒴果，卵圆状，无毛。

花期 / 5—8月　果期 / 5—8月　生境 / 高山草甸、灌丛、林缘或杂木林下　分布 / 西藏、云南西北部、四川西部、青海南部、甘肃南部　海拔 / 1 000~4 900 m

5 大果大戟

Euphorbia wallichii

别名：长虫山大戟、云南大戟

外观：多年生草本，高40~100 cm。**根茎：**根圆柱状；茎单一或数个丛生，上部多分枝。**叶：**互生，椭圆形、长椭圆形或卵状披针形，长5~10 cm，宽1.2~2.9 cm，全缘；几无柄或具极短的柄。**花：**总苞叶常5枚，稀3~7枚，卵形、卵状椭圆形或长圆形，长4~6 cm，宽2~3.5 cm，无柄；伞幅5条；次级总苞叶常3枚，卵形至阔卵形；次级伞幅常3条；苞叶2枚；花序单生于二歧分枝的顶端；总苞阔钟状，外部被褐色短柔毛，边缘4裂，内侧密被白色柔毛；腺体4枚，肾状圆形，淡褐色至黄褐色；雄花多数，明显伸出总苞之外；雌花1枚，花柱3枚，分离，柱头2裂。**果实：**蒴果，球状，成熟时分裂为3个分果爿。

花期 / 5—8月　果期 / 6—9月　生境 / 高山草甸、山坡、林缘　分布 / 西藏南部及东南部、云南中部及西北部、四川、青海南部　海拔 / 1 800~4 700 m

绣球科 溲疏属

1 密序溲疏

Deutzia compacta

外观：灌木，高2~3 m。**根茎：**老枝褐色，无毛，花枝褐色或红褐色，被星状毛。**叶：**纸质，卵状披针形或长圆状披针形，先端急尖或渐尖，边缘具细锯齿，上面疏被辐线星状毛，下面密被辐线星状毛。**花：**伞房花序顶生，花序轴被有具疣状体的星状毛；花蕾近球形；花冠直径1~1.5 cm；花梗长3~10 mm；花瓣粉红色，先端圆形；外轮雄蕊4~5 mm，花丝先端2尖齿，花药球形，内轮雄蕊长3~4 mm，花丝先端2浅裂；花柱3枚，比雄蕊稍短。**果实：**蒴果，近球形。

花期 / 5—6月　果期 / 6—7月　生境 / 林缘、山坡、路旁　分布 / 西藏（山南、林芝）、云南西北部　海拔 / 2 900~4 200 m

1

绣球科 绣球属

2 微绒绣球

Hydrangea heteromalla

别名：白绒绣球、毛叶绣球、密毛绣球

外观：灌木至小乔木，高3~5 m或更高。**根茎：**小枝红褐色或淡褐色，初时被柔毛，后渐变近无毛，具少数椭圆形浅色皮孔。**叶：**纸质，椭圆形至长卵形，边缘有密集小锯齿，上面被小糙伏毛或近无毛，下面密被灰白色微绒毛；叶柄长2~4 cm，淡紫红色或红褐色。**花：**伞房状聚伞花序具总花梗，直径约15 cm，分枝3条；苞片和小苞片披针形；不育花萼片通常4枚，白色或浅黄色，全缘；可育花萼筒钟状，萼齿三角形；花瓣淡黄色，长卵形，长1.8~2 mm；雄蕊不等长，较短的约等长于花瓣；子房半下位或超过一半下位，花柱3枚或4枚。**果实：**蒴果，卵球形或近球形，顶端突出部分圆锥形。

花期 / 6—7月　果期 / 9—10月　生境 / 山坡杂木林、山腰或近山顶灌丛　分布 / 西藏南部和东南部、云南西北部和东北部、四川西南部和西部　海拔 / 2 400~3 400 m

2

3 圆锥绣球

Hydrangea paniculata

别名：糊溲疏、水亚木、轮叶绣球

外观：灌木或小乔木，高1~5 m。**根茎：**枝暗红褐色或灰褐色，初时被疏柔毛，后变无毛。**叶：**2~3枚对生或轮生，卵形或椭圆形，纸质，长5~14 cm，宽2~6.5 cm，边缘有密集稍内弯的小锯齿，上面无毛或有稀疏糙伏毛，下面于叶脉和侧脉上被紧贴长柔毛；叶柄长1~3 cm。**花：**圆锥状聚伞花序，序轴及分枝密被短柔毛；不育花较多，萼片4枚，白色，不等大，先端圆或微凹，全缘；

3

3

4

孕性花萼筒陀螺状，萼齿短三角形，花瓣白色，卵形或卵状披针形；雄蕊不等长；花柱3枚。**果实：**蒴果，椭圆形。

花期 / 6—8月　果期 / 9—11月　生境 / 山谷、山坡疏林下、灌丛中　分布 / 云南（丽江、大理）、四川、甘肃　海拔 / 1 000~2 500 m

蔷薇科 羽叶花属

4 羽叶花

Acomastylis elata

外观：多年生草本。**根茎：**根粗壮，圆柱形。**叶：**基生叶为间断羽状复叶，宽带形，有小叶9~13对；小叶片半圆形，顶端圆钝，基部宽楔形，大部与叶轴合生，边缘有不规则圆钝锯齿并有睫毛，两面绿色；茎生叶退化呈苞叶状，长圆披针形，深裂；托叶草质，绿色，卵状披针形，全缘。**花：**花茎直立，高20~40 cm，被短柔毛；聚伞花序2~6朵花顶生；花梗被短柔毛；花直径2.8~3.5 cm；萼片卵状三角形，顶端急尖，副萼片细小，比萼片短1倍以上；花瓣黄色，宽倒卵形，顶端微凹，比萼片长约1倍；子房密被硬毛，渐狭至花柱，花柱不扭曲，基部有稀疏柔毛，柱头细小。**果实：**瘦果，长卵形；花柱宿存。

花期 / 6—8月　果期 / 6—8月　生境 / 高山草地　分布 / 西藏、青海东南部　海拔 / 3 500~5 400 m

4

5

蔷薇科 假升麻属

5 假升麻

Aruncus sylvester

别名：棣棠升麻

外观：多年生草本，基部木质化，高达1~3 m。**根茎：**茎圆柱形，无毛，带暗紫色。**叶：**大型羽状复叶，通常二回稀三回，总叶柄无毛；小叶片3~9枚，菱状卵形至长椭圆形，先端渐尖，稀尾尖，基部宽楔形，稀圆形，边缘有不规则的尖锐重锯齿，近无毛或沿叶边具疏生柔毛；不具托叶。**花：**大型穗状圆锥花序，外被柔毛与稀疏星状毛，逐渐脱落，果期较少；苞片线状披针形，微被柔毛；萼筒杯状，微具毛；萼片三角形，先端急尖，全缘，近于无毛；花瓣倒卵形，先端圆钝，白色；雄花具雄蕊20枚，着生在萼筒边缘，花丝比花瓣长约1倍，有退化雌蕊；花盘盘状，边缘有10个圆形突起；雌花心皮3~4枚，稀5~8枚，花柱顶生，微倾斜于背部，雄蕊短于花瓣。**果实：**蓇葖果，无毛，果梗下垂；萼片宿存。

花期 / 6月　果期 / 8—9月　生境 / 山沟、山坡杂木林下　分布 / 西藏、云南、四川、甘肃　海拔 / 1 800~3 500 m

蔷薇科 樱属

1 高盆樱桃

Cerasus cerasoides

外观：乔木，高3~10 m。**根茎：**枝幼时绿色，被短柔毛，不久脱落；老枝灰黑色。**叶：**叶片卵状披针形或长圆披针形，叶边有细锐重锯齿或单锯齿，齿端有小头状腺，侧脉10~15对；叶柄长1.2~2 cm，先端有2~4腺；托叶线形，基部羽裂并有腺齿。**花：**花梗长1~1.5 cm，无毛，花1~3朵，伞形排列；萼筒钟状，常红色；萼片三角形，先端急尖，全缘；花瓣卵圆形，先端圆钝或微凹，淡粉色至白色；雄蕊32~34枚，短于花瓣；花柱与雄蕊等长，无毛，柱头盘状。**果实：**核果，圆卵形，熟时紫黑色。

花期／10—12月　果期／2—4月　生境／沟谷密林　分布／云南、西藏南部　海拔／1 300~2 200 m

2 红毛樱桃

Cerasus rufa

外观：乔木。**根茎：**小枝灰褐色，嫩枝被锈红色绒毛。**叶：**叶片倒卵状椭圆形或倒卵状披针形，边有尖锐重锯齿，上面绿色，伏生疏柔毛或脱落无毛，下面淡绿色，无毛或幼时脉上被锈色疏柔毛。**花：**单生或2朵，花叶同开；总梗长2~8 mm；花梗长1~2.5 cm；萼筒钟状，萼片三角卵形，短于萼筒2~3倍。**果实：**核果，红色。

花期／5月　果期／7—8月　生境／灌木林中或开旷地　分布／西藏南部　海拔／2 500~4 000 m

1

1

2

蔷薇科 无尾果属

3 无尾果

Coluria longifolia

外观：多年生草本。**根茎：**花茎直立，有短柔毛。**叶：**基生叶为间断羽状复叶；叶轴具沟，有长柔毛，小叶片9~20对，无柄；上部小叶片边缘有锐锯齿及黄色长缘毛，下部小叶片全缘或有圆钝锯齿，具缘毛；叶柄基部膜质下延抱茎；托叶卵形，全缘或有1~2锯齿；茎生叶1~4枚，羽裂或3裂。**花：**聚伞花序有2~4朵花，稀1朵花；副萼片长圆形，先端圆钝；萼筒钟形，外面密生短柔毛并有长柔毛；花瓣先端微凹；雄蕊40~60枚，花丝锥形，比花瓣短，基部扩大，宿存；心皮数个，子房无毛，花柱丝状。**果实：**瘦果，长圆形，黑褐色，光滑无毛。

花期 / 6—7月　果期 / 8—10月　生境 / 高山草地　分布 / 西藏、云南、四川、青海、甘肃　海拔 / 2 700~4 100 m

蔷薇科 栒子属

4 灰栒子

Cotoneaster acutifolius

别名：尖叶栒子、黑栒子

外观：落叶灌木，高2~4 m。**根茎：**枝条开张，小枝圆柱形，棕褐色或红褐色，幼时被长柔毛。**叶：**叶片椭圆卵形至长圆卵形，长2.5~5 cm，宽1.2~2 cm，全缘，幼时两面被长柔毛，后渐脱落；叶柄长2~5 mm，具短柔毛。**花：**聚伞花序，总花梗及花梗被长柔毛；苞片线状披针形，微具柔毛；萼筒钟状或短筒状，外面被短柔毛，萼片5枚，三角形，两面具柔毛；花瓣5枚，直立，宽倒卵形或长圆形，白色外带红晕；雄蕊10~15枚，比花瓣短；花柱通常2枚，离生。**果实：**梨果状，椭圆形稀倒卵形，黑色。

花期 / 5—6月　果期 / 9—10月　生境 / 山坡、山沟、林下　分布 / 西藏南部及东部、青海　海拔 / 1 400~3 700 m

5 黄杨叶栒子

Cotoneaster buxifolius

别名：车轮棠

外观：常绿至半常绿矮生灌木。**根茎：**小枝幼时密被白色绒毛。**叶：**叶片椭圆形至椭圆倒卵形，长5~10 mm，先端急尖，下面密被灰白色绒毛。**花：**3~5朵花，少数单生；花瓣平展，白色。**果实：**近球形，红色，常具2小核。

花期 / 4—6月　果期 / 9—10月　生境 / 多石砾坡地、灌木丛　分布 / 四川、云南　海拔 / 1 000~3 300 m

蔷薇科 栒子属

1 钝叶栒子

Cotoneaster hebephyllus

别名：云南栒子、察卓嘎波

外观：落叶灌木，有时成小乔木状。**根茎：**枝条开展，小枝细瘦，暗红褐色。**叶：**叶片稍厚，先端多数圆钝或微凹，具小凸尖，下面有白霜，具长柔毛或绒毛状毛；托叶细小，果期脱落。**花：**5~15朵花呈聚伞花序，总花梗和花梗稍具柔毛；萼片宽三角形，先端急尖，外面无毛；内面无毛或仅先端微具柔毛；花瓣平展，近圆形，先端圆钝，基部有极短爪，内面近基部处疏生细柔毛，白色；雄蕊20枚，稍短于花瓣，花药紫色；花柱2枚，离生，比雄蕊稍短；子房顶部密生柔毛。**果实：**暗红色，常2核连合为一体。

花期 / 5—6月　果期 / 8—9月　生境 / 石山上、丛林中或林缘隙地　分布 / 西藏东南部、云南、四川、甘肃　海拔 / 1 300~3 400 m

1

1

2 小叶栒子

Cotoneaster microphyllus

别名：地锅粑、铺地蜈蚣

外观：矮小常绿灌木。**根茎：**枝条展开，红褐色至黑褐色，幼时有黄色柔毛，渐脱落。**叶：**叶片厚革质，倒卵形，先端圆钝，上面无毛或具疏柔毛，下面具灰白色短柔毛；叶柄长1~2 mm，有短柔毛。**花：**常单生，稀2~3朵花，直径约1 cm；花梗很短；花瓣平展，白色；雄蕊15~20枚；花柱2枚，稍短于雄蕊；子房顶端具短柔毛。**果实：**球形，红色，2核。

花期 / 5—6月　果期 / 8—9月　生境 / 多石山坡、山谷灌丛、林缘　分布 / 西藏南部及东南部、云南、四川　海拔 / 2 500~4 500 m

2

2

3

3 亮叶栒子

Cotoneaster nitidifolius

外观：落叶灌木。**根茎：**枝条开展，小枝灰褐色至红褐色，幼时被黄色柔毛，后变无毛。**叶：**叶片椭圆披针形，长4~8 cm，宽1.5~3 cm，下面具柔毛；叶柄长3~5 mm，具柔毛；托叶披针形，带红色，稀被柔毛。**花：**聚伞花序具3~9朵花，总花梗及花梗被柔毛；苞片线状披针形，带红色，稀被柔毛；萼筒钟状，外面被柔毛，萼片三角形；花瓣近直立，基部具爪，粉红色，先端带白色；雄蕊16~18枚，短于花瓣；花柱通常2枚。**果实：**梨果状，近球形，棕红色。

花期 / 5—6月　果期 / 8—9月　生境 / 林中、林缘　分布 / 云南西部及西北部、四川　海拔 / 1 500~3 200 m

蔷薇科 山楂属

4 中甸山楂

Crataegus chungtienensis

别名：山林果、小山楂

外观：灌木，高达6 m。**根茎：**小枝圆柱形，光亮紫褐色，疏生长圆形浅色皮孔。**叶：**叶片宽卵形，边缘有细锐重锯齿，齿尖有腺，上面近无毛，下面疏生柔毛；叶柄无毛；托叶膜质，边缘有腺齿。**花：**伞房花序，具多花，密集；苞片膜质，线状披针形，边缘有腺齿，无毛，早落；萼筒钟状，外面无毛；萼片三角卵形，比萼筒短约一半，先端钝，全缘；花瓣宽倒卵形，白色；雄蕊20枚，比花瓣稍长；花柱2~3枚，稀1枚，基部无毛。**果实：**椭圆形；萼片宿存，反折。

花期 / 5—6月　果期 / 9月　生境 / 山溪边杂木林或灌木丛中　分布 / 云南西北部　海拔 / 2 500~3 500 m

4

4

蔷薇科 蛇莓属

1 皱果蛇莓

Duchesnea chrysantha

别名：落地杨梅

外观： 矮小多年生草本。**根茎：** 匍匐茎，有柔毛。**叶：** 3出复叶，小叶片菱形、倒卵形或卵形，长1.5~2.5 cm，宽1~2 cm，边缘具锯齿，近基部全缘，下面疏生长柔毛；叶柄长1.5~3 cm，具柔毛。**花：** 单生于叶腋；萼片5枚，卵形或卵状披针形，具缘毛；副萼片5枚，三角状倒卵形，先端有3~5锯齿，外面疏生长柔毛；花瓣5枚，黄色，先端微凹或圆钝；花托半球形。**果实：** 聚合瘦果，瘦果卵形，红色，具多数明显皱纹。

花期 / 5—7月　果期 / 6—9月　生境 / 草地、沟边、潮湿处　分布 / 西藏（林芝、米林）、云南中西部、四川　海拔 / 1 000~3 400 m

1

2 蛇莓

Duchesnea indica

别名：蛇泡草、龙吐珠、三爪风

外观： 矮小多年生草本。**根茎：** 匍匐茎长30~100 cm，有柔毛。**叶：** 3出复叶，小叶片倒卵形至菱状长圆形，长2~3.5 cm，宽1~3 cm，边缘有钝锯齿；叶柄长1~5 cm，有柔毛；托叶窄卵形至宽披针形。**花：** 单生于叶腋；花梗有柔毛；萼片5枚，卵形，外面有散生柔毛；副萼片5，比萼片长，先端常具3~5锯齿；花瓣黄色；雄蕊20~30枚。**果实：** 聚合瘦果，瘦果卵形，生于花托上；花托在果期膨大，鲜红色，外面有长柔毛。

花期 / 6—8月　果期 / 7—10月　生境 / 山坡、河岸、草地、林下　分布 / 西藏东南部、云南大部、四川　海拔 / 1 000~3 100 m

2

2

蔷薇科 蚊子草属

3 锈脉蚊子草

Filipendula vestita

别名：绒毛合叶子

外观： 多年生草本，高70~150 cm。**根茎：** 茎有棱，被锈色短柔毛。**叶：** 基生叶为大头羽状复叶，有小叶3~5对，其间常夹有小附片，叶柄被锈色柔毛，顶生小叶特别大，常3~5裂，边缘有重锯齿或有不明显裂片，下面密被灰白色或淡褐色绒毛，脉上密被锈色柔毛；托叶大，草质，边缘有重锯齿。**花：** 圆锥花序顶生，花梗密被绒毛；萼片卵形，外面被疏柔毛及绒毛；花瓣白色，倒卵形。**果实：** 瘦果，无柄，背腹两边有糙硬毛。

花期 / 5—8月　果期 / 5—8月　生境 / 高山草地及河边　分布 / 云南西北部　海拔 / 3 000~3 200 m

4

4

3

蔷薇科 草莓属

4 西南草莓

Fragaria moupinensis

外观：多年生草本，高5~15 cm。**根茎：**茎被展开的白色绢状柔毛。**叶：**通常5小叶或3小叶，小叶具短柄或无柄；边缘具缺刻状锯齿，上面被疏柔毛，下面被白色绢状柔毛。**花：**花序呈聚伞状，有1~4朵花；花两性，直径1~2 cm；萼片卵状披针形，副萼片披针形或线状披针形；花瓣白色，倒卵形或近圆形，基部具短爪；雄蕊多数，不等长。**果实：**聚合瘦果，椭圆形或卵球形，宿存萼片直立，紧贴于果实；瘦果卵形，表面具少数不明显的脉纹。

花期 / 5—6月　果期 / 6—7月　生境 / 亚高山山坡草地和林下　分布 / 西藏东部至南部、云南、四川、甘肃、陕西　海拔 / 2 550~3 300 m

5 黄毛草莓

Fragaria nilgerrensis

别名：锈毛草莓

外观：多年生草本，粗壮，密集成丛。**根茎：**茎密被黄棕色绢状柔毛，几与叶等长。**叶：**3出复叶，小叶具短柄，质地较厚，下面淡绿色，被黄棕色绢状柔毛，沿叶脉毛长而密；叶柄密被黄棕色绢状柔毛。**花：**聚伞花序1~6朵花，花序下部具1出或3出有柄的小叶；花两性；萼片卵状披针形，比副萼片宽或近相等，副萼片披针形，全缘或2裂，果时增大；花瓣白色，基部有短爪；雄蕊20枚，不等长。**果实：**聚合瘦果，圆形，白色、淡白黄色或红色，宿存萼片直立，紧贴果实。

花期 / 4—7月　果期 / 6—8月　生境 / 山坡草地或沟边林下　分布 / 云南、四川　海拔 / 1 000~3 000 m

5

5

蔷薇科 草莓属

1 西藏草莓

Fragaria nubicola

外观：多年生草本，高4~26 cm。**根茎：**纤匍枝细，花茎被紧贴白色绢状柔毛。**叶：**3小叶，边缘有缺刻状急尖锯齿，上面绿色，伏生疏柔毛，下面淡绿色，脉上被紧贴白色绢状柔毛，脉间较疏；叶柄被白色紧贴绢状柔毛，稀开展。**花：**花序有1朵至数朵，花梗被白色紧贴绢状柔毛，萼片卵状披针形或卵状长圆形，顶端渐尖，副萼片披针形，顶端渐尖，全缘，稀有齿，外面被疏长毛；花瓣倒卵状椭圆形；雄蕊20枚；雌蕊多数。**果实：**聚合瘦果，卵球形，宿存萼片紧贴果实。

花期 / 5—8月　果期 / 5—8月　生境 / 沟边林下、林缘及山坡草地　分布 / 西藏　海拔 / 2 500~3 900 m

1

1

2 东方草莓

Fragaria orientalis

外观：多年生草本。**根茎：**茎被开展柔毛，上部较密，下部有时脱落。**叶：**3出复叶，小叶几无柄，边缘有缺刻状锯齿；叶柄被开展柔毛，有时上部较密。**花：**花序聚伞状，有花1~6朵，基部苞片淡绿色或具一枚有柄的小叶，花梗被开展柔毛；花两性，稀单性；萼片卵圆披针形，顶端尾尖，副萼片线状披针形，偶有2裂；花瓣白色，几圆形，基部具短爪；雄蕊18~22枚，近等长；雌蕊多数。**果实：**聚合瘦果半圆形，成熟后紫红色，宿存萼片开展或微反折；瘦果卵形，表面脉纹明显或仅基部具皱纹。

花期 / 5—7月　果期 / 7—9月　生境 / 山坡草地或林下　分布 / 青海、甘肃　海拔 / 1 000~4 000 m

2

3

蔷薇科 路边青属

3 路边青

Geum aleppicum

别名：水杨梅、兰布政

外观：多年生草本。**根茎：**须根簇生；茎直立，被开展粗硬毛稀几无毛。**叶：**基生叶为大头羽状复叶，通常有小叶2~6对，叶柄被粗硬毛，小叶大小极不相等，顶生小叶最大，边缘常浅裂，有不规则粗大锯齿，两面绿色，疏生粗硬毛；茎生叶羽状复叶，有时重复分裂；茎生叶托叶大，边缘有不规则粗大锯齿。**花：**花序顶生，疏散排列，花梗被短柔毛或微硬毛；花瓣黄色，几圆形，比萼片长；萼片卵状三角形，顶端渐尖，副萼片狭小，披针形，顶端渐尖稀2裂，比萼片短1倍多，外面被短柔毛及长柔毛；花柱顶生，在上部1/4处扭曲，成熟后自扭曲处脱落，脱落部分下部被疏柔毛。**果实：**聚合瘦果，

3

4

倒卵球形，瘦果被长硬毛，花柱宿存部分无毛，顶端有小钩；果托被短硬毛。

花期 / 6—9月　果期 / 7—10月　生境 / 山坡草地、沟边、地边、河滩、林间隙地及林缘　分布 / 西藏、云南、四川、甘肃　海拔 / 1 000~3 500 m

4

蔷薇科 苹果属

4 丽江山荆子

Malus rockii

别名：喜马拉雅山荆子

外观：乔木，枝多下垂。**根茎：**小枝圆柱形，嫩时被长柔毛，逐渐脱落，深褐色，有稀疏皮孔。**叶：**冬芽卵形，先端急尖；叶片椭圆形至长圆卵形，先端渐尖，基部圆形或宽楔形，边缘有不等的紧贴细锯齿，上面中脉稍带柔毛；叶柄有长柔毛；托叶膜质，披针形，早落。**花：**近似伞形花序，具花4~8朵，花梗被柔毛；苞片膜质，披针形，早落；萼筒钟形，密被长柔毛；萼片三角披针形，先端急尖或渐尖，全缘，外面有稀疏柔毛或近无毛，内面密被柔毛，比萼筒稍长或近等长；花瓣倒卵形，白色，基部有短爪；雄蕊25枚，花丝长短不等，长不及花瓣的1/2；花柱4~5枚；基部有长柔毛，柱头扁圆，比雄蕊稍长。**果实：**卵形或近球形，红色，萼片脱落很迟，萼洼微隆起；果梗有长柔毛。

花期 / 5—6月　果期 / 9月　生境 / 山谷杂木林　分布 / 西藏东南部、云南西北部、四川西南部　海拔 / 2 400~3 800 m

5

5

蔷薇科 绣线梅属

5 矮生绣线梅

Neillia gracilis

外观：矮生亚灌木，除基部呈木质外，大部分近似多年生草本；无毛。**根茎：**小枝细弱，弯曲，有棱。**叶：**叶片卵形至三角卵形，稀近肾形，边缘有尖锐重锯齿和不规则3~5浅裂，上下两面微具短柔毛或近无毛；叶柄微被短柔毛；托叶叶质，卵形或三角卵形，先端急尖或圆钝，有锯齿和睫毛。**花：**顶生总状花序，藏于叶下，有花3~7朵；苞片卵形，边缘具睫毛；花梗近于无毛；萼筒钟状，外面微被短柔毛，萼片三角卵形，先端渐尖，全缘，内外两面微被短柔毛；花瓣圆形，先端微缺，并有睫毛，白色或带粉红色；雄蕊15~20枚，较花瓣短，着生在萼筒边缘；子房密被长柔毛，有不显明4裂柱头，具2胚珠。**果实：**蓇葖果，具宿萼，外被短柔毛，内含亮褐色种子2颗。

花期 / 5—7月　果期 / 7—9月　生境 / 高山草地、湿润山坡　分布 / 云南西北部、四川西部　海拔 / 2 800~3 000 m

蔷薇科 小石积属

1 华西小石积

Osteomeles schwerinae

别名：沙糖果

外观：落叶或半常绿灌木。**根茎：**枝条开展密集；小枝细弱，幼时密被灰白色柔毛，逐渐脱落，红褐色或紫褐色，多年生枝条黑褐色。**叶：**奇数羽状复叶，具小叶7~15对，幼时外被绒毛；小叶对生，椭圆形至倒卵状长圆形，全缘，上下两面疏生柔毛，下面较密，小叶柄极短或近于无柄；叶轴上有窄叶翼，叶柄被柔毛；托叶膜质，披针形，有柔毛，早落。**花：**顶生伞房花序，有花3~5朵；总花梗和花梗均密被灰白色柔毛；苞片膜质，线状披针形，被柔毛，早落；萼筒钟状，外面近于无毛或有散生柔毛；萼片卵状披针形，先端急尖，全缘，与萼筒近等长，外面有柔毛；花瓣长圆形，白色；雄蕊20枚，比花瓣稍短；花柱5枚，基部被长柔毛，柱头头状。**果实：**卵形或近球形，蓝黑色，具宿存反折萼片。

花期 / 4—5月　果期 / 7月　生境 / 河谷、山坡灌木丛中或田边路旁向阳干燥地　分布 / 云南、四川、甘肃　海拔 / 1 500~3 000 m

蔷薇科 委陵菜属

2 蕨麻

Potentilla anserina

别名：鹅绒委陵菜、人参果、延寿草

外观：多年生草本，高3~10 cm。**根茎：**根向下延长，有时在下部生有纺锤形或椭圆形块根；茎匍匐，在节处生根，具疏柔毛或几无毛。**叶：**基生叶为间断羽状复叶，小叶6~11对；小叶对生或互生，椭圆形至倒卵形，长1~2.5 cm，宽0.5~1 cm，边缘具尖锐锯齿或呈裂片状，上面具疏柔毛或几无毛，下面密被紧贴银白色绢毛；叶柄具疏柔毛或几无毛；托叶膜质，褐色，和叶柄连成鞘状；茎生叶与基生叶相似，小叶对数较少，上部者托叶草质，多分裂。**花：**单花腋生；花梗长2.5~8 cm，被疏柔毛；萼片5枚，三角状卵形；副萼片5枚，椭圆形或椭圆披针形，2~3裂，稀不裂，与萼片等长或稍短；花瓣5枚，黄色，倒卵形，比萼片长1倍。**果实：**瘦果，生于干燥的花托上。

花期 / 4—9月　果期 / 5—10月　生境 / 河岸、路边、草坡及高山草甸　分布 / 西藏大部、云南西北部、四川、青海、甘肃　海拔 / 1 000~4 100 m

3 关节委陵菜

Potentilla articulata

外观：多年生垫状草本。**根茎：**根粗壮，圆柱形，木质；花茎丛生，高1.5~3 cm。**叶：**

基生叶为3小叶，小叶片无柄，与叶柄相连处具明显的关节；托叶膜质，褐色宽大。**花：**单花，花梗长1.5~2 cm，被疏长柔毛，有带型苞叶和托叶；花直径1.5 cm；萼片三角卵形；花瓣黄色，比萼片长一半；花柱近顶生，丝状。**果实：**瘦果，表面光滑。

花期 / 6—8月　果期 / 8—9月　生境 / 高山草甸、流石滩至雪线附近　分布 / 西藏东南部、云南西北部、四川西部　海拔 / 4 200~4 800 m

4 二裂委陵菜

Potentilla bifurca

别名：痔疮草、叉叶委陵菜

外观：多年生草本或亚灌木。**根茎：**根圆柱形，纤细，木质；花茎直立或上升，密被疏柔毛或微硬毛。**叶：**羽状复叶，有小叶5~8对，最上面2~3对小叶基部下延与叶轴汇合；叶柄密被疏柔毛或微硬毛；小叶片无柄，顶端常2裂，稀3裂，基部楔形或宽楔形，两面绿色，伏生疏柔毛；下部叶托叶膜质，褐色，外面被微硬毛，上部茎生叶托叶草质，常全缘稀有齿。**花：**近伞房状聚伞花序，疏散；萼片卵圆形，顶端急尖，副萼片椭圆形，顶端急尖或钝，比萼片短或近等长，外面被疏柔毛；花瓣黄色，倒卵形，顶端圆钝，比萼片稍长；心皮沿腹部有稀疏柔毛；花柱侧生，棒形，基部较细，顶端缢缩，柱头扩大。**果实：**瘦果，表面光滑。

花期 / 5—9月　果期 / 5—9月　生境 / 较干旱的荒坡草地　分布 / 四川、青海、甘肃　海拔 / 1 000~3 600 m

5 丛生荽叶委陵菜

Potentilla coriandrifolia var. *dumosa*

外观：多年生草本，矮小，丛生。**根茎：**根圆柱形，粗壮，根茎膨大。**叶：**基生叶羽状复叶，有小叶2~4对；小叶对生，几无柄，重复细裂达中脉，裂片带形至带状披针形，顶端渐尖，上面被稀疏伏毛或以后脱落几无毛，下面密被伏生长柔毛，或因脱落仅沿中脉被伏生长柔毛；茎生叶1~2枚，重复细裂；基生叶托叶膜质，茎生叶托叶，绿色，细裂成带形，外被伏生长柔毛。**花：**常单生，稀较多，顶生；花梗被伏生短柔毛；萼片三角卵形，急尖或渐尖，副萼片披针形，顶端渐尖或急尖，外面伏生疏柔毛，与萼片近等长；花瓣黄色，倒卵形，顶端下凹，比萼片长几达半倍。**果实：**瘦果，光滑。

花期 / 7—9月　果期 / 7—9月　生境 / 山坡草地或高山草甸中　分布 / 西藏、云南西北部、四川　海拔 / 3 300~4 500 m

蔷薇科 委陵菜属

1 楔叶委陵菜

Potentilla cuneata

外观： 矮小丛生亚灌木或多年生草本。**根茎：** 根纤细，木质；花茎木质，被紧贴疏柔毛。**叶：** 基生叶为3出复叶，叶柄被紧贴疏柔毛；小叶片亚革质，倒卵形至长椭圆形，顶端截形或钝圆，有3齿，两面疏被平铺柔毛或脱落，侧生小叶无柄，顶生小叶有短柄；基生叶托叶膜质，外面被平铺疏柔毛或脱落几无毛；茎生叶托叶草质，卵状披针形，全缘。**花：** 顶生单花或2朵花，花梗被长柔毛；萼片三角卵形，顶端渐尖，副萼片长椭圆形，顶端急尖，比萼片稍短，外面被平铺柔毛；花瓣黄色，宽倒卵形，顶端略为下凹，比萼片稍长；花柱近基生，线状，柱头微扩大。**果实：** 瘦果被长柔毛，稍长于宿萼。

花期 / 6—10月　果期 / 6—10月　生境 / 高山草地、岩石缝中、灌丛下及林缘　分布 / 西藏、云南、四川　海拔 / 2 700~3 600 m

1

1

2 裂叶毛果委陵菜

Potentilla eriocarpa var. *tsarongensis*

别名：察瓦龙岩金梅

外观： 亚灌木。**根茎：** 根粗壮，圆柱形，根茎粗大延长，密被多年托叶残余，木质。**叶：** 基生叶3出掌状复叶，叶柄被稀疏白色长柔毛或脱落；小叶片倒卵椭圆形，前端2~5深裂达叶片的1/2以上，裂片宽带形或披针形，顶端渐尖或急尖，上下两面初时密被白色长柔毛，以后脱落减少；茎生叶无或仅有苞叶，或偶有3小叶；基生叶托叶膜质，褐色，外面被白色长柔毛；茎生叶托叶草质，卵状椭圆形，全缘或有不明显锯齿，顶端渐尖。**花：** 花茎疏被白色长柔毛，有时脱落；顶生1~3朵花，花梗长2~2.5 cm，被疏柔毛；花直径2~2.5 cm，萼片三角卵形，顶端渐尖，副萼片长椭圆形或椭圆披针形，顶端急尖稀2齿裂，与萼片近等长，外面被稀疏柔毛或几无毛；花瓣黄色，宽倒卵形，顶端下凹，比萼片约长1倍；花柱近顶生，线状，柱头扩大，心皮密被扭曲长柔毛。**果实：** 瘦果外被长柔毛，表面光滑。

花期 / 7—10月　果期 / 7—10月　生境 / 高山草地、岩石缝中　分布 / 西藏、云南、四川南部　海拔 / 2 800~5 000 m

2

2

3 金露梅

Potentilla fruticosa var. *fruticosa*

别名：金老梅、金蜡梅、药王茶

外观： 灌木，多分枝，树皮纵向剥落。**根茎：** 小枝红褐色，幼时被长柔毛。**叶：** 羽状复叶，有小叶2对，稀3小叶，上面一对小叶基部下延与叶轴汇合；叶柄被绢毛或疏柔

3

3

毛；小叶片长圆形至卵状披针形，全缘，边缘平坦，顶端急尖或圆钝，基部楔形；托叶薄膜质，宽大，外面被长柔毛或脱落。**花：**单花或数朵生于枝顶，花梗密被长柔毛或绢毛；萼片卵圆形，顶端急尖至短渐尖，副萼片披针形至倒卵状披针形，顶端渐尖至急尖，与萼片近等长，外面疏被绢毛；花瓣黄色，宽倒卵形，顶端圆钝，比萼片长；花柱近基生，棒形，基部稍细，顶部缢缩，柱头扩大。**果实：**瘦果，近卵形，褐棕色，外被长柔毛。

花期 / 6—9月　果期 / 6—9月　生境 / 山坡草地、砾石坡、灌丛及林缘　分布 / 西藏、云南、四川、甘肃　海拔 / 1 000~4 000 m

4 伏毛金露梅

Potentilla fruticosa var. *arbuscula*

外观：灌木，多分枝。**根茎：**小枝红褐色，幼时被长柔毛。**叶：**羽状复叶，有小叶2对，稀3小叶，上面一对小叶基部下延与叶轴汇合；叶柄被绢毛或疏柔毛；小叶片长圆形至卵状披针形，上面密被伏生白色柔毛，下面网脉较为明显突出，边缘常向下反卷；托叶宽大，外面被长柔毛或脱落。**花：**单花或数朵生于枝顶，花梗密被长柔毛或绢毛；萼片卵圆形，顶端急尖至短渐尖，副萼片披针形至倒卵状披针形，顶端渐尖至急尖，与萼片近等长，外面疏被绢毛；花瓣黄色，宽倒卵形，顶端圆钝，比萼片长；花柱近基生，棒形，基部稍细，顶部缢缩，柱头扩大。**果实：**瘦果，近卵形，褐棕色，外被长柔毛 。

花期 / 7—8月　果期 / 7—8月　生境 / 山坡草地、砾石坡、灌丛及林缘　分布 / 西藏、云南、四川　海拔 / 2 600~4 600 m

5 银露梅

Potentilla glabra

别名：银老梅、白花棍儿茶

外观：灌木，高约1 m，稀可达3 m，树皮纵向剥落。**根茎：**小枝灰褐色或紫褐色，被稀疏柔毛。**叶：**羽状复叶，有小叶2对，稀3小叶，上面一对小叶基部下延与轴汇合，叶柄被疏柔毛；小叶片椭圆形至卵状椭圆形，顶端圆钝或急尖，基部楔形或几圆形，边缘平坦或微向下反卷，全缘，两面绿色，被疏柔毛或几无毛；托叶薄膜质，外被疏柔毛或脱落几无毛。**花：**顶生单花或数朵，花梗细长；萼片卵形，副萼片披针形至卵形，比萼片短或近等长；花瓣白色，顶端圆钝；花柱近基生，棒状，柱头扩大。**果实：**瘦果，表面被毛。

花期 / 6—9月　果期 / 7—11月　生境 / 山坡草地、河谷岩石缝中、灌丛及林中　分布 / 云南、四川、青海、甘肃　海拔 / 1 400~4 200 m

蔷薇科 委陵菜属

1 西南委陵菜

Potentilla lineata

(syn. *Potentilla fulgens*)

别名：地槟榔、管仲、银毛委陵菜

外观：多年生草本，高10~60 cm。**根茎：**根圆柱形；花茎直立或上升，密被开展长柔毛及短柔毛。**叶：**基生叶为间断羽状复叶，有小叶6~15对，连叶柄长6~30 cm，叶柄密被开展长柔毛及短柔毛；小叶片倒卵长圆形或倒卵椭圆形，长1~6.5 cm，宽0.5~3.5 cm，边缘有多数尖锐锯齿，上面疏被柔毛，下面密被白色绢毛及绒毛；茎生叶与基生叶相似，小叶对数逐渐减少。**花：**伞房状聚伞花序，顶生；萼片5枚，三角卵圆形，外面被长柔毛；副萼片5枚，椭圆形，全缘，稀有齿，外面密生白色绢毛，与萼片近等长；花瓣5枚，黄色，比萼片稍长。**果实：**瘦果。

花期／6—8月　果期／8—10月　生境／山坡草地、灌丛、林缘、林下　分布／西藏南部及东南部、云南、四川　海拔／1 500~3 800 m

2 丛生小叶委陵菜

Potentilla microphylla var. *tapetodes*

(syn. *Potentilla microphylla* var. *caespitosa*)

外观：多年生草本，丛生呈垫状，高2~5 cm。**根茎：**老根常木质化，圆柱形；花茎直立，被白色柔毛。**叶：**基生叶羽状复叶，有小叶3~4对，连叶柄长1.5~3 cm；小叶对生，椭圆形或近圆形，长约0.5 cm，宽约0.25 cm，羽状深裂，裂片披针形，下面被绢状柔毛，后渐脱落；茎生叶1枚或缺失，具1~2小叶，小叶全缘或分裂。**花：**单花顶生，稀2朵花；花梗被伏生柔毛；萼片三角卵形；副萼片5枚，披针形或椭圆披针形，比萼片短或近等长；花瓣黄色。**果实：**瘦果。

花期／6—7月　果期／7—8月　生境／山坡、岩隙中　分布／西藏东南部　海拔／4 400~4 700 m

3 小叶金露梅

Potentilla parvifolia

别名：小叶金老梅

外观：灌木，高0.3~1.5 m，多分枝。**根茎：**小枝灰色或灰褐色，幼时被白色柔毛或绢毛。**叶：**羽状复叶，小叶2对；小叶小，全缘，边缘明显向下反卷；托叶膜质，褐色或淡褐色。**花：**顶生单花或数朵，花梗被灰白色柔毛或绢状柔毛；花直径1.2~2.2 cm；花瓣黄色，倒卵形，顶端微凹或圆钝，比萼片长1~2倍。**果实：**瘦果，表面被毛。

花期／6—7月　果期／7—8月　生境／高山草甸、干燥山坡　分布／西藏东部至南部、四川、青海、甘肃　海拔／3 800~5 500 m

5

4 多叶委陵菜

Potentilla polyphylla

外观：多年生草本，高12~40 cm。**根茎：**根圆柱形，稍木质化；花茎直立或上升，被开展长柔毛。**叶：**基生叶为间断羽状复叶，小叶7~10对，叶柄被开展微硬长柔毛；小叶片倒卵形、卵形或椭圆形，长1~4 cm，宽0.8~1.5 cm，基部圆形、宽楔形或微心形，两面疏被毛；茎生叶与基生叶相似，小叶对数逐渐减少。**花：**聚伞花序顶生；萼片5枚，三角椭圆形，外被长柔毛；副萼片5枚，倒卵形，有2~5个圆钝或急尖锯齿，比萼片宽而稍短，外面被疏柔毛；花瓣5枚，黄色，倒卵形，比萼片稍长。**果实：**瘦果。

花期 / 7—9月　果期 / 8—10月　生境 / 山坡草地、林缘、林下　分布 / 西藏南部、云南北部及西北部　海拔 / 2 900~4 000 m

5

5 狭叶委陵菜

Potentilla stenophylla

外观：多年生草本。**根茎：**根粗壮，木质化；花茎直立，高4~20 cm，被伏生绢毛。**叶：**基生叶为羽状复叶，小叶7~21对，排列整齐；小叶对生或互生，无柄；茎生叶退化成小叶状，全缘。**花：**单花顶生或2~3朵花组成聚散花序，花梗1~3 cm，被伏生长柔毛；花瓣黄色，倒卵形，超过萼片2倍以上；花柱侧生，小枝状。**果实：**瘦果，表面光滑或有皱纹。

花期 / 6—7月　果期 / 8—9月　生境 / 山坡草地、山顶草甸或山坡灌丛　分布 / 西藏南部及东南部、云南西北部、四川西部　海拔 / 3 800~5 000 m

5

蔷薇科 委陵菜属

1 朝天委陵菜

Potentilla supina

别名：铺地委陵菜、老鹳筋

外观：一年生或二年生草本，高5~20 cm。**根茎：**茎平展，上升或直立，叉状分枝，长20~50 cm，被疏柔毛或脱落。**叶：**基生叶羽状复叶，小叶2~5对，连叶柄长4~15 cm，叶柄被疏柔毛或脱落；小叶互生或对生，无柄，小叶片长圆形或倒卵状长圆形，长1~2.5 cm，宽0.5~1.5 cm，边缘有圆钝或缺刻状锯齿；茎生叶与基生叶相似，小叶对数逐渐减少。**花：**伞房状聚伞花序，顶生，下部花腋生；花梗常被短柔毛；萼片5枚，三角卵形；副萼片5枚，长椭圆形或椭圆披针形，比萼片稍长或近等长；花瓣5枚，黄色，倒卵形，顶端微凹，与萼片近等长或较短。**果实：**瘦果。

花期／3—6月　果期／7—10月　生境／田边、荒地、河岸沙地、草甸、山坡湿地　分布／西藏（拉萨、林芝）、云南中西部、四川　海拔／1 000~3 650 m

1

1

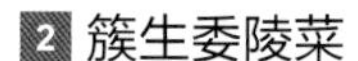

2 簇生委陵菜

Potentilla turfosa

别名：泥沼人参果

外观：多年生草本，高4~10 cm。**根茎：**根圆柱形；花茎铺散或上升，被疏柔毛或几无毛。**叶：**基生叶为间断或不间断的羽状复叶，小叶7~11对，连叶柄长4~15 cm；小叶片椭圆形或卵形，向基部渐缩小呈附片状，边缘有缺刻状急尖锯齿，两面具伏生柔毛或近脱落；托叶膜质，褐色，外面被疏柔毛；茎生叶1~2枚，羽状复叶，小叶1~3对；托叶草质，卵状披针形，顶端渐尖或有2~4齿。**花：**伞房花序，顶生，具花1~4朵；花梗被伏生疏柔毛；萼片5枚，卵状三角形；副萼片5枚，椭圆形或椭圆披针形，全缘或有2~3齿，与萼片近等长；花瓣5枚，黄色，倒卵形。**果实：**瘦果。

花期／7—9月　果期／8—10月　生境／山坡、林缘、潮湿草地　分布／西藏（米林、墨脱）、云南西北部　海拔／2 600~3 900 m

2

蔷薇科 扁核木属

3 扁核木

Prinsepia utilis

别名：青刺尖、枪刺果、打油果

外观：灌木，高1~5 m。**根茎：**老枝粗壮，小枝圆柱形，有棱条；枝刺长可达3.5 cm，刺上生叶。**叶：**叶片长圆形或卵状披针形，先端急尖或渐尖，全缘或有浅锯齿。**花：**多

3

3

4

4

5

数呈总状花序；花瓣白色，宽倒卵形，先端啮蚀状，基部有短爪；雄蕊多数，以2~3轮着生在花盘上，花盘圆盘状，紫红色；心皮1枚，无毛，花柱短，侧生，柱头头状。**果实：**核果，长圆形或倒卵长圆形，紫褐色或黑紫色，被白粉；萼片宿存。

花期／3—5月　果期／8—9月　生境／山坡、荒地、山谷、路旁　分布／西藏、云南、四川　海拔／1 000~2 560 m

蔷薇科 火棘属

4 火棘

Pyracantha fortuneana

别名：火把果、救兵粮、红子

外观：常绿灌木，高1~3 m。**根茎：**侧枝短，先端呈刺状，嫩枝被锈色短柔毛，老枝暗褐色，无毛。**叶：**叶片倒卵形或倒卵状长圆形，长1.5~6 cm，宽0.5~2 cm，先端圆钝或微凹，有时具短尖头，基部楔形，下延连于叶柄，边缘有钝锯齿；叶柄短，无毛或嫩时有柔毛。**花：**复伞房花序，花梗和总花梗近无毛；萼筒钟状，萼片5枚，三角卵形；花瓣5枚，白色，近圆形；雄蕊20枚，花药黄色；花柱5枚，离生，与雄蕊等长。**果实：**梨果，近球形，橘红色或深红色。

花期／3—5月　果期／8—11月　生境／山地、草坡、林下　分布／西藏（吉隆）、云南大部、四川　海拔／1 000~2 800 m

蔷薇科 梨属

5 杜梨

Pyrus betulifolia

别名：棠梨、土梨

外观：乔木，高5~15 m，树冠开展。**根茎：**枝常具刺；小枝嫩时密被灰白色绒毛，二年生枝条具稀疏绒毛或近无毛，紫褐色。**叶：**叶片菱状卵形至长圆卵形，长4~8 cm，宽2.5~3.5 cm，边缘有粗锐锯齿，幼时两面密被灰白色绒毛，后渐脱落，老叶上面无毛而有光泽，下面微被绒毛或近无毛；叶柄长2~3 cm，被灰白色绒毛。**花：**伞形总状花序，有花10~15朵，总花梗和花梗均被灰白色绒毛；苞片膜质，线形，两面微被绒毛，早落；萼筒外面密被绒毛，萼片5枚，三角卵形，两面密被绒毛；花瓣5枚，白色，宽卵形；雄蕊20枚，花药紫色，长约花瓣的1/2；花柱2~3枚，基部微具毛。**果实：**梨果，近球形，褐色，有淡色斑点。

花期／4月　果期／8—9月　生境／林中、山坡　分布／西藏、云南、甘肃　海拔／1 000~2 200 m

蔷薇科 蔷薇属

1 复伞房蔷薇

Rosa brunonii

别名：勃朗蔷薇、万朵刺、倒钩刺

外观：攀缘灌木。**根茎：**小枝圆柱形，幼时有柔毛，以后脱落减少并有短而弯曲的皮刺。**叶：**小叶通常7枚，近花序小叶常为5枚或3枚；小叶片长圆形或长圆披针形，边缘有锯齿，下面密被柔毛；小叶柄和叶轴密被柔毛和散生钩状小皮刺；托叶大部贴生于叶柄，离生部分披针形，边缘有腺，两面均被毛。**花：**多朵排成复伞房状花序；被柔毛和稀疏腺毛；萼筒倒卵形，外被柔毛；萼片披针形，先端渐尖；常有1~2对裂片，内外两面均被柔毛；花瓣白色，宽倒卵形；花柱结合成柱，伸出，比雄蕊稍长，外被柔毛。**果实：**果卵形，紫褐色，有光泽，无毛，成熟后萼片脱落。

花期／6月　果期／7—11月　生境／林下或河谷林缘灌丛中　分布／西藏、云南　海拔／1 900~2 800 m

1

2 毛叶蔷薇

Rosa mairei

外观：小灌木，高1~2 m。**根茎：**枝圆柱形，常呈弓形弯曲，幼嫩时被长柔毛，后渐脱落，散生皮刺，扁平，翼状，有时密被针刺。**叶：**羽状复叶，小叶5~9枚，连叶柄长2~7 cm；小叶片长圆倒卵形、倒卵形或长圆形，长6~20 mm，宽4~10 mm，边缘上部1/3~2/3处具齿，两面有丝状柔毛；托叶贴生于叶柄，离生部分卵形，边缘具齿或全缘。**花：**单生于叶腋；花梗具毛；萼片4枚，卵形或披针形，两面具柔毛；花瓣4枚，白色，宽倒卵形，先端常凹凸不平。**果实：**蔷薇果，倒卵圆形，红色或褐色。

花期／5—7月　果期／7—10月　生境／山坡、林下、河滩　分布／西藏南部及东南部、云南北部及西北部、四川　海拔／2 300~4 200 m

2

3

3 峨眉蔷薇

Rosa omeiensis

别名：刺石榴、山石榴

外观：直立灌木。**根茎：**小枝细弱，无刺或

3

3

有扁而基部膨大皮刺，幼嫩时常密被针刺或无针刺。**叶：**小叶9~13枚，长圆形或椭圆状长圆形，先端急尖或圆钝，基部圆钝或宽楔形，边缘有锐锯齿，上面无毛，中脉下陷，下面无毛或在中脉有疏柔毛，中脉突起；叶轴和叶柄有散生小皮刺；托叶大部贴生于叶柄，顶端离生部分呈三角状卵形，边缘有齿或全缘。**花：**单生于叶腋，无苞片；花梗无毛；萼片4枚，披针形，全缘，先端渐尖或长尾尖，外面近无毛，内面有稀疏柔毛；花瓣4枚，白色，倒三角状卵形，先端微凹，基部宽楔形；花柱离生，被长柔毛，比雄蕊短很多。**果实：**倒卵球形或梨形，亮红色，果成熟时果梗肥大，萼片直立宿存。

花期／5—6月　果期／7—9月　生境／山坡、灌丛中　分布／西藏、云南、四川、青海、甘肃　海拔／1 000~4 000 m

4 中甸刺玫

Rosa praelucens

外观：灌木。**根茎：**枝粗壮，弓形，紫褐色，散生粗壮弯曲皮刺。**叶：**小叶7~13枚；小叶片倒卵形或椭圆形，边缘上半部有单锯齿或不明显重锯齿，下半部全缘，上下两面密被短柔毛，下面在叶脉及边缘密被长柔毛；小叶柄和叶轴密被绒毛和散生小皮刺；托叶大部贴生于叶柄，离生部分三角形或披针形，边缘有腺毛。**花：**单生，蔷薇属中最大者；花梗短粗，密被绒毛和散生腺毛；萼筒扁球形，外被柔毛和稀疏皮刺，萼片卵状披针形，顶端叶状，全缘，内外两面均密被绒毛状长柔毛或外面基部近无毛，比花瓣稍短；花瓣红色，宽倒卵形，先端圆或微缺；雄蕊多数，长于花柱；花柱离生，密被长柔毛。**果实：**扁球形，绿褐色，外面散生针刺，直立萼片宿存。

花期／6—7月　果期／8—9月　生境／向阳山坡丛林中　分布／云南（香格里拉）　海拔／2 700~3 000 m

5 绢毛蔷薇

Rosa sericea

外观：直立灌木，高1~2 m。**根茎：**枝粗壮，弓形；皮刺散生或对生，基部膨大或呈翼状，有时密生针刺。**叶：**小叶7~11枚；小叶顶端圆钝或急尖，基部宽楔形，边缘仅上半部有锯齿，下半部全缘。**花：**单生于叶腋，无苞片；花梗长1~2 cm；萼片卵状披针形，渐尖或急尖；花瓣白色或淡黄色；花柱离生，被长柔毛，比雄蕊短。**果实：**球形，红色或紫褐色，无毛，直立萼片宿存。

花期／6—8月　果期／8—9月　生境／山坡灌丛、河谷或林缘山麓　分布／西藏东部至南部、云南西北部、四川西南部　海拔／2 000~4 000 m

蔷薇科 蔷薇属

1 川滇蔷薇

Rosa soulieana

别名：苏利蔷薇

外观： 直立灌木。**根茎：** 枝条开展，常弓形弯曲，无毛；小枝常带苍白绿色。**叶：** 小叶5~9枚，常7枚；小叶片椭圆形或倒卵形，边缘有紧贴锯齿，近基部常全缘；叶柄有稀疏小皮刺；托叶大部贴生于叶柄，离生部分极短，全缘，有时具腺。**花：** 多花伞房花序，稀单花顶生；萼片卵形，先端渐尖，全缘，基部带有1~2裂片，外面有稀疏短柔毛，内面密被短柔毛；花瓣黄白色，先端微凹，基部楔形；心皮多数，密被柔毛，花柱结合成柱，比雄蕊稍长，**果实：** 近球形至卵球形，橘红色，花柱宿存，萼片脱落。

花期 / 5—7月　果期 / 8—9月　生境 / 河谷山坡、沟边　分布 / 西藏、云南、四川　海拔 / 2 500~3 000 m

1

1

1

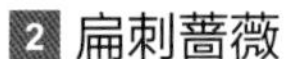

2 扁刺蔷薇

Rosa sweginzowii

外观： 灌木，高2~5 m。**根茎：** 小枝圆柱形，无毛或有稀疏的短柔毛，有直立或稍弯曲的皮刺，有时混有针刺。**叶：** 小叶7~11枚；小叶片边缘具重锯齿，上面无毛，下面有柔毛；托叶大部贴生于叶柄。**花：** 单生或2~3朵簇生，苞片1~2枚；花梗长1.5~2 cm，有腺毛；花直径3~5 cm；萼片卵状披针形，边缘有羽状裂片；花瓣粉红色。**果实：** 长圆形或倒卵状长圆形，顶端有短颈，紫红色，萼片直立宿存。

花期 / 6—7月　果期 / 8—10月　生境 / 山坡路旁或灌丛　分布 / 西藏东南部、云南、四川、青海、甘肃　海拔 / 3 800~4 000 m

2

2

董磊 摄影

3 多腺小叶蔷薇

Rosa willmottiae var. *glandulifera*

外观：灌木，高1~3 m。**根茎：**小枝细弱，无毛，有成对或散生、直细或稍弯皮刺，极稀在老枝上有刺毛。**叶：**小叶7~9枚，稀11枚；小叶片椭圆形至近圆形，边缘有单锯齿，中部以上具重锯齿，近基部全缘，上面无毛，下面无毛或沿中脉有短柔毛；小叶柄和叶轴无毛或有稀疏短柔毛、腺毛和小皮刺；托叶大部贴生于叶柄，离生部分卵状披针形，边缘有带腺锯齿或全缘。**花：**单生，苞片卵状披针形，先端尾尖，边缘有带腺锯齿；花梗长1~1.5 cm，常有腺毛；花直径约3 cm；萼片三角状披针形，全缘，内面密被柔毛；花瓣粉红色，先端微凹；花柱离生，密被柔毛，比雄蕊短很多。**果实：**蔷薇果，长圆形或近球形，橘红色。

花期 / 5—6月　果期 / 7—9月　生境 / 灌丛中、山坡路旁或沟边　分布 / 西藏、四川、青海、甘肃　海拔 / 1 300~3 150 m

蔷薇科 悬钩子属

4 藏南悬钩子

Rubus austrotibetanus

外观：灌木，高1~2 m。**根茎：**小枝圆柱形，幼时被柔毛，后渐脱落，疏生皮刺。**叶：**小叶通常3枚，宽卵形至卵状披针形，长4~8 cm，宽3~6 cm，顶端短渐尖至尾尖，下面具绒毛，边缘有不规则粗锯齿或重锯齿；有时在花序下方的叶为3裂单叶；叶柄长5~8 cm，幼时具柔毛，后渐脱落，疏生皮刺；托叶线形，具柔毛。**花：**5~10朵呈顶生伞房状花序，或1~3朵花腋生，总花梗和花梗具柔毛，有时疏生小皮刺；萼筒紫红色，外面被柔毛，有时疏生小皮刺，萼片5枚，宽卵形或卵状披针形；花瓣5枚，紫红色，宽倒卵形或椭圆形，两面具柔毛；雄蕊多数；雌蕊多数。**果实：**聚合果，长卵形，红色，具灰白色绒毛。

花期 / 6—7月　果期 / 8—9月　生境 / 山坡、灌丛、林下　分布 / 西藏南部、云南西部　海拔 / 2 600~3 800 m

蔷薇科 悬钩子属

1 栽秧泡

Rubus ellipticus var. *obcordatus*

别名：栽秧藨、三月泡

外观：灌木，高1~3 m。**根茎：**小枝紫褐色，被较密的紫褐色刺毛或有腺毛，并具柔毛和稀疏钩状皮刺。**叶：**小叶3枚，椭圆形，顶生小叶比侧生者大得多，顶端急或突尖，沿中脉有柔毛，下面密生绒毛，沿叶脉有紫红色刺毛，边缘具不整齐细锐锯齿；托叶线形，具柔毛和腺毛。**花：**数朵至十几朵花，密集成顶生短总状花序；花梗和花萼上几无刺毛；萼片卵形，外面密被黄灰色绒毛，在花果期均直立；花瓣匙形，边缘啮蚀状，具较密柔毛，基部具爪，白色或浅红色；花丝宽扁，短于花柱；花柱无毛，子房具柔毛。**果实：**近球形，直径约1 cm，金黄色。

花期 / 3—4月　果期 / 4—5月　生境 / 干旱山坡、山谷或疏林下　分布 / 西藏、云南、四川　海拔 / 1 000~2 500 m

1

2

2 凉山悬钩子

Rubus fockeanus

外观：多年生匍匐草本，常成片密集生长；无刺。**根茎：**茎细，平卧，节上生根，有短柔毛。**叶：**小叶3枚，上面有疏柔毛，叶脉下陷；叶柄长2~2.5 cm；托叶离生，膜质，椭圆形，有时具齿。**花：**单生或1~2朵花，顶生，直径可达2 cm；花梗长2~5 cm，有时有刺毛；花瓣倒卵状长圆形至带状长圆形，白色；雄蕊多数，花丝下部扩大。**果实：**球形，鲜红色，无毛，由半球形的小核果组成。

花期 / 6—7月　果期 / 8—9月　生境 / 山谷、山坡云、冷杉林或铁杉林下　分布 / 西藏南部及东南部、云南西北部、四川西南部　海拔 / 2 000~4 000 m

2

3 紫色悬钩子

Rubus irritans

别名：紫花悬钩子

外观：半灌木或近草本状，高10~60 cm。**根茎：**枝被柔毛和腺毛，具紫红色针刺。**叶：**小叶3枚，稀5枚，卵形或椭圆形，长3~5 cm，宽2~3.5 cm，上面具细柔毛，下面密被灰白色绒毛，边缘有不规则粗锯齿或重锯齿；叶柄长3~5 cm，被柔毛和腺毛，具紫红色针刺；托叶线形或线状披针形，具柔毛和腺毛。**花：**常单生，或2~3朵花生于枝顶，下垂；花梗被柔毛和腺毛，具针刺；萼片5枚，带紫红色，长卵形或卵状披针形，外面被柔毛和腺毛，具紫红色针刺；花瓣5枚，

3

3

宽椭圆形或匙形，白色，具柔毛，短于萼片；雄蕊多数；雌蕊多数。**果实：**聚合果，近球形，红色，被绒毛。

花期 / 6—7月　果期 / 8—9月　生境 / 山坡、灌丛、林下、林缘　分布 / 西藏南部、四川、青海、甘肃　海拔 / 2 000~4 500 m

4 直立悬钩子

Rubus stans var. *stans*

别名：直茎莓

外观：灌木。**根茎：**枝深褐色至棕褐色，被柔毛和腺毛，疏生披针形皮刺；花枝侧生。**叶：**小叶3枚，宽卵形至近圆形，顶生小叶比侧生者稍大，上下两面均伏生柔毛，下面叶脉突起，沿叶脉毛较密并有腺毛，边缘有不整齐细锐锯齿和疏腺毛，顶生小叶有时3裂；叶柄被柔毛和腺毛，疏生小皮刺；托叶线形，具柔毛和腺毛。**花：**3~4朵着生于侧生小枝顶端或单花腋生；花梗被柔毛和腺毛，疏生小皮刺；苞片线形，具长柔毛和腺毛；花萼紫红色，外面密被柔毛和腺毛，无刺或疏生小针刺；萼片披针形，花果期均直立开展；花瓣白色或带紫色，基部具宽短爪，稍短于萼片；花丝线形，稍长于花柱；花柱无毛，子房疏生柔毛，逐渐脱落。**果实：**聚合果，近球形，橘红色。

花期 / 5—6月　果期 / 7—8月　生境 / 高山林下或林缘　分布 / 西藏、云南、四川　海拔 / 2 000~3 400 m

5 多刺直立悬钩子

Rubus stans var. *soulieanus*

外观：灌木，高1~2 m。**根茎：**枝深褐色至棕褐色，被柔毛和腺毛，具披针形皮刺，小枝具较多直立皮刺；花枝侧生。**叶：**小叶3枚，宽卵形至长卵形，长2~4 cm，宽1.8~3 cm，上下两面具柔毛及腺毛，边缘有不整齐细锐锯齿和疏腺毛；叶柄长2~3.5 cm，具柔毛及腺毛，疏生小皮刺；托叶线形，具柔毛及腺毛。**花：**3~4朵着生于侧生小枝顶端，或单花腋生；花梗具柔毛及腺毛，疏生小皮刺；苞片线形，具长柔毛及腺毛；萼片5枚，披针形，紫红色，外面密具柔毛及腺毛，具小针刺；花瓣5枚，宽椭圆形或长圆形，紫红色，稍短于萼片；雄蕊多数，雌蕊多数。**果实：**聚合果，近球形，橘红色。

花期 / 5—6月　果期 / 7—8月　生境 / 林下　分布 / 西藏（芒康、米林）、四川西部　海拔 / 3 600~4 000 m

蔷薇科 地榆属

1 矮地榆

Sanguisorba filiformis

别名：虫莲

外观：矮小多年生草本。**根茎：**根圆柱形，茎高8~35 cm，纤细无毛。**叶：**基生叶为羽状复叶，小叶3~5对，叶柄光滑；茎生叶1~3枚；基生叶托叶褐色，膜质；茎生叶草质，绿色。**花：**单性，雌雄同株，花序头状，近球形；周围为雄花，中间为雌花；雄蕊7~8枚，花丝比萼片长约1倍；花柱比萼片长近1倍。**果实：**具4棱，成熟时萼片脱落。

花期／6—7月　果期／8—9月　生境／湿润的山坡草地和沼泽　分布／西藏、云南、四川　海拔／1 200~4 500 m

蔷薇科 山莓草属

2 伏毛山莓草

Sibbaldia adpressa

别名：十蕊山莓草、五蕊梅、垫状五蕊梅

外观：多年生草本。**根茎：**根木质细长，多分枝；花茎矮小，丛生，被绢状糙伏毛。**叶：**基生叶为羽状复叶，小叶2对，上面一对小叶基部下延与叶轴汇合，有时混生有3小叶，叶柄被绢状糙伏毛；顶生小叶片，顶端截形，有3齿，极稀全缘，侧生小叶全缘，顶端急尖，基部楔形，上面暗绿色，伏生稀疏柔毛或脱落，下面绿色，被绢状糙伏毛；茎生叶1~2枚；基生叶托叶膜质，暗褐色，茎生叶托叶草质，绿色。**花：**聚伞花序数朵，或单花顶生；萼片三角卵形，顶端急尖，副萼片长椭圆形，顶端圆钝或急尖，比萼片略长或稍短，外面被绢状糙伏毛；花瓣黄色或白色，倒卵长圆形；雄蕊10枚，与萼片等长或稍短；花柱近基生。**果实：**瘦果，表面有

显著皱纹。

花期 / 5—8月　果期 / 5—8月　生境 / 田边、山坡草地、砾石地及河滩　分布 / 西藏、青海、甘肃　海拔 / 1 000~4 200 m

3 楔叶山莓草

Sibbaldia cuneata

外观：矮小多年生草本。**根茎：**根茎粗壮，匍匐；花茎直立或上升，高5~14 cm。**叶：**基生叶为3出复叶，小叶顶端截形，通常有3~5卵形急尖或钝圆锯齿，叶两面绿色；茎生叶1~2枚，比基生叶小。**花：**伞房花序密集顶生，花直径5~7 mm；花瓣黄色，顶端圆钝，与萼片近等长或稍长；雄蕊5枚；花柱侧生。**果实：**瘦果，光滑。

花期 / 5—7月　果期 / 8—9月　生境 / 河滩草地、山坡砂砾地　分布 / 西藏东部至南部、云南西北部、四川西南部　海拔 / 3 400~4 500 m

4 紫花山莓草

Sibbaldia purpurea

外观：多年生草本。**根茎：**根稍木质化，根茎多分枝，仰卧。**叶：**基生叶掌状5出复叶，叶柄伏生疏柔毛，小叶无柄或几无柄，倒卵形或倒卵长圆形，顶端圆钝，通常有2~3齿，基部楔形或宽楔形，上下两面伏生白色柔毛或绢状长柔毛；基生叶托叶膜质，深棕褐色，外面疏生绢状柔毛或近无毛。**花：**单生；副萼片披针形，稍短于萼片，外面疏生白毛；花瓣5枚，紫色，顶端微凹；花盘显著，雄蕊5枚，与花瓣互生；花柱侧生。**果实：**瘦果，卵球形，紫褐色，光滑。

花期 / 6—8月　果期 / 6—8月　生境 / 高山草地　分布 / 西藏　海拔 / 4 400~4 700 m

5 纤细山莓草

Sibbaldia tenuis

外观：多年生草本。**根茎：**根纤细，多分枝，有时从横走茎萌生新株。**叶：**基生叶3出复叶，小叶无柄，椭圆形或倒卵形，边缘有缺刻状锯齿，锯齿急尖，两面绿色，被伏生疏柔毛；托叶膜质，褐色，外面伏生疏柔毛或脱落。**花：**花茎密被短柔毛；伞房状聚伞花序多花；萼片卵状三角形，副萼片披针形，比萼片稍短，外被伏生疏柔毛；花瓣粉红色，狭窄，长圆形，顶端圆钝，与萼片近等长；雄蕊5枚，稀6枚，插生于花盘外面，花盘宽阔；花柱近顶生。**果实：**瘦果。

花期 / 6月　果期 / 7—8月　生境 / 沟谷或云杉林火烧迹地　分布 / 四川西北部、青海东部、甘肃南部　海拔 / 2 500~3 600 m

蔷薇科 山莓草属

1 四蕊山莓草

Sibbaldia tetrandra

外观：丛生或垫状多年生草本。**根茎：**根粗壮，圆柱形。**叶：**3出复叶，叶柄被白色疏柔毛；小叶倒卵长圆形，顶端截平，有3齿，两面绿色，被白色疏柔毛，幼时较密；托叶膜质，褐色，外面被稀疏长柔毛。**花：**1~2朵顶生；萼片4枚，三角卵形，顶端急尖或圆钝，副萼片细小，披针形或卵形，顶端渐尖至急尖，与萼片近等长或稍短；花瓣黄色，倒卵长圆形，与萼片近等长或稍长；雄蕊4，插生在花盘外面，花盘宽阔，4裂；花柱侧生。**果实：**瘦果，光滑。

花期 / 5—8月　果期 / 5—8月　生境 / 山坡草地、林下及岩石缝中　分布 / 西藏、青海　海拔 / 3 000~5 400 m

1　徐波　摄影

蔷薇科 鲜卑花属

2 窄叶鲜卑花

Sibiraea angustata

外观：灌木，高达2~2.5 m。**根茎：**小枝圆柱形，微有棱角。**叶：**在当年生枝条上互生，在老枝上通常丛生；叶片窄披针形，先端急尖或突尖，全缘；上下两面均无毛；叶柄短，不具托叶。**花：**顶生穗状圆锥花序；花梗长3~5 mm，花梗密被短柔毛；苞片披针形，全缘，内外均被柔毛；花直径约8 mm；花瓣白色；雄花具退化雌蕊，有雄蕊20~25枚，药囊黄色；雌花具退化雄蕊，具雌蕊5枚；柱头肥厚，子房光滑无毛。**果实：**蓇葖果，直立，具宿存直立萼片。

花期 / 6月　果期 / 8—9月　生境 / 河边、山坡灌丛、山谷砂石滩　分布 / 西藏南部及东部、云南、四川、青海、甘肃　海拔 / 3 200~4 600 m

1　徐波　摄影

2

2

蔷薇科 珍珠梅属

3 高丛珍珠梅

Sorbaria arborea

别名：野生珍珠梅

外观：落叶灌木。**根茎：**小枝圆柱形，稍有棱角，老时暗红褐色。**叶：**羽状复叶，小叶13~17枚；小叶对生，披针形至长圆披针形，边缘有重锯齿；小叶柄短或几无柄；托叶三角卵形。**花：**顶生大型圆锥花序，分枝开展；苞片线状披针形至披针形，微被短柔毛；萼筒浅钟状，萼片长圆形至卵形，先端钝，稍短于萼筒；花瓣白色；雄蕊20~30枚，着生在花盘边缘，约长于花瓣1.5倍；心皮5枚，无毛；花柱长不及雄蕊的1/2。**果实：**蓇葖果，圆柱形；萼片宿存，反折。

花期／6—7月　果期／9—10月　生境／山坡林边、山溪沟边　分布／西藏、云南、四川　海拔／1 600~3 500 m

蔷薇科 花楸属

4 少齿花楸

Sorbus oligodonta

外观：乔木，高5~15 m。**根茎：**小枝圆柱形，红褐色。**叶：**奇数羽状复叶；小叶片4~8对，椭圆形或长椭圆形，长3~6 cm，宽1~2 cm，边缘大部分全缘，先端1/3部分以上有少数锯齿；叶柄长2.5~3.5 cm。**花：**复伞房花序；萼筒钟状，内面稍具柔毛，萼片5枚，宽卵形；花瓣5，卵形，黄白色；雄蕊20枚，比花瓣短；花柱4~5枚，基部有柔毛，短于雄蕊。**果实：**小型梨果，成熟时白色带红晕。

花期／5—7月　果期／8—9月　生境／山坡、山谷、沟边、杂木林内　分布／西藏南部及东南部、云南西部及西北部、四川西部　海拔／2 000~3 800 m

蔷薇科 马蹄黄属

1 马蹄黄

Spenceria ramalana

别名：黄地榆、白地榆、黄总花草

外观：多年生草本。**根茎：**根茎木质，顶端有旧叶柄残痕；茎直立，带红褐色，疏生白色长柔毛或绢状柔毛。**叶：**基生叶为奇数羽状复叶；小叶13~21枚，先端2~3浅裂；托叶卵形。**花：**总状花序顶生，12~15朵花；副萼片披针形，2大3小，连合成漏斗状，先端4~5齿；萼筒长2 mm，萼片披针形；花瓣黄色，基部成短爪；雄蕊花丝黄色，宿存；子房卵状矩圆形，花柱伸出花外很长。**果实：**瘦果，近球形，黄褐色，被萼管包被。

花期 / 7—8月　果期 / 9—10月　生境 / 高山草原石灰岩山坡　分布 / 西藏、云南、四川　海拔 / 3 000~5 000 m

蔷薇科 绣线菊属

2 高山绣线菊

Spiraea alpina

外观：灌木，高50~120 cm。**根茎：**小枝有明显棱角，红褐色，老时灰褐色。**叶：**多数簇生，线状披针形至长圆倒卵形，全缘，两面无毛，下面灰绿色，具粉霜。**花：**伞形总状花序具短总梗，有花3~15朵；花梗长5~8 mm，无毛；花直径5~7 mm；萼筒钟状，内面具短柔毛；萼片三角形；花瓣先端圆钝或微凹，白色；雄蕊20枚；花盘显著，具10个发达的裂片；子房外被短柔毛，花柱短于雄蕊。**果实：**蓇葖果，开张。

花期 / 6—7月　果期 / 8—9月　生境 / 向阳坡地或灌丛中　分布 / 西藏、四川、青海、甘肃　海拔 / 2 000~4 000m

3

3

3 楔叶绣线菊

Spiraea canescens

别名：铁刷子、刺杨

外观：灌木，高1~2 m，稀高达4 m。**根茎：**枝条呈拱形弯曲，小枝有棱角，幼时具短柔毛。**叶：**叶片卵形、倒卵形至倒卵状披针形，长1~2 cm，宽0.8~1.2 cm，边缘自中部以上有3~5钝锯齿，下面具短柔毛或近无毛。**花：**复伞房花序，具短柔毛；苞片线形；萼筒钟状，内外两面均被短柔毛，萼片5枚，三角形；花瓣5枚，白色或淡粉色，近圆形；雄蕊20枚，约与花瓣等长或稍长；花盘圆环形，有10个肥厚的裂片；花柱短于雄蕊。**果实：**蓇葖果，具短柔毛。

花期 / 6—8月　果期 / 9—10月　生境 / 山坡、高山灌丛中　分布 / 西藏南部及东南部、云南西部　海拔 / 2 800~4 000 m

3

4 川滇绣线菊

Spiraea schneideriana

外观：灌木，高1~2 m。**根茎：**枝条开展，小枝有棱角，幼时被细长柔毛，后渐脱落，老枝灰褐色。**叶：**叶片卵形至卵状长圆形，长8~15 mm，宽5~7 mm，全缘，稀有少数锯齿；叶柄长1~2 mm。**花：**复伞房花序，着生在侧生小枝顶端，被短柔毛或近无毛；苞片披针形，微被柔毛；萼筒钟状，内外两面均被细柔毛；萼片5枚，卵状三角形，内面具短柔毛；花瓣5枚，白色，圆形至卵形，先端圆钝或微凹；雄蕊20枚，比花瓣稍长；花盘圆环形，具10个裂片；花柱短于雄蕊。**果实：**蓇葖果。

花期 / 5—6月　果期 / 7—9月　生境 / 杂木林内、林缘　分布 / 西藏南部及东部、云南东北部及西北部、四川　海拔 / 2 500~4 000 m

4

含羞草科 合欢属

1 毛叶合欢

Albizia mollis

别名：大毛毛花

外观： 乔木，高3~30 m。**根茎：** 小枝被柔毛，有棱角。**叶：** 2回羽状复叶；总叶柄近基部及顶部一对羽片着生处各有腺体1枚，叶轴凹入呈槽状，被长绒毛；羽片3~7对；小叶8~15对，镰状长圆形，先端具小尖头，基部截平，两面均密被长绒毛或老时叶面变无毛；中脉偏于上边缘。**花：** 头状花序排成腋生的圆锥花序；花白色，小花梗极短；花萼钟状，与花冠同被绒毛；花冠长约7 mm，裂片三角形。**果实：** 荚果，扁平，棕色。

花期 / 5—6月　果期 / 8—12月　生境 / 山坡林中　分布 / 西藏、云南　海拔 / 1 800~2 500 m

1

2

苏木科 羊蹄甲属

2 鞍叶羊蹄甲

Bauhinia brachycarpa

别名：马鞍叶羊蹄甲、夜关门、马鞍叶

外观： 直立或攀缘小灌木。**根茎：** 小枝纤细，具棱。**叶：** 纸质或膜质，先端2裂达中部，裂片先端圆钝；基出脉7~9条；托叶丝状早落。**花：** 伞房式总状花序侧生，有密集的花十余朵；总花梗短，与花梗同被短柔毛；苞片线形，早落；花托陀螺形；萼佛焰状，裂片2枚；花瓣白色；通常能育雄蕊10枚，其中5枚较长；子房被绒毛，具短子房柄，柱头盾状。**果实：** 荚果，长圆形，扁平，两端渐狭，先端具短喙。

花期 / 5—7月　果期 / 8—10月　生境 / 河谷山地草坡、河溪旁灌丛中　分布 / 云南、四川、甘肃　海拔 / 1 000~3 200 m

3

魏来　摄影

蝶形花科 土圞儿属

3 肉色土圞儿

Apios carnea

别名：满塘红

外观： 缠绕藤本。**根茎：** 茎细长，有条纹。**叶：** 奇数羽状复叶；小叶通常5枚，长椭圆形，长6~12 cm。**花：** 总状花序腋生；花冠淡红色、淡紫红色或橙红色。**果实：** 荚果，线形。

花期 / 7—9月　果期 / 8—11月　生境 / 沟边杂木林中或溪边路旁，缠绕于树上　分布 / 四川、云南、西藏　海拔 / 800~2 600 m

4

5

蝶形花科 黄芪属

4 无茎黄芪

Astragalus acaulis

外观：矮小多年生草本。**根茎：**根粗壮，直伸，淡褐色；茎短缩，多分枝，呈垫状。**叶：**奇数羽状复叶，具21~27枚小叶；托叶膜质，仅先端分离，边缘疏被白色长柔毛或无毛；小叶具短柄。**花：**总状花序生2~4朵花；总花梗极短；苞片线形或狭卵形，膜质；花萼管状，萼齿狭三角形，长约为萼筒的1/2；花冠淡黄色，瓣柄与瓣片近等长，翼瓣与旗瓣近等长，瓣片具短耳，龙骨瓣与翼瓣近等长；子房线形，具短柄。**果实：**荚果，半卵形，膨胀，无毛，假2室。

花期 / 6—8月　果期 / 6—8月　生境 / 高山草地及沙石滩中　分布 / 西藏东部、云南西北部、四川西南部　海拔 / 4 000~4 400 m

5 斜茎黄芪

Astragalus laxmannii

(syn. *Astragalus adsurgens*)

别名：直立黄耆、沙打旺

外观：多年生草本，高20~100 cm。**根茎：**茎多数或数个丛生，直立或斜上，有毛或近无毛。**叶：**羽状复叶，小叶9~25枚；托叶三角形；小叶片上下两面被伏贴毛。**花：**总状花序；总花梗生于茎的上部，较叶长或近等长；苞片狭披针形至三角形；花萼管状钟形，被黑褐色或白色毛，萼齿5枚，狭披针形，长为萼筒的1/3；蝶形花冠，红紫色或近蓝色，旗瓣长11~15 mm，倒卵圆形，先端微凹，翼瓣较旗瓣短，长圆形，龙骨瓣长7~10 mm。**果实：**荚果，长圆形，两侧稍扁，顶端具下弯的短喙，被毛。

花期 / 6—9月　果期 / 8—10月　生境 / 山坡、草坡、林缘　分布 / 西藏（昌都）、云南西北部、四川　海拔 / 1 000~3 300 m

6 光萼黄芪

Astragalus lucidus

外观：多年生草本。**根茎：**茎多数，具条棱，近无毛。**叶：**奇数羽状复叶，小叶21~33枚；托叶叶状，离生，斜卵形；小叶片先端钝圆或微凹，下面沿中脉和叶缘散生白色短柔毛。**花：**总状花序，腋生，总花梗较叶短，散生白色和黑色短柔毛；苞片膜质，边缘散生缘毛；花萼钟状，萼齿下部者线形，上部者卵形，内面被柔毛；花冠淡黄色，旗瓣倒卵形，先端微凹，翼瓣较旗瓣稍短，长圆形，龙骨瓣与翼瓣近等长，半卵形。**果实：**荚果。

花期 / 7月　果期 / 8—9月　生境 / 山坡　分布 / 西藏东南部、四川西南部　海拔 / 2 700~3 500 m

蝶形花科 黄芪属

1 笔直黄芪

Astragalus strictus

别名：劲直黄耆

外观：多年生草本，高15~28 cm。**根茎：**根圆柱形，淡黄褐色；茎丛生，直立或上升，疏被白色伏毛，有细棱，分枝。**叶：**羽状复叶，小叶19~31枚，连同叶轴疏被白色毛；托叶基部或中部以下合生，三角状卵形，散生缘毛；小叶对生，长圆形至披针状长圆形，长6~9 mm，宽2~5 mm，上面无毛或疏被伏毛，下面疏被伏毛。**花：**总状花序，短而密集；总花梗长4~7 cm，较叶长，连同花序轴被白色半伏毛；苞片线状钻形，具疏缘毛；花萼钟状，被伏毛，萼齿5枚，钻形，与筒部近等长；蝶形花冠，紫红色或蓝紫色，稀较淡，旗瓣宽倒卵形，长8~9 mm，宽6~6.5 mm，先端微缺，翼瓣长6~7 mm，龙骨瓣长约6 mm，半圆形。**果实：**荚果，狭卵形或狭椭圆形，微弯，疏被褐色短柔毛。

花期 / 7—8月　果期 / 8—9月　生境 / 山坡、草地、河边湿地、村旁、路旁、田边　分布 / 西藏东部至南部、云南西北部　海拔 / 2 900~4 800 m

1

1

2 东坝子黄芪

Astragalus tumbatsica

外观：多年生草本，高60~100 cm。**根茎：**茎直立，具条纹，被白色毛或混有褐色柔毛。**叶：**奇数羽状复叶，小叶15~25枚；托叶离生，三角状披针形或狭披针形，下面被柔毛；小叶椭圆形或长圆形，长15~30 mm，宽6~12 mm，先端钝或微凹，下面密被白色柔毛；叶柄长1~2 cm。**花：**总状花序，稍密集，花序轴与总花梗近等长，花序轴与花梗密被褐色柔毛；苞片膜质，线状披针形，背面被柔毛，早落；花萼管状钟形，外面被褐色柔毛，萼齿5枚，三角状披针形；小苞片披针形，早落；蝶形花冠，白色或淡紫色，旗瓣长圆状卵形，长12~13 mm，先端微凹，基部渐狭呈明显的瓣柄，翼瓣较旗瓣略短，长圆形，龙骨瓣与翼瓣近等长，半卵形。**果实：**荚果，三角状锥形，先端尖刺状。

花期 / 6—8月　果期 / 9—10月　生境 / 山坡、草坡、荒地、沟边　分布 / 西藏南部及东南部、云南西北部　海拔 / 3 300~4 100 m

2

3 云南黄芪

Astragalus yunnanensis

别名：滇黄耆

外观：多年生草本。**根茎：**根粗壮，地上茎短缩。**叶：**羽状复叶基生，近莲座状，小叶11~27枚；叶柄连同叶轴散生白色细柔毛；托叶离生，卵状披针形，下面及边缘散生白

色细柔毛。**花：**总状花序生5~12朵花，下垂，偏向一边，苞片膜质，线状披针形，下面被白色长柔毛；花梗密被棕褐色柔毛；花萼狭钟状，被褐色毛或混生少数白色长柔毛，萼齿狭披针形；花冠黄色，旗瓣匙形，先端微凹，基部渐狭呈瓣柄，翼瓣与旗瓣近等长，基部具明显的耳，瓣柄与瓣片近等长，龙骨瓣较翼瓣短或近等长，瓣片半卵形，瓣柄与瓣片近等长；子房被长柔毛，有柄。**果实：**荚果，膜质，被褐色柔毛。

花期／7月　果期／8—9月　生境／山坡、草原　分布／西藏、云南西北部、四川西部　海拔／3 000~4 300 m

蝶形花科 杭子梢属

4 小雀花

Campylotropis polyantha

别名：多花杭子梢

外观：灌木，多分枝，高0.5~2 m。**根茎：**嫩枝有棱，被短柔毛，老枝暗褐色或黑褐色，无毛或疏被短柔毛。**叶：**羽状复叶，具3小叶；托叶狭三角形至披针形；小叶椭圆形、长圆状倒卵形至楔状倒卵形，长8~30 mm，宽4~15 mm，先端微缺、圆形或钝，具小凸尖，下面具柔毛；叶柄长6~25 mm，被柔毛。**花：**总状花序腋生，或顶生形成圆锥花序；苞片广卵形至披针形；花梗密生短柔毛；花萼钟形或狭钟形，密被短柔毛，裂片5枚；蝶形花冠，粉红色、淡紫红色或近白色，长9~12 mm，龙骨瓣呈直角或钝角内弯。**果实：**荚果，椭圆形或斜卵形，顶端具喙尖，被柔毛，边缘密生纤毛。

花期／3—9月　果期／5—11月　生境／山坡、灌丛、石质山地、溪边、林缘　分布／西藏东部、云南中部及以北地区、四川、甘肃南部　海拔／1 000~3 000 m

蝶形花科 锦鸡儿属

1 粗刺锦鸡儿

Caragana crassispina

外观：灌木，高0.6~1.2 m。**根茎：**分枝直立，初时被毛，后渐无毛。**叶：**羽状复叶，小叶通常10枚；托叶宽卵形，顶端具小刺尖；叶轴硬化呈粗壮针刺，长达7 cm；小叶片倒卵状披针形，长7~8 mm，下面被毛。**花：**单生；花萼近囊状，被长柔毛，萼齿5枚，披针形；蝶形花冠，黄色，带橙色，旗瓣长约2.5 cm，基部渐狭成爪，翼瓣淡黄色，长约1.2 cm，宽4~6 mm，龙骨瓣与之同色。**果实：**荚果，线形，密被白色长柔毛。

花期／6—7月　果期／9—10月　生境／林下、灌　分布／西藏（米林、林芝）　海拔／2 900~3 100 m

1

2

2 鬼箭锦鸡儿

Caragana jubata

别名：鬼箭愁

外观：灌木，基部多分枝。**根茎：**树皮深褐色、绿灰色或灰褐色。**叶：**羽状复叶有4~6对小叶；托叶先端刚毛状，不硬化成针刺；叶轴宿存。**花：**花梗单生，基部具关节，苞片线形；花萼钟状管形，被长柔毛，萼齿披针形，长为萼筒的1/2；花冠玫瑰色至近白色，旗瓣宽卵形，基部渐狭成长瓣柄，翼瓣近长圆形，瓣柄长为瓣片的2/3~3/4，耳狭线形，长为瓣柄的3/4，龙骨瓣先端斜截平而稍凹，瓣柄与瓣片近等长；子房被长柔毛。**果实：**荚果，密被丝状长柔毛。

花期／6—7月　果期／8—9月　生境／山坡、林缘　分布／西藏、云南北部、四川西部、青海、甘肃　海拔／2 400~3 000 m

2

3 甘蒙锦鸡儿

Caragana opulens

外观：灌木。**根茎：**树皮灰褐色，有光泽；小枝稍呈灰白色，有明显条棱。**叶：**假掌状复叶有4片小叶；托叶在长枝者硬化成针刺，直或弯，脱落；小叶片倒卵状披针形，先端圆形或截平，有短刺尖。**花：**花梗单生，纤细，关节在顶部或中部以上；花萼钟状管形，基部显著具囊状凸起，萼齿三角状，边缘有短柔毛；花冠黄色，旗瓣宽倒卵形，有时略带红色，顶端微凹，基部渐狭成瓣柄，翼瓣长圆形，先端钝，耳长圆形，瓣柄长稍短于瓣片，龙骨瓣的瓣柄稍短于瓣片，耳齿状；子房无毛或被疏柔毛。**果实：**荚果，圆筒状，先端短渐尖，无毛。

花期／5—6月　果期／6—7月　生境／干山坡、沟谷、丘陵　分布／西藏（昌都）、四川北部、青海东部、甘肃　海拔／1 200~4 700 m

2

3

4

蝶形花科 雀儿豆属

4 疏叶雀儿豆

Chesneya paucifoliata

外观：垫状草本，高10~15 cm。**根茎：**茎极短缩，基部木制，多分枝。**叶：**奇数羽状复叶，长3~5 cm，具13~21枚小叶；托叶线状披针形，密被长柔毛；基部与叶柄贴生。小叶长圆形或椭圆形，先端锐尖，两面密被长柔毛。**花：**单生；花梗长约1 cm；小苞片线形；花萼管钟状；花冠黄色，旗瓣长2.8~3.5 cm，瓣片倒卵形，顶端微凹。子房无柄，密被长柔毛。**果实：**荚果，长圆形，膨大。

花期 / 5—6月　果期 / 8—9月　生境 / 高山草地
分布 / 云南西北部　海拔 / 4 000~4 800 m

5 川滇雀儿豆

Chesneya polystichoides

外观：垫状草本。**根茎：**茎基木质，长而匍匐，粗壮多分枝。**叶：**羽状复叶，密集有19~41枚小叶，托叶线形，中部以下与叶柄基部贴生；叶柄与叶轴疏被长柔毛。**花：**单生；花梗密被白色、开展的长柔毛；小苞片较苞片稍短；花萼管状，基部一侧膨大呈囊状，萼齿三角状披针形，长为萼筒的1/2；花冠黄色，旗瓣背面密被白色短柔毛，翼瓣具耳，龙骨瓣与翼瓣近等长，无耳；子房无毛，无柄。**果实：**荚果，长椭圆形，革质。

花期 / 7月　果期 / 8月　生境 / 石质山坡或灌丛、山坡石缝中　分布 / 云南西北部、四川西南部
海拔 / 3 400~4 200 m

5

5

1

蝶形花科 雀儿豆属

1 云南雀儿豆

Chesneya yunnanensis

外观：垫状草本，高10~15 cm。**根茎：**茎极短缩，基部木制，多分枝。**叶：**奇数羽状复叶，长3~5 cm，小叶11~13枚；托叶线状披针形，密被长柔毛；基部与叶柄帖生。小叶长圆形或椭圆形，先端锐尖，两面密被长柔毛。**花：**单生；花梗长约1 cm；小苞片线形；花萼管钟状；花冠紫红色，旗瓣长2.0~2.5 cm，瓣片倒卵形；子房无柄，密被长柔毛。**果实：**荚果，长圆形，膨大。

花期 / 5—6月　果期 / 8—9月　生境 / 高山草地
分布 / 云南西北部　海拔 / 4 300~4 900 m

蝶形花科 山蚂蝗属

2 美花山蚂蝗

Desmodium callianthum

外观：灌木，高1~2 m。**根茎：**多分枝，幼枝具棱角。**叶：**羽状3出复叶；叶柄长1~3 cm，疏被短柔毛或近无毛；小叶纸质，卵状菱形或卵形，全缘，顶生小叶先端有短尖，侧生小叶基部稍偏斜。**花：**总状花序顶生，或组成圆锥花序，总花梗疏被短柔毛或近无毛，2~4朵花生于每一节上；苞片狭卵形，早落；花萼4裂，裂片三角形；蝶形花冠，紫色、粉红色至白色，长8~10 mm，旗瓣宽椭圆形，龙骨瓣先端有细尖。**果实：**荚果，扁平，稍弯曲，节间缢缩。

花期 / 6—8月　果期 / 8—10月　生境 / 山坡、灌丛、林下、沟边、河谷　分布 / 西藏东南部、云南西北部、四川西部及西南部
海拔 / 1 700~3 300 m

张巍巍　摄影

蝶形花科 岩黄芪属

1 锡金岩黄芪

Hedysarum sikkimense

外观：多年生草本，高5~15 cm。**根茎：**根为直根系，肥厚；根颈向上分枝，形成仰卧的地上茎；茎被短柔毛和深沟纹。**叶：**托叶宽披针形，棕褐色干膜质，合生至上部，外被疏柔毛；小叶通常17~23枚，具短柄；小叶片先端钝，具短尖头或有时具缺刻，上面无毛，下面沿主脉和边缘被疏柔毛。**花：**总状花序腋生，明显超出叶，花序轴和总花梗被短柔毛；花一般7~15朵，常偏于一侧着生，苞片披针状卵形，外被柔毛；花萼钟状，萼筒暗污紫色，萼齿绿色；花冠紫红色或后期变为蓝紫色，旗瓣倒长卵形，先端微凹，翼瓣线形，常被短柔毛，龙骨瓣沿前下角有时被短柔毛；子房线形，扁平。**果实：**荚果1~2节，节荚近圆形、椭圆形或倒卵形，被短柔毛，边缘常具不规则齿。

花期 / 7—8月　果期 / 8—9月　生境 / 高山草甸阳坡和高寒草原　分布 / 西藏东部、云南西北部、四川西部、青海南部、甘肃南部　海拔 / 3 100~4 500 m

1

蝶形花科 长柄山蚂蝗属

2 大苞长柄山蚂蝗

Hylodesmum williamsii

(syn. *Podocarpium williamsii*)

外观：多年生草本，直立或向上。**根茎：**茎木质，略有条纹，被稍密的白色柔毛，老时脱落。**叶：**羽状3出复叶，小叶3枚；托叶有条纹，外面被短钩状毛；小叶纸质，全缘，两面被疏或稍密贴伏柔毛；小托叶狭卵形或线形，疏生白色柔毛。**花：**总状花序顶生，总花梗密被钩状毛，疏花；苞片膜质，狭卵形至宽卵形，两面无毛，疏生缘毛；花梗细长，密被短钩状毛；花萼宽钟形，具柔毛和小钩状毛，裂片较萼筒长；花冠玫瑰色或玫瑰紫色，旗瓣椭圆形或倒卵形，稍具瓣柄，无耳，翼瓣，龙骨瓣狭椭圆形，具短瓣柄，有耳；雄蕊单体；子房被稍密柔毛，具子房柄，有胚珠3粒。**果实：**荚果，具1~2荚节，被钩状毛。

花期 / 8—9月　果期 / 8—9月　生境 / 水沟边草丛中、常绿杂木林下、石灰岩山谷谷底林下或山谷灌丛边　分布 / 西藏、云南、四川　海拔 / 1 400~2 700 m

2

3

蝶形花科 木蓝属

3 西南木蓝

Indigofera mairei

(syn. *Indigofera monbeigii*)

别名：茨口木蓝

外观：灌木，高1~2 m。**根茎：**茎栗褐色，圆柱状或具棱线，皮孔圆形，淡黄色。**叶：**羽状复叶；叶轴上面具槽，和叶柄有棕褐色并间生白色丁字毛；托叶钻形；小叶2~6对，对生，纸质，顶生小叶先端通常圆钝或微凹；小托叶长为小叶柄长的一半，钻形，有毛。**花：**总状花序，着生在新梢上的总花梗明显，在分枝基部的不明显，基部有宿存鳞片；苞片线状披针形，有棕色毛；花梗有毛，花萼杯状，萼齿不等长，披针形，下萼齿与萼筒等长；花冠淡紫红色，旗瓣长圆状椭圆形，翼瓣与旗瓣等长，除边缘有睫毛外，余部无毛，龙骨瓣先端外面有毛，基部有短瓣柄；花药卵形，基部有少量髯毛；子房顶端和腹缝线上有白色绒毛，有胚珠6~8粒。**果实：**荚果，褐色，圆柱形，长2~3.5 cm；果梗短，下弯。

花期 / 5—7月　果期 / 8—10月　生境 / 山坡、沟边灌丛中及杂木林中　分布 / 西藏东南部、云南西北部及东北部、四川、甘肃南部　海拔 / 2 100~2 700 m

4 垂序木蓝

Indigofera pendula

别名：垂花木蓝

外观：灌木，高2~3 m。**根茎：**茎黑褐色，圆柱形，幼枝淡黄褐色，具棱，具平贴丁字毛。**叶：**羽状复叶，小叶6~13对，叶柄长1~2.5 cm，叶轴被丁字毛；托叶披针形，早落；小叶对生，椭圆形或长圆形，顶生小叶倒卵形，长1~2.5 cm，宽5~9 mm，先端圆钝或微凹，下面疏生平贴丁字毛，小叶柄长1.5~2 mm，有毛；小托叶钻形，宿存。**花：**总状花序，长达35 cm，下垂；总花梗有毛；苞片披针形；花萼杯状，外面有丁字毛，萼齿5枚，卵形或线状披针形，不等长；蝶形花冠，紫红色，旗瓣长圆形，长9~10 mm，宽约5 mm，外面有绢丝状丁字毛，翼瓣长达10 mm，边缘具睫毛，龙骨瓣和翼瓣等长，先端及边缘有毛。**果实：**荚果，圆柱形，褐色，疏生丁字毛。

花期 / 6—8月　果期 / 9—10月　生境 / 山坡、山谷、沟边、灌丛、林缘　分布 / 云南西部及西北部、四川西南部　海拔 / 1 900~3 300 m

蝶形花科 木蓝属

1 网叶木蓝

Indigofera reticulata

外观：灌木，基部分枝。**根茎：**枝短缩，具棱，被棕色丁字毛。**叶：**羽状复叶，小叶2~6对，叶柄长4~11 mm；小叶对生，长圆形或长圆状椭圆形，顶生小叶倒卵形，先端钝圆或微凹，有小尖头，基部浅心形或圆形，两面被短丁字毛。**花：**总状花序，总花梗被毛；花萼外面被毛，萼齿5枚，披针状钻形；花冠紫红色，旗瓣阔卵形，外面被毛，翼瓣长约7 mm，边缘具睫毛，龙骨瓣与翼瓣等长。**果实：**荚果，圆柱形，被短丁字毛。

花期 / 5—9月　果期 / 9—12月　生境 / 山坡、疏林下、灌丛、林缘草坡　分布 / 西藏（错那）、云南中西部及西北部、四川西南部　海拔 / 1 200~3 000 m

1

蝶形花科 胡枝子属

2 束花铁马鞭

Lespedeza fasciculiflora

别名：铁马鞭、地筋、铁扫帚

外观：多年生草本，密被白色长硬毛。**根茎：**根长而发达；茎基部多分枝，平卧或斜升。**叶：**托叶干膜质，线形；羽状复叶具3小叶；小叶倒心形，先端微凹或近截形，具小刺尖；侧脉明显，约15对，下面密被长柔毛。**花：**总状花序腋生，明显超出叶；小苞片边缘有缘毛；花萼5深裂，裂片线状披针形，先端长渐尖，花冠粉红色或淡紫红色，旗瓣倒卵形，先端微凹或圆形，瓣柄上部有耳状附属物，翼瓣小，长圆形，龙骨瓣与旗瓣近等长；具闭锁花。**果实：**荚果，长卵形，与宿存萼近等长，先端具长喙。

花期 / 7—8月　果期 / 9月至翌年2月　生境 / 高山沙质草地　分布 / 西藏、云南西北部、四川西部　海拔 / 1 600~3 000 m

3 牛枝子

Lespedeza potaninii

外观：半灌木。**根茎：**基部多分枝，有细棱，被粗硬毛。**叶：**托叶刺毛状，长2~4 mm；羽状复叶具3小叶，小叶先端钝圆或微凹，具小刺尖，下面被灰白色粗硬毛。**花：**总状花序腋生；总花梗长，明显超出叶；花疏生；小苞片锥形；花萼密被长柔毛，5深裂，裂片先端呈刺芒状；花冠黄白色，旗瓣中央及龙骨瓣先端带紫色，冀瓣较短；闭锁花腋生。**果实：**荚果，双凸镜状，密被粗硬毛，包于宿存萼内。

花期 / 7—9月　果期 / 9—10月　生境 / 荒漠草原、草原带沙质地、砾石地　分布 / 西藏、云南、四川、青海、甘肃　海拔 / 达4 000 m

2

3

蝶形花科 百脉根属

4 百脉根

Lotus corniculatus

别名：牛角花、五叶草

外观：多年生草本。**根茎：**茎丛生，近四棱形。**叶：**羽状复叶，小叶5枚，顶端3小叶显著，基部2小叶呈托叶状；密被黄色长柔毛。**花：**伞形花序，总花梗长3~10 cm，花3~7朵集生于总花梗顶端；苞片3枚，叶状；萼钟形，萼齿狭三角形；蝶形花冠，黄色或金黄色。**果实：**荚果，线状圆柱形，褐色，二瓣裂，扭曲。

花期 / 5—9月　果期 / 7—10月　生境 / 山坡、草地、田野、河滩　分布 / 西藏（吉隆）、云南、四川、青海、甘肃　海拔 / 1 500~3 500 m

4

蝶形花科 苜蓿属

5 天蓝苜蓿

Medicago lupulina

别名：黑荚苜蓿、杂花苜蓿

外观：一二年生或多年生草本，全株被柔毛或有腺毛。根茎：茎多分枝。**叶：**羽状3出复叶；托叶卵状披针形，常齿裂；下部叶柄较长，长1~2 cm，上部叶柄比小叶短；小叶先端多少截平或微凹，具细尖，两面均被毛。**花：**花序小头状，具花10~20朵；总花梗挺直，比叶长，密被贴伏柔毛；苞片刺毛状；萼钟形，萼齿线状披针形；蝶形花冠，黄色。**果实：**荚果，肾形，熟时变黑。

花期 / 7—9月　果期 / 8—10月　生境 / 河岸、路边、田野、林缘　分布 / 西藏南部及东部、云南中部及西北部、四川、青海、甘肃　海拔 / 1 200~3 400 m

5

6

6

6 青海苜蓿

Medicago archiducis-nicolai

外观：多年生草本；高8~20 cm。**根茎：**茎平卧或上升，微被柔毛，多分枝。**叶：**羽状三出复叶；托叶戟形，长4~7 mm，先端尖三角形，具尖齿；小叶阔卵形至圆形，长6~18 mm，宽6~12 mm，先端截平或微凹，基部圆钝，边缘具不整齐尖齿，有时甚钝或不明显。**花：**伞形花序，具花4~5朵，疏松；花冠橙黄色，中央带紫红色晕纹，旗瓣倒卵状椭圆形，先端微凹，与翼瓣近等长，龙骨瓣长圆形，具长瓣柄，明显比旗瓣和翼瓣短；子房线形；胚珠7~9粒。**果实：**荚果长圆状半圆形，扁平。

花期 / 6—8月　果期 / 7—9月　生境 / 高原坡地、草原　分布 / 西藏东部、青海、四川西部　海拔 / 2 900~3 800 m

1

2

蝶形花科 草木犀属

1 草木犀

Melilotus officinalis

(syn. *Melilotus suaveolens*)

别名：辟汗草

外观：二年生草本，高40~100 cm。**根茎：**茎直立，多分枝，具纵棱，微被柔毛。**叶：**羽状3出复叶；托叶镰状线形；小叶倒卵形、阔卵形、倒披针形至线形，长15~25 mm，宽5~15 mm，边缘具不整齐疏浅齿，下面散生短柔毛。**花：**总状花序，腋生，具花30~70朵；苞片刺毛状；萼钟形，萼齿5枚，三角状披针形；蝶形花冠，黄色，旗瓣倒卵形，与翼瓣近等长，龙骨瓣稍短。**果实：**荚果，卵形，先端具宿存花柱，表面具凹凸不平的横向细网纹，棕黑色。

花期 / 5—9月　果期 / 6—10月　生境 / 河岸、草地、林缘、路旁　分布 / 西藏东南部、云南中部至西北部、四川　海拔 / 1 000~3 100 m

蝶形花科 棘豆属

2 甘肃棘豆

Oxytropis kansuensis

别名：田尾草、施巴草、疯马豆、马绊肠

外观：多年生草本，高8~20 cm。**根茎：**茎铺散或直立，基部分枝斜伸而扩展，疏被黑色短毛和白色糙伏毛。**叶：**羽状复叶，小叶17~23枚，叶柄与叶轴疏被糙伏毛；托叶草质，卵状披针形，疏被糙伏毛；小叶卵状长圆形至披针形，长7~13 mm，宽3~6 mm，两面疏被短柔毛。**花：**总状花序近头状；总花梗长7~15 mm，直立，具柔毛；苞片膜质，线形，疏被柔毛；花萼筒状，密被长柔毛，萼齿5枚，线形；蝶形花冠，黄色，旗瓣长约12 mm，宽卵形，翼瓣长约11 mm，长圆形，龙骨瓣长约10 mm。**果实：**荚果，膨胀，密被短柔毛。

花期 / 6—9月　果期 / 8—10月　生境 / 高山草甸、林下、山坡草地、河边、沼泽地、灌丛、砾石地　分布 / 西藏东部至南部、云南西北部、四川西部和西北部、青海、甘肃　海拔 / 2 200~5 300 m

3　魏来　摄影

4

3 小叶棘豆

Oxytropis microphylla

别名：瘤果棘豆、奴奇哈、奥打夏

外观：灰绿色多年生草本，有恶臭。**根茎：**根直伸，淡褐色；茎缩短，丛生，基部残存密被白色绵毛的托叶。**叶：**轮生羽状复叶；托叶膜质，于很高处与叶柄贴生，基部合生，密被白色绵毛；叶柄与叶轴被白色柔毛；小叶15~25轮，每轮4~6枚，边缘内

5

5

卷，有时被腺点。**花：** 头形总状花序，花后伸长；花莛直立，密被开展的白色长柔毛；苞片线状披针形；花萼薄膜质，筒状，疏被白色绵毛和黑色短柔毛，密生具柄的腺体；花冠蓝色或紫红色，旗瓣瓣片先端微凹或2浅裂或圆形，翼瓣瓣片为两侧不等的三角状匙形，先端斜截形而微凹，基部具长圆形的耳，龙骨瓣瓣片为两侧不等的宽椭圆形。**果实：** 荚果，硬革质，线状长圆形，略呈镰状弯曲，喙长2 mm，被瘤状腺点。

花期 / 5—9月　果期 / 7—9月　生境 / 河滩沙地、山坡草地　分布 / 西藏、青海　海拔 / 2 700~5 000 m

4 少花棘豆

Oxytropis pauciflora

外观： 多年生草本，高5~10 cm。**根茎：** 侧根多；茎缩短。**叶：** 羽状复叶，小叶11~19枚，叶柄与叶轴疏被贴伏白色短柔毛；托叶长卵形，幼时疏被短柔毛；小叶卵形、长圆形或长圆状披针形，长3~6 mm，宽1.5~3 mm，两面疏被长柔毛或近无毛。**花：** 总状花序近伞形，总花梗与叶等长或较叶稍长，疏被短柔毛；苞片长圆形，被毛；花萼钟状，密被短柔毛，萼齿5枚，披针形；蝶形花冠，蓝紫色，旗瓣长10~15 mm，宽9 mm，宽圆形，先端深凹，翼瓣长12~13 mm，宽4.5 mm，倒卵状长圆形，先端凹，龙骨瓣稍短于翼瓣。**果实：** 荚果，长圆状圆柱形，被短柔毛。

花期 / 6—7月　果期 / 8—9月　生境 / 石质山坡、高山草甸、灌丛、河滩草地、沟边　分布 / 西藏南部及西部　海拔 / 4 300~5 550 m

5 毛瓣棘豆

Oxytropis sericopetala

别名：哲玛

外观： 多年生草本，高10~40 cm。**根茎：** 根茎木质化；茎短，被灰色绒毛。**叶：** 羽状复叶，小叶13~31枚，叶柄与叶轴密被白色绢状长柔毛；托叶草质，披针形，密被长柔毛；小叶狭长圆形或长圆状披针形，长8~30 mm，宽3~5 mm，两面密被长柔毛。**花：** 密穗形总状花序；总花梗长于叶，密被长柔毛；苞片线形，密被长柔毛；花萼短钟形，密被毛，萼齿5枚，线形；蝶形花冠，紫红色至蓝紫色，稀白色，旗瓣长10~12 mm，宽卵形，背面密被柔毛，翼瓣长约10 mm，斜倒卵状长圆形，先端微凹，龙骨瓣长8 mm，背面疏被绢状柔毛。**果实：** 荚果，椭圆状卵形，微膨胀，密被长柔毛。

花期 / 5—7月　果期 / 7—8月　生境 / 河滩砂地、山地、沙丘、山坡草地、卵石河滩　分布 / 西藏南部及东南部　海拔 / 2 600~4 600 m

蝶形花科 棘豆属

1 云南棘豆

Oxytropis yunnanensis

别名：滇棘豆

外观：多年生草本，高7~15 cm。**根茎：**根圆柱形；茎缩短，基部有分枝，疏丛生。**叶：**羽状复叶，小叶9~19枚，叶柄与叶轴被疏柔毛；托叶纸质，长卵形，疏被长柔毛；小叶披针形，长5~7 mm，宽1.5~3mm，两面疏被短柔毛。**花：**总状花序近头状；总花梗长于叶或等长，疏被短柔毛；苞片膜质，被毛；花萼钟状，疏被长柔毛，萼齿5枚，锥形；蝶形花冠，蓝紫色或紫红色，旗瓣长10~15 mm，宽卵形或宽倒卵形，宽约7 mm，先端2浅裂，翼瓣稍短，先端2裂，龙骨瓣比翼瓣短。**果实：**荚果，近革质，椭圆形、长圆形或卵形，密被短柔毛。

花期 / 7—9月　果期 / 7—9月　生境 / 山坡、灌丛、草地、岩缝中　分布 / 西藏（八宿、察隅）、云南西北部、四川　海拔 / 3 300~4 600 m

1

蝶形花科 蔓黄芪属

2 米林蔓黄芪

Phyllolobium milingense

(syn. *Astragalus milingensis*)

别名：米林黄耆，米林膨果豆

外观：多年生草本，平卧，高2~5 cm。**根茎：**根木质；茎数条丛生，长4~30 cm，被白色短柔毛。**叶：**羽状复叶，小叶7~15枚；托叶三角形，有缘毛；小叶互生，倒卵形，长2~7 mm，宽2~3 mm，先端截形或微凹，上面无毛或散生长柔毛，下面具白色长伏毛。**花：**总状花序头状，生1~4朵花；总花梗长1.5~2.5 cm，较叶长；苞片钻形，被白色毛；花梗被白色毛；花萼钟状，被柔毛，

2

2

3

3

3

4

萼齿5枚，钻形，较筒部略短；蝶形花冠，紫红色，旗瓣长7~10 mm，宽8~9.5 mm，扁圆形，先端微缺，基部稍突然收狭，翼瓣长7~8 mm，弯长圆形，龙骨瓣长8~9 mm，近半圆形或近倒卵形。**果实：**荚果，长圆形，膨胀，被白色短伏毛。

花期 / 6—9月　果期 / 9—10月　生境 / 山坡　分布 / 西藏南部及东部　海拔 / 2 900~3 500 m

蝶形花科 黄花木属

3 黄花木

Piptanthus nepalensis

别名：金链叶黄花木、尼泊尔黄花木

外观：灌木，高1.5~3 m。**根茎：**茎圆柱形，具沟棱，被白色棉毛。**叶：**叶柄具阔槽，密被毛；托叶被毛；小叶披针形至线状卵形，硬纸质，上面无毛，暗绿色，下面初被黄色丝状毛和白色贴伏柔毛。**花：**总状花序顶生，具花2~4轮，密被白色棉毛，不脱落；苞片阔卵形，先端锐尖，密被毛；萼钟形，被白色棉毛，萼齿5枚，上方2齿合生，三角形，下方3齿披针形，与萼筒近等长；花冠黄色，旗瓣阔心形，瓣片先端凹，瓣柄长约6 mm，翼瓣稍短，先端钝圆；子房线形，具短柄，密被黄色绢毛。**果实：**荚果，阔线形，扁平，具尖喙，疏被柔毛。

花期 / 4—6月　果期 / 6—7月　生境 / 山坡针叶林缘、草地灌丛或河流旁　分布 / 西藏东南部、云南西北部、四川、甘肃　海拔 / 1 600~4 000 m

蝶形花科 鹿藿属

4 云南鹿藿

Rhynchosia yunnanensis

别名：滇鹿藿

外观：低矮藤本，草质或有时近木质，全株密被灰色柔毛或绒毛。**根茎：**茎稍粗壮，具明显细纵棱，被微黑褐色小腺点。**叶：**羽状3小叶；托叶披针形，常宿存；小叶纸质，顶生小叶肾形，先端常具小凸尖，两面密被灰色柔毛及黑褐色小腺点；无小托叶。**花：**总状花序腋生；苞片披针形，宿存；花黄色；萼5裂，较萼管长，下面一枚裂片最长；旗瓣近圆形或倒卵状圆形，基部具瓣柄及2耳，无毛，翼瓣椭圆形至倒卵状椭圆形，具瓣柄和一侧具耳，龙骨瓣较阔，半倒卵形，具瓣柄，无耳；雄蕊二体；子房密被丝质毛，无柄，胚珠1~2粒，花柱线状，下部被丝质毛。**果实：**荚果，倒卵状椭圆形至椭圆形，带红褐色，微被短柔毛，先端具喙。

花期 / 5—8月　果期 / 10月　生境 / 河谷草坡砂石上　分布 / 云南　海拔 / 1 800~2 300 m

蝶形花科 槐属

1 白刺花

Sophora davidii

别名：狼牙槐、狼牙刺、马蹄针

外观： 灌木或小乔木。**根茎：** 枝多开展，不育枝末端明显变成刺，有时分叉。**叶：** 羽状复叶；托叶钻状，部分变成刺，疏被短柔毛，宿存；小叶5~9对，一般为椭圆状卵形，先端圆或微缺，常具芒尖。**花：** 总状花序生于小枝顶；花小，较少；花萼钟状，蓝紫色，萼齿5枚，无毛；花冠白色或淡黄色，有时旗瓣稍带红紫色；雄蕊10枚，等长，基部连合不到1/3；子房比花丝长，密被黄褐色柔毛，花柱变曲，无毛，胚珠多数。**果实：** 荚果，非典型串珠状，稍压扁。

花期 / 3—8月　果期 / 6—10月　生境 / 河谷沙丘、山坡路边灌木丛中　分布 / 西藏、云南、四川、甘肃　海拔 / 1 000~2 500 m

1

2 砂生槐

Sophora moorcroftiana

别名：狼牙刺

外观： 小灌木，高约1 m。**根茎：** 分枝多而密集，小枝密被灰白色绒毛，不育枝末端常变成健壮的刺，有时分叉。**叶：** 羽状复叶；托叶钻状，初时稍硬，后变成刺，宿存；小叶5~7对，倒卵形，长约10 mm，宽约6 mm，常具芒尖，两面被丝质柔毛或绒毛。**花：** 总状花序，生于小枝顶端；花萼蓝色，浅钟状，萼齿5枚，不等大，上方2齿近连合，其余3齿呈锐三角形，被长柔毛；蝶形花冠，蓝紫色，旗瓣卵状长圆形，基部骤狭成柄，翼瓣倒卵状椭圆形，龙骨瓣卵状镰形；雄蕊10枚，不等长，基部不同程度连合。**果实：** 荚果，呈不明显串珠状，稍压扁。

花期 / 5—7月　果期 / 7—10月　生境 / 河谷灌丛　分布 / 西藏南部及东南部　海拔 / 2 800~4 500 m

2

蝶形花科 野决明属

3 高山野决明

Thermopsis alpina

别名：高山黄华、光叶黄华

外观： 多年生草本。**根茎：** 根状茎发达；茎具沟棱。**叶：** 托叶卵形或阔披针形，上面无毛，下面和边缘被长柔毛，后渐脱落；小叶线状倒卵形至卵形，下面有时毛被较密。**花：** 总状花序顶生，2~3朵花轮生；苞片与托叶同型，被长柔毛；萼钟形，被伸展柔毛，背侧稍呈囊状隆起，上方2齿合生；花冠黄色，花瓣均具长瓣柄，旗瓣阔卵形或近肾形，先端凹缺，基部狭至瓣柄，翼瓣与旗瓣

2

3

几等长，龙骨瓣与翼瓣近等宽；子房密被长柔毛，具短柄，胚珠4~8粒。**果实：**荚果，长圆状卵形，先端骤尖至长喙，扁平，被白色伸展长柔毛。

花期 / 5—7月　果期 / 7—8月　生境 / 砾质荒漠、草原和河滩砂地　分布 / 西藏、云南、四川、青海、甘肃　海拔 / 2 400~4 800 m

4 紫花野决明

Thermopsis barbata

别名：紫花黄华

外观：多年生草本，花期全株密被长柔毛，具丝质光泽。**根茎：**根状茎粗壮，木质化；茎具纵槽纹。**叶：**茎下部叶4~7枚轮生，包括叶片和托叶，连合成鞘状，茎上部叶片和托叶渐分离；3出复叶；托叶叶片状，两者颇难区别；小叶长圆形或披针形至倒披针形，边缘渐下延成翅状叶柄。**花：**总状花序顶生；苞片椭圆形或卵形，先端锐尖，基部连合鞘状；萼近二唇形，密被贴伏绢毛；花冠紫色，旗瓣近圆形，瓣柄先端凹缺，基部截形或近心形，翼瓣和龙骨瓣近等长；子房具长柄，胚珠4~13粒。**果实：**荚果，长椭圆形，先端和基部急尖，扁平，褐色，被长伸展毛。

花期 / 6—7月　果期 / 8—9月　生境 / 河谷、山坡　分布 / 西藏、云南西北部、四川西部、青海　海拔 / 2 700~4 500 m

1

蝶形花科 野决明属

1 披针叶野决明

Thermopsis lanceolata

别名：披针叶黄华、牧马豆

外观：多年生草本。**根茎：**茎直立，具沟棱，被黄白色贴伏或伸展柔毛。**叶：**3小叶；叶柄短；托叶叶状，卵状披针形，先端渐尖，基部楔形，上面近无毛，下面被贴伏柔毛；小叶狭长圆形、倒披针形，上面通常无毛，下面多少被贴伏柔毛。**花：**总状花序顶生，具花2~6轮，排列疏松；苞片线状卵形或卵形，先端渐尖，宿存；萼钟形，密被毛，背部稍呈囊状隆起，上方2齿连合，三角形，下方萼齿披针形，与萼筒近等长；花冠黄色，旗瓣近圆形，先端微凹，基部渐狭成瓣柄，先端有狭窄头，龙骨瓣宽为翼瓣的1.5~2倍；子房密被柔毛，具柄，胚珠12~20粒。**果实：**荚果，线形，先端具尖喙，被细柔毛，黄褐色。

花期／5—7月　果期／6—10月　生境／草原、沙丘、河岸和砾石滩　分布／西藏、青海、甘肃　海拔／2 200~4 700 m

2

2 矮生野决明

Thermopsis smithiana

别名：矮生黄华、囊果黄华、短生黄华

外观：多年生草本。**根茎：**根状茎匍匐状或上升；茎直立，基部具关节，具四棱，被白色长柔毛。**叶：**上部叶密集，基部具栗褐色膜质鞘，抱茎合生成筒状；3出掌状复叶无柄或具短柄；托叶叶状；小叶狭椭圆形或倒卵形，下面被白色长柔毛。**花：**总状花序顶生，短缩；花3朵轮生；花梗短；苞片阔卵形，下面与花萼被同样白色长柔毛；萼近二唇形，背面基部稍呈囊状隆起，上方2齿阔三

3

角形，下方3齿狭披针形；花冠鲜黄色，旗瓣近圆形，先端凹陷，基部渐狭至长瓣柄，翼瓣和龙骨瓣等宽，长与旗瓣相等或稍短；子房近无毛，密被柔毛，胚珠4~5粒。**果实：**荚果，椭圆形至倒卵形，先端圆钝或截形，具短尖头，被白色伸展长柔毛。

花期 / 6—7月　果期 / 7—8月　生境 / 阳坡高山草地　分布 / 西藏、云南西北部、四川西部　海拔 / 3 500~4 500 m

蝶形花科 高山豆属

3 高山豆

Tibetia himalaica

别名：单花米口袋、异叶米口袋

外观：低矮多年生草本。**根茎：**主根直下，分茎明显。**叶：**羽状复叶具小叶9~13枚；托叶大，卵形，长达7 mm，密被贴伏的长柔毛。**花：**伞形花序具1~3朵花；总花梗与叶等长或比叶长，具稀疏的长柔毛；苞片长三角形；花萼钟状，上2枚萼较大；花冠深蓝紫色；子房被长柔毛，花柱折成直角。**果实：**荚果，圆筒形，被稀疏柔毛或无毛。

花期 / 5—7月　果期 / 7—8月　生境 / 山坡草地　分布 / 西藏、云南西北部、四川西部、青海东部、甘肃　海拔 / 3 000~5 000 m

3

4 黄花高山豆

Tibetia tongolensis

别名：黄花米口袋

外观：多年生草本。**根茎：**茎纤细。**叶：**托叶大，分离，膜质，钝头，具棕色斑点；小叶5~9枚，倒卵形或宽卵形，叶上面常有小黑点，下面被疏柔毛。**花：**伞形花序具2~3朵花；总花梗一般与叶等长或稍长；花梗被棕色贴伏长硬毛；苞片长三角形，小苞片长卵形，渐尖，边缘有牙齿状腺体；花萼钟状或宽钟状，上2萼齿合生，先端分离；花冠黄色，旗瓣宽卵形，翼瓣宽斜卵形，龙骨瓣倒卵形；子房棒状，光滑无毛，花柱向前曲折成直角。**果实：**荚果，圆棒状，无毛。

花期 / 4—7月　果期 / 8—9月　生境 / 高山草地或林缘　分布 / 云南、四川　海拔 / 2 700~3 900 m

4

4

4

蝶形花科 车轴草属

1 红车轴草

Trifolium pratense

别名：红三叶、红花苜蓿

外观：短期多年生草本，高30~50 cm。**根茎：**茎粗壮，具纵棱，直立或平卧上升，疏被柔毛或无毛。**叶：**掌状3出复叶，小叶卵状椭圆形至倒卵形，长1.5~3.5 cm，宽1~2 cm，先端有时微凹，两面疏生长柔毛，叶面上常有V字形白斑，边缘具不明显钝齿；叶柄被伸展毛或近无毛；托叶近卵形，基部抱茎，先端具锥刺状尖头。**花：**多数，密集成头状花序，顶生；萼钟形，被长柔毛，萼齿5枚，丝状，萼喉部具一多毛的加厚环；蝶形花冠，紫红色至淡红色，旗瓣匙形，明显比翼瓣和龙骨瓣长，龙骨瓣稍比冀瓣短。**果实：**荚果，卵形。

花期 / 5—9月　果期 / 5—9月　生境 / 栽培物种，原产于地中海沿岸；常逸生，见于林缘、湿润草地　分布 / 云南、四川　海拔 / 1 000~3 400 m

1

2

2 白车轴草

Trifolium repens

别名：白三叶、白花三叶草、荷兰翘摇

外观：短期多年生草本，高10~30 cm。**根茎：**茎匍匐蔓生，上部稍上升。**叶：**掌状3出复叶，小叶倒卵形至近圆形，长8~20 mm，宽8~16 mm，先端凹头至钝圆，边缘具锯齿；小叶柄长1.5 mm，微被柔毛；叶柄长可达10~30 cm；托叶卵状披针形，基部抱茎成鞘状。**花：**多数，密集成头状花序，球形，顶生；总花梗常比叶柄长近1倍；苞片披针形；萼钟形，具脉纹10条，萼齿5枚，披针形；花冠白色，有时乳黄色带或淡红色，具香气，旗瓣椭圆形，比翼瓣和龙骨瓣长近1倍，龙骨瓣比翼瓣稍短。**果实：**荚果，长圆形。

花期 / 5—10月　果期 / 5—10月　生境 / 栽培物种，原产于地中海沿岸；常逸生，见于湿润草地、河岸、路边　分布 / 云南、四川　海拔 / 1 000~3 100 m

蝶形花科 野豌豆属

3 山野豌豆

Vicia amoena

别名：长叶草藤、山豆苗

外观：多年生草本，高30~100 cm，植株被疏柔毛，稀近无毛。**根茎：**茎具棱，多分枝，斜升或攀缘。**叶：**偶数羽状复叶，小叶4~7对，顶端卷须有2~3分枝；托叶半箭头形，边缘有3~4裂齿；小叶互生或近对生，椭圆形至卵披针形，长1.3~4 cm，宽

3

4

4

5

0.5~1.8 cm，先端微凹，具小刺尖，两面疏生柔毛或近无毛。**花：**总状花序，通常长于叶；花萼斜钟状，萼齿近三角形；蝶形花冠，红紫色、蓝紫色或蓝色，花期颜色多变，旗瓣倒卵圆形，长1~1.6 cm，宽0.5~0.6 cm，先端微凹，翼瓣与旗瓣近等长，斜倒卵形，龙骨瓣短于翼瓣。**果实：**荚果，长圆形。

花期 / 4—6月　果期 / 7—10月　生境 / 草甸、山坡、灌丛、杂木林中　分布 / 西藏（林芝）、云南西部及西北部　海拔 / 1 000~3 500 m

4 广布野豌豆

Vicia cracca

别名：草藤、落豆秧、肥田草

外观：多年生草本，高40~150 cm。**根茎：**茎攀缘或蔓生，有棱，被柔毛。**叶：**偶数羽状复叶，小叶5~12对，叶轴顶端卷须有2~3分枝；托叶半箭头形或戟形，上部2深裂；小叶互生，线形、长圆或披针状线形，长1.1~3 cm，宽0.2~0.4 cm，先端具短尖头。**花：**总状花序，与叶轴近等长；花萼钟状，萼齿5枚，近三角状披针形；蝶形花冠，紫色、蓝紫色或紫红色，旗瓣长圆形，中部缢缩呈提琴形，翼瓣与旗瓣近等长，明显长于龙骨瓣。**果实：**荚果，长圆形或长圆菱形，先端有喙。

花期 / 4—9月　果期 / 6—10月　生境 / 草甸、林缘、山坡、河滩草地、灌丛　分布 / 西藏南部、云南中部及西部、四川　海拔 / 1 500~4 200 m

5 窄叶野豌豆

Vicia sativa subsp. *nigra*

(syn. *Vicia angustifolia*)

别名：闹豆子、铁豆秧

外观：一年生或二年生草本，高20~50 cm。**根茎：**茎斜升、蔓生或攀缘，多分枝，被疏柔毛。**叶：**偶数羽状复叶，小叶4~6对，叶轴顶端卷须发达；托叶半箭头形或披针形，有2~5齿，被微柔毛；小叶线形或线状长圆形，长1~2.5 cm，宽0.2~0.5 cm，先端平截或微凹，具短尖头，两面疏被柔毛。**花：**1~2朵花腋生，稀较多；花萼钟形，萼齿5枚，三角形，外面疏被柔毛；蝶形花冠，红色或紫红色，旗瓣倒卵形，先端微凹，翼瓣与旗瓣近等长，龙骨瓣短于翼瓣。**果实：**荚果，长线形，微弯。

花期 / 3—6月　果期 / 5—9月　生境 / 河滩、山谷、田边　分布 / 西藏南部及东部、云南西部、四川　海拔 / 1 000~3 700 m

蝶形花科 野豌豆属

1 四籽野豌豆

Vicia tetrasperma

别名：丝翘翘、四籽草藤、苕子

外观：一年生缠绕草本，高20~60 cm。**根茎：**茎纤细柔软有棱，多分枝，被微柔毛。**叶：**偶数羽状复叶；顶端为卷须，托叶箭头形或半三角形；小叶2~6对，长圆形或线形，先端圆，具短尖头，基部楔形。**花：**总状花序，1~2朵花着生于花序轴先端，花甚小；花萼斜钟状，萼齿圆三角形；花冠淡蓝色或带蓝、紫白色，旗瓣长圆倒卵形，翼瓣与龙骨瓣近等长；子房长圆形，有柄，胚珠4粒，花柱上部四周被毛。**果实：**荚果，长圆形，表皮棕黄色，近革质，具网纹。

花期 / 3—6月　果期 / 6—8月　生境 / 山谷、草地阳坡　分布 / 云南、四川、甘肃　海拔 / 1 000~2 900 m

1

1

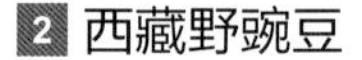

2 西藏野豌豆

Vicia tibetica

别名：藏野豌豆

外观：多年生草本。**根茎：**茎攀缘或蔓生，分枝，具棱。**叶：**偶数羽状复叶，小叶3~6对，顶端卷须有2~3分枝；托叶三角形，具3~5齿；小叶互生，厚纸质，长圆形，长1.2~1.8 cm，宽0.4~0.6 cm，先端具短尖头。**花：**总状花序；花萼斜钟状；蝶形花冠，红色、紫红色至淡蓝色，旗瓣长1.1 cm，宽0.4 cm，先端圆微凹，中部缢缩，翼瓣与旗瓣近等长，卵圆形，龙骨瓣明显短于冀瓣。**果实：**荚果，压扁，长圆形。

花期 / 5—8月　果期 / 5—8月　生境 / 林缘、山坡、草地、灌丛、河岸　分布 / 西藏南部及东南部　海拔 / 2 000~4 300 m

2

3 歪头菜

Vicia unijuga

别名：草豆、两叶豆苗、偏头草

外观：多年生草本。**根茎：**根茎粗壮近木质，须根发达；通常数茎丛生，具棱。**叶：**叶轴末端为细刺尖头；托叶戟形或近披针形，边缘有不规则齿蚀状；小叶1对，卵状披针形或近菱形，边缘具小齿状，两面均疏被微柔毛。**花：**总状花序明显长于叶；花8~20朵，密集于花序轴上部；花萼紫色，斜钟状或钟状，萼齿明显短于萼筒；花冠蓝紫色至淡蓝色，旗瓣倒提琴形，中部缢缩，先端圆有凹，翼瓣先端钝圆，龙骨瓣短于翼瓣，子房线形，无毛，胚珠2~8粒，具子房柄，花柱上部四周被毛。**果实：**荚果，压扁，表皮棕黄色，近革质，先端具喙。

3

4

花期 / 6—7月 果期 / 8—9月 生境 / 山地、林缘、草地、沟边及灌丛 分布 / 西藏、云南、四川、青海、甘肃 海拔 / 1 000~4 000 m

杨柳科 柳属

4 栅枝垫柳

Salix clathrata

别名：穿孔柳、栅枝柳

外观：垫状灌木。**根茎：**主干及枝条匍匐生长，粗壮，枝条极多而互相交错呈栅栏状，节明显；幼枝红褐色，被短绒毛，后变秃净，老枝暗褐色；芽小，卵球形，扁平，被疏短柔毛。**叶：**叶片椭圆形或倒卵形，长15 mm，宽10 mm，革质，两端近圆形；上面亮绿色，无毛，有亮光，具褶皱，叶脉明显凹下；下面灰白色，有腊质层；叶柄长约4 mm，红色，初被短柔毛。**花：**先叶开放，花序椭圆形，花序梗极短，有2~3个小叶，花多而密，轴粗壮，密被短柔毛；苞片倒卵圆形，先端圆，上部紫红色，外面及边缘有疏长柔毛；雄蕊2枚，长约为苞片的2倍，基部有长柔毛，花药小，圆球形，红色；腺体2枚，腹腺细圆柱形，基部稍宽，约为苞片长的1/4，背腺稍宽而短；子房卵形，无柄，光滑无毛，花柱明显，2裂，柱头2裂，仅具腹腺，细圆柱形。**果实：**蒴果，狭卵形，长4 mm，无柄或有短柄。

花期 / 6—7月 果期 / 8—9月 生境 / 高山草地、裸露的岩石上 分布 / 西藏（错那）、云南西北部、四川西部 海拔 / 3 600~4 500 m

5 丛毛矮柳

Salix floccosa

别名：卷毛柳

外观：矮小灌木，高30~50 cm。**根茎：**分枝多，小枝暗褐色，老枝发黑色，当年生枝常被柔毛，老枝无毛；芽卵形，长3~4 mm，红褐色，无毛。**叶：**叶片倒卵形或倒卵状椭圆形，长2~5 cm，宽1~2 cm，先端钝，基部狭；上面绿色，无毛，常有光泽；下面在幼时密被灰白色长柔毛，后变丛卷毛或无毛；边缘具细锯齿或全缘。**花：**花序与叶同时展开，着生于当年生枝的顶端，轴被柔毛；雄花序长1~3 cm，雄蕊2枚，花丝基部有长毛，苞片倒卵形，先端钝圆，外面无毛，内面有疏长柔毛，具腹腺和背腺，背腺较细；雌花序长约2 cm，子房卵形，无柄，密被柔毛，花柱明显，2裂，柱头2裂，苞片倒卵形，先端钝圆，两面被疏毛，背面较密，仅有腹腺，长圆形。**果实：**蒴果，卵形。

花期 / 6—7月 果期 / 8—9月 生境 / 高山灌丛 分布 / 西藏东南部（波密、米林）、云南西北部 海拔 / 3 600~4 000 m

5

杨柳科 柳属

1 青藏垫柳

Salix lindleyana

外观：垫状灌木。**根茎：**主干匍匐而生根，暗褐色；当年生枝红褐色，有疏长柔毛或无毛，老枝无毛；芽小，卵球形，黄绿色，无毛。**叶：**叶片倒卵状长圆形至倒卵状披针形，萌枝叶先端尖，稀稍钝，基部楔形，上面亮绿色，无毛，中脉明显凹下，下面苍白色，无毛，中脉明显凸起，幼叶两面有稀疏的短柔毛，全缘，常稍反卷；叶柄幼时有短柔毛，后无毛。**花：**花序与叶同时开放，卵圆形，每花序仅有数花着生在当年生枝的顶端，基部有正常叶，轴有疏长柔毛或无毛；雄蕊2枚，花丝基部有长柔毛，花药广卵形；苞片广卵圆形，先端圆，淡紫红色，仅有疏缘毛，有背腺和腹腺，近等长，长约为苞片的1/3；子房卵状圆锥形，近无柄，无毛，花柱粗而短，先端2裂，柱头2裂；苞片同雄花，仅有腹腺，约为子房长的2/3。**果实：**蒴果，有短柄。

花期 / 6月　果期 / 7—9月　生境 / 高山顶部较潮湿的岩缝中　分布 / 西藏、云南西北部　海拔 / 3 500~4 500 m

1

1

1

1

1

2 藏紫枝柳

Salix paraheterochroma

外观： 灌木，高约3 m。**根茎：** 一年生小枝褐色，无毛，当年生小枝初有绵毛状绒毛，后变无毛。**叶：** 叶芽椭圆形，棕褐色，无毛；叶椭圆形或狭椭圆形，长5~9 cm，宽1.5~3.4 cm，先端急尖，基部楔形；上面深绿色，无毛；下面浅绿色，无毛或在中脉近叶柄处有柔毛，叶脉黄色，在下面隆起，侧脉明显；全缘或有很不明显的腺齿；叶柄长5~8 mm；托叶小，偏卵状披针形，边缘有腺齿。**花：** 花序后叶开放，长达8 cm；子房卵形，有毛，花柱明显，2中裂，柱头短，不分裂或分裂；苞片倒卵状长圆形，先端急尖，外面及边缘有柔毛，腺体1枚，腹生。**果实：** 蒴果，卵形，先端渐狭，紫红色。

花期 / **7—8月**　**果期** / **8—9月**　**生境** / **山坡林内**
分布 / **西藏东南部**　**海拔** / **3 300~3 400 m**

杨柳科 柳属

1 康定柳

Salix paraplesia

别名：拟五蕊柳、鬼柳、团柳

外观：小乔木，高6~7 m。**根茎：**小枝带紫色或灰色，无毛。**叶：**叶片倒卵状椭圆形或椭圆状披针形，长3.5~6.5 cm，宽1.8~2.8 cm，两面均无毛，边缘有明显的细腺锯齿。**花：**花叶同现，密生；花序梗长；雄花序通常长3.5 cm，雄蕊5~7枚，长短不一，花丝基部有柔毛，苞片常有腺齿，两面有毛，腺体2枚；雌花序长2~3 cm，子房长卵形或卵状圆锥形，有短柄，花柱与柱头明显，2裂。**果实：**蒴果，果序长达5 cm。

花期／4—5月 果期／6—7月 生境／山沟、山脊 分布／西藏、云南西北部、四川西部及西南部、青海 海拔／1 500~3 800 m

3

2 硬叶柳

Salix sclerophylla

外观：直立灌木。**根茎：**小枝多节，呈珠串状，暗紫红色，无毛；芽卵形，微三棱状，褐红色。**叶：**革质，椭圆形、倒卵形或广椭圆形，长2~3.4 cm，宽1~1.6 cm。**花：**花序椭圆形至长圆状椭圆形；雄蕊2枚，花丝基部有柔毛，苞片椭圆形或倒卵形，先端圆截形，长约为花丝的1/2，褐色或褐紫色，外面有柔毛或内面无毛，腺体2枚；子房有密柔毛，比苞片长近1倍，花柱短，柱头4裂。**果实：**蒴果，卵状圆锥形，有柔毛。

花期 / 5—6月　果期 / 6—7月　生境 / 山坡、水沟边、林中　分布 / 西藏东部至南部、云南西北部、四川西部、青海、甘肃东南部　海拔 / 4 000~4 800 m

壳斗科 栎属

3 巴郎栎

Quercus aquifolioides

别名：川滇高山栎、西南高山栎

外观：常绿乔木，高达20 m，有时呈灌木状。**根茎：**幼枝被黄棕色星状绒毛。**叶：**叶片椭圆形或倒卵形，长2.5~7 cm，宽1.5~3.5 cm，基部圆形或浅心形，全缘或有刺锯齿，老叶背面被黄棕色星状毛和单毛或鳞秕，侧脉明显。**花：**雄花序长5~9 cm，花序轴及花被均被疏毛；雌花序有花1~4朵。**果实：**壳斗浅杯形，包着坚果基部，内壁密生绒毛，外壁被灰色短柔毛；小苞片卵状长椭圆形，钝头，顶端常与壳斗壁分离。

花期 / 5—6月　果期 / 9—10月　生境 / 山坡向阳处、林下　分布 / 西藏南部及东部、云南西北部、四川　海拔 / 2 000~4 500 m

3

3

壳斗科 栎属

1 黄背栎

Quercus pannosa

别名：黄背高山栎

外观：常绿灌木或小乔木，高达15 m。**根茎：**小枝被污褐色绒毛，后渐脱落。**叶：**叶片卵形、倒卵形或椭圆形，长2~6 cm，宽1.5~4 cm，顶端圆钝或有短尖，基部圆形或浅心形，全缘或有刺状锯齿，叶背密被多层棕色腺毛、星状毛及单毛，遮蔽侧脉，中脉之字形曲折；叶柄长1~4 mm，被毛。**花：**雄花序长3~10 cm，雌花序长2~3 cm。**果实：**壳斗浅杯形，包着坚果1/3~1/2，内壁被棕色绒毛；壳斗小苞片窄卵形，覆瓦状排列，顶端与壳斗壁分离，被棕色绒毛；坚果卵形或近球形，顶端微有毛或无毛，果脐微突起。

花期 / 5—6月　果期 / 翌年9—10月　生境 / 山坡栎林或松栎林中　分布 / 云南西部及西北部、四川　海拔 / 2 500~3 900 m

1

荨麻科 雾水葛属

2 红雾水葛

Pouzolzia sanguinea

别名：青白麻叶、大粘叶、红水麻

外观：灌木，高0.5~3 m。**根茎：**小枝有浅纵沟，密或疏被贴伏或开展的短糙毛。**叶：**互生；狭卵形、椭圆状卵形或卵形，长2.6~11 cm，宽1.5~4 cm，顶端短渐尖至长渐尖，基部圆形、宽楔形或钝，边缘在基部之上有多数小牙齿，两面均稍粗糙，均被短糙毛，叶下面带银灰色并有光泽，侧脉2对；叶柄长0.4~1.2 cm。**花：**团伞花序单性或两性，苞片钻形或三角形；雄花花被片4枚，船状椭圆形，合生至中部，顶端急尖，外面有糙毛，雄蕊4枚，退化雌蕊狭倒卵形，基部周围有白色柔毛；雌花花被宽椭圆形或菱形，顶端约有3个小齿，外面有稍密的毛。**果实：**瘦果，卵球形，淡黄白色。

花期 / 4—9月　果期 / 5—10月　生境 / 山谷、林中、灌丛中、沟边　分布 / 西藏东南部和南部、云南、四川南部和西南部　海拔 / 1 000~2 300 m

1

荨麻科 荨麻属

3 高原荨麻

Urtica hyperborea

外观：多年生草本，丛生。**根茎：**具木质化的粗地下茎；茎上部稍四棱形，节间较密，具稍密的刺毛和稀疏的微柔毛。**叶：**叶片卵形或心形，边缘有6~11枚牙齿，有刺毛和微柔毛，基出脉3~5条；叶柄有刺毛和微柔毛；托叶每节4枚，离生，向下反折，具缘毛。**花：**雌雄同株或异株；花序短穗状，稀

近簇生状；雄花具细长梗；花被片4枚；退化雌蕊近盘状，具短粗梗；雌花具细梗，宿存花被干膜质，内面2枚花后明显增大，近圆形或扁圆形，稀宽卵形，外面疏生微糙毛，有时在中肋上有1~2根刺毛，外面2枚很小，卵形。**果实：**瘦果。

花期／6—7月　果期／8—9月　生境／高山石砾地、岩缝或山坡草地　分布／西藏、四川西北部、青海、甘肃南部　海拔／4 200~5 200 m

4 宽叶荨麻

Urtica laetevirens subsp. *laetevirens*

别名：虎麻草、螫麻、哈拉海

外观：多年生草本，高30~100 cm。**根茎：**根状茎匍匐；茎四棱形，有稀疏的刺毛和疏生细糙毛，在节上密生细糙毛，不分枝或少分枝。**叶：**叶片常近膜质，卵形或披针形，向上常渐变狭，长4~10 cm，宽2~6 cm，先端短渐尖至尾状渐尖，基部圆形或宽楔形，有牙齿或牙齿状锯齿，两面疏生刺毛和细糙毛，基出脉3条；叶柄纤细，向上的渐变短，疏生刺毛和细糙毛；托叶每节4枚，离生或有时上部的多少合生，条状披针形或长圆形。**花：**雌雄同株，稀异株；雄花序近穗状，纤细，生上部叶腋；雌花序近穗状，生下部叶腋，较短，纤细，稀缩短成簇生状，小团伞花簇稀疏地着生于序轴上。**果实：**瘦果，卵形，双凸透镜状，熟时变灰褐色，多少有疣点；宿存花被片4枚，在基部合生，外面疏生微糙毛。

花期／6—8月　果期／8—9月　生境／山谷溪边、林下阴湿处　分布／西藏东南部、云南东部及西北部、四川、青海东南部　海拔／1 000~3 500 m

荨麻科 荨麻属

1 齿叶荨麻

Urtica laetevirens subsp. *dentata*

外观：多年生草本，高30~100 cm。**根茎：**根状茎匍匐；茎四棱形，有稀疏的刺毛和疏生细糙毛，在节上密生细糙毛，不分枝或少分枝。**叶：**叶片常近膜质，心形，有时茎上部的叶狭卵形或披针形，先端短渐尖至尾状渐尖，有牙齿或牙齿状锯齿，两面疏生刺毛和细糙毛，基出脉3条，侧脉和外向二级脉在近边缘常网结；叶柄纤细，疏生刺毛和细糙毛；托叶每节4枚，离生或有时上部的多少合生。**花：**雌雄同株，稀异株；雄花序近穗状，纤细，生上部叶腋；雌花序近穗状，生下部叶腋，较短，纤细，稀缩短成簇生状，小团伞花簇稀疏地着生于序轴上。**果实：**瘦果，卵形，双凸透镜状，熟时变灰褐色，多少有疣点；宿存花被片4枚。

花期 / 6—8月　果期 / 8—10月　生境 / 山坡林下溪谷阴湿处　分布 / 西藏东南部、云南西北部、四川、青海南部、甘肃东南部　海拔 / 2 500~3 700 m

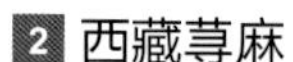

1

2

2 西藏荨麻

Urtica tibetica

别名：毒荨麻

外观：多年生草本，高40~100 cm。**根茎：**根状茎木质化；茎自基部多出，四棱形，带淡紫色，疏生刺毛和细糙毛。**叶：**叶片卵形至披针形，长3~8 cm，宽1.3~4 cm，先端渐尖，基部圆形或心形，边缘有细牙齿，上面疏生刺毛和细糙毛，下面被短柔毛和脉上疏生刺毛，基出脉3条；叶柄长1~3 cm，疏生刺毛和细糙毛；托叶每节4枚，离生，披针形或条形，被微柔毛。**花：**雌雄同株；雄花序圆锥状，生下部叶腋，雌花序近穗状或具少数分枝，生上部叶腋，花序长2~7 cm，多少下垂，疏生刺毛和细糙毛；雄花具短梗，花被片4枚，合生至中部，裂片卵形；雌花具短梗。**果实：**瘦果，三角状卵形，稍压扁，顶端锐尖，初时苍白色，后变淡褐色，光滑；宿存花被膜质。

花期 / 6—7月　果期 / 8—10月　生境 / 山坡草地　分布 / 西藏南部及东南部、青海　海拔 / 3 200~4 800 m

3

大麻科 大麻属

3 大麻

Cannabis sativa

别名：山丝苗、胡麻、火麻

外观：一年生直立草本，高1~3 m。**根茎：**枝具纵沟槽，密生灰白色贴伏毛。**叶：**叶片

3

3

掌状全裂，裂片披针形或线状披针形，中裂片最长，先端渐尖，边缘具向内弯的粗锯齿，中脉及侧脉在表面微下陷，背面隆起；叶柄密被灰白色贴伏毛；托叶线形。**花：**黄绿色，花被5枚，膜质，外面被细伏贴毛，雄蕊5枚，花丝极短，花药长圆形；雌花绿色；花被1枚，紧包子房，略被小毛；子房近球形，外面包于苞片。**果实：**瘦果，为宿存黄褐色苞片所包，果皮坚脆，表面具细网纹。

花期 / 5—7月　果期 / 7—10月　生境 / 栽培物种，原产于中亚；常逸生，见于田边、路边、山坡　分布 / 云南、四川、青海、甘肃　海拔 / 可达3500m

卫矛科 卫矛属

4 岩坡卫矛

Euonymus clivicola

别名：细翅卫矛

外观：灌木，高1~9 m。**根茎：**老枝有时具4棱窄栓翅。**叶：**叶片纸质或近膜质，披针形或阔披针形，长4~12 cm，宽1~2.2 cm，先端窄缩成长渐尖，基部阔楔形或近圆形；叶柄长2~5 mm。**花：**聚伞花序通常3朵花；花序梗细长，长3~7 cm；小花梗长3~5 mm；花5数，暗红至紫红色，直径10~12 mm；花盘圆形，边缘5浅裂，雄蕊着生裂片处；子房扁平，柱头圆扁，无花柱。**果实：**蒴果，直径8~10 mm，翅长5~8 mm，细窄，平直或先端上曲。

花期 / 5—6月　果期 / 6—11月　生境 / 山坡杂木林中及林缘　分布 / 西藏东南部、云南西北部　海拔 / 2 400~3 900 m

5 冷地卫矛

Euonymus frigidus

外观：落叶灌木，高0.1~3.5 m。**根茎：**枝疏散。**叶：**厚纸质，椭圆形或长方窄倒卵形，长6~15 cm，宽2~6 cm，边缘有较硬锯齿，侧脉6~10对，在两面均较明显；叶柄长6~10 mm。**花：**聚伞花序松散；花序梗长而细弱，长2~5 cm；小花梗长约1 cm；花紫绿色，直径1~1.2 cm；萼片近圆形；花瓣阔卵形或近圆形；花盘微4裂，雄蕊着生裂片上，无花丝；子房无花柱。**果实：**蒴果，具4翅，长1~1.4 cm，翅长2~3 mm，常微下垂。

花期 / 5—6月　果期 / 8—11月　生境 / 亚高山杂木林下及林缘　分布 / 西藏（墨脱）、云南西部　海拔 / 1 100~3 600 m

桑寄生科 钝果寄生属

1 柳树寄生

Taxillus delavayi

别名：柳叶钝果寄生、柳寄生、寄生草

外观：寄生灌木。**根茎：**茎分枝；二年生枝条黑色，具光泽。**叶：**互生，有时近对生或数枚簇生于短枝上，革质，卵形至披针形，长3~5 cm，宽1.5~2 cm。**花：**伞形花序，具2~4朵花；苞片卵圆形；花红色，花托椭圆状，副萼环状，全缘或具4浅齿，稀具撕裂状芒；花冠管状，稍弯，顶部椭圆状，裂片4枚，反折；雄蕊4枚；雌蕊1枚，柱头头状。**果实：**浆果，成熟时黄色或橙色。

花期 / 2—7月　果期 / 5—9月　生境 / 高原或山地阔叶林、针阔叶混交林中　分布 / 西藏东南部（察隅），云南中部、北部及西北部，四川　海拔 / 1 800~3 500 m

1

檀香科 百蕊草属

2 滇西百蕊草

Thesium ramosoides

别名：绿珊瑚、六夫草、松毛参

外观：多年生草本，高15~40 cm。**根茎：**根茎粗长；茎近直立或斜升，常多分枝。**叶：**密生，线形，长2~2.5 cm，宽1.5 mm，具单脉，顶端短尖。**花：**聚伞花序，下部常2~3朵花聚生，顶端通常具单花；苞片狭线形；小苞片2枚，狭线形；花梗长4~6 mm，斜升或近水平开展；花被5裂，稀4裂，白色，裂至中部，裂片三角状长圆形，顶端先外折再内弯呈爪状；雄蕊5枚，稀4枚；花柱常内藏。**果实：**坚果，卵状椭圆形至椭圆状，有明显的纵脉，小果柄短。

花期 / 5—6月　果期 / 6—8月　生境 / 松林草坡　分布 / 云南西北部、四川　海拔 / 2 900~3 700 m

2

鼠李科 勾儿茶属

3 云南勾儿茶

Berchemia yunnanensis

别名：鸦公藤、黑果子

外观：藤状灌木，高2.5~5 m。**根茎：**小枝平展，淡黄绿色，老枝黄褐色，无毛。**叶：**叶片纸质，卵状椭圆形，两面无毛，上面绿色，下面浅绿色；侧脉两面凸起；叶柄长7~13 mm，无毛。**花：**黄色，通常数朵花簇生，排成聚伞总状或窄聚伞圆锥花序；花瓣倒卵形；雄蕊稍短于花瓣。**果实：**核果，圆柱形，尖端钝而无小尖头，成熟时红色，而后变为黑色，有甜味。

花期 / 6—8月　果期 / 翌年4—5月　生境 / 山坡溪流边的灌丛或林中　分布 / 西藏东南部、云南、四川、甘肃东南部　海拔 / 2 000~3 900 m

2

3

4

鼠李科 鼠李属

4 帚枝鼠李

Rhamnus virgata

别名：小叶冻绿

外观：灌木或乔木。**根茎：**小枝帚状，红褐色或紫红色，无毛；幼枝端和分叉处具针刺。**叶：**纸质或薄纸质，对生、近对生，或在短枝上簇生，叶片倒卵状披针形至椭圆形，长2.5~8 cm，宽1.5~3 cm。**花：**单性，雌雄异株，4基数，有花瓣。**果实：**核果，近球形，黑色，萼筒宿存，具2分核。

花期 / 4—5月　果期 / 6—10月　生境 / 山坡灌丛或林中　分布 / 四川西南部、云南和西藏东部至东南部　海拔 / 1 200~3 800 m

5

胡颓子科 胡颓子属

5 披针叶胡颓子

Elaeagnus lanceolata

外观：常绿直立或蔓状灌木，无刺或老枝上具粗而短的刺。**根茎：**幼枝淡黄白色或淡褐色，密被银白色和淡黄褐色鳞片，老枝灰色或灰黑色，圆柱形；芽锈色。**叶：**革质，披针形或椭圆状披针形至长椭圆形，边缘全缘，反卷，上面幼时被褐色鳞片，成熟后脱落，具光泽，下面银白色，密被银白色鳞片和鳞毛；叶柄黄褐色。**花：**淡黄白色，下垂，常3~5朵花簇生叶腋短小枝上；花梗纤细，锈色；雄蕊的花丝极短或几无，花药椭圆形，淡黄色；花柱直立，几无毛或疏生极少数星状柔毛，柱头长度达裂片的2/3。**果实：**椭圆形，密被褐色或银白色鳞片，成熟时红黄色。

花期 / 8—10月　果期 / 翌年4—5月　生境 / 山地林下或林缘　分布 / 云南、四川、甘肃　海拔 / 1 000~2 900 m

芸香科 石椒草属

1 臭节草

Boenninghausenia albiflora

别名：松风草、白虎草、猫脚迹

外观： 多年生常绿草本，高50~90 cm。**根茎：** 基部常木质，多分枝，嫩枝的髓部大而空心。**叶：** 互生，2~3回羽状复叶，小叶薄纸质，倒卵形、菱形或椭圆形，长1~2.5 cm，宽0.5~2 cm，有透明腺点。**花：** 聚伞花序，顶生，基部有小叶；萼片4枚；花瓣4枚，不展开，白色至淡红色，长圆形或倒卵状长圆形，有透明油点；雄蕊8枚，长短相间，花药红褐色。**果实：** 蓇葖果，开裂为4分果瓣，子房柄长。

花期 / 4—10月　果期 / 10—11月　生境 / 草丛、疏林　分布/西藏南部及东南部、云南、四川　海拔 / 1 000~2 800 m

1

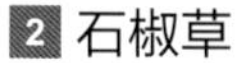

2 石椒草

Boenninghausenia sessilicarpa

别名：石胡椒、蛇皮草、苦黄草、羊不食草

外观： 常绿草本。**根茎：** 多分枝。**叶：** 叶片薄纸质，小裂片倒卵形至椭圆形。**花：** 花序有花数朵，基部有小叶；花瓣开展，白色，具油点，内面基部有黄斑；雄蕊8枚。**果实：** 蓇葖果，无子房柄。

花期 / 4—10月　果期 / 10—11月　生境 / 山坡岩石、疏林　分布/云南北部及中西部、四川西南部　海拔 / 1 600~2 800 m

槭树科 槭属

3 长尾槭

Acer caudatum

别名：长尾枫、康藏长尾槭、川康长尾槭

1

2

3

外观：落叶乔木，高达20 m。**根茎：**当年生枝紫色或紫绿色，多年生枝灰色或灰黄色，具椭圆形或长圆形皮孔。**叶：**叶片薄纸质，基部心形或深心形，长8~12 cm，宽8~12 cm，常5裂，稀7裂，裂片先端尾状锐尖，边缘有锐尖的重锯齿；叶柄长5~9 cm。**花：**杂性，雄花与两性花同株，总状圆锥花序，顶生，被黄色长柔毛；花梗有短柔毛；萼片5枚，卵状披针形，外侧微被短柔毛；花瓣5枚，淡黄色，线状长圆形或线状倒披针形；雄蕊8枚，比花瓣略长，花药紫色；花柱2裂，柱头平展。**果实：**翅果，常成直立总状果序；翅张开呈锐角或近于直立。

花期 / 5—7月　果期 / 9月　生境 / 山谷、林中　分布 / 西藏南部及东南部、云南西北部、四川西部、甘肃东南部　海拔 / 1 700~4 000 m

3

3

山茱萸科 山茱萸属

4 头状四照花

Cornus capitata

(syn. *Dendrobenthamia capitata*)

别名：鸡嗉子、山覆盆、山荔枝

外观：常绿乔木，稀灌木，高3~15 m。**根茎：**树皮纵裂；冬芽小密被白色细毛。**叶：**对生，叶片薄革质或革质，长圆椭圆形或长圆披针形，长5.5~11 cm，下面灰绿色，密被白色柔毛。**花：**头状花序球形，由100余朵绿色花聚集而成，直径1.2 cm；总苞片4枚，白色，倒卵形或阔倒卵形，长3.5~6.2 cm，宽1.5~5 cm；花萼管状，先端4裂；花瓣4枚，长圆形，长3~4 mm；雄蕊4枚，花丝纤细；子房下位，花柱密被白色丝状毛。**果实：**果序扁球形，直径1.5~2.4 cm，成熟时红色。

花期 / 5—6月　果期 / 9—10月　生境 / 混交林中及林缘　分布 / 西藏、云南、四川　海拔 / 1 900~3 200 m

4

4

青荚叶科 青荚叶属

1 西域青荚叶

Helwingia himalaica

别名：喜马拉雅青荚叶

外观： 常绿灌木，高2~3 m。**根茎：** 幼枝黄褐色。**叶：** 叶片厚纸质，长圆状披针形、长圆形，稀倒披针形，先端尾状渐尖，基部阔楔形，边缘具腺状细锯齿；叶脉在上面微凹陷，下面微突出；叶柄长3.5~7 cm；托叶常分裂，稀不裂。**花：** 绿色带紫色，3~4基数；雄花呈密伞花序，常着生于叶上面中脉的1/3~1/2处；雌花1~3枚，着生于叶上面中脉上；柱头3~4裂。**果实：** 浆果，近球形。

花期 / 4—5月　果期 / 8—10月　生境 / 林中　分布 / 西藏南部、云南、四川　海拔 / 1 700~3 300 m

1

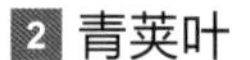

2 青荚叶

Helwingia japonica

别名：大叶通草、叶上珠

外观： 落叶灌木，高1~2 m。**根茎：** 幼枝无毛，叶痕显著。**叶：** 纸质，卵形、卵圆形，稀椭圆形，长3.5~9 cm，宽2~6 cm，先端渐尖，极稀尾状渐尖，基部阔楔形或近于圆形，边缘具刺状细锯齿；叶上面亮绿色，下面淡绿色；托叶线状分裂。**花：** 淡绿色，3~5基数；雄花4~12枚，常着生于叶上面中脉的1/3~1/2处，稀着生于幼枝上部；雌花1~3枚，着生于叶上面中脉的1/3~1/2处；子房卵圆形或球形，柱头3~5裂。**果实：** 浆果，成熟后黑色，分核3~5枚。

花期 / 4—5月　果期 / 8—9月　生境 / 林中　分布 / 甘肃南部、四川、云南、西藏东南部　海拔 / 2 000~3 300 m

2

3

八角枫科 八角枫属

3 八角枫

Alangium chinense

别名：华瓜木

外观： 落叶乔木或灌木，高3~5 m。**根茎：** 幼枝紫绿色，冬芽锥形，鳞片细小。**叶：** 叶片纸质，近圆形至卵形，不分裂或3~7裂。**花：** 聚伞花序腋生，有7~30朵花；小苞片常早落；花冠圆筒形，花萼顶端分裂为5~8枚齿状萼片；花瓣6~8枚，线形，基部粘合，上部开花后反卷；雄蕊和花瓣同数而近等长，花丝有短柔毛；花盘近球形；子房2室，花柱无毛，疏生短柔毛，柱头头状，常2~4裂。**果实：** 核果，卵圆形，成熟后黑色。

花期 / 5—7月，9—10月　果期 / 7—11月　生境 / 山地或疏林中　分布 / 西藏南部、云南、四川、甘肃　海拔 / 1 000~2 500 m

3

4

4

4

珙桐科 珙桐属

4 光叶珙桐

Davidia involucrata var. *vilmoriniana*

外观：落叶乔木，高15~20 m。**根茎：**树皮深灰色或深褐色；当年生枝紫绿色；冬芽锥形，具4~5对卵形鳞片，常成覆瓦状排列。**叶：**互生，无托叶，叶片阔卵形或近圆形，长9~15 cm，宽7~12 cm，边缘具粗锯齿。**花：**两性花与雄花同株，由多数的雄花与1枚雌花或两性花呈近球形的头状花序，直径约2 cm，两性花位于花序的顶端，雄花环绕于其周围；苞片2~3枚，长7~15 cm，初淡绿色，随后变为乳白色。**果实：**核果，长卵圆形，紫绿色，具黄色斑点。

花期 / 4月　果期 / 10月　生境 / 润湿的混交林中
分布 / 云南北部、四川　海拔 / 1 500~2 200 m

五加科 楤木属

1 芹叶龙眼独活

Aralia apioides

外观：多年生草本。**根茎：**地下有匍匐的根茎；地上茎粗壮，有纵沟纹。**叶：**叶大，茎上部者为1回或2回羽状复叶，其羽片有小叶3~9枚，下部者为2回或3回羽状复叶，其羽片有小叶5~9枚；托叶和叶柄基部合生，先端离生部分披针形；小叶片膜质，阔卵形至长卵形，下面有糠屑状毛，边缘通常有深缺刻和重锯齿，齿有刺尖。**花：**圆锥花序伞房状，顶生及腋生，主轴及分枝疏生柔毛或几无毛；伞形花序在分枝上总状排列，有花5~12朵；苞片小，线状披针形；萼无毛，边缘有5个卵状三角形钝齿；花瓣5枚，卵状三角形；雄蕊5枚；子房5室，稀3室；花柱5枚，稀3枚，离生。**果实：**近球形，黑色，有5棱或3棱；宿存花柱中部以上合生，先端离生，反曲。

花期 / 6月　果期 / 8月　生境 / 林下或林缘　分布 / 云南西北部、四川　海拔 / 3 000~3 600 m

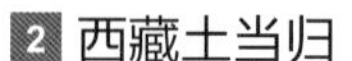

2 西藏土当归

Aralia tibetana

外观：多年生细弱草本。**根茎：**地上茎粗壮。**叶：**在茎上部为2回羽状复叶；叶柄有纵纹；羽片有小叶3~5枚；小叶片膜质或纸质，两面脉上疏生短柔毛，边缘有细锯齿；小叶柄有短柔毛。**花：**圆锥花序顶生；1~3个伞形花序在分枝上总状着生，有花多数；总花梗细弱，密生短柔毛；苞片锥形，外面密生短柔毛；花梗密生短柔毛；小苞片线形；萼无毛，边缘有5个长圆形钝齿；花瓣5枚，卵形；雄蕊5枚，花丝长3 mm；子房5室；花柱5枚，基部合生。**果实：**卵球形，5

魏来　摄影

棱，熟时黑紫色。

花期 / 8月　果期 / 9月　生境 / 森林下或灌丛　分布 / 西藏南部　海拔 / 3 200~3 500 m

五加科 人参属

3 珠子参

Panax japonicus var. *major*

(syn. *Panax major*)

外观：多年生草本。**根茎：**根状茎呈串珠状；茎单生。**叶：**掌状复叶，常4~6个轮生于茎端，具5小叶，小叶不分裂，边缘具细锯齿，上面沿叶脉疏生刚毛，下面几乎无毛。**花：**伞形花序单个生于茎顶，具多数花；花梗纤细；花黄绿色；萼杯状，边缘有5个三角形的齿；花瓣5枚；雄蕊5枚；子房2室；花柱2枚，离生，反曲。**果实：**球状，成熟时变红变黑。

花期 / 7月　果期 / 8—9月　生境 / 阔叶林或针叶林下　分布 / 西藏南部及东南部、云南、四川、甘肃　海拔 / 1 700~3 600 m

伞形科 丝瓣芹属

4 星叶丝瓣芹

Acronema astrantiifolium

外观：细弱直立草本。**根茎：**根块状至萝卜状；茎有细条纹，无毛。**叶：**基生叶有柄，叶鞘短窄，边缘膜质而抱茎；叶片轮廓呈半圆形或阔三角形，3深裂近基部或为3小叶，小叶片或裂片呈卵圆形至倒卵形，基部楔形，上部有锯齿或深浅不等的缺刻状锯齿，表面绿色，背面淡绿色或带淡紫色；序托叶的柄呈鞘状，叶片通常3裂，裂片线形，全缘。**花：**顶生伞形花序，侧生伞形花序梗细弱；无总苞片和小总苞片；伞辐5~12条，不等长；小伞形花序有花7~12朵，花柄纤细，一侧较粗糙；萼齿明显，狭三角形；花瓣卵形或卵状披针形，基部较窄，顶端丝状，长约占花瓣1/3~1/2，表面有乳头状毛；花药卵圆形；花柱基稍隆起，花柱向外叉开。**果实：**近卵圆形，主棱丝状；分生果横剖面近圆形，胚乳腹面平直。

花期 / 8—9月　果期 / 9—10月　生境 / 山坡林下、高山草坡　分布 / 云南西北部、四川西部　海拔 / 2 800~4 200 m

伞形科 丝瓣芹属

1 中甸丝瓣芹

Acronema handelii

外观： 矮小草本，高15~20 cm。**根茎：** 根圆卵形；茎单生，细弱，有条纹。**叶：** 基生叶的叶柄细弱，长于叶片2~3倍，叶鞘短，边缘阔膜质；叶片轮廓呈阔卵形，1回或近2回3出式分裂，1回羽片具短柄，末回裂片倒卵形，基部楔形，先端3浅裂或呈缺刻状锯齿；上部茎生叶较小，叶片1回羽状分裂，亦有3深裂至基部，末回裂片全缘或先端3浅裂。**花：** 顶生伞形花序梗细弱，无总苞片和小总苞片；伞辐4~6条，不等长；小伞形花序有花3~9朵；无萼齿；花瓣卵圆形或卵状披针形，顶端丝状，长约占花瓣的1/2，无腺毛；花丝极短，花药卵圆形；花柱基扁压，花柱短，直立或叉开。**果实：** 幼时阔卵形，基部微心形，主棱丝状，无毛。

花期 / 7月　果期 / 8月　生境 / 山坡林下阴湿处
分布 / 云南西北部　海拔 / 3 400~4 000 m

伞形科 柴胡属

2 黄花鸭跖柴胡

Bupleurum commelynoideum var. *flaviflorum*

外观： 多年生草本，高30~48 cm。**根茎：** 主根微粗，深褐色；茎上部有时稍分枝，有细纵条纹，基部有残留叶鞘。**叶：** 基生叶线形，长8~18 cm，宽2.5~4 mm，基部抱茎；茎生叶互生，生于茎中部者卵状披针形，基部抱茎，顶端常为长尾状，边缘白膜质，生于茎上部者较短，狭卵形，顶端渐尖或有短尾尖。**花：** 伞形花序，生于枝顶；总苞片1~2枚，卵形或披针形，早落；伞辐3~7条；小总苞片7~9枚，2轮排列，卵形或广卵形，略超出小伞花序；花瓣5枚，黄色，内卷。**果实：** 短圆柱形，成熟时棕红色，略具翼。

花期 / 8—9月　果期 / 9—10月　生境 / 高山草地　分布 / 西藏东部、四川、青海、甘肃　海拔 / 2 700~4 800 m

3 窄竹叶柴胡

Bupleurum marginatum var. *stenophyllum*

外观： 多年生草本，高25~60 cm。**根茎：** 根木质化，直根发达，外皮深红棕色，纺锤形，有细纵绉纹及稀疏的小横突起，根的顶端常有一段红棕色的地下茎，有时扭曲缩短与根较难区分；茎硬挺，带紫棕色，有淡绿色的粗条纹，实心。**叶：** 基生叶紧密排成2列；叶狭长，正面鲜绿色，背面绿白色，革质或近革质，叶缘骨质边缘较窄，顶端急尖或渐尖，有硬尖头，基部微收缩抱茎。**花：** 复伞形花序较少；直径1.5~4 cm；伞辐3~7条，长1~3 cm；总苞片2~5枚，不等大，披

针形或小如鳞片；小伞形花序直径4~9 mm；小总苞片5枚，披针形，长于花柄，有白色膜质边缘，小伞形花序有花 8~10朵 ；花瓣浅黄色，顶端反折处较平而不凸起，小舌片较大；花柄短，较粗，花柱基厚盘状，宽于子房。**果实：**长圆形，棕褐色，棱狭翼状，每棱槽中油管3条，合生面4条。

花期 / 8—9月　果期 / 9—10月　生境 / 高山地区林下、山坡、溪边、路旁　分布 / 西藏、云南、四川、青海　海拔 / 2 300~4 000 m

伞形科 矮泽芹属

4 粗棱矮泽芹

Chamaesium novemjugum

(syn. *Chamaesium spatuliferum*)

别名：大苞矮泽芹

外观：多年生草本，高5~12 cm。**根茎：**主根纺锤形，紫褐色或淡褐色；茎短缩，直立，基部常残留紫褐色的叶鞘。**叶：**基生叶通常早凋；茎生叶轮廓长圆形，长2~4 cm，宽1~2 cm，1回羽状分裂，裂片3~4对，顶端常3裂，有时有3~4个圆锯齿；叶柄长1.5~5 cm，边缘有阔膜质的叶鞘，抱茎。**花：**复伞形花序，短缩；总苞片4~5枚，叶状，羽状分裂；伞辐9~18条；小总苞片3~7枚，线形、倒披针形或倒长卵形，3~5裂至羽裂，长于小花；花瓣白色或淡绿色，倒卵圆形或近圆形。**果实：**近半圆柱形，主棱及次棱均隆起。

花期 / 6—8月　果期 / 8—9月　生境 / 山坡、高山草地　分布 / 西藏东南部、云南西北部、四川　海拔 / 3 400~4 700 m

伞形科 独活属

1 白亮独活

Heracleum candicans

别名：藏当归、白羌活

外观：多年生草本；植物体被有白色柔毛或绒毛。**根茎：**根圆柱形，下部分枝；茎直立，中空、有棱槽。**叶：**茎下部叶片轮廓为宽卵形或长椭圆形，羽状分裂，末回裂片长卵形，呈不规则羽状浅裂，裂片先端钝圆，下表面密被灰白色软毛或绒毛；茎上部叶有宽展的叶鞘。**花：**复伞形花序顶生或侧生，花序梗有柔毛；总苞片1~3枚，线形；伞辐不等长，具有白色柔毛；小总苞片少数，线形；每小伞形花序有花约25朵，花白色；花瓣二型；萼齿线形细小；花柱基短圆锥形。**果实：**倒卵形，背部极扁平；分生果的棱槽中各具1条油管，合生面油管2条。

花期 / 5—6月　果期 / 9—10月　生境 / 山坡林下及路旁　分布 / 西藏南部及东部、云南北部、四川西部　海拔 / 1 800~4 500 m

伞形科 藁本属

2 羽苞藁本

Ligusticum daucoides

别名：胡萝卜状藁本、山芹菜

外观：多年生草本，高20~50 cm。**根茎：**根茎密被纤维状枯萎叶鞘；茎单生，分枝，圆柱形，具纵沟纹。**叶：**基生叶轮廓长圆状卵形，长8~20 cm，宽4~5 cm，3~4回羽状全裂，羽片5~6对，末回裂片线形；叶柄长8~18 cm；茎生叶叶柄全部鞘状，叶片简化。**花：**复伞形花序；总苞片少数，叶状，早落；伞辐14~23条，粗糙；小总苞片8~10枚，2回羽状深裂；萼齿1~2枚；花瓣内面白色，外面常呈紫色，长卵形；花丝白色，花药青黑色；花柱2枚。**果实：**分生果，背腹扁压，长圆形，背棱略突起，侧棱扩大为宽1 mm的翅。

花期 / 7—8月　果期 / 9—10月　生境 / 山坡　分布 / 云南北部、西部及西北部，四川　海拔 / 2 500~4 200 m

伞形科 棱子芹属

3 丽江棱子芹

Pleurospermum foetens

外观：多年生草本，高10~30 cm，有特殊气味。**根茎：**根颈部残存褐色叶鞘；茎直立，短缩，有条棱。**叶：**基生叶或茎下部的叶有长柄，叶柄基部扩展成膜质鞘状；叶片2~3回羽状分裂，末回裂片线形或披针形，有时2~3裂，基部楔形或下延，边缘和沿叶脉略粗糙。**花：**顶生复伞形花序较大；总苞片6~8枚，基部有宽的膜质边缘，顶端有明

显的叶状分裂；伞辐15~25条，沿条棱有粗糙毛；小总苞片与总苞片同形，较小，比花长；花瓣白色或粉红色，基部明显有爪；雄蕊超出花瓣，花药紫红色；花柱基圆锥状，花柱直伸。**果实：**卵圆形，暗褐色，表面密生水泡状微突起，果棱有翅，呈明显啮蚀状。

花期 / 7月　果期 / 8—9月　生境 / 高山草甸和流石滩　分布 / 西藏东南部、云南西北部、四川、甘肃　海拔 / 3 800~4 000 m

3

4 西藏棱子芹

Pleurospermum hookeri var. *thomsonii*

别名：藏棱子芹、西南棱子芹

外观：多年生草本，全体无毛，具特殊气味。**根茎：**根较粗壮，暗褐色；茎直立，有条棱。**叶：**基生叶多数，叶柄基部扩展呈鞘状抱茎；叶片轮廓三角形，2~3回羽状分裂，羽片7~9对，一回羽片披针形或卵状披针形，最下一对羽片有明显的柄，向上逐渐变短，末回裂片宽楔形，羽状深裂呈线形小裂片；茎上部的叶少数，简化，叶柄常常只有膜质的鞘状部分。**花：**复伞形花序顶生；总苞片5~7枚，披针形或线状披针形，顶端尾状分裂，边缘淡褐色透明膜质；伞辐6~12条，有条棱；小总苞片7~9枚，与总苞片同形，略比花长；花多数，花柄扁平；花白色，花瓣近圆形，顶端有内折的小舌片，基部有短爪；萼齿明显，狭三角形；花药暗紫色。**果实：**卵圆形，果棱有狭翅，每棱槽有油管3条，合生面6条。

花期 / 8月　果期 / 9—10月　生境 / 高山草地和流石滩　分布 / 西藏东南部、云南西北部、四川西北部、青海南部、甘肃　海拔 / 3 500~4 500 m

4

4　马祥光　摄影

伞形科 变豆菜属

1 首阳变豆菜

Sanicula giraldii

别名：辫子七、龙头七、太白变豆菜

外观：多年生草本。**根茎：**短，直立或斜生，侧根细长；茎直立，无毛，有纵条纹，上部有分枝。**叶：**基生叶多数，肾圆形或圆心形，掌状3~5裂，裂片表面绿色，背面淡绿色，边缘有不规则的重锯齿；叶柄柔弱，基部有宽膜质鞘；茎生叶有短柄，着生在分枝基部的叶片无柄，掌状分裂，边缘有重锯齿或大小不等的缺刻。**花：**花序2~4回分叉，主枝伸长；总苞片叶状对生、不分裂或2~3浅裂；伞形花序2~4出；小总苞片细小，卵状披针形；小伞形花序有花6~7朵，雄花3~5朵；萼齿卵形、顶端有短尖头；花瓣白色或绿白色；两性花通常3朵，萼齿和花瓣的形状同雄花；花柱长于萼齿2~3倍，向外开展。**果实：**卵形至宽卵形，表面有钩状皮刺，皮刺金黄色或紫红色。

花期 / 5—9月　果期 / 5—9月　生境 / 山坡林下、路边、沟边等处　分布 / 西藏南部、四川西部及北部、甘肃　海拔 / 1 500~2 900 m

1

2

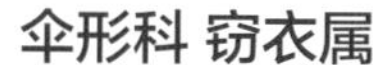

伞形科 窃衣属

2 小窃衣

Torilis japonica

别名：破子草、大叶山胡萝卜

外观：一年或多年生草本，高20~120 cm。**根茎：**主根圆锥形；茎分枝，有纵条纹及刺毛。**叶：**叶片长卵形，1~2回羽状分裂，两面疏生粗毛，一回羽片卵状披针形，边缘羽状深裂至全缘，末回裂片披针形至长圆形，边缘有条裂状的粗齿至缺刻或分裂；叶柄长2~7 cm，下部有窄膜质的叶鞘。**花：**复伞形花序，顶生或腋生，花序梗有倒生的刺毛；总苞片3~6枚，通常线形，极少叶状；伞辐4~12条，有向上的刺毛；小总苞片5~8枚，线形或钻形；小伞形花序有花4~12朵；萼齿细小，三角形或三角状披针形；花瓣5枚，白色、紫红色或蓝紫色，倒圆卵形，顶端内折。**果实：**圆卵形，常有内弯或钩状的皮刺。

花期 / 4—10月　果期 / 4—10月　生境 / 林下、林缘、路旁、溪边草丛　分布 / 西藏南部及东南部、云南中部、北部及西北部、四川、青海、甘肃　海拔 / 1 000~3 800 m

桤叶树科 桤叶树属

3 云南桤叶树

Clethra delavayi

别名：云南山柳、滇西山柳

3　魏来　摄影

外观：落叶灌木或小乔木。**根茎：**小枝栗褐色；腋芽圆锥形，有柄，密被星状微硬毛。**叶：**叶片硬纸质，倒卵状长圆形或长椭圆形，上面深绿色，最初密被短硬毛，其后脱落，下面淡绿色；边缘具锐尖锯齿，中脉及侧脉在下面凸起，侧脉20~21对；叶柄上面稍呈浅沟状，密毛。**花：**总状花序单生枝端，密被毛；苞片线状披针形，早落；花梗细；萼5深裂，裂片卵状披针形，短尖头，尖头有腺体，密被锈色星状绒毛，缘具纤毛；花瓣5枚，长圆状倒卵形，顶端中部微凹；雄蕊10枚，短于花瓣，花丝疏被长硬毛，花药长圆状倒卵形；子房密被锈色绢状长硬毛，花柱顶端深3裂。**果实：**蒴果，近球形，下弯，疏被长硬毛。

花期 / 7—8月　果期 / 9—10月　生境 / 山地林缘或林中　分布 / 云南西部及西北部　海拔 / 2 400~3 500 m

杜鹃花科 岩须属

4 扫帚岩须

Cassiope fastigiata

别名：血地红、扫帚锦绦花

外观：常绿丛生小灌木，高15~30 cm。**根茎：**枝条多而密集，外倾上升呈扫帚状。**叶：**在枝上呈4行覆瓦状排列，硬革质，卵状长圆形，先端钝，背面龙骨状隆起，有1纵深沟，叶边具银白色宽膜质边缘。**花：**单生于叶腋，下垂；花梗长3~5 mm，密被长柔毛；花宽钟状，白色；雄蕊10枚，不伸出花冠，花柱基部增厚，圆锥形，柱头钝。**果实：**蒴果，球形，直立。

花期 / 5—7月　果期 / 8—9月　生境 / 高山灌丛、石缝　分布 / 西藏南部及东南部、云南西北部　海拔 / 1 000~4 500 m

杜鹃花科 岩须属

1 篦叶岩须

Cassiope pectinata

别名：篦叶锦绦花

外观：矮小灌木。**根茎：**分枝多，粗壮，常直立，稀蔓生。**叶：**叶片小，革质，覆瓦状排列于枝上，卵形，无毛，基部宽，背面沟槽近达叶顶端，边缘具篦齿状锯齿，稀锯齿不明显，齿尖具毛，老时毛脱落。**花：**单朵，腋生，下垂；花梗纤细，被蛛丝状绒毛；花萼5裂，裂片卵形，紫红色，先端尖；花冠白色，两面无毛，口部5裂，裂片卵形；雄蕊10枚，花丝被疏柔毛，芒反折，被疏毛；花盘腺体状；子房球形，无毛，花柱无毛。**果实：**蒴果小，花柱宿存。

花期／5—7月　果期／8—10月　生境／灌丛、草甸、岩石上或冷杉林下　分布／云南西北部　海拔／3 200~4 600 m

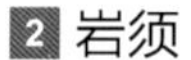

2 岩须

Cassiope selaginoides

别名：锦绦花、水麻黄、八股绳

外观：常绿矮小半灌木，高5~25 cm。**根茎：**枝条多而密，外倾上升或铺散成垫状，小枝长5~7 cm，密生交互对生的叶。**叶：**叶片硬革质，披针形至披针状长圆形，长2~3 mm，宽1~1.7 mm，基部稍宽，2裂叉开，顶端幼时具紫红色芒刺，背面龙骨状隆起，边缘被纤毛或变无毛，留下疏齿状的残余或全缘。**花：**单朵腋生，下垂，基部为苞片所包围；花梗长1.5~2.2 cm，被蛛丝状长柔毛，顶部下弯；花萼5裂，绿色或紫红色，裂片卵状披针形或披针形；花冠乳白色，宽钟状，口部5浅裂，裂片宽三角形；雄蕊10枚，较花冠短，花丝被柔毛。**果实：**蒴果，球形，花柱宿存。

花期／4—6月　果期／6—9月　生境／高山灌丛、草地　分布／西藏东南部、云南西北部、四川西部　海拔／2 900~4 500 m

杜鹃花科 岩须属

1 长毛岩须

Cassiope wardii

别名：长毛锦绦花

外观：常绿小灌木，高10~20 cm。**根茎：**分枝多，直立或外倾，顶部有绒毛。**叶：**在枝上呈四行，不为覆瓦状排列，斜展；叶线状披针形，长约6 mm，背面具1深纵沟槽，不达叶顶端，边缘有密而长的绒毛，灰白色，在老叶上黑褐色，在幼叶顶端更密。**花：**单生；花梗被弯曲的淡黄色柔毛，中部以上下弯，花下垂；花萼5裂，长椭圆形，带红色，上部边缘疏生睫毛；花冠钟状，长约1 cm，白色，内面基部带红色，5裂，裂片宽三角形；雄蕊10枚，不伸出花冠外。**果实：**蒴果，球形，包藏于宿存的萼内。

花期 / 5—7月　果期 / 7—9月　生境 / 灌丛中、草地　分布 / 西藏东南部　海拔 / 3 900~4 400 m

1

1　王继涛　摄影

2

杜鹃花科 杉叶杜属

2 杉叶杜

Diplarche multiflora

别名：多花杉叶杜

外观：常绿矮小灌木，高8~16 cm。**根茎：**多分枝，小枝黑褐色，疏被细腺毛，有粗而密的叶枕。**叶：**小，密集排列，革质，叶片线形，先端具短尖，基部钝，无柄。**花：**总状花序短或近头状，具花8~12朵；花冠小，粉红色，花管圆筒状，裂片5枚，顶端微凹或波状；雄蕊10枚，内藏，排成两轮，上一轮排在花冠筒中部；子房球形，花柱紫色。**果实：**蒴果，球形，包藏于宿存的花萼内；室间开裂。

花期 / 6—7月　果期 / 8—9月　生境 / 高山灌丛、草甸、石坡　分布 / 西藏东南部、云南西北部　海拔 / 3 500~4 100 m

2

杜鹃花科 吊钟花属

3 灯笼树

Enkianthus chinensis

别名：钩钟、钩钟花、息利素落、荔枝木，女儿红、贞榕、灯笼花

外观：落叶灌木或小乔木，高3~6 m，稀达10 m。**根茎：**幼枝灰绿色，无毛，老枝深灰色。**叶：**常聚生枝顶，叶片纸质，长圆形至长圆状椭圆形，长3~5 cm，宽2~2.5 cm，两面无毛，叶脉在背面明显；叶柄粗壮，长0.8~15 mm，具槽，无毛。**花：**多数花组成类似伞形的总状花序；花梗纤细，长2.5~4 cm，无毛；花下垂；花萼5裂，裂片三角形，长约2.5 mm；花冠阔钟形，长宽均约1 cm，肉红色，口部5浅裂；雄蕊10枚，着生于花冠基部，花丝长4.5 mm，中部以下

3

3

4

4

4

5

膨大，被微柔毛，花药2裂，长1.5 mm，芒长约1 mm；子房球形，具5条纵纹。**果实：**蒴果，卵圆形，室背开裂，果爿长约6 mm。种子微有光泽，具皱纹，有翅，每室有种子多数，种子着生于中轴之上部。

花期/5月　果期/6—10月　生境/山坡疏林　分布/云南、四川　海拔/2 000~3 600 m

杜鹃花科 吊钟花属

4 毛叶吊钟花

Enkianthus deflexus

别名：小丁木

外观：落叶灌木或小乔木，高3~7 m。**根茎：**小枝及芽鳞红色，幼时被短柔毛；老枝暗红色，无毛。**叶：**互生，叶片椭圆形、倒卵形或长圆状披针形，薄纸质，边缘有细锯齿，表面无毛，背面疏被黄色柔毛；叶柄红色，被短绒毛。**花：**多数排成总状花序，花序轴细长，连同花梗密被锈色绒毛；花萼5裂，萼片披针状三角形，具缘毛；花冠宽钟形，带浅绿或黄红色，口部5浅裂，裂片微展开；雄蕊10枚，着生于花瓣基部边缘，花丝扁平，中部以下膨大，无毛，具2芒，芒与花药等长；子房球形。**果实：**蒴果，卵圆形。

花期/5—7月　果期/8—10月　生境/杂木林中　分布/四川西部、云南西部及西北部、西藏东南部　海拔/2 400~3 600 m

杜鹃花科 白珠树属

5 尾叶白珠

Gaultheria griffithiana

别名：山胡椒、阿门支力

外观：常绿灌木或小乔木，高2~3 m。**根茎：**枝条细长，常左右曲折。**叶：**叶片长圆形至椭圆形，厚革质，长8~15 cm，宽3.5~4.5 cm，先端尾状长渐尖，尖尾长1~1.5 cm，基部钝圆或楔形，边缘具细密锯齿，无毛，背面密被褐色斑点或疏被斑点。**花：**总状花序腋生，长5~9 cm，疏生多朵花，序轴被短柔毛；花梗长5 mm，稀达8 mm，被柔毛；苞片卵形，直径约1.5 mm，急尖，具缘毛；小苞片2枚，对生或近对生，着生于花梗中部以下，卵形，长约1 mm。具微缘毛；花萼5裂，裂片卵状三角形，长约2 mm，无毛或疏被微缘毛；花冠白色，卵状坛形，口部收缩，5浅裂，外面无毛；雄蕊10枚，花丝长约1 mm，下部宽，被毛，每药室顶端具2芒；子房密被白色绒毛，花柱粗壮，柱头不规则4裂。**果实：**浆果状蒴果，球形，直径约7 mm，黑色或紫黑色。

花期 / 5—7月　果期 / 8—10月　生境 / 杂木林中　分布 / 四川西部、云南西部及西北部、西藏东南部　海拔 / 2 400~3 600 m

杜鹃花科 白珠树属

1 红粉白珠

Gaultheria hookeri

外观：常绿灌木。**根茎：**枝圆柱形，密被褐色刚毛，老枝皮层轻度脱落，灰褐白色。**叶：**叶片革质，椭圆形，先端浑圆或急尖，基部钝圆或楔形，边缘有锯齿；叶柄顶部膨大，有关节，被刚毛。**花：**总状花序顶生或腋生，花序轴被白色柔毛，基部具总苞，苞片大，椭圆形，无脊，先端具凸尖，微被缘毛；花梗纤细，微毛；小苞片对生，着生于花硬中部以上，有脊，具缘毛；萼5裂，裂片卵形；花冠卵状坛形，粉红色或白色，内侧被白色柔毛，口部5浅裂，裂片小，圆形，微反折；雄蕊8~10枚，花丝扁平，中部以下扩大，被白色短柔毛，花药2室，每室先端具2芒，微被疣状凸起；花盘齿裂；子房被柔毛，花柱无毛。**果实：**浆果状蒴果，球形，紫红色，花柱宿存。

花期 / 6月　果期 / 7—11月　生境 / 山脊阳处　分布 / 西藏东南部、云南西北部和东北部、四川西部　海拔 / 2 000~3 600 m

1

1

2 铜钱叶白珠

Gaultheria nummularioides

别名：四川白珠树

外观：常绿匍匐灌木，高30~40 cm。**根茎：**茎细长如铁丝状，多分枝，有棕黄色糙伏毛。**叶：**叶片小，宽卵形或近圆形，革质，长8~15 mm，宽8 mm，稀达10 mm，先端急尖，边缘有小齿形的水囊休，每齿顶端生一棕色长刚毛，叶背具瘤足状棕色刚毛。叶柄短，长1.5~2 mm。**花：**单生于叶腋，下垂；花梗长约2 mm；苞片2枚，小苞片2~4枚；花冠卵状坛形，粉红色至近白色。雄蕊10

2　计云　摄影

2　计云　摄影

枚，花丝基部膨大，无毛，花药2室，每室顶部具2芒；子房无毛。**果实：**浆果状，球形，蓝紫色。

花期 / 7—9月　果期 / 10—11月　生境 / 山坡岩石上或杂木林中　分布 / 四川西部、云南西北部、西藏东南部　海拔 / 1 000~3 400 m

杜鹃花科 珍珠花属

3 光叶珍珠花

Lyonia villosa var. *sphaerantha*

别名：球花毛叶米饭花、球花珍珠花

外观：灌木或小乔木，高1~2 m。**根茎：**树皮灰色或灰褐色，常呈薄片脱落；当年生枝条被淡灰色短柔毛，一年生以上枝条黄色或灰褐色，无毛。**叶：**叶片纸质或近革质，卵形或倒卵形，长3~4.5 cm，宽1~2 cm，具短尖头，基部阔楔形或近圆形，或略成浅心形，上面疏被短柔毛，下面近无毛；叶柄长4~10 mm，被毛。**花：**总状花序，腋生，下部有2~3枚叶状苞片；花序轴密被黄褐色柔毛；花梗无毛或基部有少数短柔毛；花萼5裂，裂片长圆形或三角状卵形，外面疏生柔毛及腺毛；花冠白色，花冠圆筒状至坛状，外面疏被柔毛，顶端浅5裂；雄蕊10枚。**果实：**蒴果，近球形或卵圆状。

花期 / 6—8月　果期 / 8—9月　生境 / 林下　分布 / 西藏南部及东南部、云南西北部　海拔 / 2 000~3 800 m

杜鹃花科 马醉木属

4 美丽马醉木

Pieris formosa

别名：兴山马醉木、长苞美丽马醉木

外观：常绿灌木或小乔木。**根茎：**小枝圆柱形，无毛，枝上有叶痕；冬芽较小，卵圆形，鳞片外面无毛。**叶：**叶片革质，披针形至长圆形，稀倒披针形，先端渐尖或锐尖，边缘具细锯齿，基部楔形至钝圆形，表面深绿色，背面淡绿色；叶柄腹面有沟纹，背面圆形。**花：**总状花序簇生于枝顶的叶腋，或有时为顶生圆锥花序；花梗被柔毛；萼片宽披针形；花冠白色，坛状，外面有柔毛，上部浅5裂，裂片先端钝圆；雄蕊10枚，花丝线形，有白色柔毛，花药黄色；子房扁球形，无毛，柱头小，头状。**果实：**蒴果，卵圆形；种子黄褐色，纺锤形，外种皮的细胞伸长。

花期 / 5—6月　果期 / 7—9月　生境 / 山坡灌丛中　分布 / 云南、四川、甘肃　海拔 / 1 000~3 800 m

杜鹃花科 杜鹃属

1 裂毛雪山杜鹃

Rhododendron aganniphum var. *schizopeplum*

别名：裂毛海绵杜鹃

外观：常绿灌木，高1~4 m。**根茎：**幼枝无毛。**叶：**叶片厚革质，长圆形、椭圆状长圆形或卵状披针形，长6~9 cm，宽2~4 cm，先端具硬小尖头，基部圆形或近心形，边缘反卷，中脉凹入，下面被两层毛，外层淡棕色，老时呈网隙分裂，内层白色；叶柄长1~1.5 cm。**花：**短总状伞形花序，顶生，有花10~20朵；花萼杯状，5裂，裂片圆形或卵形，边缘多少具睫毛；花冠漏斗状钟形，长3~3.5 cm，白色或淡粉红色，筒部上方具多数紫红色斑点，内面基部被微柔毛，裂片5枚，圆形，顶端微缺；雄蕊10枚，不等长，花药淡褐色；柱头头状。**果实：**蒴果，圆柱形，直立。

花期 / 6—7月　果期 / 10—11月　生境 / 林下、林缘、灌丛中　分布 / 西藏东部及东南部、云南西北部　海拔 / 3 500~4 560 m

1

1

2

2 宽钟杜鹃

Rhododendron beesianum

外观：常绿灌木或小乔木，高2~9 m。**根茎：**小枝嫩时被丛卷毛，后变无毛。**叶：**叶片革质，倒披针形至长圆状披针形，长10~25 cm，宽3~7 cm，中脉凹入，下面被薄层淡黄色或淡肉桂色紧密毛被；叶柄长1.5~3 cm，两侧略呈窄翅，疏被丛卷毛或无毛。**花：**总状伞形花序，顶生，有花10~25朵；花序轴密被柔毛；苞片倒卵状长圆形，密被绢毛；花梗疏被短柔毛或近无毛；花萼裂片5枚，宽三角形；花冠宽钟形，长4~5 cm，白色带红色或粉红色，有时筒部上方具深红色斑点，内面基部具深色斑纹，裂片5枚，扁圆形，顶端微缺或呈浅圆齿状；雄蕊10枚，不等长，花药暗褐色；子房密被淡棕色绒毛，花柱向上略弯，柱头浅裂。**果实：**蒴果，长圆柱形，稍被毛。

花期 / 5—6月　果期 / 9—11月　生境 / 林下、灌丛中　分布 / 西藏东南部、云南西部和西北部、四川西南部　海拔 / 2 700~4 500 m

2

3 乳黄杜鹃

Rhododendron lacteum

外观：常绿灌木或小乔木。**根茎：**小枝粗壮；疏被灰白色丛卷毛；老枝无毛，叶痕明显。**叶：**叶片厚革质，宽椭圆形至倒卵状椭圆形，边缘稍外卷略呈波状，上面绿色，无毛，下面被薄层毛被，由淡黄棕色至灰黄棕色毛组成；叶柄粗壮，上面具沟。**花：**顶生总状伞形花序，有花15~30朵，总轴疏被丛

卷毛；苞片宽长圆形，两面密被绢状柔毛；花萼小，5裂，裂片三角形，外面疏被微柔毛，边缘具睫毛；花冠宽钟形，乳黄色，有时基部具紫色斑纹，裂片5枚，顶端微缺；雄蕊10枚，不等长，花丝基部密被白色微柔毛；花药长圆形，暗棕色；雌蕊比花冠短；子房圆锥形，密被淡棕色绒毛，花柱绿色。**果实：**蒴果，长圆柱形，略弯，被毛。

花期 / 4—5月　果期 / 9—10月　生境 / 冷杉林下或杜鹃灌丛中　分布 / 云南西部及北部　海拔 / 3 000~4 050 m

4 鲁朗杜鹃

Rhododendron lulangense

外观：常绿小乔木或灌木。**根茎：**小枝近圆柱形；幼枝密被紧贴的灰白色绒毛；老枝无毛。**叶：**叶片厚革质，长圆状椭圆形或窄长圆形，先端急尖，边缘反卷，上面光亮，无毛，下面密被薄层白色毛被；叶柄疏被淡灰色丛卷毛。**花：**顶生短总状伞形花序，有花6~10朵，小苞片条形，密被绢状柔毛；花梗红色，疏被分枝毛，混生短柄腺体；花萼小，无毛，裂片宽三角形；花冠漏斗状钟形，淡粉红色或白色，向基部红紫色，裂片顶端微缺；雄蕊10枚，不等长，花丝扁平，花药长圆形，淡紫褐色或淡褐色；子房圆柱形，疏被短柔毛和短柄腺体，花柱粉红色，无毛，柱头近盘状。**果实：**蒴果。

花期 / 5—6月　果期 / 9—10月　生境 / 高山林缘或冷杉林　分布 / 西藏南部　海拔 / 3 000~3 900 m

杜鹃花科 杜鹃属

1 栎叶杜鹃

Rhododendron phaeochrysum

外观：常绿灌木，高1.5~4.5 m。**根茎：**幼枝疏被白色丛卷毛，而后变为无毛。**叶：**叶片革质，长圆形或卵状长圆形，长7~14 cm，先端钝或急尖，具小尖头，基部近于圆形或心形；上面深绿色，微皱，无毛，中脉凹入，下面密被薄层黄棕色至金棕色毡毛状毛被；叶柄长1~1.5 cm。**花：**顶生总伞形花序，有花8~15朵；花梗长1~1.5 cm；花萼小，杯状，无毛；花冠漏斗状钟形，白色或淡粉红色，筒部上方具有紫红色斑点；雄蕊10枚，不等长，子房圆锥形。**果实：**蒴果，长圆柱形，直立，顶部微弯。

花期 / 5—6月　果期 / 9—10月　生境 / 高山杜鹃灌丛或冷杉林下　分布 / 西藏东南部，云南西北部，四川西部、西南部和西北部　海拔 / 3 300~4 000 m

1

1

2 藏南杜鹃

Rhododendron principis

别名：紫斑杜鹃

外观：常绿小乔木。**根茎：**幼枝被白色或淡黄褐色绒毛，很快脱落。**叶：**叶片下面有两层毛被，肉桂色，毡毛状。**花：**短总状伞形花序有花8~12朵；花萼小，裂片边缘具睫

2

2

2

3

毛；花冠白色或粉红色，内面一侧具紫色斑点，基部被白色微柔毛，裂片5枚；雄蕊10枚，花丝基部疏被白色微柔毛；子房圆锥形，花柱无毛。**果实：** 蒴果，直立。

花期 / 5—6月　果期 / 8月　生境 / 针叶林下或杜鹃灌丛　分布 / 西藏东南部和南部　海拔 / 3 800~4 500 m

3 卷叶杜鹃

Rhododendron roxieanum

别名：线形卷叶杜鹃

外观： 常绿灌木。**根茎：** 小枝短粗而稍弯曲，幼枝密被红棕色至锈色绵毛状绒毛；具宿存的芽鳞。**叶：** 厚革质，叶片狭披针形至倒披针形，边缘显著反卷，下面有两层毛被，上层毛被厚，绵毛状，由锈红色分枝毛组成，下层毛被薄；叶柄上部两侧有下延的叶基。**花：** 顶生短总状伞形花序，有花10~15朵，总轴密被锈色绒毛；花梗密被锈色绒毛和短柄腺体，花萼小，杯状，裂片5枚，钝三角形，被毛；花冠漏斗状钟形，白色略带粉红色，筒部上方具多数紫红色斑点，裂片顶端具缺刻；雄蕊10枚，不等长，花丝下半部密被白色微柔毛，花药卵圆形，淡黄褐色；雌蕊比花冠稍短或近等长；子房柱状圆锥形，密被锈色绒毛，花柱无毛，柱头盘状。**果实：** 蒴果，长圆柱形，5裂。

花期 / 6—7月　果期 / 10月　生境 / 高山针叶林或杜鹃灌丛中　分布 / 西藏东南部、云南西北部、四川西南部、甘肃南部　海拔 / 2 600~4 300 m

4

4 乌蒙宽叶杜鹃

Rhododendron sphaeroblastum var. *wumengense*

外观： 常绿灌木，高1~3 m。**根茎：** 幼枝亮绿色或淡紫色。**叶：** 厚革质，卵形、长圆状卵形或卵状椭圆形，长7.5~15 cm，宽4~6.5 cm，边缘平坦，上面橄榄绿色，稍具光泽，下面有两层毛被，上层毛被厚，锈红色至肉桂色，疏松绵毛状，由分枝毛组成，叶下面毛被较薄，上层毛被深锈色，易脱落，下层毛被肉桂色，宿存；叶柄长1.5~2 cm，无毛。**花：** 顶生总状伞形花序，有花10~12朵；花梗长1~1.5 cm，无毛；花萼小，无毛，裂片5枚，不等长；花冠漏斗状钟形，长3.5~4 cm，白色至粉红色，筒部上方具洋红色斑点，裂片顶端微缺；雄蕊10枚，不等长，花丝基部被白色微柔毛，花药椭圆形，淡黄褐色；雌蕊比花冠短，略长于雄蕊；子房圆柱形，疏被丛卷毛，花柱无毛，柱头稍膨大。**果实：** 蒴果，长圆柱形、微弯，长1.8~2 cm。

花期 / 5—6月　果期 / 8—10月　生境 / 针叶阔叶混交林或杜鹃灌丛　分布 / 云南北部　海拔 / 3 650~4 000 m

杜鹃花科 杜鹃属

1 大理杜鹃

Rhododendron taliense

外观： 常绿灌木。**根茎：** 幼枝密被淡黄色绵毛状绒毛。**叶：** 叶片厚革质，长圆状椭圆形至卵状披针形，边缘略反卷，上面深绿色，无毛，下面有两层毛被，上层红棕色或肉桂色，毡毛状，下层毛被紧密；叶柄密被黄棕色绒毛。**花：** 顶生伞形花序，有花10~15朵，总轴被毛；花梗密被红棕色绒毛；花萼小，裂片卵形或三角形，无毛；花冠钟形，乳白色、黄色或带粉红色，筒部上方具多数深红色斑点，裂片顶端微缺；雄蕊10枚，不等长，花丝基部被白色微柔毛，花药椭圆形，淡褐色；雌蕊比花冠短，稍长于雄蕊；子房圆锥形，无毛，花柱无毛，柱头头状。**果实：** 蒴果，长圆柱形。

花期 / 5—6月 果期 / 9—11月 生境 / 高山冷杉林下或杜鹃灌丛中 分布 / 云南西部及西北部、四川西部 海拔 / 3 200~4 100 m

2 迷人杜鹃

Rhododendron agastum

外观： 常绿灌木；有可能为大白杜鹃和马缨杜鹃的天然杂交种。**根茎：** 幼枝嫩绿色，被稀疏丛卷毛及少数腺体；老枝淡棕色，光滑无毛。**叶：** 多密生于枝顶，革质，椭圆形至椭圆状披针形，先端钝圆或微有短尖头，下面淡黄绿色，有薄层毛被；叶柄圆柱状，被稀疏短绒毛及腺体。**花：** 总状伞形花序，花序总轴有少许腺体及疏柔毛；花梗粗壮，被腺体；花萼小，盘状，5~7裂，裂片宽三角形，外面和边缘有腺体；花冠钟状漏斗形，粉红色，具紫红色斑点，5裂，裂片近于圆形，顶端有凹缺；雄蕊不等长；花丝细瘦，

1

1

2

基部有微柔毛，花药长圆形；雌蕊与花冠近等长；子房密被腺体及硬毛，花柱通体有稀疏腺体，柱头微膨大。**果实：**蒴果，微弯曲。

花期／4—5月　果期／7—8月　生境／山坡常绿阔叶林中　分布／云南西部及北部　海拔／1 900~2 500 m

3 露珠杜鹃

Rhododendron irroratum

外观：灌木或小乔木，高2~9 m。**根茎：**小枝粗壮；幼枝有薄层绒毛和腺体，后逐渐脱落；老枝光滑。**叶：**多密生于枝顶，革质，椭圆形、披针形或长圆状椭圆形，先端渐尖，基部圆形或宽楔形，边缘全缘或呈波状皱缩；叶柄圆柱状，平坦，有沟纹。**花：**总状伞形花序，总轴疏生柔毛和淡红色腺体；花梗粗壮，密被腺体；花萼小，盘状，裂片顶端钝圆；花冠管状或钟状，淡黄色、白色或粉红色，有黄绿色至淡紫红色斑点，裂片半圆形，顶端有凹缺；雄蕊10枚，不等长，花丝基部线形，被开展的柔毛；子房圆锥状或窄卵圆形，密被腺体，花柱长于花冠，通体密生红色腺体，柱头不膨大。**果实：**蒴果，圆柱状，有腺体，成熟后开裂。

花期／3—5月　果期／9—10月　生境／山坡常绿阔叶林或灌木丛中　分布／云南北部、四川西南部　海拔／1 700~3 600 m

杜鹃花科 杜鹃属

1 樱花杜鹃

Rhododendron cerasinum

外观：常绿灌木，高1.2~3.6 m。**根茎：**幼枝有时略被毛和腺体，老枝灰白色，层状剥落。**叶：**常密生于枝顶，约4~6枚，薄革质，长圆状椭圆形至窄倒卵形，长5~8 cm，宽1.5~2.5 cm，先端钝圆，有短尖头，幼时上面有柔毛、下面中脉上有丛卷毛，后均脱落；叶柄长1~1.5 cm，常被柔毛和丛卷毛。**花：**伞形花序，有花3~6朵；总轴短，圆锥形，长2~5 mm；花梗有腺体；花萼杯状，长仅2 mm，边缘波状浅裂，外面有腺体；花冠钟状，深红色，长3~3.5 cm，直径约3 cm，基部具5个紫色斑状蜜腺囊，顶部5裂，裂片扁圆形，顶端有凹缺；雄蕊10枚；花柱具腺体。**果实：**蒴果，长圆形，有腺体，基部有宿存的花萼。

花期／6月　果期／7—9月　生境／林下、林缘、灌丛　分布／西藏东南部　海拔／3 200~3 800 m

1

1

1

1

1

杜鹃花科 杜鹃属

1 云雾杜鹃
Rhododendron chamaethomsonii

外观：直立灌木。**根茎：**树皮片状剥落；小枝具有腺体，常有宿存芽鳞。**叶：**叶片革质，倒卵形或长圆状倒卵形，先端圆形，有小突尖头，基部钝形，边缘微反卷，中脉在上面凹下，下面凸出，有时向基部有散生的腺体，侧脉8~10对；叶柄有或无短柄腺体。**花：**顶生伞形花序，有花1~4朵；花梗有或无短柄腺体；萼齿三角形；花冠管状钟形，深红色，外面基部有微柔毛，裂片5枚，近圆形，顶端有缺刻；雄蕊10枚，不等长，无毛或有微柔毛，花药长圆形，褐色；子房圆锥形，有或无腺体及毛，花柱无毛，柱头头状。**果实：**蒴果，长圆柱形，有腺体残迹，花萼宿存。

花期 / 6—7月　果期 / 7—9月　生境 / 高山湿润岩坡上　分布 / 西藏东南部、云南西北部　海拔 / 4 200~4 500 m

2 短萼云雾杜鹃
Rhododendron chamaethomsonii var. *chamaethauma*

外观：直立灌木。**根茎：**小枝具有腺体，常有宿存芽鳞。**叶：**叶片革质，倒卵形或长圆状倒卵形。**花：**顶生伞形花序，有花1~4朵；花冠苍白色至深红色；花萼小，长1 mm或更短；子房密被淡黄色毛。**果实：**蒴果，长圆柱形，有腺体残迹，花萼宿存。

花期 / 6月　果期 / 8—9月　生境 / 石坡杜鹃灌丛和高山沼泽地　分布 / 云南西北部、西藏东南部　海拔 / 1 000~3 850 m

1

1

1

2

2

3

3 美容杜鹃

Rhododendron calophytum

外观：常绿灌木或小乔木，高2~12 m。**根茎：**树皮黄灰色或棕褐色，片状剥落；幼枝粗壮。**叶：**叶片厚革质，长圆状倒披针形或长圆状披针形，长11~30 cm，宽4~7.8 cm，下面淡绿色，幼时有白色绒毛，后变为无毛。**花：**顶生短总状伞形花序，有花15~30朵；花梗粗壮，长3~6.5 cm，红色；花萼小，长1.5 mm，裂片5枚；花冠阔钟形，红色或粉红色至白色，内面基部上方有1枚紫红色斑块，裂片5~7枚，不整齐；雄蕊15~22枚，不等长，花丝基部有少数微柔毛；子房圆屋顶形，绿色无毛，花柱无毛，柱头大，盘状。**果实：**蒴果，长圆柱形。

花期 / 4—5月　果期 / 9—10月　生境 / 林中或冷杉林下　分布 / 甘肃南部、四川、云南东北部　海拔 / 1 300~4 000 m

3

3

3

杜鹃花科 杜鹃属

1 大白杜鹃

Rhododendron decorum

别名：大白花杜鹃

外观：常绿灌木或小乔木。**根茎：**树皮灰褐色或灰白色；幼枝绿色，老枝褐色；冬芽顶生，卵圆形，无毛。**叶：**叶片厚革质，长圆形至长圆状倒卵形，先端钝或圆，基部楔形或钝，边缘反卷；叶柄圆柱形，黄绿色，无毛。**花：**顶生总状伞房花序，有花8~10朵，有香味；总轴淡红绿色，有稀疏的白色腺体；花梗粗壮，淡绿带紫红色，具白色有柄腺体；花冠宽漏斗状钟形，色彩变化大，淡红色或白色，外面有稀少的白色腺体，裂片7~8枚，近于圆形，顶端有缺刻；雄蕊不等长，花丝基部有白色微柔毛；子房长圆柱形，淡绿色，密被白色有柄腺体，花柱淡白绿色，通体有白色短柄腺体，柱头大。**果实：**蒴果，长圆柱形。

花期／4—6月　果期／9—10月　生境／灌丛中或森林下　分布／西藏东南部、云南西北部、四川西部至西南部　海拔／1 000~3 300 m

2 山光杜鹃

Rhododendron oreodoxa

外观：常绿灌木或小乔木，高1~12 m。**根茎：**树皮灰黑色；幼枝被白色至灰色绒毛，不久脱净。**叶：**叶片革质，常5~6枚生于枝端，狭椭圆形或倒披针状椭圆形，长4.5~10 cm，宽2~3.5 cm，上面深绿色，成长后无毛，下面淡绿色至苍白色，无毛。**花：**顶生总状伞形花序，有花6~12朵；花梗长0.5~1.5 cm，紫红色，密或疏被短柄腺体；花萼小，外面多少被有腺体；花冠钟形，长3.5~4.5 cm，直径3.8~5.2 cm，淡红色，裂片7~8枚；雄蕊12~14枚，花丝基部无毛或略有微柔毛；子房圆锥形，淡绿色，光滑无毛，花柱淡红绿色，无毛，柱头小，头状。**果实：**蒴果，长圆柱形，微弯曲。

花期／4—6月　果期／8—10月　生境／林下和箭竹灌丛　分布／甘肃南部、四川西部至西北部　海拔／2 100~3 650 m

1

1

2

3 亮叶杜鹃

Rhododendron vernicosum

外观： 常绿灌木或小乔木，高1~5 m。**根茎：** 树皮灰色或灰褐色；幼枝淡绿色；冬芽顶生，芽鳞边缘具白色短柔毛。**叶：** 叶片革质，长圆状卵形，长5~12 cm，先端钝至宽圆形，基部宽或近圆形；上面深绿色，微被蜡质，无毛，下面灰绿色；叶柄圆柱形，淡黄绿色，长1.5~3.5 cm，无毛。**花：** 顶生总状伞形花序，有花6~10朵；花梗紫红色，长2~3 cm，被红色短柄腺体；花萼小，淡绿色或紫红色；花冠宽漏斗状钟形，淡红色至白色，无毛，内面有时具深红色小斑点；雄蕊11~13枚；不等长；子房圆锥形，绿色，密被红色腺体。**果实：** 蒴果，长圆柱形，斜生于果柄上，微弯曲。

花期 / 5—6月　果期 / 7—8月　生境 / 林下或林缘　分布 / 西藏东南部、云南西部、四川西部及西南部　海拔 / 2 650~4 300 m

4 马缨杜鹃

Rhododendron delavayi

别名：马缨花

外观： 常绿灌木或小乔木。**根茎：** 树皮淡灰褐色，薄片状剥落；幼枝粗壮，被白色绒毛；顶生冬芽卵圆形，多少被白色绒毛。**叶：** 叶片革质，长圆状披针形，先端钝尖或急尖，基部楔形，边缘反卷，下面有白色至灰色或淡褐色海绵状毛被。**花：** 顶生伞形花序，圆形，紧密；总轴密被红棕色绒毛；花梗密被淡褐色绒毛；苞片倒卵形，有短尖头，两面均有绢状毛；花萼小，外面有绒毛和腺体，裂片5枚，宽三角形；花冠钟形，肉质，深红色，内面基部有5枚黑红色蜜腺囊，近于圆形，顶端有缺刻；雄蕊10枚，不等长，花丝无毛，花药长圆形；子房圆锥形，密被红棕色毛，花柱无毛，柱头头状。**果实：** 蒴果，长圆柱形，黑褐色，10室，有肋纹及毛被残迹。

花期 / 5月　果期 / 12月　生境 / 阳坡常绿阔叶林或灌丛　分布 / 西藏南部、云南大部、四川西南部　海拔 / 1 200~3 200 m

杜鹃花科 杜鹃属

1 树形杜鹃

Rhododendron arboreum

别名：打马

外观：常绿乔木，高3~5 m。**根茎：**幼枝粗壮，密被灰色绒毛。**叶：**叶片革质，边缘反卷，下面银白色，被紧密的灰白色至黄褐色薄毛被。**花：**顶生总状伞形花序，约20朵花；花梗密被黄褐色绒毛和腺体；花萼小，外面具绒毛，边缘有纤毛；花冠管状钟形，肉质，紫红色至深血红色，内面基部有深色蜜腺囊，中部一侧有紫色斑点，裂片5枚；雄蕊10枚，花丝无毛；子房圆锥形，密被淡黄褐色绒毛和腺体；花柱无毛。**果实：**蒴果，长圆状圆柱形，有绒毛及腺体残迹。

花期／5月　果期／8月　生境／溪谷林下或栎林中　分布／西藏南部　海拔／1 500~3 550 m

1

2 皱叶杜鹃

Rhododendron denudatum

外观：灌木或小乔木。**根茎：**幼枝被星状绒毛，后变无毛。**叶：**叶片革质，长卵状披针形或椭圆状披针形，先端渐尖或锐尖，有小尖头，上面有明显的皱纹，无毛，下面有疏松的淡黄色绒毛；叶柄圆柱形，在上面有细沟纹，被淡黄色绒毛。**花：**总状伞形花序，8~12朵花；花梗粗壮，被黄褐色绒毛；花萼小，有5个波状突起，外面被毛；花冠钟状，蔷薇色，内面有深紫色斑点，5裂，裂片近于圆形；雄蕊10~13枚，花丝无毛；子房圆柱状，被淡黄色绒毛，花柱无毛。**果实：**蒴果，圆柱形，被黄褐色绒毛。

花期／4—5月　果期／8—9月　生境／山坡灌木丛中　分布／云南东北部、四川西南部　海拔／2 000~3 300 m

3 繁花杜鹃

Rhododendron floribundum

外观：灌木或小乔木，高2~10 m。**根茎：**幼时有灰白色星状毛，以后无毛。**叶：**叶片厚革质，椭圆状披针形至倒披针形，上面绿色，呈泡泡状隆起，有明显的皱纹，无毛，下面具灰白色疏松绒毛，上层毛被为星状毛，下层毛被紧贴。**花：**总状伞形花序，有花8~12朵；花梗长1.5~2 cm，被淡黄色至白色柔毛；花萼小，外面被毛；花冠宽钟状，粉红色，长3.5~4 cm，筒部有深紫色斑点，5裂；雄蕊10枚，花丝无毛；子房卵球形，被白色绢状毛，花柱无毛，柱头膨大。**果实：**蒴果，圆柱状，被淡灰色绒毛。

花期／4—5月　果期／7—8月　生境／山坡灌丛　分布／四川西南部、云南东北部　海拔／1 400~2 700 m

2

3

4

4

4 似血杜鹃

Rhododendron haematodes

别名：血色杜鹃

外观： 常绿小灌木。**根茎：** 幼枝粗壮，密被浅锈色绒毛。**叶：** 叶片革质，上面亮深绿色，成长后无毛，下面密被两层毛被，上层毛被淡黄褐色至红褐色，下层毛被白色，紧贴；叶柄密被棕色绒毛，中间杂有细刚毛或无。**花：** 顶生伞形花序，有花6~8朵；花梗密被红锈色绒毛，有时具少数小刚毛；花冠管状钟形，肉质，深红色至紫红色，内面基部蜜腺囊，裂片5枚；雄蕊10枚，花丝下部很少有微柔毛；子房短圆柱形，先端截形，密被红锈色绒毛，花柱无毛或下半部有极少的柔毛。**果实：** 蒴果，椭圆形。

花期 / 5—6月　果期 / 8—9月　生境 / 高山灌丛或山顶及溪谷中　分布 / 西藏东南部、云南西部　海拔 / 3 200~4 000m

5

5

5 火红杜鹃

Rhododendron neriiflorum

外观： 常绿灌木。**根茎：** 小枝初被白色绒毛。**叶：** 叶片坚革质，上面淡绿色，下面灰绿带白色，无毛。**花：** 伞形花序顶生，有花5~12朵；花梗被淡黄褐色绒毛；花萼肉质，亮绿红色，无毛；花冠管状钟形，肉质，亮深红色，内面基部具蜜腺囊；雄蕊10枚，花丝带紫红色，无毛；子房狭圆锥形，密被白色至淡黄褐色绒毛，花柱细圆柱形，基部被有淡黄褐色绒毛，稍伸出花冠外，柱头小，截形。**果实：** 蒴果，圆柱形，弯曲，有肋纹及毛被残迹。

花期 / 4—5月　果期 / 9—10月　生境 / 铁杉林下、杜鹃灌丛或杂木林中　分布 / 云南西部、西藏东南部　海拔 / 2 550~3 600 m

6　魏来　摄影

6　魏来　摄影

6 毛柱杜鹃

Rhododendron venator

外观： 灌木，高约2~3 m。**根茎：** 幼枝有腺头长刚毛和白色丛卷毛。**叶：** 叶片革质，下面淡黄褐色；叶柄有腺头长刚毛及星状毛。**花：** 总状伞形花序，有花6~10朵；花梗长1~1.5 cm，密被星状毛及腺头刚毛；花萼小，基部有绒毛及腺体，边缘有腺头睫毛；花冠管状钟形，长3.5 cm，肉质，深红色，基部具暗红色密腺囊，5裂；雄蕊10枚，花丝无毛；子房圆柱形，密被绒毛；花柱长2~2.5 cm，基部密被星状毛，柱头微膨大。**果实：** 蒴果，圆柱状，微弯曲。

花期 / 4—5月　果期 / 7—8月　生境/峡谷、山坡石缝及林下　分布 / 西藏东部　海拔 / 2 400~2 800 m

杜鹃花科 杜鹃属

1 多变杜鹃

Rhododendron selense

外观：小灌木，高1~2 m。**根茎：**枝条粗壮，幼枝嫩绿色，有短柄腺体。**叶：**4~5枚密生枝顶，长圆状椭圆形或倒卵形，先端有细尖头，基部两侧常不对称，两面无毛；叶柄有稀疏短柄腺体。**花：**总状伞形花序，有4~7朵花；总轴无毛；花梗有具柄腺体；花萼小，常5裂，顶端圆形，外面及边缘有腺体；花冠漏斗状，基部狭窄，粉红色至蔷薇色，5裂，裂片半圆形，长约1 cm，顶端微凹缺；雄蕊10枚，不等长，花丝下部微被毛，花药长圆形；子房圆柱状，密被腺体，花柱无毛和腺体。**果实：**蒴果，圆柱状，常弯弓形。

花期 / 5~6月　果期 / 7—8月　生境 / 高山冷杉林下和杜鹃灌丛中　分布 / 西藏东南部、云南西北部、四川西南部　海拔 / 2 800~4 000 m

1

2 弯果杜鹃

Rhododendron campylocarpum

外观：常绿灌木。**根茎：**幼枝嫩绿色，老枝灰白色。**叶：**卵状椭圆形或长圆状椭圆形，无毛。**花：**顶生伞形花序，有6~7朵花；花梗细有稀疏长柄腺体；花萼裂片外面及边缘有短柄腺体；花冠钟状5裂，鲜黄色；雄蕊10枚，花丝基部被短柔毛；子房柱状锥形，被稀疏有柄腺体；花柱仅基部有同样的腺体，其余光滑。**果实：**蒴果，细瘦而弯弓。

花期 / 5—6月　果期 / 8—9月　生境 / 冷杉林下及灌木丛中　分布 / 西藏东部　海拔 / 3 000~4 000 m

1

3 黄杯杜鹃

Rhododendron wardii

外观：灌木，高约3 m。**根茎：**幼枝嫩绿色，平滑无毛，老枝灰白色，树皮有时层状剥落。**叶：**多密生于枝端，革质，长圆状椭圆形，先端钝圆，有细尖头，基部微心形；上面深绿色，下面灰绿色；叶柄细瘦无毛。**花：**总状伞形花序，有花5~8朵；花梗长2~4 cm，常被疏腺体；花萼大，萼片膜质，边缘密生整齐的腺体；花冠杯状，鲜黄色；雄蕊10枚，花丝无毛；子房圆锥形，密被腺体，花柱通体有腺体。**果实：**蒴果，圆柱状，微弯曲。

花期 / 6—7月　果期 / 8—9月　生境 / 湿润的山地云杉、冷杉林下或林缘　分布 / 西藏东南部、四川西南部、云南西北部　海拔 / 3 640~4 500 m

2

3

3

4

4

4 绒毛杜鹃

Rhododendron pachytrichum

外观：常绿灌木，高1.5~5 m。**根茎：**幼枝直，密被淡褐色有分枝的粗毛。**叶：**革质，上面绿色，下面淡绿色，无毛，中脉在下面凸起，被淡色有分枝的粗毛，尤以下半段为多。**花：**顶生总状花序，有花7~10朵；花梗淡红色，长1~1.5 cm，密被淡黄色柔毛；花萼小；花冠钟形，淡红色至白色，内面上面基部有1枚紫黑色斑块，裂片5枚；雄蕊10枚，花丝白色近基部有白色微柔毛；子房长圆锥形，密被淡黄色绒毛，花柱无毛，柱头小。**果实：**蒴果，圆柱形，被浅棕色细刚毛或近于无毛。

花期 / 4—5月　果期 / 8—9月　生境 / 冷杉林中　分布/四川、云南　海拔 / 1 700~3 500 m

5

5

5 芒刺杜鹃

Rhododendron strigillosum

外观：常绿灌木，稀小乔木，高2~10 m。**根茎：**幼枝淡黄绿色，密被褐色腺头刚毛。**叶：**革质，长圆状披针形或倒披针形，上面暗绿色，无毛，下面淡绿色，有散生黄褐色粗伏毛，下面中脉隆起，密被褐色绒毛及腺头刚毛。**花：**顶生短总状伞形花序，有花8~12朵；花梗长6~15 mm，红色，密被腺头刚毛；花冠管状钟形，深红色，内面基部有黑红色斑块，裂片5枚；雄蕊10枚，花丝白色，无毛；子房卵圆形，密被淡紫色腺头粗毛，花柱红色，无毛，柱头头状。**果实：**蒴果，圆柱形，有肋纹及棕色刚毛。

花期 / 4—6月　果期 / 9—10月　生境 / 岩石边或冷杉林中　分布 / 四川西部及云南东北部　海拔 / 1 600~3 580 m

杜鹃花科 杜鹃属

1 美被杜鹃

Rhododendron calostrotum

外观：直立小灌木，高0.2~1 m。**根茎：**幼枝密被有柄和无柄的鳞片，无刚毛。**叶：**叶片长圆状椭圆形或卵状椭圆形，两端钝圆或有时钝尖，顶端具通常反折的小尖头，上面颜色晦暗而无光泽，密被鳞片，下面褐色，鳞片密被呈覆瓦状，无毛；叶柄密被鳞片，无刚毛。**花：**花序顶生，有花1~2朵，少有3~5朵；花梗密被鳞片，有时鳞片有柄；花萼红紫色或淡红色，5裂达基部，裂片椭圆形、卵形或近圆形，外面多少被鳞片，被微柔毛或无毛，有长或短的缘毛；花冠宽漏斗状，紫红色或淡紫色，外面密被短柔毛，沿花瓣中部密被鳞片或无鳞片；雄蕊短于花冠但露出，花丝基部密被柔毛；子房密被鳞片，有时有微柔毛，花柱红色，较雄蕊长，无毛或基部有毛。**果实：**蒴果，卵球形。

花期 / 5—7月　果期 / 8—9月　生境 / 高山岩坡、常组成灌丛　分布 / 西藏东南部、云南西北部及东北部　海拔 / 3 400~4 600 m

董磊 摄影

2 怒江杜鹃

Rhododendron saluenense

外观：直立灌木。**根茎：**幼枝密被鳞片和褐色长刚毛。**叶：**叶片椭圆形至卵状椭圆形，顶端钝圆，具直立或反折的短尖头，基部通常钝圆，下面密被覆瓦状鳞片，鳞片边缘有细圆齿，沿叶脉有时疏生长刚毛；叶柄被鳞片和刚毛。**花：**花序顶生，1~3朵花，红色，被鳞片，有疏或密的刚毛或无毛；萼红紫色，萼片宽卵形或卵状椭圆形，外面被疏或密的鳞片，被微柔毛或有时并有刚毛，有长或短的缘毛；花冠宽漏斗状，紫色、紫红色或深红色，内有紫色斑点，外面密被短柔毛，有或无鳞片；雄蕊不等长，露出花冠筒外，短于花冠，花丝基部密被柔毛，花柱红色，伸出花冠，基部有微柔毛或无。**果实：**蒴果，卵球形，被宿萼。

花期 / 6—8月　果期 / 8—10月　生境 / 岩坡杜鹃灌丛或山谷流石坡　分布 / 西藏东南部（察隅）、云南西北部、四川西南部　海拔 / 3 000~4 000 m

3 弯柱杜鹃

Rhododendron campylogynum

外观：常绿矮小灌木，分枝密集而匍匐常成垫状。**根茎：**小枝短，被疏鳞片，无毛或被疏柔毛。**叶：**叶芽鳞常宿存；叶厚革质，倒卵形至倒卵状披针形，顶端圆，有钝突尖，边缘具小圆锯齿，明显反卷，下面常苍白色，被疏散而易脱落的小鳞片；叶柄被疏

鳞片或无。**花：**花序顶生，伞形，具1~5朵花；花梗直立，带红色，被疏鳞片；花萼大，5裂至基部，粉红色至深紫色或黄绿色，有时带白霜，裂片圆形或至卵状长圆形，外面常无鳞片；花冠宽钟状，下垂，肉质，紫红色至暗紫色，外面带白霜，无鳞片，5裂片短于花管；雄蕊8~10枚，不等长，短于花冠，花丝下半部被柔毛；子房5室，疏被鳞片，花柱粗壮，稍弯或下倾，无毛。**果实：**蒴果，卵球形，疏被鳞片，花萼宿存。

花期 / 6—7月　果期 / 9月　生境 / 高山杜鹃灌丛、灌丛草甸中或石岩上　分布 / 西藏东南部及南部、云南西北部　海拔 / 3 500~4 500 m

4 毛喉杜鹃

Rhododendron cephalanthum

别名：头花杜鹃

外观：常绿小灌木，高0.3~1.5 m。**根茎：**半匍匐状或平卧状，罕直立；枝条灰棕褐色，幼枝被毛和鳞片。**叶：**叶片厚革质，长圆状椭圆形或长圆状卵形，芳香，长1~3.5 cm，宽0.5~1.6 cm，顶端有短突尖，边缘反卷，下面密被淡黄褐色或带红褐色的鳞片，重叠成2~3层；叶柄长约3 mm，被鳞片。**花：**头状花序，顶生，5~10朵花密集；花梗长2~5 mm，被鳞片；花萼淡黄绿色，5深裂，裂片长圆形或卵形，外面被鳞片，边缘被长睫毛；花冠狭筒状，长0.8~1.5 cm，白色、粉红色至玫瑰色，内面喉部被密髯毛，裂片5枚，开展；雄蕊5枚，内藏。**果实：**蒴果，卵圆形，被鳞片，被包于宿存的萼内。

花期 / 5—7月　果期 / 9—11月　生境 / 高山草甸、灌丛、山坡　分布 / 西藏东南部、云南西部及西北部、四川西北部、甘肃南部　海拔 / 3 800~4 400 m

5 毛花杜鹃

Rhododendron hypenanthum

别名：头花杜鹃

外观：常绿小灌木。**根茎：**分枝短而细挺，被小刚毛和鳞片。**叶：**芳香，椭圆形至倒卵状椭圆形，长2.5~3.5 cm，上面无鳞片，下面密被暗红褐色单型鳞片，2~3层排列。**花：**花序顶生，有花5~7朵；花萼发达，外面被鳞片，边缘被密睫毛；花冠狭筒状漏斗形，长1.2~1.9 cm，浅黄色或柠檬色，外面无鳞片，内面喉部有密髯毛；雄蕊5~6枚，花丝光滑；花柱短粗，与子房等长或稍较长，光滑。**果实：**蒴果，卵圆形，被包于宿存的花萼内。

花期 / 5—7月　果期 / 8—9月　生境 / 山坡灌丛　分布 / 西藏南部和东南部　海拔 / 3 500~4 500 m

杜鹃花科 杜鹃属

1 工布杜鹃

Rhododendron kongboense

外观：常绿小灌木，高0.15~0.3 m。**根茎：**直立，幼枝密被鳞片和柔毛。**叶：**叶片革质，芳香，长圆形至长圆状披针形，长1.3~2.8 cm，宽0.5~1.2 cm，边缘稍反卷，上面疏被鳞片，下面淡黄褐色至灰褐色，密被多层的灰褐色鳞片；叶柄长2~6 mm，密被鳞片。**花：**花序头状，顶生，6~12朵花；花梗被鳞片或有疏毛；花萼常带红紫色，裂片长3~5 mm，有时具鳞片，边缘具长睫毛或偶有鳞片；花冠狭筒状，长0.8~1.2 cm，粉红色、蔷薇色至紫红色，花管长6~8 mm，内面喉部密被毛，外面具毛，裂片5枚；雄蕊5枚，内藏。**果实：**蒴果，卵圆形，被鳞片，包于宿存萼内。

花期／6—8月　果期／6—11月　生境／山坡灌丛、草坡、石隙中　分布／西藏东南部及南部　海拔／ 4 300~5 000 m

1

2 林芝杜鹃

Rhododendron nyingchiense

外观：小灌木，高30~100 cm。**根茎：**小枝密被暗褐红色鳞片。**叶：**叶片长圆状椭圆形或椭圆形，长8~20 mm，宽5~8 mm，先端具小短尖头，上下两面密被鳞片；叶柄长4~5 mm，密被暗红色鳞片。**花：**头状花序，顶生，具3~4朵花；花梗密被鳞片；花萼长1~2 mm，密被鳞片；花冠狭筒状，长12 mm，红色、粉红色或白色，两面密被柔毛；雄蕊5枚，内藏。**果实：**蒴果，卵圆形。

花期／5—6月　果期／8—9月　生境／林下、山坡、灌丛　分布／西藏东南部（林芝、嘉黎）　海拔／3 700~4 300 m

1

2

3

2

3 樱草杜鹃

Rhododendron primuliflorum

外观：常绿小灌木，高0.3~1 m。**根茎：**茎灰棕色，表皮常薄片状脱落，幼枝短而细，密被鳞片和刚毛。**叶：**叶片较小，革质，芳香；长圆形，先端钝，有小突尖；上面暗绿色，光滑，下面密被黄褐色屑状鳞片。**花：**头状花序顶生，具花5~8朵；花梗长2~4 mm，被鳞片；花萼外面疏被鳞片；花冠狭筒状漏斗形，白色或粉红色；雄蕊5枚。**果实：**蒴果，卵状椭圆形，密被鳞片。

花期 / 5—6月　果期 / 7—9月　生境 / 山坡灌丛、高山草甸和岩坡　分布 / 西藏南部及东部、云南西北部、四川西部、甘肃南部　海拔 / 3 700~4 100 m

4 藏布雅容杜鹃

Rhododendron charitopes subsp. *tsangpoense*

别名：藏布杜鹃

外观：常绿小灌木。**根茎：**小枝具鳞片。**叶：**叶片革质，倒卵形至倒卵状椭圆形，长2.6~7 cm，宽1.3~4.5 cm，先端具短尖头，上面有时被鳞片，下面密被2型鳞片，较小者淡黄色，较大者褐色。**花：**伞形花序，顶生，具2~6朵花；花梗长1.8~3 cm，较花短或稍长，被鳞片；花萼长6 mm，5裂至基部，裂片叶状，外面被鳞片；花冠钟状或宽钟状，白色、粉红色至淡紫色，或蔷薇色至深红色，有时具深色斑点，外面有时被鳞片及疏毛；雄蕊10枚，不等长，短于花冠；子房密被鳞片，花柱短，弯弓形。**果实：**蒴果，长圆状卵形，被鳞片，被包于宿存的萼内。

花期 / 6月　果期 / 7—8月　生境 / 岩坡、灌丛　分布 / 西藏东南部（米林）　海拔 / 2 500~4 100 m

杜鹃花科 杜鹃属

1 朱砂杜鹃

Rhododendron cinnabarinum

外观： 常绿灌木，高1~5 m。**根茎：** 幼枝带紫色，散生鳞片。**叶：** 叶片革质，椭圆形至长圆状披针形，顶端钝圆至锐尖，上面常为灰绿色，无鳞片，下面灰白色，密被鳞片。**花：** 花序顶生，伞形，常具花2~4朵；花梗通常下弯；花萼小，波状5裂，外面和边缘有或无鳞片；花冠筒状，向上稍扩大而呈狭钟状，常为朱砂红色，5裂至上部1/3，裂片顶端圆或钝尖；雄蕊10枚，稍短于花冠，花丝下部被疏柔毛；花柱基部被疏柔毛，稀无毛。**果实：** 蒴果，密被鳞片。

花期 / 5月　果期 / 9月　生境 / 山坡灌丛、竹林、冷杉、杜鹃林或松林下　分布 / 西藏东南部　海拔 / 1 900~4 000 m

1

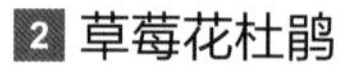

2 草莓花杜鹃

Rhododendron fragariiflorum

外观： 小灌木，高5~30 cm，直立、铺散或匍匐呈垫状。**根茎：** 分枝被鳞片及柔毛。**叶：** 叶片长圆状椭圆形至卵状椭圆形，长7~16 mm，宽4~8 mm，边缘有细圆齿，幼时常疏被刚毛，上下两面被鳞片；叶柄长1~2 mm。**花：** 伞形花序，顶生，具2~4朵花，稀达6朵花；花梗被鳞片和毛；花萼长4~7 mm，5裂至基部，红紫色，裂片长圆形或卵状椭圆形，被鳞片；花冠紫色或紫红色，长1~1.7 cm，花管内面被毛；雄蕊10枚，伸出花冠，花丝基部被毛。**果实：** 蒴果，被鳞片。

花期 / 6—7月　果期 / 8—9月　生境 / 高山草甸、灌丛　分布 / 西藏南部及东南部　海拔 / 3 800~4 600 m

2

2

3

3 亮鳞杜鹃

Rhododendron heliolepis

别名：短柱杜鹃、苍山杜鹃

外观：常绿灌木，有时长成小乔木。**根茎：**幼枝粗短，密被鳞片。**叶：**有浓烈香气，通常向下倾斜着生，叶片长圆状椭圆形至椭圆状披针形，顶端锐尖或渐尖，具短尖头，基部渐狭或有时钝圆，上面幼时密被鳞片，老时渐疏，下面淡褐色或淡黄绿色；叶柄密生鳞片。**花：**花序顶生，5~7朵花，伞形着生；花梗细长，密被鳞片；花萼边缘浅波状，有时萼片长圆形，外面密生鳞片；花冠钟状，粉红色、淡紫红色或偶为白色，内有紫红色斑，外面疏被或密被鳞片；雄蕊10枚，不等长，通常不超出花冠，花丝下半部有密而长的粗毛；子房5室，密被鳞片；花柱短于雄蕊或与之等长，稀略长于长雄蕊，下部有柔毛。**果实：**蒴果，长圆形。

花期 / 7—8月　果期 / 8—11月　生境 / 针阔叶混交林、冷杉林缘、杜鹃矮林　分布 / 西藏东南部（察隅）、云南中部至西北部、四川西南部　海拔 / 3 000~3 700 m

4 红棕杜鹃

Rhododendron rubiginosum

别名：茶花叶杜鹃

外观：常绿灌木或成小乔木。**根茎：**幼枝粗壮，褐色，有鳞片。**叶：**通常向下倾斜，叶片椭圆形至长圆状卵形，顶端通常渐尖或锐尖，基部楔形至钝圆，上面密被鳞片，后渐疏，下面密被锈红色鳞片，鳞片通常腺体状，有时薄片状；叶柄密生鳞片。**花：**花序顶生，5~7朵花，伞形着生；花梗密被鳞片；花萼短小，边缘状或浅5圆裂，密被鳞片；花冠宽漏斗状，淡紫色至淡红色、少有白色带淡紫色晕，内有紫红色或红色斑点，外面被疏散的鳞片；雄蕊10枚，不等长，略伸出花冠，花丝下部被短柔毛；子房5室，密被鳞片；花柱长过雄蕊。**果实：**蒴果，长圆形。

花期 / 4—6月　果期 / 7—8月　生境 / 云杉、冷杉林中　分布 / 西藏东南（察隅）、云南西北部至东北部、四川西南部　海拔 / 2 800~4 200 m

4

4

4

杜鹃花科 杜鹃属

1 灰背杜鹃

Rhododendron hippophaeoides

外观：常绿小灌木，高0.25~1 m。**根茎：**茎直立，幼枝细长，呈扫帚状，黄棕色，密被棕黄褐色鳞片。**叶：**叶片近革质，长圆形、椭圆形、长圆状披针形至长圆状卵形，长12~25 mm，宽5~10 mm，上面密被淡黄色鳞片，下面鳞片透明，金黄色至麦秆色，相互重叠；叶柄长2~5 mm，被淡色鳞片。**花：**花序伞形总状，顶生，有花4~8朵；花萼长1~2 mm，常带红色，裂片5枚，圆形至宽三角形，被淡色鳞片，顶端边缘有流苏状疏长毛；花冠宽漏斗状，长1~1.5 cm，鲜玫瑰色、淡紫色至蓝紫色，稀白色，花管内面喉内密被短柔毛，花冠裂片5枚，圆形，稍长于花管；雄蕊10枚，罕为8枚，不等长，短于花冠，花丝近基部有毛。**果实：**蒴果，狭卵形，密被鳞片。

花期 / 5—6月　果期 / 10月　生境 / 林下、林内湿草地、高山灌丛、灌丛草甸　分布 / 云南西北部、四川西南部　海拔 / 2 400~4 800 m

1

1

2 粉紫杜鹃

Rhododendron impeditum

别名：易混杜鹃、粉紫矮杜鹃

外观：常绿灌木，常呈垫状。**根茎：**多分枝，幼枝被毛及褐色鳞片，老枝鳞片色变深。**叶：**散生于分枝，或密集于枝端，革质，卵形至长圆形，顶端钝或急尖，有短突尖，基部宽楔形，边缘近反卷，上面暗绿色，被不邻接的灰白色鳞片，下面灰绿色，具同一的鳞片；叶柄被鳞片或偶被毛。**花：**花序顶生，伞形总状，2~4朵花；花梗被灰白色或黄褐色鳞片，偶被毛；裂片长圆形，被鳞片，从基部到顶部的中央形成一鳞片带，边缘常具少数鳞片，具长缘毛；花冠宽漏斗状，紫色至玫瑰淡紫色，罕白色，无鳞片或在花裂片外有少数鳞片，花管较裂片稍短，内面喉部被毛；雄蕊5~11枚，花丝下部被毛；子房被灰白色鳞片，花柱长度多变，长于雄蕊或较短，基部有毛或无。**果实：**蒴果，卵圆形，被鳞片。

花期 / 5—6月，有时9—10月二次开花　果期 / 9—10月　生境 / 高山草地、灌丛、云杉林下或林缘　分布 / 云南西北部、四川西南部　海拔 / 2 500~4 600 m

2

3 雪层杜鹃

Rhododendron nivale subsp. *nivale*

外观：常绿小灌木，常平卧成垫状。**根茎：**幼枝褐色，密被黑锈色鳞片。**叶：**叶片革质，椭圆形至近圆形，边缘稍反卷，上面暗灰绿色，被灰白色或金黄色的鳞片，下面绿黄色至淡黄褐色，被淡金黄色和深褐色两色鳞片。**花：**花序顶生，有1~2朵；花梗被鳞片；花萼发达，裂片长圆形或带状；花冠宽漏斗状，粉红、丁香紫至鲜紫色，花管较裂片约短1~2倍，内面被柔毛，外面也常被毛；雄蕊10枚，花丝近基部被毛；子房被鳞片，花柱通常长于雄蕊，偶较短，上部稍弯斜。**果实：**蒴果，圆形至卵圆形，被鳞片。

花期 / 5—8月　果期 / 8—9月　生境 / 高山灌丛、冰川谷地、草甸　分布 / 西藏东部至南部、青海南部　海拔 / 3 200~5 800 m

杜鹃花科 杜鹃属

1 北方雪层杜鹃

Rhododendron nivale subsp. *boreale*

外观： 常绿小灌木，高30~90 cm。**根茎：** 分枝多而稠密，常平卧呈垫状；幼枝褐色，密被黑锈色鳞片。**叶：** 簇生于小枝顶端或散生，革质，先端具小突尖，长3.5~9 mm，宽2~5 mm，边缘稍反卷，上面被灰白色或金黄色的鳞片，下面被淡金黄色和红褐色两种鳞片混生，红褐色鳞片较多。**花：** 花序顶生，具1~3朵花；花萼5裂，较小；花冠宽漏斗状，粉红色、丁香紫色至鲜紫色；雄蕊10枚，稀8枚，约与花冠等长；花柱稍短于雄蕊，上部稍弯斜。**果实：** 蒴果，被鳞片。

花期 / 5—8月　果期 / 8—9月　生境 / 山坡灌丛、草地、岩坡、林下、沼泽地　分布 / 西藏东部及东南部、云南西北部、四川西南至西北部　海拔 / 3 200~5 400 m

1

2 多色杜鹃

Rhododendron rupicola var. *rupicola*

外观： 常绿小灌木，高0.6~1.2 m，多密集分枝。**根茎：** 幼枝被暗褐色至黑色鳞片；叶芽鳞脱落。**叶：** 常簇生于分枝顶端，叶片宽椭圆形，顶端圆钝，具短尖头，基部宽楔形；上面暗灰色，下面淡黄褐色，具二色、约等量鳞片；叶柄长1~3 mm。**花：** 花序顶生，伞形，有花2~6朵；花梗长2~4 mm，被鳞片；花萼发达，暗紫红色；花冠宽漏斗状，深紫色，少有深红色；雄蕊5~10枚，数目多变；子房被毛和淡色鳞片，较雄蕊长。**果实：** 蒴果，宽卵圆形，被毛和鳞片。

花期 / 5—7月　果期 / 7—9月　生境 / 高山草甸、灌丛　分布 / 西藏东南部、云南西北部、四川西部　海拔 / 3 800~4 200 m

2

2

3 董磊 摄影

3 金黄多色杜鹃

Rhododendron rupicola var. *chryseum*

别名：金黄杜鹃

外观：常绿小灌木，多密集分枝。**根茎：**幼枝被暗褐色至黑色鳞片；叶芽鳞脱落。**叶：**常簇生于分枝顶端，叶片宽椭圆形，顶端圆钝，具短尖头，基部宽楔形；上面暗灰色，下面淡黄褐色，具二色、约等量鳞片。**花：**花序顶生，伞形，有花2~6朵；花萼裂片边缘不被鳞片；花冠漏斗状，黄色；雄蕊5~10枚；子房被毛和淡色鳞片，较雄蕊长。**果实：**蒴果，宽卵圆形，被毛和鳞片。

花期／6月　果期／7—9月　生境／高山灌丛　分布／西藏东南部、云南西北部、四川西部　海拔／3 350~4 200 m

4 云南杜鹃

Rhododendron yunnanense

别名：矛头杜鹃、基毛杜鹃、滇杜鹃

外观：落叶、半落叶或常绿灌木，偶成小乔木。**根茎：**幼枝疏生鳞片，无毛或有微柔毛，老枝光滑。**叶：**叶片长圆形至倒卵形，先端渐尖或锐尖，有短尖头，基部渐狭呈楔形，上面无鳞片或疏生鳞片，下面疏生鳞片。**花：**花序顶生或同时枝顶腋生，3~6朵花；花梗疏生鳞片或无鳞片；花萼环状或5裂；花冠宽漏斗状，略呈两侧对称，白色、淡红色或淡紫色，内面有斑点；雄蕊不等长，花丝下部多少被短柔毛；子房密被鳞片，花柱洁净。**果实：**蒴果，长圆形。

花期／4—6月　果期／7—9月　生境／杂木林、灌丛、松林、栎林、云杉或冷杉林缘　分布／西藏东南部、云南北部及西北部、四川西部　海拔／2 200~3 600 m

3

4

4

杜鹃花科 杜鹃属

1 鳞腺杜鹃

Rhododendron lepidotum

外观：矮小常绿小灌木。**根茎：**小枝细，有疣状凸起，密被鳞片，有时有刚毛。**叶：**薄革质，集生于枝顶，变异极大，顶端具短尖头，两面均密被鳞片；下面苍白色，鳞片黄绿色。**花：**伞形花序顶生，有花1~3朵；花梗细长，被鳞片；花萼5深裂，绿色或红色；花冠宽钟状，花色多变，淡红、深红、白色、紫色、淡绿色或黄色，外面密被鳞片；子房密被鳞片。**果实：**蒴果，长4~8 mm，密被鳞片，花萼宿存。

花期 / 5—7月　果期 / 7—9月　生境 / 高山灌丛、草地　分布 / 西藏南部及东南部、云南西北部、四川西部　海拔 / 3 000~4 200 m

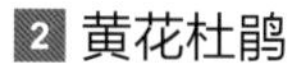

2 黄花杜鹃

Rhododendron lutescens

外观：灌木，高1~3 m。**根茎：**幼枝细长，疏生鳞片。**叶：**叶片纸质，披针形至卵状披针形，顶端长渐尖或近尾尖，具短尖头，基部圆形或宽楔形，上面疏生鳞片，下面鳞片黄色或褐色，间距为其直径的1/2~6倍。**花：**1~3朵顶生或生枝顶叶腋；花梗长0.4~1.5 cm，被鳞片；花萼不发育，波状5裂或环状，密被鳞片；花冠宽漏斗状，略呈两侧对称，黄色，外面疏生鳞片，密被短柔毛；雄蕊不等长，短雄蕊花丝基部密被柔毛；子房密被鳞片，花柱细长，洁净。**果实：**蒴果，圆柱形。

花期 / 3—4月　果期 / 6—7月　生境 / 杂木林湿润处或石灰岩山坡灌丛　分布 / 四川西部、云南东北部　海拔 / 1 700~2 000 m

3 山育杜鹃

Rhododendron oreotrephes

别名：微心杜鹃、可敬杜鹃

外观：常绿灌木，高1~4 m。**根茎：**幼枝紫红色，疏生鳞片。**叶：**聚生于幼枝上部，叶片椭圆形至卵形，长1.8~6 cm，宽1.4~3.5 cm，下面密被黄褐色或褐色鳞片；叶柄长0.7~1.3 cm，疏被鳞片，有时有微毛。**花：**花序短总状，顶生或同时枝顶腋生，具3~5朵花，稀达10朵花；花梗紫红色，疏生鳞片；花萼波状5裂或近于环状；花冠宽漏斗状，长1.8~3 cm，略呈两侧对称，淡紫色、淡红色或深紫红色，5裂至近中部，裂片圆卵形；雄蕊10枚，花丝基部被开展的短柔毛。**果实：**蒴果，长卵形。

花期 / 5—7月　果期 / 8—9月　生境 / 林下、林缘、灌丛　分布 / 西藏东南部、云南西部及西北部、四川西南部　海拔 / 3 000~3 700 m

3

4

4 多鳞杜鹃

Rhododendron polylepis

外观：灌木或小乔木，高1~6 m。**根茎：**幼枝细长，密被鳞毛。**叶：**革质，长圆形或长圆状披针形，长4.5~11 cm，宽1.5~3 cm，顶端锐尖或短渐尖，基部楔形或宽楔形，上面深绿色，幼叶密被鳞片，成长叶近于无鳞片，下面密被鳞片，鳞片无光泽，大小不等，大鳞片褐色，散生，小鳞片淡褐色，彼此邻接或覆瓦状或间距为其直径的1/2。**花：**花序顶生，3~5朵花；花梗密被鳞片；花萼密被鳞片；花冠宽漏斗状，略两侧对称，长2~3.5 cm，淡紫红或深紫红色，外面密生或散生鳞片；雄蕊不等长，伸出花冠外；子房密被鳞片，花柱细长，长伸出花冠外，洁净。**果实：**蒴果，长圆形或圆锥状。

花期 / 4—5月　果期 / 6—8月　生境 / 林内或灌丛　分布 / 甘肃南部、四川北部至西南部　海拔 / 1 500~3 300 m

5

6

5 锈叶杜鹃

Rhododendron siderophyllum

别名：小白花杜鹃、绣叶杜鹃、锈色杜鹃

外观：灌木。**根茎：**幼枝褐色，密被鳞片。**叶：**散生，叶片椭圆形或椭圆状披针形，基部楔形渐狭至钝圆，上面密被下陷的小鳞片，下面密被褐色鳞片，鳞片等大或略不等大，下陷；叶柄密被鳞片。**花：**花序顶生或同时腋生枝顶，短总状，3~5朵花；花梗被鳞片；花萼环状或略呈波状5裂，密被鳞片；花冠筒状漏斗形，白至玫红色，外面无鳞片或裂片上疏生鳞片；雄蕊不等长，长雄蕊伸出花冠外，花丝基部被短柔毛或近无毛；子房5室，密被鳞片，花柱细长，洁净，稀基部有短柔毛，伸出花冠外。**果实：**蒴果，长圆形。

花期 / 3—6月　果期 / 7—9月　生境 / 山坡灌丛、杂木林或松林　分布 / 云南大部、四川西南部　海拔 / 1 800~3 000 m

6

6 三花杜鹃

Rhododendron triflorum

外观：常绿或半落叶灌木，稀小乔木。**根茎：**幼枝被鳞片。**叶：**叶片卵形至长圆状披针形，长2.5~6.5 cm，上面无鳞片，下面密被近等大的鳞片，间距为其直径或不及。**花：**花序顶生，短总状，2~3朵花；花冠宽漏斗状，略呈两侧对称，淡黄色，有时瓣片带杏红色，花冠内面有褐色斑点；花丝被长柔毛；子房密被鳞片，花柱细长，洁净。**果实：**蒴果，长圆形，直立。

花期 / 5—6月　果期 / 7—8月　生境 / 山坡灌丛、栎林、高山松林或云杉、冷杉林下　分布 / 西藏南部至东南部　海拔 / 2 500~3 700 m

杜鹃花科 杜鹃属

1 睫毛萼杜鹃

Rhododendron ciliicalyx

外观：灌木，高1~2 m。**根茎：**幼枝褐色，疏被鳞片，密被黄褐色刚毛。**叶：**叶片长圆状椭圆形、狭倒卵形至长圆状披针形，幼叶边缘疏被睫毛状刚毛，上面幼时疏生鳞片，下面灰绿，密被褐色鳞片，鳞片略不等大，间距为其直径的1/2~1.5倍。**花：**花序有花2~3朵，伞形着生；花梗密被鳞片；花萼外面密被鳞片，裂片大小有变异，边缘有长刚毛或有时无缘毛；花冠宽漏斗状，淡紫色、淡红色或白色，花冠筒外面至基部被微柔毛，不被鳞片，花冠裂片边缘波状，雄蕊10枚，不伸出花冠，花丝下部被疏柔毛；子房密被鳞片，花柱与雄蕊近等长，下半部被鳞片。**果实：**蒴果，长圆状卵形，密被鳞片。

花期 / 4月　果期 / 10—12月　生境 / 混交林、石山灌丛、干燥山坡　分布 / 云南西部至东南部　海拔 / 1 700~3 100 m

1

2 碎米花

Rhododendron spiciferum

别名：毛叶杜鹃、上坟花

外观：小灌木，多分枝，枝条细瘦。**根茎：**幼枝密被灰白色短柔毛和伸展的长硬毛。**叶：**散生枝上，叶片狭长圆形或长圆状披针形，顶端钝圆或锐尖，有短尖头，基部楔形或略钝，边缘反卷，上面深绿色，密被短柔毛和长硬毛，下面黄绿色，密被灰白色短柔毛，密被黄色腺鳞；叶柄被与幼枝相同的毛。**花：**花序短总状，有花3~4朵；花梗密被短柔毛和鳞片，有时疏生长硬毛；花萼5裂，裂片密被灰白色短柔毛，疏生鳞片，边缘密生睫毛状粗毛；花冠漏斗状，粉红色，外面疏生腺鳞；雄蕊10枚，不等长，花丝下部被短柔毛；子房5室，密被灰白色短柔毛及鳞片；花柱细长，下部或近基部被柔毛或无毛。**果实：**蒴果，长圆形，被毛和鳞片。

花期 / 2—5月　果期 / 7—9月　生境 / 山坡灌丛、松林或林缘　分布 / 云南　海拔 / 1 000~1 200 m

2

2

3 爆杖花

Rhododendron spinuliferum

别名：密通花

外观：灌木。**根茎：**幼枝被灰色短柔毛，杂生长刚毛，老枝褐红色，近无毛。**叶：**坚纸质，叶片倒卵形至披针形，上面黄绿色，有柔毛，下面色较淡，密被灰白色柔毛和鳞片，脉纹在下面明显隆起；叶柄着生柔毛、刚毛或鳞片。**花：**花序腋生枝顶成假顶生；

花序伞形；花梗和花萼密被灰白色柔毛和鳞片；花萼浅杯状，无裂片；花冠筒状，两端略狭缩，朱红色、鲜红色或橙红色，上部5裂，裂片卵形，直立；雄蕊10枚，不等长，花药紫黑色，花丝无毛，稀基部有短柔毛；子房5室，密被绒毛并覆有鳞片。**果实：**蒴果，长圆形，被疏绒毛并可见鳞片。

花期 / 2—6月　果期 / 7—9月　生境 / 林中、山谷灌丛中　分布 / 云南西部、中部至东北部、四川西南　海拔 / 1 900~2 500 m

4 腋花杜鹃

Rhododendron racemosum

外观：小灌木，分枝多。**根茎：**幼枝短而细，被黑褐色腺鳞。**叶：**多数，散生，揉之有香气，长圆形或长圆状椭圆形，顶端钝圆或锐尖，基部钝圆或楔形渐狭，边缘反卷，上面密生黑色或淡褐色小鳞片，下面通常灰白色，密被褐色鳞片；叶柄短，被鳞片。**花：**花序腋生枝顶或枝上部叶腋，每一花序有花2~3朵；花芽鳞多数覆瓦状排列，于花期仍不落；花梗纤细，密被鳞片；花萼小，环状或波状浅裂，被鳞片；花冠小，宽漏斗状，粉红色或淡紫红色，中部或中部以下分裂，裂片开展，外面疏生鳞片或无；雄蕊10枚，伸出花冠外，花丝基部密被开展的柔毛；子房5室，密被鳞片，花柱长于雄蕊，洁净，或有时基部有短柔毛。**果实：**蒴果，长圆形，被鳞片。

花期 / 3—6月　果期 / 7—9月　生境 / 林下、灌丛草地、林缘　分布 / 云南中部至北部、四川西南部　海拔 / 1 500~3 800 m

杜鹃花科 杜鹃属

1 弯月杜鹃

Rhododendron mekongense

外观： 落叶灌木，多分枝，细而挺直。**根茎：** 幼枝被刚毛，逐渐脱落变为无毛；无鳞片。**叶：** 常晚于花，革质，倒卵形，顶端圆钝，具短突尖，基部楔形；上面暗绿色，无鳞无毛；下面粉绿色，被密而小的鳞片；叶柄1~2 mm。**花：** 花序顶生，伞形，有花2~5朵；花芽鳞脱落；花梗长1~2.5 cm；花萼外被鳞片；雄蕊10枚，不等长；子房密被鳞片，无毛；花柱短而粗壮，弯弓状，无鳞无毛。**果实：** 蒴果，长圆形，密被鳞片；果柄伸长达3.2 cm。

花期 / 5—6月　果期 / 6—7月　生境 / 湿润的高山草甸和林缘　分布 / 西藏东南部和南部、云南西北部　海拔 / 3 000~3 800 m

1

1

鹿蹄草科 喜冬草属

2 喜冬草

Chimaphila japonica

别名：梅笠草、罗汉草

外观： 常绿草本状小半灌木。**根茎：** 根茎长而较粗，斜升。**叶：** 对生或3~4枚轮生，革质，阔披针形，先端急尖，基部圆楔形或近圆形，边缘有锯齿；鳞片状叶互生，褐色。**花：** 花莛有细疣，有1~2枚长圆状卵形苞片；花1朵或2朵，半下垂，白色；萼片膜质，边缘有不整齐的锯齿；雄蕊10枚，花丝短，下半部膨大并有缘毛，花药有小角，顶孔开裂，黄色；花柱极短，倒圆锥形，柱头大，5圆浅裂。**果实：** 蒴果，扁球形。

花期 / 6—7月　果期 / 7—8月　生境 / 山地针阔叶混交林、阔叶林或灌丛下　分布 / 西藏、云南、四川　海拔 / 1 000~3 100 m

2

2

鹿蹄草科 独丽花属

3 独丽花

Moneses uniflora

别名：单花鹿蹄草

外观：常绿草本状矮小半灌木。**根茎：**根茎细，生不定根及地上茎。**叶：**对生或近轮生于茎基部，薄革质，圆卵形或近圆形，边缘有锯齿。**花：**单生于花莛顶端，花冠白色，下垂，芳香；萼片较花瓣短3~4倍以上，边缘有细缘毛；雄蕊10枚，每2枚与花瓣对生，花丝细长，花药有较长的小角，顶端孔裂；花柱直立，柱头头状，5裂。**果实：**蒴果，近球形，由基部向上5瓣裂。

花期 / 7—8月　果期 / 8月　生境 / 暗针叶林下苔藓丛中或阴湿处　分布 / 云南西北部、四川北部、甘肃　海拔 / 1 000~3 800 m

鹿蹄草科 水晶兰属

4 毛花松下兰

Monotropa hypopitys var. *hirsuta*

外观：多年生腐生草本，高8~27 cm，无叶绿素，白色半透明状；各部具白色粗毛。**根茎：**根细而分枝密。**叶：**鳞片状，直立，互生，卵状长圆形或卵状披针形，先端钝头，上部的常有不整齐的锯齿。**花：**总状花序有3~8朵花；花冠筒状钟形；苞片卵状长圆形或卵状披针形；萼片长圆状卵形，先端急尖，早落；花瓣4~5枚；雄蕊8~10枚，短于花冠，花药橙黄色，花丝无毛；子房无毛，中轴胎座，4~5室；花柱直立，柱头膨大成漏斗状。**果实：**蒴果，椭圆状球形。

花期 / 6—7月　果期 / 7—9月　生境 / 山地阔叶林或针阔叶混交林下　分布 / 西藏、云南　海拔 / 1 500~4 000 m

鹿蹄草科 水晶兰属

1 水晶兰

Monotropa uniflora

别名：单花锡仗花

外观： 多年生腐生草本，高10~30 cm；全株无叶绿素，白色肉质。**根茎：** 茎直立，单一；根细而分枝密，交结成鸟巢状。**叶：** 鳞片状，直立互生。**花：** 单一，顶生，先下垂，而后直立；花冠筒状钟形；雄蕊10~12枚，花丝有粗毛，花药黄色；柱头膨大成漏斗状。**果实：** 蒴果，椭圆状球形，直立。

花期 / 7—8月　果期 / 9—10月　生境 / 林下　分布 / 西藏、云南、四川　海拔 / 1 000~3 850 m

1

鹿蹄草科 沙晶兰属

2 球果假沙晶兰

Monotropastrum humile

(syn. *Cheilotheca humilis*)

别名：球果假水晶兰

外观： 多年生腐生草本，全株无毛，高7~17 cm。**根茎：** 根细而分枝，集成鸟巢状，质脆。**叶：** 鳞片状，无柄，互生，先端圆钝，边缘全缘或有细小齿。**花：** 单一顶生，下垂，花冠管状钟形；萼片3~5枚，长圆形，先端钝头；花瓣3~5枚，白色半透明，边缘外卷，先端圆截形或截形，基部成小囊状，内面有长毛；雄蕊8~12枚，等长，花药近倒卵圆形，紧贴在柱头周围，橙黄色，被细小疣，花丝稍扁平，有疏粗毛；子房卵形或长圆形，无毛；花柱无毛，柱头宽大，中央凹入呈漏斗状，常为铅灰蓝色，有疏长毛。**果实：** 浆果，近卵球形或椭圆形。

花期 / 6—7月　果期 / 8—9月　分布 / 西藏、云南　生境 / 针阔叶混交林或阔叶林下　海拔 / 1 000~3 100 m

2

鹿蹄草科 鹿蹄草属

3 紫背鹿蹄草

Pyrola atropurpurea

别名：深紫鹿蹄草

外观： 常绿草本状小半灌木，高7~18 cm。**根茎：** 根茎细长，横生，斜生，有分枝。**叶：** 2~4枚，基生，先端钝圆，基部心形，边缘有疏圆齿；叶上面绿色，下面红紫色；叶柄长2~4 cm。**花：** 花莛细长，具棱；总状花序长2~4 cm，有花2~4朵；花白色，稍下垂；萼片通常紫红色，较小，先端钝头；雄蕊10枚，花丝无毛；花柱倾斜，上部稍弯曲，伸出花冠。**果实：** 蒴果，扁球形。

花期 / 6—7月　果期 / 8—9月　生境 / 林下　分布 / 西藏东南部、云南、四川、青海、甘肃　海拔 / 2 500~3 400 m

4 鹿蹄草

Pyrola calliantha

别名：美花鹿蹄草、川北鹿蹄草、鹿含草、罗汉茶

外观：常绿草本状小半灌木。**根茎：**根茎细长，横生，斜升，有分枝。**叶：**4~7枚，基生，革质，先端钝头，基部近圆形；叶上面绿色，下面常有白霜；叶柄长2~5.5 cm，有时带紫色。**花：**花莛有1~2枚鳞片状叶；总状花序长12~16 cm，有花9~13朵；花朵倾斜，稍下垂，白色或稍带淡红色；萼片舌形，先端急尖或钝尖；雄蕊10枚，花丝无毛；花柱常带淡红色，上部稍向上弯曲，伸出或稍伸出花冠。**果实：**蒴果，扁球形。

花期 / 6—8月　果期 / 8—9月　生境 / 云杉或冷杉林下　分布 / 西藏东南部、云南、四川、云南　海拔 / 1 000~4 100 m

张建文　摄影

张建文　摄影

鹿蹄草科 鹿蹄草属

1 皱叶鹿蹄草

Pyrola rugosa

外观：常绿草本状半灌木，高14~27 cm。**根茎：**根茎细长，有分枝。**叶：**3~7枚，基生，厚革质，有皱，基部圆形或圆截形，稀楔形，边缘有疏腺锯齿，上面绿色，叶脉凹陷呈皱褶，下面常带红色，叶脉隆起。**花：**总状花序长 3.5~9 cm，有4~13朵花，白色；花梗长5~7 mm，腋间有膜质苞片，狭披针形，稍长于花梗或近等长；花瓣圆卵形至近圆形，先端圆；雄蕊10枚，花丝扁平，无毛；子房扁球形，花柱长6~10 mm，上部稍向上弯曲，或近直立，顶端有环状突起，柱头5圆浅裂。**果实：**蒴果，扁球形。

花期 / 6—7月　果期 / 8—9月　生境 / 山地针叶林或阔叶林下　分布 / 甘肃、四川、云南　海拔 / 1 900~4 000 m

1

1

岩梅科 岩梅属

2 黄花岩梅

Diapensia bulleyana

外观：常绿平卧或半直立半灌木。**根茎：**分枝繁密，互相交织成垫状。**叶：**密集，常反折平铺，全缘，反卷；叶柄翅状，基部包茎。**花：**单生于枝顶端，黄色，无梗，具1~2枚宽卵形或卵状匙形的黄绿色苞片；萼片5枚，黄绿色；花冠阔钟形，近肉质，檐部5裂，裂片先端圆钝；雄蕊5枚，黄色，伸出喉部，花丝宽，边缘较宽，内折；退化雄蕊5枚，近圆锥形或棍棒状；子房圆球形，花柱单一，柱头微3裂。**果实：**蒴果，圆球形。

花期 / 5—6月　果期 / 8—9月　生境 / 高山灌木丛中的岩石上　分布 / 云南西部、北部和西北部　海拔 / 3 100~4 200 m

2

2

3 喜马拉雅岩梅

Diapensia himalaica

外观：常绿平卧地半灌木，高约5 cm，丛生。**根茎：**主茎极短。**叶：**小而密集，革质，倒卵形，全缘，先端急尖；上面深绿色，具光泽，密生气孔。**花：**单生于枝顶，蔷薇色，有时近白色，稀淡黄色，几乎无梗；萼片5枚，紫红色；花宽钟状，花冠筒部长约为萼片的2倍，檐部5裂，开展；雄蕊5枚，花药短；子房球形。**果实：**蒴果，球形，包被于增大的花萼内。

花期 / 5—6月　果期 / 7—8月　生境 / 高山地区的山坡草丛或岩壁上　分布 / 西藏东南部、云南西北部　海拔 / 3 900~4 800 m

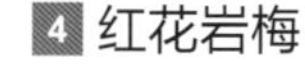

4 红花岩梅

Diapensia purpurea

外观：常绿垫状平卧半灌木，高3~6 cm，多分枝。**根茎：**主茎极短，主根圆柱形，粗壮。**叶：**密生于茎上，先端圆，全缘，反卷，上面无气孔，有细乳头状突起，常具皱纹，通常无光泽；叶柄具窄翅，下部膨大，抱茎。**花：**单生于枝顶端，蔷薇紫色或粉红色，几无梗；萼片5枚，分离；花冠圆筒形，檐部5裂，裂片尖头钝形；雄蕊5枚，花丝宽，基部不呈耳状膨大；退化雄蕊5枚，短镰状或斜三角形，光滑无毛；子房圆球形，花柱单一，不伸出花冠筒部，柱头几不膨大。**果实：**蒴果，圆球形，宿存萼片纸质或革质。

花期 / 6—8月　果期 / 6—8月　生境 / 山顶或荒坡岩壁上　分布 / 云南西北部及西部、四川西部及西南部　海拔 / 2 600~4 500 m

马钱科 醉鱼草属

1 小叶醉鱼草

Buddleja minima

外观：灌木，稀为小乔木，高3~4 m。**根茎：**小枝圆柱形，棕灰色。**叶：**簇生，倒披针形，长3~6 mm，宽约2 mm，全缘，两面密被灰白色星状毛。**花：**3~5朵簇生；花萼钟状，外面被星状毛，裂片4枚，钝三角形；花冠淡黄褐色，花冠管圆筒形，直立，裂片4枚，倒卵形，白色；雄蕊内藏。**果实：**蒴果，倒卵形。

花期 / 4—5月　果期 / 6—8月　生境 / 干旱山坡上　分布 / 西藏中部及南部　海拔 / 3 100~3 800 m

1

1

木犀科 素馨属

2 素方花

Jasminum officinale f. *officinale*

别名：耶悉茗

外观：攀缘灌木，高0.4~5 m。**根茎：**小枝具棱或沟，稀被微柔毛。**叶：**对生，羽状深裂或羽状复叶，小叶3~9枚，通常5~7枚，有时具不裂的单叶；叶轴常具狭翼，叶柄长0.4~4 cm；叶片和小叶片两面疏被短柔毛或无毛；小叶片卵形、狭卵形、卵状披针形至椭圆形。**花：**聚伞花序，顶生，稀腋生，有花1~10朵；苞片线形；花萼杯状，有时微被短柔毛，裂片5枚，锥状线形；花冠白色，有时外面带红色，花冠管长1~1.5 cm，裂片常5枚，狭卵形、卵形或长圆形。**果实：**浆果，球形或椭圆形，成熟时由暗红色变为紫色。

花期 / 5—8月　果期 / 9—10月　生境 / 山谷、灌丛、林下、高山草地　分布 / 西藏东南部、云南中西部及西北部、四川　海拔 / 1 800~3 800 m

3 大花素方花

Jasminum officinale f. *affine*

外观：攀缘灌木，高0.4~5 m。**根茎：**小枝具棱或沟，稀被微柔毛。**叶：**对生，羽状深裂或羽状复叶，小叶3~9枚，通常5~7枚，有时具不裂的单叶；叶轴常具狭翼，叶柄长0.4~4 cm；叶片和小叶片两面疏被短柔毛或无毛；小叶片卵形、狭卵形、卵状披针形至椭圆形。**花：**聚伞花序，顶生，稀腋生，有花1~10朵；苞片线形；花萼杯状，有时微被短柔毛，裂片5枚，锥状线形；花芽具较深的紫红色，花冠白色，外面紫红色，花冠管长达1.7 cm，裂片常5枚，狭卵形、卵形或长圆形。**果实：**浆果，球形或椭圆形，成熟时由暗红色变为紫色。

花期 / 5—7月　果期 / 7—11月　生境 / 山坡、石缝、灌丛中　分布 / 西藏东南部、四川　海拔 / 1 900~3 960 m

2

2

3

木犀科 女贞属

4 川滇蜡树

Ligustrum delavayanum

别名：紫药女贞、瓦山蜡树、蓝果木

外观：灌木，高1~4 m。**根茎：**树皮灰褐色或褐色，圆柱形，被短柔毛或近无毛。**叶：**对生，椭圆形、卵状椭圆形至披针形，薄革质，叶缘反卷；叶柄被微柔毛，具沟。**花：**圆锥花序，通常着生于去年生枝的腋内或侧生于小枝顶端；花序梗密被短柔毛或刚毛；苞片线形或钻形；花萼钟状，具4枚三角形齿或近截形；花冠白色，花冠管长2.5~5 mm，裂片4枚，常不反折；雄蕊2枚，花药紫色。**果实：**浆果状核果，黑色，常被白粉。

花期 / 5—7月　果期 / 7—12月　生境 / 山坡、灌丛、林下　分布 / 云南中西部及东北部、四川　海拔 / 1 000~3 700 m

4

4

木犀科 丁香属

5 野桂花

Syringa yunnanensis

别名：云南丁香

外观：灌木，高2~5 m。**根茎：**枝直立，灰褐色，无毛，具皮孔，小枝红褐色。**叶：**叶片椭圆形，先端锐尖或渐尖，叶缘具短睫毛或无毛；上面深绿色，下面粉绿色；叶柄长0.5~2 cm。**花：**圆锥花序直立，由顶芽抽出，塔形；花序轴、花梗均为紫褐色；花冠白色、淡紫红色或粉红色，呈漏斗状。**果实：**长圆柱形，长1.2~1.7 cm，先端锐尖，具小尖头。

花期 / 5—6月　果期 / 9月　生境 / 山坡灌丛、林下、沟边、河滩　分布 / 西藏（察隅、波密）、云南西北部、四川西南部　海拔 / 2 000~3 900 m

5

5

萝藦科 吊灯花属

1 西藏吊灯花

Ceropegia pubescens

别名：底线参、蕤参

外观：草质藤本。**根茎：**须根丛生，肉质；茎草黄色，几无毛。**叶：**叶片膜质，卵圆形，端部渐尖，基部近圆形，向叶柄下延，叶面被长柔毛，在中脉、侧脉和叶柄上较密；叶柄顶端有丛生腺体约10个，上面具深槽。**花：**聚伞花序腋生，比叶为短；花萼无毛，5深裂，裂片披针形，顶端长渐尖；花冠黄色，基部椭圆状膨胀，裂片端部内折而黏合；副花冠杯状，外轮扁平，顶端具刺毛，内轮具5个舌状片；花粉块在每个药室中1个，顶端有透明的边缘。**果实：**蓇葖果，线状披针形；种子披针形，种毛黄色绢质。

花期 / 7—9月　果期 / 10—11月　生境 / 湿润的杂木林中　分布 / 西藏、云南、四川　海拔 / 1 500~3 200 m

萝藦科 鹅绒藤属

2 小叶鹅绒藤

Cynanchum anthonyanum

别名：滇白前

外观：直立草本。**根茎：**茎被微毛，末端蔓生。**叶：**叶片三角形或心状长圆形，无毛，顶端略呈渐尖，基部心形；叶柄具长硬毛。**花：**聚伞花序腋生，伞形状；花萼5深裂，基部有腺体5枚，裂片披针形；花冠白色，无毛，近辐状，花冠筒极短，长圆状披针形；副花冠杯状，内轮长丝状与花冠裂片等长，顶端成为不相等的两叉，外轮每裂片具3齿；合蕊冠短，为合蕊柱的1/4；花药宽菱状四角形，顶端有1长圆形的膜片；子房2裂，无毛，柱头顶端略具脐状突起。**果实：**蓇葖果，单生，卵状披针形。

花期 / 5—7月　果期 / 8—9月　生境 / 河谷、江边石山坡上或灌木丛边缘　分布 / 云南西北部、四川　海拔 / 1 500~2 500 m

3 大理白前

Cynanchum forrestii

别名：白薇、白龙须、蛇辣子

外观：多年生直立草本。**根茎：**单茎，上部密被柔毛。**叶：**对生，薄纸质，叶片宽卵形，基部近心形或钝形，顶端急尖。**花：**伞形状聚伞花序腋生或近顶生，着花10余朵；花萼裂片披针形，先端急尖；花冠黄色、辐状，裂片卵状长圆形，有缘毛，其基部有柔毛；副花冠肉质，裂片三角形，与合蕊柱等长；花粉块每室1个，下垂；柱头略为隆起。**果实：**蓇葖果，多数单生，披针形。

1　魏来　摄影

2

3

3

花期 / 4—7月　果期 / 6—11月　生境 / 灌木林缘、干旱草地或路边草地　分布 / 西藏、云南、四川、甘肃南部　海拔 / 1 000~3 500 m

4 西藏牛皮消

Cynanchum saccatum

外观： 草质缠绕藤本。**根茎：** 茎干后中空，具1行疏长柔毛，后变光滑无毛。**叶：** 叶片卵形至三角状卵形，叶面被微硬毛，叶背沿叶脉被短柔毛，基部耳状浑圆；叶柄上面具沟槽，被微柔毛，顶端具多数丛生腺体。**花：** 聚伞花序假伞形，生于叶柄间；小苞片线状披针形，具缘毛，花萼裂片披针形，被微柔毛，基部弯缺处具5枚腺体；花冠紫红色，辐状，5深裂，裂片三角状长圆形，顶端钝，内面密被疏长柔毛；雄蕊上的副花冠裂片长圆形，不及花冠的1/2，顶端钝，远长于合蕊柱，内面具舌状片；花药近方形，顶端具小形的阔卵状药膜片；花粉块卵珠状；柱头圆锥状，2裂。**果实：** 蓇葖果，常单生，圆锥状披针形，外果皮无毛，具条纹。

花期 / 6—8月　果期 / 8—12月　生境 / 山地林缘、灌木丛中、潮湿草地　分布 / 西藏、云南、四川　海拔 / 2 500~2 700 m

4

萝藦科 南山藤属

5 丽子藤

Dregea yunnanensis

别名：滇假夜来香

外观： 攀缘灌木，全株具乳汁，全株均被小绒毛。**根茎：** 老茎被毛渐脱落。**叶：** 叶片纸质，卵圆形，基部心形，叶面被短柔毛，叶背被淡黄色的微绒毛，后脱落；叶柄顶端具3~4个丛生小腺体。**花：** 伞形状聚伞花序腋生，达15朵；花萼裂片卵圆形，花萼内面基部具5个小腺体；花冠白色，裂片卵圆形，顶端钝而微凹，具脉纹，边缘被缘毛；副花冠裂片肉质，背面圆球状凸起，顶端内角延伸成尖角，与花药顶端的膜片近等高；花粉块长圆状，直立；子房被疏柔毛，花柱短圆柱状，柱头圆锥状，基部五角形，顶端短2裂。**果实：** 蓇葖果，披针形，外果皮被微毛，老渐脱落，平滑。

花期 / 4—8月　果期 / 10月　生境 / 山地林中　分布 / 云南、四川、甘肃　海拔 / 1 000~3 500 m

4

5

茜草科 拉拉藤属

1 六叶葎

Galium asperuloides subsp. *hoffmeisteri*

外观：一年生草本，高10~60 cm。**根茎：**具红色丝状根；茎直立，柔弱，有时披散状，分枝，具4棱，具疏短毛或无毛。**叶：**生于茎中部以上者常6片轮生，生于茎下部者常4~5片轮生，叶片长圆状倒卵形、倒披针形、卵形或椭圆形，长1~3.2 cm，宽4~13 mm，顶端具凸尖，上下两面散生糙伏毛，有时具倒向的刺或刺状毛。**花：**聚伞花序，顶生或生于上部叶腋，2~3次分枝，常广歧式叉开；苞片常成对，披针形；萼管卵球形；花冠白色或黄绿色，裂片4枚，卵形；雄蕊4枚，与花冠裂片互生，伸出；花柱顶部2裂。**果实：**小坚果，近球形，单生或双生，密被钩毛。

花期 / 4—8月　果期 / 5—9月　生境 / 山坡、沟边、河滩、草地、灌丛中及林下　分布 / 西藏南部及东南部、云南西北部及东北部、四川　海拔 / 1 000~3 800 m

2 北方拉拉藤

Galium boreale

别名：砧草猪殃殃、北方提捡藤

外观：多年生直立草本。**根茎：**茎有4棱角，无毛或有极短的毛。**叶：**纸质或薄革质，4片轮生，叶片狭披针形或线状披针形，顶端钝或稍尖，基部楔形或近圆形，边缘常稍反卷，两面无毛，边缘有微毛；基出脉3条，在下面常凸起，在上面常凹陷；无柄或具极短的柄。**花：**聚伞花序顶生和生于上部叶腋，常在枝顶结成圆锥花序式，密花；花小；花萼被毛；花冠白色或淡黄色，辐状，花冠裂片卵状披针形；花柱2裂至近基部。**果实：**果小，果爿单生或双生，密被白色稍弯的糙硬毛。

花期 / 5—8月　果期 / 6—10月　生境 / 山坡、沟旁、草地的草丛、灌丛或林下　分布 / 西藏、四川、青海、甘肃　海拔 / 1 000~3 900 m

茜草科 钩毛草属

3 云南钩毛草

Kelloggia chinensis

外观：草本，高约7.5 cm。**根茎：**有纤细多年生的地下茎。**叶：**对生，薄纸质，叶片狭披针形，顶端近短尖，基部楔形，鲜时墨绿色，上面有散生小睫毛，下面沿中脉上有白色毛和散生小睫毛；叶柄短，被长毛；托叶阔，膜质，3~7裂，淡褐色，被扩展绒毛或柔毛。**花：**花梗基部有托叶状的苞片，萼管密被白色钩毛，萼檐裂片5枚，长圆形；花冠红色，短漏斗形，外面被微毛，分裂达中部为5枚、披针形的裂片；子房2室，每室有胚

1

2

3　周卓　摄影

3　王洽　摄影

4

4

珠1颗，花柱柔弱。**果实：**蒴果，近球形，密被白色钩毛。

花期 / 6月　果期 / 6—9月　生境 / 山地的湿润草坡上　分布 / 西藏东南部、云南西北部、四川　海拔 / 3 000~3 700 m

茜草科 野丁香属

4 川滇野丁香

Leptodermis pilosa

别名：细叶野丁香、长毛野丁香、丁香叶

外观：灌木，通常高0.7~2 m，有时达3 m。**根茎：**枝近圆柱状，嫩枝被短绒毛或短柔毛，老枝无毛，覆有片状纵裂的薄皮。**叶：**纸质，偶有薄革质，叶片阔卵形至披针形，顶端短尖、钝或有时圆，基部楔尖或渐狭，两面被稀疏至很密的柔毛或下面近无毛，通常有缘毛；托叶基部阔三角形，顶端骤尖，具短尖头，被毛。**花：**聚伞花序顶生和腋生，3~7朵；小苞片干膜质，透明，多少被毛，比萼长，被缘毛；花冠漏斗状，外面密被短绒毛，里面被长柔毛，裂片阔卵形，边檐狭而薄，内折；雄蕊生冠管喉部，花丝短，花药线形，短柱花的稍伸出，长柱花的内藏；花柱通常有3~5个丝状的柱头，长柱花的伸出，短柱花的内藏。**果实：**果长4.5~5 mm。

花期 / 6月　果期 / 9—10月　生境 / 向阳山坡或路边灌丛　分布 / 西藏东南部、云南中部及西北部、四川西北部至西南部　海拔 / 1 640~3 800 m

5

5 野丁香

Leptodermis potanini

(syn. *Leptodermis nigricans*)

别名：糙毛野丁香

外观：灌木，高1~3 m。**根茎：**枝条淡褐色，多分枝，幼枝被毛，后渐变无毛。**叶：**对生，叶片卵状披针形或长圆形，长1.5~2.5 cm，宽0.5~1 cm，上面疏被短糙毛，下面具硬曲毛；托叶卵状三角形。**花：**3~5朵簇生，有时于短枝上单生；小苞片2枚，膜质，卵形，基部2/3边缘叠为筒状，先端具凸尖，具缘毛；萼筒裂片5枚，三角状披针形，具缘毛；花冠粉红色、淡紫色至乳白色，漏斗状，外被乳突状毛，内面被长柔毛，裂片5枚，披针形；雄蕊5枚；雌蕊内藏。**果实：**蒴果。

花期 / 6—8月　果期 / 8—9月　生境 / 林下、灌丛中　分布 / 西藏东南部、云南西北部、四川西南部　海拔 / 2 200~3 300 m

忍冬科 双盾木属

1 云南双盾木

Dipelta yunnanensis

外观：落叶灌木，高达4 m。**根茎：**幼枝被柔毛；冬芽具3~4对鳞片。**叶：**叶片椭圆形至宽披针形，顶端渐尖至长渐尖，基部钝圆至近圆形，全缘或稀具疏浅齿，上面疏生微柔毛，主脉下陷，下面沿脉被白色长柔毛，边缘具睫毛。**花：**伞房状聚伞花序生于短枝顶部叶腋；小苞片2对，一对较小，另一对较大；萼檐膜质，被柔毛，裂至2/3处，萼齿钻状条形，不等长；花冠白色至粉红色，钟形，基部一侧有浅囊，二唇形，喉部具柔毛及黄色块状斑纹；花丝无毛；花柱较雄蕊长，不伸出。**果实：**肉质核果，圆卵形，被柔毛，顶端狭长，2对宿存的小苞片明显地增大，弯曲部分贴生于果实。

花期 / 5—6月　果期 / 5—11月　生境 / 杂木林下或山坡灌丛中　分布 / 云南、四川、甘肃　海拔 / 1 000~2 400 m

1

1

忍冬科 鬼吹箫属

2 鬼吹箫

Leycesteria formosa

(syn. *Leycesteria formosa* var. *stenosepala*)

别名：叉活活、梅竹叶、狭萼鬼吹箫

外观：灌木，高1~2 m，全体常被暗红色短腺毛。**根茎：**小枝被弯伏短柔毛。**叶：**叶片通常卵形、卵状矩圆形或卵状披针形，全缘，有时有疏生齿牙或不整齐、浅或深的缺刻，或羽状分裂。**花：**穗状花序通常顶生，稀腋生；苞片常带紫色或深紫色；萼裂片较狭长，披针形、条状披针形至条形，有时不等长；花白色至粉红色或带紫红色。**果实：**由红色或紫红色变黑色或紫黑色。

花期 / 5—9月　果期 / 8—10月　生境 / 山坡、山谷或溪边林下、林缘或灌丛中　分布 / 西藏东南部和南部，云南西北部、中部至东部，四川西部　海拔 / 1 100~3 500 m

2

忍冬科 忍冬属

3 越橘叶忍冬

Lonicera angustifolia var. *myrtillus*

(syn. *Lonicera myrtillus*)

别名：丘马

外观：落叶灌木，高1~3 m。**根茎：**幼枝灰褐色或带红紫色，被微糙毛或无毛，老枝灰褐色或灰黑色。**叶：**对生，有时在枝顶端簇生，叶片形状变化大，在短枝上常呈倒卵形至倒披针形，在长枝上有时为矩圆形、宽椭圆形或卵形，长0.5~2 cm，宽3~8 mm，顶端常具小凸尖或短尖。**花：**总花梗出自侧生

2

3

4

4

5

5

短枝叶腋，有时具微糙毛；苞片叶状，形状和大小的变化与叶相相似，疏生微腺缘毛；杯状小苞顶端截形、有浅齿或2裂；相邻两萼筒中部以上至全部合生，萼檐浅杯状，萼齿三角形或卵状三角形；花冠白色、淡紫色或紫红色，筒状钟形，内有柔毛，喉部毛较密，裂片5枚，圆卵形或近圆形。**果实：**浆果，近球形，成熟时紫红色。

花期 / 5—7月　果期 / 8—9月　生境 / 山坡、灌丛、河滩　分布 / 西藏南部及东南部、云南西部及西北部、四川西南部　海拔 / 2 400~4 000 m

4 刚毛忍冬

Lonicera hispida

别名：子弹把子、刺毛金银花、刺毛忍冬

外观：落叶灌木，高达2 m。**根茎：**幼枝常带紫红色，具刚毛或兼具微糙毛和腺毛，很少无毛，老枝灰色或灰褐色。**叶：**叶片厚纸质，椭圆形至条状矩圆形，顶端尖或稍钝，基部有时微心形，近无毛或下面脉上有少数刚伏毛，或两面均有疏或密的刚伏毛和短糙毛，边缘有刚睫毛。**花：**苞片宽卵形，有时带紫红色，毛被与叶片同；相邻两萼筒分离，常具刚毛和腺毛，稀无毛；萼檐波状；花冠白色或淡黄色，漏斗状，近整齐，外面有短糙毛或刚毛或几无毛，有时夹有腺毛，筒基部具囊，裂片直立，短于筒；雄蕊与花冠等长；花柱伸出，至少下半部有糙毛。**果实：**先黄色后变红色，卵圆形至长圆筒形。

花期 / 5—6月　果期 / 7—9月　生境 / 山坡林中、林缘灌丛中或高山草地上　分布 / 西藏东部至南部、云南西北部、四川西部、青海东部、甘肃中部至南部　海拔 / 1 700~4 800 m

5 柳叶忍冬

Lonicera lanceolata

别名：披针叶忍冬

外观：落叶灌木，高2~4 m，全株常具短腺毛。**根茎：**幼枝具短柔毛，有时夹生微直毛。**叶：**对生，叶片卵形、卵状披针形或菱状矩圆形，长3~10 cm，顶端渐尖或尾状长渐尖，边缘略呈波状，两面疏生短柔毛；叶柄长4~10 mm，具短柔毛。**花：**总花梗具短柔毛；苞片叶状，有时条形；小苞片杯状，一侧近全裂，具腺缘毛；相邻两萼筒分离或下半部合生，萼齿小，三角形至披针形，有缘毛；花冠淡紫色或紫红色，二唇形，基部有囊，两面多少具柔毛；雄蕊5枚，花丝基部具柔毛；雌蕊1枚，花柱具柔毛。**果实：**浆果，球形，成熟时黑色。

花期 / 6—7月　果期 / 8—9月　生境 / 林下、林缘、灌丛中　分布 / 西藏东部及东南部、云南西部及西北部、四川西部及西南部　海拔 / 2 000~3 900 m

忍冬科 忍冬属

1 岩生忍冬

Lonicera rupicola var. *rupicola*

别名：西藏忍冬

外观：落叶灌木。**根茎：**幼枝和叶柄均被毛；小枝纤细，叶脱落后小枝顶常呈针刺状。**叶：**纸质，3~4枚轮生，很少对生，叶片条状披针形至矩圆形，顶端尖或稍具小凸尖或钝形，两侧不等，边缘背卷，下面被白色毡毛状屈曲短柔毛。**花：**生于幼枝基部叶腋，芳香；苞片长略超出萼齿；杯状小苞顶端截形或具4浅裂至中裂，有时小苞片完全分离；相邻两萼筒分离，萼齿狭披针形，长超过萼筒；花冠淡紫色或紫红色，筒状钟形，筒长为裂片的1.5~2倍，内面尤其上端有柔毛；花药达花冠筒的上部；花柱达花冠筒的1/2，无毛。**果实：**浆果，红色，椭圆形。

花期／5—8月　果期／8—10月　生境／高山灌丛草甸、流石滩边缘　分布／西藏东部至西南部、云南西北部、四川西部、青海东南部、甘肃南部　海拔／2 100~4 950 m

2 红花岩生忍冬

Lonicera rupicola var. *syringantha*

别名：红花忍冬、萘西

外观：落叶灌木，在高海拔地区低至10~20 cm。**根茎：**幼枝和叶柄均被毛；小枝纤细，叶脱落后小枝顶常呈针刺状。**叶：**下面无毛或疏生短柔毛。**花：**淡紫红色，筒状钟形，筒长为裂片的1.5~2倍，内面尤其上端有柔毛。**果实：**浆果，红色，椭圆形。

花期／5—8月　果期／8—10月　生境／山坡灌丛中、林缘或河滩　分布／西藏、云南西北部、四川西南部至西北部、青海东部、甘肃西北部至南部　海拔／2 000~4 600m

3 袋花忍冬

Lonicera saccata

外观：落叶灌木，高1~3 m。**根茎：**幼枝多少带紫色，小枝纤细，浅褐色，老枝褐色或灰黑色。**叶：**叶片纸质，倒卵形至矩圆形，顶端钝圆或稍尖，两面被糙伏毛，有时疏生短腺色或无毛，下面下部有时具鳞腺；叶柄具糙毛或无毛。**花：**总花梗生幼枝基部叶腋，弓弯或弯垂，被短糙毛或无毛；苞片常呈叶状，披针形至条形，边缘有毛或无毛，下面有时具短糙毛；相邻两萼筒全部或2/3连合，萼檐杯状，萼齿三角形或卵形，有时呈波状，具缘毛和短腺毛或无；花冠黄色、白色或淡黄白色，裂片边缘有时带紫色，筒状漏斗形，外面无毛或有时疏生糙伏毛，筒基部一侧具囊或稍肿大，裂片卵形，直立；花药与花冠裂片等长或稍伸出；花柱伸出。**果**

实：红色；种子淡褐色。

花期 / 5月　果期 / 6—7月　生境 / 草地、灌丛、林下或林缘　分布 / 西藏东南部、云南西北部至东北部、四川、青海东部、甘肃南部　海拔 / 1 280~4 500 m

4 唐古特忍冬

Lonicera tangutica

别名：陇塞忍冬、矮金银花、短苞袋花忍冬

外观：落叶灌木，高达2 m。**根茎：**幼枝无毛或有2列弯的短糙毛，二年生小枝淡褐色；冬芽顶渐尖或尖，外鳞片2~4对，背面有脊。**叶：**叶片纸质，倒披针形至椭圆形，两面常被稍弯的短糙毛或短糙伏毛。**花：**总花梗生于幼枝下方叶腋，稍弯垂，被糙毛或无毛；苞片狭细，有时叶状；相邻两萼筒中部以上至全部合生，无毛，萼檐杯状；花冠白色、黄白色或有淡红晕，筒状漏斗形，筒基部稍一侧肿大或具浅囊，外面无毛或有时疏生糙毛，裂片近直立，圆卵形；雄蕊着生花冠筒中部，花药内藏，达花冠筒上部至裂片基部；花柱高出花冠裂片，无毛或中下部疏生开展糙毛。**果实：**浆果，红色。

花期 / 5—6月　果期 / 7—8月　生境 / 云杉、落叶松林下或混交林中及山坡草地　分布 / 西藏东南部、云南西北部、四川、青海东部、甘肃南部　海拔 / 1 600~3 900 m

5 毛花忍冬

Lonicera trichosantha

别名：干萼忍冬

外观：落叶灌木。**根茎：**枝水平状开展，小枝纤细，有时蜿蜒状屈曲，被疏或密的短柔毛和微腺毛或无。**叶：**叶片纸质，下面绿白色，常矩圆形至倒卵状矩圆形，较少椭圆形至倒卵状椭圆形，顶端钝而常具凸尖或短尖至锐尖，基部圆或阔楔形。**花：**花期总花梗短于叶柄；苞片条状披针形，长约等于萼筒；小苞片近圆卵形，为萼筒的1/2~2/3，顶端稍截形，基部多少连合；相邻两萼筒分离，萼檐钟形，全裂成2爿；苞片、小苞片和萼檐均疏生短柔毛及腺，稀无毛；花冠黄色，唇形，筒常有浅囊，外面密被短糙伏毛和腺毛，内面喉部密生柔毛；雄蕊和花柱均短于花冠，花丝生于花冠喉部，基部有柔毛；花柱稍弯曲，全被短柔毛，柱头大，盘状。**果实：**浆果，球形，由橙黄色至红色。

花期 / 5—7月　果期 / 8月　生境 / 林下、林缘、河边或田边的灌丛　分布 / 西藏东南部、云南西北部、四川西部、甘肃南部　海拔 / 2 700~4 100 m

忍冬科 接骨木属

1 血满草

Sambucus adnata

别名：血莽草、大血草、珍珠麻

外观：多年生高大草本或半灌木，高1~2 m。**根茎：**根和根茎红色，折断后流出红色汁液；茎草质，具明显的棱条。**叶：**羽状复叶具叶片状或条形的托叶；小叶3~5对，长椭圆形至披针形，先端渐尖，基部钝圆，两边不等，边缘有锯齿，上面疏被短柔毛，脉上毛较密，顶端一对小叶基部常沿柄相连，有时亦与顶生小叶片相连，其他小叶在叶轴上互生，亦有近于对生；小叶的托叶退化成瓶状突起的腺体。**花：**聚伞花序顶生，伞形式，具总花梗，3~5出的分枝成锐角，初时密被黄色短柔毛，多少杂有腺毛；花小，有恶臭；萼被短柔毛；花冠白色；花丝基部膨大，花药黄色；子房3室，花柱极短或几乎无，柱头3裂。**果实：**浆果，红色。

花期 / 5—7月　果期 / 9—10月　生境 / 林下、沟边、灌丛、山谷斜坡湿地以及高山草地　分布 / 西藏、云南、四川、青海、甘肃　海拔 / 1 600~3 600 m

1

忍冬科 莛子藨属

2 穿心莛子藨

Triosteum himalayanum

别名：大对叶草、阴阳扇、猴子七

外观：多年生草本。**根茎：**茎密生刺刚毛和腺毛。**叶：**全株9~10对，基部连合，倒卵状椭圆形至倒卵状矩圆形，顶端急尖或锐尖，上面被刚毛。**花：**聚散花序2~5轮生于茎顶，或有时在分枝上作穗状花序状；萼裂片三角状圆形，被刚毛和腺毛；花冠黄绿色，筒内紫褐色；花丝细长，淡黄色。**果实：**红色，近圆球形，被刚毛和腺毛。

花期 / 6—7月　果期 / 8—9月　生境 / 林缘、草坡和沟边　分布 / 西藏东南部、云南西北部、四川　海拔 / 1 800~4 000 m

2

2

3 莛子藨

Triosteum pinnatifidum

别名：白果七、白莓子、羽裂叶莛子藨

外观：多年生草本。**根茎：**茎开花时顶部生分枝1对，被白色刚毛及腺毛，中空，具白色的髓部。**叶：**羽状深裂，近无柄，裂片1~3对，无锯齿，顶端渐尖，上面散生刚毛，沿脉及边缘毛较密，背面黄白色；茎基部的初生叶有时不分裂。**花：**聚伞花序对生，各具3朵花，有时花序下具卵全缘的苞片，在茎或分枝顶端集合成短穗状花序；萼筒被刚毛和腺毛，萼裂片三角形；花冠黄绿色，狭钟

状，筒基部弯曲，一侧膨大成浅囊，被腺毛，裂片圆而短，内面有带紫色斑点；雄蕊着生于花冠筒中部以下，花丝短，花药矩圆形，花柱基部被长柔毛，柱头楔状头形。**果实：**卵圆形，肉质，萼齿宿存。

花期 / 5—6月　果期 / 8—9月　生境 / 山坡暗针叶林下和沟边向阳处　分布 / 四川、青海、甘肃　海拔 / 1 800~2 900 m

4 桦叶荚蒾

Viburnum betulifolium

别名：大通杆条、对节子、红对节子

外观：落叶灌木或小乔木。**根茎：**小枝紫褐色或黑褐色，稍有棱角，散生浅色小皮孔；冬芽外面多少有毛。**叶：**叶片厚纸质或略带革质，宽卵形至宽倒卵形，顶端急短渐尖至渐尖，基部宽楔形至圆形，稀截形，边缘离基1/3~1/2以上具开展的不规则浅波状牙齿，上面无毛或仅中脉有时被少数短毛，下面中脉及侧脉被少数短伏毛，脉腋集聚簇状毛，侧脉5~7对；叶柄纤细，疏生简单长毛或无毛，近基部常有1对钻形小托叶。**花：**复伞状聚伞花序顶生或生于具1对叶的侧生短枝上，通常多少被疏或密的黄褐色簇状短毛；萼筒有黄褐色腺点，疏被簇状短毛，萼齿小，宽卵状三角形，顶钝，有缘毛；花冠白色，辐状，无毛，裂片圆卵形，比筒长；雄蕊常高出花冠，花药宽椭圆形；柱头高出萼齿。**果实：**红色，近圆形。

花期 / 6—7月　果期 / 9—10月　生境 / 山谷林中或山坡灌丛中　分布 / 西藏东南部、云南北部、四川南部、甘肃南部　海拔 / 1 300~3 500 m

忍冬科 荚蒾属

1 甘肃荚蒾

Viburnum kansuense

别名：甘肃琼花、衣纳卜朱

外观：落叶灌木，高达3 m。**根茎：**当年小枝略带四角状，二年生小枝灰色或灰褐色，散生皮孔；冬芽具2对分离的鳞片。**叶：**叶片纸质，中3裂至深3裂或左右裂片再2裂，掌状3~5出脉，基部截形至近心形或宽楔形，中裂最大，顶端渐尖或锐尖，各裂片均具不规则粗牙齿，下面脉上被长伏毛，脉腋密生簇状短柔毛；叶柄紫红色，无毛，基部常有2枚钻形托叶。**花：**复伞形式聚伞花序，不具大型的不孕花，被微毛，总花梗第一级辐射枝5~7条，花生于第二至第三级辐射枝上；萼筒紫红色，无毛，萼檐浅杯状，有三角状卵形的小齿或有时齿不明显；花冠淡红色，辐状，裂片近圆形，基部狭窄，稍长于筒，边缘稍啮蚀状；雄蕊略长于花冠，花药红褐色，圆形；柱头2裂。**果实：**红色，椭圆形或近圆形。

花期 / 6—7月　果期 / 9—10月　生境 / 冷杉林或杂木林中　分布 / 西藏东南部、云南西北部、四川西部至西南部、甘肃　海拔 / 2 400~3 600 m

1

2 显脉荚蒾

Viburnum nervosum

别名：心叶荚蒾

外观：落叶灌木或小乔木。**根茎：**冬芽裸露；各部疏被鳞片状或糠秕状簇状毛。**叶：**纸质，卵形至宽卵形，稀矩圆状卵形，长9~18 cm，下面常多少被簇状毛，侧脉8~10对，上面凹陷，下面凸起。**花：**聚伞花序与叶同时开放，直径5~15 cm，无大型的不孕花，无总梗；花冠白色或带微红。**果实：**先红色后变黑色，核扁，有1条浅背沟和1条深腹沟。

花期 / 4—6月　果期 / 9—10月　生境 / 山顶或山坡林中和林缘灌丛　分布 / 四川西部和西南部，云南西北部、西部和东北部及西藏南部至东南部　海拔 / 2 100~4 500 m

2

忍冬科 六道木属

3 南方六道木

Zabelia dielsii

(syn. *Abelia dielsii*)

别名：太白六道木

外观：落叶灌木。**根茎：**当年小枝红褐色，老枝灰白色。**叶：**叶片长卵形至披针形，顶端尖或长渐尖，全缘或有1~6对齿牙，具缘毛；叶柄基部膨大，散生硬毛。**花：**2朵生于侧枝顶部叶腋；苞片3枚，小而有纤毛；萼筒

3

3

散生硬毛，萼檐4裂，裂片卵状披针形或倒卵形，顶端钝圆，基部楔形；花冠白色，后变浅黄色，4裂，裂片长为筒的1/5~1/3，筒内有短柔毛；雄蕊4枚，二强，内藏，花丝短；花柱细长，与花冠等长，柱头头状，不伸出花冠筒外。**果实：** 革质瘦果，矩圆形。

花期 / 4—6月　果期 / 8—9月　生境 / 山坡灌丛、路边林下及草地　分布 / 西藏、云南、四川、甘肃东南部　海拔 / 1 000~3 700 m

五福花科 五福花属

4 五福花

Adoxa moschatellina

别名：福寿花

外观： 多年生矮小草本。**根茎：** 根状茎横生，末端加粗；茎单一，纤细，无毛，有长匍匐枝。**叶：** 基生叶1~3枚，为1~2回3出复叶；小叶片宽卵形或圆形，3裂；茎生叶2枚，对生，3深裂，裂片再3裂。**花：** 5~7朵花成顶生聚伞性头状花序，无花柄；花黄绿色；花萼浅杯状；花冠幅状，管极短，顶生花的花冠裂片4枚，侧生花的花冠裂片5枚；内轮雄蕊退化为腺状乳突，花丝2裂几至基部，花药单室，盾形，纵裂；子房半下位至下位，花柱在顶生花为4枚，侧生花为5枚，基部连合。**果实：** 核果。

花期 / 4—7月　果期 / 7—8月　生境 / 较湿润的林下、林缘或草地　分布 / 西藏、云南、四川、青海　海拔 / 1 000~4 000 m

5 西藏五福花

Adoxa xizangensis

外观： 多年生草本，高10~15 cm。**根茎：** 地下茎块状；茎单一，有长匍匐枝。**叶：** 基生叶1~2枚，3出复叶，小叶片菱形或扇形，长2~3 cm，3~4裂，叶柄长8~13 cm；茎生叶1枚，3深裂至全裂，叶柄长约1.5~3 cm。**花：** 聚伞性头状花序，常具3~5朵花，顶生；花萼浅杯状；花冠黄绿色，管极短，顶生花的花冠裂片4~5枚，侧生花的花冠裂片5~6枚；内轮雄蕊退化为腺状乳突，外轮雄蕊在顶生花为4~5枚，在侧生花为5~6枚；花柱在顶生花为4~5枚，在侧生花为5~6枚。**果实：** 核果，宽卵形至倒卵形。

花期 / 5—6月　果期 / 6—7月　生境 / 林下　分布 / 西藏（林芝、米林）　海拔 / 3 400~3 900 m

败酱科 甘松属

1 甘松

Nardostachys jatamansi

别名：匙叶甘松、甘松香、宽叶甘松

外观：多年生草本，高5~50 cm。**根茎：**根状茎木质、粗短，密被叶鞘纤维，有浓烈香气。**叶：**丛生，叶片长匙形或线状倒披针形，主脉平行三出，全缘，基部渐窄而为叶柄；花茎旁出，茎生叶1~2对，下部的椭圆形至倒卵形，基部下延成叶柄，上部的倒披针形至披针形，有时具疏齿。**花：**花序为聚伞性头状，顶生；花序基部有4~6枚披针形总苞，每花基部有窄卵形至卵形苞片1枚，与花近等长，小苞片2枚，较小；花萼5齿裂，果时增大；花冠紫红色、钟形，基部略偏突，裂片5枚，宽卵形至长圆形，花冠筒外面多少被毛，里面有白毛；雄蕊4枚，与花冠裂片近等长，花丝具毛；子房下位，花柱与雄蕊近等长。**果实：**瘦果，倒卵形，被毛。

花期／6—8月　果期／8—9月　生境／高山灌丛、草地　分布／西藏、云南北部、四川西部、青海南部、甘肃东南部　海拔／2 600~5 000 m

1

1

败酱科 缬草属

2 髯毛缬草

Valeriana barbulata

别名：细须缬草

外观：多年生草本，高5~15 cm，有时全株被疏短毛。**根茎：**匍匐枝线状，具鳞片状叶；茎直立，常带紫红色。**叶：**茎基部叶椭圆形至宽卵形，长0.5~1.2 cm，宽0.5~1 cm，全缘或有波状疏齿，叶柄长约1 cm；茎生叶2~3对，3裂或羽状5裂，顶裂片卵圆至宽椭圆形，侧裂片极小，具缘毛。**花：**头状聚伞花序，顶生，密集；苞片近膜质，线状披针形至披针形，具疏毛及缘毛；花萼下部筒状，裂片不明显；花冠淡红色，裂片5枚，宽椭圆形，喉部有时具长柔毛；雄蕊3枚；雌蕊1枚，柱头3裂。**果实：**瘦果，长卵形至长椭圆形。

花期／7—9月　果期／8—9月　生境／高山草坡、石砾堆上、潮湿草甸　分布／西藏东南部、云南西北部、四川西部　海拔／3 000~4 600 m

2

2

3 长序缬草

Valeriana hardwickii

别名：阔叶缬草、老君须

外观：多年生草本，高60~150 cm。**根茎：**根状茎呈块柱状；茎直立，中空，外具粗纵棱槽，下部常被疏粗毛。**叶：**基生叶3~5羽状全裂或浅裂，稀不裂而为心形，多少被短毛，顶裂片卵形或卵状披针形，长

3.5~7 cm，宽1.5~3 cm，基部近圆形，边缘具齿或全缘，侧裂片稍小；茎生叶对生，似基生叶，向上渐变小。**花：**圆锥状聚伞花序，顶生或腋生；苞片线状钻形；小苞片三角状卵形，全缘或具钝齿；花萼筒状，裂片不明显；花冠白色，漏斗状，裂片5枚，卵形；雄蕊3枚；雌蕊1枚。**果实：**瘦果，宽卵形至卵形，常被白色粗毛。

花期／6—8月　果期／7—10月　生境／草坡、林缘、林下、溪边　分布／西藏南部及东南部，云南中西部、北部和西北部，四川　海拔／1 000~3 500 m

4 毛果缬草

Valeriana hirticalyx

外观：矮小草本。**根茎：**根状茎短而不明显，簇生许多带状须根；匍枝细长，节部具近膜质的鳞片，枝端簇生须带状不定根和匍枝叶，后者圆形、全缘；茎直立单生，在干标本上略呈红色，除节部具粗毛外，其余光秃或疏被粗毛。**叶：**茎生叶2对，倒卵形，羽状分裂，裂度中等，不达中肋而形成叶轴；裂片3~9枚，长圆形至倒卵形，全缘；顶裂片最前的一对侧裂片挤生在一起；侧裂片与顶裂片同形，互相疏离，愈向叶柄基部愈小；叶柄宽，近膜质，最下一对叶柄的长度常为叶长的2倍，渐向上渐短而至无柄，边缘有粗毛。**花：**聚伞花序头状，顶生；小苞片匙形至披针形，近膜质；花冠红色，筒状，花冠裂片椭圆状长圆形，筒部内侧具长柔毛；雌雄蕊均伸出于花冠之外；果序较花序稍疏展。**果实：**瘦果，椭圆状卵形，两面密被长毛，冠毛粗长。

花期／7—8月　果期／8—9月　生境／灌丛草坡、河滩石砾地　分布／西藏东北部，青海东北部、东部和南部　海拔／4 100~5 000 m

5 缬草

Valeriana officinalis

别名：欧缬草、大救驾、鹿子草

外观：多年生草本。**根茎：**根或根状茎常有浓烈气味。**叶：**对生，羽状分裂或少为不裂。**花：**聚伞花序，形式种种，花后多少扩展；花两性，有时杂性；花萼裂片在花时向内卷曲，不显著；花小，白或粉红色，花冠筒基部一侧偏突成囊距状，花冠裂片5枚；雄蕊3枚，着生花冠筒上；子房下位，3室，但仅1室发育而有胚珠1枚。**果实：**果为1扁平瘦果，前面3脉、后面1脉、顶端有冠毛状宿存花萼。

花期／5—6月　果期／7—10月　生境／草甸、林缘　分布／西藏、四川、青海、甘肃　海拔／2 500~4 000 m

败酱科 缬草属

1 小缬草

Valeriana tangutica

别名：唐古特缬草、西北缬草

外观：细弱小草本，全株无毛。**根茎：**根状茎斜升，顶端包有膜质纤维状老叶鞘；根细带状，根状茎及根均具浓香。**叶：**基生叶薄纸质，心状宽卵形或长方状卵形，全缘或大头羽裂，顶裂片圆或椭圆形，全缘，侧裂片1~2对；茎上部叶羽状3~7深裂，裂片线状披针形，全缘。**花：**半球形的聚伞花序顶生；小苞片披针形，边缘膜质；花白色或有时粉红色，花冠筒状漏斗形，花冠5裂，裂片倒卵形；雌雄蕊近等长，均伸出于花冠之外；子房椭圆形、光秃。**果实：**瘦果，扁平。

花期 / 6—7月　果期 / 7—8月　生境 / 山沟或潮湿草地　分布 / 青海北部和东北部、甘肃　海拔 / 2 000~4 200 m

1

2

川续断科 刺续断属

2 白花刺续断

Acanthocalyx alba

(syn. *Morina nepalensis* var. *alba*)

别名：白花刺参

外观：多年生草本，高10~40 cm。**根茎：**花茎常1~3条，基部具残留的叶基。**叶：**基生叶莲座状，线形或线状披针形，长10~20 cm，宽0.5~1 cm，边缘具刺毛；茎生叶对生，2~4对，长圆状卵形至披针形，向上渐小，基部鞘状，边缘具刺毛。**花：**假头状花序顶生；总苞片卵形，边缘具硬刺；小总苞管状钟形，顶端平截，被毛，具12~16条齿刺；花萼筒状，绿色，裂片5枚，边缘具毛；花冠白色、淡黄色或淡黄绿色，花冠管弯曲，被长柔毛，裂片5枚，先端凹陷；雄蕊4枚；花柱高出雄蕊，柱头头状。**果实：**瘦果，圆柱形，无毛至密被柔毛。

花期 / 6—8月　果期 / 7—9月　生境 / 草甸、林下、林缘　分布 / 西藏东南部、云南西北部、四川西部、青海南部、甘肃东南部　海拔 / 2 500~4 100 m

2

3 刺续断

Acanthocalyx nepalensis subsp. *nepalensis*

(syn. *Morina nepalensis*)

别名：细叶刺参、刺参

外观：多年生草本。**根茎：**茎单上部疏被纵列柔毛。**叶：**基生叶线状披针形，先端渐尖，基部渐狭，成鞘状抱茎，边缘有疏刺毛；茎生叶对生，2~4对，长圆状卵形至披针形，向上渐小，边缘具刺毛。**花：**假头状花序顶生，含10~20朵花；总苞苞片4~6

3

3

4

5

5

对，坚硬，长卵形至卵圆形，渐尖，向上渐小，边缘具多数黄色硬刺；小总苞钟形，顶端平截，被长柔毛，具齿刺15条以上；花萼筒状，下部绿色，上部边缘紫色，或全为紫色，裂口达花萼的1/2，边缘具长柔毛及齿刺；花冠红色或紫色，稍左右对称，花冠管被长柔毛，裂片5枚，先端凹陷；雄蕊4枚，二强；花柱高出雄蕊，柱头头状。**果实：**瘦果，柱形，蓝褐色，被短毛，具皱纹。

花期 / 6—8月　果期 / 7—9月　生境 / 山坡草地　分布 / 西藏东部及中部、四川西部、云南西北部　海拔 / 3 200~4 000 m

4 大花刺续断

Acanthocalyx nepalensis subsp. *delavayi*

(syn. *Morina nepalensis* var. *delavayi*)

别名：大花刺参、白仙茅

外观：多年生草本；高 20~50 cm。**根茎：**根粗壮。**叶：**基生叶线状披针形，基部渐狭，成鞘状抱茎，边缘有疏刺毛；茎生叶对生，2~4对，长圆状卵形至披针形，边缘具刺毛。**花：**假头状花序顶生，含10朵花以上，枝下部近顶处的叶腋中间有少数花存在；总苞苞片4~6对，坚硬，长卵形至卵圆形，边缘具多数黄色硬刺；小总苞钟形，顶端平截，被长柔毛；花萼筒状，下部绿色，上部边缘紫色，或全部紫色，裂口达花萼的1/2，边缘具长柔毛及齿刺，齿刺排列不规则；花冠红色或紫色；近两侧对称，花冠裂片长椭圆形，先端微凹；雄蕊4枚，二强；花柱高出雄蕊，柱头头状。**果实：**柱形，蓝褐色，被短毛，具皱纹。

花期 / 6—8月　果期 / 7—9月　生境 / 山坡草甸和灌丛　分布 / 西藏东南部、云南西北部、四川西南部　海拔 / 3 000~4 200 m

川续断科 川续断属

5 川续断

Dipsacus asper

(syn. *Dipsacus asperoides*)

外观：多年生草本，高达2 m。**根茎：**主根圆柱形，稍肉质；茎中空，具棱6~8条，棱上疏生下弯粗短的硬刺。**叶：**基生叶稀疏丛生，叶片琴状羽裂，叶面被白色刺毛或乳头状刺毛；中下部茎生叶羽状深裂，先端渐尖；上部叶披针形，不裂或基部3裂。**花：**头状花序球形；总苞片5~7枚，叶状，被硬毛；小苞片倒卵形，先端被短柔毛，具喙尖，喙尖两侧密生刺毛或稀疏刺毛；花萼四棱，不裂或浅裂；花冠淡黄色或白色。**果实：**瘦果，长倒卵柱状，包藏于小总苞内。

花期 / 7—9月　果期 / 9—11月　生境 / 生于沟边、草丛、林缘和路旁　分布 / 西藏南部、云南、四川　海拔 / 2 400~3 700 m

川续断科 刺参属

1 绿花刺参

Morina chlorantha

外观：多年生草本。**根茎：**根粗壮；茎基部具暗褐色纤维状残留叶柄，下部有明显的沟槽。**叶：**基生叶丛生，叶片披针形至长卵形，先端渐尖，基部渐狭成柄，边缘常平滑，有细刺，齿缘具刺；茎生4叶轮生，稀2叶对生，光滑。**花：**轮伞花序6~8轮，总苞片质硬，边缘具硬刺，小总苞筒状，具柄，外被柔毛，顶端具齿刺10条左右；花萼绿色，二唇形，每唇片再2裂，具长缘毛，先端钝或其中2片具刺尖；花冠二唇形，稍短于花萼，5裂，绿黄色，外面具柔毛；雄蕊4枚，可育雄蕊2枚；雌蕊较雄蕊稍长，但不露出花冠外。**果实：**瘦果，长圆形。

花期 / 5—8月　果期 / 8—9月　生境 / 草坡或林缘　分布 / 云南西北部、四川西部、青海南部　海拔 / 2 800~4 000 m

1

2

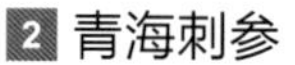

2 青海刺参

Morina kokonorica

别名：小花刺参

外观：多年生草本，高30~50 cm。**根茎：**根粗壮；茎下部具明显的沟槽。**叶：**基生叶5~6枚，簇生，坚硬，基部渐狭成柄，边缘具深波状齿；边缘有3~7枚硬刺，中脉明显，两面光滑。**花：**轮伞花序顶生，6~8节，紧密穗状；每轮有总苞片4枚；总苞长卵形，近革质，渐尖，边缘具多数黄色硬刺；小总苞钟状，网脉明显，边缘10条以上硬刺；萼杯状，质硬，2深裂，裂片披针形，先端具刺；花冠二唇形，5裂，淡绿色，外面被毛。**果实：**瘦果褐色，具棱，顶端斜截形。

花期 / 6—8月　果期 / 8—9月　生境 / 砂石质的山坡、山谷草地和河滩　分布 / 西藏南部及东部、四川西北部、青海南部、甘肃南部　海拔 / 3 400~4 900 m

2

川续断科 翼首花属

3 匙叶翼首花

Pterocephalus hookeri

别名：邦子多吾、棒子头、狮子草

外观：多年生无茎草本，全株被白色柔毛。**根茎：**根粗壮，木质化。**叶：**全部基生，成莲座丛状，叶片全缘或一回羽状深裂，裂片3~5对。**花：**头状花序单生茎顶，直立或微下垂，球形；总苞苞片2~3层，长卵形至卵状披针形，先端急尖，被毛，边缘密被长柔毛；苞片线状倒披针形，基部有细爪，边缘被柔毛；小总苞筒状，外面被白色糙硬毛；花萼全裂，成20条柔软羽毛状毛；花冠筒状

漏斗形，黄白色至淡紫色，先端5浅裂；雄蕊4枚，稍伸出花冠管外，花药黑紫色；子房包于小总苞内，花柱伸出花冠管外。**果实：**瘦果，倒卵形，被白色羽毛状毛。

花期 / 7—10月　果期 / 7—10月　生境 / 草坡、高山草甸、路边或田边　分布 / 西藏、云南、四川、青海南部　海拔 / 1 800~4 800 m

川续断科 双参属

4 双参

Triplostegia glandulifera

别名：白都拉、对对参、萝卜都拉

外观：柔弱多年生直立草本。**根茎：**根茎细长，四棱形；茎方形，有沟，近光滑或微被疏柔毛。**叶：**近基生，假莲座状；叶片倒卵状披针形，2~4回羽状中裂，边缘有不整齐浅裂或锯齿，基部渐狭成柄；上面被稀疏白色渐脱毛，下面沿脉上具疏柔毛；茎上部叶渐小，浅裂，无柄。**花：**在茎顶端呈疏松窄长圆形聚伞圆锥花序；花具短梗；小总苞4裂，裂外面密被紫色腺毛；萼筒壶状，顶端收缩成8个微小的牙齿状或锯齿状的檐部；花冠白色或粉红色，短漏斗状，5裂，裂片顶端钝，近辐射对称；雄蕊4枚，略外伸，花药内向；花柱略长于雄蕊，直伸，子房包于囊状小总苞内。**果实：**瘦果，包于囊苞中。

花期 / 7—10月　果期 / 7—10月　生境 / 林下、溪旁、山坡草地及林缘路旁　分布 / 西藏东南部、云南西北部、四川西部　海拔 / 1 500~4 000 m

菊科 蓍属

5 云南蓍

Achillea wilsoniana

别名：一支蒿、飞天蜈蚣

外观：多年生草本，高35~100 cm。**根茎：**茎直立，有时上部分枝。**叶：**互生，叶片矩圆形，长4~6.5 cm，宽1~2 cm，2回羽状全裂，一回裂片椭圆状披针形，二回裂片披针形，具齿或近无齿，齿端具白色小尖头，上面疏生柔毛和腺点，下面被较密柔毛。**花：**头状花序，多数，集成复伞房花序；总苞宽钟形或半球形，总苞片3层，覆瓦状排列，外层短，卵状披针形，中层卵状椭圆形，内层长椭圆形，有褐色膜质边缘，被长柔毛；托片披针形，舟状；舌状花白色，偶有淡粉红色边缘，舌片顶端具3齿；管状花淡黄色或白色，管部压扁具腺点。**果实：**瘦果，矩圆状楔形，具翅。

花期 / 7—9月　果期 / 7—9月　生境 / 山坡草地、灌丛中　分布 / 云南中部及西北部、四川　海拔 / 2 300~3 600 m

菊科 亚菊属

1 分枝亚菊

Ajania ramosa

外观： 灌木，高80~150 cm。**根茎：** 老枝浅褐色；当年花枝被绢毛。**叶：** 花枝中部叶羽状深裂；裂片3~4对，长椭圆形至镰刀形；向上及向下的叶渐小；叶有柄，两面异色，下面白色或灰白色，被密厚绢毛；无叶耳。**花：** 头状花序中等数量，在枝端排成复伞房花序；总苞钟状；总苞片4层，外层卵形、三角状卵形，中外层卵状长圆形或倒披针形；全部苞片边缘黄褐色，顶端圆，外面被稀疏短绢毛；边缘雌花约7个，花冠细管状，顶端4裂齿，不等大；全部花冠外面有腺点。**果实：** 瘦果，长1.3 mm。

花期 / 8—9月　果期 / 8—9月　生境 / 山坡、河谷　分布 / 西藏东部（昌都）、四川西部　海拔 / 2 900~4 600 m

1　唐志远　摄影

菊科 香青属

2 淡黄香青

Anaphalis flavescens

别名：铜钱花、清明菜

外观： 多年生草本。**根茎：** 根状茎稍细长，木质；匍枝细长，有膜质鳞片状叶及顶生的莲座状叶丛；茎被棉毛。**叶：** 莲座状叶倒披针状长圆形；基部叶在花期枯萎；下部及中部叶长圆状披针形或披针形，长2.5~5 cm，宽0.5~0.8 cm，基部沿茎下延成狭翅，顶端尖；上部叶较小，狭披针形。**花：** 头状花序6~16个密集成伞房或复伞房状；总苞宽钟状，总苞片4~5层，外层椭圆形、黄褐色，基部被密棉毛，内层披针形，上部淡黄色或黄白色，有光泽，最内层线状披针形；花托有缝状短毛；雌株头状花序外围有多层雌花，中央有3~12个雄花；雄株头状花序有多层雄花，外层有10~25个雌花；冠毛较花冠稍长；雄花冠毛上部稍粗厚，有锯齿。**果实：** 瘦果，长圆形，被密乳头状突起。

花期 / 8—9月　果期 / 9—10月　生境 / 山坡、草地、林下　分布 / 西藏东部至南部、四川西部、青海、甘肃　海拔 / 2 800~4 700 m

2

3

3 珠光香青

Anaphalis margaritacea

别名：山萩

外观： 多年生草本。**根茎：** 根状茎木质，有短匍枝；茎被灰白色棉毛。**叶：** 下部叶在花期常枯萎；中部叶开展，线形或线状披针形，稀更宽，基部多少抱茎，不下延；上面被蛛丝状毛，下面被厚棉毛。**花：** 头状花序多数，在茎和枝端排列成复伞房状；总苞宽

3

钟状或半球状；总苞片5~7层，多少开展，基部多少褐色，上部白色，外层长达总苞全长的1/3，卵圆形，被棉毛，内层卵圆至长椭圆形，在雄株宽达3 mm，顶端圆形或稍尖，最内层线状倒披针形，有长达全长3/4的爪部；花托蜂窝状；雌株头状花序外围有多层雌花，中央有3~20朵雄花；雄株头状花全部雄花或外围有极少数雌花；冠毛较花冠稍长；冠毛在雄花上部较粗厚，有细锯齿。**果实：**瘦果，长椭圆形，有小腺点。

花期 / 8—11月　果期 / 8—11月　生境 / 草地、石砾地、山沟　分布 / 西藏、云南、四川、青海东部、甘肃西部　海拔 / 1 000~3 400 m

4 尼泊尔香青

Anaphalis nepalensis var. *nepalensis*

别名：打火草、尼泊尔籁箫、尼泊尔清明草

外观：多年生草本。**根茎：**根状茎细或稍粗壮，有细匍枝；茎被白色密棉毛。**叶：**匍枝有莲座状叶丛；茎生叶下部者匙形至长圆披针形，中部者长圆形或倒披针形，基部稍抱茎，上部者渐狭小；全部叶两面或下面被白色棉毛且杂有具柄腺毛。**花：**头状花序，疏散伞房状排列，有时较少；总苞稍球状，总苞片8~9层，在花期放射状开展，外层卵圆状披针形，除顶端外深褐色，内层披针形，白色，基部深褐色，最内层线状披针形；雌株头状花序外围有多层雌花，中央有3~6个雄花；雄株头状花序全部为雄花，或外围有1~3个雌花；冠毛在雄花上部稍粗厚，有锯齿。**果实：**瘦果，圆柱形，被微毛。

花期 / 6—9月　果期 / 8—10月　生境 / 高山草地、林缘、沟边及岩石　分布 / 西藏、云南、四川、甘肃　海拔 / 2 400~4 500 m

5 单头尼泊尔香青

Anaphalis nepalensis var. *monocephala*

外观：矮小草本，高6~10 cm。**根茎：**有细匍枝；茎被疏棉毛，与莲座状叶丛密集丛生。**叶：**匍枝有莲座状叶丛；茎生叶密集，匙形至倒披针状长圆形，上面被蛛丝状毛，下面被白色密棉毛。**花：**头状花序单生；总苞稍球状，总苞片8~9层，外层卵圆状披针形，除顶端外深褐色，内层披针形，白色，基部深褐色，最内层线状披针形；雌株头状花序外围有多层雌花，中央有3~6个雄花；雄株头状花序全部为雄花，或外围有1~3个雌花；冠毛在雄花上部稍粗厚，有锯齿。**果实：**瘦果，圆柱形，被微毛。

花期 / 6—9月　果期 / 8—10月　生境 / 高山坡地、岩石缝隙、沟旁溪岸的苔藓中　分布 / 西藏南部、云南西北部、四川西部　海拔 / 4 100~4 500 m

菊科 蒿属

1 昆仑蒿

Artemisia nanschanica

别名：南山蒿、祁连山蒿

外观：多年生草本，高10~30 cm，有臭味。**根茎：**根状茎匍匐，有营养枝并密生营养叶；茎有细纵棱，常带紫红色。**叶：**互生；叶片匙形至宽卵形，羽裂、近掌裂、3深裂至不裂。**花：**头状花序，半球形或近球形；总苞片3~4层，外层及中层总苞片卵形或长卵形，被短柔毛或近无毛，边缘褐色，宽膜质，内层总苞片半膜质；雌花10~15朵，花冠狭管状，檐部2裂齿，花柱略伸出，先端2叉；两性花12~20朵，檐部背面疏被短柔毛。**果实：**瘦果，长圆形至长圆状倒卵形。

花期 / 7—10月　果期 / 7—10月　生境 / 干旱山坡、草原、河滩　分布 / 西藏南部及东部、青海、甘肃南部　海拔 / 2 100~5 300 m

1

2

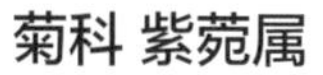

菊科 紫菀属

2 长毛小舌紫菀

Aster albescens var. *pilosus*

外观：灌木，高30~180 cm。**根茎：**老枝褐色，当年枝黄褐色，多分枝。**叶：**互生，叶片长圆披针形，长4~9 cm，宽1~2 cm，全缘或有浅齿，上面被疏糙毛，下面被白色疏长毛，常杂有腺点。**花：**头状花序，多数，排列成复伞房状；苞叶钻形；总苞倒锥状，总苞片3~4层，覆瓦状排列，外层狭披针形，被疏毛，内层线状披针形，常带红色，边缘宽膜质；舌状花15~30个，舌片白色、浅红色或紫红色；管状花黄色；冠毛污白色，后变红褐色，1层，有多数近等长的微糙毛。**果实：**瘦果，长圆形，被长密毛。

花期 / 6—9月　果期 / 8—10月　生境 / 林下、灌丛　分布 / 西藏东南部、云南西北部、四川西部、甘肃　海拔 / 2 800~4 000 m

2

3 星舌紫菀

Aster asteroides

别名：块根紫菀

外观：多年生草本。**根茎：**有数个簇生的块根；茎常单生，有时带紫色，被开展的毛和紫色腺毛。**叶：**基生叶密集，倒卵圆形或长圆形，长1~4 cm，宽0.4~0.8 cm，上面被长毛，下面无毛或疏被毛，具长缘毛；茎生叶互生，长圆形或长圆状匙形，向上渐变为线形。**花：**头状花序，在茎端单生；总苞半球形，总苞片2~3层，近等长，线状披针形，紫绿色，背面及边缘有紫褐色密毛，常具长柔毛；舌状花1层，30~60个，舌片蓝紫色；管状花橙黄色，常具腺毛；冠毛2层，外层白

3

色膜片状，极短，内层有白色或污白色微糙毛。**果实：**瘦果，长圆形，被白色疏毛或绢毛。

花期／6—8月　果期／6—8月　生境／高山灌丛、湿草地、冰碛物上　分布／西藏南部、云南西北部、四川西部、青海东部　海拔／3 200~3 500 m

4 圆齿狗娃花

Aster crenatifolius

(syn. *Heteropappus crenatifolius*)

外观：一年生或二年生草本，高10~60 cm。**根茎：**茎直立，分枝，多少密生长毛，上部常有腺。**叶：**基部叶莲座状，在花期枯萎；茎生叶互生，倒披针形、矩圆形或匙形，长2~10 cm，宽0.5~1.6 cm，向上渐变小至条形，两面被粗毛，常有腺，全缘或有圆齿；下部叶柄有翅，向上渐变无柄。**花：**头状花序，顶生；总苞半球形，总苞片2~3层，条形或条状披针形，深绿色或带紫色，被腺及细毛；舌状花35~40个，舌片蓝紫色或红白色；管状花裂片不等长，有短微毛；冠毛黄色或近褐色，有微糙毛，在舌状花中较少，极短或不存在。**果实：**瘦果，倒卵形，上部有腺，全部被疏绢毛。

花期／5—10月　果期／5—10月　生境／山坡、田野上　分布／西藏南部、云南中部及西北部、四川西部、青海、甘肃南部　海拔／1 900~3 900 m

5 重冠紫菀

Aster diplostephioides

别名：寒风参、太阳花、大花毛紫菀

外观：多年生草本。**根茎：**根状茎粗壮，有顶生的茎或莲座状叶丛；茎直立，粗壮，下部为枯叶残存的纤维状鞘所围裹，上部被具柄腺毛。**叶：**下部叶与莲座状叶长圆状匙形或倒披针形，上面被微腺毛或近无毛，下面沿脉和边缘有开展的长疏毛，离基三出脉和侧脉在下面稍高。**花：**头状花序单生；总苞半球形；总苞片约2层，线状披针形，顶端细尖，较花盘为长，外层深绿色，草质，背面被较密的黑色腺毛，又特别在基部被长毛，内层边缘有时狭膜质；舌状花常2层，约80~100个；舌片蓝色或蓝紫色，线形；管状花上部紫褐色或紫色，后黄色，近无毛；冠毛2层，外层极短，膜片状，白色，内层污白色，有微糙毛。**果实：**瘦果，倒卵圆形，除边肋外，两面各1肋，被黄色密腺点及疏贴毛。

花期／7—9月　果期／9—12月　生境／草地、灌丛中　分布／西藏南部、云南西北部、四川西部及西南部、青海东部、甘肃　海拔／2 700~4 600 m

菊科 紫菀属

1 萎软紫菀

Aster flaccidus

别名：太白菊、肺经草、紫菀干花

外观：多年生草本。**根茎：**根状茎细长，有时具匍枝；茎直立，不分枝，被皱曲或开展的长毛。**叶：**基部叶及莲座状叶匙形或长圆状匙形，下部渐狭成短或长柄，顶端圆形或尖，茎部叶3~5枚，常半抱茎，上部叶小，线形；全部叶质薄；离基3出脉和侧脉细。**花：**头状花序单生；总苞半球形，被白色或深色长毛或有腺毛；总苞片2层，线状披针形，近等长，草质，顶端尖或渐尖，内层边缘狭膜质；舌状花40~60个，管部上部有短毛；舌片紫色，稀浅红色；管状花黄色；裂片被短毛；冠毛白色，外层披针形，膜片状，内层有多数长6~7 mm的糙毛。**果实：**瘦果，长圆形，有2边肋，或一面另有一肋。

花期／6—11月　果期／6—11月　生境／高山草地、灌丛及石砾地　分布／西藏、云南西北部、四川西部、青海东部、甘肃南部　海拔／1 800~5 100 m

1　唐志远　摄影

1

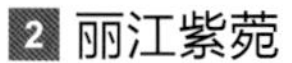

2 丽江紫菀

Aster likiangensis

别名：肥儿草

外观：多年生草本，高3~35 cm。**根茎：**有数个簇生的块根；茎直立，单生或与莲座状叶丛丛生，常紫色，被开展的长毛和紫色腺毛。**叶：**基生叶密集，宿存，倒卵圆形、菱形或长圆形，长1.5~7 cm，宽0.5~1.7 cm，上下两面被长毛，常具缘毛，近全缘，基部急或渐狭成柄；茎生叶互生，卵圆形或线状披针形，上下两面被长毛，常具缘毛，无柄。**花：**头状花序，在茎端单生；总苞半球状，总苞片2~3层，近等长，披针形，紫绿色，背面及边缘有紫褐色腺毛及长密毛；舌状花30~50个，舌片蓝紫色，稀浅红色，顶端常有2齿；管状花上部紫褐色，有短腺毛或近无毛；冠毛2层，外层短膜片状，白色，内层有白色或污白色微糙毛。**果实：**瘦果，长圆形，被白色疏毛或绢毛。

花／6—8月　果期／6—8月　生境／高山草甸、山坡、河谷、沼泽地　分布／西藏东南部、云南北部及西北部、四川西南部　海拔／3 500~4 500 m

2

3 棉毛紫菀

Aster neolanuginosus

(syn. *Aster lanuginosus*)

外观：矮小多年生草本，被棉毛。**根茎：**茎单生或2出，近莛状。**叶：**基生叶紧密，全

缘，有柄，匙形，两面被棉毛；茎部叶较狭，被棉毛，早落。**花：**总苞阔钟形；总苞片披针形或线状长圆形，顶端尖，有多脉，外面被棉毛，内面无毛；舌状花20~30枚，紫色，长约15 mm，管状花黄色。**果实：**瘦果，扁平，2.5~3 mm，被毛，具2肋；冠毛棕色多数，不等长。

花期 / 7月　果期 / 8月　生境 / 流石滩　分布 / 四川西南部（木里）　海拔 / 5 000 m

4 半卧狗娃花

Aster semiprostratus

(syn. *Heteropappus semiprostratus*)

别名：斜生狗娃花

外观：多年生草本，高5~15 cm。**根茎：**茎枝平卧或斜升，被平贴的硬柔毛，基部分枝。**叶：**互生，叶片条形或匙形，长1~3 cm，宽2~4 mm，两面被平贴的柔毛或上面近无毛，散生腺体。**花：**头状花序，单生于枝端；总苞半球形，总苞片3层，披针形，外面被毛和腺体，内层边缘宽膜质；舌状花20~35个，蓝色或浅紫色；管状花黄色，裂片5枚，1长4短；冠毛浅棕红色。**果实：**瘦果，倒卵形，被绢毛，上部有腺。

花期 / 6—9月　果期 / 6—9月　生境 / 干燥山坡、砂石地、河滩砂地　分布 / 西藏南部、云南东部　海拔 / 3 200~5 000 m

5 缘毛紫菀

Aster souliei

别名：罗米、西藏紫菀、藏药紫菀

外观：多年生草本。**根茎：**根状茎粗壮，木质；茎单生或与莲座状叶丛丛生，直立，纤细，不分枝，有细沟，被疏或密的长粗毛。**叶：**基部被枯叶残片，下部有密生的叶；莲座状叶与茎基部的叶倒卵圆形至倒披针形，下部渐狭成具宽翅而抱茎的柄，顶端钝或尖，全缘；下部及上部叶长圆状线形；全部叶两面被疏毛或近无毛，或上面近边缘而下面沿脉被疏毛，有白色长缘毛，中脉在下面凸起，有离基3出脉。**花：**头状花序在茎端单生；总苞半球形；总苞片约3层，近等长或外层稍短，线状稀匙状长圆形，顶端钝或稍尖，下部革质，上部草质，背面无毛或沿中脉有毛，或有缘毛，顶端有时带紫绿色；舌状花30~50个；舌片蓝紫色；管状花黄色，管部有短毛；冠毛1层，紫褐色，稍超过花冠管部，有不等糙毛。**果实：**瘦果，卵圆形，稍扁，基部稍狭，被密粗毛。

花期 / 5—7月　果期 / 8月　生境 / 高山针林缘、灌丛及山坡草地　分布 / 西藏东部至南部、云南西北部、四川西北部及西南部、甘肃南部　海拔 / 2 700~4 600 m

菊科 紫菀属

1 察瓦龙紫菀

Aster tsarungensis

别名：滇藏紫菀

外观：多年生草本，高15~25 cm，稀达45 cm。**根茎：**根状茎细长；茎直立，单生或与莲座状叶丛丛生，基部被枯叶残片，常带紫褐色，被开展的紫褐色密腺毛及白色疏毛。**叶：**基生叶密集，匙形，长5~10 cm，宽0.3~7 cm，两面常被粗毛和腺毛，有长缘毛，全缘或有小尖头状疏齿，基部渐狭成具翅的长柄；茎生叶互生，长圆状匙形或披针形，长2.5~5 cm，宽0.5~2.5 cm，向上渐变小为线状披针形，两面常被粗毛和腺毛，有长缘毛，基部半抱茎。**花：**头状花序，在茎端单生；总苞宽半球形，总苞片2~3层，近等长，线状披针形，外层具长毛，上部带紫色，内层边缘狭膜质；舌状花约2层，60~85个，舌片蓝紫色；管状花黄色或带紫色；冠毛2层，外层短膜片状，白色，内层污白色，有微糙毛。**果实：**瘦果。

花期／6—10月　果期／6—10月　生境／高山草甸、山谷坡地　分布／西藏南部、云南西北部、四川西部及南部　海拔／2 650~4 800 m

1

1

2 密毛紫菀

Aster vestitus

别名：灯盏花、金毛紫菀

外观：多年生草本。**根茎：**根状茎粗壮；茎直立，单生稀丛生，上部有分枝，有棱及沟，被卷曲或开展的长密毛，上部杂有腺毛。**叶：**密集；下部叶在花期枯落；中部叶长圆披针形，基部楔形或近圆形，无柄，顶端尖或渐尖，全缘或上部有2~3对浅锯齿；上部叶小，线状披针形至卵形；全部叶被密腺毛，下面灰绿色，被卷或开展的长毛，中脉在下面凸起，离基3出脉及侧脉3~4对。**花：**头状花序，少数至数十个排列成复伞房状；总苞半球状；总苞片约3层，覆瓦状排列，外层顶端尖，上部或全部草质，顶部常紫红色，下部革质，被腺和密毛；内层狭披针形，渐尖，上部草质，下部和边缘干膜质，仅有腺，有缘毛；舌状花20~30个，管部长1.5 mm，舌片白色或浅紫红色；管状花黄色；花柱附片长0.6 mm；冠毛1层，污白色或稍红色，有微糙毛。**果实：**瘦果，倒卵形，两面各有1肋，被白绢毛，有时具腺。

花期／9—11月　果期／10—12月　生境／高山及亚高山林缘、草坡、溪岸及沙地　分布／西藏南部、云南西北部和北部、四川南部　海拔／2 200~3 200 m

2

2

2

3

3

3

4

菊科 鬼针草属

3 柳叶鬼针草

Bidens cernua

别名：俯垂鬼针草、鬼叉草

外观：一年生草本，常沼生，高10~90 cm。**根茎：**生于水中的植株常自基部分枝，节间短，主茎不明显；茎直立，麦秆色或带紫色，无毛或嫩枝上有疏毛。**叶：**对生，极少轮生，通常无柄，叶片不分裂，披针形至条状披针形，先端渐尖，中部以下渐狭，基部半抱茎状，边缘具疏锯齿，两面稍粗糙，无毛。**花：**头状花序单生茎、枝端，开花时下垂，有较长的花序梗；总苞盘状，外层苞片5~8枚，条状披针形，叶状，内层苞片膜质，长椭圆形或倒卵形，先端锐尖或钝，背面有黑色条纹，具黄色薄膜质边缘，无毛；托片条状披针形，约与瘦果等长，膜质，透明，先端带黄色，背面有数条褐色纵条纹；舌状花中性，舌片黄色，卵状椭圆形，先端锐尖或有2~3个小齿，盘花两性，筒状，花冠管细窄，冠檐扩大呈壶状，顶端5齿裂。**果实：**瘦果，狭楔形，具4棱，棱上有倒刺毛。

花期／8—10月　果期／9—11月　生境／草甸、沼泽边缘、浅水中　分布／西藏、云南、四川　海拔／1 000~3 200 m

菊科 飞廉属

4 丝毛飞廉

Carduus crispus

别名：飞廉、刺蓟

外观：二年生或多年生草本，高40~150 cm。**根茎：**茎直立，有条棱，有时分枝，被稀疏长节毛及蛛丝状毛；具翼，茎翼边缘齿裂，齿缘及顶端具针刺。**叶：**互生，叶片椭圆形、长椭圆形或倒披针形，长5~18 cm，宽1~7 cm，向上渐小为宽线形，羽状深裂或半裂，边缘有大小不等的三角形刺齿，齿缘及顶端具针刺，较少不分裂而边缘具大锯齿或重锯齿，上面具长节毛，下面具蛛丝状毛及长节毛，基部渐狭，两侧沿茎下延成茎翼。**花：**头状花序，单生或通常3~5个聚集，顶生，形成不明显的伞房花序；总苞卵圆形，总苞片多层，覆瓦状排列，向内层渐长，最外层长三角形，顶端针刺状或具尖头，中层及内层钻状长三角形至披针形，顶端针刺状或具尖头，最内层线状披针形；全部为管状花，红色或紫色，檐部5深裂，裂片线形；冠毛多层，白色或污白色，向内层渐长。**果实：**瘦果，楔状椭圆形，稍压扁。

花期／4—10月　果期／4—10月　生境／山坡草地、荒地、林下　分布／该区广布　海拔／1 000~3 600 m

菊科 天名精属

1 天名精

Carpesium abrotanoides

别名：天蔓青、地菘

外观： 多年生草本，高60~100 cm。**根茎：** 茎圆柱状，有纵条纹，多分枝。**叶：** 叶片广椭圆形或长椭圆形，长8~16 cm，宽4~7 cm，向上渐变小为椭圆状披针形，下面具短柔毛及细小腺点，边缘具不规整钝齿。**花：** 头状花序，多数，生于茎顶端或上部叶腋，穗状排列；苞叶2~4枚，披针形，腋生者无苞叶或有时具甚小苞叶；总苞钟球形至扁球形，苞片3层，外层卵圆形，具缘毛，背面被短柔毛，内层长圆形，有时具不明显的啮蚀状小齿；雌花狭筒状，两性花筒状，冠檐5齿裂。**果实：** 瘦果。

花期 / 7—9月　果期 / 9—11月　生境 / 路边荒地、溪边、林缘　分布 / 西藏（林芝）、云南大部、四川　海拔 / 1 500~3 400 m

1

2 烟管头草

Carpesium cernuum

别名：杓儿菜、烟袋草、金挖耳

外观： 多年生草本。**根茎：** 茎下部密被白色长柔毛及卷曲的短柔毛，基部及叶腋尤密，常成棉毛状。**叶：** 基叶于开花前凋萎，具长柄；中部叶椭圆形至长椭圆形，先端渐尖或锐尖，基部楔形，上部叶渐小，椭圆形至椭圆状披针形，近全缘。**花：** 头状花序单生茎端及枝端，开花时下垂；苞叶多枚，大小不等，其中2~3枚较大，椭圆状披针形，密被柔毛及腺点，条状披针形或条状匙形，稍长于总苞；总苞壳斗状，苞片4层，外层苞片叶状，披针形，与内层苞片等长或稍长，草质或基部干膜质，密被长柔毛，通常反折，中层及内层干膜质，狭矩圆形至条形，先端钝，有不规整的微齿；雌花狭筒状，中部较宽，两端稍收缩，两性花筒状，冠檐5齿裂。**果实：** 瘦果，长4~4.5 mm。

花期 / 6—8月　果期 / 9—10月　生境 / 路边荒地、山坡、沟边　分布 / 西藏、云南、四川、甘肃　海拔 / 1 000~3 500 m

2

2

3 矮天名精

Carpesium humile

外观： 多年生草本。**根茎：** 茎直立，高12~25 cm，被污黄色绒毛状长柔毛。**叶：** 基叶宿存，长椭圆形，先端锐尖或钝，基部楔形或阔楔形，下延成极短的柄，上面被柔毛，下面被白色长柔毛，两面均有粒状腺点。**花：** 头状花序单生；苞叶3~7枚，披针形，先端渐尖，被柔毛；总苞盘状，直径1~1.5 cm，苞片4层，外层披针形，先端渐

3

3

4

4

5

尖，上部草质，基部干膜质，背面被疏长柔毛，内层条形，干膜质，先端锐尖；雌花筒状，长约2 mm，筒部被柔毛，上部稍扩大，5齿裂，两性花长2.5~3 mm，筒部细窄，被柔毛，冠檐显著扩大，呈漏斗状，5齿裂。**果实：**瘦果，长约3 mm。

花期 / 6—9月　果期 / 9—10月　生境 / 山坡草地及林缘　分布 / 西藏、四川西北部、青海东部、甘肃南部　海拔 / 2 000~3 700 m

4 葶茎天名精

Carpesium scapiforme

外观：多年生草本，高30~55 cm。**根茎：**茎直立，花莛状。**叶：**基生叶宿存，3~5枚莲座状丛生，椭圆形，长6~9 cm，宽3~5 cm，基部渐狭，下延成具翅的短柄或几无柄，边缘近全缘或有小齿，上面被倒伏硬毛及腺点，下面被长柔毛及腺点；茎生叶向上渐变小至披针形。**花：**头状花序，单生于茎端或1~2个生于上部叶腋；苞叶3~5枚，匙形或条状匙形，两面被长柔毛及腺点；总苞半球形，苞片4层，外层匙形，密被柔毛，中层矩圆形，被疏毛，内层狭披针形；雌花狭筒状，冠檐5齿裂，筒部被柔毛，两性花筒部细窄，被柔毛，冠檐扩大呈漏斗状，5齿裂，裂片背面被短柔毛。**果实：**瘦果。

花期 / 7—10月　果期 / 7—10月　生境 / 高山草地、林缘　分布 / 西藏东南部、云南东北部及西北部、四川西部　海拔 / 2 500~3 600 m

菊科 葶菊属

5 葶菊

Cavea tanguensis

外观：多年生草本，高5~30 cm，有时雌雄异株。**根茎：**根状茎近木质；茎直立或斜生，近花莛状，常稍带紫色，被褐色短腺毛，有时几无茎。**叶：**基生叶簇生，长匙形，长达12 cm，下部渐狭成长柄，或倒卵圆形，长1.5~2 cm；茎生叶互生，卵圆状披针形、长圆状匙形至长圆披针形，长3~6 cm，宽0.5~1.2 cm，边缘有疏浅齿，稍肉质，被短腺毛或上面近无毛；顶部叶近轮生，并渐转变为苞叶状。**花：**头状花序，单生于茎端，近球形；总苞半球形，总苞片4~5层，长圆状披针形，内层常具被腺毛及长伏毛；小花紫色，极多数；不育的两性花花冠无毛，下部管状，上部扩大成宽钟状，5深裂，裂片披针形，冠毛紫色；雌花细管状，外面有伏毛，顶端3~4细裂，花柱2深裂，冠毛紫色，具刚毛。**果实：**瘦果，不显明四角形，被黄白色绢状密毛。

花期 / 5—7月　果期 / 8月　生境 / 高山砾石坡、干燥沙地、河谷、灌丛中　分布 / 西藏南部、四川西部　海拔 / 3 960~5 080 m

1

菊科 蓟属

1 贡山蓟

Cirsium eriophoroides

别名：大刺儿菜、毛头蓟、绵头蓟

外观：多年生高大草本。**根茎：**茎基部被稀疏的多细胞长节毛及蛛丝毛，上部分枝。**叶：**中下部茎叶长椭圆形，羽状浅裂、半裂或边缘大刺齿状；侧裂片半椭圆形、半圆形或卵形，边缘有多数；向上叶渐小，与中下部茎叶同形或披针形并等样分裂，无柄或基部耳状扩大半抱茎。**花：**头状花序下垂或直立，在茎枝顶端排成伞房状花序；总苞球形，被稠密而膨松的棉毛，基部有苞片，苞叶线形或披针形，边缘有长针刺；总苞片近6层，近等长，镊合状排列或至少不为明显的覆瓦状排列，中外层披针状钻形或三角状钻形，背面有刺毛；内层及最内层线状披针状钻形至线钻形；小花紫色，不等5浅裂。**果实：**瘦果，倒披针状长椭圆形，黑褐色；冠毛多层，基部连合成环，整体脱落。

花期 / 7—10月　果期 / 7—10月　生境 / 湿润的山坡灌丛中、山坡、草甸、河滩　分布 / 西藏东南部、云南西北部（贡山）、四川（冕宁）　海拔 / 2 080~4 100 m

2 牛口蓟

Cirsium shansiense

别名：牛口刺、匙叶滇小蓟、火刺蓟

外观：多年生草本。**根茎：**根直伸；茎直立，有条棱，被多细胞长节毛或兼有绒毛。**叶：**中部茎叶卵形至线状长椭圆形，羽裂，基部扩大抱茎；侧裂片3~6对；裂片顶端或齿裂顶端及边缘有针刺；自中部叶向上的叶渐小；全部茎叶上面绿色，被多细胞长或短节毛，下面灰白色，被密厚的绒毛。**花：**头状花序多数生茎枝顶端，少有单生；总苞卵形或卵球形，无毛；总苞片7层，覆瓦状排列，向内层逐渐加长，最外层长三角形，顶端渐尖成针刺，外层三角状披针形或卵状披针形，顶端有短针刺，中外层顶端针刺贴伏或开展；内层及最内层披针形或宽线形，顶端膜质扩大，红色；全部苞片外面有黑色黏腺；小花粉红色或紫色，不等5深裂。**果实：**瘦果，偏斜椭圆状倒卵形；冠毛浅褐色，冠毛长羽毛状。

花期 / 5—11月　果期 / 5—11月　生境 / 草地、河边、溪边和路旁　分布 / 西藏东北部、云南、四川、青海东部、甘肃南部　海拔 / 1 300~3 400 m

菊科 蓟属

1 葵花大蓟

Cirsium souliei

外观：多年生铺散草本。**根茎：**主根粗壮，直伸，生多数须根；茎基粗厚，无主茎。**叶：**全部基生，莲座状，长椭圆形、椭圆状披针形或倒披针形，羽裂，长8~21 cm，宽2~6 cm；边缘有针刺或大小不等的三角形刺齿，针刺长2~5 mm。**花：**头状花序集生于茎基顶端的莲座状叶丛中，花序梗极短或几无花序梗；总苞宽钟状，无毛；总苞片3~5层，镊合状排列，近等长，中外层长三角状披针形或钻状披针形，包括顶端针刺长1.8~2.3 cm；内层及最内层披针形，长达2.5 cm，顶端渐尖成长达5 mm的针刺，或膜质而无针刺，全部苞片边缘有针刺；小花紫红色，花冠长2.1 cm，檐部长8 mm，不等5浅裂，细管部长1.3 cm。**果实：**瘦果，浅黑色，长椭圆状倒圆锥形，稍压扁，顶端截形；冠毛刚毛多层，基部连合成环，整体脱落，长羽毛状，长达2 cm。

花期 / 7—9月　果期 / 7—9月　生境 / 山坡路旁、林缘、荒地及河滩地　分布 / 西藏、四川、青海、甘肃　海拔 / 1 950~4 800 m

1

菊科 秋英属

2 秋英

Cosmos bipinnatus

别名：大波斯菊、波斯菊

外观：一年生或多年生草本，高1~2 m。**根茎：**根纺锤状，多须根；茎无毛或稍被柔毛。**叶：**2回羽状深裂，裂片线形或丝状线形。**花：**头状花序单生，径3~6 cm；花序梗长6~18 cm；总苞片外层披针形或线状披针形，近革质，淡绿色，具深紫色条纹，上端长狭尖，较内层与内层等长，长10~15 mm，内层椭圆状卵形，膜质；托片平展，上端成丝状，与瘦果近等长；舌状花紫红色、粉红色或白色；舌片椭圆状倒卵形，长2~3 cm，宽1.2~1.8 cm，有3~5钝齿；管状花黄色，长6~8 mm，管部短，上部圆柱形，有披针状裂片；花柱具短突尖的附器。**果实：**瘦果，黑紫色，无毛，上端具长喙，有2~3尖刺。

花期 / 6—8月　果期 / 9—10月　生境 / 栽培花卉，原产于中美洲；常逸生，有时大面积归化，见于路边、草坡　分布 / 西藏、云南、四川　海拔 / 1 000~3 500 m

2

3

菊科 刺头菊属

3 毛苞刺头菊

Cousinia thomsonii

别名：棉刺头菊

外观：二年生草本，高30~80 cm。**根茎：**茎基被褐色残存的叶柄；茎直立，上部分枝，带灰白色，被密厚的蛛丝状绒毛。**叶：**基生叶长椭圆形或倒披针形，长达12 cm，宽3~3.5 cm，羽状全裂，侧裂片骨针状，边缘反卷，中脉在顶端伸延成长硬针刺，下面被密厚的绒毛；叶柄有狭翼，翼边缘具三角形刺齿；茎生叶互生，下部者与基生叶相似，向上渐变小，中上部者无叶柄，基部半抱茎。**花：**头状花序，单生于枝端；总苞近球形，被稠密的膨松蛛丝毛，总苞片9层，多带紫红色，外层长三角形，顶端渐尖成硬针刺，中内层长披针形，顶端渐尖成针刺，最内层宽线形；管状花紫红色或粉红色。**果实：**瘦果，倒卵状，压扁，两面各有1条突起的肋棱。

花期 / 7—9月　果期 / 7—9月　生境 / 山坡草地、河滩砾石地　分布 / 西藏西南部　海拔 / 3 700~4 400 m

菊科 垂头菊属

4 褐毛垂头菊

Cremanthodium brunneopilosum

外观：多年生草本，全株灰绿色或蓝绿色。**根茎：**根肉质，粗壮；茎单生，直立，最上部被白色；或上半部白色，下半部褐色有节长柔毛，下部光滑，基部被厚密的枯叶柄包围。**叶：**丛生叶多达7枚，基部具宽鞘，叶片长椭圆形至披针形，先端急尖，全缘或有骨质小齿，基部楔形，下延成柄，叶脉羽状平行或平行；茎中上部叶4~5枚，向上渐小，狭椭圆形，基部具鞘；最上部茎生叶苞叶状，披针形，先端渐尖。**花：**头状花序辐射状，下垂，1~13朵，通常排列成总状花序，偶有单生，花序梗长1~9 cm，被褐色有节长柔毛；总苞半球形，被密的褐色有节长柔毛，基部具披针形至线形、草质的小苞片，总苞片10~16枚，2层，披针形或长圆形，先端长渐尖，内层具褐色膜质边缘；舌状花黄色，舌片线状披针形，先端长渐尖或尾状，膜质近透明，管状花多数，褐黄色，檐部狭筒形，冠毛白色，与花冠等长。**果实：**瘦果，圆柱形，光滑。

花期 / 6—9月　果期 / 6—9月　生境 / 高山沼泽、河滩草甸、水边　分布 / 西藏东北部、四川西北部、青海南部、甘肃西南部　海拔 / 3 000~4 300 m

菊科 垂头菊属

1 钟花垂头菊

Cremanthodium campanulatum

别名：滇缅垂头菊、木琼单圆曼巴

外观：多年生草木。**根茎：**根肉质，多数；茎直立，紫红色，上部被紫色有节柔毛。**叶：**丛生叶和茎基部叶具柄，被紫色有节柔毛，基部鞘状，叶片肾形，边缘具浅圆齿，或浅裂，下面紫色，叶脉掌状。**花：**头状花序单生，盘状，下垂，总苞钟形，总苞片10~14枚，2层，淡紫红色至紫红色，花瓣状，倒卵状长圆形或宽椭圆形，先端圆形，近全缘，有睫毛；小花多数，无舌状花，管花连同瘦果长为总苞的1/2~2/3，花冠紫红色；花柱细长，被黑紫色乳突。**果实：**瘦果，倒卵形，顶端平截，有浅齿冠。

花期／5—9月　果期／5—9月　生境／高山草甸、流石滩　分布／西藏东南部、云南西北部、四川西南部和西部　海拔／3 200~4 800 m

1

2 盘花垂头菊

Cremanthodium discoideum

别名：曲豆那保

外观：多年生草本。**根茎：**根肉质，多数；茎单生，直立，上部被白色和紫褐色有节长柔毛，下部光滑。**叶：**丛生叶和茎基部叶具柄，柄光滑，基部鞘状，叶片卵状长圆形或卵状披针形，先端钝，全缘，稀有小齿，基部圆形，两面光滑，上面深绿色，下面灰绿色，叶脉羽状；茎生叶少，下部叶无柄，披针形，半抱茎，上部叶线形。**花：**头状花序单生，下垂，盘状，总苞半球形，被密的黑褐色有节长柔毛，总苞片8~10枚，2层，线状披针形，先端渐尖或急尖；小花多数，紫黑色，全部管状，冠毛白色，与花冠等长或略长。**果实：**瘦果，圆柱形，光滑。

花期／6—8月　果期／6—8月　生境／林中、草坡、高山流石滩、沼泽地　分布／西藏、四川、青海、甘肃　海拔／3 000~5 400 m

2

3

3 车前叶垂头菊

Cremanthodium ellisii

别名：车前状垂头菊、奥嘎、俄尕

外观：多年生草本。**根茎：**根肉质，多数；茎直立，单生，上部被密的铁灰色长柔毛，下部光滑，紫红色，条棱明显。**叶：**丛生叶具宽柄，柄常紫红色，基部有筒状鞘，叶片卵形至长圆形，先端急尖，全缘至缺刻状齿，近肉质，叶脉羽状；茎生叶卵形至线形，向上渐小。**花：**头状花序，通常单生，或排列成伞房状总状花序，下垂，辐射状，花序梗被铁灰色柔毛；总苞半球形，被密的铁灰色柔毛，总苞片8~14枚，2层，先端急

3

4

4

尖，被白色睫毛，外层窄，披针形，内层宽，卵状披针形；舌状花黄色，舌片长圆形，先端钝圆或急尖管状花深黄色，冠毛白色，与花冠等长。**果实：** 瘦果，长圆形，光滑。

花期 / 7—10月　果期 / 7—10月　生境 / 高山流石滩、沼泽草地、河滩　分布 / 西藏、云南西北部、四川、青海、甘肃西部及西南部　海拔 / 3 400~5 600 m

4 向日垂头菊

Cremanthodium helianthus

别名：明间纳波

外观： 多年生草本，全株灰绿色，被白粉。**根茎：** 根肉质，多数；茎单生，光滑，基部被密的枯叶柄纤维包围。**叶：** 丛生叶与茎基部叶具柄，光滑，基部有长鞘，叶片卵状椭圆形至宽椭圆形，先端钝，全缘，基部楔形，两面光滑，叶脉羽状；茎生叶6~8枚，无柄，长圆形，互相覆盖，直立，贴生，筒状抱茎。**花：** 头状花序单生，下垂，辐射状；小苞片数个，卵状披针形或宽椭圆形，灰绿色，全缘，光滑，常包被头状花序；总苞半球形，总苞片12~20枚，2层，披针形或卵状披针形，先端急尖或渐长，背部光滑，灰绿色或在干时呈黑灰色；舌状花黄色，舌片长披针形，先端渐尖或尾状，3浅裂；管状花黄色，檐部筒形，冠毛白色，与花冠等长。**果实：** 瘦果，长圆形，光滑，有棱。

花期 / 7—11月　果期 / 7—11月　生境 / 高山灌丛中、草坡、高山草甸　分布 / 云南西北部、四川西南部　海拔 / 2 800~4 500 m

5

5 矮垂头菊

Cremanthodium humile

别名：芒见赛保、饰岩垂头菊、小垂头菊

外观： 多年生草本。**根茎：** 根肉质，生于地下茎的节上；地上部分的茎直立，单生，上部被黑色和白色有节长柔毛无枯叶柄。**叶：** 无丛生叶丛；茎下部叶具柄，叶片卵形或卵状长圆形，有时近圆形，先端钝或圆形，全缘或具浅齿，上面光滑，下面被密的白色柔毛，有明显的羽状叶脉。**花：** 头状花序单生，下垂，辐射状，总苞半球形，被密的黑色和白色有节柔毛，总苞片8~12枚，1层，基部合生成浅杯状，分离部分线状披针形，先端急尖或渐尖；舌状花黄色，舌状椭圆形，伸出总苞之外，先端急尖；管状花黄色，多数，檐部狭楔形，冠毛白色，与花冠等长。**果实：** 瘦果，长圆形，光滑。

花期 / 7—11月　果期 / 7—11月　生境 / 高山流石滩　分布：西藏东部、云南西北部、四川西南至西北部、青海、甘肃　海拔 / 3 500~5 300 m

菊科 垂头菊属

1 舌叶垂头菊

Cremanthodium lingulatum

外观：多年生草本，高25~56 cm。**根茎：**根肉质；茎单生，直立，基部被枯叶柄纤维包围。**叶：**基生叶常丛生，长圆状或舌状匙形，长2.5~10 cm，宽1.5~3 cm，全缘或有小齿，基部楔形，渐狭成翅状柄，柄长2~5 cm，基部有窄鞘；茎生叶互生，3~5枚，贴生，倒卵状长圆形或长圆形，筒状抱茎。**花：**头状花序，单生，下垂；总苞半球形，总苞片2层，10~14枚，外层披针形，内层长圆形；舌状花黄色，舌片线状披针形；管状花常带黑灰色；冠毛白色，与花冠等长。**果实：**瘦果，圆柱形。

花期 / 7—8月　果期 / 7—8月　生境 / 灌丛、高山草甸、高山冰碛中　分布 / 西藏（林芝、米林）　海拔 / 3 000~5 000 m

1

2

2 小舌垂头菊

Cremanthodium microglossum

外观：矮小多年生草本。**根茎：**茎单一，不分枝，黑紫褐色，最上部被白色和黑色长柔毛；茎地下部分具膜质鳞片。**叶：**不育叶丛叶卵形，紫褐色，先端圆钝，全缘；叶柄细，长达14 cm；茎生叶常集生于花序下，较小。**花：**头状花序单生茎顶，直立；总苞半球形，宽达3 cm，被黑色和白色长柔毛，总苞片1层，9~12枚，线状长圆形；边缘花细管状，舌片小，与管状花等长；管状花橘红色；阴雨天花序闭合。**果实：**瘦果，无毛，冠毛多层，白色，约10 mm。

花期 / 7—9月　果期 / 7—9月　生境 / 高山流石滩　分布 / 云南西北部、青海东南部、甘肃南部　海拔 / 4 200~5 400 m

2

2

3

3 方叶垂头菊

Cremanthodium principis

别名：石膏垂头菊、王子垂头菊

外观：多年生草本。**根茎：**根肉质，多数；茎直立，单生，上部被白色柔毛，下部光滑，基部被厚密的枯叶柄纤维包围。**叶：**丛生叶及茎下部叶具柄，叶柄被褐色柔毛，基部鞘状，叶片长圆形至圆形，边缘有细齿，两面光滑或下面有褐色柔毛，叶脉羽状；茎中上部叶少，向上渐小，苞叶状，无柄，四方形至线形。**花：**头状花序单生，下垂，辐射状，总苞半球形，被褐色柔毛或脱毛，近光滑，总苞片约12枚，2层，先端急尖，外层披针形，内层长圆形，具褐色膜质边缘；舌状花黄花，舌片长圆形，先端急尖或近平截，有齿或浅裂；管状花多数，黄色，冠毛褐色，与花冠等长。**果实：**瘦果，圆柱形，光滑。

花期 / 6—7月　果期 / 6—7月　生境 / 高山灌丛中、高山草地和砾石地　分布 / 云南西北部、四川西南部　海拔 / 3 600~4 600 m

4 毛叶垂头菊

Cremanthodium puberulum

外观：多年生草本，全株被白色短柔毛。**根茎：**根肉质，细而多；茎单生，直立，被白色短柔毛，有明显的条棱，基部被厚密的枯叶柄纤维包围。**叶：**丛生叶与茎基部叶具柄，柄被白色短柔毛，基部鞘状，叶片长圆形至近圆形，先端钝或圆形，边缘具浅齿，齿端有腺状小尖头，基部圆形至宽楔形，两面被白色短柔毛，叶脉羽状，中脉较粗；茎生叶3~5枚，苞叶状，无柄，长圆形至线形，基部半抱茎。**花：**头状花序单生，下垂，辐射状，总苞半球形，黑色，被密的白色柔毛，并混生有黑褐色有节短柔毛，总苞片12~16枚，2层，披针形，先端急尖，内层具膜质边缘；舌状花黄色，舌片线状带形，先端急尖，有齿；管状花多数，暗黄色，冠毛白色，与花冠等长。**果实：**瘦果，圆柱形，两端近圆形，光滑。

花期 / 6—9月　果期 / 6—9月　生境 / 山坡、高山草地、高山流石摊　分布 / 西藏东北部、青海西南部　海拔 / 4 400~5 050 m

4

4

菊科 垂头菊属

1 长柱垂头菊

Cremanthodium rhodocephalum

外观：多年生草本。**根茎：**根肉质，多数；地上茎常直立，单生，高8~33 cm，被密的紫红色有节柔毛。**叶：**无丛生叶丛；茎生叶集生于茎的中下部，具柄，叶柄长2~12 cm，被有节柔毛，基部无鞘，半抱茎，叶片圆肾形，边缘具整齐的圆齿，上面光滑，绿色，下面紫红色，疏被白色有节柔毛，叶脉掌状，白色。**花：**头状花序单生，辐射状，下垂，总苞半球形，长10~15 mm，宽1.5~3 cm，总苞片2层，长圆状披针形，先端急尖或渐尖，背部被密的紫红色有节长柔毛，内层总苞片具宽的白色膜质边缘；舌状花紫红色，舌片倒披针形，长1.5~2.5 cm，先端平截或圆形，具2~3个浅裂片，花柱紫红色，细长，长达3 cm；管状花多数，紫红色，长10~12 mm，檐部筒形，花柱紫红色，长2~2.5 cm，冠毛白色，略短于花冠。**果实：**瘦果，长圆形，光滑。

花期 / 6—9月　果期 / 6—9月　生境 / 高山草甸、高山流石滩　分布 / 西藏东南部、云南西北部、四川西南部　海拔 / 3 000~4 800 m

2 紫茎垂头菊

Cremanthodium smithianum

别名：木琼单圆曼巴

外观：多年生草本。**根茎：**根肉质，多数；茎直立，单生，常紫红色，上部被白色和褐色短柔毛，基部无枯叶柄纤维。**叶：**丛生叶和茎下部叶具柄，柄紫红色，上部被紫红色短柔毛或近光滑，叶片肾形，紫红色，先端圆形或凹缺，边缘具整齐的小齿，两面光滑，稀下面幼时具短柔毛，叶脉掌状，网脉常呈白色；茎中上部叶小，1~2枚，具短柄或无柄，肾形至线状披针形。**花：**头状花序单生，辐射状，下垂或近直立，总苞半球形，总苞片12~14枚，2层，外层披针形，先端急尖或渐尖，内层长圆形或狭倒披针形，先端急尖或钝，具宽的膜质边缘，全部总苞片幼时背部被短柔毛，老时光滑；舌状花黄色，舌片长圆形，先端钝，全缘或浅裂；管状花多数，黄色，檐部筒形，冠毛白色，与花冠等长。**果实：**瘦果，倒披针形，光滑。

花期 / 7—9月　果期 / 7—9月　生境 / 高山草甸、流石滩　分布 / 西藏东南部、云南西北部、四川西南部　海拔 / 3 000~5 200 m

1

1

1

2

2

菊科 鱼眼草属

3 鱼眼草

Dichrocephala integrifolia

(syn. *Dichrocephala auriculata*)

别名：茯苓菜、地苋菜、馒头草

外观：一年生草本，高12~50 cm。**根茎：**茎直立或铺散，有时分枝，被白色绒毛或近无毛。**叶：**互生，叶片卵形、椭圆形或披针形，长3~12 cm，宽2~4.5 cm，中部者大头羽裂，基部渐狭成具翅的柄，向上及向下渐变小，有时不裂，全部叶边缘具齿或缺刻状，两面被短柔毛或稀无毛。**花：**头状花序，球形，生枝端，排列为伞房花序或伞房状圆锥花序；总苞片1~2层，长圆形或长圆状披针形，微锯齿状撕裂；外围雌花多层，紫色，花冠线形，顶端通常2齿；中央两性花黄绿色，管部短，檐部长钟状，顶端4~5齿。**果实：**瘦果，倒披针形。

花期 / 1—12月　果期 / 1—12月　生境 / 山坡、山谷、林下、荒地、水沟边　分布 / 西藏（樟木）、云南各处、四川　海拔 / 1 000~3 880 m

菊科 川木香属

4 灰毛川木香

Dolomiaea souliei var. *cinerea*

(syn. *Dolomiaea souliei* var. *mirabilis*)

外观：多年生莲座状草本。**根茎：**根粗壮，直径1.5 cm，直伸。**叶：**全部基生，莲座状，椭圆形至倒披针形，长10~30 cm，宽5~13 cm，质地厚，羽裂；叶下面灰白色，被薄蛛丝状毛或棉毛；侧裂片4~6对，斜三角形或宽披针形，顶裂片与侧裂同形，边缘刺齿或齿裂，齿裂顶端有短针刺；或叶不裂。**花：**头状花序6~8个集生于莲座状叶丛中；总苞宽钟状，直径6 cm；总苞片6层，外层卵形或卵状椭圆形，长2~2.5 cm，宽约1 cm；中层偏斜椭圆形或披针形，长约3 cm，宽0.6~1.1 cm；内层长披针形，长3.5 cm，宽0.5 cm；全部苞片质地坚硬，先端尾状渐尖成针刺状，边缘有稀疏的缘毛；小花红色，花冠长4 cm，檐部长1 cm，5裂，花冠裂片长6 mm，细管部长3 cm。**果实：**瘦果，圆柱状，稍扁，顶端有果缘；冠毛多层，等长，长3 cm；全部冠毛刚毛短羽毛状或糙毛状。

花期 / 7—10月　果期 / 7—10月　生境 / 高山草地及灌丛　分布 / 西藏东部、云南西北部、四川西南部及西北部　海拔 / 3 800~4 000 m

菊科 多榔菊属

1 西藏多榔菊

Doronicum calotum

(syn. *Doronicum thibetanum*)

外观：多年生草本。**根茎：**根壮茎粗壮，块状；茎单生，直立，被密或较密具长柔毛，黄褐色，杂有短腺毛稀仅有短腺毛。**叶：**基生叶常凋落，具长柄，倒卵状匙形或长圆状椭圆形；茎叶密集或疏生，通常达茎顶端；下部茎叶卵状长圆形或长圆状匙形，基部楔状狭成具宽翅的叶柄，边缘具有圆尖头细齿或近全缘，中部及上部叶卵形至椭圆形，无柄，抱茎，顶端圆钝，边缘具脉状缘毛。**花：**头状花序单生于茎端，大型，总苞半球形，总苞片2~3层，近等长；外层披针形或线状披针形；内层线状披针形或线形，顶端长渐尖，外面被密柔毛及短腺毛；舌状花黄色，无毛，舌片长圆状线形，具3~4脉，顶端有3细齿，有时中央褐黄色；管状花花冠黄色，檐部钟状，5裂，裂片卵状三角形，尖；花药基部钝；花丝上部圆形；花柱2裂，顶端钝或截形。**果实：**瘦果，圆柱形，具10肋；冠毛多数，糙毛状。

花期／7—9月　果期／9—10月　生境／高山草地、灌丛或多砾石山坡　分布／西藏东部及东南部、云南西北部、四川西部和西南部、青海　海拔／3 400~4 200 m

1

2 狭舌多榔菊

Doronicum stenoglossum

外观：多年生草本。**根茎：**根状茎短，非块状；茎单生，直立，上部被白色疏或较密柔毛，杂有短腺毛。**叶：**基部叶椭圆形或长圆状椭圆形，在花期常凋落；下部茎叶长圆形或卵状长圆形，基部狭成狭翅的叶柄，上部茎叶无柄，卵状披针形或披针形，基部心形半抱茎，或下半部收缩呈提琴状，全部叶膜质，边缘有细尖齿或近全缘，两面特别沿脉有短柔毛及短腺毛。**花：**头状花序小，生于茎枝顶端，通常2~10个排列成总状花序；花序梗，短圆锥状，被密腺柔毛及长柔毛；总苞半球形或宽钟状，总苞片2~3层，披针形或线状披针形，顶端长渐尖，常长于花盘，绿色，外面下部有疏或较密长柔毛及腺毛，上部近无毛或无毛；舌状花淡黄色，短于总苞或与总苞等长，舌片线形，具3~4脉，顶端具2~3细齿；管状花花冠黄色，檐部狭钟状，裂片5枚，卵形；花药常不伸出花冠，基部钝；花柱分枝钝或截形。**果实：**瘦果，同形，近圆柱形，褐色，具10肋；冠毛约与瘦果等长，糙毛状。

花期／7—9月　果期／8—10月　生境／高山草坡、杂木林缘、灌丛中　分布／西藏东部、云南西北部、四川西部、青海东部及南部、甘肃南部　海拔／2 150~3 900 m

2

2

菊科 厚喙菊属

3 翼柄厚喙菊

Dubyaea hispida

(syn. *Dubyaea pteropoda*)

外观：多年生草本，高25~60 cm。**根茎：**有根状茎；茎直立，上部伞房花序状分枝，全部茎枝被黑色或褐色多细胞长或短节毛。**叶：**基生叶及下部茎叶不分裂，叶柄有翼，柄基贴茎或耳状扩大半抱茎，顶端急尖，有小尖头，边缘有钝齿；中上部茎叶与基生叶及下部茎叶同形或披针形至倒披针形，无柄，基部扩大半抱茎；全部叶两面粗糙，被稀疏或稠密的黑色或褐色多细胞长或短节毛。**花：**头状花序2~7个在茎枝端排成伞房花序或聚伞花序，下垂或下倾；总苞宽钟状；总苞片3层，几等长，外层长椭圆形，中内层椭圆形或偏斜椭圆形；全部总苞片黑色，顶端渐尖，外面沿中脉被黑色多细胞长节毛；舌状小花黄色。**果实：**瘦果，近纺锤形，淡黄色，有多数纵肋，压扁，无喙；冠毛2层，细糙毛状。

花期 / 8—10月　果期 / 8—10月　生境 / 高山草甸、混交林下及灌丛　分布 / 西藏南部、云南西北部　海拔 / 3 100~3 800 m

菊科 飞蓬属

4 短莛飞蓬

Erigeron breviscapus

别名：灯盏细辛、灯盏花、灯盏草

外观：多年生草本。**根茎：**根状茎木质，粗厚或扭成块状，颈部常被残叶的基部；茎数个或单生，直立，具明显的条纹，被疏或较密的短硬毛，杂有短贴毛和头状具柄腺毛。**叶：**基部叶密集，莲座状，倒卵状披针形或宽匙形，全缘，顶端钝或圆形，具小尖头，基部渐狭或急狭成具翅的柄，具3脉，边缘被较密的短硬毛；茎生叶少数，无柄，狭长圆状披针形或狭披针形，顶端钝或稍尖，基部半抱茎，上部叶渐小，线形。**花：**头状花序，单生于茎或分枝的顶端，总苞半球形，总苞片3层，线状披针形，顶端尖，长于花盘或与花盘等长，绿色，或上顶紫红色，外层较短，背面被密或疏的短硬毛，杂有较密的短贴毛和头状具柄腺毛，内层具狭膜质的边缘，近无毛；外围的雌花舌状，3层，舌片开展，蓝色或粉紫色，平，管部上部被疏短毛，顶端全缘；中央的两性花管状，黄色，管部长约1.5 mm，檐部窄漏斗形，中部被疏微毛，裂片无毛；花药伸出花冠。**果实：**瘦果，狭长圆形，扁压，背面常具1肋，被密短毛；冠毛淡褐色，2层，刚毛状，外层极短。

花期 / 3—10月　果期 / 5—11月　生境 / 山坡、草地或林缘　分布 / 西藏、云南、四川　海拔 / 1 200~3 500 m

菊科 飞蓬属

1 多舌飞蓬

Erigeron multiradiatus

外观：多年生草本，高20~60 cm。**根茎：**根状茎木质，斜升或横卧；茎直立，有时带紫色，被短硬毛或杂有腺毛。**叶：**基生叶密集，莲座状，在花期常枯萎，长圆状倒披针形或倒披针形，长5~15 cm，宽0.7~1.5 mm，全缘或具齿，基部渐狭为长柄，两面被短硬毛及腺毛；茎生叶互生，向上渐小。**花：**头状花序，通常2至数个伞房状排列，或单生于茎枝的顶端；总苞半球形，总苞片3层，线状披针形，上端或全部紫色，背面被毛；外围雌花舌状，3层，舌片紫色，上部被疏微毛；中央的两性花管状，黄色；冠毛2层，污白色或淡褐色，刚毛状。**果实：**瘦果，长圆形，被疏短毛。

花期 / 7—9月　果期 / 7—9月　生境 / 高山草地、山坡及林缘　分布 / 西藏南部及东部、云南西北部、四川西部　海拔 / 2 500~4 600 m

菊科 火石花属

2 火石花

Gerbera delavayi

别名：一枝箭、白叶不翻、钩苞大丁草

外观：多年生草本。**根茎：**根状茎粗短，常为枯残的叶鞘所围裹，多少被白色绒毛，具粗肥而长的须根。**叶：**基生，厚革质，叶片披针形或长圆状披针形，边缘浅波状或圆齿，下面厚被白色绵毛。**花：**头状花序单生于花莛之顶；总苞陀螺状钟形，略短于舌状花冠；总苞片4~5层，顶端和上部边缘带紫红色；雌花花冠舌状，淡红色，舌片顶端具3~4细齿，花冠管短于舌片；两性花花冠管状二唇形，外唇大，顶端具3小齿，雄蕊着生于花冠管中部，花药伸出于花冠之外，基部具长尖尾。**果实：**瘦果，圆柱形，密被白色柔毛；冠毛粗糙，刚毛状。

花期 / 10月至翌年4月　果期 / 12月至翌年5月　生境 / 旷地、荒坡或林边草丛中　分布 / 云南中部至西部、四川南部　海拔 / 1 800~3 200 m

菊科 鼠麴草属

3 秋鼠麴草

Gnaphalium hypoleucum

(syn. *Pseudognaphalium hypoleucum*)

别名：天水蚁草、白艾、秋拟鼠麴草

外观：一年生草本，高20~80 cm。**根茎：**茎直立，基部常木质，上部有斜升的分枝，被白色厚棉毛。**叶：**互生，叶片线形，长约8 cm，宽约3 mm，向上渐小，上面具腺毛或有时疏被蛛丝状毛，下面被白色厚棉毛。

1

1

2

花：头状花序，多数，在枝端密集成伞房花序；总苞球形，总苞片4层，金黄色或黄色，有光泽；花黄色；雌花多数，花冠丝状，顶端3齿裂；两性花较少数，花冠管状；冠毛绢毛状，粗糙，污黄色，易脱落。**果实：**瘦果，卵形或卵状圆柱形。

花期 / 7—12月　果期 / 7—12月　生境 / 荒地、路旁、山坡、灌丛、林下　分布 / 西藏南部、云南、四川、青海、甘肃　海拔 / 1 000~2 700 m

菊科 女蒿属

4 川滇女蒿

Hippolytia delavayi

别名：土参、菊花参、孩儿参

外观：多年生草本，高7~25 cm。**根茎：**具膨大的块根；茎单生，直立，不分枝，被稠密长柔毛。**叶：**基生叶椭圆形至长椭圆形，长2~7.5 cm，宽1~2.5 cm，2回羽状分裂，侧裂片掌状全裂或掌式羽状全裂或深裂，下面具长柔毛；有时叶为卵形，一回侧裂片边缘具粗齿或浅裂；叶柄长2~6 cm；茎生叶互生，与基生叶同形而小。**花：**头状花序，6~12个在茎顶排成伞房花序；总苞钟状，总苞片4层，黄白色，边缘淡褐色或白色膜质，外层披针形，中层长椭圆形或椭圆状倒披针形，内层倒披针形；两性花黄色，外面有腺点。**果实：**瘦果，近纺锤形。

花期 / 8—10月　果期 / 8—10月　生境 / 高山草甸　分布 / 云南西北部、四川西南部　海拔 / 3 300~4 000 m

5 垫状女蒿

Hippolytia kennedyi

别名：藏女蒿

外观：垫状植物。**根茎：**根粗长，直伸；茎多次分枝，有密厚的枯叶残片。**叶：**末次分枝被密厚长棉毛或长柔毛的叶，或稠密的叶与顶生的伞房花序共成半球形的花叶复合体；花叶复合体及末次分枝上的叶圆形或扇形，长2~4 mm，宽3~6 mm，2回3出掌状全裂；花茎上的叶与花叶复合体及末级分枝上的叶同形并等样分裂；全部叶两面灰白色，被稠密长柔毛或棉毛，叶柄长0.5~1.2 cm。**花：**头状花序多数在茎顶排成直径2~2.5 cm的紧密的伞房花序，或花叶复合体紧密形成直径达10 cm的团伞花序；总苞楔状，直径约7 mm；总苞片3层，外层披针形，中层长椭圆形，内层倒披针形；全部苞片无光泽，外面被长柔毛，边缘棕黑或黑褐色膜质，而整体为草质；两性花花冠长3.5 mm。**果实：**瘦果，长1.5 mm，5脉棱。

花期 / 8—9月　果期 / 8—9月　生境 / 高山草地、荒漠　分布 / 西藏中南部　海拔 / 4 700~5 200 m

菊科 火绒草属

1 美头火绒草

Leontopodium calocephalum

外观：多年生草本。**根茎：**茎从膝曲的基部直立，不分枝，被蛛丝状毛或上部被白色棉状绒毛。**叶：**基部叶在花期枯萎宿存；下部叶与不育茎的叶披针形至线状披针形；中部或上部叶渐短，边缘有时稍反折，下面被绒毛；苞叶多数，与茎上部叶等长或较长，尖三角形，顶端渐细尖，下面被白色，银灰色绒毛或有时绿色，较花序长2~5倍，开展成苞叶群。**花：**头状花序5~20个多少密集；总苞被白色柔毛；总苞片约4层，顶端无毛，深褐色或黑色，宽阔，顶端尖或圆形，露出毛茸之上；小花异形，有1朵或少数雄花和雌花，或雌雄异株；雄花花冠狭漏斗状管状，有卵圆形裂片；雌花花冠丝状；冠毛白色，基部稍黄色；雄花冠毛全部粗厚，上部稍棒锤状，有钝齿；雌花冠毛较细，下部有细齿。**果实：**瘦果，被短粗毛。

花期／7—9月　果期／9—10月　生境／高山草甸、石砾坡地、湖岸、沼泽地、灌丛、针叶林下或林缘　分布／云南西北部、四川北部至西南部、青海东部、甘肃西部至南部　海拔／2 800~4 500 m

1

1

2 云岭火绒草

Leontopodium delavayanum

外观：疏松垫状的多年生草本。**根茎：**茎直立，不分枝，被白色蛛丝状长棉毛。**叶：**开展，叶片披针形或披针状长圆形，上面被蛛丝状长棉毛，下面被薄而紧密的白色绒毛；苞叶多数，披针形，较上部叶稍大，顶端尖，有小尖头，两面被厚密棉状绒毛，较花序长3~4倍，开展成星状苞叶群。**花：**头状花序半球形，多数密集；总苞被薄棉毛；总苞片约3层，边缘褐色，干膜质，稍尖，或撕裂，上部露出毛茸之上；小花异型，中央有多数雄花，外围有少数雌花；花冠上部紫色；雄花花冠狭漏斗状，有披针形裂片；雌花花冠丝状；冠毛白色，基部稍黄色；雄花冠毛稍粗，下部有细锯齿，上部不加厚；雌花冠毛下部有细锯齿；不育的子房无毛或近无毛。**果实：**瘦果，有疏粗毛。

花期／7—8月　果期／8—10月　生境／高山石砾草地或岩石上　分布／云南西北部（大理）　海拔／3 800~4 000 m

2

3 雅谷火绒草

Leontopodium jacotianum

别名：薄雪火绒草

外观：多年生草本，高3~12 cm。**根茎：**根状茎具莲座状叶丛，散生；花茎直立，被白色绒毛，基部常稍木质。**叶：**互生，叶片线

3

3

状披针形，长9~30 mm，宽2.5~3 mm，上面被蛛丝状毛，下面被白色绒毛；苞叶多数，与茎生叶近同形，较花序长约2倍，开展成星状苞叶群。**花：**头状花序，常为1~9个；总苞被长柔毛，总苞片常撕裂；小花异型，有时雌雄异株；雄花花冠上部宽漏斗形，有较大的裂片；雌花花冠多少丝状；冠毛白色，常稍带黄色。**果实：**瘦果，有短粗毛。

花期 / 6—8月　果期 / 8—9月　生境 / 高山草地、石砾地　分布 / 西藏南部及东南部　海拔 / 3 200~4 200 m

4 黄白火绒草

Leontopodium ochroleucum

别名：灰黄火绒草

外观：多年生草本，高3~20 cm。**根茎：**根状茎常平卧，被有密集的枯叶鞘，基部具莲座状叶丛；茎直立或斜升，有时无茎，被白色或带黄色的长柔毛或绒毛。**叶：**互生，叶片舌形、长圆形、匙形或线状披针形，通常长1~5 cm，宽0.2~0.4 cm，下部叶有长鞘，两面被长柔毛；基生叶常宿存，与茎生叶同形而较长；苞叶较少数，椭圆形或长圆披针形，两面被密柔毛或绒毛，与花序同长或较长2倍，开展成苞叶群。**花：**头状花序，常少数至15个，稀1个；总苞被长柔毛，总苞片约3层，披针形；雄花花冠管状，上部2/3狭漏斗状，有卵圆形尖裂片；雌花花冠细管状；冠毛白色，基部黄色或稍褐色，常较花冠稍长。**果实：**瘦果。

花期 / 7—8月　果期 / 8—9月　生境 / 高山草地、砂地、石砾地、岩石隙上　分布 / 西藏南部及中西部、青海东部　海拔 / 2 300~5 000 m

4

菊科 火绒草属

1 弱小火绒草

Leontopodium pusillum

外观：矮小多年生草本。**根茎：**根状茎分枝细长，有疏生的褐色短叶鞘，顶端有莲座状叶丛。**叶：**莲座状叶丛围有枯叶鞘，散生或疏散丛生；叶匙形或线状匙形，下部叶有长和稍宽的鞘部，两面被白色或银白色密绒毛，常褶合；苞叶多少同长，较花序稍长或长达2倍，通常开展成苞叶群。**花：**头状花序，3~7个密集，稀1个；总苞被白色长柔毛状绒毛；总苞片约3层，顶端无毛，宽尖，无色或深褐色，超出毛茸之上；小花异形或雌雄异株；雄花花冠上部狭漏斗状，有披针形裂片；雌花花冠丝状；冠毛白色；雄花冠毛上端棒状粗厚或稍细而有毛状细锯齿；雌花冠毛细丝状，有疏细锯齿。**果实：**瘦果，无毛或稍有乳头状突起。

花期／7—8月　果期／8—9月　生境／高山雪线附近的草滩或盐湖岸　分布／西藏南部至东北部、云南北部　海拔／3 500~5 600 m

1

2 银叶火绒草

Leontopodium souliei

外观：多年生草本。**根茎：**根状茎细，有簇生的花茎和莲座状叶丛；茎从膝曲的基部直立，被白色蛛丝状长柔毛。**叶：**莲座状叶上面常脱毛；茎叶常附贴于茎上或稍开展，狭线形或舌状线形，叶两面被银白色绢状绒毛；苞叶较花序长2~3倍，密集开展成苞叶群或复苞叶群。**花：**头状花序米，少数密集，或达20个；总苞有长柔毛状密绒毛；总苞片约3层，顶端无毛，褐色；小花异型，雄花或雌花较少，或雌雄异株；雄花花冠狭漏斗状，有卵圆形裂片；雌花花冠丝状；冠毛白色，较花冠稍长，下部有细齿；雄花冠毛上部多少棒状粗厚，有锯齿，雌花冠毛细。**果实：**瘦果，被短粗毛或无毛。

花期／7—8月　果期／9月　生境／高山林缘、杂木灌丛、湿润草地和沼泽地　分布／云南西北部、四川西部、西北部及南部、青海东部、甘肃西部　海拔／2 700~4 500 m

2

2

3 川西火绒草

Leontopodium wilsonii

(syn. *Leontopodium chuii*)

别名：川甘火绒草

外观：多年生草本。**根茎：**根出条细长，木质，在顶生和腋生的叶丛上生长花茎；花茎细，木质，长12~42 cm，被灰白色蛛丝状绒毛，有较密的叶。**叶：**根出条生叶倒披针形；花茎基部叶密集成莲座状；下部叶花期枯萎，中部叶开展，倒披针状线形，长

唐志远　摄影

1.5~3 cm，边缘特别在下部反卷，基部不显然扩大，无鞘，质厚，上面被蛛丝状毛，下面被薄层灰白色密绒毛；复苞叶群径达5.5 cm。**花：**头状花序径约5 mm，10~15个，有时较少；花序梗常与苞叶基部合着；总苞片约3层，顶端褐色，无毛，钝或啮蚀状；小花异形，外围有少数或多数雌花，其余是雄花；花冠长3 mm；雄花花冠管状，上部漏斗状；雌花花冠丝状，有细齿；冠毛较花冠稍长，白色；雄花冠毛稍粗，稍有齿；雌花冠毛细丝状。**果实：**瘦果，近无毛。

花期 / 7—8月　果期 / 8—9月　生境 / 草地、灌丛、坡地　分布 / 四川西部和北部、甘肃南部　海拔 / 2 000~3 000 m

菊科 橐吾属

4 浅苞橐吾

Ligularia cyathiceps

别名：杯头橐吾

外观：多年生草本，高50~90 cm。**根茎：**根肉质；茎直立，上部被柔毛。**叶：**基生叶丛生，宽卵状心形或肾形，长8.5~13 cm，宽10.5~22 cm，边缘具粗齿，下面具短柔毛，叶脉掌状，叶柄长20~49 cm，被黄色有节短柔毛，基部具狭而长的鞘；茎生叶互生，下部者与基生叶同形，中上部者肾状心形，具短柄，鞘膨大，被短柔毛。**花：**头状花序，多数，排列为总状花序；苞片卵状披针形，常有尾尖；花序梗被短柔毛；小苞片与苞片同形；总苞浅杯状，总苞片9~13枚，2层，宽长圆形，具短柔毛；舌状花黄色，舌片长圆形；管状花黄色，檐部楔形；冠毛浅红褐色，与花冠近等长。**果实：**瘦果。

花期 / 7—8月　果期 / 8—9月　生境 / 草坡、谷地、水边湿地　分布 / 云南西北部　海拔 / 3 000~4 100 m

菊科 橐吾属

1 舟叶橐吾

Ligularia cymbulifera

别名：舷叶橐吾、船苞橐吾、船苍橐吾

外观：多年生草本。**根茎：**根肉质；茎直立，具多数明显的纵棱，被白色蛛丝状柔毛和有节短柔毛。**叶：**丛生叶和茎下部叶具柄，有全缘的翅，边缘有细锯齿，齿端具软骨质的小尖头，叶脉羽状，两面被白色蛛丝状柔毛；茎中部叶无柄，舟形，鞘状抱茎，两面被蛛丝状柔毛；最上部叶鞘状。**花：**大型复伞房状花序具多数分枝，被白色蛛丝状柔毛和有节短柔毛；苞片和小苞片线形，较短；头状花序多数，辐射状，总苞钟形，总苞片2层，披针形或卵状披针形，先端急尖，边缘黑褐色膜质，背部被白色蛛丝状柔毛或近光滑；舌状花黄色，舌片线形；管状花深黄色，多数，管部长约2 mm，冠毛淡黄色或白色，与花冠等长。**果实：**瘦果，狭长圆形，黑灰色，光滑，有纵肋。

花期 / 7—9月　果期 / 7—9月　生境 / 林缘、草坡、高山灌丛及草甸　分布 / 云南西北部、四川西南部至西北部　海拔 / 3 000~4 800 m

1

2 大黄橐吾

Ligularia duciformis

外观：多年生草本。**根茎：**根肉质，簇生；茎直立，具明显的条棱，基部被枯叶柄包围。**叶：**叶大，丛生叶与茎下部叶具柄，基部具鞘，叶片肾形或心形，边缘有不整齐的齿，叶脉掌状，主脉3~5条；中部叶叶柄被密的黄绿色有节短柔毛，基部具极为膨大的鞘，鞘口全缘，叶片先端凹形，边缘具小齿；最上部叶常仅有叶鞘。**花：**复伞房状聚伞花序，分枝开展，被短柔毛；苞片与小苞片极小，线状钻形；花序梗被密的黄色有节短柔毛；头状花序多数，盘状，总苞狭筒形，总苞片5枚，2层，长圆形，先端三角状急尖，被睫毛，背部光滑，内层具宽膜质边缘；小花全部管状，5~7枚，黄色，伸出总苞之外，管部与檐部等长，冠毛白色与花冠管部等长。**果实：**瘦果，圆柱形，光滑，幼时有纵皱折。

花期 / 7—9月　果期 / 7—9月　生境 / 河边、林下、草地及高山草地　分布 / 云南西北部、四川西南部至北部、甘肃南部　海拔 / 1 900~4 100 m

1

1

3 沼生橐吾

Ligularia lamarum

别名：短苞橐吾

外观：多年生草本，高37~52 cm。**根茎：**根肉质；茎直立，上部具短柔毛，基部被厚密的枯叶柄纤维包围。**叶：**基生叶丛生，

2

2

三角状箭形或卵状心形，长3~9 cm，宽2.2~12.5 cm，边缘具齿，叶脉掌状，叶柄长8.5~29 cm，基部鞘状；茎生叶互生，下部者与基生叶同形，中上部者心形或卵状心形，具短柄，鞘膨大抱茎。**花：**头状花序，多数，排列为总状花序，有时密集近穗状；苞片线形；花序梗被褐色短柔毛；小苞片钻形；总苞钟状陀螺形，总苞片6~8枚，2层，长圆形；舌状花5~8枚，黄色，舌片长圆形；管状花黄褐色，檐部宽钟形；冠毛淡黄色，稍短于花冠。**果实：**瘦果。

花期 / 7—8月　果期 / 8—9月　生境 / 沼泽地、潮湿草地、灌丛、林下　分布 / 西藏东南部、云南西北部、四川西部、甘肃西南部　海拔 / 3 300~4 360 m

2

3

3

菊科 橐吾属

1 侧茎橐吾

Ligularia pleurocaulis

别名：侧茎垂头菊

外观：多年生灰绿色草本。**根茎：**根肉质，近似纺锤形；茎直立，上部被白色蛛丝状毛，基部被枯叶柄纤维包围。**叶：**丛生叶与茎基部叶近无柄，叶鞘常紫红色，叶片线状长圆形至宽椭圆形，先端急尖，全缘，基部渐狭，两面光滑，叶脉平行或羽状平行；茎生叶小，椭圆形至线形，无柄。**花：**圆锥状总状花序或总状花序，常疏离；苞片披针形至线形，有时长于花序梗；头状花序多数，辐射状，常偏向花序轴的一侧；小苞片线状钻形；总苞陀螺形，基部尖，总苞片7~9枚，2层，卵形或披针形，先端急尖，背部光滑，内层边缘膜质；舌状花黄色，舌片宽椭圆形或卵状长圆形，先端急尖；管状花多数，冠毛白色与花冠等长。**果实：**瘦果，倒披针形，具肋，光滑。

花期 / 7—11月　果期 / 7—11月　生境 / 山坡、溪边、灌丛及草甸　分布 / 云南西北部、四川西南部至西北部　海拔 / 3 000~4 700 m

1

2 褐毛橐吾

Ligularia purdomii

别名：龙肖

外观：多年生高大草本。**根茎：**根肉质，簇生；茎直立，被褐色柔毛，具多数细条棱。**叶：**丛生叶及茎基部叶具柄和鞘，叶片肾形或圆肾形，边缘具整齐的浅齿，叶脉掌状；茎生叶与基生叶同形，向上叶柄渐短或无柄，具膨大的鞘，被密的褐色有节短柔毛。**花：**大型复伞房状聚伞花序；头状花序多数，盘状，下垂，总苞钟状陀螺形，总苞片6~12枚；小花多数，黄色，全部管状，管部长约3 mm，檐部宽约2 mm，冠毛长3~4 mm，黄白色至褐色。**果实：**瘦果，圆柱形，有细肋，光滑。

花期 / 7—9月　果期 / 7—9月　生境 / 河边、沼泽浅水处　分布 / 四川西北部、青海（久治）、甘肃西南部　海拔 / 3 650~4 100 m

2

2

3 窄头橐吾

Ligularia stenocephala

别名：戟叶橐吾

外观：多年生草本，高40~170 cm。**根茎：**根肉质；茎直立，基部被枯叶柄纤维包围。**叶：**基生叶丛生，心状戟形至箭形，长2.5~16.5 cm，宽6~32 cm，先端三角形或具短尖头，边缘有整齐的尖锯齿，下面有时具短毛，叶脉掌状，叶柄长27~75 cm，基

部具窄鞘；茎生叶互生，与基生叶同形，向上叶柄渐短或无柄，具膨大的鞘。**花：**头状花序，多数，排列成总状花序；苞片卵状披针形至线形；小苞片线形；总苞狭筒形至宽筒形，总苞片常5枚，稀6~7枚，2层，长圆形；舌状花黄色，舌片线状长圆形或倒披针形；管状花黄色；冠毛白色至褐色，短于管部。**果实：**瘦果，倒披针形。

花期／7—12月　果期／7—12月　生境／山坡、水边、林下、岩石缝中　分布／西藏东南部、云南西北部、四川　海拔／1 000~3 400 m

4 东俄洛橐吾

Ligularia tongolensis

外观：多年生草本，高20~100 cm。**根茎：**根肉质；茎直立，被蛛丝状柔毛，基部被枯叶柄纤维包围。**叶：**基生叶丛生，卵状心形或卵状长圆形，长3~17 cm，宽2.5~12 cm，边缘具细齿，基部浅心形，两面被短柔毛，叶脉羽状，叶柄长6~25 cm，被短柔毛，基部鞘状；茎生叶互生，与基生叶同形，向上渐变小，具短柄，鞘膨大，具短柔毛。**花：**头状花序，排列为伞房状花序，稀单生；苞片和小苞片线形；花序梗被蛛丝状毛和短柔毛；总苞钟形，总苞片7~8枚，2层，长圆形或披针形；舌状花黄色，舌片长圆形；管状花黄色；冠毛淡褐色，与花冠等长。**果实：**瘦果，圆柱形。

花期／7—8月　果期／7—8月　生境／山谷湿地、林缘、灌丛或高山草甸　分布／西藏南部及东部、云南北部及西北部、四川西南部至西北部　海拔／2 150~4 000 m

菊科 毛鳞菊属

5 全叶细莴苣

Melanoseris tenuis

(syn. *Stenoseris tenuis*)

别名：三花盘果菊

外观：多年生草本，高50~150 cm。**根茎：**茎直立，单生，分枝纤细，被稀疏的多细胞节毛。**叶：**中部与下部茎叶三角状戟形、卵状三角形或三角形，长5~14 cm，宽5~10 cm，有长叶柄；上部茎叶与中下部同形，较小；最上部披针形，几无柄；全部叶边缘有锯齿。**花：**头状花序多数，排成圆锥花序，含3枚舌状小花；总苞狭圆柱状，长1.1~1.3 cm；总苞片2层，外层极短，卵形，内层线形，3枚，长1.3 cm，顶端圆形；舌状小花蓝紫色。**果实：**瘦果，褐色，倒披针形，压扁，有棕褐色斑，顶端急尖成粗喙，两面无毛；内层冠毛纤细。

花期／8—9月　果期／8—9月　生境／林缘、林下及灌丛　分布／西藏南部及东南部　海拔／2 400~3 100 m

菊科 栌菊木属

1 栌菊木

Nouelia insignis

别名：马舌树、树菊

外观：大灌木或小乔木，高3~4 m。**根茎：**枝粗壮，常扭转。**叶：**厚纸质，长圆形或近椭圆形，长8~19 cm，宽3.5~8 cm，下面薄被灰白色绒毛。**花：**头状花序直立，单生，舌片展开时直径可达5 cm；总苞钟形，基部圆；总苞片约7层；花均两性，白色；缘花花冠二唇形，舌片顶端具3齿或3裂，盘花花冠管状或不明显二唇形，檐部5裂，裂片短于花冠管，外卷；花药尾部长约2 mm，内侧被毛；花柱分枝扁，顶端圆。**果实：**瘦果，有纵棱，被倒伏的绢毛；冠毛1层，刚毛状。

花期 / 3—4月　果期 / 4—5月　生境 / 干暖河谷灌丛中　分布 / 云南中北部及西北部、四川西部　海拔 / 1 000~2 500 m

1

2

菊科 蟹甲草属

2 阔柄蟹甲草

Parasenecio latipes

外观：多年生草本。**根茎：**根状茎粗壮；茎单生，有纵条纹。**叶：**具柄，下部叶在花期凋落，中部叶片卵状三角形或宽三角形，顶端急尖或渐尖，基部截形或楔状下延成宽或较窄的翅，边缘有不规则的锯齿；叶柄基部扩大成抱茎的叶耳。**花：**头状花序多数，成总状或复总状花序，偏一侧着生；花序梗具1~3线形小苞片；总苞圆柱形，总苞片5枚，长圆状披针形，顶端钝或稍尖，被缘毛，边缘狭膜质，外面无毛；小花5~6朵。**果实：**瘦果，圆柱形，无毛，具肋。

花期 / 7—8月　果期 / 9月　生境 / 冷杉林下、林缘或灌丛　分布 / 云南西部及西北部、四川西部至西南部　海拔 / 3 200~4 100 m

菊科 假合头菊属

3 康滇假合头菊

Parasyncalathium souliei

(syn. *Syncalathium souliei*)

别名：康滇合头菊

外观：莲座状多年生草本，高2~3 cm。**根茎：**根垂直直伸；茎膨大或上部稍膨大。**叶：**茎叶密集呈莲座状，大头羽状全裂，常紫红色或紫褐色，顶裂片顶端圆形或急尖，边缘浅波状，侧裂片1~3对，耳形至圆形，边缘少锯齿或无锯齿，全部裂片两面无毛。**花：**头状花序多数集成团伞花序，含4~6枚舌状小花，有1枚长椭圆状的小苞片；总苞狭圆柱状，总苞片1层，4~6枚，椭圆形或长椭圆形，长1.3 cm，宽约2 mm，顶端钝或急

3

3

4

尖，外面被稀疏的白色硬毛或脱毛；舌状小花紫红色或蓝色，舌片顶端截形，5微齿裂。**果实：**瘦果，长倒卵形，压扁，顶端圆形，有极短的喙状物，两面各有1条高起的细肋；冠毛短细糙毛状。

花期 / 8月　果期 / 8月　生境 / 高山流石滩、山坡路边　分布 / 西藏东南部、云南西北部、四川西部　海拔 / 4 000~4 600 m

菊科 帚菊属

4 单头帚菊

Pertya monocephala

外观：灌木。**根茎：**小枝纤细，质硬而粗糙，略带紫褐色，茎皮易开裂。**叶：**长枝叶互生，花期早落，其腋内有密被白色绢毛的腋芽；短枝叶簇生，披针形或线状披针形，顶端具锐利的刺状尖头，基部钝圆，全缘，强背卷。**花：**头状花序极少，单生于小枝之顶，具花7~11朵；总花梗纤细；总苞近钟形，基部圆；总苞片约6层，外面2层卵形，背面或至少边缘被白色长柔毛，顶端具针刺状尖头，中间2层卵状披针形，最内层披针形或长圆状披针形，顶端渐狭，具尖头，边缘薄，白色，干膜质，通常无毛；花托盘状，疏被白色长柔毛；花全部两性；花冠管状，檐部5深裂，裂片线形，长为花冠管的1/4；花药顶端芒尖，基部具尖尾。**果实：**瘦果，圆柱形，被极密的白色长柔毛。

花期 / 1—2月　果期 / 2—3月　生境 / 干暖河谷　分布 / 西藏东南部、云南西部及西北部　海拔 / 1 900~3 000 m

5

菊科 蚤草属

5 臭蚤草

Pulicaria insignis

外观：多年生草本，具强烈气味。**根茎：**根状茎长，粗壮，多分枝；茎被密集开展的长粗毛，基部被稠密的绢状长绒毛。**叶：**基部叶倒披针形，下部渐狭成长柄，茎部叶长圆形或卵圆状长圆形，顶端钝或稍尖，全缘，半抱茎，质厚，两面被毡状长贴毛。**花：**头状花序在舌状花开展时径4~6 cm，多在茎端单生；总苞宽钟状；总苞片多层，线状披针形或线形，上端渐细尖，外层草质，外面全部和内面上部密生长粗毛，内层上部草质，被较疏的毛，边缘膜质，最内层除中脉外膜质，稍有毛和缘毛；舌状花黄色，外面有毛，舌片狭长，顶端有3齿；冠毛白色。**果实：**瘦果，近圆柱形，有棱，顶端截形，基部稍狭，被浅褐色绢毛。

花期 / 7—9月　果期 / 8—10月　生境 / 干燥的石砾坡地　分布 / 西藏南部　海拔 / 3 400~4 600 m

菊科 风毛菊属

1 云状雪兔子

Saussurea aster

外观：无茎多年生一次结实的莲座状草本。**根茎：**根肉质；根状茎粗，被稠密的叶柄残迹。**叶：**莲座状排列，线状匙形至线形，长1.5~3 cm，宽1.5~4 mm，顶端钝，边缘全缘，基部楔形渐狭成短柄，柄基扩大，两面灰白色，被稠密的或褐色的绒毛。**花：**头状花序无小花梗，多数，在莲座状叶丛中密集成半球形、直径为2.5 cm的总花序；总苞圆柱状，直径5 mm；总苞片3~4层，近等长，卵形至线形，顶端急尖，外面被白色绒毛；小花紫红色，长6.5 mm，细管部长3.5 mm，檐部长3 mm。**果实：**瘦果，褐色，圆柱状；冠毛鼠灰色，2层。

花期／6—8月　果期／6—8月　生境／高山流石滩　分布／西藏南部及东部、四川西部、青海　海拔／3 900~5 400 m

1　徐波　摄影

2 鼠曲雪兔子

Saussurea gnaphalodes

别名：鼠麴雪兔子、鼠麴草风毛菊

外观：多年生多次结实丛生草本。**根茎：**根状茎细长，通常有数个莲座状叶丛；茎直立，基部有褐色叶柄残迹。**叶：**密集，叶片长圆形或匙形，边缘全缘或上部边缘有稀疏的浅钝齿；最上部叶苞叶状；全部叶质地稍厚，两面同色，灰白色，被稠密的灰白色或黄褐色绒毛。**花：**头状花序无小花梗，多数在茎端密集成半球形总花序；总苞长圆状；总苞片3~4层，外层长圆状卵形，顶端渐尖，外面被白色或褐色长棉毛，中内层椭圆形或披针形，上部或上部边缘紫红色，上部在外面被白色长柔毛，顶端渐尖或急尖；小花紫红色。**果实：**瘦果，倒圆锥状，褐色；冠毛鼠灰色，2层。

花期／6—8月　果期／6—8月　生境／高山流石滩　分布／西藏南部及东部、四川西南部、青海、甘肃　海拔／2 700~6 300 m（是已知的分布海拔最高的种子植物）

2　徐波　摄影

3 绵头雪兔子

Saussurea laniceps

别名：绵头雪莲花、麦朵刚拉、大雪兔子

外观：多年生一次结实草本。**根茎：**根黑褐色，粗壮直伸；茎上部被白色或淡褐色的稠密棉毛。**叶：**极密集，叶片倒披针形至长椭圆形，边缘全缘或浅波状，下面密被褐色绒毛。**花：**头状花序多数，无小花梗，在茎端密集成圆锥状穗状花序；苞叶线状披针形，两面密被白色棉毛；总苞宽钟状；总苞片3~4层，外层披针形或线状披针形，顶端长

2　徐波　摄影

3

渐尖，外面被白色或褐色棉毛，内层披针形，顶端线状长渐尖，外面被黑褐色的稠密的长棉毛；小花白色，檐部长为管部的3倍。**果实：**瘦果，圆柱状；冠毛鼠灰色，2层。

花期 / 8—10月　果期 / 8—10月　生境 / 高山流石滩　分布 / 西藏（错那、察隅）、云南西北部、四川西南部　海拔 / 3 200~5 500 m

4 水母雪兔子

Saussurea medusa

别名：水母雪莲花、夏古贝、水母风毛菊

外观：多年生草本。**根茎：**根状茎细长，有黑褐色残存的叶柄，上部发出数个莲座状叶丛；茎直立，密被白色棉毛。**叶：**密集，下部叶片倒卵形至菱形，顶端钝或圆形，基部楔形渐狭成基部为紫色的叶柄，上半部边缘有8~12个粗齿；上部叶渐小，向下反折；最上部叶线形或线状披针形；全部叶两面同色或几同色，灰绿色，被稠密或稀疏的白色长棉毛。**花：**头状花序多数，在茎端密集成半球形的总花序，无小花梗，苞叶线状披针形，两面被白色长棉毛；总苞狭圆柱状；总苞片3层，外层长椭圆形，紫色，顶端长渐尖，外面被白色或褐色棉毛，中层倒披针形，顶端钝，内层披针形，顶端钝；小花蓝紫色，细管部与檐部等长。**果实：**瘦果，纺锤形，浅褐色；冠毛白色，2层。

花期 / 7—9月　果期 / 7—9月　生境 / 高山流石滩　分布 / 西藏南部及东部、云南西北部、四川西部、青海东部、甘肃南部　海拔 / 3 000~5 600 m

5 红叶雪兔子

Saussurea paxiana

别名：红毛雪兔子

外观：多年生有茎草本。**根茎：**茎紫红色，被黄褐色棉毛；根状茎短，被褐色残存的叶柄。**叶：**基生叶与下部茎叶椭圆形至椭圆状披针形，顶端急尖或渐尖，边缘有锯齿，齿顶有小尖头，基部楔形渐狭成宽叶柄，叶柄被稠密棉毛，柄基扩大，两面异色，无毛，上面绿色，下面紫红色；中部茎叶小；最上部茎叶长圆形或披针形，下半部被褐色棉毛。**花：**头状花序2~5个，在茎端密集成半球形的总花序；总苞长圆状；总苞片4层，外层长三角形，顶端渐尖，外面被褐色棉毛，中层披针形，顶部草质长渐尖，外面被褐色长棉毛，内层长披针形或长椭圆状线形，顶端急尖，外面被褐色棉毛；小花深红色。**果实：**瘦果，圆柱状，褐色；冠毛2层。

花期 / 6—8月　果期 / 6—8月　生境 / 高山流石滩　分布 / 西藏东部、云南西北部、四川西部、青海、甘肃　海拔 / 4 350~4 800 m

菊科 风毛菊属

1 槲叶雪兔子

Saussurea quercifolia

别名：槲叶雪莲花、美多冈拉

外观：多年生多次结实簇生草本。**根茎：**根状茎分枝，颈部被褐色残迹的叶柄；茎直立，被白色绒毛。**叶：**基生叶椭圆形或长椭圆形，基部楔形渐狭成柄或扁柄，顶端急尖，边缘有粗齿；两面灰白色或上面灰绿色，上面被薄蛛丝毛，下面被稠密的白色绒毛；上部叶渐小，反折。**花：**头状花序多数，无小花梗，在茎端集成半球形总花序；总苞长圆形；总苞片3~4层，近等长，外层椭圆形或披针形，顶端急尖，紫红色或上部紫红色，外面上半部被长柔毛，中内层椭圆形或线状披针形，顶端急尖或渐尖，紫红色，外面上部或近顶部有长柔毛；全部总苞片边缘透明膜质；小花蓝紫色。**果实：**瘦果，褐色，圆柱状；冠毛鼠灰色，2层，外层短，糙毛状，内层长，羽毛状。

花期 / 7—10月　果期 / 7—10月　生境 / 高山灌丛草地、流石滩、岩坡　分布 / 西藏中南部及东南部、云南西北部、四川西部、云南　海拔 / 3 300~5 300 m

1

2 星状雪兔子

Saussurea stella

别名：星状风毛菊、匐地风毛菊

外观：无茎莲座状草本，全株光滑无毛。**根茎：**根倒圆锥状，深褐色。**叶：**莲座状，星状排列，线状披针形，中部以上长渐尖，向基部常卵状扩大，边缘全缘，两面同色，紫红色或近基部紫红色。**花：**头状花序无小花梗，多数，在莲座状叶丛中密集成半球形的总花序；总苞圆柱形；总苞片5层，覆瓦状

2

2

3

4

排列，外层长圆形，顶端圆形，中层狭长圆形，顶端圆形，内层线形，顶端钝；全部总苞片外面无毛，但中层与外层苞片边缘有睫毛；小花紫色。**果实：**瘦果，圆柱状；冠毛白色，2层，外层短，糙毛状，内层长，羽毛状。

花期 / 7—9月　果期 / 7—9月　生境 / 高山草地、山坡灌丛草地或沼泽草地、河滩　分布 / 西藏南部及东部、云南西北部、四川西部、青海南部、甘肃　海拔 / 3 000~5 400 m

3 三指雪兔子

Saussurea tridactyla

别名：三指雪莲花、西藏雪莲花

外观：多年生多次结实有茎草本。**根茎：**根黑褐色，细长直伸；茎密被白色或带褐色的长棉毛，基部被残存的褐色叶柄。**叶：**密集；下部叶有宽叶柄，叶片线形，边缘有浅钝齿；中部与上部茎叶片匙形至长圆形，边缘2~6个浅钝裂片或钝齿，极少全缘；全部叶两面同色，白色或灰白色，密被稠密的棉毛。**花：**头状花序多数，无小花梗，在茎端集成半球形总花序，总花序为白色棉毛所覆盖；总苞长圆状；总苞片3~4层，紫红色，近等长，长圆形，顶端急尖或钝，外层外面被长棉毛，中内层外面无毛；小花紫红色。**果实：**瘦果，褐色，倒圆锥状；冠毛1层，羽毛状，褐色或污褐色。

花期 / 8—9月　果期 / 8—9月　生境 / 高山流石滩、山顶碎石间、山坡草地　分布 / 西藏南部及东部　海拔 / 4 300~5 300 m

4 羌塘雪兔子

Saussurea wellbyi

外观：多年生一次结实莲座状无茎草本。**根茎：**根圆锥形，褐色，肉质。根状茎被褐色残存的叶。**叶：**莲座状，无叶柄，叶片线状披针形，长2~5 cm，宽2~8 mm，下面密被白色绒毛，全缘。**花：**头状花序多数，密集成半球形的总花序。总苞圆柱状；总苞片5层，外层长椭圆形或长圆形，顶端急尖，紫红色，外面密被白色长柔毛；中层长圆形，顶端圆形，内层长披针形。小花紫红色。**果实：**瘦果，圆柱状，黑褐色。冠毛淡褐色，2层，外层短，糙毛状，内层长，羽毛状。

花期 / 7—8月　果期 / 7—8月　生境 / 高山草地及流石滩　分布 / 西藏西部、四川西部、云南　海拔 / 4 800~5 500 m

菊科 风毛菊属

1 宝璐雪莲

Saussurea luae

外观：多年生草本，茎高30~70 cm。**根茎：**茎上部被白色长柔毛，基部密被褐色枯叶柄。**叶：**基生叶线状披针形，连柄长10~35 cm，宽0.7~3.2 cm，边缘具齿，两面被腺毛；最上部叶苞叶状，紫红色，卵形，先端渐尖，缘有齿。**花：**头状花序2~8个排成伞房状，总梗被白毛；总苞钟状，总苞片披针形；小花蓝紫色，冠毛淡黄色。**果实：**瘦果，长4~5.7 mm。

花期／8—9月　果期／9—10月　生境／开阔山谷及石坡　分布／西藏东南部、四川西北部　海拔／4 000~5 000 m

1 徐波 摄影

1

2 苞叶雪莲

Saussurea obvallata

别名：苞叶风毛菊、邦子拖吾

外观：多年生草本。**根茎：**根状茎粗，颈部被褐色纤维状撕裂的叶柄残迹；茎直立，有短柔毛或无毛。**叶：**基生叶有长柄；叶片长椭圆形至卵形，顶端钝，基部楔形，边缘有细齿，两面有腺毛；茎生叶向上渐小，无柄；最上部茎叶苞片状，膜质，黄色半透明，顶端钝，边缘有细齿，包围总花序。**花：**头状花序6~15个，在茎端密集成球形的总花序，无小花梗或有短的小花梗；总苞半球形；总苞片4层，外层卵形，中层椭圆形，内层线形；全部苞片顶端急尖，边缘黑紫色，外面被短柔毛及腺毛；小花蓝紫色。**果实：**瘦果，长圆形；冠毛2层，淡褐色，外层短；糙毛状，内层长，羽毛状。

2

2

2

花期 / 7—9月　**果期** / 7—9月　**生境** / 高山草地、山坡多石处、溪边石隙处及流石滩　**分布** / 西藏南部及东南部、云南西北部、四川西南部、青海、甘肃南部　**海拔** / 3 200~4 700 m

3 唐古特雪莲

Saussurea tangutica

别名：漏紫多保

外观： 多年生草本，高16~70 cm。**根茎：** 根状茎粗，上部被多数褐色残存的叶柄；茎直立，单生，被稀疏的白色长柔毛，紫色或淡紫色。**叶：** 基生叶有叶柄，柄长2~6 cm；叶片长圆形或宽披针形，边缘有细齿，两面有腺毛；茎生叶长椭圆形或长圆形，顶端急尖，两面有腺毛；最上部茎叶苞叶状，膜质，紫红色，包围头状花序或总花序。**花：** 头状花序1~5个，在茎端密集成直径3~7 cm的总花序或单生茎顶；总苞宽钟状，直径2~3 cm；总苞片4层，黑紫色，外面被黄白色的长柔毛，外层椭圆形，长5 mm，宽2 mm，顶端钝，中层长椭圆形，长1 cm，宽2.5 mm，顶端渐尖，内层线状披针形，长1.5 cm，宽2 mm，顶端长渐尖；小花蓝紫色，管部与檐部等长。**果实：** 瘦果，长圆形，紫褐色；冠毛2层，外层短，糙毛状，内层长，羽毛状。

花期 / 7—9月　**果期** / 7—9月　**生境** / 高山草甸、岩上及流石滩　**分布** / 西藏南部及东部、云南西北部、四川西部、青海东部、甘肃　**海拔** / 3 600~5 300 m

4 毡毛雪莲

Saussurea velutina

别名：毡毛风毛菊、黄绒风毛菊、黄绒风毛菊

外观： 多年生草本。**根茎：** 根状茎粗；茎直立，被黄褐色长柔毛，基部被褐色残存的叶柄。**叶：** 基生叶早落；下部茎叶有叶柄；叶片线状披针形或披针形，边缘疏生小锯齿，两面密被黄褐色绒毛；中部茎叶渐小，无柄；最上部茎叶苞叶状，倒卵形，初期黄色，后变为紫红色，膜质，边缘有细齿或几全缘，两面被淡黄色绒毛，半包围头状花序。**花：** 头状花序单生茎顶，有小花梗；总苞半球形；总苞片4层，黑紫色或边缘黑紫色，外面被黄褐色长柔毛，外层披针形，顶端长渐尖，中层长圆状披针形，顶端长渐尖，内层线形或线状披针形，顶端长渐尖；小花紫红色。**果实：** 瘦果，长圆形；冠毛污白色，2层，外层短，糙毛状，内层长，羽毛状。

花期 / 7—9月　**果期** / 7—9月　**生境** / 高山草地、灌丛及流石滩　**分布** / 西藏东南部、云南西北部、四川南部　**海拔** / 4 100~5 000 m

菊科 风毛菊属

1 柱茎风毛菊

Saussurea columnaris

外观：多年生丛生草本。**根茎：**根状茎粗壮，分枝或不分枝，生褐色须根，上部被褐色叶鞘残迹；茎短。**叶：**密集簇生于根状茎顶端或粗短的分枝顶端呈莲座状，线形，无柄，顶端急尖，基部鞘状扩大，边缘全缘，反卷，两面异色，上面干时深褐色，无毛，下面白色，密被白色长棉毛；头状花序单生茎顶或根状茎顶端。**花：**总苞钟状；总苞片5层，几等长，外层卵状披针形，上部紫色，下部黄色，中层狭线形，上部紫红色，下部禾秆色，内层狭线形，全部总苞片顶端渐尖或长渐尖，外面被长柔毛，上部及顶端的毛稠密；小花紫红色。**果实：**瘦果，圆锥状，深褐色，无毛；冠毛2层，外层短，糙毛状，白色，内层长，羽毛状，淡褐色。

花期／8—10月　果期／8—10月　生境／高山草甸、多石山坡　分布／西藏（察隅）、云南西北部、四川西南部　海拔／3 200~4 700 m

1

2 密毛风毛菊

Saussurea graminifolia

外观：多年生草本。**根茎：**根状茎有分枝，颈部被褐色残鞘；茎直立，密被白色长棉毛。**叶：**基生叶狭线形，顶端渐尖，基部稍宽呈鞘状，上面无毛，下面灰白色，密被白色棉毛，边缘全缘，反卷；茎生叶与基生叶同形，基部扩大成紫色膜质的鞘，反折。**花：**头状花序单生茎端；总苞近球形；总苞片4~5层，外层披针形，顶端长渐尖，紫红色，反折，中层披针形，内层线形，全部苞片外面被白色长棉毛；小花紫色。**果实：**瘦果，圆柱状，无毛，顶端有小冠；冠毛淡黄褐色，2层，外层短，糙毛状，内层长，羽毛状。

花期／7—9月　果期／7—9月　生境／流石滩及边缘草地　分布／西藏（聂拉木、定日）　海拔／4 500~4 700 m

2

3 狮牙草状风毛菊

Saussurea leontodontoides

外观：多年生草本，高4~10 cm。**根茎：**根状茎有分枝，被稠密的暗紫色叶柄残迹；茎极短，灰白色，被稠密的蛛丝状棉毛至无毛。**叶：**莲座状，有叶柄，柄长1~3 cm，叶片全形线状长椭圆形，长4~15 cm，宽0.8~1.5 cm，羽状全裂，侧裂片8~12对，有小尖头，上面绿色，被稀疏糙毛，下面灰白色，被稠密的绒毛。**花：**头状花序单生于莲座状叶丛中或莲座状之上；总苞宽钟状，直径1.5~3 cm；总苞片5层，无毛，外层及中层披针形，长0.9~1.2 cm，宽0.5~3 mm，

顶端渐尖，内层线形，长1.4~1.5 cm，宽1.5~2 mm，顶端急尖；小花紫红色，长1.8~2.2 cm，细管部长1 cm，檐部长0.8~1.2 cm。**果实：**瘦果，圆柱形，有横皱纹；冠毛淡褐色，2层，外层短，糙毛状，内层长，羽毛状。

花期 / 8—10月　果期 / 8—10月　生境 / 高山草地、林缘、灌丛边缘或流石滩　分布 / 西藏南部及东部、云南西北部、四川西南部　海拔 / 3 300~5 500 m

4 黑苞风毛菊

Saussurea melanotricha

外观：多年生无茎草本，高2~3 cm。**根茎：**根状茎粗，密被褐色的枯叶柄，颈部分枝。**叶：**基生莲座状，长圆形或长圆状匙形，长1~3 cm，宽3~8 mm，先端钝圆或钝，边缘有小齿或全缘，先端及边缘具紫色骨质小尖头，基部楔形，渐狭成紫红色的短柄，叶面被灰白色绒毛，背面密被白色绒毛，但中脉光滑。**花：**头状花序单生于莲座状叶丛中；总苞钟形，直径8~18 mm；总苞片4~5层，黑褐色或边缘黑紫色，上半部被黄褐色或黑色粗毛，下部光滑，先端钝或急尖，外层卵形，内层披针形，先端渐狭；小花管状，紫红色，长约15 mm，花药基部被绵毛。**果实：**瘦果，有棱，略有横皱纹；冠毛2层，淡褐色，外层短，内层羽毛状。

花期 / 8—10月　果期 / 8—10月　生境 / 高山流石滩　分布 / 云南西北部、四川西南部　海拔 / 3 500~4 700 m

5 东俄洛风毛菊

Saussurea pachyneura

别名：羽裂风毛菊

外观：多年生草本，高5~28 cm。**根茎：**根状茎基部具深褐色叶柄残迹；茎直立，被锈色短腺毛或变无毛。**叶：**基生叶莲座状，长椭圆形或倒披针形，长5~28 cm，宽1.5~4 cm，羽状全裂，侧裂片6~11对，边缘有三角形粗锯齿，叶柄长2~9 cm，紫红色，被蛛丝状毛；茎生叶互生，1~3枚，与基生叶同形而较小，上面被稀疏的短腺毛，下面被稠密的白色绒毛。**花：**头状花序，单生茎端；总苞钟状，总苞片5~6层，边缘常带紫色，外面被稀疏短柔毛，外层长圆形或披针形，常反折，中层卵形或卵状披针形，常反折，内层披针状椭圆形；管状花紫色；冠毛白色，稍带褐色，2层，外层短，糙毛状，内层羽毛状。**果实：**瘦果，长圆形，有横皱纹。

花期 / 8—9月　果期 / 8—9月　生境 / 山坡、灌丛、草甸、流石滩　分布 / 西藏南部、云南东北部及西北部、四川西部　海拔 / 3 300~4 700 m

菊科 风毛菊属

1 横断山风毛菊

Saussurea superba

别名：美丽风毛菊、漏子多保

外观：多年生草本，高4~25 cm。**根茎：**根茎粗壮，颈部密被褐色枯叶柄；茎极短至伸长，密被白色粗毛。**叶：**基生叶莲座状，倒披针形或椭圆形，先端钝或急尖，全缘，偶有小齿，密被白色缘毛；茎生叶较小。**花：**头状花序单生，总苞宽钟形，无毛；总苞片4~5层，不等长；外层黑褐色，卵状披针形；内层线状披针形，上部黑褐色，下部黄色；小花管状，蓝紫色。**果实：**瘦果，无毛，有黑色花纹；冠毛2层，外层短，糙毛状，内层羽毛状。

花期 / 7—9月　果期 / 7—9月　生境 / 高山草地及流石滩　分布 / 西藏、云南西北部、四川西部、青海、甘肃　海拔 / 2 800~5 200 m

1

2

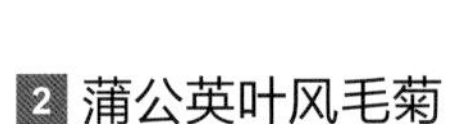

2 蒲公英叶风毛菊

Saussurea taraxacifolia

外观：多年生草本，高20~50 cm。**根茎：**根状基部被深褐色的残叶柄；茎直立或稍弯，被棉毛。**叶：**基生叶长矩圆形，长5~15 cm，宽1~1.8 cm，倒向羽裂，裂片三角形，有时具齿，齿顶端具小尖头，上面被稀疏的棉毛，下面密被白色绒毛，有长柄；茎生叶互生，4~5枚，与基生叶同形而较小。**花：**头状花序，单生于茎端；总苞近球形，散生柔毛，总苞片5层，外层披针形，被白色柔毛，有时先端外卷，内层宽条形，被毛；管状花紫色；冠毛淡褐色，外层短，糙毛状，内层羽毛状。**果实：**瘦果，圆柱形。

花期 / 7—9月　果期 / 8—10月　生境 / 山坡、灌丛　分布 / 西藏东南部　海拔 / 3 800~4 700 m

菊科 千里光属

3 菊状千里光

Senecio analogus

(syn. *Senecio laetus*)

别名：滇败酱、青菜一棵蒿

外观：多年生草本，高40~80 cm。**根茎：**茎单生，直立，被疏蛛丝状毛或变无毛。**叶：**基生叶在花期常凋落，稀宿存；茎生叶互生，卵状椭圆形、长圆形或倒披针形，长5~22 cm，宽3~7 cm，具齿，不分裂或大头羽状分裂，裂片多变异，全缘或常有不规则齿，下面有疏蛛丝状毛或变无毛；下部叶柄长达10 cm，基部扩大，向上渐变短，至近无柄而基部半抱茎。**花：**头状花序，多数，排列成顶生伞房花序或复伞房花序；花序梗多少被蛛丝状绒毛或短柔毛，有时变无毛；苞

3

4

4

5

片线形；小苞片线状钻形；总苞钟状，总苞片10~13枚，长圆状披针形，有柔毛；舌状花10~13朵，舌片黄色，长圆形，上端具3细齿；管状花黄色，檐部漏斗状，裂片卵状三角形；冠毛污白色、禾秆色或稀淡红色。**果实：** 瘦果，圆柱形。

花期 / 4—11月 果期 / 4—11月 生境 / 林下、林缘、草坡、路边 分布 / 西藏南部、云南大部 海拔 / 1 100~3 750 m

4 多裂千里光

Senecio multilobus

外观： 多年生草本。**根茎：** 茎单生，高达150 cm，中空，上部多分枝成花序枝。**叶：** 基生叶和下部茎叶在花期凋落，中部茎叶具柄，羽状分裂，顶生裂片小，线状披针形；侧生裂片10~13对，对生或近对生，狭长圆形或长圆状披针形。**花：** 头状花序具舌状花序，极多数排成复伞房花序；花序梗细，被短柔毛，具1~2丝状被短柔毛小苞片；总苞圆柱形，具外层苞片；苞片5~6枚，丝状；总苞片8~9枚，线形，上端被短柔毛，近革质，边缘狭干膜质，外面无毛；舌状花5朵，舌片橙黄色，长圆形，顶端具3细齿；管状花10朵，花冠橙黄色，檐部漏斗状；花药基部具短钝耳；花柱分枝长1.5 mm，截形，顶端具乳头状毛。**果实：** 瘦果，圆柱形，无毛；冠毛白色。

花期 / 9—11月 果期 / 9—11月 生境 / 林缘草地 分布 / 云南西北部 海拔 / 2 700~3 000 m

5 蕨叶千里光

Senecio pteridophyllus

外观： 多年生草本，高70~90 cm。**根茎：** 根状茎俯卧或斜升；茎单生，直立，不分枝，近基部有柔毛。**叶：** 基生叶在花期常枯萎；茎生叶互生，倒披针状长圆形至狭长圆形，长12~35 cm，宽4~8 cm，大头羽状分裂或羽状分裂，边缘有不规则尖齿或撕裂状，有时全缘；下部叶具柄，被柔毛，基部扩大，中上部叶无柄，基部有时具耳，深缺刻而抱茎。**花：** 头状花序，多数，排列成顶生复伞房花序；花序梗有黄褐色柔毛；苞片线状；小苞片线形；总苞狭钟状，总苞片约13枚，线形，上端紫色，被短柔毛；舌状花5枚，舌片黄色，长圆形，顶端有3细齿；管状花黄色，檐部漏斗状，裂片长圆状披针形；冠毛白色。**果实：** 瘦果，圆柱形。

花期 / 7—10月 果期 / 7—10月 生境 / 山地草坡、林缘、高山草甸 分布 / 云南中部至西北部 海拔 / 3 000~3 800 m

菊科 千里光属

1 天山千里光

Senecio thianschanicus

外观：矮小根状茎草本。**根茎：**茎单生或簇生，高5~20 cm。**叶：**基生叶和下部茎叶具梗；叶片倒卵形或匙形，长4~8 cm，宽0.8~1.5 cm，顶端钝至稍尖，基部狭成柄，边缘具浅齿或浅裂；中部茎叶无柄，长圆形或长圆状线形，基部半抱茎；上部叶较小，线形或线状披针形，全缘。**花：**头状花序具舌状花，2~10朵排列成顶生疏伞房花序；小苞片线形或线状钻形，尖；总苞钟状；具外层苞片；苞片4~8枚，线形渐尖，常紫色；总苞片约13枚，线状长圆形，上端黑色，常流苏状，具缘毛或长柔毛，草质，具干膜质边缘；舌状花约10朵；舌片黄色，长圆状线形，顶端钝，具3细齿；管状花26~27朵；花冠黄色，裂片长圆状披针形，尖，上端具乳头状毛；花药线形，基部具钝耳；花柱分枝长1 mm，顶端截形，具乳头状毛。**果实：**瘦果，圆柱形，无毛；冠毛白色或污白色。

花期 / 7—9月　果期 / 7—9月　生境 / 草坡、开阔地　分布 / 西藏南部、四川西北部、青海、甘肃　海拔 / 2 450~5 000 m

1

1

菊科 苦苣菜属

2 短裂苦苣菜

Sonchus uliginosus

外观：多年生草本，高30~100 cm。**根茎：**茎直立，单生，有纵条纹。**叶：**基生叶长椭圆形、倒披针形、长披针形至线状长椭圆形，长5~23 cm，宽1~10 cm，羽状分裂，侧裂片2~4对，边缘有齿；茎生叶互生，中下部者与基生叶同形，上部者有时不裂，基部圆耳状抱茎。**花：**头状花序，在茎枝顶端排成伞房状花序；总苞钟状，总苞片3~4层，覆瓦状排列，外层披针形或卵状披针形，中内层长披针形至线状披针形；舌状花黄色；冠毛白色，单毛状。**果实：**瘦果，椭圆形。

花期 / 6—10月　果期 / 6—10月　生境 / 林下、灌丛、荒地、沟边、路边　分布 / 西藏南部、云南中西部及西北部、四川、青海、甘肃南部　海拔 / 1 000~2 400 m

2

2

菊科 绢毛苣属

3 空桶参

Soroseris erysimoides

外观：多年生草本。**根茎：**茎直立，圆柱状，上下等粗，不分枝。**叶：**多数，沿茎螺旋状排列，中下部茎生叶片线舌形至线状长椭圆形，基部楔形渐狭成柄，顶端圆形、钝或渐尖，边缘全缘，常皱波状；上部茎叶及团伞花序下部的叶与中下部叶同形，但渐

3　张巍巍　摄影

小，全部叶两面无毛或叶柄被稀疏的长或短柔毛。**花：**头状花序多数，在茎端集成团伞状花序；总苞狭圆柱状；总苞片2层，外层2枚，线形，无毛或有稀疏长柔毛，紧贴内层总苞片，内层4枚，披针形或长椭圆形，通常外面无毛或被稀疏的长柔毛，顶端急尖或钝；舌状小花黄色，4枚。**果实：**瘦果，微扁，顶端截形，红棕色，有5条细肋；冠毛鼠灰色或淡黄色，细锯齿状。

花期 / 6—10月　果期 / 6—10月　生境 / 高山灌丛、草甸或流石滩　分布 / 西藏东南部、云南西北部、四川西部、青海、甘肃南部　海拔 / 3 300~5 500 m

4 绢毛苣

Soroseris glomerata

外观：多年生草本。**根茎：**根直伸，常不分枝。**叶：**地下根状茎被退化的鳞片状叶；地上茎被稠密的莲座状叶，莲座状叶匙形至倒卵形，顶端圆形，基部楔形渐狭成长或短的翼柄或柄，边缘全缘或微尖齿或微钝齿。**花：**头状花序多数，集成团伞花序，花序梗被稀疏或稠密的长柔毛或无毛；总苞狭圆柱状；总苞片2层，外层2枚，紧贴内层总苞片，线状长披针或线形，被长柔毛，内层4~5枚，长椭圆形，顶端钝、急尖或圆形，外面被稀疏或稠密的白色长柔毛，极少无毛；舌状小花4~6枚，黄色，极少白色或粉红色。**果实：**瘦果，微扁，长圆柱状，顶端截形；冠毛灰色或浅黄色，细锯齿状。

花期 / 5—9月　果期 / 5—9月　生境 / 高山草甸、流石滩　分布 / 西藏南部、云南西北部、四川西部　海拔 / 3 200~5 600 m

5 皱叶绢毛苣

Soroseris hookeriana

(syn. *Soroseris gillii*)

别名：金沙绢毛苣

外观：多年生草本。**根茎：**根长而直伸，倒圆锥状；茎极短或几无茎，高1~8 cm。**叶：**稠密，集中排列在团伞花序下部，线形或长椭圆形，皱波状羽状浅裂或深裂，叶柄与叶片被稀疏或稠密的长硬毛。**花：**头状花序排成团伞状花序；总苞狭圆柱状；总苞片2层，外层2枚，线形，紧靠内层，被稀疏的长或短硬毛；内层总苞片4枚，近等长，长椭圆形，顶端钝或圆形，外面有稀疏长柔毛或无毛；舌状小花黄色，4枚。**果实：**瘦果，长倒圆锥状，微压扁，顶端截形，纵肋17条；冠毛鼠灰色或浅黄色，细锯齿状。

花期 / 7—8月　果期 / 7—8月　生境 / 高山草甸、灌丛中、冰川石缝　分布 / 西藏南部、云南西北部、四川西部、青海、甘肃南部　海拔 / 2 800~5 550 m

菊科 肉菊属

1 肉菊

Soroseris umbrella

(syn. *Stebbinsia umbrella*)

别名：伞花绢毛菊

外观：多年生肉质草本，高3~15 cm。**根茎：**根垂直直伸，圆柱状；茎极短缩，无毛。**叶：**莲座状，紫红色，外围的叶较大，卵形、卵圆形或卵状椭圆形，长3.5~8 cm，宽3~7 cm，顶端圆形，基部圆形或浅心形，叶柄宽厚，边缘有稀疏的小尖头或细尖齿。**花：**头状花序多数，密集成团伞花序，含10~25枚舌状小花，花序梗粗，长2.5~4 cm，被稀疏硬毛；小苞片2枚，线形；总苞圆柱状；总苞片3层，10~15枚，近等长；舌状小花黄色，舌片顶端截形，5齿裂。**果实：**瘦果，近长圆柱状，棕黄色，常弯曲，无喙，具多条细纵肋；冠毛3~4层，细锯齿状。

花期 / 7—9月　果期 / 7—9月　生境 / 高山草甸及流石滩　分布 / 西藏（察隅）、云南西北部、四川西部　海拔 / 2 600~4 600 m

1

菊科 合头菊属

2 合头菊

Syncalathium kawaguchii

外观：一年生草本，高1~5 cm。**根茎：**根垂直直伸；茎极短缩，在接团伞花序处增粗。**叶：**茎叶及团伞花序下方莲座状叶丛的叶倒披针形或椭圆形，边缘有细浅齿或重锯齿，顶端圆形或钝，基部楔形渐窄成翼柄，全部叶两面无毛，暗紫红色。**花：**头状花序少数或多数，在茎端排成团伞花序；总苞狭圆柱状；小苞片1枚，线形；总苞片1层，3枚，椭圆形或椭圆状披针形，顶端钝，外面无毛；舌状小花3枚，紫红色，舌片顶端截形，5微齿。**果实：**瘦果，长倒卵形，压扁，顶端圆形，无喙，褐色，有浅黑色的色斑；冠毛白色，糙毛状或微锯齿状。

花期 / 6—10月　果期 / 6—10月　生境 / 山坡及河滩砾石地、流石滩　分布 / 西藏南部及东部、青海南部　海拔 / 3 800~5 400 m

2

菊科 菊蒿属

3 川西小黄菊

Tanacetum tatsienense var. *tatsienense*

(syn. *Pyrethrum tatsienense* var. *tatsienense*)

别名：打箭菊、塞仁交、鞑新菊

外观：多年生草本，高7~25 cm。**根茎：**茎单生或少数茎成簇生，不分枝，有弯曲的长单毛，上部及接头状花序处的毛稠密。**叶：**基生叶椭圆形或长椭圆形，2回羽状分裂；

一、二回全部全裂；一回侧裂片5~15对；二回为掌状或掌式羽状分裂；末回侧裂片线形；茎叶少数，直立贴茎，与基生叶同形并等样分裂，无柄；全部叶绿色，有稀疏的长单毛或几无毛。**花：**头状花序单生茎顶；总苞片约4层；外层线状披针形；中内层长披针形至宽线形；外层基部和中外层中脉有稀疏的长单毛，或全部苞片灰色，被稠密弯曲的长单毛；全部苞片边缘黑褐色或褐色膜质；舌状花橘黄色或微带橘红色；舌片线形或宽线形，顶端3齿裂。**果实：**瘦果，具5~8条椭圆形突起的纵肋；冠状冠毛长0.1 mm，分裂至基部。

花期 / 7—9月　果期 / 7—9月　生境 / 高山草甸、灌丛、砾石隙　分布 / 西藏东南部、云南西北部、四川西南部及西北部、青海西南部　海拔 / 3 500~5 200 m

4 无舌川西小黄菊

Tanacetum tatsienense var. *tanacetopsis*

(syn. *Pyrethrum tatsienense* var. *tanacetopsis*)

外观：多年生草本，高7~25 cm。**根茎：**茎不分枝，有弯曲的长单毛。**叶：**基生叶椭圆形或长椭圆形，长1.5~7 cm，宽1~2.5 cm，2回羽状分裂，末回侧裂片线形，叶柄长1~3 cm；茎生叶互生，直立贴茎，与基生叶同形，无柄。**花：**头状花序，单生茎顶；总苞片约4层，具长单毛，边缘黑褐色，膜质，外层线状披针形，中层及内层长披针形至宽线形；管状花橙色或微带橘红色；冠状冠毛分裂至基部。**果实：**瘦果。

花期 / 7—10月　果期 / 7—10月　生境 / 草甸、灌丛　分布 / 西藏东南部、云南西北部　海拔 / 3 500~5 000 m

3

3

4

4　王继涛　摄影

菊科 蒲公英属

1 蒲公英

Taraxacum mongolicum

别名：黄花地丁、婆婆丁、蒙古蒲公英

外观： 多年生草本，高10~25 cm。**根茎：** 根圆柱状，黑褐色；无地上茎。**叶：** 基生，叶片倒卵状披针形、倒披针形或长圆状披针形，长4~20 cm，宽1~5 cm，边缘具波状齿、羽状深裂、倒向羽状深裂或大头羽状深裂；叶柄常带红紫色，被蛛丝状毛或几无毛。**花：** 花莛1至数个，被蛛丝状长柔毛；头状花序，单生于花莛顶端；总苞钟状，总苞片2~3层，外层卵状披针形或披针形，边缘宽膜质，内层线状披针形，具小角状突起；舌状花黄色，边缘花舌片背面具紫红色条纹；冠毛白色。**果实：** 瘦果，倒卵状披针形，上部具小刺，下部具成行排列的小瘤。

花期 / 4—9月　果期 / 5—10月　生境 / 山坡草地、路边、田野、河滩　分布 / 西藏、云南、四川、青海、甘肃　海拔 / 1 000~3 400 m

1

2

2 锡金蒲公英

Taraxacum sikkimense

外观： 多年生草本，高5~30 cm。**根茎：** 无地上茎。**叶：** 基生，叶片倒披针形，长5~12 cm，羽状半裂至深裂，稀仅具浅齿，裂片三角形至线状披针形，近全缘，稀被蛛丝状毛。**花：** 花莛稀被蛛丝状毛；头状花序，单生于花莛顶端；总苞钟形，外层总苞片披针形至卵状披针形，具明显的膜质边缘，内层总苞片先端多少扩大；舌状花黄色、淡黄色乃至白色，先端有时带红晕，边缘花舌片背面有紫色条纹；冠毛白色。**果实：** 瘦果，倒卵状长圆形，上部有小刺。

花期 / 4—8月　果期 / 5—9月　生境 / 山坡草地、路旁　分布 / 西藏南部、云南西北部、四川西部、云南　海拔 / 2 800~4 800 m

3

3

菊科 狗舌草属

3 橙舌狗舌草

Tephroseris rufa

外观： 多年生草本，高9~60 cm。**根茎：** 根状茎缩短，具多数纤维状根茎单生，直立不分枝，被白色棉状绒毛。**叶：** 基生叶数个，莲座状；下部茎叶长圆形或长圆状匙形；中部茎叶无柄，长圆形或长圆状披针形，长3~6 cm，宽0.5~1 cm，基部扩大且半抱茎，向上部渐小，上部茎叶线状披针形至线形，急尖，两面被疏蛛丝状毛。**花：** 头状花序辐射状，排成伞房花序；花序梗长1~4.5 cm，被密毛；总苞钟状，无外层苞片；总苞片20~22枚，褐紫色或仅上端紫色，披针形至线状披针形，顶端渐尖，草质，外面被毛；

4

4

舌状花约15朵，舌片橙黄色或橙红色，长圆形长约20 mm，宽2.5~3 mm，顶端具3细齿；管状花多数，花管橙黄色至橙红色，裂片卵状披针形，具乳头状毛；花药基部钝。**果实：**瘦果，圆柱形；冠毛稍红色。

花期 / 6—8月　果期 / 8—9月　生境 / 高山草甸　分布 / 西藏东南部、四川西南部、青海南部、甘肃南部　海拔 / 2 600~4 000 m

菊科 针苞菊属

4 针苞菊

Tricholepis furcata

外观：多年生草本，高60~70 cm。**根茎：**茎直立，自基部或中部分枝，分枝裸露，无叶或少叶；全部茎枝紫红色，无毛或被短柔毛。**叶：**椭圆形或披针形，长5~12 cm，宽3~5 cm，顶端急尖或渐尖，边缘有细锯齿，两面微粗涩，有淡黄色的小腺点；下部茎叶有短柄，中上部茎叶无柄。**花：**头状花序半球形，直径约4 cm；总苞片多层，多数，针芒状，外层短，向内层渐长，长达2.3 cm，两面及边缘被稠密或稀疏的短糙毛；小花黄色，花冠长1.9 cm，细管部长8 mm，花冠裂片长5 mm。**果实：**瘦果，楔状长椭圆形，无毛，稍压扁，具3~4条不明显的肋；冠毛刚毛状，多层，向内层渐长，长达1.6 cm，基部连合成环，整体脱落。

花期 / 10月　果期 / 10月　生境 / 山谷林缘　分布 / 西藏东南部（错那、吉隆）　海拔 / 2 600~3 000 m

菊科 黄鹌菜属

5 总序黄鹌菜

Youngia racemifera

别名：旌节黄鹌菜、高山黄鹌菜

外观：多年生草本。**根茎：**根垂直或歪斜，生多数须根；茎直立，下部或有时大部紫红色；全部茎枝无毛。**叶：**基生叶及下部茎叶心形至椭圆形，顶端渐尖或急尖，边缘有小尖头或小锯齿，叶柄有狭或宽翼；中上部茎叶渐小，长卵形至狭线形；近花序叶长线钻形或短线钻形；全部叶两面无毛。**花：**头状花序较大，下垂、下倾或直立，少数沿茎或沿分枝排成侧向总状花序，含14枚舌状小花，花序梗弯曲或直立；总苞狭钟状，黑绿色或绿色；总苞片4层，外层及最外层极短，长三角形或披针形，顶端钝或急尖，内层及最内层长，长披针形，顶端急尖或钝。**果实：**瘦果，黄褐色，纺锤形，稍压扁，有14条纵肋，顶端截形，无喙；冠毛黄褐色。

花期 / 8—9月　果期 / 8—9月　生境 / 山坡草地、云杉林缘及林下　分布 / 西藏南部、云南西部及西北部、四川西部　海拔 / 2 800~4 200 m

朱鑫鑫　摄影

菊科 黄鹌菜属

1 无茎黄鹌菜

Youngia simulatrix

外观：多年生矮小丛生草本。**根茎：**根垂直，根颈被褐色残存的叶柄；茎极短缩，顶端有极短的花序分枝，光滑无毛。**叶：**莲座状，倒披针形，边缘全缘、波状浅钝齿或稀疏的凹尖齿。**花：**头状花序含13~18枚舌状小花，4~7个簇生；花序梗无毛；总苞圆柱状钟形；总苞片4层，中外层极短，卵形，顶端钝或短渐尖，内层及最内层长，披针形，顶端急尖，基部外面沿中脉有时海绵质加厚；全部总苞片外面及内面无毛；舌状小花黄色，花冠管外面无毛。**果实：**瘦果，黑褐色，纺锤状，顶端无喙，纵肋14条；冠毛2层，白色。

花期 / 7—10月　果期 / 7—10月　生境 / 山坡草地、河滩砾石地　分布 / 西藏南部及东部、四川西部、青海南部及东部、甘肃南部　海拔 / 2 700~5 000 m

1　魏来　摄影

龙胆科 喉毛花属

2 镰萼喉毛花

Comastoma falcatum

别名：镰萼假龙胆

外观：一年生草本。**根茎：**茎从基部分枝，基部节间短缩，四棱形，常带紫色。**叶：**大部分基生，叶片矩圆状匙形或矩圆形，先端钝或圆形，基部渐狭成柄，叶脉1~3条；茎生叶无柄。**花：**5数，单生分枝顶端；花萼绿色或有时带蓝紫色，长为花冠的1/2，稀达2/3，深裂近基部，裂片常为卵状披针形，弯曲成镰状，基部有浅囊，背部中脉明显；花冠蓝色至蓝紫色，有深色脉纹，高脚杯状，冠筒筒状，喉部突然膨大，裂达中部，先端

2　张巍巍　摄影

2

3

3

4

4

4

偶有小尖头，全缘，开展，喉部具一圈白色副冠，裂片流苏状；雄蕊着生冠筒中部；子房无柄，披针形，柱头2裂。**果实：**蒴果，狭椭圆形或披针形。

花期 / 7—9月　果期 / 7—9月　生境 / 河滩、山坡草地、高山草甸及灌丛　分布 / 西藏、四川西北部、青海、甘肃　海拔 / 2 100~5 300 m

3 喉毛花

Comastoma pulmonarium

别名：喉花草

外观：一年生草本，高5~30 cm。**根茎：**茎直立，单生，草黄色，近四棱形，通常具分枝。**叶：**基生叶矩圆形或矩圆状匙形，长1.5~2.2 cm，宽0.4~0.7 cm，基部渐狭，无柄；茎生叶对生，卵状披针形，长0.6~2.8 cm，宽0.3~1 cm，向上渐变小，基部半抱茎，无柄。**花：**聚伞花序或单花顶生；花梗斜伸，不等长；花萼通常长为花冠的1/4，5深裂近基部，裂片卵状三角形、披针形或狭椭圆形，边缘粗糙，有糙毛；花冠淡蓝色，具深蓝色纵脉纹，筒形或宽筒形，通常长15~20 mm，5浅裂，裂片直立，卵状椭圆形或卵状三角形，喉部具一圈白色副冠，副冠上部流苏状条裂。**果实：**蒴果，椭圆状披针形。

花期 / 7—11月　果期 / 7—11月　生境 / 河滩、山坡草地、林下、灌丛、高山草甸　分布 / 西藏南部及东部、云南西北部、四川西部、青海、甘肃　海拔 / 3 000~4 800 m

龙胆科 龙胆属

4 阿墩子龙胆

Gentiana atuntsiensis

外观：多年生草本，高5~20 cm，基部被黑褐色枯老膜质叶鞘所包围。**根茎：**枝2~5个丛生；花枝直立，黄绿色或紫红色，中空，具乳突。**叶：**大部分基生，叶片狭椭圆形或倒披针形，先端钝或钝圆，基部渐狭；茎生叶3~4对，匙形叶。**花：**多数，顶生和腋生，聚成头状花序；总花梗长至7 cm，无小花梗；花萼倒锥状筒形，外面具乳突，裂片反折，不整齐；花冠深蓝色，无条纹，有时具蓝色斑点。**果实：**蒴果，内藏，椭圆状披针形，长1.5~2 cm。

花期 / 8—9月　果期 / 9—10月　生境 / 高山草甸、灌丛或林间空地　分布 / 西藏东南部、云南西北部、四川西南部　海拔 / 2 700~4 800 m

龙胆科 龙胆属

1

1

1 刺芒龙胆

Gentiana aristata

别名：尖叶龙胆

外观：一年生草本。**根茎：**茎黄绿色，光滑，在基部多分枝，枝铺散。**叶：**基生叶大，花期枯萎宿存；茎生叶对折，疏离，线状披针形，向茎上部渐长，先端渐尖，具小尖头，边缘膜质，叶柄膜质，连合成筒。**花：**多数，单生于小枝顶端；花萼漏斗形，边缘膜质，中脉绿色，在背面呈脊状突起，弯缺宽；花冠下部黄绿色，上部蓝色至紫红色，喉部具蓝灰色宽条纹，倒锥形，裂片先端钝，褶宽矩圆形，先端截形，不整齐短条裂状；雄蕊着生于冠筒中部，整齐；子房椭圆形，柄粗，花柱线形，柱头狭矩圆形。**果实：**蒴果，外露，矩圆形或倒卵状矩圆形，先端钝圆，有宽翅。

花期 / 6—9月　果期 / 6—9月　生境 / 高山草地、河滩草地和灌丛　分布 / 西藏东部、四川北部、青海、甘肃　海拔 / 1 800~4 600 m

2 秀丽龙胆

Gentiana bella

别名：美龙胆

外观：一年生草本，高2~3 cm。**根茎：**茎紫红色或黄绿色，在基部多分枝，似丛生，常铺散。**叶：**基生叶常在花期枯萎而宿存，卵圆形，长12~29 mm，宽7~10 mm，先端具短小尖头；茎生叶对生，1~3对，倒卵状匙形至匙形，长4.5~6 mm，宽2~3 mm，先端具短小尖头，叶柄光滑，连合成1~2 mm的筒。**花：**数朵，单生于小枝顶端；花萼漏斗形，裂片5枚，卵状披针形，先端有小尖头，边缘膜质；花冠蓝紫色或紫色，外面具蓝灰色宽条纹，喉部具黑紫色斑点，漏斗形，长15~20 mm，裂片5枚，卵形，褶卵形，边缘有不明显细齿或近全缘；雄蕊5枚，着生于冠筒中下部；雌蕊1枚，柱头2裂。**果实：**蒴果，矩圆状匙形，内藏。

花期 / 6—8月　果期 / 6—8月　生境 / 高山草甸、林缘及草坡　分布 / 云南西北部　海拔 / 3 000~4 050 m

2

3 波密龙胆

Gentiana bomiensis

外观：一年生草本，高7~14 cm。**根茎：**茎直立，黄绿色或紫红色，疏被乳突，自基部起多分枝。**叶：**基生叶常在花期枯萎而宿存，卵圆形，长6~15 mm，宽2.5~7 mm；茎生叶对生，倒卵圆形、匙形至线状椭圆形，长1.5~5 mm，宽1~5 mm，先端具小尖头，边缘软骨质，叶柄背面具细乳突，连合成长

3

1~1.5 mm的筒。**花：**单生于小枝顶端；花梗黄绿色或紫红色，疏生乳突；花萼狭漏斗形，裂片5枚，三角形或披针形，先端具小尖头；花冠蓝色，喉部具深蓝色细而短的条纹，筒形或筒状漏斗形，长8~10 mm，裂片5枚，卵形，褶卵状椭圆形；雄蕊5枚，着生于冠筒中部；雌蕊1枚。**果实：**蒴果，宽椭圆形或短圆形，具翅。

花期 / 4—9月　果期 / 4—9月　生境 / 山坡草地、林下　分布 / 西藏（波密、米林）　海拔 / 2 100~3 600 m

4 中甸龙胆

Gentiana chungtienensis

外观：一年生草本，高2.5~5 cm。**根茎：**茎黄绿色，光滑，在基部多分枝，枝铺散，斜上升。**叶：**基生叶大，在花期不枯萎，卵形或卵状椭圆形，先端钝或急尖，具小尖头，边缘软骨质，密生细乳突，两面光滑；茎生叶对折，贴生茎上，矩圆状披针形，先端钝，具小尖头，边缘膜质，叶柄连合成筒。**花：**多数，单生于小枝顶端；花梗黄绿色，光滑，藏于上部叶中；花萼筒形，光滑，裂片卵状三角形，先端急尖，具小尖头，边缘膜质，中脉绿色；花冠淡蓝色，背面具黄绿色宽条纹，筒形，褶卵形，先端钝，全缘；雄蕊着生于冠筒中部，不整齐；子房椭圆形，矩圆形，先端钝，基部渐狭成柄，花柱线形，柱头2裂，裂片外卷，线形。**果实：**蒴果，外露，矩圆形，先端钝圆，具宽翅，两侧边缘具狭翅，柄细，直立。

花期 / 5—6月　果期 / 5—6月　生境 / 草坡、林边　分布 / 云南（香格里拉）　海拔 / 3 000~3 700 m

4

4

龙胆科 龙胆属

1 丝瓣龙胆

Gentiana exquisita

外观： 多年生草木，高9~18 cm。**根茎：** 茎直立或斜升。**叶：** 叶片卵形至卵状披针形，边缘无软骨质也无膜质，上面具细乳突，下面光滑。**花：** 数朵，单生于小枝顶端或单花，半下垂；花梗黄绿色，长1~3 cm；花萼倒锥状筒形，萼筒膜质，裂片锥形，先端急尖，边缘膜质，向萼筒下延，弯缺宽，圆形；花冠深紫色，具蓝色斑点，倒锥形，长12~15 mm，裂片线形，长1.5~1.8 mm，褶宽矩圆形，与裂片等长，下部片状，先端截形，浅2裂，上部具短丝状流苏；雄蕊着生于冠筒下部，花丝线形；子房椭圆形，基部渐狭成柄，柄粗壮。**果实：** 蒴果。

花期 / 9月　果期 / 10月　生境 / 高山草地　分布 / 西藏东南部、云南西北部　海拔 / 3 300~4 000 m

1　魏来　摄影

2

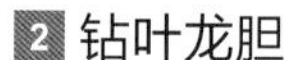

2 钻叶龙胆

Gentiana haynaldii

外观： 一年生草本，高3~10 cm。**根茎：** 茎黄绿色，光滑，在基部多分枝。**叶：** 革质，先端急尖，具小尖头，中部以下边缘疏生短睫毛，茎基部及下部叶边缘软骨质，中、上部叶仅基部边缘膜质，其余软骨质，两面光滑，中脉在下面突起，光滑；基生叶小，在花期枯萎宿存；茎生叶大，对折，密集，线状钻形，向茎上部渐长。**花：** 单生小枝顶端；花萼倒锥状筒形，萼筒膜质，裂片革质，线状钻形，仅基部边缘膜质，具乳突或光滑，其余边缘软骨质，中脉软骨质，在背面呈脊状突起，并向萼筒下延，弯缺窄，截形；花冠淡蓝色，喉部具蓝灰色斑纹，筒形，裂片卵形，先端钝或渐尖，具短小尖头，全缘或有不明显圆齿，褶卵形，先端啮蚀形或全缘；雄蕊着生于冠筒中部；子房线状椭圆形，花柱圆柱形。**果实：** 蒴果，外露，狭矩圆形，两端钝，边缘具狭翅。

花期 / 7—11月　果期 / 7—11月　生境 / 山坡草地、高山草甸及阴坡林下　分布 / 西藏东南部、云南西北部、四川西部、青海西南部　海拔 / 2 100~4 200 m

2

3 条裂龙胆

Gentiana lacinulata

外观： 多年生草本，高2~3 cm。**根茎：** 茎直立或斜升，黄绿色，在基部有少数分枝。**叶：** 基生叶在花期枯萎，凋落；茎生叶对生，椭圆形至卵状椭圆形，长3.5~6 mm，宽1.5~2 mm，上面密被细乳突，叶柄光滑，长1~1.5 mm。**花：** 数朵，单生于小枝顶端；花梗黄绿色；花萼筒形，裂片5枚，线状三角形

唐志远 摄影

或线状锥形，边缘膜质；花冠上部蓝紫色，下部黄绿色，高脚杯状，裂片5枚，卵圆形，基部收缩成宽爪，边缘不明显啮蚀形，褶宽矩圆形，先端短条裂状；雄蕊5枚，着生于冠筒上部；雌蕊1枚，柱头2裂，裂片外卷。**果实：**蒴果。

花期／6—8月　果期／7—9月　生境／高山草甸、林缘　分布／西藏（米林、波密）　海拔／3 600~4 230 m

4 针叶龙胆

Gentiana heleonastes

外观：一年生草本，高5~15 cm。**根茎：**茎黄绿色或紫色，光滑，在基部多分枝。**叶：**基生叶大，在花期枯萎，宿存，倒卵圆形或卵圆形，具短小尖头，边缘软骨质，光滑；茎生叶对折，疏离，边缘膜质；下部叶匙形，长4~6 mm，宽1.5~2 mm，先端钝圆，具短小尖头；中、上部叶线状披针形，长6~10 mm，宽1~1.5 mm，先端渐尖，有小尖头。**花：**数朵，单生于小枝顶端；花梗黄绿色，光滑，长1.3~2 mm，裸露；花萼漏斗形，长7~9 mm，光滑，裂片线状披针形，长2~3 mm，先端急尖，有小尖头，边缘膜质，光滑，两面光滑，中脉绿色，细，在背面突起，并向萼筒下延，弯缺圆形；花冠内面白色，外面淡蓝色或蓝灰色，筒形，长14~16 mm，裂片卵圆形或卵形，先端钝圆，边缘疏生细锯齿，褶宽矩圆形；雄蕊着生于冠筒下部，整齐；子房椭圆形，两端渐狭，柄长1.5~2 mm。**果实：**蒴果，内藏，矩圆形或倒卵状矩圆形。

花期／6—9月　果期／7—10月　生境／湿润草地、灌丛草甸　分布／四川北部、青海东南部　海拔／3 250~4 200 m

5 蓝白龙胆

Gentiana leucomelaena

外观：一年生草本，高1.5~5 cm。**根茎：**茎黄绿色，基部多分枝，铺散，斜升。**叶：**基生叶卵圆形或卵状椭圆形，长5~8 mm，宽2~3 mm；叶柄长1~2 mm；茎生叶对生，椭圆形至椭圆状披针形，稀卵形或匙形，长3~9 mm，宽0.7~2 mm，边缘膜质；叶柄连合成长1.5~3 mm的筒，上部叶筒渐变长。**花：**单生于小枝顶端；花萼钟形，裂片5枚，三角形，边缘膜质；花冠白色、淡蓝色或蓝色，外面具蓝灰色宽条纹，喉部具蓝色斑点，钟形，裂片5枚，卵形，褶矩圆形，具不整齐条裂；雄蕊5枚，着生于冠筒下部；雌蕊1枚，柱头2裂。**果实：**蒴果，倒卵圆形，具翅。

花期／5—10月　果期／5—10月　生境／沼泽化草甸、河滩草地及山坡灌丛　分布／西藏南部及东部、四川、青海、甘肃　海拔／1 950~5 000 m

龙胆科 龙胆属

1 柔软龙胆
Gentiana prainii

外观：一年生草本，高4~10 cm。**根茎：**茎黄绿色，自下部分枝，常斜升。**叶：**基生叶常在花期枯萎而宿存，椭圆形，长1.5~5 mm，宽1.2~3 mm，叶柄长0.5~0.8 mm；茎生叶对生，疏离，卵形或卵状心形，长4~6 mm，宽2~3 mm，基部圆形，叶柄连合成长0.5~0.7 mm的筒。**花：**单生于小枝顶端；花梗黄绿色；花萼钟形，裂片5枚，三角状锥形，先端急尖，边缘膜质；花冠白色，具蓝灰色短而细的条纹，钟形，裂片5枚，偏斜卵形，褶偏斜三角形；雄蕊5枚，着生于冠筒中部；雌蕊1枚，柱头外反。**果实：**蒴果，倒卵状矩圆形，具宽翅。

花期／6—9月　果期／7—9月　生境／灌丛、草丛　分布／西藏南部　海拔／3 600~3 800 m

1

1

2 假水生龙胆
Gentiana pseudoaquatica

外观：一年生草本，高3~5 cm。**根茎：**茎紫红色或黄绿色，密被乳突，自基部多分枝，铺散，斜升。**叶：**基生叶常在花期枯萎而宿存，卵圆形或圆形，长3~6 mm，宽3~5 mm；茎生叶对生，覆瓦状排列，倒卵形或匙形，先端钝圆或急尖，外反，边缘软骨质，具极细乳突，叶柄边缘具乳突，连合成长1~1.5 mm的筒。**花：**多数，单生于小枝顶端；花萼筒状漏斗形，裂片5枚，三角形，先端急尖，边缘膜质；花冠深蓝色，外面常具黄绿色宽条纹，漏斗形，裂片5枚，卵形，褶卵形，全缘或边缘啮蚀形；雄蕊5枚，着生于冠筒中下部；雌蕊1枚，柱头2裂，裂片外卷。**果实：**蒴果，倒卵状矩圆形，有宽翅。

花期／4—8月　果期／4—8月　生境／河滩、水沟边、山坡草地、山谷潮湿地、沼泽草甸、林下、灌丛　分布／西藏中南部、四川西部、青海、甘肃　海拔／1 100~4 650 m

3 假鳞叶龙胆
Gentiana pseudosquarrosa

外观：一年生草本，高3~6 cm。**根茎：**茎常带紫红色，具乳突，分枝，铺散，斜升。**叶：**基生叶在花期枯萎而宿存，卵状披针形、卵形或卵状椭圆形，长6~15 mm，宽4~6 mm，先端具小尖头，边缘白色厚软骨质；茎生叶对生，匙形或倒卵状匙形，长3~7 mm，宽1.5~2.2 mm，外反，先端具小尖头，边缘白色厚软骨质；叶柄边缘具短睫毛，背面具细乳突，稍连合成短筒。**花：**单生于小枝顶端；花梗常带紫红色，被乳突；花萼倒锥状筒形，裂片5枚，叶状，卵圆形或卵形，外反；花冠深蓝色，漏斗形，裂片5

3　唐志远　摄影

2

4

5

枚，卵形，褶卵形，稍短于裂片，全缘或浅2裂；雄蕊5枚，着生于冠筒中下部；雌蕊1枚，柱头2裂，外反。**果实：**蒴果，倒卵状矩圆形或倒卵形，有翅。

花期 / 4—9月　果期 / 4—9月　生境 / 山坡草地、高山草甸、灌丛　分布 / 西藏东南部、云南西北部、四川西部、青海　海拔 / 1 400~3 800 m

4 毛花龙胆

Gentiana pubiflora

外观：一年生草本，高3~5 cm。**根茎：**茎紫红色，密被小硬毛，下部分枝，斜升。**叶：**基生叶常在花期枯萎而宿存，卵圆形，长7~12 mm，宽5.5~9 mm，先端具小尖头，边缘密生长睫毛，下面具小硬毛或脱落，叶柄长0.5~0.7 mm；茎生叶对生，先端具尾尖或小尖头，边缘具长睫毛或脱落，有时膜质，下面具小硬毛或脱落，叶柄具短睫毛或硬毛，连合成筒。**花：**单生于小枝顶端；花梗紫红色，密被小硬毛；花萼倒锥状筒形，外面具小硬毛或脱落，裂片5枚，卵状披针形，先端具小尖头或尾尖；花冠黄绿色，有时内面淡蓝色，漏斗形，外面具小柔毛或脱落，裂片卵圆形，常具长尾尖，褶宽卵形；雄蕊着生于冠筒中部。**果实：**蒴果，矩圆状匙形，具宽翅，内藏。

花期 / 4—6月　果期 / 5—6月　生境 / 灌丛、林下、林缘　分布 / 云南（洱源、丽江）　海拔 / 2 600~3 300 m

5 鳞叶龙胆

Gentiana squarrosa

别名：石龙胆、鳞片龙胆、岩龙胆

外观：一年生草本。**根茎：**茎黄绿色或紫红色，密被乳突，自基部起多分枝，枝铺散。**叶：**叶片先端钝圆或急尖，具短小尖头，基部渐狭，边缘厚软骨质，密生细乳突，两面光滑，叶柄白色膜质，边缘具短睫毛，背面具细乳突，仅连合成短筒。**花：**多数，单生于小枝顶端；花梗黄绿色或紫红色，密被乳突；花萼倒锥状筒形，外面具细乳突，萼筒常具白色膜质和绿色叶质相间的宽条纹，裂片外反，叶状整齐，基部突然收缩成爪，边缘厚软骨质，中脉白色厚软骨质，在下面突起，弯缺宽，截形；花冠蓝色，筒状漏斗形，裂片卵状三角形，先端钝，无小尖头，褶卵形，先端钝，全缘或边缘有细齿；雄蕊着生于冠筒中部，整齐；子房宽椭圆形，先端钝圆，柄粗，花柱柱状，柱头2裂。**果实：**蒴果，外露，倒卵状矩圆形，先端圆形，有宽翅，两侧边缘有狭翅，柄粗壮。

花期 / 4—9月　果期 / 4—9月　生境 / 向阳的山坡路边及高山草甸　分布 / 青海　海拔 / 1 000~4 200 m

龙胆科 龙胆属

1 七叶龙胆

Gentiana arethusae var. *delicatula*

别名：太白龙胆、细圆叶龙胆

外观：多年生草本，高10~15 cm。**根茎：**根多数略肉质，须状；花枝多数丛生，铺散，斜升，具乳突。**叶：**莲座丛叶缺或极不发达；茎生叶6~7枚轮生，密集，先端渐尖，边缘平滑；下部叶小，花期常枯萎，卵状椭圆形，中上部叶大，线形。**花：**单生枝顶，6~7数，稀5数；花萼筒常带紫红色，倒锥状筒形，裂片绿色，与上部叶同形，弯缺狭，截形；花冠淡蓝色，钟状漏斗形，长3.5~4.5 cm，喉部直径1.7~2.5 cm，裂片先端钝，具尾尖，全缘，褶整齐全缘；雄蕊着生于冠筒下部，整齐，下部连合成短筒包围子房；子房线状披针形，花柱短，长2~3 mm，柱头2裂。**果实：**蒴果，内藏，椭圆形，两端钝，柄长至3 cm。

花期 / 8—11月　果期 / 8—11月　生境 / 高山草甸及灌丛边　分布 / 西藏东南部、云南西北部　海拔 / 2 700~4 800 m

2 昆明龙胆

Gentiana duclouxii

外观：多年生草本，高3~5 cm。**根茎：**须根肉质；主茎直立或平卧呈匍匐状，淡黄褐色；花枝多数丛生，黄绿色，光滑。**叶：**大部分基生，呈莲座状，叶片匙形或矩圆状倒披针形，长1~4 cm，宽0.5~1.2 cm，先端钝圆，边缘微外卷，光滑，叶柄长1~3.5 cm，具狭翅。**花：**花枝生自叶腋，具1~3朵花；花萼狭倒锥形，裂片小，整齐，先端急尖，弯缺圆形或截形；花冠蔷薇色，冠檐具多数蓝色斑点，漏斗形，长3~4 cm，裂片卵状三角形，先端钝，全缘，褶偏斜，先端钝，边缘有整齐细齿；雄蕊着生于冠筒下部，不整齐；子房线状椭圆形，长1.2~1.5 cm，柄长1.2~1.8 cm，花柱线形，柱头2裂。**果实：**蒴果，内藏，椭圆形，两端钝，柄长至2 cm。

花期 / 4—9月　果期 / 4—9月　生境 / 半湿润常绿阔叶林下　分布 / 云南中部（昆明）　海拔 / 1 800~2 000 m

3 滇西龙胆

Gentiana georgei

别名：丽江龙胆、密叶龙胆

外观：多年生草本，高5~7 cm。**根茎：**主根短，粗壮，具略肉质须根；茎直立，基部被枯存的膜质叶鞘包围。**叶：**基生叶呈莲座状，叶片披针形，剑状披针形或卵状三角形，长4~8 cm，宽0.3~1.3 cm，先端渐尖，叶面光滑，背面沿中脉密被乳突，边缘白色

1

2

膜质，密被乳突；中脉白色软骨质；茎生叶2~4对，披针形至卵状披针形。**花：**单生枝顶；花萼倒锥形，膜质，长1~2 cm，裂片不整齐，先端钝，边缘软骨质；花冠紫红色，基部白色，通常无条纹和斑点，钟状，长4~6 cm，裂片宽卵形，先端圆钝或急尖，全缘；雄蕊着生于花冠管中部；子房球状椭圆形，长1.3~1.5 cm；花柱长1~2 cm；柱头裂片三角形。**果实：**蒴果。

花期／8—9月 果期／9—10月 生境／高山草地 分布／云南西北部、四川北部、青海南部、甘肃南部 海拔／3 000~4 200 m

4 喜湿龙胆

Gentiana helophila

外观：多年生草本，高6~12 cm。**根茎：**根略肉质；茎常铺散，斜升。**叶：**基生叶莲座状，常不发达，线状披针形，长20~30 mm，宽1~1.5 mm；茎生叶对生，疏离，卵状披针形、线状披针形或线形，长5~40 mm，宽1.5~2 mm，叶柄背面具乳突。**花：**单生枝顶；花萼长为花冠的3/5~2/3，萼筒倒锥状筒形，裂片5枚，与上部叶同形；花冠上部蓝紫色，下部黄绿色，具蓝色条纹和不明显的斑点，倒锥状筒形，裂片5枚，卵状三角形，褶三角形；雄蕊5枚，着生于冠筒下部；雌蕊1枚，柱头2裂。**果实：**蒴果。

花期／6—11月 果期／6—11月 生境／草丛、水畔湿地 分布／云南西北部 海拔／3 100~3 400 m

5 滇龙胆草

Gentiana rigescens

别名：坚龙胆、青鱼胆、小秦艽

外观：多年生草本。**根茎：**须根肉质；主茎粗壮，有分枝；花枝多数，直立，基部木质化，中空。**叶：**无莲座状叶丛；茎生叶多对，下部2~4对小，鳞片形，其余叶卵状矩圆形、倒卵形或卵形，先端钝圆，基部楔形，边缘略外卷，有乳突或光滑，上面深绿色，下面黄绿色，叶脉1~3条，在下面突起，叶柄边缘具乳突。**花：**多数，簇生枝端呈头状；花萼倒锥形，萼筒膜质，全缘不开裂，裂片不整齐，两大三小，线形或披针形，先端渐尖，基部不狭缩；花冠蓝紫色或蓝色，冠檐具多数深蓝色斑点，漏斗形或钟形，裂片宽三角形，先端具尾尖，全缘或下部边缘有细齿，褶偏斜，三角形，先端钝，全缘；雄蕊着生冠筒下部，整齐；子房两端渐狭，花柱线形。**果实：**蒴果，内藏，椭圆形或椭圆状披针形，基部钝。

花期／8—12月 果期／8—12月 生境／山坡草地、灌丛、林下、山谷中 分布／云南、四川 海拔／1 100~3 000 m

龙胆科 龙胆属

1 蓝玉簪龙胆

Gentiana veitchiorum

别名：丛生龙胆、双色龙胆、邦见恩保

外观：多年生草本，高5~10 cm。**根茎：**根略肉质，须状；花枝多数丛生，铺散，斜升，黄绿色，具有乳突。**叶：**叶片先端急尖，边缘粗糙，叶柄背面具乳突；莲座丛叶发达，线状披针形；茎生叶多对。**花：**单生枝顶，下部包围于上部叶丛中；无花梗；花萼长为花冠的1/3~1/2，萼筒常带紫红色；花冠上部深蓝色，下部黄绿色，具深蓝色条纹和斑点，稀黄色或白色。**果实：**蒴果，内藏，椭圆形或卵状椭圆形。

花期 / 8—9月　果期 / 9—10月　生境 / 高山山坡草地、草甸、河谷、灌丛　分布 / 西藏南部及东部、云南西北部、四川西部、青海、甘肃　海拔 / 3 250~4 700 m

1

2 粗茎秦艽

Gentiana crassicaulis

别名：粗茎龙胆、辫子艽、川秦艽

外观：多年生草本，全株光滑无毛，基部被枯存的纤维状叶鞘包裹。**根茎：**须根多条，扭结或粘结成一个粗的根；枝少数丛生，黄绿色或带紫红色，近圆形。**叶：**莲座丛叶片卵状椭圆形或狭椭圆形；叶柄宽，包被于枯存的纤维状叶鞘中；茎生叶卵状椭圆形至卵状披针形，先端钝至急尖，基部钝，愈向茎上部叶愈大，柄愈短，至最上部叶密集呈苞叶状包被花序。**花：**多数，无花梗，在茎顶簇生呈头状，稀腋生作轮状；花萼筒膜质，一侧开裂呈佛焰苞状，先端截形或圆形，萼齿1~5个；花冠筒部黄白色，冠檐蓝紫色或深蓝色，内面有斑点，壶形，裂片卵状三角形，先端钝，全缘，褶偏斜；雄蕊着生于冠筒中部，整齐，花丝线状钻形；子房无柄，狭椭圆形，先端渐尖，花柱线形，柱头2裂，裂片矩圆形。**果实：**蒴果，内藏，无柄，椭圆形。

花期 / 6—10月　果期 / 6—10月　生境 / 山坡草地、荒地路旁　分布 / 西藏东南部、云南西北部、四川西部、青海东南部、甘肃南部　海拔 / 2 100~4 500 m

2

2

魏来 摄影

3 长梗秦艽

Gentiana waltonii

别名：长梗龙胆

外观：多年生草本。**根茎：**枝少数，紫红色。**叶：**具莲座叶丛。**花：**聚伞花序顶生及腋生，稀单花顶生；花萼筒草质，紫红色，长1.5~2.5 cm，一侧开裂呈佛焰苞状，裂片5枚，外反；花冠蓝紫色或深蓝色，漏斗形。**果实：**蒴果，内藏；种子一端具翅。

花期 / 8—9月　果期 / 9—10月　生境 / 山坡草地、山坡砾石地及林下　分布 / 西藏东南部及南部　海拔 / 3 000~4 800 m

4 麻花艽

Gentiana straminea

别名：蓟芥、解吉尕保、麻花秦艽

外观：多年生草本，高10~35 cm，全株光滑无毛，基部被枯存叶鞘包裹。**根茎：**须根多数，扭结成一个粗大、圆锥形的根；枝多数丛生，黄绿色，稀带紫红色。**叶：**莲座丛叶宽披针形或卵状椭圆形，长6~20 cm，宽0.8~4 cm，边缘平滑或微粗糙，叶脉3~5条，在两面均明显，并在下面突起，叶柄宽，膜质，包被于枯存的纤维状叶鞘中；茎生叶小，线状披针形至线形。**花：**聚伞花序；花梗斜伸，黄绿色，小花梗长达4 cm；花萼筒膜质，黄绿色，长1.5~2.8 cm，一侧开裂呈佛焰苞状，萼齿2~5枚，不等长；花冠黄绿色，喉部具多数绿色斑点，有时外面带紫色或蓝灰色，漏斗形，长3.5~4.5 cm，裂片卵形或卵状三角形，先端钝，全缘，褶偏斜，全缘或边缘啮蚀形；雄蕊着生于冠筒中下部，整齐；子房披针形或线形，花柱线形，柱头2裂。**果实：**蒴果，内藏，椭圆状披针形，长2.5~3 cm，先端渐狭，基部钝。

花期 / 7—10月　果期 / 7—10月　生境 / 高山草甸、灌丛、多石干山坡及河滩　分布 / 西藏、四川、青海、甘肃　海拔 / 2 000~4 950 m

魏来 摄影

魏来 摄影

5 粗壮秦艽

Gentiana robusta

别名：粗壮龙胆

外观：年生草本。**根茎：**枝少数丛生。**叶：**莲座丛叶卵状椭圆形或狭椭圆形；茎生叶披针形，愈向茎上部叶愈小。**花：**多数，无花梗，簇生枝顶呈头状或腋生作轮状；花萼筒膜质，一侧开裂呈佛焰苞状，丝状，长5~9.5 mm；花冠黄白色或黄绿色，筒状钟形。**果实：**蒴果，内藏。

花期 / 7—10月　果期 / 8—10月　生境 / 山坡、地边、路旁及草甸　分布 / 西藏南部　海拔 / 3 500~4 800 m

龙胆科 龙胆属

1 美龙胆

Gentiana decorata

外观：多年生矮小草本。**根茎：**根粗壮，深棕色或黑色，少分枝；枝丛生，平卧或斜升，从基部多分枝，节间短，具细条棱。**叶：**茎生叶多数，密集，比节间长，卵形、倒卵形、椭圆形或匙形，先端急尖、渐尖或钝，基部渐狭，叶脉1~3条，中脉在下面突起，叶柄极短。**花：**单生枝顶；花梗极短；花萼杯状，萼裂片大小不等，卵形或椭圆形，先端急尖、渐尖或圆钝，弯缺狭圆形；花冠深蓝色或紫色，钟形，中裂或深裂，冠筒与裂片等长或稍短，裂片椭圆形，褶小、三角形；雄蕊着生于冠筒下部，整齐，花丝线形，花药矩圆形；子房无柄，椭圆形，两端渐狭，无明显花柱，柱头线形。**果实：**蒴果，淡褐色，内藏，无柄，长椭圆形，扁平。

花期 / 8—11月　**果期** / 8—11月　**生境** / 山坡草地、水边草地　**分布** / 西藏东南部、云南西部及西北部　**海拔** / 3 200~4 550 m

1

2 弱小龙胆

Gentiana exigua

别名：贫弱龙胆

外观：一年生草本，高3~6 cm。**根茎：**茎直立，紫红色，具乳突，中上部分枝。**叶：**基生叶宿存，卵形或卵状披针形，长7~15 mm，宽3~9 mm，先端具小尖头；茎生叶对生，覆瓦状排列，卵状披针形至线状披针形，长4~9 mm，宽1~3 mm，向上渐变狭窄，先端具小尖头，边缘软骨质，叶柄边缘疏生睫毛，背面具乳突，连合成长1~1.5 mm的筒。**花：**单生于小枝顶端；花梗紫红色，密被乳突；花萼筒状漏斗形，萼筒

1

2

2

唐志远 摄影

膜质，裂片5枚，线状披针形，先端具小尖头，具乳突；花冠蓝色，筒状漏斗形，裂片5枚，卵形，褶卵圆形，全缘或边缘有细齿；雄蕊5枚，着生于冠筒下部；雌蕊1枚，柱头2裂，裂片外反。**果实：**蒴果，倒卵形，内藏。

花期 / 5—9月 果期 / 5—9月 生境 / 草坡、沼泽草地、沟谷 分布 / 云南西北部、四川西南部 海拔 / 2 700~3 300 m

3 叶萼龙胆

Gentiana phyllocalyx

外观：多年生草本，高3~12 cm。**根茎：**根茎长，须根少数；枝黄绿色，光滑，稀疏丛生或单生；基部被黑褐色枯叶。**叶：**大部分基生，密集呈莲座状，茎生叶2~3对，倒卵形，先端钝或微凹。**花：**顶生，稀2~3朵簇生；无花梗；花萼小，藏于最上部的茎生叶中，膜质，黄绿色；花冠蓝色，有深蓝色条纹，筒状钟形。**果实：**蒴果，外露或仅先端外露，狭卵状椭圆形，长2.3~2.5 cm。

花期 / 6—10月 果期 / 7—10月 生境 / 高山草坡、石砾山坡、灌丛 分布 / 西藏东南部、云南西北部 海拔 / 3 800~5 200 m

4 东俄洛龙胆

Gentiana tongolensis

外观：一年生草本，高3~8 cm。**根茎：**主根明显；茎紫红色，具乳突，从基部起多分枝，铺散。**叶：**基生叶小，在花期枯萎；茎生叶略肉质，叶片近圆形，向茎上部叶渐大，基部突然收缩成柄，边缘具软骨质，叶柄扁平，稍长于叶片，背面具乳突或光滑，基部扩大并连合成环状。**花：**多数，单生于小枝顶端；花萼筒膜质，筒形，长6~10 mm，外面具乳突或光滑，裂片略肉质，外反或开展，绿色，与叶同形略小，基部钝，突然收缩成爪，边缘具狭的软骨质，弯缺截形；花冠淡黄色，上部具蓝色斑点，高脚杯状，稀筒形，长2~2.4 cm；裂片卵状椭圆形，先端钝；全缘，褶小，极偏斜，耳形或2齿形；雄蕊着生于冠筒中部，整齐，常伸出花冠之外；子房线状椭圆形或披针形，先端渐尖，基部钝，花柱极长，常伸出花冠之外；柱头2裂，裂片外反。**果实：**蒴果，部分外露或内藏，狭矩圆形，先端急尖，基部钝。

花期 / 8—9月 果期 / 8—9月 生境 / 草甸、山坡路旁 分布 / 西藏东南部、云南西北部、四川西部 海拔 / 3 500~4 800 m

龙胆科 龙胆属

1 云南龙胆
Gentiana yunnanensis

外观：一年生草本，高5~30 cm，有时密集丛生。**根茎：**根系发达，主根明显；茎直立，紫红色，密被乳突，常从基部或下部起多分枝。**叶：**较多，疏离，叶片匙形或倒卵形，先端钝圆，基部渐狭，边缘微粗糙或平滑，叶脉1~3条，细而明显，叶柄细，与叶片等长或稍长。**花：**极多数，1~3朵着生小枝顶端或叶腋；无花梗；花萼筒倒锥状筒形，3个大，匙形，2个小，狭椭圆形，先端钝圆，基部渐狭，边缘微粗糙或平滑，中脉在背面明显，弯缺圆形；花冠黄白色或淡蓝色，筒形，裂片全缘，褶整齐，宽卵形，先端2浅裂或具细齿；雄蕊着生于冠筒中部，内藏，不整齐，花丝线状钻形，3个长，2个短，花药矩圆形；子房线形，两端渐狭，花柱线形，柱头2裂，裂片线状矩圆形。**果实：**蒴果内藏或先端外露，狭矩圆形，先端急尖，基部钝，柄约与蒴果等长。

花期／8—10月　果期／8—10月　生境／山坡草地、路旁、高山草甸、灌丛中及林下　分布／西藏东南部、云南、四川　海拔／2 300~4 400 m

1

2

2 圆萼龙胆
Gentiana suborbisepala

外观：一年生草本，高6~15 cm。**根茎：**根系发达，须状。茎直立或铺散，紫红色或有时黄绿色，具乳突，多分枝。**叶：**疏离，叶片匙形或倒卵形，长5~10 mm，宽3.5~7 mm，先端钝圆，基部渐狭，边缘微粗糙或平滑。**花：**1~3朵着生于小枝顶端和叶腋；无花梗；花萼筒倒锥状筒形或宽筒形，长7~10 mm，裂片整齐，圆匙形或匙形，先端圆形，弯缺截形；花冠淡黄色或淡蓝色，常具蓝灰色斑点，筒形，长2~3 cm，褶整齐；雄蕊着生于冠筒中部，不整齐。**果实：**蒴果，内藏或部分外露，狭矩圆形，长1.3~1.5 cm，先端急尖，基部钝，柄细。

花期／8—11月　果期／10—11月　生境／山坡草地、高山草甸、撂荒地、灌丛　分布／四川西南部及云南西北部　海拔／2 200~4 600 m

3 平龙胆
Gentiana depressa

外观：多年生草本，高4~6 cm。**根茎：**无茎或近无茎。**叶：**密集。覆瓦状排列，先端急尖，边缘膜质，呈细的啮蚀状，中脉在下面突起，呈细的啮蚀状。**花：**单生枝顶，基部包围于上部叶丛中；无花梗；花萼筒膜质，长1.3~1.5 cm，裂片先端急尖，具小尖头，基部狭缩，边缘膜质，呈细的啮蚀形，基部向萼筒下延成短的龙骨状突起，中脉在背面

3

突起；花冠淡绿色或淡粉色，具深色斑点，长3.8~4.3 cm，裂片卵形，先端有小尖头，褶卵形，稍短于裂片，全缘；雄蕊着生于冠筒中部，花丝钻形；子房长10~13 mm，柄长6~8 mm。**果实：**蒴果。

花期 / 8—9月　果期 / 9—10月　生境 / 山坡　分布 / 西藏（亚东、吉隆）　海拔 / 3 000~4 450 m

4 乌奴龙胆

Gentiana urnula

外观：多年生草本。**根茎：**具发达的匍匐茎；须根多数，略肉质，淡黄色；枝多数，极低矮。**叶：**密集，覆瓦状排列，基部为黑褐色残叶，中部为黄褐色枯叶，上部为绿色或带淡紫色的新鲜叶，扇状截形，先端截形，中央凹陷，基部渐狭，边缘厚软骨质，平滑，中脉软骨质，在下面呈脊状突起。**花：**单生，稀2~3朵簇生枝顶；基部包围于上部叶丛中；无花梗；花萼筒膜质，裂片绿色或紫红色，与叶同形较小，弯缺极窄，截形；花冠淡紫红色或淡蓝紫色，具深蓝灰色条纹，壶形或钟形，裂片短，宽卵圆形，先端钝圆，全缘，褶整齐，截形或圆形；与裂片等长或长为裂片的一半，边缘具不整齐细齿；雄蕊着生于冠筒中下部，花丝线状钻形，花药矩圆形；子房披针形或线状椭圆形，先端渐尖，基部钝，花柱明显，线形，柱头小，2裂，裂片外反，三角形。**果实：**蒴果，外露，基部钝，柄细瘦。

花期 / 8—10月　果期 / 8—10月　生境 / 高山草甸、砾石坡及流石滩　分布 / 西藏东部、青海西南部　海拔 / 3 900~5 700 m

5 矮龙胆

Gentiana wardii

外观：多年生草本，高2~3 cm，匍匐茎发达。**根茎：**枝多数，极低矮，节间短缩，基部被黑褐色枯存残叶。**叶：**密集莲座状，倒卵状匙形或匙形，连柄长4~11 mm，宽3~6 mm；先端圆形，基部渐狭，边缘平滑，叶脉1~3条，明显或否，叶柄膜质，扁平，光滑。**花：**单生枝顶；花萼筒膜质，黄绿色，长6~8 mm，裂片稍不整齐，边缘平滑，脉在背面不明显，弯缺楔形；花冠蓝色，钟形，花萼以上突然膨大，长2~2.2 cm，裂片先端钝圆，全缘，褶偏斜，宽卵形，全缘或具细齿；雄蕊着生于冠筒下部；子房狭椭圆状披针形，花柱极短，柱头2裂。**果实：**蒴果，内藏或先端外露，卵状椭圆形，柄长至1.7 cm。

花期 / 8—10月　果期 / 8—10月　生境 / 高山草甸、碎砾石山坡　分布 / 西藏东南部、云南西北部　海拔 / 3 500~4 550 m

龙胆科 扁蕾属

1 大花扁蕾

Gentianopsis grandis

外观： 一年生或二年生草本，高25~50 cm。**根茎：** 茎单生，粗壮，多分枝，具明显的条棱。**叶：** 茎基部叶密集，具短柄，叶片匙形或椭圆形，先端钝，基部渐狭，仅中脉在下面明显；茎生叶3~6对，无柄，狭披针形至线状披针形，先端急尖或渐尖，边缘平滑常外卷，基部离生，中脉在下面明显。**花：** 单生茎或分枝顶端；花梗直立，具明显的条棱；花特大，长5~10 cm，口部宽10~17 mm；花萼漏斗形，稍短于花冠，萼片2对，外对线状披针形，先端尾尖，内对三角状披针形，先端急尖，较短，具宽膜质边缘；花冠漏斗形，裂片椭圆形，先端钝，边缘有不整齐的波状齿，下部两侧具长的细条裂齿；腺体近球形，下垂；子房披针状椭圆形，花柱线形。**果实：** 蒴果，具柄，与花冠近等长；种子矩圆形，褐色。

花期 / 7—10月　果期 / 7—10月　生境 / 水沟边、山谷河边、山坡草地　分布 / 云南西北部、四川西南部　海拔 / 2 000~4 050 m

2 湿生扁蕾

Gentianopsis paludosa

别名：沼生扁蕾、斗大那绕

外观： 一年生草本，高4~40 cm。**根茎：** 茎单生，直立或斜升，近圆形。**叶：** 基生叶3~5对，匙形，长0.4~3 cm，宽2~9 mm，边缘具乳突，基部狭缩成柄，叶柄扁平，长达6 mm；茎生叶1~4对，矩圆形或椭圆状披针形，长0.5~5.5 cm，宽2~14 mm，边缘具乳突。**花：** 单生茎及分枝顶端；花梗直立，长1.5~20 cm；花萼筒形，裂片2对，外对狭三角形，内对卵形，有白色膜质边缘，背面中脉向萼筒下延成翅；花冠蓝色，有时下部黄白色，宽筒形，裂片4枚，宽矩圆形，先端有微齿，下部两侧边缘有细条裂齿。**果实：** 蒴果，椭圆形，具长柄。

花期 / 7—10月　果期 / 7—10月　生境 / 河滩、山坡草地、林下　分布 / 西藏南部及东部、云南北部及西北部、四川、青海、甘肃　海拔 / 1 180~4 900 m

龙胆科 花锚属

3 卵萼花锚

Halenia elliptica var. *elliptica*

别名：椭圆叶花锚

外观： 一年生草本，高15~60 cm。**根茎：** 根具分枝，黄褐色；茎直立，无毛、四棱形，上部具分枝。**叶：** 基生叶椭圆形，有时略呈

3

3

圆形，先端圆形或急尖呈钝头，基部渐狭呈宽楔形，全缘，具宽扁的柄，叶脉3条；茎生叶卵形至卵状披针形，先端圆钝或急尖，基部圆形或宽楔形，全缘，叶脉5条，无柄或茎下部叶具极短而宽扁的柄，抱茎。**花：**聚伞花序腋生和顶生；花梗长短不相等；花4数；花萼裂片椭圆形或卵形，先端通常渐尖，常具小尖头，具3脉；花冠蓝色或紫色，裂片卵圆形或椭圆形，先端具小尖头，距长5~6 mm，向外水平开展；雄蕊内藏；子房卵形，花柱极短，柱头2裂。**果实：**蒴果，宽卵形，上部渐狭，淡褐色。

花期 / 7—9月　果期 / 7—9月　生境 / 高山林下及林缘、山坡草地、灌丛中、山谷水沟边　分布 / 西藏、云南、四川、青海、甘肃　海拔 / 1 000~4 100 m

龙胆科 花锚属

1 大花花锚

Halenia elliptica var. *grandiflora*

外观：一年生草本，高15~60 cm。**根茎：**根具分枝，黄褐色；茎直立，无毛、四棱形，上部具分枝。**叶：**基生叶椭圆形，有时略呈圆形，先端圆形或急尖呈钝头，基部渐狭呈宽楔形，全缘，具宽扁的柄，叶脉3条；茎生叶卵形至卵状披针形，先端圆钝或急尖，基部圆形或宽楔形，全缘，叶脉5条，无柄或茎下部叶具极短而宽扁的柄，抱茎。**花：**聚伞花序腋生和顶生；花梗长短不相等；花4数，直径达2.5 cm；花萼裂片椭圆形或卵形，先端通常渐尖，常具小尖头，具3脉；花冠蓝色或紫色，裂片卵圆形或椭圆形，先端具小尖头，距水平开展，稍向上弯曲；雄蕊内藏；子房卵形，花柱极短，柱头2裂。**果实：**蒴果，宽卵形，上部渐狭，淡褐色。

花期 / 7—9月　果期 / 7—9月　生境 / 山坡草地　分布 / 云南、四川、青海、甘肃　海拔 / 1 300~2 500 m

1

1

龙胆科 肋柱花属

2 中甸肋柱花

Lomatogonium zhongdianense

外观：一年生草本，高15~20 cm。**根茎：**茎俯卧或斜升，基部多分枝；枝纤细，无毛。**叶：**无柄，线形，长10~16 cm，宽1~3 mm，基部钝圆，顶端锐尖。**花：**花序似总状，少至多花。花梗2~4 cm，纤细无毛。花萼管2~3 mm，裂片线形，长5~7 mm，顶端尖。花冠蓝灰色，直径8~12 mm，管长2~3 mm，裂片卵形，长6~11 mm。蜜腺囊边缘浅裂。花丝长5~6 mm，花药蓝色。子房卵状椭圆形，长9~11 mm，顶端尖。柱头裂片下延至子房顶端。**果实：**蒴果。

花期 / 9月　果期 / 10月　生境 / 向阳山坡、草地　分布 / 云南西北部　海拔 / 3 300 m

2

2

龙胆科 大钟花属

3 大钟花

Megacodon stylophorus

别名：大钟花龙胆、鸡脚参

外观：多年生草本，全株光滑。**根茎：**茎直立，粗壮，黄绿色，中空，具细棱形。**叶：**基部2~4对叶小；中、上部叶大，先端钝，基部钝或圆形，半抱茎，叶脉7~9条，弧形，细而明显，并在下面突起；中部叶卵状椭圆形至椭圆形，上部叶卵状披针形。**花：**2~8朵，组成假总状聚伞花序；花梗黄绿色，微弯垂，具2枚苞片；花萼钟形，萼筒

3

短，宽漏斗形，裂片整齐，卵状披针形，先端渐尖，脉3~5条，在背面细而明显；花冠黄绿色，有绿色和褐色网脉，钟形；雄蕊着生于冠筒中上部，与裂片互生，花丝白色，扁平；子房无柄，圆锥形，先端渐狭，花柱粗壮，柱头不膨大。**果实：**蒴果，椭圆状披针形。

花期 / 6—9月　果期 / 6—9月　生境 / 林间草地、林缘、灌丛中、山坡草地及溪流边　分布 / 西藏东南部、云南西北部、四川南部　海拔 / 3 000~4 400 m

龙胆科 獐牙菜属

4 白花獐牙菜

Swertia alba

外观：一年生草本，高15~40 cm。**根茎：**茎直立，四棱形，上部分枝。**叶：**基生叶在花期枯萎；茎生叶对生，矩圆形，长15~30 mm，宽6~10 mm，边缘粗糙，具细乳突，基部半抱茎，无叶柄。**花：**圆锥状聚伞花序；花梗四棱形；花萼绿色，裂片5枚，线状披针形，边缘具细乳突；花冠白色，裂片5枚，卵状披针形，先端具尖头，基部具2个腺窝，边缘具长约1 mm的短流苏；雄蕊5枚；雌蕊1枚，柱头2裂。**果实：**蒴果。

花期 / 8—9月　果期 / 8—9月　生境 / 山坡、林缘　分布 / 云南西北部、四川南部　海拔 / 2 500~3 200 m

5 西南獐牙菜

Swertia cincta

别名：大青叶胆、龙胆草、圈纹獐牙菜

外观：一年生草本。**根茎：**茎直立，中空，圆形，中上部有分枝。**叶：**基生叶在花期凋谢；茎生叶具极短的柄，叶片披针形或椭圆状披针形，先端渐狭，基部楔形，具明显的3脉，脉上和叶的边缘具短柔毛，其余光滑，叶柄具短毛。**花：**圆锥状复聚伞花序多花；花梗具条棱，棱上有短毛，果时略伸长；花5数，下垂；花萼稍长于花冠，卵状披针形，先端渐尖，具短尾尖，边缘具长睫毛；花冠黄绿色，基部环绕着一圈紫晕，裂片卵状披针形，先端渐尖呈尾状，边缘具短睫毛，基部具1个马蹄形裸露腺窝，腺窝之上具2个黑紫色斑点；花丝向下部渐宽，基部极度扩大并连合成短筒包围子房；子房卵状披针形，花柱长，柱头2裂。**果实：**蒴果，卵状披针形。

花期 / 8—11月　果期 / 8—11月　生境 / 潮湿山坡、灌丛中、林下　分布 / 云南、四川　海拔 / 1 400~3 750 m

龙胆科 獐牙菜属

1 高獐牙菜

Swertia elata

别名：色波古轴

外观：多年生草本。**根茎：**茎直立，黄绿色，有时下部带紫色，中空，基部常被枯老叶柄。**叶：**大部分基生，具长柄，叶片线状椭圆形或狭披针形，先端钝，基部渐狭成有窄翅的柄，叶脉5~7条，叶柄扁平，下部连合成筒状抱茎；茎中上部叶与基生叶相似，但较小；最上部叶无柄，苞叶状。**花：**圆锥状复聚伞花序，常有间断；花梗弯垂或直立，紫色或黄绿色，不整齐，具细条棱；花5数；花萼长为花冠的2/3，裂片披针形或卵状披针形，先端长渐尖；花冠黄绿色，具多数蓝紫色细而短的条纹，裂片椭圆状披针形，先端钝或截形，边缘啮蚀状，基部有2个腺窝，腺窝基部囊状，顶端具柔毛状流苏；子房无柄，卵状披针形，柱头小，2裂。**果实：**蒴果，无柄，卵形，仅下部包被于宿存的花冠中。

花期／6—9月　**果期**／6—9月　**生境**／高山草甸、灌丛中及山坡草地　**分布**／云南西北部、四川西南部　**海拔**／3 200~4 600 m

1

1

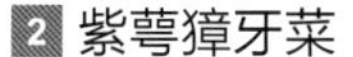

2 紫萼獐牙菜

Swertia forrestii

别名：紫黑獐牙菜

外观：多年生草本，具短根茎。**根茎：**茎黄绿色或带紫色，中空，具细条棱，被褐色枯老叶柄。**叶：**大部分基生，常对折，具长柄，叶片披针形或狭矩圆形，先端钝，基部渐狭成柄，向叶柄下延成狭翅；茎生叶全部互生，无柄，半抱茎。**花：**具4至多朵花；花梗黄绿色或带紫色；花5数；花萼绿色，有时

2

2

带紫色，与花冠近等长，裂片苞叶状，稍不整齐；花冠蓝紫色，基部具2个腺窝，腺窝基部囊状，上缘具柔毛状流苏；花丝线形，基部背面具流苏状短毛。**果实：** 蒴果。

花期 / 8月　果期 / 9月　生境 / 高山草甸和灌丛中　分布 / 云南西北部　海拔 / 3 400~4 500 m

3 毛萼獐牙菜

Swertia hispidicalyx

别名：小獐牙菜

外观： 一年生草本。**根茎：** 主根明显；茎从基部多分枝，铺散斜升，四棱形，常带紫色。**叶：** 基生叶在花期枯存；茎生叶无柄，披针形至窄椭圆形，先端钝，边缘有时外卷，具短硬毛，基部半抱茎，下面具1~3脉，中脉上常具短硬毛。**花：** 圆锥状复聚伞花序开展，多花，几乎占据了整个植株；花梗常带紫色，直立，四棱形；花5数；花萼绿色，略短于花冠，裂片卵形至卵状披针形，先端急尖，边缘具短硬毛，背面具3脉，中脉上疏生短硬毛；花冠淡紫色或白色，裂片卵形，先端急尖或钝，基部具2个腺窝，腺窝倒向囊状，即囊的口部向着裂片基部，边缘具柔毛状流苏；花丝扁平，基部稍增宽，花药矩圆形；子房无柄，卵形，花柱细长，柱头2裂，裂片线形。**果实：** 蒴果，无柄，卵形，先端急尖；种子深褐色，矩圆形，平滑。

花期 / 8—10月　果期 / 8—10月　生境 / 高山草坡、河边、草原潮湿处　分布 / 西藏　海拔 / 3 400~5 200 m

4 大籽獐牙菜

Swertia macrosperma

别名：龙胆草、峦大当药

外观： 一年生草本。**根茎：** 根黄褐色，粗壮；茎直立，四棱形，常带紫色，中部以上分枝。**叶：** 基生叶及茎下部叶在花期常枯萎，具长柄，叶片匙形，先端钝，全缘或边缘有不整齐的小齿，基部渐狭；茎中部叶无柄，叶片矩圆形或披针形，稀倒卵形，愈向茎上部叶愈小，先端急尖，基部钝，具3~5脉。**花：** 圆锥状复聚伞花序，多花，开展；花梗细弱；花5数，稀4数，小；花萼绿色，长为花冠的1/2，裂片卵状椭圆形，先端钝，背面具1脉；花冠白色或淡蓝色，裂片椭圆形，先端钝，基部具2个腺窝，腺窝囊状，矩圆形，边缘仅具数根柔毛状流苏；花丝线形，花药椭圆形；子房无柄，卵状披针形，花柱短而明显，柱头头状。**果实：** 蒴果，卵形；种子3~4粒，较大，表面光滑。

花期 / 7—11月　果期 / 7—11月　生境 / 河边、山坡草地、杂木林或竹林下、灌丛中　分布 / 西藏、云南、四川　海拔 / 1 400~3 950 m

龙胆科 獐牙菜属

1 斜茎獐牙菜

Swertia patens

别名：金沙獐牙菜

外观： 多年生草本，高10~15 cm。**根茎：** 根黄褐色；茎多数，铺散，枝斜升，四棱形，具窄翅。**叶：** 基生叶常对折，狭匙形或狭倒披针形，先端急尖，基部渐狭成柄，仅中脉明显；茎生叶常对折。**花：** 单生枝顶，4数，直径达3 cm；花梗粗，长1~2.2 cm；花萼绿色，远长于花冠，裂片苞叶状，包被花冠，不等大；花冠白色，有紫色脉纹，裂片卵状矩圆形，长1.3~1.5 cm，宽达0.6 cm，先端钝，有短尖头，下部有2个腺窝，杯状，仅顶端边缘有短流苏；花丝窄锥形，花药蓝色；子房无柄，卵形，花柱短，柱头头状。**果实：** 蒴果。

花期 / 7—8月　果期 / 9—10月　生境 / 山坡草地　分布 / 云南东北部及中部、四川南部　海拔 / 1 100~2 600 m

1

2 紫红獐牙菜

Swertia punicea

别名：水黄莲、土黄莲、苦胆草

外观： 一年生草本。**根茎：** 主根明显，淡黄色；茎直立，四棱形，棱上具窄翅，中部以上分枝。**叶：** 基生叶在花期多凋谢；茎生叶近无柄，披针形至狭椭圆形，茎上部及枝上叶较小，先端急尖或渐尖，基部狭缩，叶质厚，叶脉1~3条，于下面明显突起。**花：** 圆锥状复聚伞花序，多花；花梗直立，细瘦；花顶生者大，侧生者小，5数或4数；花萼绿色，长为花冠的1/2~2/3；花冠暗紫红色或黄白色，裂片披针形，基部具2个腺窝，腺窝矩圆形，边缘具长柔毛状流苏；花丝线形，花药椭圆形；子房无柄，花柱短而明显，柱头2裂。**果实：** 蒴果，无柄，卵状矩圆形。

花期 / 8—11月　果期 / 8—11月　生境 / 山坡草地、河滩、林下、灌丛中　分布 / 云南、四川　海拔 / 1 000~3 800 m

2

2

3 藏獐牙菜

Swertia racemosa

外观： 一年生草本。**根茎：** 茎直立，深紫色，光滑，具条棱，从基部起分枝。**叶：** 无柄，叶片披针形至线状披针形，向上部渐小，先端急尖，基部耳形，半抱茎，边缘通常密生短睫毛，上面光滑，下面幼时具糙伏毛，老时脱落。**花：** 圆锥状复聚伞花序；花梗深紫色，不整齐；花5数；花萼筒钟状，外面密被糙伏毛，裂片三角状披针形，常不整齐，3个大2个小，边缘具短睫毛，背面光

滑；花冠浅蓝色或淡蓝紫色，钟形，上部外面密被糙伏毛，腺窝5个，囊状，先端具短流苏；雄蕊着生于冠筒基部，与裂片互生，整齐，花丝下部白色，上部蓝色，扁平；子房无柄，柱头小，2裂。**果实：**蒴果，无柄，卵状椭圆形。

花期 / 8—9月　果期 / 8—9月　生境 / 山坡草丛或灌丛中　分布 / 西藏东南部　海拔 / 3 200~4 400 m

4 花莛状獐牙菜

Swertia scapiformis

外观：多年生莛状、莲座状丛生草本。**根茎：**主根发达，肉质，粗壮。**叶：**全部基生，具短柄。**花：**花莛多数，丛生；花单生花莛顶端，4数，直径1.5~2.2 cm；花冠深蓝色或蓝紫色，具1个腺窝，周缘生有粗毛状流苏；花药黄色。**果实：**蒴果。

花期 / 8月　果期 / 9月　生境 / 山顶岩石间　分布 / 西藏（错那）　海拔 / 4 550~4 600 m

5 四数獐牙菜

Swertia tetraptera

别名：二型腺鳞草、藏茵陈

外观：一年生草本。**根茎：**主根粗，黄褐色；茎直立，四棱形，棱上有翅，从基部起分枝；基部分枝较多，铺散或斜升。**叶：**基生叶在花期枯萎，其与茎下部叶具长柄，叶片矩圆形或椭圆形，先端钝，基部渐狭成柄，叶质薄，叶脉3条；茎中上部叶无柄，卵状披针形；分枝的叶较小，矩圆形或卵形。**花：**4数，不等大；大花的花萼绿色，叶状，裂片披针形或卵状披针形，花时平展，先端急尖，基部稍狭缩；花冠黄绿色，有时带蓝紫色，开花授粉，裂片卵形，先端钝，啮蚀状，下部具2个腺窝，仅内侧边缘具短裂片状流苏；小花闭花授粉，腺窝常不明显。**果实：**蒴果，卵状矩圆形，先端钝。

花期 / 7—9月　果期 / 7—9月　生境 / 潮湿山坡、河滩、灌丛或疏林下　分布 / 西藏、四川、青海、甘肃　海拔 / 2 000~4 000 m

龙胆科 双蝴蝶属

1 尼泊尔双蝴蝶

Tripterospermum volubile

外观：多年生缠绕草本。**根茎：**茎黄绿色或暗紫色，具细条棱，节间长6~13 cm。**叶：**茎生叶对生，卵状披针形，先端渐尖呈尾状，基部近圆形或心形，全缘或有时呈微波状。**花：**单生或成对着生；花梗短；有时具长披针形小苞片；花萼钟形，绿色有时带紫色，萼筒长6~11 mm，具宽翅，裂片弯缺截形；花冠淡黄绿色，长2.5~3 cm，裂片卵状三角形，褶先端偏斜呈波状；雄蕊着生于冠筒下部，不整齐；子房椭圆形，长约1 cm，花柱线形，柱头线形，2裂；柄基部具花盘。**果实：**浆果，紫红色或红色，长椭圆形，具柄。

花期 / 8—9月　果期 / 8—9月　生境 / 山坡林下　分布 / 西藏南部　海拔 / 2 300~3 100 m

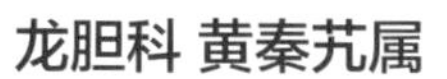

龙胆科 黄秦艽属

2 黄秦艽

Veratrilla baillonii

别名：滇黄芩、丽江金不换、黄龙胆

外观：多年生草本，全株光滑。**根茎：**主根粗壮，黄色，圆锥形；茎直立，粗壮，黄绿色或上部紫色，中空，有细条棱。**叶：**基部叶呈莲座状，具长柄，叶片矩圆状匙形，先端圆形或钝圆，边缘平滑，叶脉3~5条；茎生叶多对，无柄，卵状椭圆形，向上渐小。**花：**雌雄异株；雌株花较少，花序狭窄，疏松，雄株花甚多，花序宽大，密集；花4数；花萼分裂至近基部，萼筒甚短，裂片先端钝，边缘平滑，雌花的萼片卵状披针形，雄花的萼片线状披针形；花冠黄绿色，有紫色脉纹，冠筒短，裂片矩圆状匙形，先端钝圆，雌花的先端常凹形，基部具2个紫色腺斑；雄蕊着生于花冠裂片弯缺处，与裂片互生，雌花的雄蕊退化，雄花的雄蕊发育；子房无柄，卵形，先端渐尖，花柱不明显，柱头小，2裂。**果实：**蒴果，无柄。

花期 / 5—8月　果期 / 5—8月　生境 / 高山灌丛及草甸　分布 / 西藏东南部、云南西北部、四川西部　海拔 / 3 200~4 600 m

睡菜科 睡菜属

3 睡菜

Menyanthes trifoliata

别名：绰菜、瞑菜、醉草

外观：多年生沼生草本，高20~35 cm。**根茎：**匍匐状根状茎黄褐色，节上有膜质鳞片形叶。**叶：**基生，挺出水面，3出复叶，小叶

1

2

2

2

3

3

3

椭圆形，长2.5~4 cm，宽1.2~2 cm，全缘或边缘微波状，无小叶柄；叶柄长12~20 cm，下部变宽，鞘状。**花：**花莛由根状茎顶端鳞片形叶腋中抽出；总状花序；苞片卵形；花萼5裂至近基部，稀4~6裂，萼筒甚短，裂片卵形；花冠白色，筒形，上部内面具白色长流苏状毛，裂片5枚，稀4~6枚，椭圆状披针形；雄蕊5枚，稀4~6枚，着生于冠筒中部；雌蕊1枚，柱头2裂。**果实：**蒴果，球形。

花期 / 5—7月　果期 / 5—7月　生境 / 沼泽、湿草地　分布 / 西藏（米林、墨脱）、云南中部及西北部、四川南部　海拔 / 1 000~3 600 m

睡菜科 荇菜属

4 荇菜

Nymphoides peltata

别名：莕菜、莲叶莕菜

外观：多年生水生草本。**根茎：**茎圆柱形，多分枝，密生褐色斑点。**叶：**上部对生，下部互生，叶片飘浮，近革质，圆形或卵圆形，直径1.5~8 cm，基部心形，全缘，下面紫褐色，密生腺体，粗糙，叶柄圆柱形，基部变宽，呈鞘状半抱茎。**花：**簇生节上，5数；花萼长9~11 mm，分裂近基部；花冠金黄色，长2~3 cm，直径2.5~3 cm，分裂至近基部，冠筒短，喉部具5束长柔毛，裂片先端圆形或凹陷，边缘宽膜质，具不整齐的细条裂齿；花柱二型；腺体5个，黄色，环绕子房基部。**果实：**蒴果，无柄，椭圆形，花柱宿存。

花期 / 4—10月　果期 / 4—10月　生境 / 湖泊、池塘、河流或溪流静水中　分布 / 云南、四川、甘肃　海拔 / 1 000~2 000 m

4

4

报春花科 点地梅属

1 腺序点地梅

Androsace adenocephala

外观：多年生草本，高3~7 cm。**根茎：**主根稍木质。**叶：**莲座状叶丛单生或少数丛生，新叶丛叠生于老叶丛上。叶3型，外层叶三角状披针形，长5~7 mm，宽达2 mm；中层叶舌形，稍高出外层叶，长5~7 mm，上半部被白色毛；内层叶倒卵状披针形或窄倒披针形，长1.5~3.5 cm，基部下延成柄，两面密被硬毛状白色长毛。**花：**花莛单一，被开展的长柔毛和具柄腺体；伞形花序近头状，具5~6朵花；苞片线状披针形至狭椭圆形，被长柔毛和腺体；花梗长2~5 mm；花萼杯状，分裂至中部，裂片卵形，被稀疏长柔毛和腺毛；花冠粉红色，喉部带黄色，直径6~8 mm，裂片近圆形。**果实：**蒴果。

花期 / 5—7月　果期 / 7—8月　生境 / 高山草甸或灌丛中　分布 / 西藏东部至东南部　海拔 / 3 600~4 500 m

1

2 腋花点地梅

Androsace axillaris

外观：多年生草本。**根茎：**茎初时直立，后伸长匍匐成蔓状，被开展的灰色柔毛。**叶：**基生叶丛生，叶片圆形至肾圆形，基部深心形，边缘掌状浅裂至中裂，裂片3浅裂或具圆齿，两面均被糙伏毛；叶柄长于叶片1~2倍，被逆向短硬毛；茎叶2~3枚与苞片轮生于茎节上。**花：**2~3朵生于茎节上；苞片线形、狭椭圆形或倒披针形，先端渐尖或具小尖头，两面密被硬毛；花梗细弱，通常长于同一节上的叶，被短硬毛；花萼钟状，密被硬毛，分裂近达部，裂片三角形，先端锐尖；花冠淡粉红色或白色，筒部短于花萼，裂片倒卵状长圆形，先端微凹。**果实：**蒴果。

花期 / 4—5月　果期 / 6月　生境 / 山坡疏林下湿润处　分布 / 云南中部及西北部、四川西南部　海拔 / 1 800~3 300 m

2

2

3 景天点地梅

Androsace bulleyana

外观：二年生或多年生一次结实草本。**根茎：**无根状茎和根出条。**叶：**莲座状叶丛单生，具多数平铺的叶；叶片匙形，近等长，近先端最阔，顶端近圆形，具骤尖头，质地厚，两面无毛，具软骨质边缘及篦齿状缘毛。**花：**花莛1至数枚自叶丛中抽出，被硬毛状长毛；伞形花序多花；苞片阔披针形至线状披针形，质地厚，边缘密被缘毛；花萼钟状，疏被毛，基部稍尖，分裂达中部或稍过之，裂片卵状长圆形，先端钝，边缘具较长的缘毛；花冠鲜红色。**果实：**蒴果。

3

花期 / 6—7月　果期 / 7—8月　生境 / 山坡、砾石阶地和冲积扇上　分布 / 云南西北部　海拔 / 1 800~3 200 m

4 滇西北点地梅

Androsace delavayi

外观：垫状多年生草本。**根茎：**根纤细，灰褐色至深褐色，出条多数，近直立，紧密排列。**叶：**莲座状叶丛顶生，内层叶宽倒卵形，背面上半部被硬毛，先端具流苏状的缘毛；外层叶少数，黄褐色，近顶端有稀疏的短硬毛。**花：**集生于很短的花莛顶端，有时无花莛；苞片通常2枚，对折成舟状；花冠白色或粉红色。**果实：**蒴果，近球形。

花期 / 6—7月　果期 / 7—8月　生境 / 高山多砾石的山坡和岩缝　分布 / 西藏（察隅）、云南西北部、四川西南部　海拔 / 3 200~4 800 m

4

报春花科 点地梅属

1 直立点地梅

Androsace erecta

外观： 一年生或二年生草本。**根茎：** 主根细长，具少数支根；茎通常单生，直立，被稀疏或密集的多细胞柔毛。**叶：** 在茎基部多少簇生，通常早枯；茎叶互生，椭圆形至卵状椭圆形，先端锐尖或稍钝，具软骨质骤尖头，基部短渐狭，边缘增厚，软骨质，两面均被柔毛；叶柄极短，被长柔毛。**花：** 多朵组成伞形花序生于无叶的枝端，亦偶有单生于茎上部叶腋的；苞片卵形至卵状披针形，叶状，具软骨质边缘和骤尖头，被稀疏的短柄腺体；花梗疏被短柄腺体；花萼钟状，分裂达中部，裂片狭三角形，先端具小尖头，外面被稀疏的短柄腺体，具不明显的2纵沟；花冠白色或粉红色，裂片小，微伸出花萼。**果实：** 蒴果，长圆形，稍长于花萼。

花期 / 4—6月 **果期** / 7—8月 **生境** / 山坡草地及河漫滩上 **分布** / 西藏、云南、四川、青海、甘肃 **海拔** / 2 700~3 500 m

1

1

2 小点地梅

Androsace gmelinii

别名：高山点地梅

外观： 一年生矮小草本。**根茎：** 主根细长，具少数支根。**叶：** 基生，叶片近圆形或圆肾形，基部心形或深心形，边缘具7~9圆齿，两面疏被贴伏的柔毛；叶柄被柔毛。**花：** 花莛柔弱，被开展的长柔毛；伞形花序2~5朵花；苞片小，披针形或卵状披针形，先端锐尖；花萼钟状或阔钟状，密被白色长柔毛和稀疏腺毛，分裂约达中部，裂片卵形或卵状三角形，先端锐尖，果期略开张或稍反折；花冠白色，与花萼近等长或稍伸出花萼，裂片长圆形，先端钝或微凹。**果实：** 蒴果，近球形。

花期 / 5—6月 **果期** / 7—8月 **生境** / 河岸湿地、山地沟谷和林缘草甸 **分布** / 四川西北部、青海、甘肃南部 **海拔** / 2 600~4 000 m

2

3

3 禾叶点地梅

Androsace graminifolia

外观： 多年生草本。**根茎：** 主根粗长，木质；枝上密被残存的枯叶柄。**叶：** 莲座状叶丛生于枝端；叶呈不明显的2型，外层叶线状披针形，边缘具长缘毛；内层叶线形或线状披针形，具半透明的软骨质边缘和刺状尖头，基部渐狭，无毛或沿背面中肋具小糙伏毛。**花：** 花莛密被灰白色卷曲柔毛；伞形花序5~15朵花，呈头状；苞片卵形至阔披针形，叶状，具软骨质边缘及小尖头，中部以下被稀疏长缘毛；花梗被毛；花萼钟状，分

4

裂约达中部，裂片狭三角形，先端锐尖，有时延伸成刺状尖头，背面中肋明显，密被柔毛，边缘具缘毛，花冠紫红色，边缘微呈波状。**果实：**蒴果。

花期 / 6—8月　果期 / 8—9月　生境 / 山坡、阶地和冲积扇草丛中　分布 / 西藏南部　海拔 / 4 000~4 700 m

4 康定点地梅

Androsace limprichtii

别名：川藏点地梅

外观：多年生草本，疏丛生。**根茎：**根出条节间长1~3 cm，幼时被白色长柔毛，老时近于无毛，紫褐色。**叶：**3型，外层叶卵形或阔椭圆形，先端锐尖，中肋明显，下半部膜质，近于无毛，先端边缘具疏缘毛；中层叶舌状匙形，中部以上密被白色长柔毛；内层叶具柄，叶片椭圆形或倒卵状椭圆形，先端钝，基部渐狭，两面被白色长柔毛并杂有短伏毛。**花：**花莛单一，疏被白色长柔毛；伞形花序8~10朵花；苞片椭圆形；花梗纤细，密被毛；花萼钟状，分裂达中部，裂片狭卵形，先端钝，背面被柔毛，近顶端稍密，边缘具缘毛；花冠白色至淡红色，裂片倒卵形，喉部微隆起。**果实：**蒴果。

花期 / 6—7月　果期 / 7—8月　生境 / 山坡林缘、灌丛中和沟谷、路边湿润处　分布 / 云南、四川西部　海拔 / 3 400~4 400 m

5 西藏点地梅

Androsace mariae

别名：草地点地梅、甘川点地梅

外观：多年生草本，高2~15 cm。**根茎：**主根木质；有时根出条伸长。**叶：**莲座状叶丛，直径1~3 cm；叶2型，外层叶舌形或匙形，长3~5 mm，宽1~1.5 mm，先端锐尖，两面有时被疏柔毛，边缘具白色缘毛，内层叶匙形至倒卵状椭圆形，长7~15 mm，先端锐尖或近圆形而具骤尖头，两面无毛至密被白色多细胞柔毛，具无柄腺体，边缘软骨质，具缘毛。**花：**花莛单一，被白色开展的多细胞毛和腺体；伞形花序，具2~7朵花；苞片披针形至线形，具白色多细胞毛；花梗具毛，在花期稍长于苞片，花后伸长；花萼钟状，具毛，5裂达中部，裂片卵状三角形；花冠粉红色，直径5~7 mm，裂片5枚，楔状倒卵形，先端略呈波状。**果实：**蒴果，近球形，稍长于宿存花萼。

花期 / 5—6月　果期 / 7—8月　生境 / 草坡、林缘及砂石地　分布 / 西藏东部、四川西部、青海东部、甘肃南部　海拔 / 1 800~4 000 m

报春花科 点地梅属

1 柔软点地梅

Androsace mollis

外观：多年生草本，高5~40 mm。**根茎：**根出条稍纤细，暗紫色，被白色或带褐色的长柔毛，渐变无毛。**叶：**莲座状叶丛直径8~15 mm；叶呈不明显2型，外层叶倒卵状匙形，长2.5~5 mm，宽1.5~2 mm，下面被稀疏长硬毛，边缘具开展的长缘毛；内层叶倒卵形或倒卵状匙形，长5~7 mm，宽2~2.5 mm，下面被稀疏长硬毛。**花：**花莛单一，疏被长硬毛和腺体；伞形花序具2~7朵花；苞片线形至匙状长圆形，略呈叶状；花梗疏被硬毛和腺体；花萼杯状，分裂至中部，裂片阔卵形或长圆状卵形，背面及边缘被短硬毛；花冠粉红色，直径5~8 mm，裂片阔倒卵形，先端圆形或微呈波状。**果实：**蒴果，近球形。

花期／6—7月　果期／7—8月　生境／山坡林下、高山灌丛中　分布／西藏东南部、云南西北部　海拔／3 000~4 400 m

1

2

2

2 硬枝点地梅

Androsace rigida

外观：多年生草本，形成疏丛状。**根茎：**根出条多数，枣红色或紫褐色，密被褐色刚毛状硬毛，节上有枯老叶丛。**叶：**3型，外层叶卵状披针形；中层叶舌状长圆形或匙形，约与外层叶等长；内层叶椭圆形至倒卵状椭圆形，比外层叶约长1倍，先端钝，腹面被短硬毛，背面沿中肋被毛，边缘具缘毛。**花：**花莛单一，直立，高1.5~4.5 cm，稍坚硬，被稀疏硬毛；伞形花序1~7朵花；苞片线形被毛，先端钝，基部突起稍成囊状；花梗与苞片近等长或稍短，密被毛；花萼杯状，长约3 mm，分裂达中部，裂片长圆状卵形，先端钝，背面沿中肋及先端密被硬毛，边缘具缘毛；花冠深红色或粉红色。**果实：**蒴果，稍长于花萼。

花期／5—7月　果期／7—8月　生境／山坡草地、林缘和石缝　分布／云南西北部、四川西南部　海拔／2 900~3 800 m

3 刺叶点地梅

Androsace spinulifera

外观：多年生草本，具木质粗根。**根茎：**根状茎极短或不明显。**叶：**莲座状叶丛单生或2~3枚自根茎簇生；2型，外层叶小，密集，卵形或卵状披针形，先端软骨质，蜡黄色，渐尖成刺状，边缘具短缘毛；内层叶倒披针形，稀披针形，先端锐尖或圆钝而具骤尖头，两面密被小糙伏毛。**花：**花莛单一，自叶丛中抽出，被稍开展的硬毛；伞形花序多花；苞片披针形或线形，被毛；花梗被小硬

3

3

毛；花萼钟状，分裂约达全长的1/3，裂片卵形或卵状三角形，先端稍钝，被短硬毛；花冠深红色，裂片倒卵形，先端微凹。**果实：**蒴果，近球形，稍长于花萼。

花期 / 5—6月　果期 / 7月　生境 / 山坡草地及林缘　分布 / 云南西北部、四川西部　海拔 / 2 900~4 450 m

4 糙伏毛点地梅

Androsace strigillosa

外观：多年生草本，高10~40 cm。**根茎：**主根粗壮，灰褐色。**叶：**基生；3型，外层叶卵状披针形或三角状披针形，长6~9 mm，宽3~4 mm，干膜质，先端及边缘疏被毛，中层叶舌形或卵状披针形，长6~15 mm，宽2~2.5 mm，草质，两面被白色柔毛，边缘具缘毛；内层叶椭圆状披针形或倒卵状披针形，长5~10 cm，先端锐尖或具骤尖头，下部渐狭，基部下延成明显的柄，两面密被多细胞糙伏毛和短柄腺体。**花：**花莛1至数枚，被开展硬毛和短柄腺体；伞形花序；苞片线状披针形，先端被短柔毛；花梗被稀疏柔毛和腺体；花萼圆锥形或陀螺形，长3.5~4 mm，外面疏被短柔毛和腺毛，5裂约达全长的1/3，裂片阔卵形至卵状三角形，边缘密被小睫毛；花冠深红色或粉红色，直径8~9 mm，5裂，裂片楔状阔倒卵圆形。**果实：**蒴果，近球形。

花期 / 6月　果期 / 8月　生境 / 山坡草地、林缘、灌丛中　分布 / 西藏南部及东南部　海拔 / 3 000~4 200 m

5 绵毛点地梅

Androsace sublanata

外观：多年生草本。**根茎：**莲座状叶丛直径1.5~4.5 cm，基部具残存的枯叶。**叶：**2型，外层叶舌状长圆形，多数，近等长，先端钝，腹面被小糙伏毛，背面被绵毛状长毛；内层叶大，倒卵形或倒卵状披针形，先端钝，基部渐狭或有时具不明显的翅柄，两面均被绵毛状毛和短柄腺体，边缘具缘毛。**花：**花莛单一，被稀疏开展的绵毛状长毛；伞形花序3~11朵花；苞片小，椭圆形，先端及边缘被毛；花梗近于无毛或被稀疏柔毛，具无柄腺体；花萼杯状，裂片卵形至阔卵形，先端钝，背面具3脉，近于无毛，仅边缘具小缘毛；花冠粉红色，裂片阔倒卵形，先端全缘或微凹。**果实：**蒴果。

花期 / 6—7月　果期 / 7—8月　生境 / 山坡草地、疏林下或灌丛中　分布 / 西藏东南部、云南西北部（丽江）、四川西南部（乡城）　海拔 / 3 000~4 000 m

4

4

5

报春花科 点地梅属

1 粗毛点地梅

Androsace wardii

别名：玉龙点地梅

外观：多年生草本，高2~7 cm。**根茎：**根出条带紫色，下部节上具老叶丛残迹，上部新叶丛叠生于老叶丛顶端。**叶：**莲座状；2型，外层叶舌形至卵形，长3~4 mm，下面有时被短硬毛，先端和边缘具多细胞长粗毛，内层叶匙形或倒披针形，长1.5~2 cm，基部渐狭，具明显的柄，两面均被短粗毛和腺体，边缘具粗缘毛。**花：**花莛被毛；伞形花序，具3~6朵花；苞片长圆形或狭椭圆形，被短粗毛；花梗长于苞片，被开展的粗毛；花萼阔钟形或杯状，长约3 mm，5裂达中部，裂片卵状三角形，被粗毛；花冠粉红色，直径6~8 mm，筒部与花萼近等长，5裂，裂片楔状倒卵形，先端微呈波状。**果实：**蒴果，近球形，稍长于宿存花萼。

花期 / 6—7月　果期 / 8月　生境 / 山坡、草坡、河边　分布 / 西藏东南部、云南西北部、四川西南部　海拔 / 3 400~4 600 m

1

2

2 高原点地梅

Androsace zambalensis

别名：糌粑点地梅、巴塘点地梅

外观：多年生草本，植株由多数根出条和莲座状叶丛形成密丛或垫状体。**根茎：**根出条稍粗壮，深褐色，节上具枯老叶丛，上部节间短或新叶丛叠生于老叶丛上而无明显间距。**叶：**莲座状叶丛；叶近2型，外层叶长圆形或舌形，早枯，深褐色，先端钝，稍向内弯拱，腹面疏被毛，背面被短硬毛，上部边缘被睫毛；内层叶狭舌形至倒披针形，毛被同外层叶，但较密。**花：**花莛单生，被开展的长柔毛；伞形花序2~5朵花；苞片倒卵状长圆形至阔倒披针形，先端钝，背部和边缘具长柔毛；花梗短于苞片，被柔毛；花萼阔钟形或杯状，密被柔毛，分裂近达中部，裂片卵状三角形，先端稍钝；花冠白色，喉部周围粉红色，裂片阔倒卵形或楔状倒卵形，全缘或先端微凹。**果实：**蒴果。

花期 / 6—7月　果期 / 7—8月　生境 / 湿润的砾石草甸和流石滩　分布 / 西藏东南部、云南西北部、四川西部、云南南部　海拔 / 3 600~5 000 m

2

报春花科 海乳草属

3 海乳草

Glaux maritima

别名：西尚、麻雀舌头

外观：矮小沼生草本。**根茎：**茎直立或下

部匍匐，节间短，通常有分枝。**叶：**近于无柄，交互对生或有时互生，间距极短，或有时稍疏离，近茎基部的3~4对鳞片状，膜质，上部叶肉质，线形、线状长圆形或近匙形，先端钝或稍锐尖，基部楔形，全缘。**花：**单生于茎中上部叶腋；花梗长可达1.5 mm，有时极短，不明显；花萼钟形，白色或粉红色，花冠状，分裂达中部，裂片倒卵状长圆形，先端圆形；雄蕊5枚，稍短于花萼；子房卵珠形，上半部密被小腺点，花柱与雄蕊等长或稍短。**果实：**蒴果，卵状球形，先端稍尖，略呈喙状。

花期 / 6月　果期 / 7—8月　生境 / 海边及内陆河漫滩盐碱地和沼泽草甸中　分布 / 西藏、四川西部、青海、甘肃　海拔 / 1 000~4 400 m

报春花科 珍珠菜属

4 多育星宿菜

Lysimachia prolifera

别名：多育珍珠菜

外观：多年生草本，高5~15 cm。**根茎：**茎通常多条簇生，基部常倾卧，上部上升，密被褐色腺体。**叶：**对生，在茎上部有时互生，近茎基部的1~2对退化成鳞片状，上部叶阔卵圆形至阔匙形，长7~15 mm，宽6~12 mm，两面具腺点和腺条；叶柄约与叶片等长，具狭翅。**花：**单生于茎端叶腋；花梗长1~1.5 cm，具腺体；花萼长约5 mm，分裂至近基部，裂片狭披针形或近钻形，背面具短腺条；花冠淡红色或白色，裂片倒卵状匙形；雄蕊稍短于花冠，花药紫褐色；子房卵珠形。**果实：**蒴果，球形。

花期 / 5—6月　果期 / 6—7月　生境 / 山坡草地及混交林下　分布 / 西藏南部及东南部、云南西北部、四川西部　海拔 / 2 700~3 300 m

5 矮星宿菜

Lysimachia pumila

外观：多年生草本。**根茎：**茎通常多条簇生，披散或上升，密被褐色短柄腺体。**叶：**近等大，在茎下部常对生，叶柄长于叶片；茎上部叶互生，叶片匙形至阔卵形，均有暗紫色或黑色短线条和腺点。**花：**4~8朵生于茎端，略成头状花序状；花梗短于花冠；花萼分裂近达基部，裂片长圆状披针形，先端锐尖，背面有暗紫色短腺条和腺点；花冠淡红色，裂片匙形或倒卵形，先端钝；雄蕊约与花冠等长，花丝下部宽扁，贴生至花冠裂片基部；花药紫色；子房无毛，花柱棒状。**果实：**蒴果，卵圆形。

花期 / 5—6月　果期 / 7月　生境 / 山坡草地、潮湿谷地和河滩上　分布 / 云南西北部、四川西部　海拔 / 3 500~4 000 m

报春花科 独花报春属

1 大理独花报春

Omphalogramma delavayi

外观：多年生草本。**根茎：**根状茎肥厚，有时分枝，向下发出多数肉质长根。**叶：**叶丛基部具鳞片包叠；叶片阔卵形至近圆形，开花时仅部分露出基部鳞片，先端钝或圆形，基部微呈心形至心形，边缘略呈波状或具小圆齿，上面沿中肋被少数柔毛，下面沿叶脉和边缘被多细胞长毛；叶柄与叶片近等长，被柔毛；叶柄长于叶片可达3倍。**花：**花莛通常先于叶抽出，被毛；花萼阔钟状，分裂接近基部，外面被毛，具3~5脉，先端锐尖或钝，有时分裂，边缘常有数小齿；花冠漏斗状，玫瑰紫色，外面被柔毛，冠筒基部带黄色，通常长于花萼1~2倍，裂片5~6枚，先端具缺刻状齿；雄蕊着生处距冠筒基部1~1.3 cm，花丝长5~10 mm，微被毛；子房无毛，花柱长达冠筒口，下半部被硬毛状毛。**果实：**蒴果，筒状。

花期 / 6月　果期 / 7—8月　生境 / 高山灌丛及草坡　分布 / 云南西北部　海拔 / 3 300~4 000 m

1

2

2 西藏独花报春

Omphalogramma tibeticum

外观：多年生草本。**根茎：**根状茎粗短，带木质，顶端具覆瓦状包叠的鳞片；鳞片卵形至矩圆形。**叶：**与花同时出现，外轮叶通常阔卵形，先端稍锐尖，基部心形或圆形，内轮叶椭圆形，基部渐狭，上面疏被柔毛，下面沿叶脉被毛，侧脉4~6对，纤细，在下面稍明显；叶柄具翅，开花时短于叶片，果时可长于叶片1倍。**花：**花莛被褐色柔毛，裂片6枚，披针形至线状披针形，先端锐尖或钝，背面具3脉；花冠紫色，外面被褐色柔毛，冠筒长3~4 cm，自基部向上渐次扩大，裂片矩圆形或微呈倒卵形，先端微凹，具小圆齿；雄蕊着生于冠筒中部；花丝无毛；子房无毛，花柱长达冠筒口，下部被短毛，上部近于无毛。**果实：**蒴果。

花期 / 7月　果期 / 7—8月　生境 / 高山灌丛中　分布 / 西藏（波密）　海拔 / 4 000 m

2

3 独花报春

Omphalogramma vinciflorum

外观：多年生草本，全株被毛。**根茎：**无木质根茎，基部有鳞片包叠的部分高1.5~5 cm；鳞片膜质，阔卵形，密被褐黄色腺点。**叶：**花期叶连同叶柄长4~20 cm；基部渐狭过渡成叶柄。**花：**花莛高5~20 cm；花萼分裂达基部；花冠深蓝紫色，筒部狭窄，冠檐直径3~5 cm，花冠裂片全缘或有锯齿；雄蕊着生于冠筒中上部；子房花柱均无毛。**果实：**蒴果，长达2 cm。

花期 / 6月　果期 / 7月　生境 / 湿润的高山草地　分布 / 西藏（波密、工布江达）、云南西北部、四川西南部　海拔 / 2 200~4 600 m

报春花科 羽叶点地梅属

4 羽叶点地梅

Pomatosace filicula

外观：一年生或二年生草本，高3~9 cm。**根茎：**具粗长的主根和少数须根。**叶：**多数，叶片轮廓线状矩圆形，两面沿中肋被白色疏长柔毛，羽状深裂至近羽状全裂，裂片线形或窄三角状线形，先端钝或稍锐尖，全缘或具1~2牙齿；叶柄甚短或长达叶片的1/2，被疏长柔毛，近基部扩展，略呈鞘状。**花：**花莛通常多枚自叶丛中抽出，疏被长柔毛；伞形花序6~12朵花；苞片线形，疏被柔毛；花梗无毛；花萼杯状或陀螺状，果时增大，外面无毛，分裂略超过全长的1/3，裂片三角形，锐尖，内面被微柔毛；花冠白色，裂片矩圆状椭圆形，先端钝圆。**果实：**蒴果，近球形，周裂成上下两半，通常具种子6~12粒。

花期 / 5—6月　果期 / 6—8月　生境 / 高山草甸和河滩砂地　分布 / 西藏、四川西部、青海东部　海拔 / 3 000~4 500 m

报春花科 报春花属

1 紫折瓣报春

Primula advena var. *euprepes*

别名：紫花折瓣雪山报春

外观：多年生草本，高20~50 cm。**根茎：**根状茎肥厚，具多数须根。**叶：**叶丛基部外围有鳞片和枯叶；叶片倒披针形或倒卵形，长6~15 cm，宽2~5 cm，边缘具牙齿，有时沿下面边缘被粉；叶柄具阔翅。**花：**花莛顶端微被粉；伞形花序，1~3轮，每轮5~12朵花；苞片近线形，边缘通常被粉；花梗有时被粉；花萼狭钟状，深紫色，具褐色小腺点，5裂约达中部，裂片披针形，边缘有时被粉；花冠高脚碟状，深紫色，裂片通常反折。**果实：**蒴果，稍长于宿存花萼。

花期 / 6—8月　果期 / 8—9月　生境 / 高山草地、林缘　分布 / 西藏（米林）　海拔 / 4 000~4 300 m

1

2 乳黄雪山报春

Primula agleniana

外观：多年生草本。**根茎：**根状茎短，具粗而长的须根。**叶：**叶丛基部有多数鳞片包叠，呈鳞茎状；鳞片卵形，鲜时带红色；叶片披针形至倒披针形，开花期连叶柄长10~25 cm；果期显著伸长，先端锐尖，边缘具撕裂状牙齿；叶下面被黄绿色粉。**花：**花莛近顶端疏被粉；伞形花序1轮，通常2~5朵花；花梗长1.5~3 cm，密被粉质小腺体，开花时下弯，果期直立；花萼钟状，分裂至中部，先端钝或圆形；花冠淡黄色、乳白色或粉红色。**果实：**蒴果，等于或略长于花萼。

花期 / 5—6月　果期 / 6—7月　生境 / 湿润的高山草地　分布 / 西藏南部、云南西北部　海拔 / 4 000~4 500 m

3 木里报春

Primula boreiocalliantha

外观：多年生草本。**根茎：**根状茎粗短，具肉质粗长侧根。**叶：**叶丛基部由鳞片、叶柄包叠成假茎状；鳞片上部被淡黄色粉；叶片狭矩圆状披针形，先端稍锐尖，基部渐狭窄，边缘具近于整齐的钝牙齿，下面被橄榄色粉；叶柄具宽翅。**花：**花莛粗壮，近顶端被粉；伞形花序1~3轮，每轮3~4朵花；花梗微被粉，花期稍下弯；花萼分裂略超过中部，外面被小腺体或沿边缘被淡黄色粉，内面通常被粉；花冠蓝紫色，喉部被粉，无环状附属物，裂片先端具凹缺，有时并具啮蚀状小齿；花柱2型。**果实：**蒴果，筒状。

花期 / 5—6月　果期 / 6—7月　生境 / 高山草地、林缘和杜鹃丛中　分布 / 云南西北部、四川西南部　海拔 / 3 600~4 000 m

1

1

2
2
2
3
3
3

报春花科 报春花属

1 美花报春

Primula calliantha

别名：紫鹃报春、雪山厚叶报春、楼台花

外观：多年生草本。**根茎：**根状茎短，具多数长根。**叶：**叶丛基部有多数覆瓦状排列的鳞片，鳞茎状；鳞片卵形至卵状披针形，先端钝圆或具凸尖头，鲜时带肉质，背面被黄粉；叶片狭卵形或倒卵状矩圆形至倒披针形，先端圆形或钝，基部楔状渐狭，边缘具小圆齿，上面深绿色，下面密被黄绿色粉，中肋稍宽，鲜时带红色；初花时叶柄甚短。**花：**花莛上部被淡黄色粉；伞形花序1轮，3~10朵花；苞片狭披针形或先端渐尖成钻形，背面具明显的中肋，腹面密被黄粉；花萼狭钟状，内面密初黄粉，分裂达中部或深达全长的2/3，裂片窄矩圆形，先端钝或稍锐尖；花大，花冠淡紫红色至深蓝色，喉部被黄粉，环状附属物不明显；花柱异长。**果实：**蒴果，仅略长于花萼。

花期 / 4—6月　果期 / 7—8月　生境 / 山顶草地及杜鹃林下　分布 / 云南西部　海拔 / 4 000 m

1

1

2 紫花雪山报春

Primula chionantha

(syn. *Primula sinopurpurea*)

别名：中华紫报春、玉莛报春

外观：多年生草本。**根茎：**根状茎短，具多数长根。**叶：**叶丛基部由鳞片、叶柄包叠成假茎状，高4~9 cm，直径可达3.5 cm；鳞片顶端常被黄粉；叶片矩圆状卵形至倒披针形，长5~25 cm，宽1~5 cm，边缘具细小牙齿或近全缘，下面初时密被鲜黄色粉，后渐脱落；叶柄具宽翅，被鳞片所覆盖，果期伸长。**花：**花莛粗壮，高20~70 cm，近顶

2

2

2

3

端被黄粉；伞形花序1~4轮；苞片披针形至钻形，腹面被粉；花梗长1~2.5 cm，密被鲜黄色粉，花期稍下弯，果期直立；花萼狭钟状，分裂略超过中部，外面疏被粉，内面密被鲜黄色粉；花冠紫蓝色或淡蓝色，稀白色，冠筒长11~13 mm，冠檐直径2~3 cm，裂片阔椭圆形至近卵形，全缘；花柱异长。**果实：** 蒴果，筒状，长于花萼近1倍。

花期／5—7月　果期／7—8月　生境／高山草地、草甸及杜鹃丛中　分布／西藏东南部、云南北部至西北部、四川西南部　海拔／3 000~4 400 m

3 双花报春

Primula diantha

别名：双花雪山报春

外观： 多年生草本。**根茎：** 根状茎短，具多数纤维状须根。**叶：** 叶丛基部无鳞片，具叉开的叶柄，外围有残留枯叶；叶片矩圆状匙形至倒披针形，向内渐变狭，基部渐狭，边缘具小牙齿或小圆齿，有时近全缘或因外卷而成全缘状，下面被白色或乳黄色粉；叶柄甚短或与叶片近等长，具窄翅。**花：** 花莛高2~12 cm，顶端微被粉或略具腺体；伞形花序，苞片披针形至钻形，常带紫色；花梗长3~10 mm；花萼筒状，外面带紫色，内面被粉，裂片狭披针形或狭矩圆形；花冠蓝紫色至紫红色，冠筒口周围灰色，喉部具环状附属物，裂片椭圆状或倒卵状矩圆形。**果实：** 蒴果，筒状，长于宿存花萼。

花期／6月　果期／7—8月　生境／高山草地、湿草甸、流石滩　分布／西藏东部、云南西北部、四川西部　海拔／4 000~4 800 m

4 镰叶雪山报春

Primula falcifolia

外观： 多年生草本。**根茎：** 根状茎粗短，具粗长须根。**叶：** 叶丛基部有鳞片包叠，呈鳞茎状；鳞片卵形至卵状披针形，先端钝圆或具凸尖头，鲜时带红色；叶片线状披针形，先端锐尖，茎部渐狭窄，边缘具小锯齿，上面深绿色，下面淡绿色，中肋宽，在下面隆起，侧脉纤细，不明显；叶柄甚短或长达叶片的1/2。**花：** 顶生1~2朵花，稀3~4朵花；苞片披针形；花梗稍粗壮；花萼杯状，分裂近达中部，裂片近四方形，先端圆形或截形；花冠黄色，裂片扁圆形，全缘；花柱异长。**果实：** 蒴果，稍长于宿存花萼。

花期／7月　果期／8月　生境／高山草地、草甸和冷杉林下　分布／西藏（米林、墨脱）　海拔／3 250~4 300 m

报春花科 报春花属

1 黄粉大叶报春

Primula macrophylla var. *atra*

外观：多年生草本，高10~25 cm。**根茎：**根状茎短，具多数长根。**叶：**叶丛基部由鳞片、叶柄包叠成假茎状，外围有枯叶，常分解成纤维状；叶基生，叶片披针形至倒披针形，长5~12 cm，宽1.5~3 cm，边缘通常极狭外卷，全缘或具细齿，下面被黄粉；叶柄具宽翅，基部互相包叠，外露部分甚短或与叶片近等长。**花：**花莛被黄粉；伞形花序1轮，5至多朵花；苞片线状披针形；花梗被黄粉；花萼筒状，5裂达全长1/2~3/4，裂片矩圆形，外面常带紫黑色，内面被白粉；花冠紫色或蓝紫色，裂片5枚，近圆形或倒卵形。**果实：**蒴果，筒状，约长于花萼1倍。

花期／6—7月　果期／7—8月　生境／山坡草甸　分布／西藏南部及东南部　海拔／4 300~5 000 m

1

2 深紫报春

Primula melanantha

外观：多年生草本。**根茎：**根茎短，密被宿存鳞片，鳞片2~6 cm。**叶：**莲座状；叶柄具宽翅，花期远长于基部鳞片；叶片倒卵形，长5.5~12 cm，宽1.5~3 cm；背面密被柔毛。**花：**花莛25~40 cm，被微柔毛；伞状花序单生，多花；苞片7~10 mm；花梗1~3 cm；萼钟形，8~9 mm，裂至近中部；花冠深紫色，冠檐直径1~1.3 cm；花柱异长。**果实：**蒴果，筒状。

花期／6—7月　果期／6—7月　生境／高山草甸及灌丛　分布／四川西部（康定）、青海东南部（果洛）　海拔／3 500~4 200 m

1

2

2

3 雪山小报春

Primula minor

别名：小报春

外观：多年生草本。**根茎：**根状茎短，具多数粗长须根。**叶：**叶丛基部具残存的枯叶，无鳞片；叶柄叉开；叶片匙形至倒卵形，先端圆钝，基部楔状渐狭，边缘具近于整齐的小钝齿，下面被淡黄色粉；叶柄具极狭的翅。**花：**花莛顶端多少被粉；伞形花序3~8朵花；苞片线状钻形，微被粉；花梗密被粉；花萼筒状，内面密被粉，分裂深达全长的1/2~3/4，裂片狭矩圆形，先端锐尖或钝；花冠紫红色或蓝紫色，裂片椭圆形或倒卵形，全缘，稀具不明显的小圆齿；花柱异长。**果实：**蒴果，筒状。

花期 / 6月　果期 / 7—8月　生境 / 多石山坡、杜鹃灌丛和石壁缝中　分布 / 西藏东南（察瓦龙）、云南西北部（德钦）　海拔 / 4 300~5 000 m

报春花科 报春花属

1 林芝报春

Primula ninguida

别名：尖萼大叶报春

外观：多年生草本，高10~20 cm。**根茎：**根状茎粗短，具多数长根。**叶：**叶丛基部外围有鳞片和少数枯叶；叶片披针形至倒披针形，长3.5~9 cm，宽1~1.5 cm，边缘具小圆齿，上面被微柔毛，下面被乳黄色粉或近于无粉；叶柄具宽翅，与叶片近等长或稍长于叶片。**花：**花莛顶端微被粉；伞形花序1轮，具3~15朵花；苞片狭披针形，两面微被粉；花梗被乳白色粉；花萼筒状，裂片5枚，线状披针形，外面疏被微柔毛，内面密被白粉；花冠深紫红色，冠筒窄长，喉部具环状附属物，筒口周围橙黄色，裂片5枚，矩圆状椭圆形。**果实：**蒴果，筒状，长于花萼。

花期 / 6月　果期 / 7—9月　生境 / 高山草甸、溪边、林缘、灌丛中　分布 / 西藏（米林、林芝）　海拔 / 3 900~5 000 m

1

2 四川报春

Primula szechuanica

别名：四川雪山报春、偷筋草

外观：多年生草本，全株无粉。**根茎：**根状茎粗短，具多数长根。**叶：**开花时叶丛基部无鳞片，叶柄散开；叶片椭圆形至倒披针形，先端锐尖或钝，边缘具锐尖牙齿，中肋稍宽，侧脉纤细，不明显。**花：**花莛高12~50 cm；伞形花序1~2轮，稀3~4轮，每轮具4~15朵花；苞片披针形；花萼狭钟状，分裂近达中部，裂片矩圆状披针形；花冠淡黄色，冠筒喉部具环状附属物，裂片矩圆形，通常反折，近贴于冠筒上，全缘；花柱异长。**果实：**蒴果，筒状。

花期 / 6月　果期 / 6—7月　生境 / 高山湿草地、草甸和杜鹃丛中　分布 / 西藏东南、云南西北部、四川西部　海拔 / 3 300~4 500 m

2

3 甘青报春

Primula tangutica

别名：唐古特报春

外观：多年生草本，全株无粉。**根茎：**根状茎粗短，具多数须根。**叶：**叶丛基部无鳞片；叶片椭圆形，椭圆状倒披针形至倒披针形，先端钝圆或稍锐尖，基部渐狭窄，边缘具小牙齿，稀近全缘，干时坚纸质，两面均有褐色小腺点；叶柄不明显或长达叶片的1/2，很少与叶片近等长。**花：**花莛稍粗壮；伞形花序1~3轮，每轮5~9朵花；苞片线状披针形；花梗被微柔毛，开花时稍下弯；花萼筒状，分裂达全长的1/3或1/2，裂片三角形或披针形，边缘具小缘毛；花冠朱红色，裂

3

片线形；花柱异长。**果实：**蒴果，筒状，长于宿存花萼3~5 mm。

花期 / 6—7月　果期 / 8月　生境 / 阳坡草地和灌丛下　分布 / 四川西北部、青海东部、甘肃南部　海拔 / 3 300~4 700 m

4

4 杂色钟报春

Primula alpicola

别名：顶花报春、高山报春

外观：多年生草本，高15~90 cm。**根茎：**根状茎粗短，具多数长根。**叶：**基生，矩圆形至矩圆状椭圆形，长10~20 cm，宽3~8 cm，基部截形至圆形，有时微呈心形或短楔形，边缘具齿，下面多少被小腺体，稍呈粗糙状；叶柄与叶片近等长至长于叶片1倍，具狭翅。**花：**花莛顶端微被粉；伞形花序，通常2~4轮，每轮5至多花；苞片窄披针形、矩圆形至卵形，绿色或带红褐色，通常被粉；花梗被淡黄色粉；花萼钟状或窄钟状，外面被小腺体和稀薄黄粉，内面密被黄粉，5裂达全长的1/4~1/3，裂片三角形至披针形；花冠黄色、淡黄色、白色、紫红色、紫色，冠筒口被黄粉，裂片5枚，阔倒卵形至近圆形，先端具凹缺。**果实：**蒴果，筒状，稍长于花萼。

花期 / 6—7月　果期 / 8—9月　生境 / 沟边、灌丛、林下、草甸　分布 / 西藏东南部　海拔 / 3 000~4 600 m

4

4

报春花科 报春花属

1 巨伞钟报春

Primula florindae

外观：多年生粗壮草本。**根茎：**根状茎粗短，具多数纤维状须根。**叶：**叶丛高6~50 cm；叶片阔卵形，边缘具稍钝的牙齿；叶上面绿色，下面淡绿色，多少被小腺体，网脉明显。**花：**花莛较粗壮，高30~120 cm，有时顶端微被粉；伞形花序多花，通常15~30朵，有时出现两轮花序；苞片阔披针形，先端常具小齿，基部膨大下延成垂耳状；花梗长2~10 cm，多少被黄粉；花萼钟状，外面密被黄粉，分裂略超过全长的1/3；花冠鲜黄色，内面被黄粉，先端微缺。**果实：**蒴果，稍长于宿存花萼。

花期 / 6—7月　果期 / 7—8月　生境 / 山谷水沟边、河滩、云杉林下潮湿处　分布 / 西藏南部　海拔 / 2 600~4 000 m

1

2 钟花报春

Primula sikkimensis

别名：锡金报春、象治赛保

外观：多年生草本。**根茎：**根状茎粗短，具多数纤维状的须根。**叶：**叶丛高7~30 cm；叶片边缘具锐齿或稍钝的锯齿；上面深绿色，下面淡绿色，被稀疏的小腺体。**花：**花莛较粗壮，高15~90 cm，顶端被黄粉；伞形花序1轮或2轮；苞片披针形；花梗长1~6 cm，被黄粉，花期下弯，果期直立；花萼钟状，分裂至中部，内外被黄粉；花冠黄色，喉部无环状附属物，筒口周围被黄粉。**果实：**蒴果，长圆，约与宿存花萼等长。

花期 / 6月　果期 / 8—9月　生境 / 潮湿的高山草地、水沟边和林缘　分布 / 西藏、云南西北部、四川西部　海拔 / 3 200~4 100 m

1

1

1

3 小钟报春

Primula sikkimensis var. *pudibunda*

外观：多年生草本，高5~15 cm。**根茎：**根状茎粗短，具多数纤维状须根。**叶：**基生，椭圆形、矩圆形或倒披针形，长3~7 cm，宽0.5~1.5 cm，边缘具锯齿或牙齿，下面被稀疏小腺体；叶柄甚短。**花：**花莛顶端被黄粉；伞形花序通常1轮，具1朵至多朵花；苞片披针形或线状披针形，多少被粉；花便被黄粉，开花时下弯；花萼钟状或狭钟状，两面均被黄粉，5裂约达中部，裂片披针形；花冠黄色、淡黄色或近乳白色，筒部稍长于花萼，筒口周围被黄粉，裂片5枚，倒卵形或倒卵状矩圆形，全缘或先端凹缺。**果实：**蒴果，长圆形，约与宿存花萼等长。

花期／6—7月　果期／9—10月　生境／高山草甸、沼泽、溪水边　分布／西藏、云南西北部　海拔／4 000~4 500 m

报春花科 报春花属

1 紫晶报春

Primula amethystina subsp. *amethystina*

外观：多年生草本。**根茎：**根茎粗短，向下发出成丛的粗长支根。**叶：**叶丛基部有少数鳞片；叶片矩圆形至倒卵状矩圆形，先端圆形或偶具小突尖头，基部楔形，下延，边缘中部以上具稀疏的三角形小齿，齿端稍增厚呈腺体状，两面均有紫色小斑点；叶柄具宽翅。**花：**花莛单生；花下垂，有香气，2~6朵组成伞形花序；苞片卵状披针形至线状披针形；花萼钟状，分裂近达中部，裂片卵形，先端钝或锐尖；花冠紫水晶色或深紫蓝色，筒状的基部约与花萼等长，裂片近正方形，先端微凹，凹缺间常有一小突尖头。**果实：**蒴果，约与花萼等长。

花期 / 6—7月　果期 / 7—9月　生境 / 近山顶的湿润草地　分布 / 云南（大理）　海拔 / 4 000 m

1

2

2 短叶紫晶报春

Primula amethystina subsp. *brevifolia*

外观：多年生草本。**根茎：**根茎粗短。**叶：**叶丛基部有少数鳞片；叶片矩圆形至倒卵状矩圆形，基部楔形，下延，边缘具稀疏小牙齿；叶柄具宽翅。**花：**花莛单生，高8~16 cm，稀高达25 cm；花下垂，3~20朵组成伞形花序；花梗长2~20 mm；苞片卵状披针形至线状披针形；花萼钟状，分裂近达中部，裂片卵形；花冠紫色或深紫蓝色，长花柱花的花冠窄钟状，裂片先端呈不规则的缺刻状，裂齿锐尖；短花柱花的花冠较宽。**果实：**蒴果。

花期 / 6—7月　果期 / 8月　生境 / 高山草地　分布 / 西藏东南部、云南西北部、四川西部　海拔 / 3 400~5 000 m

3 展瓣紫晶报春

Primula dickieana

别名：绿心报春

外观：多年生草本。**根茎：**根茎极短。**叶：**叶丛基部有少数鳞片包叠，鳞片披针形或线形，鲜时稍带肉质；叶片椭圆状倒卵形至倒披针形，先端多少锐尖，基部楔形，下延，边缘近全缘或具极稀疏的小牙齿。**花：**单生或2~6朵组成伞形花序；花梗稍粗壮，果时伸长可达2.5 cm；苞片线形，常生于花梗上；花萼狭钟状，分裂超过全长的1/3至近达中部，裂片狭三角形，先端稍钝；花冠黄色、白色、淡紫色或紫蓝色，筒部长于花萼，内面及筒口被毛，冠檐开张，直径2~3 cm，裂片倒心形至长圆形，顶端2裂，长花柱花：雄蕊着生处距冠筒基部约4 mm，花柱长7~8 mm；短花柱花：花柱长

2

3

3 张志强 摄影

4

4

4

仅2 mm。**果实：**蒴果，约与花萼等长。

花期 / 6—7月　果期 / 7—8月　生境 / 湿润的高山草地　分布 / 西藏东南部、云南西北部　海拔 / 4 000~5 000 m

4 暗红紫晶报春

Primula valentiniana

别名：紫红报春

外观：多年生小草本。**根茎：**根茎粗短，向下发出一丛粗长的支根。**叶：**叶丛基部有少数鳞片和残存的枯叶柄；叶片倒卵形至倒披针形，先端锐尖或有时稍钝而具突尖头，基部楔形，边缘有稀疏的小牙齿；叶柄具狭翅，长约为叶片的1/2。**花：**花莛纤细，单生；花通常1~2朵生于花莛顶端，下垂；苞片线形，通常2枚，互生；花萼杯状，带紫色，分裂近达中部，裂片三角形或卵状三角形；花冠淡紫红色至深紫红色，狭窄的管状基部极短，向上扩展成阔钟形，内面有少数白色微柔毛，宽与长近相等，先端圆形，全缘、波状或微凹，花柱异长。**果实：**蒴果，等长于或稍长于花萼。

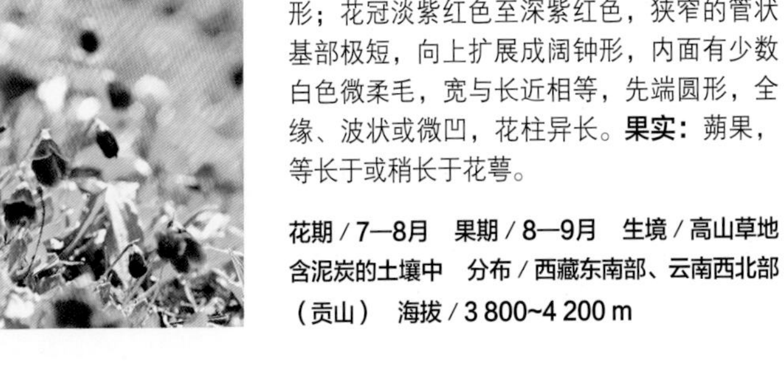

花期 / 7—8月　果期 / 8—9月　生境 / 高山草地含泥炭的土壤中　分布 / 西藏东南部、云南西北部（贡山）　海拔 / 3 800~4 200 m

报春花科 报春花属

1 霞红灯台报春
Primula beesiana

别名：霞红报春

外观：多年生草本。**根茎：**具多数粗长的支根。**叶：**叶片长圆状倒披针形至椭圆状倒披针形，先端圆形，基部渐狭窄，下延至叶柄，边缘具近于整齐的三角形小牙齿；叶柄具翅。**花：**花莛1~3枚，无粉或节上被白粉，具伞形花序2~4轮，每轮具8~16朵花；苞片线形；花梗无粉或微被粉；花萼钟状，内面密被乳白色或带黄色的粉，分裂达中部或稍过之，裂片披针形；花冠冠檐直径约2 cm，玫瑰红色，稀为白色，冠筒口周围黄色，裂片倒卵形，先端具深凹缺；花柱2型。**果实：**蒴果，稍短于花萼。

花期 / 6—7月　果期 / 7—9月　生境 / 溪边和沼泽草地　分布 / 云南北部及西北部、四川西南部　海拔 / 2 400~2 800 m

1

2

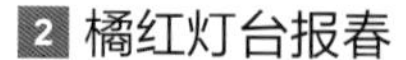

2 橘红灯台报春
Primula bulleyana

别名：橘红报春、桔红灯台报春

外观：多年生草本。**根茎：**具极短的根茎和成丛的粗长支根。**叶：**叶片椭圆状倒披针形，先端钝或圆形，基部渐狭窄，下延至叶柄，边缘具稍不整齐的小牙齿，下面被粉质腺体，中肋宽扁，红色；叶柄长为叶片的1/4~1/2，红色，具翅。**花：**花莛粗壮，节上和顶端被乳黄色粉，具伞形花序5~7轮，每轮8~16朵花；苞片线形，通常稍长于花梗；花梗微被粉；花萼钟状，分裂达中部或略过之，裂片披针形，先端渐尖成钻状，外面微被粉，内面密被乳黄色粉；花深橙黄色，冠檐直径达2 cm，裂片长圆状倒卵形，先端微凹，花柱2型。**果实：**蒴果，近球形，约与花萼等长。

花期 / 6—7月　果期 / 7—9月　生境 / 高山草地潮湿处　分布 / 云南西北部、四川西南部　海拔 / 2 600~3 400 m

2

3 中甸灯台报春
Primula chungensis

别名：中甸报春

外观：多年生草本。**根茎：**根茎极短，向下发出一丛粗长的支根。**叶：**叶片椭圆形，先端圆形，基部楔形渐窄，边缘具不明显的波状浅裂和不整齐的小牙齿。**花：**花莛1枚，自叶丛中抽出，高15~30 cm，果期可达80 cm；伞形花序2~5轮，每轮有花3~12朵；苞片三角形至披针形；花梗长8~15 cm，果时弯拱上举；花萼钟状，内面密被黄粉，分裂至全长1/3；花冠淡橙黄色，

3

3

喉部具环状附属物。**果实：**蒴果，卵圆形，长于花萼。

花期 / 5—6月　果期 / 7—8月　生境 / 湿润的林间草地和水边　分布 / 西藏南部、云南西北部、四川西南部　海拔 / 2 200~4 360 m

4 海仙花

Primula poissonii

别名：海仙报春

外观：多年生草本，不被粉。**根茎：**根茎极短，向下发出一丛粗长的支根。**叶：**叶丛冬季不枯萎，叶片倒卵状椭圆形至倒披针形，先端圆钝，稀具小骤尖头，基部狭窄，下延，边缘具近于整齐的三角形小牙齿；叶柄极短或与叶片近等长，具阔翅。**花：**花莛直立，具伞形花序2~6轮，每轮具3~10朵花；苞片线状披针形；花梗在开花期稍下弯，果时直立；花萼杯状，分裂约全长的1/3，裂片三角形或长圆形，先端稍钝；花冠深红色或紫红色，冠筒口周围黄色，喉部具明显的环状附属物，冠檐平展，裂片先端常深2裂；花柱异长。**果实：**蒴果，等长于或稍长于花萼。

花期 / 5—7月　果期 / 9—10月　生境 / 山坡草地湿润处和水边　分布 / 云南中部及西北部、四川西南部　海拔 / 2 500~3 600 m

报春花科 报春花属

1 小花灯台报春

Primula prenantha subsp. *prenantha*

外观：多年生草本，高10~15 cm。**根茎：**根茎极短，具丛生的支根和多数纤维状须根。**叶：**基生，叶片矩圆状倒卵形或倒卵状椭圆形，长3.5~9 cm，宽1.5~3 cm，边缘具啮蚀状小牙齿，下面微被粉质腺体；叶柄不明显或长达叶片的1/3，具翅。**花：**花莛1~2枚，近顶端被粉质腺体；伞形花序1~2轮，每轮2~8朵花；苞片线形或线状披针形；花梗开花时稍下弯，果时直立；花萼钟状，裂片5枚，三角形，常全缘；花黄色，喉部具环状附属物，裂片5枚，矩圆状倒卵形。**果实：**蒴果，近球形，稍长于花萼。

花期／5—6月　果期／7—8月　生境／高山草地、沼泽草甸及水边　分布／西藏东南部、云南西北部　海拔／2 400~3 600 m

1

2

2 朗贡灯台报春

Primula prenantha subsp. *morsheadiana*

外观：多年生草本，高10~20 cm。**根茎：**根茎极短，具丛生的支根和多数纤维状须根。**叶：**基生，叶片矩圆状倒卵形或倒卵状椭圆形，长3.5~9 cm，宽1.5~3 cm，边缘具啮蚀状小牙齿，下面微被粉质腺体；叶柄不明显或长达叶片的1/3，具翅。**花：**花莛1~2枚，近顶端被粉质腺体；伞形花序1~2轮，每轮2~8朵花；苞片线形或线状披针形；花萼钟状，裂片5枚，三角形，常全缘；花黄色，花冠筒长7~11 mm，花冠裂片开张，冠檐直径达9~12 mm，喉部具环状附属物。**果实：**蒴果，近球形，与花萼等长。

花期／6月　果期／7—8月　生境／高山草地　分布／西藏东南部　海拔／2 400~3 600 m

2

3 偏花报春

Primula secundiflora

别名：偏花钟报春

外观：多年生草本。**根茎：**根状茎粗短，具多数肉质长根。**叶：**通常多枚丛生，叶片矩圆形，连柄长5~15 cm，先端钝圆或稍锐尖，边缘具三角形小牙齿。**花：**花莛高10~60 cm，顶端被白色粉；伞形花序5~10朵花，有时出现两轮花序；苞片披针形；花梗长1~5 cm，多少被白粉，开花时下弯，果期直立；花萼窄钟状，染紫色；花冠红紫色至深玫瑰红色，喉部无环状附属物。**果实：**蒴果，稍长于宿存花萼。

花期／6—7月　果期／8—9月　生境／水沟边、河滩地、高山沼泽和湿草地　分布／西藏、云南西北部、四川西部　海拔／3 200~4 800 m

3

3

4
董磊 摄影

4 齿叶灯台报春

Primula biserrata

(syn. *Primula serratifolia*)

别名：齿叶报春、多齿叶报春

外观：多年生草本，全株无毛，不被粉。**根茎：**根茎粗短，向下发出支根一丛。**叶：**叶片矩圆形至椭圆状倒卵形，先端圆形，基部渐狭窄，下延至叶柄，边缘具啮蚀状三角形小牙齿。**花：**伞形花序5~10朵花，顶生，有时亦出现第二轮花序；苞片线状披针形；花梗长8~20 mm，花时稍下弯，果时直立；花萼窄钟形，具5肋，分裂达全长的1/3~1/2，裂片卵状三角形或窄三角形；花冠黄色，裂片全缘或顶端具凹缺，通常自基部至顶端有一颜色较深的宽带，花柱异长。**果实：**蒴果，卵球形，约与花萼等长。

花期 / 6月　果期 / 9月　生境 / 高山草地　分布 / 西藏东南部（墨脱、察隅）、云南西北部　海拔 / 2 600~4 200 m

4

4

5 山丽报春

Primula bella

外观：多年生小草本。**根茎：**根状茎短，常自顶端发出2至数个叶丛。**叶：**叶片倒卵形至匙形，先端轮廓圆形，基部渐狭窄，边缘具羽裂状深齿，先端锐尖并常反卷，下面多少被黄粉；叶柄具狭翅，与叶片近等长。**花：**花莛纤细，密被短腺毛，顶生1~3朵花；苞片2枚，不等大；花萼狭钟状，外面疏被小腺体，分裂深达中部或更深；花冠蓝紫色、紫色或玫瑰红色，冠筒长于花萼，内面被毛并在筒口形成球状毛丛；花柱2型。**果实：**蒴果，长椭圆形，稍短于宿存花萼。

花期 / 7—8月　果期 / 8—10月　生境 / 山坡乱石堆间　分布 / 西藏东南部、云南西北部、四川西南部　海拔 / 3 700~4 800 m

5

5

报春花科 报春花属

1 腺毛小报春

Primula walshii

外观：多年生矮小草本，高1~2 cm。**根茎：**根状茎粗短，具多数纤维状须根。**叶：**叶丛基部有多数越年枯叶；叶基生，叶片倒披针形或矩圆状披针形，连柄长8~15 mm，宽2~5 mm，两面均因被短腺毛而呈粗糙状；叶柄具翅，通常长2~3 mm。**花：**初花期花莛甚短，深藏于叶丛中，后渐伸长，顶生1~4朵花；苞片卵形至披针形，被小腺毛；花梗与苞片近等长；花萼筒状，外面被短腺毛，5裂达全长的1/3~1/2，裂片卵形至披针形；花冠粉红色或淡蓝紫色，冠筒口黄色或有时白色，裂片5枚，阔倒卵形，先端具凹缺。**果实：**蒴果，筒状，略长于宿存花萼。

花期 / 6—7月　果期 / 7—9月　生境 / 高山草甸、水边湿地　分布 / 西藏南部及东南部、四川西部　海拔 / 3 800~5 400 m

1

2 菊叶穗花报春

Primula bellidifolia

外观：多年生草本，高10~40 cm。**根茎：**根状茎短，具多数纤维状须根。**叶：**基生，叶片倒披针形至矩圆形，连柄长6~18 cm，宽1~2.5 cm，边缘具浅钝牙齿，两面均被白色或淡褐色柔毛，有时下面被白粉；叶柄具狭翅，与叶片近等长或较短。**花：**花莛无毛或微被毛，顶端多少被白粉；花反折向下，通常7~15朵组成头状或短总状花序；花萼钟状，两面被白粉或有时近于无粉，5裂达中部以下或近达基部，裂片矩圆形，有时先端具骤尖头，边缘具腺状缘毛；花冠红紫色至淡蓝紫色，裂片5枚，倒卵形，先端凹缺。**果实：**蒴果，卵圆形，长于宿存花萼。

花期 / 6—7月　果期 / 8—9月　生境 / 山坡、林下、林缘　分布 / 西藏南部及东南部　海拔 / 4 000~5 300 m

2

3 穗花报春

Primula deflexa

外观：多年生草本。**根茎：**根状茎极短，具多数长根。**叶：**叶片边缘具不整齐的小牙齿或圆齿，具缘毛；叶两面遍布多细胞柔毛。**花：**花莛高30~60 cm，被柔毛或近于无毛；花序短穗状，多花，有时被黄粉；苞片舌状，边缘具缘毛；花萼壶状，分裂超过中部；花冠蓝色或玫瑰紫色。**果实：**蒴果。

花期 / 6—7月　果期 / 7—8月　生境 / 湿润的山坡草地和水沟边　分布 / 西藏东部、云南西北部、四川西部、青海东部　海拔 / 3 300~4 800 m

2

4 麝草报春

Primula muscarioides

外观：多年生草本。**根茎：**根状茎短。**叶：**基生叶莲座状；叶柄长约叶片的1/5~1/2；叶片卵形至卵状披针形；上面除中脉外无毛，下面多毛。**花：**花莛高18~40 cm，无毛；短而密集的穗状花序，花下垂，花柱异长；萼近钟状，裂至中部，裂片不等；花冠深蓝紫色，管状漏斗形，花冠裂片末端截形或微凹。**果实：**蒴果，椭圆形，略长于萼片。

花期 / 6—7月　果期 / 7—9月　生境 / 湿润的高山草地及灌丛边　分布 / 西藏东南部、云南西北部、四川西南部　海拔 / 3 200~3 800 m

5 靛蓝穗花报春

Primula watsonii

别名：短柄穗花报春、瓦震报春

外观：多年生草本。**根茎：**根状茎短，向下发出多数侧根。**叶：**叶片狭矩圆形至倒披针形，连叶柄长5~18 cm，先端圆形或钝，边缘具不整齐的小钝齿；两面均被白色多细胞柔毛。**花：**花莛高9~25 cm，近顶端被黄粉；花无梗，短穗状花序10朵至多朵花组成；苞片线状；花萼阔钟状，基部被粉，分裂略超过中部；花冠深蓝紫色。**果实：**蒴果。

花期 / 6—7月　果期 / 8月　生境 / 山坡阴湿处和灌丛边　分布 / 西藏东部、云南西北部、四川西南部　海拔 / 3 000~4 000 m

3

3

4

4

5

报春花科 报春花属

1 葵叶报春

Primula malvacea

外观：多年生草本。**根茎：**根状茎极短，向下发出纤维状长根。**叶：**叶丛基部有多数褐色鳞片，叶片近圆形至阔卵圆形，直径2.5~12 cm，先端圆形，基部心形，边缘具波状圆齿或呈浅裂状，并有不整齐的小牙齿。**花：**花莛高3~40 cm，密被白色柔毛；花序顶生，花通常排成1~8轮，但有时仅近于轮生或排成总状花序；苞片披针形、倒披针形或阔卵形，叶状，两面被毛，全缘或有小齿；花萼阔钟状，长8~15 mm，果时增大，长可达20 cm，直径达35 mm，两面被毛，分裂达全长的1/3~2/3，裂片阔卵圆形至椭圆形，绿色，叶状，先端圆钝或锐尖，边缘全缘或具牙齿；花冠粉红色或深红色，稀白色，冠筒口周围黄色或绿黄色。**果实：**蒴果，球形，直径3~6 mm。

花期 / 7月　果期 / 9月　生境 / 山谷林缘，向阳的山坡和田埂　分布 / 云南北部和四川西南部　海拔 / 2 300~3 700 m

1

2 糙毛报春

Primula blinii

别名：羽叶报春

外观：多年生草本。**根茎：**根状茎粗短，具多数纤维状长根。**叶：**叶片轮廓阔卵圆形至矩圆形，先端圆形或钝，边缘具缺刻状深齿或羽状浅裂以至近羽状全裂，裂片线形或矩圆形，全缘或具1~2齿，上面被小伏毛，呈粗糙状，下面通常被白粉，稀被黄粉或无粉；叶柄纤细，与叶片近等长至长于叶片1~2倍。**花：**花莛被微柔毛；伞形花序2~8朵花；苞片披针形至线状披针形，先端锐尖或钝；花梗多少被粉；花莛钟状或狭钟状，具5脉，被白粉或淡黄粉，分裂稍超过中部或深达全长的2/3，裂片披针形，先端锐尖或钝；花冠淡紫红色，稀白色，喉部无环或有时具环，裂片倒卵形，先端2深裂；2型花柱。**果实：**蒴果，短于花萼。

花期 / 6—7月　果期 / 8月　生境 / 向阳的草坡、林缘和高山栎林下　分布 / 云南东北部及西北部、四川西部　海拔 / 3 000~4 500 m

2

2

3 暗紫脆蒴报春

Primula calderiana

别名：卡德报春

外观：多年生草本。**根茎：**植株基部粗壮，有鳞片覆瓦状包叠；鳞片卵形，被黄粉。**叶：**叶片长圆形至匙形，连同叶柄长5~30 cm，先端钝或圆形，基部下延成翅柄，边缘具整齐的小圆齿。**花：**花莛高

5~30 cm，上部被粉；顶生伞形花序，有花2~25朵；苞片披针形；花梗长3~35 mm，直立或半下垂；花萼钟形，分裂至中部，成卵形裂片；花冠暗紫色或酱红色，喉部周围黄色，具环，花冠裂片顶端微凹。**果实：**蒴果，球形，短于宿存花萼。

花期 / 5—6月　果期 / 7—8月　生境 / 高山草地　分布 / 西藏南部及东南部　海拔 / 3 600~4 700 m

4 春花脆蒴报春

Primula hookeri

别名：胡克报春

外观：矮小多年生草本。**根茎：**具粗短的根状茎和肉质长根。**叶：**叶丛基部有覆瓦状包叠的鳞片；鳞片卵形，先端钝或具小齿，鲜时带红色；叶片矩圆状倒卵形，开花时长1.5~4 cm，先端圆形，几乎无柄，边缘具不整齐的牙齿。**花：**初花期花莛极短，深藏于叶丛中，而后逐渐伸长，果期可达30 cm；伞形花序2~3朵花；苞片线性；花梗粗壮，被小腺体；花萼阔钟状，分裂近达中部，边缘具小齿和腺状缘毛；花冠白色，喉部具环状附属物，花冠裂片先端截形或微凹。**果实：**蒴果。

花期 / 6—7月　果期 / 7—8月　生境 / 湿润的高山草地和林下　分布 / 西藏南部、云南西北部　海拔 / 4 000~4 500 m

报春花科 报春花属

1 苣叶报春

Primula sonchifolia

别名：苣叶脆蒴报春

外观：多年生草本。**根茎：**根状茎粗短，具带肉质的长根。**叶：**叶丛基部有覆瓦状包叠的鳞片，呈鳞茎状；鳞片卵形至卵状矩圆形，鲜时带肉质，背面褐色，腹面常被黄粉；叶片矩圆形至倒卵状矩圆形，开花时尚未充分发育，边缘不规则浅裂，裂片具不整齐的小牙齿。**花：**盛花期花莛与叶丛近等长，果期长可达30 cm，近顶端被黄粉；伞形花序3朵至多朵花；苞片卵状三角形至卵状披针形；花梗长6~25 mm，被淡黄色粉或仅具粉质小腺体；花萼钟状，长4~6 mm，外面通常被黄粉，果时呈杯状，分裂约全长的1/3，具小齿或有时全缘；花冠蓝色至红色，稀白色，冠檐直径1.5~2.5 cm，裂片顶端通常具小齿，稀近全缘。**果实：**蒴果，近球形，直径约4.5 mm。

花期／3—6月　果期／6—7月　生境／云杉、冷杉林下及林缘　分布／西藏东南部、云南西北部、四川西部　海拔／3 000~4 600 m

2 裂叶脆蒴报春

Primula chionota var. *chionota*

外观：多年生草本。**根茎：**根状茎短，甚粗壮，具多数肉质长根。开花期叶丛基部外围有卵形至卵状矩圆形鳞片，鲜时带红色。**叶：**叶片边缘具不整齐的深缺刻或羽状分裂，裂片通常具2~3裂齿。**花：**花莛近于无；苞片线形，长5~10 mm，基部稍宽；花2~8朵自叶丛中抽出；花梗长2~6 cm，疏被小腺体；花萼钟状或窄钟状，长7~10 mm，外面疏被小腺体，分裂略超过中部，裂片卵形至阔披针形，先端锐尖，全缘或具小齿；花冠淡黄色，冠筒口周围橙黄色，冠筒长11~13 mm，冠檐直径1.8~3 cm，裂片先端具凹缺。**果实：**蒴果。

花期／7月　果期／8—9月　生境／湿润的高山草地　分布／西藏（米林）　海拔／3 800~4 400 m

3 蓝花裂叶报春

Primula chionota var. *violacea*

外观：多年生草本。**根茎：**根状茎短，甚粗壮，具多数肉质长根。开花期叶丛基部外围有鳞片，鲜时带红色。**叶：**叶片边缘具不整齐的深缺刻或羽状分裂。**花：**花莛近于无；花萼外面疏被小腺体，分裂略超过中部，裂片卵形至阔披针形，先端锐尖，全缘或具小齿；花冠蓝紫色或粉紫色。**果实：**蒴果。

花期／7月　果期／8—9月　生境／湿润的高山草地　分布／西藏（米林）　海拔／3 800~4 400 m

1

1

1

2

3

3

报春花科 报春花属

1 察日脆蒴报春

Primula tsariensis

外观：多年生草本。**根茎：**具粗短的根状茎和多数肉质长根；叶丛基部由鳞片和叶柄包叠成假茎状。**叶：**叶片椭圆形至卵状披针形，边缘具圆齿，上面深绿色，下面淡绿色，有时散布褐色小腺体；叶柄常与叶片近等长，具狭翅，基部鞘状。**花：**花莛高2~12 cm，无粉或顶端微被粉；伞形花序，具2~8朵花；苞片线形，渐尖，常染紫色；花梗长5~20 mm，常被褐色小腺体；花萼钟状，外面绿色或暗红色，散布小腺体，裂片卵形至卵状披针形，具腺状缘毛；花冠粉紫色或蓝紫色，有时紫黄色或白色，冠筒口周围黄色，喉部具环状附属物，花冠裂片阔倒卵形，先端深凹缺。**果实：**蒴果，扁球形，与宿存花萼近等长。

花期／6—7月　果期／7—8月　生境／湿草地、溪边、冷杉林间沼泽地　分布／西藏东南部　海拔／3 500~5 000 m

1

2 头序报春

Primula capitata

外观：多年生草本。**根茎：**根状茎粗短。**叶：**基部无宿存芽鳞；叶片倒披针形至矩圆状匙形，先端锐尖或圆钝，基部渐狭窄，下延至叶柄，边缘具啮蚀状小牙齿，上面被粉质小腺体，下面通常被白粉，有时粉极稀薄或仅被粉质腺体，不显白色；叶柄甚短或长达叶片的1/2，具翅。**花：**花莛直立，至少顶端明显被粉；头状花顶生，呈盘状；苞片卵形或阔披针形，通常被白粉；花萼钟状，稍偏斜，染紫色，被粉质腺体，仅靠花序基部的被白粉，分裂达全长的2/3，裂片阔卵形至椭圆形；花冠蓝紫色或深紫色，筒口周围黄色，裂片倒卵形，顶端深2裂；花柱异长。**果实：**蒴果，近球形，比花萼短。

花期／9月　果期／9—10月　生境／山坡林下和草丛中　分布／西藏南部　海拔／2 700~5 000 m

2

2

3 条裂垂花报春

Primula cawdoriana

外观：矮小多年生草本。**根茎：**根状茎粗短，须根多数。**叶：**叶片倒卵形或披针形，先端钝或圆，边缘具不整齐的深牙齿或锯齿；叶上面被糙伏毛状短毛；叶柄具翅。**花：**花莛高6~15 cm，顶端稍微被粉；头状花序有花3~6朵，下垂；苞片卵状披针形，常染紫色；花萼杯状，内面被粉，分裂至全长的1/3；花冠狭钟状，上部蓝紫色，下部发白，裂片狭矩圆形，先端分裂成2~3个线状三角形小裂片。**果实：**蒴果。

花期 / 7—8月　**果期** / 8—9月　**生境** / 高山草地和多石山坡　**分布** / 西藏东南部　**海拔** / 4 000~4 700 m

4 石岩报春

Primula dryadifolia

外观：多年生草本。**根茎：**根状茎伸长，常形成垫状密丛。**叶：**常绿，簇生枝端；叶片阔卵圆形至近圆形，先端圆形或钝，基部截形或微呈心形，边缘具小圆齿，有时仅顶端具3~5齿，通常极狭外卷，革质，下面密被黄色或白色粉，中肋稍宽，在下面隆起；叶柄被短腺毛，下部扩大成鞘状。**花：**花莛被短柔毛；花单生或2~5朵生于花莛端；苞片阔卵圆形至椭圆形，被短柔毛，先端钝，常染紫色，有时具不整齐的粗齿；花萼阔钟状，被短柔毛，基部被粉，分裂达中部，裂片卵形至矩圆状卵形，先端圆形或钝；花冠淡红色至深红色，冠筒口周围淡紫色或黄绿色，喉部具环状附属物，裂片阔倒卵形，先端小裂片全缘或具2~3齿；花柱异长。**果实：**蒴果，长卵圆形，约与花萼等长。

花期 / 6—7月　**果期** / 7月　**生境** / 高山草甸和岩石缝中　**分布** / 西藏东南隅、云南西北部、四川西部　**海拔** / 4 000~5 500 m

报春花科 报春花属

1 束花粉报春

Primula fasciculata

别名：束花报春

外观：多年生小草本，常多数聚生成丛。**根茎：**根状茎粗短，具多数须根。**叶：**叶丛基部外围有褐色膜质枯叶柄；叶片矩圆形至近圆形，先端圆形，基部圆形或阔楔形，全缘，鲜时稍带肉质，两面无粉；叶柄纤细，具狭翅，比叶片长1~4倍。**花：**花莛高可达2.5 cm，花1~6朵生于花莛端；苞片线形，基部不膨大；有时花莛不发育，花1朵至数朵自叶丛中抽出，无苞片，花萼筒状，明显具5棱，分裂深达全长的1/3~1/2，裂片狭长圆形或三角形，先端稍钝；花冠淡红色或鲜红色，冠筒口周围黄色，冠筒仅稍长于花萼，冠檐开展，裂片阔倒卵形，先端深2裂；花柱异长。**果实：**蒴果，筒状。

花期 / 6月　果期 / 7—8月　生境 / 沼泽草甸和水边、池边草地　分布 / 西藏东部、云南西北部、四川西部、青海、甘肃　海拔 / 2 900~4 800 m

2 厚叶苞芽报春

Primula gemmifera var. *amoena*

别名：厚叶苞芽粉报春、苞芽报春

外观：多年生草本。**根茎：**根状茎极短，具多数须根。**叶：**叶片较肥厚；矩圆形、卵形或阔匙形，连柄长1~7 cm，宽0.5~2 cm，先端钝或圆形，基部渐狭窄，边缘具不整齐的稀疏小牙齿，两面秃净或仅下面散布少数小腺体。**花：**花莛稍粗壮，高8~30 cm，无粉或顶端被白粉；伞形花序3~10朵花；苞片狭披针形至矩圆状披针形，基部稍膨大，常染紫色，微被粉；花梗被粉质腺体；花萼狭钟状，外面被粉质腺体，边缘和内面被白粉，分裂达中部，裂片披针形至三角形，边缘具小腺毛；花冠淡红色至紫红色，极少白色，冠筒长8~13 mm，冠檐直径1.5~2.5 cm，先端具深凹缺；喉部无环状附属物；花柱异长。**果实：**蒴果，长圆形，略长于宿花萼。

花期 / 5—8月　果期 / 8—9月　生境 / 山坡裸地及路边　分布 / 西藏东北部、四川西部、甘肃南部　海拔 / 2 700~4 300 m

3 雅江报春

Primula involucrata subsp. *yargongensis*

别名：雅江粉报春、雅江花苞报春

外观：多年生草本。**根茎：**根状茎短，具多数须根。**叶：**叶片卵形、矩圆形或近圆形，长1~3.5 cm，宽5~22 mm，先端钝或圆形，全缘或具不明显的稀疏小牙齿，鲜时带肉质，两面散布有小腺体；叶柄纤细，与

1

2

3

叶片近等长至长于叶片2~3倍。**花：**花莛高10~30 cm；伞形花序2~6朵花；苞片卵状披针形，基部下延成垂耳状附属物；花梗长1~2 cm；花萼狭钟状，长5~7 mm，明显具5棱，绿色，常有紫色小腺点，分裂深达全长的1/3或更深；花冠蓝紫色或紫红色，冠筒长于花萼通常不足一倍；冠筒口周围黄色，喉部具环状附属物，裂片先端深2裂；花柱异长。**果实：**蒴果，长圆体状，稍短于花萼。

花期 / 6—8月 果期 / 8—9月 生境 / 山坡湿草地、沼泽地 分布 / 西藏东部、云南西北部、四川西部 海拔 / 3 000~4 500 m

4

4 天山报春

Primula nutans

别名：西伯利亚报春、垂花报春、少花报春

外观：多年生草本，全株无粉。**根茎：**根状茎短小，具多数须根。**叶：**叶丛基部通常无芽鳞及残存枯叶；叶片卵形至近圆形，钝圆，基部圆形至楔形，全缘或微具浅齿，两面无毛，中肋稍宽；叶柄稍纤细。**花：**花莛无毛；伞形花序2~6朵花；苞片矩圆形，先端钝或具骤尖头，边缘具小腺毛，基部下延成垂耳状；花萼狭钟状，具5棱，外面通常有褐色小腺点，基部稍收缩，下延成囊状，分裂深达全长的1/3，边缘密被小腺毛；花冠淡紫红色，冠筒口周围黄色，冠筒喉部具环状附属物，冠檐直径1~2 cm，裂片倒卵形，先端2深裂；花柱异长。**果实：**蒴果，筒状。

花期 / 5—6月 果期 / 7—8月 生境 / 湿草地和草甸中 分布 / 四川北部、青海、甘肃 海拔 / 3 200~4 000 m

5

5 西藏报春

Primula tibetica

别名：藏东报春、西藏粉报春

外观：多年生小草本，全株无粉。**根茎：**根状茎短，具多数须根。**叶：**叶丛高1~5 cm，叶片卵形至匙形，先端钝或圆形，基部楔形或近圆形，全缘，鲜时稍带肉质，两面无毛；叶柄纤细，具狭翅，与叶片近等长或长于叶片1~3倍。**花：**1~10朵，生于花莛端；苞片狭矩圆形至披针形，先端钝或锐尖，基部稍下延成垂耳状；花梗纤细；花萼狭钟状，明显具5棱，沿棱脊常染紫色，分裂深达全长的1/3~1/2，裂片披针形或近三角形，稍锐尖；花冠粉红色或紫红色，冠筒口周围黄色，冠筒通常稍长于花萼，裂片阔倒卵形，先端2深裂；花柱异长。**果实：**蒴果，筒状，稍长于花萼。

花期 / 6—8月 果期 / 8—10月 生境 / 山坡湿草地、沼泽化草甸 分布 / 西藏南部至东部 海拔 / 3 200~4 800 m

报春花科 报春花属

1 宽裂掌叶报春

Primula latisecta

外观：多年生草本。**根茎：**具细长匍匐的根状茎。**叶：**2~4枚丛生，叶片轮廓近圆形，基部深心形，掌状7裂深达中部，裂片再次3深裂，小裂片边缘具粗齿，先端钝圆，上面被多细胞柔毛，下面散布无柄小腺体，沿叶脉被较长的柔毛，中肋和3对近基出的侧脉在下面显著；叶柄密被褐色长柔毛。**花：**花莛纤细，疏被柔毛；伞形花序2~4朵花；苞片披针形；花萼钟状，疏被毛，分裂略超过中部，裂片披针形；花冠淡红色或紫红色，冠筒口周围白色或淡黄色，裂片先端具深凹缺；凹缺间常有一小齿；花柱异长。**果实：**蒴果，长圆形，与花萼近等长。

花期 / 5—6月　果期 / 9月　生境 / 云杉林和高山栎林下　分布 / 西藏南部及东南部　海拔 / 3 100~3 500 m

1

2

2 多脉报春

Primula polyneura

外观：多年生草本。**根茎：**根状茎短，向下发出多数纤维状须根。**叶：**叶片阔三角形至近圆形，边缘掌状7~11裂，深达叶片半径的1/4~1/2，上面密被柔毛、被疏毛或近于无毛，下面沿叶脉被灰白色长柔毛，呈绵毛状，覆盖整个叶面。**花：**花莛被多细胞柔毛；伞形花序1~2轮；苞片披针形，多少被毛；花梗被毛同花莛；花萼管状，绿色或略带紫色，外面被毛，稀近于无毛，分裂达中部或稍下，裂片窄披针形，先端锐尖或稍渐尖，具明显的3~5纵脉；花冠粉红色或深玫瑰红色，冠筒口周围黄绿色至橙黄色，冠筒外面多少被毛，裂片阔倒卵形，先端具深凹缺；花柱异长。**果实：**蒴果，长圆体状，约与花萼等长。

花期 / 5—6月　果期 / 7—8月　生境 / 林缘和潮湿沟谷边　分布 / 云南西北部、四川西部、甘肃东南部　海拔 / 2 000~4 000 m

3 白心球花报春

Primula atrodentata

外观：多年生草本，被粉。**根茎：**具粗短的根状茎和成丛的长根。**叶：**叶丛基部无芽鳞，常有残存枯叶；叶片两面均被短柄小腺体，下面有时被白色或淡黄色粉。**花：**花莛高4~8 cm，果时稍增长；花序近头状，少花至多花；花冠淡紫色至白色，冠檐直径1~1.5 cm，先端2深裂。**果实：**蒴果，近球形，包藏于宿存花萼中。

花期 / 5—6月　果期 / 6—8月　生境 / 高山草甸和矮林、灌丛　分布 / 西藏东南部　海拔 / 3 600~4 000 m

3

4

4

白花丹科 蓝雪花属

4 毛蓝雪花

Ceratostigma griffithii

别名：星毛角柱花、多花紫金标

外观：常绿灌木。**根茎：**新枝通常密被锈色长硬毛。**叶：**叶片匙形至近菱形，两面密被分布均匀而通常多少开展的长硬毛，有明显的钙质颗粒；叶柄基部不形成抱茎的短鞘。**花：**花序顶生和腋生，通常含5~10朵花；苞片长圆状披针形，先端渐尖或长渐尖成一短细尖；萼裂片长约2.5 mm，被长硬毛且常杂有少数星状毛；花冠筒部紫红色，花冠裂片蓝色，心状倒三角形，顶端中央有一短小三角形的突尖；雄蕊的花丝上部外露，花药蓝色；子房卵形，柱头上部外露。**果实：**蒴果，淡黄褐色或白黄色。

花期 / 8—12月　果期 / 9月至翌年1月　生境 / 干暖河谷灌丛边和路边　分布 / 西藏西南部　海拔 / 2 200~2 800 m

5

5 小蓝雪花

Ceratostigma minus

别名：紫金标、小角柱花、架棚

外观：落叶灌木。**根茎：**新枝密被白色或黄白色长硬毛，故呈灰色。**叶：**叶片先端钝，偶急尖；叶下面通常被较密的长硬毛；两面均被钙质颗粒；叶柄基部不形成抱茎的鞘。**花：**花序顶生和侧生，苞片长圆状卵形，先端急尖，小苞片先端渐尖；花冠筒部紫色，裂片蓝色，长6~7 mm；先端凹缺处伸出丝状短尖；雄蕊略伸出花冠；子房卵形，绿色。**果实：**蒴果，卵形，带绿黄色。

花期 / 7—10月　果期 / 7—11月　生境 / 干暖河谷山坡　分布 / 西藏南部、云南中西部、四川西部　海拔 / 2 600~4 000 m

5

5　张巍巍　摄影

白花丹科 蓝雪花属

1 刺鳞蓝雪花

Ceratostigma ulicinum

别名：荆苞紫金标

外观：矮小落叶灌木，高5~20 cm。**根茎：**基部分枝；老枝黑褐色，新枝褐红色；密被皮刺状短硬毛，小枝基部具芽鳞。**叶：**叶片倒卵状披针形至倒披针形，有时线形，先端急尖或渐尖，具刺状芒尖。**花：**花序顶生和腋生；苞片披针形，先端成细尖；花冠蓝色，裂片先端急尖或钝，顶缘无缺凹；雄蕊之花丝略外露，花药蓝色；子房卵形，柱头伸至花药之上。**果实：**蒴果，淡黄白色。

花期／7—10月　果期／8—11月　生境／河谷边向阳干坡或耕地边　分布／西藏南部　海拔／3 300~4 500 m

1

1

白花丹科 蓝雪花属

2 岷江蓝雪花

Ceratostigma willmottianum

别名：扳倒甑、兴居茹马、紫金莲

外观：落叶半灌木，高达2 m，具开散分枝。**根茎：**地上茎红褐色，有宽阔的髓，脆弱，节间沟棱明显；基部具环状鞘或明显的环痕，新枝有稀少长硬毛，老枝变无毛；芽鳞鳞片状，通常见于低位的枝条上。**叶：**倒卵状菱形或卵状菱形，有时长倒卵形，花序下部者常为披针形，先端渐尖或急尖，基部楔形，两面被有糙毛状长硬毛和细小的钙质颗粒；叶柄基部有时扩张成一抱茎的环或环状短鞘。**花：**花序顶生和腋生，通常含3~7朵花；苞片卵状长圆形至长圆形，先端渐尖，小苞卵形或长圆状卵形，先端渐尖成细尖；裂片沿脉两侧疏被硬毛和少量星状毛，花冠

1

2

筒部红紫色，裂片蓝色，心状倒三角形，先端中央内凹而有小短尖；雄蕊仅花药外露，花药紫红色；子房小，卵形，具5棱，柱头伸至花药之上。**果实：**蒴果，淡黄褐色，长卵形。

花期 / 6—10月　果期 / 7—11月　生境 / 干暖河谷的林边或灌丛间　分布 / 西藏东南部、云南东部和北部、四川南部和西部　海拔 / 1 000~3 500 m

白花丹科 补血草属

3 黄花补血草

Limonium aureum

别名：黄花苍蝇架、金佛花、金色补血草

外观：多年生草本，除萼外全株无毛。**根茎：**茎基被有残存的叶柄和红褐色芽鳞。**叶：**基生，常早凋，通常长圆状匙形至倒披针形，先端圆或钝；有时急尖，下部渐狭成平扁的柄。**花：**花序圆锥状，花序轴2至多根，绿色，密被疣状突起，从下部作数回叉状分枝，之字形曲折；穗状花序位于上部分枝顶端，由3~5个小穗组成；外苞宽卵形，先端钝或急尖；萼漏斗状，基部偏斜，全部沿脉和脉间密被长毛，萼檐金黄色，裂片正三角形，脉伸出裂片先端成一芒尖或短尖，沿脉常疏被微柔毛，间生裂片常不明显；花冠橙黄色。**果实：**蒴果，倒卵圆形。

花期 / 6—8月　果期 / 7—8月　生境 / 含盐的草地、砾石滩及沙地　分布 / 四川西北部、青海、甘肃中部　海拔 / 2 200~4 200 m

桔梗科 沙参属

1 细萼沙参

Adenophora capillaris subsp. *leptosepala*

别名：壶花沙参、毛脚参、线齿沙参

外观：多年生草本。**根茎：**茎单生，高50~100 cm。**叶：**茎生叶常为卵形，卵状披针形，顶端渐尖，全缘或有锯齿，多少被毛，长3~19 cm，宽0.5~4.5 cm。**花：**常组成大而疏散的圆锥花序，少为狭圆锥花序，花序梗和花梗常纤细；花萼筒部球状，少为卵状，花萼裂片长9~14 mm，多数有小齿；花冠细，近于筒状或筒状钟形，长13~18 mm，白色有香气；花盘细筒状，常无毛，花柱长20~25 mm，伸出花冠。**果实：**蒴果，球状及卵状。

花期 / 7—10月　果期 / 9—10月　生境 / 林下、林缘草地及草丛中　分布 / 云南西部及西北部、四川西南部　海拔 / 2 000~3 600 m

1

1

2 甘孜沙参

Adenophora jasionifolia

别名：阿墩沙参、小钟沙参

外观：多年生草本。**根茎：**茎基有时具横走的分枝；茎两支至多支发自一条根上，不分枝，无毛或疏生柔毛。**叶：**茎生叶多集中于茎下半部，卵圆形、椭圆形、披针形至条状披针形，基部渐狭成短柄，但通常无柄，顶端急尖，渐尖或钝，全缘或具圆齿或锯齿，通常两面有短柔毛，少两面无毛。**花：**单朵顶生，或几朵集成假总状花序；花梗短；花萼无毛，或有时裂片边缘疏生睫毛，筒部倒圆锥状，基部急尖，裂片狭三角状钻形，常灰色，边缘有多对瘤状小齿；花冠漏斗状，蓝色或紫蓝色，分裂达2/5~1/2，裂片三角状卵圆形；花盘环状；花柱比花冠短，少近等长的。**果实：**蒴果，椭圆状；种子黄棕色，椭圆状，有一条狭棱。

花期 / 7—8月　果期 / 9月　生境 / 草地或林缘草丛中　分布 / 西藏东部、云南西北部、四川西南部　海拔 / 3 200~4 700 m

2

2

3 云南沙参

Adenophora khasiana

别名：泡参、重齿沙参、两型沙参

外观：多年生草本。**根茎：**茎常单支，少两支发自一条茎基上，不分枝，常被白色硬毛。**叶：**茎生叶卵圆形、卵形、长卵形或倒卵形，顶端常急尖，基部楔状渐狭成短柄，有时茎下部的叶基部突然变狭窄而下延成柄，有时全部叶无柄或近无柄，边缘具不规则重锯齿或单锯齿，上面疏生糙毛，下面相当密地被硬毛或仅叶脉上被硬毛。**花：**花序

3

3

有短的分枝而成狭圆锥状花序或无分枝，仅数朵花组成假总状花序；花梗短；花萼无毛至有相当密的短硬毛，筒部球状倒卵形，裂片钻形，边缘有1~3对小齿；花冠狭漏斗状钟形；淡紫色或蓝色；花盘短筒状；花柱比花冠稍长。**果实：**蒴果，椭圆形。

花期／8—10月　果期／9—10月　生境／杂木林、灌丛或草丛　分布／西藏（错那）、云南中西部及西北部、四川西南部　海拔／1 000~3 200 m

3

4

5

4 川藏沙参

Adenophora liliifolioides

别名：多道吉曼巴

外观：多年生草本。**根茎：**茎常单生，不分枝，通常被长硬毛。**叶：**基生叶心形，具长柄，边缘有粗锯齿；茎生叶卵形至条形，边缘具疏齿或全缘，背面常有硬毛。**花：**花序常有短分枝，组成狭圆锥花序，有时全株仅数朵花；花萼无毛，筒部圆球状，裂片钻形，全缘，极少具瘤状齿；花冠细小，近于筒状或筒状钟形，蓝色、紫蓝色、淡紫色，极少白色；花盘细筒状，通常无毛。**果实：**蒴果，卵状或长卵状。

花期／7—9月　果期／9—10月　生境／草地、灌丛和乱石中　分布／西藏南部及东部、四川西北部、甘肃东南部　海拔／2 400~4 600 m

5 长柱沙参

Adenophora stenanthina

外观：多年生草本。**根茎：**茎常数支丛生，高40~120 cm，有时上部有分枝，通常被倒生糙毛。**叶：**基生叶心形，边缘有深刻而不规则的锯齿；茎生叶丝条状至卵形，长2~10 cm，宽1~12 mm，全缘或边缘有疏离的刺状尖齿，通常两面被糙毛。**花：**花序无分枝呈假总状或有分枝呈圆锥状；花萼无毛，筒部倒卵状或倒卵状矩圆形，裂片短，钻状三角形至钻形，长1.5~5 mm，全缘或偶有小齿；花冠细，近于筒状，5浅裂，长10~17 mm，直径5~8 mm，浅蓝色至紫色；雄蕊与花冠近等长；花盘细筒状，完全无毛或有柔毛；花柱长20~22 mm，伸出花冠。**果实：**蒴果，椭圆状。

花期／8—9月　果期／9—10月　生境／砂地、草滩、山坡草地及耕地边　分布／青海、甘肃　海拔／1 000~3 400 m

桔梗科 牧根草属

1 球果牧根草

Asyneuma chinense

别名：土沙参、喉结草、兰花参

外观：多年生草本。**根茎：**根胡萝卜状，肉质；茎单生，通常不分枝，多少被长硬毛。**叶：**叶片卵形至披针形，顶端钝、急尖或渐尖，边缘具锯齿，两面多少被白色硬毛。**花：**穗状花序少花，有时仅数朵花，每个总苞片腋间有花1~4朵，总苞片有时被毛；花萼通常无毛，少被硬毛的，筒部球状，裂片长7~10 mm，稍长于花冠，开花以后常反卷；花冠紫色或鲜蓝色；花柱稍短于花冠。**果实：**蒴果，球状，基部平截形或凹入，有3条纵而宽的沟槽。

花期／6—9月 果期／6—9月 生境／山坡草地、林缘、林中 分布／云南中西部至西北部、四川西南部 海拔／1 000~3 000 m

1

1

桔梗科 风铃草属

2 钻裂风铃草

Campanula aristata

别名：针叶风铃草

外观：弱小多年生草本。**根茎：**根胡萝卜状；茎通常2至数支丛生，直立。**叶：**基生叶卵圆形至卵状椭圆形，具长柄；中下部茎生叶披针形，具长柄，中上部茎生叶条形，无柄，全缘或有疏齿，无毛。**花：**花萼筒部狭长，裂片丝状，通常比花冠长；花冠蓝色或蓝紫色。**果实：**蒴果，圆柱状。

花期／6—8月 果期／8—9月 生境／高山草丛、灌丛和砂质山坡 分布／西藏大部、云南西北部、四川西部和西北部、青海南部、甘肃南部 海拔／3 500~5 000 m

2

2

3 灰岩风铃草

Campanula calcicola

外观：多年生草本。**根茎：**根胡萝卜状；茎数支丛生，上升，多少被长柔毛，通常分枝，少不分枝。**叶：**基生叶肾形，具长柄，叶片边缘具波状齿或钝齿，上面被长毛；茎生叶下部的肾形或卵圆形，有长柄，中上部的披针形或宽条形，有或无柄，边缘通常有牙齿。**花：**顶生于主茎及分枝上，常不下垂而上举，各处无毛；花萼筒部倒卵状，基部钝，裂片宽条形至钻状三角形，边缘有1~3对瘤状小齿；花冠紫色或蓝紫色，宽钟状，分裂达1/3。**果实：**蒴果，倒卵状椭圆形。

花期／8—10月 果期／8—10月 生境／湿润岩石上 分布／云南西北部、四川西南部 海拔／2 300~3 600 m

3

4

4

4

5

4 灰毛风铃草

Campanula cana

外观：多年生草本，高10~30 cm。**根茎：**根胡萝卜状；茎常铺散成丛，少上升，有时基部木质化，常被开展的硬毛。**叶：**互生，椭圆形、菱状椭圆形或矩圆形，边缘有疏锯齿或近全缘，长0.8~3 cm，宽0.5~1.5 cm，上面被刚毛，下面密被白色毡毛。**花：**常单生，下垂，生于主茎及分枝顶端，有时组成聚伞花序；花萼筒倒圆锥状，密被细长硬毛，裂片5枚，狭三角形，全缘或有细齿；花冠紫色、蓝紫色或蓝色，管状钟形，5裂达1/3~1/2；雄蕊5枚。**果实：**蒴果，倒圆锥形。

花期 / 5—9月　果期 / 7—10月　生境 / 石灰岩石上　分布 / 西藏南部、云南中西部及西北部、四川西部　海拔 / 1 000~4 300 m

5 藏南风铃草

Campanula nakaoi

外观：多年生草本。**根茎：**根状茎细长；茎上生或直立，具棱；通常深紫色，个别近于麦秆色；疏被倒生硬毛或近于无毛。**叶：**以中部最大，叶片倒卵状椭圆形，顶端钝；下部叶基部渐窄成短柄；上部叶无柄，边缘疏生细齿，叶脉凹陷。**花：**单朵顶生于主茎及分枝上，下垂；花萼筒部倒锥状，密生伸展的长硬毛或粒状腺毛，裂片钻形；花冠蓝色或蓝紫色，宽钟状，分裂过半，无毛；花柱长约1 cm。**果实：**蒴果。

花期 / 7—9月　果期 / 8—10月　生境 / 林下、林缘、草坡　分布 / 西藏（吉隆）　海拔 / 2 800~3 400 m

桔梗科 风铃草属

1 西南风铃草

Campanula pallida

(syn. *Campanula colorata*)

别名：岩兰花、土桔梗、土沙参

外观：多年生草本。**根茎：**根胡萝卜状，有时仅比茎稍粗；茎单生，少有数支丛生，上升或直立，被展开的硬毛。**叶：**茎下部叶有带翅的柄，上部的无柄，椭圆形或菱状椭圆形，边缘有疏锯齿或近全缘。**花：**兼具开放花和闭锁花；开放花下垂，顶生于主茎和分枝上，有时组成聚伞花序；花萼筒部倒圆锥状，被粗刚毛，裂片三角形至三角状钻形；花冠蓝紫色，管状钟形，分裂达1/3~1/2；花柱不及花冠长的2/3；闭锁花不开放。**果实：**蒴果，倒圆锥状。

花期 / 5—9月　果期 / 7—10月　生境 / 山坡草地和疏林下　分布 / 西藏南部、云南、四川西部　海拔 / 2 000~4 000 m

1

1

桔梗科 党参属

2 管钟党参

Codonopsis bulleyana

别名：柴党、胡毛洋参、蓝花臭参

外观：多年生草本。**根茎：**主茎直立或上升，黄绿色或灰绿色；侧枝集生于主茎下部，具叶，灰绿色，密被柔毛。**叶：**主茎上叶互生，侧枝上叶近对生，叶柄短，灰绿色，密被柔毛；叶片心脏形、阔卵形或卵形，顶端钝或急尖，边缘微波状或具极不明显的疏锯齿，或近全缘。**花：**单一，着生于主茎顶端，使茎呈花莛状，花下垂；花萼贴生至子房中部，筒部半球状，近无毛，裂片间弯缺尖狭，裂片卵形，顶端急尖，边缘微波状，两侧微反卷，顶端内外疏生柔毛，灰绿色；花冠管状钟形，浅裂，裂片宽阔，边缘及顶端内卷，浅蓝色，筒部有紫晕，无毛；雄蕊无毛。**果实：**蒴果，下部半球状，宿存的花萼裂片反卷。

花期 / 7—10月　果期 / 7—10月　生境 / 山地草坡及灌丛中　分布 / 西藏东南部、云南西北部、四川西南部　海拔 / 3 300~4 200 m

2

3 灰毛党参

Codonopsis canescens

外观：多年生草本，全株被灰白色柔毛。**根茎：**茎基具多数细小的茎痕，根常肥大呈纺锤状；主茎1至数支，在中部生叶并分枝。**叶：**在主茎互生，在侧枝近于对生；叶片卵形或阔卵形，叶柄短，全缘，灰绿色，两面被白色柔毛。**花：**着生于主茎及其上部分枝的顶端；花梗长2~15 cm；花萼贴生至子房中部，筒部半球状，具10条明显辐射脉，

3

3

裂片远隔，卵状披针形；花冠阔钟状，直径2~2.5 cm，淡蓝色至黄白色；雄蕊无毛，花丝极短。**果实：**蒴果，下部半球状，上部圆锥状。

花期 / 7—10月　果期 / 8—10月　生境 / 向阳干旱的山坡草地、河滩及村边　分布 / 西藏东部、四川西部、云南南部　海拔 / 3 000~4 200 m

4 脉花党参

Codonopsis foetens subsp. *nervosa*

(syn. *Codonopsis nervosa*)

别名：脉花臭党参

外观：多年生草本。**根茎：**茎基部具多数瘤状茎痕，根肥大，圆柱状；主茎直立或上升，疏生白色柔毛，黄绿色或灰绿色；侧枝集生于主茎下部，具叶。**叶：**在主茎上互生，茎上部呈苞片状；在侧枝上近于对生；叶片阔心状卵形，近全缘，被白色柔毛。**花：**单朵，很少数朵；着生于茎顶端；微下垂；花萼贴生至子房中部，筒部半球状，裂片边缘不反卷，上部被毛；花冠球状钟形，淡蓝白色，内面基部常具紫红色脉纹。**果实：**蒴果，下部半球状，上部圆锥状。

花期 / 7—10月　果期 / 8—10月　生境 / 湿润的高山草坡和灌丛　分布 / 西藏东部、四川西北部、青海东南部、甘肃南部　海拔 / 3 300~4 500 m

4　唐志远　摄影

4

4

桔梗科 党参属

1 毛细钟花

Codonopsis hongii

(syn. *Leptocodon hirsutus*)

外观：草质藤本，奇臭。**根茎：**茎细长，有细长分枝。**叶：**互生，偶尔在小枝上对生；具细长的叶柄；叶片薄，膜质，卵圆形，边缘具波状圆齿；上面绿色，下面灰绿色。**花：**倒垂；花梗细长，1~5 cm；花萼裂片边缘有长硬毛，无爪，卵形；花冠蓝紫色，长3~3.5 cm；花丝和花柱长约2 cm。**果实：**蒴果，下位部分半球状，上位部分圆锥状。

花期 / 8—10月　果期 / 9—11月　生境 / 生于湿润的山坡混交林下、灌丛或路旁篱笆上　分布 / 西藏南部、云南西北部　海拔 / 2 000~2 700 m

2 党参

Codonopsis pilosula subsp. *pilosula*

别名：台参、仙草根、叶子菜

外观：多年生缠绕草本。**根茎：**茎缠绕，有多数分枝，小枝具叶，无毛。**叶：**主茎及侧枝上的互生，在小枝上的近于对生，叶柄有疏短刺毛，叶片卵形或狭卵形，基部近于心形，边缘具波状钝锯齿，分枝上叶片渐趋狭窄，两面疏或密地被贴伏的长硬毛或柔毛。**花：**单生于枝端，有梗；花萼贴生至子房中部，筒部半球状，裂片宽披针形或狭矩圆形，顶端钝或微尖，微波状或近于全缘，其间弯缺尖狭；花冠上位，阔钟状，黄绿色，内面有明显紫斑，浅裂，裂片全缘；花丝基部微扩大，花药长形；柱头有白色刺毛。**果实：**蒴果，下部半球状，上部短圆锥状。

花期 / 7—10月　果期 / 7—10月　分布 / 云南西北部、四川、青海东部　海拔 / 1 000~3 900 m

1

1

2

2

3 闪毛党参

Codonopsis pilosula subsp. *handeliana*

(syn. *Codonopsis pilosula* var. *handeliana*)

别名：小叶党参、圆叶党参

外观：多年生缠绕草本。**根茎：**茎基具多数瘤状茎痕，根常肥大呈纺锤状或纺锤状圆柱形，肉质；茎缠绕，具叶，不育或先端着花，黄绿色或黄白色。**叶：**在主茎及侧枝上的互生，在小枝上的近于对生，叶柄长0.5~2.5 cm，有疏短刺毛，叶片卵形或狭卵形，长1~3 cm，宽0.8~2.5 cm，基部近于心形，边缘具波状钝锯齿，上面常有闪亮的长硬毛，下面灰绿色，两面疏或密地被贴伏的长硬毛或柔毛。**花：**单生于枝端，有梗；花萼贴生至子房中部，筒部半球状，长1.5~2 cm，几乎与花冠等长；花冠上位，阔钟状，黄绿色，内面有明显紫斑，浅裂；花丝基部微扩大，花药长形，长5~6 mm；柱头有白色刺毛。**果实：**蒴果，下部半球状，上部短圆锥状；种子多数，卵形，无翼。

花期 / 7—10月　果期 / 7—10月　生境 / 林缘、山地草坡及灌丛　分布 / 云南西北部、四川西南部　海拔 / 2 300~3 600 m

4 管花党参

Codonopsis tubulosa

别名：臭党参、牛尾党参

外观：多年生草本，高30~70 cm。**根茎：**根灰黄色，上部有稀疏环纹；茎蔓生，分枝，淡绿色或黄绿色，有时疏生短柔毛。**叶：**对生，或在茎顶部近互生，叶片卵形、卵状披针形或狭卵形，边缘具浅波状锯齿或近全缘，两面具短柔毛；叶柄极短，被柔毛。**花：**单生，顶生；花梗被柔毛；花萼筒部半球状，密被长柔毛，裂片5枚，阔卵形，边缘有波状疏齿，外侧疏生柔毛及缘毛；花冠管状，黄绿色，5浅裂，裂片三角形。**果实：**蒴果，下部半球状，上部圆锥状。

花期 / 7—10月　果期 / 7—10月　生境 / 林下、草丛中　分布 / 云南中北部及西部、四川西部　海拔 / 1 900~3 000 m

周卓　摄影

桔梗科 蓝钟花属

1 心叶蓝钟花

Cyananthus cordifolius

外观：多年生草本，高14~27 cm。**根茎：**茎细，基部平卧，生蛛丝状长柔毛。**叶：**互生，几乎无柄，叶片心形至三角状卵形，顶端钝或急尖，基部心形或近圆形，上面疏被短毛或无毛，下面密被蛛丝状长柔毛。**花：**单生茎顶，花梗长0.5~1.5 cm，生棕黑色刚毛，裂片披针状三角形，稍短于筒部，内面被黑白两色长柔毛；花冠蓝色，喉部密生长柔毛，裂片长矩圆形。**果实：**蒴果，包被于宿存花萼内。

花期／8—9月　果期／9—10月　生境／湿润的高山草坡和灌丛　分布／西藏（吉隆）　海拔／3 000~4 000 m

1

1

2 细叶蓝钟花

Cyananthus delavayi

外观：多年生草本。**根茎：**茎基多分枝，鳞片三角状披针形，稀疏或脱落；茎纤细而多分枝，平卧至上升，被白色短柔毛。**叶：**互生，花下3~5枚聚集而呈轮生状；叶片近圆形或宽卵状三角形，先端圆钝，基部近圆形或近平截，边缘微反卷，全缘或微波状，上面密被短糙毛，背面有较长的白色伏毛；叶柄生开展柔毛。**花：**雌花两性花异株；花单生于主茎和部分分枝的顶端；花萼筒状，果期膨胀；花冠深蓝色，内面喉部密生柔毛，裂片矩圆状条形；子房花期约与花萼等长，花柱伸达花冠喉部，柱头5裂。**果实：**蒴果，圆锥状，成熟后超出花萼，先端5裂。

花期／8—9月　果期／9—10月　生境／石灰质山坡草地或林边碎石地上　分布／云南西北部和四川西南部　海拔／2 000~4 000 m

2

2

3 美丽蓝钟花

Cyananthus formosus

别名：奶浆果、翁布

外观：多年生草本。**根茎：**茎基粗壮，常分叉，顶部鳞片宿存；茎细，多条并生，下部有鳞片状叶。**叶：**互生，茎上部的较大，花下4枚或5枚聚集而呈轮生状；叶片菱状扇形，被毛，叶缘反卷，先端平截，通常有3~5枚钝齿。**花：**大，单生于主茎和分枝的顶端；花萼筒状钟形，外面密生淡褐色柔毛，裂片狭三角形，内外均生柔毛；花冠深蓝色或紫蓝色，筒外无毛，内面喉部密生长柔毛，裂片倒卵状矩圆形，为筒部长的1/3~1/2，先端背部常生一簇柔毛；子房约与花萼筒等长，花柱达花冠喉部，柱头5裂。**果实：**蒴果，爿裂。

花期 / 8—9月　果期 / 9—10月　生境 / 高山流石滩　分布 / 云南西北部、四川西南部　海拔 / 2 800~4 100 m

4 蓝钟花

Cyananthus hookeri

外观：一年生草本。**根茎：**茎通常数条丛生，匍匐或上升，疏生开展的白色柔毛，基部生淡黄褐色柔毛，具短的分枝。**叶：**互生，花下数枚聚集呈总苞状；叶片菱形，边缘有少数钝牙齿，有时全缘。**花：**小，常4基数，偶5数；花萼卵圆状，外面密生淡褐黄色柔毛，或完全无毛；花冠蓝紫色，喉部被柔毛。**果实：**蒴果，卵圆状，成熟时露出花萼外。

花期 / 8—9月　果期 / 9—10月　生境 / 山坡草地、路边或撂荒地　分布 / 西藏南部及东部、云南西北、四川西部、青海、甘肃南部　海拔 / 2 700~4 700 m

桔梗科 蓝钟花属

1 灰毛蓝钟花

Cyananthus incanus

外观：多年生草本。**根茎：**茎基粗壮，顶部具宿存的卵状披针形鳞片；茎多条并生，不分枝，被灰白色短柔毛。**叶：**互生，自茎下部而上稍有增大，仅花下4~5枚聚集成轮状；叶片卵状椭圆形，两面均被短柔毛，边缘反卷，基部楔形，有短柄。**花：**雌花两性花异株；花梗长0.4~1.3 cm，生柔毛；花萼短筒状，果期稍膨大，密被倒伏刚毛以至无毛，筒长5~8 mm，裂片三角形；花冠蓝紫色或深蓝色，为花萼长的2.5~3倍；内面喉部密生柔毛，裂片倒卵状长矩圆形。**果实：**蒴果，长于宿存花萼。

花期 / 8—9月　果期 / 9—10月　生境 / 向阳的高山草坡　分布 / 西藏南部及东部、云南西北部、四川西南部、云南　海拔 / 3 100~5 400 m

1

1

2 胀萼蓝钟花

Cyananthus inflatus

外观：一年生草本。**根茎：**茎近木质，稀疏分枝，主茎明显，疏被柔毛。**叶：**互生，稀疏，仅花下3~4枚聚集，呈轮生状；叶片菱形，全缘或有不明显的钝齿，两面生有柔毛，顶端钝，基部圆形或楔形；柄细，长2~6 mm。**花：**通常单生于茎和分枝顶端，花梗长2~5 mm，纤细，被毛；花萼在花期呈坛状，果期显著膨大，外面密生锈色柔毛，裂片5枚；花冠淡蓝色，筒状钟形，裂片5枚，内面喉部密生柔毛。**果实：**蒴果，卵圆状，成熟后超出花萼，顶端5裂。

花期 / 8—9月　果期 / 9—10月　生境 / 林缘、灌丛、草坡　分布 / 西藏南部和东南部、云南、四川　海拔 / 3 000~4 900 m

2

2

3 丽江蓝钟花

Cyananthus lichiangensis

别名：丽江黄钟花、黄钟花、丘拉卜

外观：一年生草本。**根茎：**茎数条并生，高10~25 cm。**叶：**稀疏而互生，唯花下4枚或5枚聚集呈轮生状；叶片卵状三角形或菱形，全缘或有波状齿。**花：**两性，单生于主茎和分枝顶端，花梗长2~5 mm；花萼筒状，花后下部稍膨大，外面被红棕色刚毛，毛基部膨大，常呈黑色疣状凸起，外面疏生红棕色细刚毛；花冠淡黄色或绿黄色，有时具蓝色或紫色条纹，内面近喉部密生柔毛；子房花期约与萼筒等长；花柱伸达花冠喉部。**果实：**蒴果，成熟后超出花萼。

花期 / 8月　果期 / 9月　生境 / 山坡草地或灌丛旁　分布 / 产云南西北部、四川西部、西藏东南部　海拔 / 3 000~4 100 m

3

3

4 裂叶蓝钟花

Cyananthus lobatus

外观：多年生草本。**根茎：**木质根粗壮；茎基粗壮，顶部有宿存的卵状披针形鳞片；茎多条丛生，平卧或上升，上部疏生柔毛。**叶：**互生，近革质，形状、大小和分裂程度多变，一般为倒卵状披针形至倒卵形，上部有大而钝的粗齿3~7枚，基部长楔形，边缘稍反卷，两面均生短柔毛。**花：**大，单生于主茎和分枝顶端，花梗长1~3 cm；花萼圆筒状钟形，密生棕红色至棕黑色刚毛；花冠蓝紫色，内面喉部生柔毛，裂片近圆形。**果实：**蒴果，包被于宿存花萼中。

花期 / 8—9月　果期 / 9—10月　生境 / 向阳的山坡草地、林缘　分布 / 西藏南部及东南部、云南西北部　海拔 / 3 200~5 100 m

桔梗科 蓝钟花属

1 长花蓝钟花

Cyananthus longiflorus

外观：多年生草本。**根茎：**茎基粗壮而木质化，顶部具少数卵状鳞片；茎多分枝，密生灰白色绒毛。**叶：**互生，花下或分枝顶端常聚集成簇，具短柄，叶片椭圆形或卵状椭圆形，两端急尖，边缘强烈反卷，全缘，上面疏生短柔毛或渐无毛，下面密被银灰色绢状毛。**花：**雌花两性花异株；花单生于茎和分枝顶端，几无梗；花萼筒状，花期筒外面密被褐黄色长柔毛，裂片披针形，内外均被毛；花冠长筒状钟形，紫蓝色或蓝紫色，外面无毛，内面喉部密生柔毛，裂片倒卵状长矩圆形，长为花冠总长的1/3~1/2，顶端常簇生数根刚毛；花柱几乎伸达花冠喉部。**果实：**蒴果，成熟后略长于花萼。

花期／7—9月　果期／8—10月　生境／松林下砂地或石灰质高山牧场上　分布／云南西部　海拔／2 700~3 200 m

1

2 大萼蓝钟花

Cyananthus macrocalyx

外观：多年生草本。**根茎：**茎基粗壮，木质化，顶部具宿存卵状披针形鳞片；茎长数条并生，长7~15 cm，不分枝。**叶：**互生，由茎下部至上部渐次增大，花下的4~5枚叶聚集呈轮生状；叶片菱形、近圆形或匙形，两面生伏毛，全缘或有波齿，边缘反卷。**花：**雌花两性花异株；花梗长4~10 mm；花萼在花期呈管状，黄绿色或带紫色，果期膨大，脉络突起明显，无毛；花冠黄色，有时带紫色，筒状钟形，内面喉部密生柔毛。**果实：**蒴果，超出宿存花萼。

花期／7—8月　果期／8—9月　生境／高山草地　分布／西藏东南部、云南西北部、四川西部、青海、甘肃　海拔／2 500~4 600 m

2

2

3 小叶蓝钟花

Cyananthus microphyllus

外观：多年生草本。**根茎：**茎基粗壮，顶部密被鳞片，鳞片卵形；茎纤细，长5~10 cm，下部分枝，地上部分棕红色，无毛或疏生短柔毛。**叶：**互生，卵形、卵状披针形或长椭圆形，顶端钝或急尖，全缘或波状，边缘反卷，上面无毛，下面生绢毛。**花：**单生茎顶，花梗长5~10 mm，生棕黑色刚毛；花萼筒状钟形，被棕黑色短刚毛；花冠筒状钟形，蓝紫色或蓝色，外面无毛，内面喉部密生白色长柔毛；花冠裂片倒卵状矩圆形。**果实：**蒴果，包被于宿存花萼中。

花期／9月　果期／9—10月　生境／湿润的高山草坡　分布／西藏（聂拉木）　海拔／3 300~4 300 m

2

4 有梗蓝钟花

Cyananthus pedunculatus

外观：多年生草本。**根茎：**茎细，高10~20 cm，被短糙毛。**叶：**互生，自茎下部向上逐渐增大，无叶柄；叶片卵状披针形，全缘，两面均被短糙毛。**花：**单生茎顶，花梗长1~2 cm，生棕黑色刚毛；花萼筒状，密被棕黑色刚毛，果期不膨胀；花冠蓝紫色，有光泽，漏斗状钟形，喉部无毛或少有柔毛；花冠裂片近圆形，约占花冠长的1/3；子房圆锥状，柱头5裂。**果实：**蒴果，被宿存萼片包被。

花期 / 8—9月　果期 / 9—10月　生境 / 高山草坡　分布 / 西藏（亚东）　海拔 / 3 600~4 900 m

桔梗科 须弥参属

5 须弥参

Himalacodon dicentrifolia

(syn. *Codonopsis dicentrifolia*)

别名：珠峰党参

外观：草本，全体光滑无毛。**根茎：**茎直立，上部有较多分枝，枝下垂，基部粗大，上端则极纤细。**叶：**多互生或在小枝上的近于对生；叶柄短，叶片卵形或卵状椭圆形，顶端急尖或微钝，叶基楔形或较圆钝，全缘或微波状。**花：**单生于主茎及侧枝顶端；花萼贴生至子房顶端，筒部倒锥状，裂片上位，其间弯缺宽钝，裂片狭窄，近于条形，顶端渐尖，全缘；花冠钟状，淡蓝色，裂达1/3，裂片卵形，顶端急尖；花丝基部宽大，上部纤细。**果实：**蒴果上部短圆锥状，下部倒圆锥状，有10条脉棱。

花期 / 8—10月　果期 / 8—10月　生境 / 阔叶林下和悬岩上　分布 / 西藏（定日）　海拔 / 2 700~3 300 m

桔梗科 袋果草属

1 袋果草

Peracarpa carnosa

别名：肉荚草

外观：纤细草本。**根茎：**茎肉质，无毛。**叶：**多集中于茎上部，具叶柄，叶片膜质或薄纸质，卵圆形或圆形，基部平钝或浅心形，顶端圆钝或多少急尖，两面无毛或上面疏生贴伏的短硬毛，边缘波状，但弯缺处有短刺；茎下部的叶疏离而较小。**花：**花梗细长而常伸直；花萼无毛，筒部倒卵状圆锥形，裂片三角形至条状披针形；花冠白色或紫蓝色，裂片条状椭圆形。**果实：**倒卵状；种子棕褐色。

花期 / 3—5月　果期 / 4—11月　生境 / 林下及沟边潮湿岩石上　分布 / 西藏南部、云南西部、四川南部　海拔 / 1 300~3 800 m

桔梗科 辐冠参属

2 辐冠参

Pseudocodon convolvulaceus

(syn. *Codonopsis convolvulacea*)

别名：鸡蛋参、牛尾参、白地瓜、金线吊葫芦

外观：多年生草本。**根茎：**根块状，近于卵球状或卵状；茎缠绕或近直立，长可达1 m以上，无毛。**叶：**互生或有时对生；叶柄长2~12 mm；叶片卵形至条状披针形，长2~7 cm，宽0.4~1.5 cm，叶基圆钝或楔形，通常全缘，极少波状，无毛，纸质。**花：**单生于主茎及侧枝顶端；花梗长2~12 cm；花萼筒部倒长圆锥状，裂片狭三角状披针形；花冠辐状而近于5全裂，裂片椭圆形，长1~2.5 cm，淡蓝色或蓝紫色；花丝基部宽大。**果实：**蒴果，近圆锥状。

花期 / 7—10月　果期 / 7—10月　生境 / 草坡或灌丛中　分布 / 西藏南部及东南部、云南中西部、四川西南部　海拔 / 1 000~4 600 m

桔梗科 蓝花参属

3 蓝花参

Wahlenbergia marginata

别名：牛奶草、拐棒参、毛鸡腿

外观：多年生草本，有白色乳汁。**根茎：**根细长，外面白色，细胡萝卜状；茎自基部多分枝，直立或上升，无毛或下部疏生长硬毛。**叶：**互生，无柄或具长至7 mm的短柄，常在茎下部密集，下部的匙形，倒披针形或椭圆形，上部的条状披针形或椭圆形，边缘波状或具疏锯齿，或全缘，无毛或疏生长硬毛。**花：**花梗极长，细而伸直；花萼无毛，筒部倒卵状圆锥形，裂片三角状钻形；

花冠钟状，蓝色，分裂达2/3，裂片倒卵状长圆形。**果实：**蒴果，倒圆锥状或倒卵状圆锥形，有10条不甚明显的肋；种子矩圆状，光滑，黄棕色。

花期 / 2—5月　果期 / 2—5月　生境 / 田边、路边、荒地、山坡　分布 / 云南、四川　海拔 / 1 000~2 800 m

半边莲科 半边莲属

4 毛萼山梗菜

Lobelia pleotricha

外观：多年生草本，高60~80 cm。**根茎：**根状茎短，生多条肉质须根；茎暗红色，被疏柔毛。**叶：**螺旋状排列，叶片椭圆状披针形，长6~12 cm，宽2~3.5 cm，先端长渐尖，基部渐狭，边缘波状或有不规则的圆齿，两面密生短柔毛；下部的叶有柄，柄长2~3 cm，有狭翅，中部以上的叶具短柄或无柄。**花：**单生于茎上部苞片腋间，形成总状花序，花较少；苞片叶状；花梗密生柔毛；花萼筒短矩圆状，密被柔毛，长宽近相等，裂片条状披针形，边缘有稀疏腺齿和睫毛，果期常反折；花冠紫红色至蓝紫色；花丝筒无毛或疏生短柔毛，花药管背部疏生柔毛，仅下方2枚，花药顶端生笔毛状髯毛。**果实：**蒴果，短柱状，底部平截，中央明显凹入。

花期 / 8—10月　果期 / 8—10月　生境 / 草坡、林缘　分布 / 西藏（墨脱）、云南西部　海拔 / 2 000~3 600 m

花荵科 花荵属

5 中华花荵

Polemonium chinense

(syn. *Polemonium coeruleum* var. *chinense*)

别名：腺毛花荵、鱼翅菜、华花荵

外观：多年生草本。**根茎：**茎直立，高0.5~1 m，无毛或被疏柔毛。**叶：**羽状复叶互生，茎下部叶长可超过20 cm，茎上部叶长7~14 cm，小叶互生，11~21枚，长卵形至披针形，顶端锐尖或渐尖，基部近圆形，全缘，两面有疏柔毛或近无毛，无小叶柄；叶柄长1.5~8 cm，下部长，上部具短叶柄或无柄，与叶轴同被疏柔毛或近无毛。**花：**聚伞圆锥花序疏散；花梗长3~10 mm，连同总梗密生长腺毛；花萼钟状，被短的或疏长腺毛，裂片长卵形至卵状披针形，与萼筒近相等长；花冠紫蓝色，浅钟状，长约1 cm，裂片倒卵形；雄蕊伸出花外，花丝基部簇生黄白色柔毛；子房球形，柱头稍伸出花冠之外。**果实：**蒴果，卵形，长5~7 mm。

花期 / 6—8月　果期 / 6—9月　生境 / 山地草坡及疏林下　分布 / 四川东部及北部、青海、甘肃　海拔 / 1 000~3 600 m

1

紫草科 垫紫草属

1 垫紫草

Chionocharis hookeri

别名：雪美

外观：植物体近半球形，直径15~40 cm。**根茎：**茎多四分枝，枝密集。**叶：**叶片扇状楔形，先端急尖，基部渐狭，下面无毛或近无毛，上面的上部和上部的边缘密生白色长柔毛。**花：**单生分枝的顶端；花梗无毛；花萼5裂至基部，裂片线状匙形，边缘和里面有长柔毛，外面无毛；花冠淡蓝色，无毛，筒部与萼近等长，裂片近圆形，有细脉，喉部附属物横的皱褶状或半月形；雄蕊5枚，内藏；子房4裂，柱头扁球形。**果实：**小坚果，背面膨，有短伏毛，着生面居腹面基部。

花期 / 5—8月　果期 / 5—8月　生境 / 石质山坡或陡峻的石崖上　分布 / 西藏南部、云南西北部、四川西南部　海拔 / 3 500~5 000 m

紫草科 琉璃草属

2 倒提壶

Cynoglossum amabile

别名：蓝布裙、狗屎花

外观：多年生草本，茎高20~50 cm。**根茎：**茎单一或数条丛生，密生贴伏短柔毛。**叶：**基生叶具长柄，两面密生短柔毛；茎生叶无柄或具短柄。**花：**聚伞花序单一或锐角分叉，无苞片；花梗长2~3 mm；花萼外面密生短柔毛；花冠蓝色，漏斗状，附属物梯形。**果实：**小坚果，卵形，长3~4 mm，密生锚状刺。

花期 / 3—10月　果期 / 3—10月　生境 / 山坡草地、灌丛、路边　分布 / 西藏南部、云南、四川西部、甘肃南部　海拔 / 1 250~4 560 m

3 小花琉璃草

Cynoglossum lanceolatum

别名：小花倒提壶、狗屎蓝花、粘娘娘

外观：多年生草本，高20~90 cm。**根茎：**茎直立，中部或下部分枝，密生硬毛。**叶：**基生叶及茎下部叶长圆状披针形，长8~14 cm，宽约3 cm，上面被硬毛及稠密的伏毛，下面密生短柔毛，具叶柄；茎中上部叶披针形，长4~7 cm，宽约1 cm，具短柄或无柄。**花：**镰状聚伞花序，顶生及腋生，分枝钝角叉状分开，果期延长呈总状；花萼裂片5枚，卵形，外面密生短伏毛；花冠淡蓝色，钟状，檐部5裂，喉部有5个半月形附属物。**果实：**小坚果，卵球形，密生长短不等的锚状刺。

花期 / 4—9月　果期 / 4—9月　生境 / 山坡草地　分布 / 云南中西部及西北部、四川、甘肃南部　海拔 / 1 000~2 800 m

紫草科 琉璃草属

1 心叶琉璃草

Cynoglossum triste

别名：暗淡倒提壶、剋哈剋

外观：多年生草本。**根茎：**茎数条丛生或单一，直立，粗壮，被开展的硬毛。**叶：**基生叶及茎下部叶有长柄，心形或卵圆形，先端尖，基部心形或圆形，全缘或稍波状，上下两面被贴伏或半贴伏的硬毛；茎上部叶有短柄，心形、卵形或长圆状卵形。**花：**花序3~6个，集为顶生之圆锥状花序，无苞片；花梗短，花后延长，密生硬毛；花萼裂至近基部，裂片披针形或披针状长圆形，具长硬毛，花后增大；花冠筒状，黑紫色，裂片近卵形，先端具钝头，喉部附属物梯形；花药长圆形，约与附属物等大；花柱圆柱状。**果实：**小坚果大，极扁平，背面凸，密生黄色锚状刺。

花期 / 5—7月　果期 / 6—8月　生境 / 山坡及松林下　分布 / 云南西北部、四川西南部　海拔 / 2 500~3 600 m

1

1

2 西南琉璃草

Cynoglossum wallichii

外观：二年生草本，高20~70 cm。**根茎：**茎单一或数条丛生，直立，密生硬毛及伏毛，上部分枝，叉形开展。**叶：**基生叶及茎下部叶披针形或倒卵形，长2~5 cm，宽0.5~1.2 cm，具叶柄；茎中上部叶渐狭小，两面被稀疏散生的硬毛及伏毛，近无叶柄。**花：**镰状聚伞花序，顶生及腋生，叉状分枝，果期伸长呈总状；花梗稍下弯；花萼外面密生向上贴伏的柔毛，裂片5枚，卵形或长圆形，直立，边缘密生缘毛；花冠蓝色或蓝紫色，钟形，檐部裂片5枚，圆形，喉部有5个梯形附属物，边缘密生短柔毛。**果实：**小坚果，卵形，有稀疏散生的锚状刺，边缘锚状刺基部扩张，连合成宽翅边。

花期 / 5—8月　果期 / 5—8月　生境 / 山坡草地、林下阴湿处　分布 / 西藏东南部、云南西北部、四川西南部、甘肃南部　海拔 / 1 300~3 600 m

2

2

紫草科 假鹤虱属

3 宽叶假鹤虱

Hackelia brachytuba

(syn. *Eritrichium brachytubum*)

别名：大叶假鹤虱

外观：多年生草本，高40~70 cm。**根茎：**茎多分枝，疏生短毛。**叶：**基生叶心形，长5~10 cm，宽4~9 cm，基部心形，两面疏生短毛，叶柄长达25 cm；茎生叶互生，卵形或狭卵形，长4~10 cm，宽2~5 cm，叶柄较

3

3

3

短。**花：**镰状聚伞花序，生茎或分枝顶端，二叉状；花梗生短毛；花萼裂片5枚，三角状披针形或线状披针形，外面生短毛；花冠蓝色或淡紫色，钟状辐形，檐部裂片5枚，圆形或近圆形，附属物5枚，梯形，侧面生曲柔毛。**果实：**小坚果，背腹二面体型，生少数锚状刺或疏生微毛，棱缘具刺，先端有锚状钩。

花期 / 6—8月　果期 / 7—8月　生境 / 山坡、林下　分布 / 西藏南部、云南西北部、四川、甘肃南部　海拔 / 2 900~3 800 m

4 卵萼假鹤虱

Hackelia uncinatum

(syn. *Eritrichium uncinatum*)

别名：西藏假鹤虱

外观：多年生草本。**根茎：**茎数条丛生，中空，上部多分枝，疏生短毛。**叶：**基生叶片卵形或宽卵形，两面被短毛；茎生叶叶柄向上渐短，叶片卵形至椭圆形，先端急尖至渐尖，基部宽楔形、浅心形或近圆形，两面被毛，侧脉5~7条，离基出或基出。**花：**花序生茎和分枝的顶端，二叉状，无苞片或在花序的下部有1枚苞片；花梗细弱，生微毛；花萼裂片卵形，外面被短毛，内面无毛；花冠蓝色或蓝紫色，钟状辐形，裂片宽卵形或短长圆形，附属物横向长圆形，无毛或生微毛；雄蕊生花冠筒中部，花药卵形；雌蕊基果期高约2 mm；花柱不超出小坚果。**果实：**小坚果，背腹两面体型，除棱缘的刺外，无毛，背盘微凸，腹面具龙骨突起，着生面位腹面中部，棱缘的刺锚状，基部连合形成宽翅。

花期 / 6—8月　果期 / 6—8月　生境 / 潮湿山坡、林下或林间草地　分布 / 西藏南部、云南西北部　海拔 / 2 700~4 500 m

4

4

紫草科 鹤虱属

1 卵果鹤虱

Lappula patula

(syn. *Lappula redowskii*)

别名：卵盘鹤虱、中间鹤虱、蒙古鹤虱

外观：一年生草本，高20~60 cm，全株被毛。**根茎：**主根圆锥形；茎直立，常单生，中部以上多分枝，小枝斜升，密被灰色糙毛。**叶：**茎生叶互生，线形或狭披针形，长2~5 cm，宽2~4 mm，扁平或沿中肋纵向对褶，两面有具长硬毛。**花：**镰状聚伞花序，生于茎或小枝顶端，果期伸长；苞片下部者叶状，上部者渐小，线形，比果实稍长；花萼5深裂，裂片线形，星状开展；花冠蓝紫色至淡蓝色，钟状，较花萼稍长，檐部裂片5枚，长圆形，喉部缢缩，附属物生花冠筒中部以上。**果实：**小坚果，宽卵形，具颗粒状突起，边缘具一行锚状刺。

花期 / 5—8月　果期 / 5—8月　生境 / 荒地、田间、砂地、干旱山坡　分布 / 西藏东南部、四川西北部　海拔 / 1 000~4 300 m

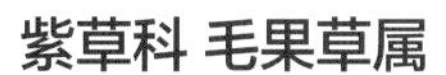

紫草科 毛果草属

2 毛果草

Lasiocaryum densiflorum

别名：密花毛果草

外观：一年生草本，高3~6 cm。**根茎：**茎通常自基部分枝，有伏毛。**叶：**互生，叶片卵形、椭圆形或狭倒卵形，长5~12 mm，宽2~5 mm，两面有疏柔毛。**花：**聚伞花序，生于分枝顶端；花萼裂片5枚，线形，基部有纵龙骨突起；花冠蓝色，筒部与萼近等长，檐部裂片5枚，倒卵圆形，喉部黄色，有5枚附属物，微2裂。**果实：**小坚果，狭卵形，有短伏毛，背面中线微龙骨状隆起。

花期 / 7—8月　果期 / 8—9月　生境 / 石质山坡　分布 / 西藏南部及东南部、四川西部　海拔 / 4 000~4 500 m

紫草科 胀萼紫草属

3 二色胀萼紫草

Maharanga bicolor

(syn. *Onosma bicolor*)

外观：一年生或二年生草本，高20~35 cm，被开展的硬毛及短伏毛。**根茎：**茎细弱，单一或数条丛生。**叶：**基生叶线状披针形或倒披针形，两面均被向上贴伏的硬毛及短伏毛；茎生叶长圆形或长圆状披针形。**花：**花序顶生，花多数，密集呈头状，花期直径1.5~2.5 cm，果期伸展；苞片披针形，密生长硬毛及短伏毛；花萼长5~6 mm，外面密被开展的硬毛及短伏毛，内面密生向上的白

4 魏来 摄影

色长柔毛，裂片三角状披针形；花冠筒状，上部蓝色，下部橘黄色，裂片三角形，向下反折或稀直立，外面在裂片下密生向下的短伏毛；花药基部结合，内藏，花丝长1.5~2.5 mm，距花冠基部4~5 mm；腺体环形，膜质。**果实：**小坚果，长约3 mm，褐色，密生疣状突起及小乳头突起。

花期 / 7月　果期 / 7月　生境 / 山坡林间空地及河谷林缘草丛　分布 / 西藏南部（吉隆）　海拔 / 2 300~3 700 m

4 污花胀萼紫草

Maharanga emodi

(syn. *Onosma emodi*)

外观：多年生草本，高30~40 cm。**根茎：**具直伸的根，茎数条丛生，上部叶腋生花枝，具开展的白色硬毛及短伏毛。**叶：**带状披针形或倒披针形，两面均被向上贴伏的硬毛及短伏毛。**花：**花序生茎顶及枝顶，略呈头状，花期直径2~4 cm，花后延长；苞片披针形，密生硬毛及短柔毛；花萼裂片披针状三角形，裂至下1/3，被毛；花冠污红色，壶状，长9~11 mm，喉部缢缩，裂片三角形，向下反折，外面密生伏毛，中部以下有5个向内凹陷的沟槽；花药基部结合，内藏，花丝长约1.5 mm，距花冠基部2~2.5 mm；腺体环形；花柱长约10 mm，无毛。**果实：**小坚果，长2~2.5 mm，具疣状突起及皱褶。

花期 / 6—7月　果期 / 6—7月　生境 / 溪边湿润草地　分布 / 西藏（吉隆、聂拉木）　海拔 / 2 800~3 200 m

紫草科 微果草属

5 微果草

Microcaryum pygmaeum

外观：植物体高1.5~5 cm。**根茎：**茎直立，由基部分枝或不分枝。**叶：**叶片狭倒卵形至线状长圆形，无柄，先端钝或急尖，基部渐狭，两面有稀疏长柔毛，靠近先端的毛有明显的基盘。**花：**聚伞花序生茎和分枝顶端，有长短不齐的花梗，近似伞形花序；花小，花梗有毛；花萼长约2 mm，裂片狭椭圆形，急尖，内面密生白色长柔毛，外面稍有毛；花冠蓝色或粉红色，无毛，筒部与萼约等长，裂片近圆形，喉部淡黄色，附属物半月形，稍厚，顶端微缺，有乳头突起；雄蕊着生花冠筒中部，有短花丝，花药先端有点状小尖头；子房裂片分离。**果实：**小坚果，卵形，稍内弯，背面稍龙骨状突起。

花期 / 7—8月　果期 / 7—8月　生境 / 高山裸地或草地　分布 / 四川西部　海拔 / 3 900~4 700 m

5

5

紫草科 微孔草属

1 大孔微孔草
Microula bhutanica

外观： 二年生草本植物，高5~22 cm。**根茎：** 茎直立或斜升，常自基部或下部分枝，疏被开展的短硬毛。**叶：** 基生叶及茎下部叶有长柄或稍长柄，匙形、椭圆形或狭卵形，连柄长2.5~6.5 cm，宽0.7~2 cm；茎中部以上叶具短柄或无柄，狭椭圆形、狭卵形或卵形，长0.6~3 cm，两面密被短伏毛。**花：** 单生，于茎下部或中部起对叶而生，或组成短而密集的镰状聚伞花序，生于茎或小枝顶端；花梗疏被糙毛；花萼5裂至近基部，裂片狭三角形，两面密被短伏毛；花冠蓝色，檐部裂片5枚，近圆形，附属物半月形。**果实：** 小坚果，卵形，有小瘤状突起或皱褶，疏被短毛，背孔椭圆形或近圆形。

花期 / 6—9月　果期 / 8—10月　生境 / 高山草坡、林缘　分布 / 云南东北部及西北部、四川南部　海拔 / 3 000~4 100 m

1

1

2

2 甘青微孔草
Microula pseudotrichocarpa

外观： 矮小草本。**根茎：** 茎直立或渐升，自基部或中部以上分枝，有稀疏糙伏毛和稍密的开展刚毛。**叶：** 基生叶和茎下部叶有长柄，披针状长圆形至长圆形，顶端微尖，基部渐狭，茎上部叶较小，无柄或近无柄，狭椭圆形或狭长圆形，两面有糙伏毛，并散生刚毛。**花：** 花序腋生或顶生，初密集，近球形，果期常伸长；苞片披针形至狭椭圆形；在花序之下有1朵无苞片的花；有时在茎中部分枝处有1朵与叶对生具长梗的花；花萼两面被短伏毛，外面散生少数长硬毛，5裂近基部，裂片线状三角形；花冠蓝色，无毛，檐部5裂，裂片宽倒卵形，附属物低梯形或半月形。**果实：** 小坚果，卵形，有小瘤状突起和极短的毛，背孔长圆形，着生面于腹面近中部。

花期 / 7—8月　果期 / 7—9月　生境 / 高山草地　分布 / 西藏东部、四川西北部、青海东部、甘肃南部　海拔 / 2 200~4 600 m

2

3 小果微孔草
Microula pustulosa

外观： 矮小草本。**根茎：** 茎通常自基部分枝，渐升，密被短糙毛，混有少数刚毛。**叶：** 基生叶及茎下部叶有短或稍长柄，匙形或长圆形，茎中部以上叶具短柄或无柄，椭圆形或长圆形，顶端微尖或钝，基部渐狭或宽楔形，两面密被短糙伏毛。**花：** 在茎上与叶对生，或少数于茎或枝端形成密集的短花序；花梗密被短伏毛；花萼5裂近基部，裂片狭三角形，外面密被短毛；花冠蓝色，檐部5

裂，裂片宽椭圆状倒卵形，筒长1~1.2 mm，附属物半月形，有疏毛。**果实：** 小坚果，卵形，有小瘤状突起，被短毛，背孔位于背面中部之上，近圆形，着生面位于腹面中部之下。

花期 / 8—9月　果期 / 8—10月　生境 / 高山草地或多石砾山坡　分布 / 西藏南部及东北部、青海南部　海拔 / 4 150~4 700 m

4 微孔草

Microula sikkimensis

别名：锡金微孔草

外观： 多年生草本。**根茎：** 茎被刚毛。**叶：** 基生叶和茎下部叶具长柄，全缘，两面有短伏毛。**花：** 花序密集，生于茎顶及无叶分枝的顶端；花梗短，密被短糙伏毛；花冠蓝色或蓝紫色，无毛，附属物低梯形或半月形。**果实：** 小坚果，卵形，有小瘤状突起和短毛，背孔位于背面中上部，着生面位于腹面中央。

花期 / 5—9月　果期 / 7—10月　生境 / 山坡草地、灌丛、田埂及荒地　分布 / 西藏南部、云南西北部、四川西部、青海、甘肃南部　海拔 / 3 000~4 200 m

紫草科 微孔草属

1 匙叶微孔草

Microula spathulata

外观：二年生草本植物，高2~5 cm。**根茎：**茎自基部分枝，斜升或近平卧，密被糙毛。**叶：**基生叶及茎下部叶具长柄，向茎上部渐变短，叶片匙形，连柄长1.4~4.5 cm，宽3.5~8 mm，上面稍密被糙伏毛，下面微被短伏毛。**花：**单生，自茎基部起对叶而生；花萼5裂至近基部，裂片三角状狭披针形，外面密被柔毛；花冠蓝色，檐部裂片5枚，近圆形，附属物半月形，有稀疏短毛。**果实：**小坚果，卵形，稍皱，背孔长圆形。

花期 / 6—8月　果期 / 7—8月　生境 / 高山草地　分布 / 云南西北部（香格里拉）　海拔 / 3 300~4 200 m

1

2 宽苞微孔草

Microula tangutica

别名：唐古特微孔草

外观：草本，高3~7 cm。**根茎：**茎1或数条，常自下部分枝，被向上斜展的短柔毛。**叶：**基生叶及茎下部叶有柄，匙形，顶端圆钝，基部渐狭，两面均被短柔毛，茎中部及上部叶无柄，匙形或椭圆形。**花：**花序生茎和分枝顶端，有少数密集的花；苞片密集，宽卵形、圆卵形或近圆形，顶端微尖，两面疏被短柔毛；花无梗，被苞片包围；花萼5裂近基部，裂片狭三角形，边缘有长柔毛，内面被短伏毛；花冠蓝色或白色，无毛，檐部直径约2.2 mm，裂片近圆形，筒部长约1.1 mm，附属物半月形。**果实：**小坚果，卵形，有稀疏小瘤状突起，背面有3条不明显纵肋，无背孔，着生面位于腹面顶端。

花期 / 7—9月　果期 / 7—10月　生境 / 山顶草地或多石砾山坡　分布 / 西藏东北部、青海东部及南部、甘肃　海拔 / 3 600~5 200 m

1

2

3 西藏微孔草

Microula tibetica

外观：贴地而生的多年生草本。**根茎：**基部有多数分枝，枝端生花序，疏被短糙毛。**叶：**平展并铺于地面，匙形，顶端圆形或钝，边缘近全缘或有波状小齿；叶上面密被短糙伏毛，并散生短刚毛。**花：**花序有时分枝；苞片线形；花梗长不及0.8 mm，果期伸长并下垂，长达5 mm；花冠蓝色或白色，无毛，附属物低梯形。**果实：**小坚果，卵形或近菱形，有小瘤状突起，顶端有锚状刺毛，背孔不存在，着生面位于腹面中部。

花期 / 7—9月　果期 / 8—10月　生境 / 高山地区干燥的石坡或沙滩　分布 / 西藏南部及西南部、青海东部　海拔 / 4 500~5 300 m

2

3

3

紫草科 滇紫草属

4 毛柱滇紫草

Onosma hookeri var. *hirsutum*

别名：毛柱细花滇紫草

外观：多年生草本，高20~30 cm，全株被展开的硬毛及贴伏的伏毛。**根茎：**茎单一或数条丛生，不分枝。**叶：**基生叶倒披针形，上面被长硬毛，下面密生短伏毛；茎生叶无柄，披针形，先端尖。**花：**花序顶生，花多数，排列紧密；苞片狭披针形；花梗短，3 mm，密生硬毛；花萼裂片钻形；花冠筒状钟形，蓝色、紫色或淡红蓝色；花药背面及花柱有硬毛；花丝着生于花冠筒中部偏上的位置。**果实：**小坚果。

花期 / 6—7月　果期 / 7—8月　生境 / 山坡岩石砂砾地　分布 / 西藏（拉萨）　海拔 / 3 800 m

4　魏来　摄影

4

4

紫草科 滇紫草属

1 多枝滇紫草

Onosma multiramosum

别名：哲磨

外观：多年生草本，植株灰绿色。**根茎：**茎直立，多分枝，被开展具基盘的稀疏硬毛及向下密伏的柔毛。**叶：**茎下部叶倒披针形；茎中部叶长圆状披针形，上面具硬毛及短柔毛，下面柔毛密生，中脉及叶缘具稀疏硬毛。**花：**花序单生枝顶；花梗短；花萼裂片线状披针形，内面密生白色长柔毛，较花冠稍短；花蕾先端向一侧弯曲；花冠黄白色，筒状钟形，外面2/3以上密生向上的短硬毛，内面裂片中肋具1列向上的伏毛；花药侧面结合，蓝紫色，先端向一侧弯曲，大半伸出花冠外，花丝钻形，着生花冠筒基部以上3.5 mm处，下延部分线形；花柱无毛；腺体5裂，具柔毛。**果实：**小坚果，具皱褶及疣状突起。

花期 / 8月　果期 / 8月　生境 / 干旱河谷及干燥山坡　分布 / 西藏东部、云南西北部、四川西南部　海拔 / 1 650~3 100 m

2 滇紫草

Onosma paniculatum

别名：大紫草、斑咕兹、滇紫菜

外观：二年生草本，稀多年生。**根茎：**茎单一，不分枝，上部叶腋生花枝，被伸展的硬毛及稠密的短伏毛，硬毛具基盘。**叶：**基生叶丛生，线状披针形或倒披针形，先端渐尖，基部渐狭成柄；茎中部及上部叶逐渐变小，披针形或卵状三角形，先端渐尖，基部戟形，抱茎或稍抱茎。**花：**紧密或开展的圆锥状花序；苞片三角形；花梗细弱；花萼长7~9 mm，果期增大；花冠蓝紫色，后变暗红色，筒状钟形，裂片小，宽三角形，边缘反卷，花冠外面密生向上的伏毛，内面仅裂片中肋有1列伏毛；花药侧面结合，内藏或稍伸出，花丝下延，被毛，着生距花冠基部3~4 mm处；花柱中部以下被毛；腺体密生长柔毛。**果实：**小坚果，暗褐色，无光泽，具疣状突起。

花期 / 6—9月　果期 / 6—9月　生境 / 干燥山坡及林缘　分布 / 云南中部及西北部、四川西部至西南部　海拔 / 2 000~3 200 m

3 丛茎滇紫草

Onosma waddellii

外观：一年生或二年生草本，稀为多年生，植株绿色，被稠密的伏毛及散生的硬毛。**根茎：**茎单一或数条丛生，直立或斜升，由基部分枝，分枝极密，细弱或强壮。**叶：**叶片

1

2

2

披针形或倒披针形，先端钝或圆，基部楔形，上面被向上贴伏的硬毛及伏毛，下面密生伏毛，中脉及叶缘生硬毛，无柄。**花：**多而密集，花后延伸呈总状；苞片卵状披针形；花梗极短，密生开展的硬毛；花萼裂至近基部，裂片披针形；花冠蓝色，筒状钟形，裂片宽三角形，下弯，边缘反卷，外面裂片中肋被1列短伏毛，其余部分有不明显的短柔毛，内面除腺体外无毛；花药侧面结合，大部或全部伸出花冠外，花丝下延部分线形，被粉质柔毛，着生花冠筒基部以上3.5~4 mm处；腺体被不明显的短柔毛。**果实：**小坚果，淡黄褐色，具光泽，有稀疏的瘤状突起及不明显的皱纹。

花期 / 8—9月　果期 / 8—9月　生境 / 山坡草地及砾石山坡　分布 / 西藏南部及东南部　海拔 / 3 000~4 000 m

紫草科 附地菜属

4 细梗附地菜

Trigonotis gracilipes

别名：细柄附地菜

外观：多年生草本，高10~40 cm。**根茎：**茎直立或斜升，不分枝或下部分枝，有糙伏毛。**叶：**互生，椭圆形或长圆状披针形，长0.7~3 cm，宽3~15 mm，先端具短尖，基部狭楔形或圆形，两面有糙伏毛；下部叶柄长1~4 cm，上部叶具短柄或几无柄。**花：**在茎或小枝中下部的腋外单生，在茎顶端聚集成无苞片的镰状聚伞花序；花梗直而斜升，或多曲折；花萼裂片5枚，卵形，先端尖，被糙伏毛；花冠淡蓝色，檐部裂片5枚，近圆形。**果实：**小坚果，斜三棱锥状四面体形，散生短柔毛。

花期 / 6—7月　果期 / 7—8月　生境 / 山坡草地、林下、林缘、沟边　分布 / 西藏南部、云南西北部、四川西部　海拔 / 2 500~4 200 m

5 西藏附地菜

Trigonotis tibetica

外观：一年生或二年生草本，高10~25 cm。**根茎：**茎多分枝，铺散，被短糙伏毛。**叶：**基生叶及茎下部叶具柄，椭圆状卵形、线形或披针形，长0.8~2 cm，宽2~6 mm，先端尖，两面被灰色短伏毛。**花：**镰状聚伞花序顶生，基部具3~5个叶状苞片；花萼5深裂，裂片狭卵形或披针形；花冠浅蓝色或白色，钟状，檐部裂片5枚，倒卵形，喉部黄色，附属物5枚，半月形。**果实：**小坚果，斜三棱锥状四面体形，背面具3锐棱。

花期 / 5—9月　果期 / 6—9月　生境 / 山地草坡、灌丛中、路旁　分布 / 西藏东南部、四川西部、云南　海拔 / 2 500~3 700 m

1

茄科 山莨菪属

1 山莨菪

Anisodus tanguticus

别名：樟柳、唐川那保、唐古特莨菪

外观：多年生宿根草本。**根茎：**茎无毛或被微柔毛；根粗大，近肉质。**叶：**叶片矩圆形至狭矩圆状卵形，顶端急尖或渐尖，基部楔形或下延，全缘或具1~3对粗齿；叶柄略具翅。**花：**俯垂；花萼钟状或漏斗状钟形，坚纸质；花冠钟状或漏斗状钟形，紫色或暗紫色，内藏或仅檐部露出萼外；雄蕊长为花冠长的1/2左右；花盘浅黄色。**果实：**球状，肋和网脉明显隆起；果梗直立。

花期 / 5—6月　果期 / 7—8月　生境 / 山坡、草坡阳处　分布 / 西藏东部、云南西北部、青海、甘肃　海拔 / 2 800~4 200 m

茄科 天仙子属

2 天仙子

Hyoscyamus niger

别名：莨菪、牙痛草、马铃草

外观：二年生草本，高达1 m，全体被黏性腺毛。**根茎：**根较粗壮，肉质而后变纤维质。**叶：**茎生叶卵形或三角状卵形，顶端钝或渐尖，无叶柄而基部半抱茎或宽楔形，边缘羽状浅裂或深裂，向茎顶端的叶成浅波状。**花：**在茎上端则单生于苞状叶腋内而聚集成蝎尾式总状花序；花萼筒状钟形，生细腺毛和长柔毛，花后增大成坛状；花冠钟状，黄色而脉纹紫堇色；雄蕊稍伸出花冠。**果实：**蒴果，包藏于宿存花萼内。

花期 / 5—8月　果期 / 7—10月　生境 / 山坡、路旁　分布 / 云南、四川、青海、甘肃　海拔 / 1 000~3 600 m

茄科 茄参属

3 茄参

Mandragora caulescens

别名：曼陀茄

外观：多年生草本，高20~60 cm，全株生短柔毛。**根茎：**根粗壮，肉质；茎上部常分枝。**叶：**簇生于茎上端或互生，倒卵状矩圆形至矩圆状披针形，连叶柄长5~25 cm，宽2~5 cm，基部渐狭而下延到叶柄成狭翼状。**花：**单生，腋生，通常多花同叶集生于茎端似簇生；花萼辐状钟形，5中裂，裂片卵状三角形；花冠辐状钟形，暗紫色，5中裂，裂片卵状三角形；雄蕊5枚；雌蕊1枚。**果实：**浆果，球状，多汁。

花期 / 5—8月　果期 / 5—8月　生境 / 山坡草地、林缘　分布 / 西藏东南部、云南西北部至东北部、四川西部及南部　海拔 / 2 200~4 200 m

茄科 茄参属

1 青海茄参

Mandragora chinghaiensis

外观：多年生草本。**根茎：**根肉质，多分叉，圆柱状或纺锤状；根茎短缩，圆柱状，密生鳞片状叶；茎下部散生少数鳞片状叶。**叶：**集生于茎顶端，叶片长椭圆形或铲状椭圆形，顶端钝圆，基部渐狭，全缘而微波状，密生缘毛，两面疏生柔毛，中脉显著，侧脉细弱，不明显，每边3~5条。**花：**单生于叶腋，俯垂；花梗粗壮，疏生柔毛；花萼钟状，疏生白色柔毛，5中裂，裂片稍不等大，矩圆形，顶端钝圆，密生缘毛，花冠黄色，钟状，5浅裂，裂片阔卵形，基部缢缩，顶端钝圆，外面生柔毛；雄蕊5枚，不伸出花冠，插生于花冠筒近基部，花丝丝状，基部疏生柔毛；子房近球状，柱头不明显2裂。**果实：**浆果，球状。

花期 / 5—6月　果期 / 7—8月　生境 / 河摊草地或岩石缝　分布 / 西藏、青海东南部　海拔 / 3 650~4 000 m

1

茄科 假酸浆属

2 假酸浆

Nicandra physalodes

别名：冰粉、鞭打绣球

外观：一年生草本，高20~150 m。**根茎：**茎直立，有棱条，上部分枝。**叶：**互生，卵形或椭圆形，长4~12 cm，宽2~8 cm，边缘有具圆缺的粗齿或浅裂，两面有稀疏毛；叶柄长约为叶片的1/4~1/3。**花：**单生于枝腋而与叶对生；花梗通常长于叶柄，俯垂；花萼5深裂，基部心脏状箭形，有2耳片，果时包围果实；花冠钟状，浅蓝色，檐部有折襞，5浅裂。**果实：**浆果，球状，黄色。

2

2

3　魏来　摄影

3　魏来　摄影

魏来 摄影

花期 / 5—12月　果期 / 5—12月　生境 / 田边、荒地、路旁　分布 / 西藏南部、云南中部及西北部、四川、甘肃　海拔 / 1 000~3 200 m

茄科 泡囊草属

3 西藏泡囊草

Physochlaina praealta

别名：西藏脬囊草

外观：体高30~50 cm。**根茎：**根粗壮，圆柱形；茎分枝，生腺质短柔毛。**叶：**叶片卵形或卵状椭圆形，顶端钝，基部楔形，全缘而微波状，叶脉有腺质短柔毛，侧脉5~6对；叶柄由于叶片基部下延而成狭翼状。**花：**疏散生于圆锥式聚伞花序上；苞片叶状，卵形；花梗密生腺质短柔毛；花萼短钟状，密生腺质短柔毛，裂片三角形，果时增大成筒状钟形，下部贴伏于蒴果而稍膨胀，蒴果之上筒状，萼齿直立或稍张开，近等长；花冠钟状，黄色而脉纹紫色，裂片宽而短，顶端弧圆；雄蕊伸出花冠；花柱伸出花冠。**果实：**蒴果，矩圆状。

花期 / 6—8月　果期 / 6—8月　生境 / 山坡、湖边　分布 / 西藏西部和中部　海拔 / 4 200~4 300 m

茄科 马尿泡属

4 马尿泡

Przewalskia tangutica

别名：马尿脬、矮莨菪、唐古特马尿泡

外观：全体生腺毛。**根茎：**根粗壮，肉质；根茎短缩；茎部分埋于地下。**叶：**茎下部叶鳞片状，常埋于地下，茎顶端叶密集，铲形、长椭圆状卵形至长椭圆状倒卵形，顶端圆钝，边缘全缘或微波状。**花：**总花梗腋生，有1~3朵花；花梗被短腺毛；花萼筒状钟形，外面密生短腺毛，萼齿圆钝，生腺质缘毛；花冠檐部黄色，筒部紫色，筒状漏斗形，外面生短腺毛，檐部5浅裂，裂片卵形；雄蕊插生于花冠喉部，花丝极短；花柱显著伸出于花冠，柱头膨大，紫色。**果实：**蒴果，球状，果萼椭圆状或卵状，近革质，网纹凸起，不闭合。

花期 / 6—7月　果期 / 7—9月　生境 / 高山砂砾地及干旱草原　分布 / 西藏、四川、青海、甘肃　海拔 / 3 200~5 000 m

旋花科 旋花属

1 田旋花

Convolvulus arvensis

别名：中国旋花、箭叶旋花、面根藤

外观： 多年生草本，高5~10 cm。**根茎：** 根状茎横走；茎平卧或缠绕，有条纹及棱角，无毛或上部被疏柔毛。**叶：** 互生，卵状长圆形至披针形，长1.5~5 cm，宽1~3 cm，基部戟形、箭形或心形，全缘或3裂；叶柄长1~2 cm。**花：** 单生，或2~3朵组成聚伞花序，腋生；花梗长可达5 cm；苞片2枚，线形，常生于花梗中部至下部；萼片5枚，有毛，长圆状椭圆形至近圆形，具短缘毛；花冠宽漏斗形，白色或粉红色，5浅裂；雄蕊5枚，稍不等长；雌蕊1枚，柱头2枚，线形。**果实：** 蒴果，卵状球形或圆锥形。

花期 / 5—8月　果期 / 5—8月　生境 / 荒坡草地、路边　分布 / 西藏中西部及东部、四川、青海、甘肃　海拔 / 1 000~4 500 m

1

1

旋花科 菟丝子属

2 大花菟丝子

Cuscuta reflexa

别名：蛇系腰、无根花、云南菟丝子

外观： 寄生草本。**根茎：** 茎缠绕，黄色或黄绿色，较粗壮，有褐色斑。**叶：** 无叶。**花：** 花序侧生，总状或圆锥状，无总花梗；苞片及小苞片均小，鳞片状；花梗连同花序轴均具褐色斑点或小瘤；花萼杯状，基部连合，裂片5枚，近相等，背面有少数褐色瘤突；花冠白色或乳黄色，芳香，筒状，裂片约为花冠管长的1/3，通常向外反折；雄蕊着生于花冠喉部，花丝比花药短得多；鳞片长圆形，长达花冠管中部，边缘短而密的流苏状；子房卵状圆锥形，花柱1枚，极短，柱头2枚。**果实：** 蒴果，圆锥状球形，成熟时近方形，顶端钝，果皮稍肉质。

花期 / 6—9月　果期 / 7—10月　生境 / 寄生于路旁或山谷灌木丛中　分布 / 西藏、云南、四川　海拔 / 1 000~2 800 m

2

2

玄参科 来江藤属

3 来江藤

Brandisia hancei

别名：大王来江藤、蜂糖罐、蜂糖花

外观： 灌木，全体密被锈黄色星状绒毛。**根茎：** 枝上渐变无毛。**叶：** 叶片卵状披针形，顶端锐尖头，基部近心脏形，稀圆形，全缘；叶柄短，有锈色绒毛。**花：** 单生于叶腋；萼宽钟形，外面密生锈黄色星状绒毛，具脉10条；萼齿宽短，顶端凸突或短锐头，齿间的缺刻底部尖锐；花冠橙红色，外面有

3

星状绒毛，上唇宽大，2裂，裂片三角形，下唇较上唇低4~5 mm，3裂，裂片舌状；雄蕊约与上唇等长；子房卵圆形，与花柱均被星毛。**果实：**蒴果，卵圆形，略扁平，有短喙，具星状毛。

花期 / 11月至翌年2月　果期 / 3—4月　生境 / 林中及林缘　分布 / 云南、四川　海拔 / 1 000~2 600 m

4

玄参科 小米草属

4 短腺小米草

Euphrasia regelii

别名：小米草、腺毛小米草

外观：草本，高3~35 cm。**根茎：**茎直立，被白色柔毛。**叶：**叶和苞叶无柄，下部的楔状卵形，顶端钝，每边有2~3枚钝齿，中部的稍大，每边有3~6枚锯齿，有时为芒状，同时被刚毛和顶端为头状的短腺毛。**花：**花序通常在花期短，在果期伸长可达15 cm；花萼管状，与叶被同类毛，长4~5 mm，果期长达8 mm；花冠白色，上唇常带紫色，下唇比上唇长，裂片顶端明显凹缺。**果实：**蒴果，长矩圆状。

花期 / 5—9月　果期 / 5—9月　生境 / 高山草地、湿草地及林缘　分布 / 云南西北部、四川西部　海拔 / 2 400~3 600 m

5

5

玄参科 鞭打绣球属

5 鞭打绣球

Hemiphragma heterophyllum

别名：羊膜草、底线果、地草果

外观：多年生铺散匍匐草本，全体被短柔毛。**根茎：**茎纤细，多分枝，节上生根，茎皮薄。**叶：**2型；主茎上的叶对生，叶柄短，叶片圆形，心形至肾形，顶端钝或渐尖，基部截形，微心形或宽楔形，边缘共有锯齿5~9对；分枝上的叶簇生，稠密，针形。**花：**单生叶腋，近于无梗；花萼裂片5枚，近于相等，三角状狭披针形；花冠白色至玫瑰色，近辐射对称，花冠裂片5枚，圆形至矩圆形，近于相等，大而开展，有时上有透明小点；雄蕊4枚，内藏；花柱柱头小。**果实：**卵球形，红色，有光泽。

花期 / 4—6月　果期 / 6—8月　生境 / 高山草地或石缝中　分布 / 西藏、云南、四川、甘肃　海拔 / 2 600~4 100 m

玄参科 兔耳草属

1 革叶兔耳草

Lagotis alutacea var. *alutacea*

别名：厚叶兔耳草

外观：多年生矮小草本。**根茎：**根状茎斜走，粗壮；根多数，条形；茎1~4条，平卧、铺散状或斜升。**叶：**基生叶3~6枚，柄扁平，有翅，基部扩大成鞘状；叶片近圆形至宽卵状矩圆形，质地较厚，近全缘或有钝锯齿至浅圆齿；茎生叶少数，与基生叶同形而较小。**花：**穗状花序，花稠密；苞片倒卵形至卵状披针形，顶端急尖，较萼长，草质；花萼佛焰苞状，薄膜质，后方浅裂，主脉两条通至裂片顶端，有缘毛；花冠淡蓝紫色或白色微带褐黄色；花冠筒伸直，与唇部近等长或稍短；上唇披针形至矩圆形，全缘，下唇2裂少3裂，裂片狭披针形；雄蕊2枚，花丝极短；花柱内藏。**果实：**核果状。

花期 / 5—9月　果期 / 8—10月　生境 / 高山草地及砂砾坡地　分布 / 云南西北部、四川西南部　海拔 / 3 600~4 800 m

1

2 裂唇革叶兔耳草

Lagotis alutacea var. *rockii*

外观：多年生矮小草本。**根茎：**根状茎斜走；根多数，稍坚硬；茎1~4条。**叶：**基生叶3~6枚，柄长2~5 cm，有翅，基部扩大成鞘状；叶片近圆形至宽卵状矩圆形，质地较厚，边近全缘或有钝锯齿至浅圆齿；茎生叶少数。**花：**穗状花序长2.5~6 cm，花稠密；苞片倒卵形至卵状披针形，顶端急尖，较萼长；花萼佛焰苞状，薄膜质，后方浅裂，有缘毛；花冠淡蓝紫色或白色微带褐黄色；花冠筒伸直；上唇披针形至矩圆形，显著凹缺或2~3裂，下唇也2~3裂；雄蕊2枚，花丝极短；花柱内藏。**果实：**核果状。

花期 / 5—9月　果期 / 8—10月　生境 / 高山草地及流石滩　分布 / 云南西北部、四川西部　海拔 / 3 400~5 000 m

1

1

3 短穗兔耳草

Lagotis brachystachya

别名：直打洒曾、兔耳草

外观：多年生矮小草本，高约4~8 cm。**根茎：**根状茎短；根多数，条形，肉质，根颈外面被老叶柄棕褐色纤维状鞘包裹；匍匐走茎带紫红色。**叶：**全部基出，莲座状；叶柄扁平，翅宽；叶片宽条形至披针形，顶端渐尖，基部渐窄成柄，边全缘。**花：**花莛数条，纤细，倾卧或直立，高度不超过叶；穗状花序卵圆形，花密集；苞片卵状披针形，纸质；花萼成两裂片状，约与花冠筒等长或稍短，后方开裂至1/3以下，除脉外均膜质

2

透明，被长缘毛；花冠白色或微带粉红或紫色，花冠筒伸直较唇部长，上唇全缘，卵形或卵状矩圆形，下唇2裂，裂片矩圆形；雄蕊贴生于上唇基部，较花冠稍短；花柱伸出花冠外，柱头头状；花盘4裂。**果实：**红色，卵圆形，顶端大而微凹，光滑无毛。

花期 / 5—8月　果期 / 5—8月　生境 / 高山草原、河滩、湖边砂质草地　分布 / 西藏、四川西北部、青海、甘肃　海拔 / 3 200~4 500 m

4 紫叶兔耳草

Lagotis praecox

别名：小兔耳草、洪连

外观：矮小多年生草本。**根茎：**根状茎伸长，粗壮，根系特别发达，根多而长，肉质。**叶：**全部基生，近革质，叶柄及叶下面均为紫红色；叶柄长有窄翅，基部强烈扩张成鳞鞘状；叶片肾形至卵形，边缘具大圆齿。**花：**花莛1~5条，与叶近于等长；穗状花序卵球状；苞片倒卵形或近圆形，近革质，密覆瓦状排列，花全部被包于内；萼前后方均开裂成2萼裂片，薄膜质，萼裂片披针状矩圆形，边缘具细微流苏状；花冠蓝色，花冠筒伸直，与唇部约等长，上唇矩圆形，顶端全缘，微凹或2裂，下唇2裂，裂片披针形；雄蕊2枚，伸出于花冠外；花柱短或长于花冠，柱头头状。**果实：**椭圆状矩圆形，成熟时1室，含种子1颗。

花期 / 7—8月　果期 / 7—8月　生境 / 高山草地及流石滩　分布 / 云南西北部、四川西部　海拔 / 4 500~5 200 m

5 云南兔耳草

Lagotis yunnanensis

别名：滇兔耳草、洪连

外观：多年生草本。**根茎：**根状茎伸长，粗壮；根多数，条形；茎单条或2条，直立，较叶长。**叶：**基生叶4~6片，叶柄有翅，基部稍扩大；叶片卵形至矩圆形，纸质，顶端圆形或有短锐尖头，边缘有宽圆齿，少全缘；茎生叶与基生叶相似而较小。**花：**穗状花序；苞片卵形至卵状披针形，顶端微尖，暗黄绿色，边缘色淡，膜质；花萼在花期时稍超过苞片，佛焰苞状，淡黄绿色，主脉两条稍伸出，边缘常为细流苏状；花冠白色，少紫色，花冠筒伸直，与唇部相等或稍长，上唇矩圆形，全缘，少2裂，下唇2~4裂，裂片披针形；雄蕊2枚，花丝极短，花药有近于箭形的锐尖头；花柱短，不伸出于花冠筒外；花盘大，斜杯状。**果实：**核果状。

花期 / 6—8月　果期 / 7—9月　生境 / 高山草地及湖边　分布 / 西藏、云南西北部、四川西北部　海拔 / 3 350~4 700 m

玄参科 肉果草属

1 肉果草

Lancea tibetica

外观：矮小的多年生草本，高3~7 cm；全株除叶柄外均无毛。**根茎：**根状茎细长，横走或斜下，节上1对膜质鳞片。**叶：**近莲座状；叶片倒卵形至匙形，近革质，顶端钝，全缘或有不明显的疏齿。**花：**3~5 朵簇生；苞片钻状披针形；花萼钟状，革质；花冠深蓝色或紫色，喉部带黄色或紫色斑点。**果实：**蒴果，卵状球形，红色至深紫色，包于宿存的花萼中。

花期 / 6—7月　果期 / 8—9月　生境 / 山坡草地、河滩、沟谷和林缘　分布 / 西藏中南部及东部、云南、四川、青海、甘肃　海拔 / 2 000~4 500 m

1

玄参科 柳穿鱼属

2 宽叶柳穿鱼

Linaria thibetica

外观：多年生草本，高达1 m。**根茎：**茎常数枝丛生，不分枝或上部分枝，无毛。**叶：**互生，无柄，叶片长椭圆形，长2~5 cm，宽6~13 mm。**花：**穗状花序顶生，花多而密集，果期伸长可达12 cm；苞片披针形；花梗极短；花冠黄色（产于西藏者）或淡紫（产于云南、四川、青海者）；上下唇近等长。**果实：**蒴果，卵球状。

花期 / 7—8月　果期 / 8—9月　生境 / 稀疏灌丛、山坡草地和林缘　分布 / 西藏东部、云南西北部、四川西部、云南东南部　海拔 / 2 500~3 800 m

1

玄参科 通泉草属

3 琴叶通泉草

Mazus celsioides

外观：一年生草本，粗壮，全体被白色长柔毛。**根茎：**主根短缩，须根多数，纤细，无匍匐茎；茎1~3条，直立，坚硬，基部木质化。**叶：**基生叶多数，莲座状，早枯落，茎生叶亦多数，向上渐小，矩圆状倒卵形，顶端圆形，基部渐狭成有宽翅的柄，边缘具不整齐的锯齿，中部以下琴状浅羽裂。**花：**总状花序顶生，坚挺，在结果时疏稀；苞片小，窄披针形；花梗直立，上部的较萼短；花萼漏斗状，果时增大；花冠粉红色至紫堇色，较萼长2倍，上唇裂片短而微钝，下唇较短的3裂，裂片圆形，中裂较窄小；子房无毛。**果实：**蒴果，扁卵圆形。

花期 / 6—7月　果期 / 6—7月　生境 / 杂木林中、山坡、沟边、草地　分布 / 西藏东南部、云南西北部　海拔 / 2 000~2 700 m

2

2

3

4

4

5

玄参科 沟酸浆属

4 尼泊尔沟酸浆

Mimulus tenellus var. *nepalensis*

外观： 多年生草本，直立，高15~20 cm。**根茎：** 茎常直立，四棱，有翅，多分枝。**叶：** 叶片卵状，顶端急尖，基部截形，边缘具明显的疏锯齿。**花：** 单生于叶腋，花梗与叶近等长；花萼较大，圆筒形；花冠较花萼长1.5倍，漏斗状，黄色，喉部有斑点和髯毛。**果实：** 蒴果，椭圆形，较萼稍短。

花期 / 6—8月　果期 / 8—9月　生境 / 湿润的林下和水沟边　分布 / 西藏东南部、云南西北部、四川、甘肃　海拔 / 3 000~4 000 m

玄参科 胡黄连属

5 胡黄连

Neopicrorhiza scrophulariiflora

(syn. *Picrorhiza scrophulariiflora*)

外观： 矮小多年生草本，高4~12 cm。**根茎：** 根状茎直径达1 cm，上端密被老叶残余，节上有粗的须根。**叶：** 叶片匙形至卵形，边缘锯齿，偶有重锯齿。**花：** 花莛生有棕色腺毛，穗状花序长1~2 cm，花梗极端；花萼长4~6 mm，结果时伸长，有棕色腺毛；花冠深紫色，外面被短毛，上唇略向前弯，成盔状，顶端微凹。**果实：** 蒴果，长卵形。

花期 / 6—7月　果期 / 8—9月　生境 / 西藏南部、云南西部、四川西部　分布 / 高山草地和砾石堆　海拔 / 3 600~4 400 m

玄参科 藏玄参属

1 藏玄参

Oreosolen wattii

外观： 草本，高不过5 cm，全体被粒状腺毛。**根茎：** 根粗壮。**叶：** 生于茎顶端，具极短而宽扁的叶柄，叶片大而厚，心形、扇形或卵形，边缘具不规则钝齿，网纹强烈凹陷。**花：** 花萼裂片条状披针形花冠黄色，长1.5~2.5 cm，上唇裂片卵圆形，下唇裂片倒卵圆形；雄蕊内藏至稍伸出。**果实：** 蒴果，长达8 mm。

花期 / 6月　果期 / 8月　生境 / 高山草甸　分布 / 西藏中部、青海南部　海拔 / 3 000~5 100 m

1　徐波　摄影

玄参科 马先蒿属

2 西藏阿拉善马先蒿

Pedicularis alaschanica subsp. *tibetica*

别名：藏中马先蒿

外观： 多年生草本，高8~40 cm。**根茎：** 根短而粗壮，有须状侧根或分枝；茎多条，直立或侧茎铺散上升，基部多分枝，中空，四棱，密被锈色绒毛。**叶：** 基出叶早败，茎生叶茂密，下部叶对生，上部叶轮生；叶片披针状长圆形，羽状全裂。**花：** 花序穗状，长达20 cm；苞片叶状，甚长于花，柄膜质膨大变宽；花冠黄色，花管在中上部稍向前膝屈，盔额倾斜，顶端渐细成长短和粗细变化的短喙。**果实：** 蒴果。

花期 / 6—7月　果期 / 8—9月　生境 / 高原草地、河谷、多石砾的高地　分布 / 西藏南部及西南部　海拔 / 4 100~4 700 m

2

3 短唇马先蒿

Pedicularis brevilabris

外观： 一年生草本，仅近基部老时稍木质化。**根茎：** 茎单条或成束，主茎下部圆形，被疏毛，上部有浅纵沟，沟中具白毛。**叶：** 下部叶对生，柄细长，上部叶4 枚轮生，柄短或无，叶片长卵形至椭圆状长圆形，羽状深裂，裂片4~8对，卵状长圆形，基部扩大而与相邻裂片相连，缘具不规则锐锯齿。**花：** 花序穗状，下部的花轮间距较远；苞片叶状，下方长于花而上方相当或较短；萼钟形，脉纹5主5次，被白色长柔毛，前方不开裂，齿5枚，后方1枚较短，膜质而全缘，其余质较厚而为草质，基部以上长且全缘，端部膨大，常为不规则3裂或有重锐齿；花冠浅粉色，花管在中部以上向前弓曲，盔比管部长，全长多少镰形，额圆形，先端略凸出作截形小喙状，无齿，下唇亦短于盔，有细缘毛；雄蕊着生于管的中部以下，两对花丝均无毛；花柱不伸出。**果实：** 蒴果。

花期 / 7月　果期 / 8月　生境 / 高山草原或灌丛中　分布 / 四川西部与西北部、甘肃西南部　海拔 / 2 700~3 500 m

3

4

4 弯管马先蒿

Pedicularis curvituba

外观：一年生草本，高约30 cm，干时不变黑。**根茎：**根多少木质化，有分枝。茎多条自根颈发出，上部草质，有毛线4条。**叶：**无基出叶，茎叶下部叶柄较长，达15 mm，上部者仅1.5~4 mm；叶片线状披针形、长圆状披针形至卵状长圆形，长20~45 mm，宽9~17 mm，羽状全裂，裂片疏羽状开裂至具大锯齿，齿常有胼胝，两面均几无毛。**花：**花序以多数简断的花轮组成，在主茎上者长达20 cm；苞片下部者叶状，短于花，向上很快变短而甚短于花，基部膜质卵形膨大，上半部亚掌状羽状开裂，最高者仅具缘色有齿的小尖；萼花后迅速膨大，前方开裂不到1/3，齿5枚，不等；花冠长20 mm，管约在离基7毫米处向前作膝屈，盔指向前上方；花丝两对均有毛，一对密一对疏。**果实：**蒴果。

花期 / 7月　果期 / 8–9月　生境 / 向阳山坡、草地及河滩　分布 / 青海东南部、甘肃　海拔 / 1 600~4 200 m

5 密穗马先蒿

Pedicularis densispica

外观：一年生草本，直立，高15~40 cm。**根茎：**根木质化，垂直向下，有细长平展的侧根；茎简单。**叶：**下部叶对生，上部叶轮生，无柄或有短柄；叶片长卵形，被毛，羽状深裂，常反卷。**花：**花序穗状生于茎顶，花稠密，有时下部间断；苞片叶状；萼薄膜质，萼齿5枚，密被毛；花冠玫瑰色至浅紫色，盔额圆钝。**果实：**蒴果，卵形，多少扁平而且歪斜，端有突尖。

花期 / 6—8月　果期 / 8—9月　生境 / 湿润的山坡草地和灌丛　分布 / 西藏东南部、云南西北部、四川南部　海拔 / 2 600~3 500 m

5　张巍巍　摄影

5

玄参科 马先蒿属

1 杜氏马先蒿

Pedicularis duclouxii

别名：毛缘马先蒿

外观：一年生草本。**根茎：**根细而圆锥状；茎单出，圆筒形中空，有毛线4条。**叶：**基生叶及下部叶早枯，有较长之柄；叶片中上部者最大，长1.3~8 cm，宽0.5~3 cm，羽状深裂至全裂，裂片每边5~11枚，背面脉上有毛，缘有重锯齿或半羽裂。**花：**花序生于枝顶；下部苞片叶状羽裂，向上渐狭，卵形而背弓呈瓢状；萼膜质，脉10条，5粗5细，萼齿5枚，后方一枚最小，三角形锐尖头而全缘，其余4枚均为披针状线形，略有锯齿，缘有毛；花冠黄色，管长6~8 mm，下唇大，有密长缘毛，侧裂广椭圆形，中裂宽卵形，作囊状兜裹，盔直立部分至顶高7 mm，以直角转折，喙部半环状；雄蕊花丝1对有毛；柱头不伸出。**果实：**蒴果，扁卵圆形而歪斜。

花期 / 7—8月　果期 / 8—9月　生境 / 林下及林缘　分布 / 云南西北部、四川西南部　海拔 / 3 400~4 300 m

1

2 奥氏马先蒿

Pedicularis oliveriana

别名：川滇马先蒿、扭盔马先蒿

外观：多年生草本，一般较矮。**根茎：**茎黑色，近光滑，节极近。**叶：**基生叶早枯，叶片长圆状披针形，羽状深裂至全裂，裂片约5~8对，卵形至披针形，羽状半裂。**花：**花序可长达20 cm；苞片叶状，约与花等长，为线状披针形而有锯齿；花连喙长14~16 mm，暗红紫色；萼长5~6 mm，前方几不裂，脉10条，齿5枚，后方1枚三角状全缘，其余4枚约相等，端多少膨大绿色；花管长6~7 mm，不弯曲；下唇楔形而前方宽，有缘毛；盔扭折，喙半环状，有时S形；含有雄蕊部分的下缘有须缘毛；花丝密被长柔毛；花柱不伸出。**果实：**蒴果，除顶尖向外钩曲外几不歪斜，长卵圆形而扁平。

花期 / 6—8月　果期 / 7—9月　生境 / 林下湿润处、河岸沙地　分布 / 西藏东部、南部及东南部　海拔 / 3 400~4 000 m

2

2

3 腋花马先蒿

Pedicularis axillaris

外观：软弱草本，常倾卧，干时变为黑色，多年生。**根茎：**根状茎细长如鞭，有节及分枝；节上留有1对至数对卵形而有尾状尖头的鳞片；茎常2~4条自根茎顶端发出，对生，各条又在基部分枝，在分枝处有较密的褐色长毛。**叶：**有柄，多对生，叶片椭圆状披针形，羽状全裂，裂片尖长圆形，5~12

3

3

对，羽状深裂至浅裂，小裂片披针形至三角状卵形，5~6对，有锐锯齿。**花：**均腋生，有梗；萼陀螺状圆筒形，有5齿，齿自狭而全缘的基部上升，变为宽椭形而有缺刻状锯齿；花冠管为萼的两倍，伸直无毛，下唇长8 mm，裂片近相等，中裂多少向前凸出，均有缘毛，盔以直角转折向前，喙约与含有雄蕊的部分等长；花丝无毛。**果实：**蒴果，偏圆形，被萼管包裹1/2。

花期 / 6—8月　果期 / 7—9月　生境 / 河岸与林下阴湿处　分布 / 西藏（昌都）、云南西北部、四川西南部　海拔 / 3 000~4 000 m

4　唐志远　摄影

4 全缘全叶马先蒿

Pedicularis integrifolia subsp. *integerrima*

别名：全缘叶马先蒿

外观：低矮多年生草本，高4~7 cm。**根茎：**茎单条或多条，自根颈发出，弯曲上升。**叶：**狭长圆状披针形，基生叶成丛，有长柄达3~5 cm，茎生叶2~4对，无柄，缘边齿极细，有时几乎全缘。**花：**无梗，轮聚生茎端，有时下方有疏距者；苞片叶状，长于萼或相等；萼圆筒状钟形，有腺毛，前方开裂1/3，齿5枚，后方1枚较小，其余4枚长圆形，缘有波齿而常反卷；花冠深紫色，管长20 mm，下唇3裂，盔端以直角转折为含有雄蕊的部分，长达6.5 mm，前方具弯曲长喙，喙长15 mm，端纯而全缘；雄蕊着生于管的顶端，花丝两对均有毛；柱头不伸出。**果实：**蒴果，扁平，包于宿存花萼内。

花期 / 6—8月　果期 / 7—9月　生境 / 针叶林下及石灰岩草地　生境 / 云南西北部、四川西部与西南部　海拔 / 2 700~4 000 m

5

5 二齿马先蒿

Pedicularis bidentata

外观：多年生草本，全身有短灰毛。**根茎：**根细而纺锤形，几乎无茎，成丛状。**叶：**均基生，有相当长的柄，叶片线状长圆形，基部渐狭，缘有波状浅裂，裂片亚圆形，有浅波齿，齿有反卷的边缘。**花：**腋生，每条丛茎2~4枚，有短梗；萼很大，圆筒形而粗，背有2主脉，在两萼齿之间与两个腹面均有细脉4条，几乎一直到底均有网脉，齿2枚，基部缢缩，其片椭圆形，钝头，有多数缺刻状齿；花冠黄色，管细而有毛，超过于萼4倍，盔很低，如马蹄铁状弯弓，与渐细的粗喙约等长，为阔大之下唇所包裹，侧裂片很大，而盔约位于侧裂基部的中心；花丝着生于管端，有红毛；子房卵形，花柱伸出。**果实：**蒴果。

花期 / 7—8月　果期 / 8—9月　生境 / 山坡草地和灌丛　分布 / 云南东南部、四川北部　海拔 / 3 600~4 000 m

玄参科 马先蒿属

1 凸额马先蒿

Pedicularis cranolopha

外观：丛生多年生草本，高5~23 cm。**根茎：**根常分枝，长达10 cm；茎多铺散成丛，有清晰的沟纹，沿沟有成线的毛。**叶：**基生叶有时早枯，有长柄，柄长达3 cm，翅明显，羽状深裂；茎生叶有时下部者假对生，上部者互生。**花：**花序总状顶生，花数不多；苞片叶状；萼膜质，很大，前方开裂至2/5~1/2，齿3枚，后方1枚多退化而很小，常全缘或略有锯齿；花冠长4~5 cm，外面有毛，盔直立部分略前俯，上端弓曲向前上方成为含有雄蕊的部分，其前端成喙，半环状弓曲而端指向喉部，在额部与喙的基部相接处有鸡冠状凸起，下唇宽过于长，有密缘毛；花丝两对均有密毛。**果实：**蒴果。

花期 / 6—8月　果期 / 7—9月　生境 / 高山草原　分布 / 四川北部、青海、甘肃西南部　海拔 / 2 600~4 200 m

1

2 长花马先蒿

Pedicularis longiflora

别名：斑唇马先蒿、漏日赛保

外观：低矮草本。**根茎：**根束生，长者可达15 cm，下端渐细成须状；茎短。**叶：**基出与茎出，常成密丛，有长柄，下半部常多少膜质膨大，时有疏长缘毛，叶片羽状浅裂至深裂，常有疏散的白色肤屑状物，裂片5~9对，有重锯齿，齿常有胼胝而反卷。**花：**均腋生，有短梗；萼管状，长11~15 mm，前方开裂约至2/5，裂口多少膨胀，齿2枚，有短柄，多少掌状开裂，裂片有少数之锯齿；花冠黄色，长达5~8 cm，盔直立部分稍向后仰，前缘高仅2~3 mm，转折处多少膨大，前端成为细喙，半环状卷曲，其端指向花

2

2

喉，下唇具两个棕红色斑点；花丝两对均有密毛，着生于花管之端；花柱明显伸出于喙端。**果实：**蒴果，披针形，约自萼中伸出3/5，基部有伸长的梗。

花期 / 7—9月　果期 / 8—10月　生境 / 高山湿草地、溪边　分布 / 西藏东部及东南部、云南西北部、四川西部、青海东南部　海拔 / 3 350~3 950 m

3 滇西北马先蒿

Pedicularis milliana

外观：多年生草本。**根茎：**根常圆柱形。茎单生，近直立，有时多条横生，有条纹，被毛或被疏毛。**叶：**兼具基生和茎生叶基生叶的叶柄为15~30 mm，茎生叶的叶柄为10~25 mm，有翅，被稀疏长毛；叶片为长椭圆形至线状椭圆形，长10~60 mm，宽7~16 mm，背面沿中脉被毛，腹面被毛减少或稀疏，羽状裂，裂片6~15对。**花：**腋生，密集；花萼被短柔毛，萼齿3枚；花冠玫瑰红色；冠筒长4~8 cm；盔瓣顶部强烈扭曲，喙半圆形或稍“S”形；下唇裂片3枚，侧裂片较大，中部裂片稍小并2浅裂。**果实：**蒴果。

花期 / 7-8月　果期 / 9月　生境 / 高山草地 分布 / 云南西北部　海拔 / 3 000~4 600 m

4 狭管马先蒿

Pedicularis tenuituba

别名：五齿管花马先蒿

外观：多年生草本，高可至30 cm。**根茎：**根单条，伸长，稍粗壮，不分枝。茎多数，高约20 cm，不分枝。**叶：**基出与茎生均有，前者长达1.3 cm，叶柄长达4 cm，有狭翅，具长毛，叶片长圆形或线形，长达9 cm，宽1.6 cm，羽状全裂；茎生叶互生，少有近对生。**花：**腋生，下部疏而上部密；萼圆筒形，前方开裂，具3枚齿，不等；花冠紫色，管圆筒形，长8~11 cm，宽不及1 mm，直立，盔显著扭旋，有腺毛，额有不明显的长鸡冠状凸起，前方伸长为长喙，后者多少翘举，长8~10 mm，S形，端微2裂，下唇宽1.4~1.6 cm，3深裂，裂片近相等；雄蕊着生于管端，前方一对花丝端有毛，后方的无毛。**果实：**蒴果长圆形，锐尖头，偏斜，微扁平，一半为萼所包裹。

花期 / 7月　果期 / 8-9月　生境 / 高山草地 分布 / 四川西南部、云南　海拔 / 3 000~3 200 m

唐志远　摄影

玄参科 马先蒿属

1 三色马先蒿

Pedicularis tricolor

外观： 多年生一次结实草本。**根茎：** 根不分枝，有少数细须根；茎单出或多条，侧生者粗而弱，铺散为疏密不同的丛。**叶：** 基生叶多数，茎生叶中有一对及下部的苞片对生，叶片披针形，微锐，无毛，背面散布白色肤屑状物，主脉很宽，背面明显，羽状深裂，具有少数之齿及凸尖。**花：** 多数；花梗粗而无毛；萼管卵形，几乎开裂至基部，密被长白毛，齿3枚，叶状；花冠管粗圆筒形，盔红色，直立部分稍前俯，喙弯卷成环，下唇基部为宽而深的心脏形，缘波动，黄色，近缘处带白色；雄蕊着生于管口，均有毛；花柱伸出于喙外。**果实：** 蒴果。

花期 / 8—9月　果期 / 9—10月　生境 / 高山草地
分布 / 云南西北部　海拔 / 3 000~3 600 m

1

2 哀氏马先蒿

Pedicularis elwesii

别名：裹盔马先蒿、包唇马先蒿

外观： 矮多年生草本，密被短毛。**根茎：** 茎单条或2~4条，不分枝，草质圆柱形而中空。**叶：** 基生叶成疏丛，柄长20~50 mm，肉质扁平，密被短绒毛，叶片卵状长圆形至披针状长圆形，长3.5~18 cm，宽10~25 mm，背面密被短绒毛，老时更多白色肤屑状物，边缘羽状深裂，茎出叶少数。**花：** 短总状花序常成密球，长5~8 cm；苞片叶状；花梗被短毛；萼管长圆状钟形，长10~12 mm，前方深裂至一半，裂口向前膨臌，主脉3条，次脉10~20条，上部多少网状；齿3枚，绿色肥厚，后方1枚很小，侧齿长5~6 mm，中部狭羽作柄状，上部膨大有深锯齿；花冠紫色到浅紫红色，长26~30 mm，花管伸直，长约8~10 mm，盔常全部偏扭，沿缝线似略有狭鸡冠状凸起1条，额高凸，喙前部向下钩曲，下唇宽大，包裹盔部；雄蕊着生于花管中部，两对花丝均被长毛；柱头稍伸出。**果实：** 蒴果，长圆状披针形。

花期 / 7—8月　果期 / 8—9月　生境 / 高山草地
分布 / 西藏南部及东南部、云南西北部　海拔 / 3 200~4 300 m

2

2

3 阜莱氏马先蒿

Pedicularis fletcherii

别名：裹喙马先蒿、光唇马先蒿

外观： 一年生草本。**根茎：** 茎单条或丛生，直立，侧出者常倾卧上升，多少草质。**叶：** 均有柄，基生叶及下部茎生叶常早枯，互生，其余基部多少变宽而鞘状，缘有长腺毛；叶片长圆状披针形，长达5 cm，宽

3

3

2 cm，羽状全裂，裂片约7对，齿微有胼胝，具刺尖，背面有清晰的碎冰纹网脉。**花：**花序总状，下部之花远距；下部苞片柄长达5 cm，叶片长达8.5 cm，宽达3 cm，向上渐小；萼圆筒形，外面有长毛，前方开裂至1/4，厚膜质不透明，主脉4条，次脉7~9条，齿常结合，2~4枚；花冠自色，下唇中央有红晕，管长22 mm，无毛，盔直立部分长约6 mm，略作镰状弓曲，稍稍偏扭，额圆形，具短喙，喙长约3 mm；下唇大，将盔包裹；雄蕊着生于管的中部，前方一对花丝有微毛。**果实：**蒴果大，端具小凸尖。

花期 / 7—8月　果期 / 8—9月　生境 / 高山草地　分布 / 西藏东南部　海拔 / 4 000~4 200 m

4 全叶美丽马先蒿

Pedicularis bella subsp. *holophylla*

外观：一年生低矮草本，丛生，高8 cm。**根茎：**根多少木质化，长圆锥形，有分枝；茎高仅0.1~3 cm，被有白毛。**叶：**貌似全部集生基部，有膜质的薄柄；叶片卵状披针形，几乎全缘，背面毛较长而色较白，并有白色肤屑状物。**花：**腋生，1~14枚，有梗，密生长白毛；萼圆筒状钟形，前方开裂至1/3，齿5枚，后方1枚小1/2；花冠为美丽的深玫瑰紫色，管色较浅，长28~34 mm，近端处稍扩大与下唇和盔相连，后者几不膨大，其直立部分自管端后仰，然后以几乎直角作膝状弯曲而转向前上方成为合有雄蕊的部分，多少镰状弓曲，前方又向前下方渐细成一多少卷曲的长喙，下唇很大；雄蕊着生于花管之端，花丝两对均有毛；柱头稍稍伸出。**果实：**蒴果，斜长圆形，有短凸尖，伸出于萼1倍；种子灰白色，有明显的网纹。

花期 / 6—7月　果期 / 7—9月　生境 / 潮湿草地　分布 / 西藏南部及西南部　海拔 / 4 200~4 880 m

玄参科 马先蒿属

1 隐花马先蒿

Pedicularis cryptantha

外观：低矮草本。**根茎：**根状茎短或伸长，节上有明显的卵状膜质鳞片；茎短缩，分枝复杂成密丛，近基处有长毛。**叶：**下部叶有长柄，上面沟中有密短毛；叶片羽裂，裂片羽状浅裂至半裂，每边8~12对，小裂片2~5对，有重锯齿，齿有刺尖。**花：**花腋生于基部；苞片叶状；萼管圆筒形，有疏毛或毛很密，主脉5条，次脉6~7条较细，无网脉；齿5枚，后方1枚稍较小，全缘，其他4枚披针形，端略膨大；花冠硫磺色，管下部直立，端强烈扩大并向前膝屈，盔与管的上段朝向前上方，基部1/3向前膨胀，额稍圆凸，先端呈三角形凸尖，下唇中裂圆形，基部有柄，侧裂为纵置的肾脏形。**果实：**蒴果。

花期 / 5—7月　果期 / 7—8月　生境 / 河岸湿处及阴湿林下　分布 / 西藏东南部　海拔 / 2 700~4 700 m

1

1

2 勒公氏马先蒿

Pedicularis lecomtei

别名：鹤庆马先蒿

外观：低矮多年生草本，高5~12 cm。**根茎：**茎单条或多条，不分枝，草质，基部有1~2层卵形或卵状披针形的膜质鳞片，被有锈色长柔毛。**叶：**全部基生，具扁平长柄，沿中肋两侧具狭翅，翅常皱缩反卷，叶片长圆状披针形至线状披针形，长3~5.5 cm，宽6~11 mm，上面几无毛，下面有相当密的白色肤屑状物，缘羽状全裂，小裂片或齿有锯齿，齿常反卷。**花：**花序总状顶生，长4~5 cm；下部苞片叶状，上部者多少匙形，被长柔毛，羽状浅裂至半裂；花梗密被锈

1

1

2

色长毛；萼圆筒形，长10~15 mm，被长柔毛，前方稍开裂，厚膜质，齿5枚，后方1枚较小；花冠黄色，喙紫色，长30~35 mm，花管伸直，长12~22 mm，盔直立部分很长，向上镰状弓曲略膨大，喙短；雄蕊着生于花管近基处，前方一对花丝密生长毛；柱头微伸出。**果实：**蒴果。

花期 / 6—7月　果期 / 7—8月　生境 / 多岩山坡上　分布 / 云南西北部（鹤庆）　海拔 / 3 500 m

3 管花马先蒿

Pedicularis megalochila f. *rhodantha*

别名：红唇马先蒿

外观：多年生草本，高不超过15 cm。**根茎：**茎单条或成丛，有贴伏的长白毛，不分枝。**叶：**多基生，茎生叶多有花腋生而变为苞片，柄长达2 cm，膜质而宽，基部鞘状膨大，缘有狭翅，叶片羽状浅裂或有时深裂，裂片6~14对，缘有重圆齿；茎叶较小，裂片仅5~6对。**花：**每茎5~6枚，最下之花常不发达；苞片叶状，远短于花；萼管常有深紫色斑点，膜质，前方深裂至2/3，齿5枚，后方1枚很小；花冠浅红而有白色边缘至全部红紫色，管长约15 mm，盔直立部分显著仰向后方，上方即为镰状弓曲而多少膨大的含有雄蕊部分，端部多少急细为半环状卷曲的长喙，长达10 mm，下唇极大；雄蕊着生于花管中部，花丝2对均被毛，前方一对毛极密，后方一对较疏；花柱不伸出。**果实：**蒴果。

花期 / 7—8月　果期 / 8—9月　生境 / 高山草坡和矮杜鹃灌丛　分布 / 西藏东部至东南部　海拔 / 3 600~4 200 m

4 藓状马先蒿

Pedicularis muscoides

外观：极低矮的草本，连花高不及4 cm。**根茎：**根成束，很变粗，肉质；茎花莛状。**叶：**基生者有长柄；柄细长，有毛，叶片长圆状披针形，无毛或有微毛，端钝，边缘羽状全裂或近端的一方为深羽状开裂，裂片每边8~10枚，卵形；有锯齿。**花：**少数，每茎仅2~3枚；苞片叶状，长圆状披针形，前方羽状开裂；萼长圆状卵圆形，有毛，脉5条，上部微有网纹，齿5枚，不相等，狭三角形，微有波齿而近于全缘；花冠米白色，管长约11 mm，端稍稍向前弯曲并略扩大，盔多少前俯，额圆形，下缘前端尖，无齿；下唇长约9 mm，裂片圆形，全缘；花丝着生管基；前方一对近端处有毛，药长圆形，药室基部微尖；花柱伸出。**果实：**蒴果，长圆状卵圆形，多少扁平而偏斜，锐头。

花期 / 6—8月　果期 / 7—9月　分布 / 西藏（昌都）、云南西北部、四川西南部　海拔 / 3 950~5 335 m

玄参科 马先蒿属

1 欧氏马先蒿

Pedicularis oederi

别名：藏新马先蒿、广布马先蒿、华马先蒿

外观：低矮多年生草本。**根茎：**茎草质，多少有绵毛。**叶：**多基生成丛；叶片线状披针形至线形，羽状全裂，裂片每边10~20枚，缘有锯齿，齿常有胼胝而多反卷；茎生叶1~2枚。**花：**花序顶生，占据茎的大部长度；苞片多少披针形至线状披针形，几乎全缘或上部有齿，常被棉毛；萼圆筒形，主脉5条，多纵行而少网结，齿5枚，几乎相等；花冠多二色，盔端紫红色，其余黄白色，有时下唇及盔的下部亦有紫斑，管长12~16 mm，在近端处多少向前膝屈使花前俯，盔与管的上段同其指向，伸直，额圆形，前缘之端稍稍作三角形凸出；雄蕊花丝前方一对被毛，后方一对光滑；花柱不伸出于盔端。**果实：**蒴果，长卵形至卵状披针形，两室强烈不等，端锐头而有细凸尖。

花期 / 6—9月　果期 / 8—10月　生境 / 高山草坡
分布 / 西藏西部、云南西北部、四川、青海、甘肃
海拔 / 2 600~5 400 m

1

2 南方普氏马先蒿

Pedicularis przewalskii subsp. *australis*

别名：南方青海马先蒿、青南马先蒿

外观：多年生低矮草本。**根茎：**茎多单条，或2~3条自根颈发出。**叶：**基生与茎生，下部者有长柄，上部者柄较短；叶片两面均生密毛，缘有长毛；披针状线形，质极厚，边缘羽状浅裂成圆齿，齿有胼胝，缘常强烈反卷。**花：**萼瓶状卵圆形，前方开裂至2/5，裂口向前膨臌，缘有长缘毛，齿挤

1

2

2

聚后方，5枚，3小2大；花冠紫红色，管长30~35 mm，外面有长毛，盔强壮，向上渐宽，转折部分近直角，额高凸，前方急细为指向前下方的细喙，喙端深2裂，下唇深3裂；雄蕊着生于管端，花丝2对均有毛；花柱不伸出。**果实：**蒴果，斜长圆形，有短尖头，约长于萼1倍。

花期 / 6—7月　果期 / 7—8月　生境 / 高山草地　分布 / 西藏东部、云南西北部（德钦）　海拔 / 4 300~4 900 m

3 头花马先蒿

Pedicularis cephalantha

外观：多年生草本。**根茎：**茎单条或多条，多少弯曲上升，色暗而光滑，有时具毛排成线。**叶：**多基生，有时成密丛；茎生叶仅1~2枚，基叶有长柄；基叶的叶片椭圆状长圆形至披针状长圆形，羽状全裂，裂片约7~11对，小裂片有时有白色肤屑状物；茎生叶与之相似但较小。**花：**花序亚头状，含少数花；苞片叶状，前部羽状全裂；萼膜质，圆筒形，前方深裂至2/3处，主脉5条明显，次脉不明显，不成网；萼齿5枚，草质，极小，2枚较大，倒披针形，微有锯齿至羽状开裂，其余较小，针形全缘；花冠玫红色，管伸直，内面喉部以下有长毛，盔直立部分约长6~8 mm，直角转折，前方细缩为细喙，长5~6 mm；雄蕊花丝前方一对有毛；柱头由喙端伸出。**果实：**蒴果，长卵形，上部偏斜。

花期 / 6—7月　果期 / 8月　生境 / 高山湿草地及云杉林　分布 / 云南西北部　海拔 / 2 800~4 900 m

4 尖果马先蒿

Pedicularis oxycarpa

外观：多年生草本，高20~40 cm，干后变黑。**根茎：**根垂直向下，肉质，根颈生有成束纤维状须根。茎单出，或多从根颈顶端发出5~10条。**叶：**稠密，互生；叶片厚膜质，线状长圆形或披针状长圆形，长4~7 cm，最大者可达10 cm，宽8~20 mm，渐上迅速变小，上部的变为苞片。下面无毛，常满布白色肤屑状物，羽状全裂，裂片每边7~15枚。**花：**花序总状，长可达13.5 cm，疏松；花冠白色，具紫色喙；长14~18 mm，花管伸直，或在顶端稍前俯，约为萼长的2倍；喙镰状弓曲，可达7 mm，纤细;下唇具长缘毛。**果实：**蒴果基部为宿萼所斜包，披针状长卵圆形，稍偏斜，端渐尖而略具小凸尖。

花期 / 5—8月　果期 / 8—10月　生境 / 高山草地、林缘　分布 / 四川西南部、云南　海拔 / 2 800~4 400 m

3

4

玄参科 马先蒿属

1 环喙马先蒿
Pedicularis cyclorhyncha

外观：多年生草本，高可达40 cm。**根茎：**茎直立或略弯曲上升，有时自基部分枝。**叶：**互生，下部者具长柄，上部者具柄短或无柄；叶片线状披针形，羽状全裂，裂片有时再羽状浅裂，边缘具细重齿、具刺尖。**花：**总状花序顶生，上密下疏；苞片叶状，长圆形，羽状深裂至全裂；萼卵圆状圆筒形，有疏毛，齿5枚，有时6枚，不等大，后方1枚较小、有小锯齿，后侧方2枚最大、常有锯齿或缺刻状开裂，前侧方2枚稍大；花冠红紫色，花管伸直，长过萼管1倍，外面有疏毛，盔渐转向前方，渐细为1/2环状卷曲的喙，使全盔卷成一不整的环，下唇宽甚过于长，基部深心形；雄蕊着生于管端；花柱稍伸出。**果实：**蒴果。

花期／6—7月　果期／8月　生境／潮湿草甸　分布／西藏东南部（林芝）、云南西北部（丽江）　海拔／3 200~3 500 m

2 大唇拟鼻花马先蒿
Pedicularis rhinanthoides subsp. *labellata*

别名：象鼻马先蒿、大拟鼻马先蒿

外观：多年生草本。**根茎：**根状茎短，根成丛；茎直立，单出或自根颈发出多条，不分枝。**叶：**基生叶常成密丛，有长柄，叶片线状长圆形，羽状全裂，裂片9~12对，有具胼胝质凸尖的牙齿，茎生叶少数，柄较短。**花：**顶生的亚头状总状花序多少伸长，可达8 cm；苞片叶状；萼管前方开裂至一半，常有美丽的色斑，齿5枚，后方1枚披针形全缘，其余4枚较大；花冠玫瑰色，管几长于萼1倍，在近端处稍稍变粗而微向前弯，盔直立部分较管为粗，上端多少作膝状屈曲，有细缘毛；喙长，常向下以后又在近端处转向前方作S形卷曲，下唇宽25~28 mm；雄蕊着生于管端，前方一对花丝有毛。**果实：**蒴果，长过花萼的1/2，披针状卵形有小凸尖。

花期／7—8月　果期／8—9月　生境／山谷潮湿处、高山草甸　分布／西藏东部至东南部、云南、四川、青海、甘肃　海拔／3 000~4 500 m

3 聚花马先蒿
Pedicularis confertiflora

别名：红蒿枝

外观：一年生低矮草本。**根茎：**根状茎短，有时稍伸长；根略木质化，稍变粗，短而常有分枝；茎单出或丛生，多少紫黑色。**叶：**基生叶有柄，丛生，早枯，茎生叶无柄，常1~2对，对生，叶片均为卵状长圆形，羽状全裂，裂片5~7对，有缺刻状锯齿，缘常反

1

1

2

3

3

4

卷。**花：**有短梗，对生或上部4枚轮生；苞片多少叶状，三角形，3~7裂，裂片近线形，基部全缘，端有齿，绿色肥厚；萼膜质，常有红晕，具粗毛，钟形，脉10条，齿5枚，后方1枚三角状针形，其余4枚2大2小；花冠管约长于萼两倍，下唇宽大，约与盔等长，盔直立，上端约以直角转折向前，转折处膨大，喙细，长约7 mm，端全缘；雄蕊着生于管的中部，花丝无毛或前方一对微微有毛；花柱不伸出或略伸出。**果实：**蒴果，斜卵形，有凸尖，伸出于宿萼1倍。

花期 / 7—9月　果期 / 9—10月　生境 / 草地　分布 / 西藏（亚东）、云南西北部、四川西南部　海拔 / 2 700~4 420 m

4 弱小马先蒿

Pedicularis debilis

别名：细马先蒿

外观：一年生草本。**根茎：**茎单出，不分枝，基部有卵形至披针形的鳞片数对，除花序外仅1~2枚。**叶：**无基生叶，下部1~2对叶有长柄，两边有狭翅；叶片小，卵形至长圆形，裂片每边3~7枚，宽卵形至披针状卵形，羽状浅裂或有缺刻状重锯齿，缘平坦而几不反卷。**花：**花序顶生，近头状；下方苞片叶状，上方变粗而为三角状卵形或菱状卵形；萼多少卵状圆筒形，外面有极疏的毛或几光滑，膜质，常有紫红色之晕，萼齿5枚，透明，内有疏网脉；花冠红色而盔则深紫红色，下唇为三角状卵形，多少具不整齐的啮痕状齿，盔直立部分前缘高3~3.5 mm，前方渐细为喙，弯曲；雄蕊着生于子房顶稍上处的管部内壁上，花丝均无毛；花柱略伸出。**果实：**蒴果。

花期 / 6—8月　果期 / 8—9月　生境 / 高山流石滩　分布 / 云南西北部　海拔 / 3 400~4 300 m

玄参科 马先蒿属

1 团花马先蒿

Pedicularis sphaerantha

外观：低矮或稍稍升高，密生长毛。**根茎：**茎单出或数条。**叶：**基生和茎生，下部叶具长柄；有疏毛，叶片椭圆形至长圆形，羽状全裂，裂片5~7对，茎生叶3~4枚轮生，叶轮2~3枚，互相疏距。**花：**花序密集成团，苞片基部强烈膨大而透明；萼有毛，管部透明膜质，齿5枚，后方1枚狭三角状披针形而全缘，其余者上部膨大叶状，绿色肥厚，明显3裂，以后侧方一对为大；花冠红色而盔色较深，管伸直，盔直立部分前缘高约4 mm，近端处有一对高凸的圆耳状物，喙长，下唇三角状卵形，缘有长毛；雄蕊着生于管的中部，花丝前方一对有疏毛。**果实：**蒴果。

花期 / 7—8月　果期 / 9月　生境 / 沼泽草地、山坡　分布 / 西藏东部及东南部　海拔 / 3 900~4 800 m

1

2 舟形马先蒿

Pedicularis cymbalaria

别名：舟花马先蒿

外观：一年生或二年生草本。**根茎：**茎纤细但不柔弱；基部多分枝，均铺散地面。**叶：**早出基生叶早枯，茎生叶成对，具扁平叶柄，两侧有狭翅，叶片肾脏形至心脏状卵形，可长达12 mm，宽10 mm，上面密被腺毛，背面在碎冰纹的网脉之间有绣色凸起，并有白色肤屑状物，缘为羽状至掌状半裂至深裂。**花：**成对散生；花梗长5~20 mm；萼管状，密被短柔毛，前方稍开裂，萼齿5枚，后方1枚较小，狭三角形锐尖头，全缘膜质，后侧方一对最大；花冠黄白色至玫瑰色，长20~25 mm，管伸直，长达12 mm，盔下部与管同一指向，上半部向前作镰状弓曲；盔端多少尖削呈舟形，额不高凸或稍圆凸，顶端附近生有主齿1对，小齿2~3对；下唇无缘毛，略有啮痕状细齿；柱头伸出于盔外。**果实：**蒴果，斜披针状长圆形，约伸出于宿萼1/3，端有小凸尖。

花期 / 8月　果期 / 9月　生境 / 高山草原　分布 / 云南西北部和四川西南部　海拔 / 3 400~4 000 m

2

2

3 短叶浅黄马先蒿

Pedicularis lutescens subsp. *brevifolia*

外观：矮小多年生草本，被短柔毛。**根茎：**茎基部不分枝，略具棱角，有4条毛线。**叶：**基生叶常早枯，较小，茎生叶多为4枚轮生，2~3轮，长1~2 cm，扁平，沿中肋具窄翅，密被长柔毛，羽状浅裂或半裂，裂片边缘有锯齿，端有刺尖。**花：**花序总状，紧密；苞片下部者叶状，比萼长，基部膨大变宽而膜

唐志远 摄影

质，上部菱状卵形而有尾状长尖，后部全缘膜质；萼圆卵状圆筒形，萼齿5枚，不等；花冠淡黄色，下唇上常有紫色斑点，花管伸直，与萼等长或稍短，盔中部略细缩，全部稍作镰形弓曲，无高凸之额；雄蕊着生于花管下部1/4处，花丝基部部稍扩大，在着生处生有短柔毛；子房狭卵圆形；花柱伸出于盔外。**果实：**蒴果，斜披针形，近端处突然急弯以成顶端的小凸尖。

花期 / 6—8月　果期 / 8—9月　生境 / 针叶林下、高山灌丛、草坡　分布 / 云南西北部　海拔 / 3 200~4 000 m

4 多枝浅黄马先蒿

Pedicularis lutescens subsp. *ramosa*

外观：矮小多年生草本，被短柔毛。**根茎：**基部多分枝。**叶：**基生叶常早枯，较小，柄长约5 mm，茎生叶多为4枚轮生，2~3轮，柄长0.5~1 cm。**花：**花序总状，生于茎枝顶端，紧密；苞片下部者叶状，比萼长，基部膨大变宽而膜质，上部菱状卵形而有尾状长尖，后部全缘膜质，尖头之缘有圆齿；萼圆卵状圆筒形，萼齿5枚，不等；花冠淡黄色，下唇上常有紫色斑点，花管伸直，与萼等长或稍短，盔中部略细缩，全部稍作镰形弓曲，盔端尖削，无高凸之额，盔下缘之主齿远距盔端；雄蕊着生于花管下部1/4处，花丝基部稍扩大，在着生处生有短柔毛；子房狭卵圆形；花柱伸出于盔外。**果实：**蒴果，斜披针形。

花期 / 6—8月　果期 / 8—9月　生境 / 山坡灌丛　分布 / 云南西北部、四川西南部　海拔 / 2 800~3 800 m

5 多齿马先蒿

Pedicularis polyodonta

外观：一年生草本，直立，全部密被短柔毛。**根茎：**茎单出或数条，中空。**叶：**对生或偶有3枚轮生，茎生叶2~4对，叶片卵形至卵状披针形，或有时为三角状长卵形，羽状浅裂，裂片边缘有细圆齿，两面均被短柔毛，下面间有灰白色肤屑状物。**花：**花序穗状，生于枝端，花多数密集；苞片叶状；萼管状，密被短柔毛，前方不开裂，萼齿5枚不等，后方的一枚较小，其余4枚基部三角形，缘有齿而反卷；花冠黄色，花管直伸，喉部被短柔毛，盔下部与管同一指向，上部强烈镰形弓曲，额部略作方形而端圆，有时有狭鸡冠状凸起一条；雄蕊着生在花管的近基部，2对花丝的基部与花管贴生处被短柔毛，上部无毛；柱头伸出盔外。**果实：**蒴果，三角状狭卵形，顶端有不显著小凸尖。

花期 / 6—8月　果期 / 8—9月　生境 / 高山草原或疏林中　分布 / 四川西部与西北部　海拔 / 2 750~4 150 m

玄参科 马先蒿属

1 二歧马先蒿

Pedicularis dichotoma

别名：大马蒿、怀阳草、两歧马先蒿

外观：多年生草本。**根茎：**根非肉质；茎被毛，不分枝或具有对生的枝条。**叶：**对生，羽状全裂，裂片线形，深裂几达中肋，边缘具有微突起的胼胝。**花：**花序穗状，有花2~3对或更多；苞片卵形，先端羽状全裂，或尾状渐尖而具锯齿；萼膨大，长卵形，膜质，外面具有棱角，齿三角形，后方1枚甚小；花冠初期粉白色，后变为粉红色，下唇3裂，中裂较小；盔在前缘具有1对小齿；转折略超过直角，喙直渐细；雄蕊花丝上部均有毛；柱头稍稍自喙尖伸出。**果实：**蒴果，卵圆形，包被于膨大的宿萼中，先端有喙状凸尖。

花期 / 7—9月　果期 / 9—10月　生境 / 石质山坡、较疏散的林缘　分布 / 云南西北部、四川西南部　海拔 / 2 700~4 270 m

1

2 铺散马先蒿

Pedicularis diffusa

外观：草本，高可达40~60 cm。**根茎：**根弱，简单或分枝；根颈无鳞片，发出单条或多数的茎；茎直立，不分枝，有纵沟，沟中有成行之毛。**叶：**4枚轮生，有柄，被疏白毛；叶片卵状长圆形，长2~2.5 cm，宽0.75~1.3 cm，羽状深裂几至中肋或羽状全裂，裂片5~8对。**花：**花序以多数疏距的花轮组成，有时亚头状而短；萼钟形，膜质膨大，全部有疏网脉，前方几乎不裂，齿5枚；花冠玫瑰色，管在基部以上向前膝屈，下唇3裂，长8 mm，侧裂片斜方状卵形，缘有不整之啮痕状齿，盔稍弓曲；雄蕊生于花管与子房顶部相对的地方，前方一对的上部有毛；花柱稍稍伸出。**果实：**蒴果，披针形锐头。

花期 / 5—7月　果期 / 7—8月　生境 / 河边、草坡　分布 / 西藏南部及东南部　海拔 / 3 800 m

3 甘肃马先蒿

Pedicularis kansuensis

别名：吉子玛保、罗如美多

外观：一年或两年生草本，多毛。**根茎：**根垂直向下，不变粗；茎常多条自基部发出。**叶：**基生叶常宿存，长柄有密毛，茎生叶柄较短，4枚轮生，叶片长圆形，锐头，羽状全裂，裂片约10对，披针形，羽状深裂。**花：**花序长，花轮极多而疏距，顶端较密；下部苞片叶状，其余的掌状3裂而有锯齿；萼下有短梗，膨大而为亚球形，前方不裂，有5枚不等的齿；花冠管在基部以上向前膝曲，由于花梗与萼向前倾弯，使全部花冠几置于水平

2

3

4

的位置上，其长为萼的2倍，向上渐扩大，下唇长于盔，裂片圆形，中裂片较小，其两侧与侧裂片组成的缺刻清晰可见，盔镰状弓曲，额高凸，常有具波状齿的鸡冠状凸起；花丝1对有毛；柱头略伸出。**果实：**蒴果，斜卵形，略自萼中伸出，长锐尖头。

花期 / 6—8月　果期 / 8—9月　生境 / 草坡、多石砾山坡、田埂旁　分布 / 西藏东部、四川西部、青海、甘肃西南部　海拔 / 1 820~4 000 m

4 罗氏马先蒿

Pedicularis roylei

别名：草甸马先蒿、青藏马先蒿、肉根马先蒿

外观：多年生草本。**根茎：**木质化而短，常多少胡萝卜状而肉质；茎直立，单条或常从根颈分成多条，黑色，有纵棱，沟中有成行白毛。**叶：**基生叶成丛，常稠密而宿存，具长柄；茎生叶3~4枚轮生，叶片披针状长圆形至卵状长圆形，羽状深裂，裂片7~12对，边缘有缺刻状锯齿，齿具灰白色明显的胼胝。**花：**花序总状，花2~4朵每轮，类头状；苞片叶状；萼钟状，外面密被白色柔毛，具脉10条，5主5次，黑色显明，齿5个，后方1枚较小；花冠紫红色，花管长10~11 mm，近基部处膝屈，盔近直立而多少向前上方倾斜，额多少高凸，有狭条的鸡冠状凸起，先端下缘无齿，下唇长8~9 mm；雄蕊花丝着生于花管近基处，两对均无毛；花柱微微自盔端伸出。**果实：**蒴果，卵状披针形，先端有小凸尖，基部被宿萼包裹。

花期 / 7—8月　果期 / 8—9月　生境 / 高山湿草甸中　分布 / 西藏东部及东南部、云南西北部、四川西南部　海拔 / 3 400~5 500 m

5

5 岩居马先蒿

Pedicularis rupicola

外观：多年生草本。**茎：**根粗壮，有环状痕；茎多数，主茎直立而侧茎或长枝则多弯斜上升，具有纵棱，棱上有密毛。**叶：**基生叶宿存，与茎叶均4枚成轮，均有长柔毛；叶片卵状长圆形或更常为长圆状披针形，羽状全裂，裂片6~9对，羽状浅裂。**花：**穗状花序顶生，一般伸长而花轮距疏，多达8~9轮；苞片叶状，有长缘毛；萼有短梗，膜质，主脉5条极粗厚而明显，脉上及齿缘有长毛，齿5枚，后方1枚三角形较小，其余三角状卵形有粗齿，其前侧方两枚常在裂口边缘多少下延；花冠紫红，管约在基部以上5 mm左右以近乎直角的角度向前膝屈；花丝2对均无毛；柱头稍伸出于盔端。**果实：**蒴果。

花期 / 7—8月　果期 / 8—9月　生境 / 高山草地、流石滩　分布 / 云南西北部、四川西南部　海拔 / 2 700~4 700 m

玄参科 马先蒿属

1 四川马先蒿

Pedicularis szetschuanica

别名：浪那嘎保

外观：一年生草本，有中等程度的毛被。**根茎：**根单条，垂直而向下渐细；茎基有时有宿存膜质鳞片，有棱沟。**叶：**下部叶有长柄，基部常多少膨大，生有白色长毛，中上部叶柄较短至几无柄；叶片长卵形至长圆状披针形，羽状浅裂至半裂，裂片5~11枚，端圆钝而有锯齿，齿常反卷而有白色胼胝。**花：**花序穗状而密，或有一二花轮远隔；萼膜质，齿5枚，常有紫红色晕，后方1枚最小；花冠紫红色，管膝屈，盔长以前缘计约5 mm，额稍圆，转向前方与下结合成一个多少突出的三角形尖头；花丝2对均无毛；柱头多少伸出。**果实：**蒴果。

花期 / 6—8月　果期 / 8—9月　生境 / 高山草地、云杉林及溪流岩石上　分布 / 西藏东部、四川西部、青海东南部、甘肃西南部　海拔 / 3 380~4 450 m

2 轮叶马先蒿

Pedicularis verticillata

别名：轮花马先蒿

外观：多年生草本。**根茎：**主根多少纺锤形，一般短细；茎直立，上部多少四棱形，具毛线4条。**叶：**基生叶发达宿存，柄长达3 cm左右；叶片长圆形至线状披针形，羽状深裂至全裂，长2.5~3 cm，裂片齿端常有多少白色胼胝；茎生叶一般4枚成轮。**花：**花序总状，常稠密；苞片叶状，下部者甚长于花；萼球状卵圆形，常变红色，外面密被长柔毛，前方深裂；后方1枚齿独立，较小；花冠紫红色，长13 mm，近基部以直角膝屈，中部稍向下弓，下唇约与盔等长或稍长，中裂圆形而有柄，裂片上有时红脉极显著，盔略镰状弓曲，额圆形，无明显的鸡冠状凸起；雄蕊药对离开而不并生，花丝前方一对有毛；花柱稍稍伸出。**果实：**蒴果，形状大小多变，多少披针形。

花期 / 6—8月　果期 / 8—9月　生境 / 湿润的草地和林缘阴湿处　分布 / 西藏东部、四川、青海、甘肃　海拔 / 2 100~4 400 m

3 长茎马先蒿

Pedicularis longicaulis

外观：一年生或多年生草本，高可达1 m以上，干时不很变黑。**根茎：**茎中空，上部多分枝，枝软弱而弯曲，少有伸直，3~4条轮生。**叶：**对生或3~4枚轮生，有短柄，柄上有长毛，叶片长圆状披针形，长2~4 cm，宽

4

1~2 cm，羽状深裂至全裂，下面有白色肤屑状物，裂片每边10~14枚。**花：**轮生于主茎及分枝的上部，合成长穗状而间断的花序，长可达20 cm；花紫红色，长18~22 mm；萼卵圆形，齿5枚，不相等；花冠管长约7 mm；盔直立部分很长，约达7 mm，端突然转折为盔，盔额圆满，前方突然狭缩成喙，喙直，端截头，长3.5 mm；花丝两对均无毛。**果实：**蒴果。

花期 / 9月　果期 / 10月　生境 / 林缘、草地　分布 / 四川西南部、云南　海拔 / 2 000~3 000 m

4 刺毛细管马先蒿

Pedicularis gracilituba subsp. *setosa*

外观：多年生草本，较疏散，高4~6 cm，极少达15 cm。**根茎：**根茎密生卵形尖头的鳞片，下方多少变粗而为肉质，有分枝；茎多数成密丛，细而柔弱。**叶：**密而多，基出叶与茎生叶相似，互生，有长柄；叶片膜质，叶面密被长粗毛，披针状长圆形，羽状全裂，裂片每边4~6枚。**花：**腋生，疏稀；花梗细柔，长可达1 cm；萼长圆筒状，口略扩大，前方不裂，齿5枚，近于相等，基部三角形，连于萼管，有锯齿或近于全缘；花冠紫色，长7 cm，管长而细，长达6.5 cm；盔以过于直角的角度转折向前而略向下，前方渐细为喙，无含有雄蕊部分与喙之分；雄蕊着生于管的顶端，花丝2对均无毛；子房卵圆形，柱头不伸出。**果实：**蒴果。

花期 / 6—7月　果期 / 7—8月　生境 / 高山草地、林下　分布 / 云南西北部　海拔 / 3 300 m

5

5

5 丹参花马先蒿

Pedicularis salviiflora

外观：多年生草本。**根茎：**根状茎有不规则分枝；茎直立，下部常木质化，中空，上部多对生分枝，略带蔓性。**叶：**对生，有柄，渐上渐短；叶片卵形至长圆状披针形，两面皆被密短毛，羽状深裂至全裂，裂片约10~14对，开裂至中脉3/4处或全裂而中脉有翅及不规则之小裂片。**花：**花序疏总状；花梗细弱，被密毛；萼长管状钟形，开裂至2/5，有显著的网脉，有时有宽阔的紫纹5条，全部密被腺毛；花冠紫红色，全部有疏毛，至中部稍稍向上弓曲，然后以裂片的稍稍张开而转向，裂片圆形，开裂很浅，中裂肾脏形而宽，盔约与下唇等长，端圆钝，有长毛，其下缘近端处亦有长毛；花丝2对均无毛；花柱不伸出，宿存至结果时。**果实：**蒴果，卵圆形而稍扁，具尖喙，被密毛。

花期 / 8—9月　果期 / 10—11月　生境 / 荒草坡与灌丛下　分布 / 云南中部及西北部、四川西部　海拔 / 2 000~3 990 m

玄参科 马先蒿属

1 大王马先蒿

Pedicularis rex subsp. *rex*

别名：四方盒子草、五凤朝阳草、蒿枝龙胆草

外观：多年生草本。**根茎：**主根粗壮，向下，在接近地表的根颈上生有丛密细根；茎直立，有棱角和条纹，有毛或几无毛。**叶：**3~5枚而常以4枚轮生，有叶柄，最下部叶柄常不膨大而各自分离，上部叶柄多强烈膨大结合成斗；叶片羽状全裂或深裂，变异极大，裂片线状长圆形至长圆形，缘有锯齿。**花：**花序总状，苞片基部均膨大而结合为斗，脉纹明显，前半部叶状而羽状分裂；花无梗；萼膜质无毛，齿退化成2枚，宽而圆钝；花冠黄色，直立，管在萼内微微弯曲使花前俯，盔背部有毛，先端下缘有细齿1对，下唇以锐角开展，中裂片小；雄蕊花丝2对均被毛；花柱伸出于盔端。**果实：**蒴果，卵圆形，先端有短喙。

花期／6—8月　果期／8—9月　生境／空旷山坡草地与疏稀针叶林中　分布／云南东北部及西北部、四川西南部　海拔／2 500~4 300 m

2 立氏大王马先蒿

Pedicularis rex subsp. *lipskyana*

别名：紫花大王马先蒿

外观：多年生草本，高10~90 cm。**根茎：**主根粗壮，在接近地表的根颈上生有丛密细根；茎直立，有棱角和条纹；枝轮生。**叶：**3~5枚而常以4枚轮生，有叶柄，上部叶多强烈膨大，互相结合成斗，叶片羽状全裂或深裂，缘有锯齿。**花：**花序总状，苞片基部均膨大而结合为斗，前半部叶状而羽状分裂；花无梗；萼长10~12 mm，膜质无毛，齿退化成2枚；花冠带紫色，长约3 cm，管长20~25 mm，盔背部有毛，先端下缘有细齿1对；雄蕊花丝2对均被毛；花柱伸出于盔端。**果实：**蒴果，卵圆形，先端有短喙。

花期／6—8月　果期／8—9月　生境／草坡、林下　分布／四川西部　海拔／2 500~4 300 m

3 三叶马先蒿

Pedicularis ternate

外观：多年生草本，高可达50 cm，干时不很变黑，除花序外少毛。**根茎：**根茎粗壮，有分枝，长可达20 cm，肉质。茎常多条；中部节间最长，达18 cm。**叶：**基生叶多宿存而成丛，有时很密，叶柄极长，达7 cm；叶片多少披针形，长达9 cm，羽状深裂至全裂，轴有翅，裂片多达14对；茎生叶2~3轮，每轮3枚或4枚，大者可达8 cm，宽达2.5 cm。**花：**稀疏轮生，每轮2~4朵；苞片被稀疏白

1

2 张巍巍　摄影

3

毛；萼长圆状圆筒形，有灰色蛛丝状毛；花冠小，深紫红色，花管略长于萼，伸直，但在萼管口部以上突然向前作膝屈；花丝在花管顶部着生，无毛。**果实：**蒴果极大，长达20 mm，宽10 mm，扁平卵形，稍从膨大的宿萼伸出。

花期 / 7月　果期 / 8—9月　生境 / 山坡灌丛　分布 / 青海、甘肃西部　海拔 / 3 200~4 600 m

4 华丽马先蒿

Pedicularis superba

别名：莲座参

外观：多年生草本。**根茎：**根粗壮而长；茎直立，中空，不分枝，节明显。**叶：**3~4枚轮生，叶柄有毛或至后光滑，下部叶分离，上部叶常膨大结合；叶片长椭圆形，在最下面的1~2枚最大，向上渐小，羽状全裂，裂片披针形或线状披针形，边缘具有缺刻状齿或小裂片。**花：**穗状花序；苞片被毛，基部膨大结合成斗，先端叶状，羽状深裂至全裂；萼膨大，脉纹显著，萼筒高出于斗上，萼齿5枚，后方1枚最小，后侧方2枚最大，其大者不及筒长1/2；花冠紫红色或红色，花管近端处稍稍扩大而微向前弯曲；盔部直立，无毛，近端处转折成指向前下方的三角形短喙，下唇宽过于长，边缘有时被疏生的纤毛，3裂，中裂片较小，顶端钝平，两侧裂片宽，半圆形；雄蕊花丝两对均被毛。**果实：**蒴果，卵圆形而稍扁，两室不等。

花期 / 6—8月　果期 / 7—8月　生境 / 高山草地、山坡、林缘　分布 / 云南西北部、四川西南部　海拔 / 2 800~3 900 m

5 红毛马先蒿

Pedicularis rhodotricha

外观：多年生草本，个体高度变化大。**根茎：**深入地下的根茎未见，鞭状根茎很长；茎基偶有鳞片状叶数枚，生有排列成条的毛。**叶：**下部叶有柄而较小，中部叶最大，有短柄或多少抱茎，缘边羽状深裂至全裂，裂片长圆形至卵形，两面几全光滑。**花：**花序头状至总状，花多密生；苞片叶状而小，基部很宽，无毛；花紫红色；萼钟形，带紫红色，齿三角状卵形，略短于管，缘有齿，仅齿边有缘毛；花冠之管略与萼等长，无毛，下唇极宽阔，盔直立部分很短，半月形弓曲；除喙与直立部分前半外，均厚被长而淡红色的毛；喙端有凹缺；花柱伸出喙外，向内弓曲。**果实：**蒴果。

花期 / 6—8月　果期 / 8—9月　生境 / 高山草地　分布 / 云南西北部、四川西部　海拔 / 2 660~4 000 m

玄参科 马先蒿属

1 毛盔马先蒿

Pedicularis trichoglossa

别名：露茹木波

外观：多年生草本，高13~60 cm，稀更高。**根茎：**根须状成丛；茎不分枝，有沟纹，沟中具毛，上部尤密。**叶：**下部者最大，基部渐狭为柄，渐上渐小，抱茎，缘有羽状浅裂或深裂，上面中脉凹沟中生有褐色密短毛。**花：**花序总状，轴有密毛；苞片不显著，线形，有齿至全缘，有密毛；花梗有毛；萼斜钟形而浅，密生黑紫色长毛，齿5枚，三角状卵形，缘有齿而常反卷，貌似全缘；花冠黑紫红色，其管在近基处弓曲，花强烈前俯，下唇很宽，盔强大，背部密被紫红色长毛，具喙；花后期花柱多少伸出于喙端。**果实：**阔卵形而短，多少扁形，仅略伸出于宿存花萼，黑色无毛。

花期／6—8月　**果期**／8—9月　**生境**／高山草地与疏林中　**分布**／西藏南部及东南部、云南西北部、四川西部、青海　**海拔**／3 600~5 000 m

1　徐健　摄影

2 维氏马先蒿

Pedicularis vialii

别名：举喙马先蒿、象头马先蒿

外观：草本，高可达80 cm，稍有毛或几光滑。**根茎：**粗根成疏丛，不为肉质，分生许多须根。**叶：**茎生叶疏生，有疏被长毛的细弱长柄，上面具沟纹；叶片披针状长圆形，中部最大，向上渐小，前部羽状深裂，叶轴有翅，后部羽状全裂，裂片各边5~10枚；上面脉上有毛，背面网脉清晰，有疏长毛。**花：**花序总状，下部疏生，上部较密；苞片很不发达，下部者披针形，稍长于萼，上部者线形，短于萼；萼光滑，钟形，主脉清

1　徐健　摄影

2

2

晰，齿5枚，三角形全缘，仅及管的1/4；管与萼等长，下唇不开展，3裂，侧裂基部外方有耳，为肾形，中裂片置于前方，宽稍过于长，基部稍与侧裂的前端相迭置，盔下缘无须毛，有长喙，喙如上卷的象鼻。**果实：**披针形，扁平，具刺尖，下部2/5为宿萼所包，光滑。

花期／5—8月　果期／7—9月　生境／针叶林下或草坡中　分布／西藏（昌都）、云南西北部、四川西部　海拔／2 700~4 300 m

3 地黄叶马先蒿

Pedicularis veronicifolia

外观：多年生草本，**根茎：**根状茎肉质略作纺锤形，生有细侧根；茎直立，下部多木质化，上部多少扁平而有棱沟。**叶：**互生，有叶柄；叶片自倒卵形至菱状披针形，前端圆形至钝尖，缘有羽状浅裂或圆重齿，齿有胼胝，两面均被粗涩之毛，上面常有泡状鼓凸。**花：**花序总状，下部稍疏距，上部极紧密；苞片很宽大，上部者紧密复迭，宽卵形至长圆状卵形，缘多内卷包裹；花浅红色至白色；萼管状，前方开裂，具5条明显的主脉，齿不规则，有时2枚而不显著，有时3枚者，很小但有清晰的锯齿；花管无毛，喉部扩大，盔镰状弓曲，额圆，短喙强壮，下唇基部楔形，前方3裂，钝头；雄蕊花丝2对均被长柔毛；花柱稍在盔端伸出。**果实：**蒴果，斜披针状卵圆形，两室不等。

花期／8—10月　果期／9—11月　生境／草地及林下　分布／云南中东部及南部、四川西北部及西南部　海拔／1 000~2 600 m

玄参科 松蒿属

4 细裂叶松蒿

Phtheirospermum tenuisectum

别名：草柏枝、裂叶松蒿、松叶蒿

外观：多年生草本，植体被腺毛。**根茎：**茎多数，细弱，成丛，简单或上部分枝。**叶：**对生，中部以上的有时亚对生，叶片三角状卵形，2~3回羽状全裂；小裂片条形，先端圆钝或有时有小凸尖，两面与萼同被多细胞腺毛。**花：**单生，梗长1~3 mm，萼齿卵形至披针形，边缘多变化，全缘直至深裂而具2~3或更多的小裂片；花冠通常黄色或橙黄色，外面被腺毛及柔毛，筒喉部被毛；上唇裂片卵形；下唇3裂片均为倒卵形，先端钝圆或微凹，近乎相等，或中裂片稍大，边缘被缘毛；雄蕊内藏；子房被长柔毛。**果实：**蒴果，卵形。

花期／5—10月　果期／5—10月　生境／草坡、林下或林缘　分布／西藏、云南、四川、青海　海拔／1 900~4 100 m

玄参科 玄参属

1 岩隙玄参

Scrophularia chasmophila

外观：矮小草本。**根茎：**根伸长，可长达15 cm；茎柔软弯曲，基部各节具苞片状鳞叶。**叶：**叶小，叶片多少菱状卵形，基部宽楔形，上面生较密的伏毛，边缘有不显著的疏齿。**花：**少数，常4朵，两两对生于茎顶的苞片腋中成短花序；花萼多少歪斜，有腺毛，裂片不等，顶端常锐尖；花冠无毛，花冠筒几等粗，上唇长于下唇达5 mm，裂片圆形，边缘相互重叠，下唇裂片长约3 mm，中裂片较小；雄蕊长达下唇，退化雄蕊条状；花柱长于子房4~5倍。**果实：**蒴果。

花期 / 6—7月　果期 / 7月　生境 / 高山流石滩　分布 / 云南西北部　海拔 / 3 500~4 600 m

2 大花玄参

Scrophularia delavayi

外观：多年生草本，高达45 cm。**根茎：**根较茎粗壮，下部分裂成数条细长支根；茎常丛生，中空，基部各节具苞片状鳞叶。**叶：**叶柄扁平有狭翅；叶片卵形至卵状菱形，基部宽楔形至近截形，边缘有缺刻状重锯齿，无毛或有疏毛。**花：**花序近头状或穗状，有腺毛，具1~3轮；花萼歪斜，多少二唇形，上方3裂片开裂较浅，下方2裂片开裂较深而小，顶端锐尖，无毛或有疏腺毛；花冠黄色，外面无毛，上唇及其下筒中有长柔毛，花冠筒几呈钟形；雄蕊达下唇裂片的1/2，退化雄蕊圆形或多少肾形；花柱长为子房的2倍或稍多。**果实：**蒴果，狭尖卵形。

花期 / 5—7月　果期 / 8月　生境 / 山坡草地或灌木丛中湿润岩隙　分布 / 云南西北部和北部、四川西南部　海拔 / 3 100~3 800 m

1

3 齿叶玄参

Scrophularia dentata

外观：半灌木状草本，高20~40 cm。**根茎：**茎近圆形，无毛或被微毛。**叶：**叶片轮廓为狭矩圆形或卵状矩圆形，长1.5~5 cm，疏具浅齿、羽状浅裂至深裂，稀全缘。**花：**顶生稀疏而狭的圆锥花序长5~20 cm，聚伞花序有花1~3朵，总梗和花梗均疏生微腺毛；花萼长约2 mm，无毛，膜质边缘在果期明显；花冠长约6 mm，紫红色，上唇色较深，裂片扁圆形，下唇侧裂片长仅及上唇的1/2；雄蕊约与花冠等长，退化雄蕊近矩圆形；子房长约2 mm，花柱长约为子房的2倍半。**果实：**蒴果，尖卵形，连同短喙长5~8 mm。

花期 / 5—10月　果期 / 8—11月　生境 / 河滩、山坡草地以及林下石上　分布 / 西藏　海拔 / 4 000~6 000 m

1

2

2

4 穗花玄参

Scrophularia spicata

别名：藏药玄参、耶幸巴

外观：多年生草本。**根茎：**茎多少四棱形，有白色髓心，棱上有狭翅，上部有短腺毛，下部有疏长毛。**叶：**叶柄扁薄有狭翅，基部宽；叶片矩圆状卵形至卵状披针形，基部两侧多少不等，宽楔形至多少心状戟形，边有圆齿或较尖的锯齿。**花：**花序顶生，狭长穗状，聚伞花序复出，含花多而密，对生或近对生而形成有间隔的轮状，多至20对，总花梗和花梗极短，有密腺毛；裂片卵状披针形，锐尖至稍钝；花冠绿色或黄绿色，裂片卵形，边缘相重叠，下唇中裂片较小；雄蕊稍短于下唇，退化雄蕊倒卵形至近圆形；花柱稍长于子房。**果实：**蒴果，长卵至卵形。

花期 / 7—8月　果期 / 7—8月　生境 / 高山草地、灌丛　分布 / 云南西北部　海拔 / 2 800~3 300 m

4

3　魏来　摄影

3

4

玄参科 毛蕊花属

1 毛蕊花

Verbascum thapsus

别名：一炷香

外观：二年生草本，高达1.5 m，全株密被厚实的浅黄色星状毛。**根茎：**茎直立，常不分枝。**叶：**基生叶和下部的茎生叶倒披针状矩圆形，边缘具浅圆齿，上部茎生叶逐渐缩小。**花：**穗状花序圆柱状，长达30 cm，果期还可伸长变粗；花朵密集，花梗很短；花萼裂片披针形；花冠黄色；雄蕊5枚，后方3枚花丝具毛。**果实：**蒴果，卵形，约与宿存的花萼等长。

花期 / 6—8月　果期 / 7—10月　生境 / 山坡草地、河滩、荒地　分布 / 西藏南部、云南、四川　海拔 / 1 000~3 600 m

1

1

玄参科 婆婆纳属

2 北水苦荬

Veronica anagallis-aquatica

别名：仙桃草、北苦荬、水菠菜

外观：多年生草本，稀一年生，通常全体无毛。**根茎：**斜走；茎直立或基部倾斜。**叶：**对生，无柄，上部叶半抱茎，叶片多为椭圆形或长卵形，少为卵状矩圆形，更少为披针形，全缘或有疏而小的锯齿。**花：**花序比叶长，多花；花梗与苞片近等长，上升，与花序轴成锐角，果期弯曲向上，使蒴果靠近花序轴；花萼裂片卵状披针形，急尖，果期直立或叉开，不紧贴蒴果；花冠浅蓝色，浅紫色或白色，直径4~5 mm，裂片宽卵形；雄蕊短于花冠。**果实：**蒴果，近圆形，几乎与萼等长，顶端圆钝而微凹。

花期 / 4—9月　果期 / 7—10月　生境 / 水边湿地、沼地　分布 / 西藏、云南、四川、青海、甘肃　海拔 / 1 000~4 000 m

2

3 两裂婆婆纳

Veronica biloba

外观：一年生小草本，高5~50 cm。**根茎：**茎直立，通常中下部分枝，疏生白色柔毛。**叶：**全部对生，有短柄，矩圆形至卵状披针形，基部宽楔形至圆钝，边缘有疏而浅的锯齿。**花：**花序疏生白色腺毛；苞片比叶小，披针形至卵状披针形；花梗与苞片等长，花后伸展或向下弯曲；花萼侧向较浅裂，裂达3/4，裂片卵形或卵状披针形，急尖，明显3脉；花冠白色至紫色；花丝短于花冠。**果实：**蒴果，被腺毛。

花期 / 4—8月　果期 / 7—9月　生境 / 荒地、草原和山坡　分布 / 西藏、四川西部　海拔 / 1 000~3 600 m

2

3

4 鹿蹄草婆婆纳

Veronica piroliformis

外观：多年生草本。**根茎：**根状茎粗壮而分枝；茎短，倾斜上升或直立，被毛。**叶：**密集，常呈莲座状，少疏生，叶片多为匙形，少为椭圆形或圆形，叶柄有翅或无翅，边缘具锯齿，两面近无毛至密被柔毛。**花：**总状花序常单支，侧生于叶腋，挺直向上，花莛状；除花冠外，花序各部分密被棕黄色多细胞腺毛；花梗直，与苞片近等长或较短；花萼裂片条状矩圆形或倒卵状披针形；花冠紫色至白色。**果实：**蒴果，折扇状菱形，两侧角急尖或稍钝，花柱长约1.5 mm。

花期 / 6—7月　果期 / 7—8月　生境 / 山坡草地、林下及石灰岩岩隙中　分布 / 云南西北部、四川西南部（普格）　海拔 / 2 600~4 000 m

5 小婆婆纳

Veronica serpyllifolia

外观：多年生草本。**根茎：**茎多支丛生，下部匍匐生根，中上部直立，被多细胞柔毛，上部常被多细胞腺毛。**叶：**无柄，有时下部的有极短的叶柄，叶片卵圆形至卵状矩圆形，边缘具浅齿缺，极少全缘，3~5出脉或为羽状叶脉。**花：**总状花序多花，单生或复出，花序各部分密或疏地被多细胞腺毛；花冠蓝色、紫色或紫红色。**果实：**蒴果，肾形或肾状倒心形，基部圆或几乎平截，边缘有一圈多细胞腺毛。

花期 / 4—7月　果期 / 6—8月　生境 / 湿草甸、溪边　分布 / 西藏、云南、四川、甘肃　海拔 / 1 000~3 700 m

玄参科 婆婆纳属

1 多毛四川婆婆纳

Veronica szechuanica subsp. *sikkimensis*

别名：多毛伞房花婆婆纳

外观：草本，高5~15 cm，被毛较密。**根茎：**茎常多分枝，有两列柔毛。**叶：**叶柄两侧有睫毛，叶片卵形，叶片较小，基部常浅心形或平截形，少宽楔形，叶片两面被毛，边缘具尖锯齿或钝齿。**花：**总状花序有花数朵，极短；苞片条形，与花梗近等长，边缘有睫毛；花梗直，长约5 mm；花萼裂片条形至倒卵状披针形，长3~5 mm，有睫毛；花冠白色，少淡紫色，长5~7 mm；雄蕊略短于花冠。**果实：**蒴果，倒心状三角形，边缘生睫毛，花柱长2~3 mm。

花期 / 6—7月　果期 / 7—8月　生境 / 高山草地及林下　分布 / 西藏南部、云南西北部、四川西部及西南部　海拔 / 2 800~4 400 m

1

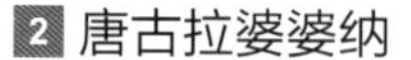

2 唐古拉婆婆纳

Veronica vandellioides

外观：全体多少被多细胞白色柔毛。**根茎：**茎多支丛生，极少单生，细弱，上升或多少蔓生。**叶：**叶片卵圆形，基部心形或平截形，顶端钝，每边具2~5个圆齿。**花：**总状花序多支，侧生于茎上部叶腋或几乎所有叶腋，退化为只具单花或两朵花，在仅具单花情况下，轴的中部有苞片；花序梗纤细；苞片宽条形至披针形；花梗纤细；花萼裂片长椭圆形；花冠浅蓝色、粉红色或白色，略比萼长，裂片圆形至卵形；雄蕊略短于花冠。**果实：**蒴果，近于倒心状肾形，基部平截状圆形。

花期 / 7—8月　果期 / 8—9月　生境 / 林下、草丛中　分布 / 西藏中部和北部、四川西部、青海　海拔 / 2 000~4 400 m

2

3

列当科 草苁蓉属

3 丁座草

Boschniakia himalaica

别名：千斤坠、批把芋、半夏

外观：寄生肉质草本，高15~45 cm，近无毛。**根茎：**根状茎球形或近球形，常仅有1条直立的茎；茎不分枝，肉质。**叶：**叶片宽三角形、三角状卵形至卵形。**花：**总状花序花密集；花萼浅杯状，顶端5裂；裂片不等长，线状披针形或狭三角形；花冠黄褐色或淡紫色，筒部稍膨大；上唇盔状，近全缘或顶端稍微凹，下唇远短于上唇，3浅裂；雄蕊4枚，常伸出于花冠外；雌蕊由2合生心皮组成，子房长圆形，花柱无毛，柱头盘状，常3浅裂。**果实：**蒴果，近圆球形或卵状长圆

3

4
陈亮俊 摄影

形；梗粗壮，向上渐短。

花期 / 4—6月　果期 / 6—9月　生境 / 高山林下或灌丛，常寄生于杜鹃属植物的根上　分布 / 西藏、云南、四川、青海、甘肃　海拔 / 2 500~4 400 m

列当科 列当属

4 弯管列当

Orobanche cernua

别名：二色列当、欧亚列当

外观：寄生草本，全株密被腺毛。**根茎：**常具多分枝的肉质根；茎黄褐色，圆柱状，不分枝。**叶：**叶片三角状卵形或卵状披针形，密被腺毛。**花：**穗状花序多花；苞片卵形或卵状披针形；花萼钟状，2深裂；花冠在花丝着生处明显膨大，筒部淡黄色；上唇2浅裂，下唇3裂，裂片淡紫色或淡蓝色，边缘浅波状或小圆齿；雄蕊4枚，花丝无毛，基部稍增粗；子房卵状长圆形，花柱稍粗壮，无毛，柱头2浅裂。**果实：**蒴果，长圆形或长圆状椭圆形。

花期 / 5—7月　果期 / 7—9月　生境 / 山坡、林下、沙丘上，常寄生于蒿属植物或禾草根上　分布 / 西藏西部、四川、青海、甘肃　海拔 / 1 000~3 000 m

5 列当

Orobanche coerulescens

别名：独根草、兔子拐棍、紫花列当

外观：二年生或多年生寄生草本，全株密被蛛丝状长绵毛。**根茎：**茎直立，不分枝，具明显的条纹，基部常稍膨大。**叶：**茎下部叶较密集，向上渐疏，卵状披针形，外面及边缘密被蛛丝状长绵毛。**花：**穗状花序花多数；苞片与叶同形，先端尾状渐尖；花萼2深裂达近基部；花冠深蓝色至淡紫色，筒部在花丝着生处稍上方缢缩；上唇2浅裂，下唇3裂，边缘具不规则小圆齿；雄蕊4枚，花丝着生于筒中部，基部略增粗，常被长柔毛；子房椭圆体状或圆柱状，花柱与花丝近等长，常无毛，柱头常2浅裂。**果实：**蒴果，卵状长圆形或圆柱形。

花期 / 4—7月　果期 / 7—9月　生境 / 砂丘、山坡、沟边草地、河谷，常寄生于蒿属植物根上　分布 / 西藏、云南、四川、青海、甘肃　海拔 / 1 000~4 000 m

5

5

狸藻科 捕虫堇属

1 高山捕虫堇

Pinguicula alpina

别名：捕虫堇

外观：矮小多年生食虫草本。**根茎：**根多数。**叶：**基生，呈莲座状，脆嫩多汁；叶片长椭圆形，长1~4.5 cm，边缘全缘并内卷，顶端钝形或圆形；叶两面淡绿色，上面密生多数分泌黏液的腺毛，下面无毛。**花：**单生；花梗1~5条，长2.5~13 cm；花萼2深裂，上唇3浅裂，下唇2浅裂；花冠白色，距淡黄色，上唇2裂达中部，下唇3深裂；花柱极短。**果实：**蒴果，卵球形至椭圆球型，无毛；室背开裂。

花期 / 5—7月　果期 / 7—9月　生境 / 河谷沼泽或潮湿山坡灌丛　分布 / 西藏东南部、云南西北部、四川、青海东部、甘肃　海拔 / 1 800~4 500 m

1

1

狸藻科 狸藻属

2 异枝狸藻

Utricularia intermedia

别名：中狸藻、小狸藻

外观：水生食虫草本。**根茎：**匍匐枝细长，圆柱形，具分枝；多少2型——绿色枝叶器发育，悬浮或飘浮；无色枝的叶器退化，半固着于泥中，具捕虫囊。**叶：**叶器多数，互生，3裂达基部，裂片1~3回二歧状深裂；末回裂片狭线形或线形，每侧具2~10个细牙齿；捕虫囊卵球形，侧扁；口侧生，边缘疏生小刚毛，上唇具2条细长多分枝的刚毛状附属物。**花：**花序直立，中部以上具2~5朵多少疏离的花；花序梗圆柱形，具1~2鳞片；苞片与鳞片同形，基部耳状；花梗丝状，花期直立，果期下弯；花萼2裂达基部；花冠黄色，外面无毛；上唇宽卵形或宽椭圆形，较上方萼片长，顶端钝形或3浅裂，下唇较大，圆形，顶端圆形或微凹，喉凸隆起并形成浅囊；距细圆锥状；雄蕊无毛，药室汇合；子房球形；花柱短；柱头下唇圆形，反曲，上唇细小，两唇边缘流苏状。**果实：**蒴果。

花期 / 6—9月　果期 / 8—10月　生境 / 沼泽地、池塘、溪流静水中　分布 / 西藏南部及东南部、四川西部　海拔 / 1 000~4 000 m

2

2

2

3 叉状挖耳草

Utricularia furcellata

外观：陆生食虫小草本。**根茎：**假根丝状，不分枝；匍匐枝丝状，具分枝。**叶：**叶器莲座状着生，近圆形。捕虫囊口侧生，附属物二分叉，末稍具流苏状多细胞腺毛。**花：**花序轴无鳞片，苞片与小苞片着生于中部。花冠白色至淡紫色，下唇基部中央具一黄色斑块；上唇近方形，先端二浅裂；下唇4 裂，侧裂片

比中裂片小得多；唇盘黄色，稍向上隆起成环绕距口的脊，脊上具长毛；距近锥形，直伸。子房球形，柱头短，柱头上唇圆环状，下唇退化。**果实：** 蒴果先端具纵向龙骨状突起，成熟时突起处开裂。种子倒卵形，先端表面密被倒钩毛。

花期 / 9月　果期 / 10月　生境 / 潮湿的岩石　分布 / 云南西部　海拔 / 2 000~3 000 m

魏来　摄影

魏来　摄影

苦苣苔科 粗筒苣苔属

4 粗筒苣苔

Briggsia kurzii

(syn. *Briggsia amabilis*)

别名：佛肚苣苔

外观： 多年生草本。**根茎：** 根状茎横走；茎淡褐色，具纵棱，疏生白色短柔毛。**叶：** 对生，集聚茎顶端，常4枚，叶片倒卵形或狭卵形，长4~14 cm，宽2~6 cm，边缘具齿，两面具疏柔毛；叶柄长可达3 cm，具疏柔毛。**花：** 聚伞花序，生茎顶端叶腋，具1~2朵花；花序梗和花梗被白色柔毛；苞片2枚，狭线形；花萼5深裂，裂片线状披针形，外面具疏柔毛；花冠粗筒状，下方肿胀，黄色，稀白色，先端二唇形，上唇2裂，裂片近圆形，下唇3裂，内面具紫色斑点；雄蕊常内藏；雌蕊内藏。**果实：** 蒴果，长线形，具疏柔毛。

花期 / 6—9月　果期 / 10月　生境 / 山地林中草坡、石上或附生树上　分布 / 云南西北部、四川西南部　海拔 / 1 800~3 600 m

苦苣苔科 唇柱苣苔属

1 斑叶唇柱苣苔

Chirita pumila

外观：一年生草本。**根茎：**茎有1~6节，不分枝或有短分枝，被柔毛。**叶：**对生，草质，有紫色斑；叶片狭卵形至卵形，顶端急尖或渐尖，基部斜圆形或斜宽楔形，边缘有小牙齿，两面均被短柔毛，上面毛较密，侧脉每侧6~9条；叶柄被柔毛。**花：**花序腋生，有长梗，1~4回分枝，有2~7朵花；苞片卵形至披针形，被短柔毛；花萼被稍密的长柔毛，5裂至中部或更深，裂片狭三角形或三角形，顶端钻状渐尖，常向外弯曲；花冠淡紫色，外面被短柔毛，内面无毛或上部有疏柔毛；筒细漏斗状；上唇2裂，下唇3裂；花丝在中部最宽并稍膝状弯曲；具退化雄蕊；花盘环状。**果实：**蒴果。

花期 / 7—9月　果期 / 7—10月　生境 / 山地林中、溪边、石上　分布 / 西藏东南部、云南西北部及南部　海拔 / 1 000~2 800 m

1　魏来　摄影

苦苣苔科 珊瑚苣苔属

2 西藏珊瑚苣苔

Corallodiscus lanuginosus

别名：珊瑚苣苔、纸叶珊瑚苣苔、石胆草

外观：石生多年生草本。**根茎：**无地上茎。**叶：**基生莲座状；叶片近纸质，卵圆形或倒卵圆形，顶端圆形，基部楔形，边缘全缘或微波状，上面疏被白色长柔毛，下面疏被淡褐色柔毛；叶柄扁平，被黄褐色绵毛。**花：**聚伞花序不分枝，稀为2次分枝，每花序具2~4朵花；花萼钟状，5裂至基部，裂片长圆形，顶端钝，全缘，无毛；花冠筒状，淡紫色，外面无毛，内面卞唇一侧被淡褐色髯毛，无斑纹；上唇2裂至中部，下唇3深裂；雄蕊4枚，花药长圆形，药室汇合，极叉开；退化雄蕊着生于距基部1 mm处；花盘环状；雌蕊无毛，子房长圆形。**果实：**蒴果，线形。

花期 / 6月　果期 / 7月　生境 / 河谷林缘岩石及石壁上　分布 / 西藏、云南、四川　海拔 / 1 000~4 300 m

1　魏来　摄影

苦苣苔科 长蒴苣苔属

3 互叶长蒴苣苔

Didymocarpus aromaticus

外观：多年生草本。**根茎：**茎通常不分枝，被贴伏短柔毛。**叶：**2~3对，多数对生，基部互生，叶柄向上渐短；叶片薄纸质，狭卵形或椭圆形，顶端钝，基部宽楔形、圆形或浅心形，常稍斜，边缘有钝牙齿或浅齿，上面被贴伏短柔毛，下面只沿脉被短柔毛，两

2

3 魏来 摄影

面有黄色小腺点。**花：**聚伞花序具细长梗，2~3朵花；花序梗、苞片及花梗均疏被短腺毛；苞片对生，红紫色，全缘或有齿；花萼钟状，红紫色，5裂近中部，外面散生少数腺毛；花冠紫红色，无毛；筒近筒状；上唇2浅裂，下唇3浅裂；雄蕊无毛；退化雄蕊3枚，着生于距花冠基部约8 mm处；花盘杯状，高约2 mm；雌蕊无毛，花柱柱头扁头形。**果实：**蒴果，线形，稍镰刀状弯曲。

花期 / 8月　果期 / 9月　生境 / 山地草坡或石上　分布 / 西藏南部（聂拉木）　海拔 / 2 500~2 800 m

苦苣苔科 堇叶苣苔属

4 堇叶苣苔

Platystemma violoides

外观：矮小草本。**根茎：**茎被白色柔毛。**叶：**生于茎顶，无柄；叶片心形，顶端锐尖，基部心形，边缘具粗牙齿，上面被白色贴伏柔毛，下面疏被柔毛，叶脉近掌状，6~10条，在下面稍隆起。**花：**聚伞花序，具1~3朵花；花序梗与花梗疏被白色柔毛；无苞片；花萼钟状，5裂至近基部；花冠斜钟形，淡紫红色；筒极短；上唇2裂，下唇3裂；雄蕊4枚，上下方各2枚，花丝较短，稍长于花冠筒；退化雄蕊1枚，位于上方中央；花盘环状；子房卵球形，花柱细，丝形。**果实：**蒴果，卵状长圆形。

花期 / 7—9月　果期 / 8—10月　生境 / 沟谷阴湿岩石上　分布 / 西藏（聂拉木）　海拔 / 2 300~3 200 m

3 魏来 摄影

4 魏来 摄影

紫葳科 角蒿属

1 两头毛

Incarvillea arguta

别名：毛子草、蜜糖花、炮仗花

外观：多年生草本。**根茎：**茎多分枝。**叶：**互生，1回羽状复叶，不聚生于茎基部；小叶5~11枚，边缘具锯齿；上面深绿色，疏被微硬毛，下面淡绿色，无毛。**花：**顶生总状花序，有花6~20朵；苞片钻形；花萼钟状；花冠粉红色至紫红色；钟状长漏斗形；花冠筒基部紧缩成细筒；柱头2裂。**果实：**蒴果，线状圆柱形，革质，长约20 cm。

花期 / 3—7月　果期 / 9—12月　生境 / 干暖河谷山坡　分布 / 西藏南部及东部、云南北部、四川西南部、甘肃　海拔 / 1 400~3 500 m

2 黄波罗花

Incarvillea lutea

别名：黄花角蒿、圆麻参

外观：多年生草本，全株被淡褐色细柔毛。**根茎：**根肉质。**叶：**1回羽状分裂；侧生小叶6~9对，椭圆状披针形，两端钝，边缘具粗锯齿；顶生小叶与最上部的一对侧生小叶汇合。**花：**顶生总状花序5~12朵，生于茎顶；小苞片2枚，线形；花萼钟状，具紫色斑点，脉深紫色；花大，黄色，基部深黄色至淡黄色，具紫色斑点及褐色条纹，花冠筒裂片圆形，被有具短柄的腺体；退化雄蕊极短，花丝、花药淡黄色。**果实：**蒴果，木质，披针形，6棱，顶端渐尖。

花期 / 5—8月　果期 / 9—11月　生境 / 高山草坡或混交林下　分布 / 西藏南部、云南西北部、四川西部　海拔 / 2 000~3 350 m

3 鸡肉参

Incarvillea mairei var. *mairei*

别名：滇川角蒿、波罗花、高脚参

外观：多年生草本。**根茎：**无茎。**叶：**基生，为1回羽状复叶；侧生小叶2~3对，卵形，顶生小叶较侧生小叶大2~3倍，阔卵圆形，项端钝，基部微心形，边缘具钝齿，侧生小叶近无柄。**花：**总状花序有2~4朵花，着生花序近顶端；小苞片2枚，线形；花萼钟状，萼齿三角形，顶端渐尖；花冠紫红色或粉红色，花冠筒下部带黄色，花冠裂片圆形；雄蕊4枚，2强，每对雄蕊的花药靠合并抱着花柱，花药极叉开；子房2室，胚珠在每一胎座上1~2列；具2裂触敏柱头，扇形，薄膜质。**果实：**蒴果，圆锥状。

花期 / 5—7月　果期 / 9—11月　生境 / 高山石砾堆、山坡路旁向阳处　分布 / 西藏东部、云南西北部、四川西部　海拔 / 2 400~4 500 m

3

4 大花鸡肉参

Incarvillea mairei var. *grandiflora*

外观：多年生草本。**根茎：**无茎。**叶：**基生，为1回羽状复叶；侧生小叶1~3对，卵形，顶生小叶较侧生小叶大2~3倍，阔卵圆形，顶端钝，基部微心形，边缘具钝齿，侧生小叶近无柄。**花：**总状花序有2~4朵花，着生花序近顶端，花梗与花序梗近等长；小苞片2枚，线形；花萼钟状，萼齿三角形，顶端渐尖；花冠紫红色或粉红色，花冠筒下部带黄色，花冠裂片圆形；雄蕊4枚，2强，每对雄蕊的花药靠合并抱着花柱，花药极叉开；子房2室，胚珠在每一胎座上1~2列；具2裂触敏柱头，扇形，薄膜质。**果实：**蒴果，圆锥状，具不明显的棱纹。

花期／6—7月　果期／7—9月　生境／高山草坡　分布／云南西北部、四川、云南　海拔／2 500~4 000 m

5 多小叶鸡肉参

Incarvillea mairei var. *multifoliolata*

外观：多年生草本。**根茎：**无茎。**叶：**基生，为1回羽状复叶；侧生小叶4~8对，卵状披针形，较小，顶端渐尖，基部微心形至阔楔形，边缘具细锯齿至近全缘；顶生小叶较大，卵圆形至阔卵圆形，两端钝至近圆形。**花：**总状花序有2~4朵花，着生花序近顶端；小苞片2枚，线形；花萼钟状，萼齿三角形，顶端渐尖；花冠紫红色或粉红色，花冠筒下部带黄色，花冠裂片圆形；雄蕊4枚，2强，每对雄蕊的花药靠合并抱着花柱，花药极叉开；具2裂触敏柱头，扇形，薄膜质。**果实：**蒴果，圆锥状，具不明显的棱纹。

花期／6—8月　果期／8—10月　生境／石山草坡　分布／云南西北部、四川西部　海拔／3 200~4 200 m

4

5

5

爵床科 马蓝属

1 翅柄马蓝
Strobilanthes atropurpurea

(syn. *Pteracanthus alatus*)

别名：三花马蓝

外观： 较矮多年生草本。**根茎：** 具横走茎，节上生根，多分枝，四棱形。**叶：** 叶片卵圆形，先端长渐尖，基部楔形，边缘具4~7个圆锯齿；叶柄长约1.5 cm，向叶片具翅。**花：** 穗状花序偏向一侧，“之”字形曲折，花单生或成对；苞片叶状，卵圆形或近心形，小苞片线状长圆形，微小或无，花萼长1~1.5 cm，果时增大达2 cm，5裂，裂片线形，细条状钟乳体纵列；花冠淡紫色或蓝紫色，近于直伸，长约3.5 cm，冠管圆柱形，与膨胀部分等长，冠檐裂片5枚，短小，圆形；花丝与花柱无毛。**果实：** 蒴果，长1.2~1.8 cm，无毛，具4粒种子。

花期 / 6—10月 果期 / 8—11月 生境 / 林下及林缘 分布 / 西藏（聂拉木、错那）、云南西部、四川南部 海拔 / 1 000~2 900 m

1

2 腺毛马蓝
Strobilanthes forrestii

(syn. *Pteracanthus forrestii*)

别名：毛叶草、牛克膝

外观： 灌木或草本，高达1 m，植株遍生柔毛和腺毛。**根茎：** 茎直立，多分枝。**叶：** 草质，几无柄，叶片卵形至卵状矩圆形，长2~5 cm，宽1.2~3 cm，边有锯齿。**花：** 花序穗状，长5~15 cm，每节具对生双花，近圆锥花序；花单生，无梗；苞片叶状，上部的全缘，卵状椭圆形；小苞片条形，等长或短于花萼裂片；花萼裂片5枚，其中1片稍长，花萼连同苞片和小苞片密被腺状微柔毛；花冠蓝色或紫色或白色，长3~3.5 cm，花冠管基部细狭，上部扩大钟状圆柱形，并弯曲，冠檐裂片5枚；雄蕊4枚，2强，花丝基部有膜相连，药室平行；花柱顶端稍扩大，子房顶端有微腺毛。**果实：** 蒴果，长约1.2 cm，顶部有毛。

花期 / 7—8月 果期 / 8—9月 生境 / 林缘或草坡 分布 / 云南西北部 海拔 / 2 800~3 400 m

2

2

透骨草科 透骨草属

3 透骨草
Phryma leptostachya subsp. *asiatica*

别名：粘人裙、一扫光、倒刺草

外观： 多年生草本。**根茎：** 茎直立，四棱形，绿色或淡紫色，遍布倒生短柔毛。**叶：** 对生；叶片卵状长圆形至卵状宽卵形，草质，中、下部叶基部常下延，边缘有齿；叶

3

3

4

柄向上渐短，被短柔毛。**花：**穗状花序；花序轴纤细；苞片钻形至线形；小苞片2枚，与苞片同形但较小；花多数而疏离，具短梗；花萼筒状，有5纵棱；上方萼齿3枚，先端多少钩状，下方萼齿2枚；花冠漏斗状筒形，蓝紫色、淡红色至白色；雄蕊4枚，着生于冠筒内面基部上方2.5~3 mm处，无毛；雌蕊无毛；子房斜长圆状披针形；花柱细长；柱头2唇形。**果实：**瘦果，狭椭圆形，藏于棒状宿存花萼内，反折。

花期 / 6—10月　果期 / 8—12月　生境 / 阴湿山谷或林下　分布 / 西藏（吉隆、波密）、云南、四川、甘肃南部　海拔 / 1 000~2 800 m

马鞭草科 莸属

4 毛球莸

Caryopteris trichosphaera

别名：香薷、毛莸

外观：芳香灌木，高0.5~1 m。**根茎：**嫩枝密生白色绒毛和腺点。**叶：**叶片纸质，宽卵形至卵状长圆形，边缘有规则钝齿，两面均有绒毛和腺点，背面更密；下部叶柄长3~9 mm，向上渐无柄。**花：**聚伞花序近头状，腋生或顶生，无苞片和小苞片，密被长绒毛；花萼钟状，外面密生长柔毛和腺点，裂片长圆状披针形；花冠淡蓝色或蓝紫色，上部5裂，二唇形，裂片外有长柔毛和腺点，下唇中裂片较大，边缘流苏状，花冠管喉部具毛环；雄蕊4枚，伸出花冠管外；子房无毛。**果实：**蒴果，长圆球形，藏于花萼内。

花期 / 8—9月　果期 / 8—9月　生境 / 山坡灌丛中或河谷干旱草地　分布 / 西藏昌都地区、云南西北部、四川西部　海拔 / 2 700~3 300 m

唇形科 筋骨草属

5 康定筋骨草

Ajuga campylanthoides

外观：多年生草本。**根茎：**直立或具匍匐茎；茎四棱形，被白色长柔毛。**叶：**叶柄具槽及狭翅；叶片坚纸质，卵形或披针状长圆形，先端圆形或极钝，基部楔状下延，边缘具波状粗齿，有时在茎上部者几为全缘，两面被疏糙伏毛。**花：**穗状轮伞花序；苞叶叶状，向上渐小；花萼漏斗状，萼齿外被白色长柔毛，萼齿5枚，狭三角形或三角状卵形，长为花萼一半，具缘毛；花冠白色，冠檐二唇形，上唇直立，圆形，顶端微缺，具缘毛，下唇宽大，伸长，无毛，3裂；雄蕊4枚，2强，仅前对伸出，均着生于花冠近喉部，花丝挺直，上部被疏柔毛；花柱细弱；花盘环状；子房4裂，无毛。**果实：**小坚果。

花期 / 7—9月　果期 / 9—10月　生境 / 山坡草地　分布 / 西藏东南部、四川西部和西南部　海拔 / 2 200~2 800 m

5

5　朱鑫鑫　摄影

1

2

唇形科 筋骨草属

1 痢止蒿

Ajuga forrestii

别名：止痢蒿、白龙须、无名草

外观：多年生草本。**根茎：**直立或具匍匐茎，根茎膨大；茎具分枝，密被灰白色短柔毛。**叶：**叶片纸质，边缘具波状锯齿或圆齿，具缘毛，两面密被灰白色短柔毛或长柔毛。**花：**穗状聚伞花序顶生，由轮伞花序排列组成；苞叶叶状，向上渐小，下面暗紫色；花萼漏斗状，紫色；花冠淡紫色至蓝色，筒状，冠檐二唇形，有深紫色条纹；花柱粗壮，无毛，超出雄蕊，先端2裂；花盘环状；子房4裂，无毛。**果实：**小坚果，倒卵状三棱形，背部具网状皱纹。

花期／4—8月 果期／5—10月 生境／路旁、溪边、潮湿草地 分布／西藏东南部、云南中部及西北部、四川西部 海拔／1 700~4 000 m

2 白苞筋骨草

Ajuga lupulina

别名：甜格缩缩草

外观：多年生草本。**根茎：**具地下走茎，地上茎粗壮直立、四棱形。**叶：**叶柄具狭翅，基部抱茎，边缘具缘毛；叶片纸质，披针状长圆形，先端钝或稍圆，基部楔形，边缘疏生波状圆齿；叶上面几乎无毛，下面近顶端有星散的疏柔毛。**花：**穗状聚伞花序由多数轮伞花序组成；苞叶大，黄白色；花梗短；花萼钟状；花冠白、白黄色，具紫色斑纹。**果实：**小坚果，背部具网纹，具大果脐。

花期／7—9月 果期／8—9月 生境／河滩沙地、高山草地 分布／西藏中东部及东南部、四川西部和西北部、青海、甘肃 海拔／3 600~4 200 m

3

3 美花圆叶筋骨草

Ajuga ovalifolia var. *calantha*

外观：低矮草本。**根茎：**茎直立，四棱形，具槽和长柔毛，无分枝。**叶：**叶片纸质，宽卵形或近菱形，长4~6 cm，宽3~7 cm，基部下延，边缘中部以上具波状或不整齐的圆齿。**花：**穗状聚伞花序顶生，几呈头状，长2~3 cm，由3~4轮伞花序组成；苞叶大，叶状，长1.5~4.5 cm，下部呈紫绿色、紫红色至紫蓝色，具圆齿或全缘，被缘毛；花梗短或几无；花冠红紫色至蓝色，筒状，微弯，长2~2.5 cm或更长；雄蕊4枚，2强，内藏，着生于上唇下方的冠筒喉部，花丝粗壮，无毛；花柱先端2浅裂，裂片细尖；花盘环状，前面呈指状膨大。**果实：**小坚果。

花期 / 6—8月　果期 / 8—9月　生境 / 沙质草坡、山坡　分布 / 四川西部及西北部、青海东南部、甘肃西南部　海拔 / 3 000~4 300 m

唇形科 风轮菜属

4 灯笼草

Clinopodium polycephalum

别名：山藿香、走马灯笼草、小益母草

外观：直立多年生草本，多分枝。**根茎：**基部有时匍匐生根；茎四棱形，具槽，被硬毛及腺毛。**叶：**叶片卵形，先端钝或急尖，基部阔楔形至几圆形，边缘具疏圆齿状牙齿，两面被糙硬毛。**花：**轮伞花序多花；苞叶叶状，较小，顶部者苞片状；苞片针状，被具节长柔毛及腺柔毛；花梗密被腺柔毛；花萼圆筒形，果时基部一边膨胀；花冠紫红色，冠筒伸出于花萼，冠檐二唇形；雄蕊不外露，后对雄蕊短，前雄蕊长超过下唇；花盘平顶。**果实：**小坚果，卵形，光滑。

花期 / 7—8月　果期 / 9月　生境 / 山坡、路边、林下、灌丛中　分布 / 西藏东南部、云南、四川、甘肃　海拔 / 1 000~3 400 m

唇形科 火把花属

5 深红火把花

Colquhounia coccinea var. *coccinea*

外观：灌木。**根茎：**枝钝四棱形。**叶：**叶片卵圆形或卵状披针形，先端渐尖，基部圆形，边缘有小圆齿，下面疏被毛。**花：**轮伞花序6~20朵花；苞片短小，线形；花萼管状钟形，外被星状毛，5齿等大；花冠橙红色至朱红色，冠筒向外弯曲，口部膨大；雄蕊4枚，均内藏，插生于花冠喉部，花丝略被髯毛；花柱丝状；花盘平顶；子房具腺点。**果实：**小坚果，先端具鸡冠状的膜质翅。

花期 / 8—12月　果期 / 11月至翌年1月　生境 / 林缘山坡　分布 / 西藏南部（聂拉木）　海拔 / 2 300 m

唇形科 火把花属

1 火把花

Colquhounia coccinea var. *mollis*

别名：密蒙花、细羊巴巴花、炮仗花

外观：灌木，直立或多少外倾。**根茎：**枝钝四棱形，密被锈色星状毛。**叶：**叶片卵圆形或卵状披针形，先端渐尖，基部圆形，边缘有小圆齿，坚纸质，下面密被锈色星状绒毛；叶柄腹凹背凸，密被星状绒毛。**花：**轮伞花序6~20朵花，下承以苞片；苞片短小，线形；花萼管状钟形，外被星状毛，5齿，等大；花冠橙红色至朱红色，冠筒向外弯曲，口部膨大；雄蕊4枚，均内藏，插生于花冠喉部，花丝略被髯毛，花药卵圆形，2室，室略叉开；花柱丝状；花盘平顶；子房具腺点。**果实：**小坚果，倒披针形，先端具鸡冠状的膜质翅。

花期／8—11月　果期／11月至翌年1月　生境／多石草坡及灌丛中　分布／西藏东南部、云南西部至中部　海拔／1 450~3 000 m

唇形科 青兰属

2 皱叶毛建草

Dracocephalum bullatum

外观：多年生草本。**根茎：**根状茎短而粗，具粗的须状根；茎1~2条，钝四棱形，密被倒向的小毛，红紫色。**叶：**基出叶及茎下部叶具长柄，叶片坚纸质，卵形或椭圆状卵形，先端圆或钝，基部心形，上面无毛，网脉下陷，下面带紫色，网脉突出，边缘具圆锯齿；茎上部及花序处之叶具极短柄。**花：**轮伞花序密集；苞片与萼近等长，边缘密被长睫毛，每侧具3~6齿，齿钝或锐尖，或具细刺；花萼疏被长柔毛及长睫毛，带红紫色，2裂约至1/3处；花冠蓝紫色，外被柔毛，冠檐二唇形，上唇长约为下唇的1/2，2浅裂，下唇有细的深色斑纹，中裂片伸出；花丝疏被毛。**果实：**小坚果。

花期／7—8月　果期／8—9月　生境／石灰质流石滩　分布／西藏东南部、云南西北部　海拔／3 000~4 500 m

3 美叶青兰

Dracocephalum calophyllum

外观：多年生草本。**根茎：**茎直立，自下部到上部具分枝，钝四棱形，在棱上密被倒向的短柔毛，节多。**叶：**几无柄，基部具极短鞘，叶片轮廓三角状卵形或宽卵形， 羽状全裂，裂片2~4对，与中脉成钝角斜展或近平展，线形，上面无毛，下面被短毛，变稀疏或变无毛。**花：**轮伞花序生于茎或分枝上部4~9节；苞片长为萼之1/2或2/3，似叶但较小，裂片只1对，先端钻状渐尖；花萼外被

短柔毛及短睫毛，紫色，2裂近1/3或超过1/4处，上唇3裂至本身4/5处，齿近等大，三角状披针形，先端钻状渐尖，下唇2裂至基部，齿与上唇之齿相似，稍短；花冠蓝紫色，外被短毛。**果实：**小坚果。

花期 / 8—9月　果期 / 9—10月　生境 / 草坡　分布 / 云南西北部、四川西南部　海拔 / 3 100~3 200 m

4 松叶青兰

Dracocephalum forrestii

别名：傅氏青兰

外观：多年生草本。**根茎：**根状茎粗而短，密生须状根；茎直立，钝四棱形，被倒向的短毛，节多。**叶：**几无柄，基部具短鞘，叶片羽状全裂，裂片2~3对，线形，上面无毛，下面被短毛。**花：**轮伞花序生于茎分枝上部5~10节，通常具2朵花，密集；苞片似叶，但较小，只具1对裂片，长约为萼的1/2或2/3；长萼外密被短柔毛及短睫毛，2裂至3/7或2/5处，上唇3裂至本身4/5处，3齿近等大，中齿稍长，披针形，先端钻状锐渐尖，下唇2裂稍超过本身基部，齿似上唇之齿，但稍短；花冠蓝紫色，外被短柔毛；花丝疏被毛。**果实：**小坚果。

花期 / 8—9月　果期 / 9—10月　生境 / 亚高山多石的灌丛草甸　分布 / 云南西北部　海拔 / 2 300~3 500 m

5 白花枝子花

Dracocephalum heterophyllum

外观：多年生草本。**根茎：**茎在中部以下具长的分枝，高10~15 cm，四棱形或钝四棱形，密被倒向的小毛。**叶：**茎下部叶长柄，叶片宽卵形至长卵形，长1.3~4 cm，宽0.8~2.3 cm，先端钝或圆形，基部心形，边缘被短睫毛及浅圆齿；茎中部叶与基生叶同形，柄短；茎上部叶变小，锯齿常具刺而与苞片相似。**花：**轮伞花序；花具短梗；苞片较萼稍短或为其1/2，倒卵状匙形或倒披针形，疏被小毛及短睫毛，边缘齿具长刺；花萼边缘被短睫毛，2裂几至中部先端具刺；花冠白色，长2.2~3.7 cm，外面密被白色或淡黄色短柔毛，二唇近等长；雄蕊无毛。**果实：**小坚果。

花期 / 6—8月　果期 / 8—9月　生境 / 山地草原及半荒漠的多石干燥地区　分布 / 西藏、四川、青海、甘肃　海拔 / 1 100~5 000 m

唇形科 青兰属

1 甘青青兰

Dracocephalum tanguticum

别名：唐古特青兰、陇塞青兰

外观：多年生草本，有臭味。**根茎：**茎直立；钝四棱形，节多，叶腋中生短枝。**叶：**具柄，柄长3~8 mm，叶片羽状全裂，上面无毛，下面密被灰白色短柔毛，边缘全缘，内卷。**花：**轮伞花序生于茎顶部5~9节，通常具4~6朵花；苞片与叶近似，极小；花萼外面中部以下密被伸展的短毛及金黄色腺点；花冠蓝紫色至暗紫色。**果实：**小坚果。

花期／6—8月　果期／8—9月　生境／生于干燥河谷的河岸、草滩及田埂　分布／西藏南部及东部、四川西部、青海东部、甘肃南部　海拔／3 200~4 700 m

1

2

唇形科 香薷属

2 密花香薷

Elsholtzia densa

别名：咳嗽草、野紫苏、矮株密花香薷

外观：草本，高20~60 cm。**根茎：**密生须根；茎直立，自基部多分枝，茎及枝均四棱形，具槽，被短柔毛。**叶：**叶片长圆状披针形至椭圆形，先端急尖或微钝，基部宽楔形或近圆形，边缘在基部以上具锯齿，草质，两面被短柔毛；叶柄背腹扁平，被短柔毛。**花：**穗状花序长圆形或近圆形，密被紫色串珠状长柔毛；最下的一对苞叶与叶同形，向上呈苞片状，外面及边缘被具节长柔毛；花萼钟状，萼齿5枚，果时膨大；花冠小，淡紫色，密被紫色串珠状长柔毛，冠檐二唇形；雄蕊4枚，前对较长，微露出；花柱微伸出。**果实：**小坚果，卵珠形，暗褐色，顶端具小疣突起。

花期／7—10月　果期／7—10月　生境／林缘、高山草甸及山坡荒地　分布／西藏、云南、四川、青海、甘肃　海拔／1 800~4 100 m

2

3 毛穗香薷

Elsholtzia eriostachya

外观：一年生草本。**根茎：**茎四棱形，常带紫红色，茎、枝均被微柔毛。**叶：**叶片长圆形至卵状长圆形，边缘具细锯齿或锯齿状圆齿，两面被小长柔毛；叶柄腹平背凸，密被小长柔毛。**花：**穗状花序圆柱状；最下部苞叶与叶近同形，上部苞叶呈苞片状，宽卵圆形，先端具小突尖，外被疏柔毛，边缘具缘毛；花梗与序轴密被短柔毛；花萼钟形，外面密被淡黄色串珠状长柔毛，萼齿三角形，近相等，具缘毛；花冠黄色，冠檐二唇形；雄蕊4枚，内藏，花丝无毛；花柱内藏。**果实：**小坚果，椭圆形，褐色。

花期 / 7—9月　果期 / 7—9月　生境 / 山坡草地　分布 / 西藏、云南西北部、四川、甘肃　海拔 / 3 500~4 100 m

4 鸡骨柴

Elsholtzia fruticosa

别名：双翎草、瘦狗还阳草、山野坝子

外观：直立灌木，多分枝。**根茎：**茎、枝钝四棱形，具浅槽，黄褐色或紫褐色。**叶：**叶片披针形或椭圆状披针形，先端渐尖，基部狭楔形，边缘在基部以上具粗锯齿，两面密布黄色腺点；叶柄极短或近于无。**花：**穗状花序圆柱状；下部苞叶多少叶状，向上渐呈苞片状，披针形至狭披针形或钻形；花梗与总梗、序轴密被短柔毛；花萼钟形，外面被灰色短柔毛，萼齿5枚；花冠白色至淡黄色，外面被蜷曲柔毛，间夹有金黄色腺点，冠檐二唇形，上唇直立，先端微缺，边缘具长柔毛，下唇开展，3裂，中裂片圆形，侧裂片半圆形；雄蕊4枚，伸出；花柱伸出花冠。**果实：**小坚果，长圆形，腹面具棱，顶端钝。

花期 / 7—9月　果期 / 10—11月　生境 / 山谷侧边、谷底、路旁及开旷山坡　分布 / 西藏、云南、四川、甘肃南部　海拔 / 1 200~3 800 m

5 长毛香薷

Elsholtzia pilosa

别名：大薷

外观：平铺草本。**根茎：**茎简单或分枝，钝四棱形，具四槽，被疏柔毛状刚毛。**叶：**叶片卵形或卵状披针形，先端钝，基部楔形或近圆形，下延至叶柄，边缘具圆锯齿，上面被疏柔毛状刚毛及细刚毛，下面主沿中脉及侧脉上被疏柔毛状刚毛，余部散布淡黄色腺点；叶柄腹凹背凸，被疏柔毛。**花：**穗状花序在茎及枝上顶生；苞片钻形或线状钻形，具肋，边缘被具节缘毛，超过花冠；花萼钟形，外面基部以上密被疏柔毛，内面仅在齿上被疏柔毛，萼齿5枚；花冠粉红色，外面被短柔毛，内面在下唇下方喉部有柔毛，冠檐二唇形，上唇微弯，先端2圆裂，下唇开展，3裂，中裂片圆形，边缘具齿缺，侧裂片半圆形；雄蕊4枚；花柱稍外露。**果实：**小坚果，长圆形，淡黄色，无毛。

花期 / 8—10月　果期 / 8—10月　生境 / 林下、林缘、山坡草地、河边路旁、岩石上或沼泽草地边缘　分布 / 云南、四川　海拔 / 1 100~3 200 m

1

唇形科 绵参属

1 绵参

Eriophyton wallichianum

别名：邦参布柔、榜参布菇、光杆琼

外观：矮小多年生草本，多绵毛。**根茎：**根肥厚；茎直立，不分枝，钝四棱形，上部坚硬，直立，被绵毛。**叶：**变异很大，茎下部叶细小，苞片状，茎上部叶大，两两交互对生，菱形或圆形，最顶端的叶渐变小，两面均密被绵毛，尤以上面为甚。**花：**轮伞花序通常6朵花；小苞片刺状，密被绵毛；花萼宽钟形，外面密被绵毛，内面在萼齿先端及边缘上被绵毛；花冠长2.2~2.8 cm，淡紫色至白色。**果实：**小坚果，黄褐色。

花期 / 7—9月　果期 / 9—10月　生境 / 高山流石滩　分布 / 西藏、云南西北部、四川西部、青海　海拔 / 3 400~4 700 m

1

1

唇形科 鼬瓣花属

2 鼬瓣花

Galeopsis bifida

别名：野芝麻、野苏子、黑苏子

外观：一年生草本。**根茎：**茎直立，钝四棱形，具槽，节上密被多节长刚毛。**叶：**茎叶卵圆状披针形或披针形，先端锐尖或渐尖，基部渐狭至宽楔形，边缘有规则的圆齿状锯齿，上面贴生具节刚毛；叶柄腹平背凸，被短柔毛。**花：**轮伞花序腋生，多花密集；小苞片线形至披针形，基部稍膜质，先端刺尖，边缘有刚毛；花萼管状钟形，外面有平伸的刚毛，齿5枚，先端为长刺状；花冠白、黄或粉紫红色，冠筒漏斗状，喉部增大，冠檐二唇形，上唇卵圆形，先端钝，具不等的数齿，外被刚毛，下唇3裂；雄蕊4枚，均延伸至上唇片之下，花丝下部被小疏毛；花柱先端近相等2裂；花盘前方呈指状增大；子房无毛，褐色。**果实：**小坚果，倒卵状三棱形，褐色。

花期 / 7—9月　果期 / 9月　生境 / 林缘、路旁、田边、灌丛　分布 / 西藏、云南西北部及东北部、四川西部、青海、甘肃　海拔 / 1 000~4 000 m

唇形科 香茶菜属

3 细锥香茶菜

Isodon coetsa

(syn. *Rabdosia polystachys*)

别名：铁棱角、圆锥香茶菜

外观：高大草本或灌木，高1~2 m。**根茎：**茎四棱形，具浅槽及条纹，棱上常具狭翅，绿色或紫红色，近无毛。**叶：**茎叶对生，卵状椭圆形，狭椭圆形至披针形，先端尾状渐尖至钝，基部阔楔形至狭楔形，边缘锯齿状或为浅圆齿状锯齿，坚纸质，两面无毛；叶柄较短。**花：**聚伞花序组成的穗状圆锥花序或复合圆锥花序，聚伞花序具3~7朵花，具梗；苞叶苞片状，圆形至披针形，先端尾状渐尖，苞片线形，极小；花萼钟形，具10脉，萼齿5枚，上3下2；花冠白色，唇片具粉红色点，冠筒略伸出花萼，基部略具浅囊状突起，冠檐二唇形；雄蕊4枚，内藏或略伸出；花柱先端等2浅裂。**果实：**小坚果小，倒卵状三棱形，棕色无毛。

花期 / 9—10月　果期 / 10—12月　生境 / 山坡灌木丛中或松林下　分布 / 云南中部及西北部、四川西部　海拔 / 1 750~2 800 m

唇形科 香茶菜属

1 黄花香茶菜

Isodon sculponeatus

(syn. *Rabdosia sculponeata*)

别名：臭蒿子、方茎紫苏、假荨麻

外观：多年生草本，高0.5~2 m。**根茎：**根粗厚，木质；茎丛生，四棱形。**叶：**上面被白色卷曲疏柔毛，下面灰白色，被白色平展长柔毛，两面被黄色小腺点。**花：**聚伞花序9~11朵花，组成圆锥花序；苞叶与叶同形，向上渐小；花萼花期钟形，外面疏被白色糙硬毛，萼齿5枚，近等大；花冠黄色，上唇内面具紫斑，外被短柔毛及腺点，内面无毛，冠檐二唇形；雄蕊4枚，内藏，花丝扁平，中部以下具髯毛；花柱丝状，先端2浅裂，内藏。**果实：**小坚果，卵状三棱形，栗色。

花期／8—10月　果期／10—11月　生境／空旷草地上或灌丛中　分布／西藏、云南、四川　海拔／1 000~2 800 m

1

1

唇形科 独一味属

2 独一味

Lamiophlomis rotata

别名：大巴、打布巴、供金包

外观：草本，高2.5~10 cm。**根茎：**根状茎伸长，粗厚。**叶：**常4枚，两两相对，叶片菱状圆形至三角形，边缘具圆齿，上面密被白色疏柔毛，具皱，脉两面凸起。**花：**轮伞花序密集成头状或短穗状；苞片披针形至线形，向上渐小，先端渐尖，基部下延，全缘，具缘毛，上面被疏柔毛，小苞片针刺状；花萼管状，外面沿脉上被疏柔毛，萼齿5枚；花冠外被微柔毛，冠檐二唇形，上唇近圆形，边缘具齿牙，下唇内面在中裂片中部被髯毛。**果实：**小坚果，倒卵状三棱形。

花期／6—7月　果期／8—9月　生境／高山草地　分布／西藏、云南西北部、四川西部、青海、甘肃　海拔／2 700~4 900 m

2

唇形科 野芝麻属

3 宝盖草

Lamium amplexicaule

别名：珍珠莲、接骨草、莲台夏枯草

外观：一年生或二年生植物。**根茎：**茎基部多分枝，四棱形，中空。**叶：**茎下部叶具长柄，上部叶无柄，叶片均圆形或肾形，边缘具极深的圆齿，两面均疏生小糙伏毛。**花：**轮伞花序6~10朵花，其中常有闭花授精者；苞片披针状钻形，具缘毛；花萼管状钟形，外面密被白色直伸的长柔毛，萼齿5枚，披针状锥形，边缘具缘毛；花冠紫红或粉红色，外面上唇被有较密带紫红色的短柔毛，冠筒

3

4

4

5

细长，冠檐二唇形；雄蕊花丝无毛，花药被长硬毛；花柱丝状；花盘杯状，具圆齿；子房无毛。**果实：**小坚果，倒卵圆形，具三棱，表面有白色疣状突起。

花期 / 3—5月　果期 / 7—8月　生境 / 路旁、林缘、沼泽草地及伴人环境　分布 / 西藏、云南、四川、青海、甘肃　海拔 / 1 000~4 000 m

唇形科 米团花属

4 米团花

Leucosceptrum canum

别名：山蜂蜜、渍糖树、羊巴巴

外观：大灌木至小乔木。**根茎：**树皮灰黄色或褐棕色，光滑，片状脱落，新枝被灰白色至淡黄色浓密的绒毛。**叶：**叶柄被淡黄色浓密的簇生绒毛；叶片纸质或坚纸质，椭圆状披针形，先端渐尖，基部楔形，边缘具浅锯齿或锯齿，幼时两面密被灰白色或淡黄色的星状绒毛及丛卷毛，老时脱落，背面被浓密灰白星状绒毛及丛卷毛。**花：**顶生稠密圆柱状穗状花序；苞片大，近肾形，先端急尖，全缘或具不规则的齿，外被星状绒毛，果时脱落，小苞片微小，线形，外密被星状绒毛；花萼钟形，被毛浓密；萼齿5~7枚；花冠白色或粉红至紫红，筒状，外面被簇生星状绒毛，冠筒内藏，冠檐二唇形。**果实：**小坚果，长圆状三棱形，背面平滑，腹面具稀疏的半透明小突起。

花期 / 11月至翌年3月　果期 / 3—5月　生境 / 谷地溪边、林缘、小乔木灌丛中及石灰岩上　分布 / 西藏南部、云南、四川西南部　海拔 / 1 000~2 600 m

唇形科 薄荷属

5 薄荷

Mentha canadensis

(syn. *Mentha haplocalyx*)

别名：田叶青、仁丹草、鱼香草

外观：多年生草本，有特殊气味。**根茎：**茎直立，锐四棱形，具四槽。**叶：**叶片长圆状披针形至卵状披针形，先端锐尖，边缘在基部以上疏生粗大的牙齿状锯齿。**花：**轮伞花序腋生，轮廓球形；花梗纤细，长2.5 mm，被微柔毛或近于无毛；花萼管状钟形，长约2.5 mm，萼齿5枚；花冠淡紫，外面略被微柔毛，内面在喉部以下被微柔毛，冠檐4裂；雄蕊4枚，前对较长，均伸出于花冠之外，花丝丝状，无毛，花药卵圆形，2室；花柱略超出雄蕊，先端近相等2浅裂，裂片钻形。**果实：**小坚果，卵珠形，黄褐色，具小腺窝。

花期 / 7—9月　果期 / 10月　生境 / 溪边、潮湿草地　分布 / 西藏、云南、四川、青海、甘肃　海拔 / 1 000~3 500 m

唇形科 姜味草属

1 西藏姜味草

Micromeria wardii

外观：半灌木，有悦人香气。**根茎：**茎直立，圆柱形，带紫色，具细条纹，疏被蜷曲白色微柔毛。**叶：**茎叶具短柄，叶片卵圆形，先端钝，基部楔形，全缘而内卷，上面略被糙伏毛，微粗糙，下面近无毛，两面密布凹腺点；苞叶具短柄，与叶同形，向上渐小。**花：**轮伞花序2~6朵花，疏离；花梗纤细，被微柔毛，在中部以下有钻形的小苞片；花萼管状，带紫色，内面在喉部有白色疏柔毛，萼齿5枚，先端钻形；花冠淡紫色，外被短柔毛，冠筒纤细，冠檐二唇形；雄蕊4枚，2强，后对较短，均着生于花冠喉部；花柱丝状；花盘平顶；子房无毛。**果实：**小坚果，卵珠状长圆形，近三棱状，无毛。

花期 / 8—9月　果期 / 9—10月　生境 / 石山草坡上　分布 / 西藏东南部　海拔 / 2 100~3 700 m

1

1

唇形科 荆芥属

2 蓝花荆芥

Nepeta coerulescens

外观：多年生草本。**根茎：**根纤细而长；茎不分枝或多茎，被短柔毛。**叶：**叶片披针状长圆形，生于侧枝上的叶小许多，先端急尖，基部截形或浅心形，两面密被短柔毛，下面满布小的黄色腺点，边缘浅锯齿状；叶柄向上渐短。**花：**轮伞花序密集成长3~5 cm卵形的穗状花序，或展开长达8.5~12 cm，具总梗；苞叶叶状，向上渐小，近全缘，带蓝色，苞片较萼长或近等长，线形或线状披针形，被睫毛；花萼外面被短硬毛及黄色腺点，口部极斜，上唇3浅裂，下唇2深裂；花冠蓝色，外被微柔毛，冠筒向上骤然扩展成喉，冠檐二唇形；雄蕊短于上唇；花柱略伸出。**果实：**小坚果，卵形，褐色，无毛。

花期 / 7—8月　果期 / 8—9月　生境 / 山坡上或石缝中　分布 / 西藏南部、四川西部、青海东部、甘肃西部　海拔 / 3 300~4 400 m

2

3 藏荆芥

Nepeta hemsleyana

(syn. *Nepeta angustifolia*)

外观：多年生草本。**根茎：**茎直立，高约60 cm，多分枝，钝四棱形，具细条纹，被向下而近于卷曲的微柔毛。**叶：**无柄，茎叶线状披针形，长4~2 cm，宽0.7~0.8 cm，边缘近全缘，或疏生1~3对锯齿，两面均具微柔毛及腺点；苞叶与茎叶同形，短于轮伞花序，全缘。**花：**轮伞花序腋生，1~5朵花；花萼管状，二唇形，连齿在内长1.5 cm，萼筒长8 mm，后3齿三角形，先端具刺尖，前2齿下弯，披针状三角形，具硬刺尖；花冠蓝

3

3

4

5

5

色或紫色，长2.5~3 cm，冠筒长2~2.5 cm；雄蕊4枚，前对较短，内藏，后对较长，与上唇片等长或微露出，花丝扁平，无毛，先端有极突出的附属器，花药2室，水平叉开。**果实：**小坚果，长圆状卵形，先端圆，具成丛柔毛。

花期／7—9月　果期／9—10月　生境／干燥坡地　分布／西藏（江孜、拉萨）　海拔／4 200~4 500 m

4 穗花荆芥

Nepeta laevigata

别名：荆芥

外观：多年生草本。**根茎：**茎钝四棱形，具浅槽，基部暗褐色，上部黄绿色，被白色短柔毛。**叶：**叶片卵圆形或三角状心形，先端锐尖，稀钝形，基部心形或近截形，具圆齿状锯齿，坚纸质，上面草黄色，被稀疏的白色短柔毛，下面灰白色，密被白色短柔毛；叶柄扁平，具狭翅，被白色长柔毛。**花：**穗状花序顶生；最下部的花叶叶状，其余的卵形至披针形，先端骤尖，苞片线形，微长于花叶，被白色柔毛，上部带紫红色；花萼管状，齿芒状狭披针形，边缘密生具节的白色长柔毛，脉绿色明显；花冠蓝紫色，无毛，其长为萼的1.5倍，冠檐二唇形；雄蕊藏于花冠内，后对较长，花药蓝色；花柱线形，先端2等裂；花盘浅杯状；子房光滑无毛。**果实：**小坚果，卵形，灰绿色，光亮。

花期／7—8月　果期／9—11月　生境／林缘及林中草地、灌丛草地　分布／西藏东南部、云南西北部至东北部、四川西部　海拔／2 300~4 100 m

5 狭叶荆芥

Nepeta souliei

外观：多年生草本。**根茎：**茎通常分枝，稀不分枝，茎及分枝钝四棱形，密被短柔毛。**叶：**叶片宽披针形至狭披针形，先端急尖，基部圆形或近截形至浅心形，边缘具细钝锯齿或锐齿，纸质，下面灰白，密被短柔毛，有时混生黄色小腺点。**花：**轮伞花序排列疏松，具短梗；苞叶叶状，向上渐变小，具短柄或无柄，苞片线形，较萼短或有时等长、被睫毛；花萼外被腺短柔毛及睫毛，喉部极斜，上唇3齿，裂至1/3处，下唇2齿，狭披针形；雌花较小，紫色，下唇白色具紫色斑点，外疏被微柔毛，内面在下唇中裂片基部具黄色髯毛，两性花冠筒细长，微弯，其狭窄部分伸出于萼近1倍，向上骤然扩展成喉部，冠檐二唇形；后对雄蕊微伸出上唇；花柱略伸出上蕊。**果实：**小坚果。

花期／7—10月　果期／9—11月　生境／山地草坡或疏林中　分布／西藏东南部、四川西部　海拔／ 2 600~3 350 m

唇形科 荆芥属

1 多花荆芥

Nepeta stewartiana

别名：白山荆芥、荆芥

外观：多年生植物。**根茎：**茎具多数分枝，钝四棱形，被微柔毛。**叶：**茎下部叶花期枯萎，中部叶长圆形或披针形，向上渐小，先端急尖或微钝，基部圆形或阔楔形，稀浅心形，边缘为细圆齿状锯齿，坚纸质，下面发灰白，被短柔毛及混生的黄色小腺点。**花：**轮伞花序；苞叶叶状，向上渐小呈苞片状，上部苞片线状披针形，较萼短，密被微柔毛及腺点；花萼外密被腺微柔毛及腺点，上方背部紫红色，喉部极斜，上唇3裂至1/3处，下唇2齿较狭；花冠紫色或蓝色，冠筒微弯，冠檐二唇形，上唇先端深裂成钝裂片，下唇3裂，中裂片基部内面具髯毛；后对雄蕊略短于上唇；花柱不伸出上唇。**果实：**小坚果，长圆形，腹部具棱，褐色无毛。

花期／8—10月　果期／9—11月　生境／山地草坡或林中　分布／西藏东部（昌都）、云南西北部、四川西南部　海拔／2 700~3 300 m

唇形科 牛至属

2 牛至

Origanum vulgare

别名：白花茵陈、香茹草

外观：多年生草本或半灌木，芳香。**根茎：**茎直立，多少带紫色，四棱形。**叶：**具柄，腹面具槽；叶片全缘或有远离的小锯齿，上面常带紫晕，下面明显被柔毛及凹陷的腺点；苞叶大多无柄，常带紫色。**花：**花序呈伞房状圆锥花序；苞片长圆状倒卵形至倒卵形或倒披针形，锐尖，绿色或带紫晕，具平行脉，全缘；花萼钟状，内面在喉部有白色柔毛环，萼齿5枚；花冠紫红色、淡红色至白色，管状钟形，两性花冠筒超出花萼，雌性花冠筒短于花萼。**果实：**小坚果，卵圆形，微具棱，褐色无毛。

花期／7—9月　果期／10—12月　生境／路旁、山坡、林下及草地　分布／西藏、云南、四川、甘肃　海拔／1 000~3 600 m

唇形科 糙苏属

3 深紫糙苏

Phlomis atropurpurea f. *atropurpurea*

外观：多年生草本。**根茎：**根粗厚；茎钝四棱形，近无毛，不分枝或分枝。**叶：**基生叶及茎生叶卵形，先端钝，基部心形，边缘为圆齿状，苞叶狭长圆形或长圆状披针形，由超过花序至略短于花序，两面均无毛。**花：**轮伞花序多花；苞片线状钻形，被极疏缘毛

或近无毛；花萼管状钟形，齿先端微凹，端具小刺尖，齿间形成2个三角形小齿，边缘被微柔毛；花冠紫色，上唇带紫黑色，外面近喉部被贴生微柔毛，内面近基部1/3有毛环，冠檐二唇形，上唇外密被白色贴生短柔毛，边缘具不整齐的小齿，自内面被白色髯毛，下唇外被微柔毛；雄蕊内藏，花丝基部无附属器。**果实：**小坚果，无毛。

花期 / 7月　果期 / 8—9月　生境 / 沼泽草甸　分布 / 云南西北部　海拔 / 2 800~3 900 m

4 浅紫糙苏

Phlomis atropurpurea f. *pallidior*

外观：多年生草本。**根茎：**根粗厚；茎高20~60 cm，钝四棱形。**叶：**基生叶及茎生叶卵形，稀狭卵状长圆形，长2.5~11 cm，宽1.5~8 cm，先端钝，基部心形，边缘为圆齿状，苞叶边缘为锯齿状或近全缘。**花：**轮伞花序多花，通常1~3个生于主茎或分枝顶部，彼此分离；苞片线状钻形；花萼管状钟形，齿先端微凹，端具长2~2.5 mm的小刺尖，齿间形成2个三角形小齿；花冠浅紫色至白色，长1.7~2 cm，冠筒长1~1.2 cm，内面近基部1/3处有近于斜向间断的毛环，冠檐二唇形，上唇长6~8 mm，外面密被白色贴生短柔毛，边缘具不整齐的小齿，自内面被白色髯毛；雄蕊内藏，花丝基部无附属器；花柱先端不等2短裂。**果实：**小坚果，无毛。

花期 / 7—9月　果期 / 8—10月　生境 / 沼泽草甸　分布 / 云南西北部（香格里拉）　海拔 / 2 800~3 900 m

5 萝卜秦艽

Phlomis medicinalis

别名：白秦艽

外观：多年生草本。**根茎：**茎具分枝，不明显的四棱形，常染紫红色，被星状疏柔毛。**叶：**基生叶卵形或卵状长圆形，边缘为粗圆齿，茎生叶卵形或三角形，边缘为不整齐的圆牙齿，苞叶卵状披针形至狭菱状披针形，先端渐尖，基部截状阔楔形至截形，边缘为粗牙齿状，长过花序，叶片均上面被糙伏毛，下面密被星状短柔毛。**花：**轮伞花序多花；苞片线状钻形，先端刺状，被具节缘毛及腺微柔毛；花萼管状钟形，外面疏被毛，齿间有2个三角状小齿，先端丛生长柔毛，萼齿先端具刺尖；花冠紫红色或粉红色，外面在唇瓣及冠筒近喉部密被星状绒毛及绢毛，内面在冠筒下部1/3处具毛环，冠檐二唇形；后对雄蕊花丝基部具附属器。**果实：**小坚果，顶端被微鳞毛。

花期 / 5—7月　果期 / 7—9月　生境 / 草坡　分布 / 西藏东南部、四川西部　海拔 / 1 700~3 600 m

唇形科 糙苏属

1 黑花糙苏

Phlomis melanantha

外观： 多年生草本。**根茎：** 根木质，粗厚；茎四棱形，具槽，近无毛。**叶：** 茎生叶及苞叶卵圆形至卵圆状长圆形，向上渐变小，先端急尖、渐尖或长渐尖，基部心形，边缘具锯齿状牙齿，有时具圆齿，上面被糙伏毛，下面沿边缘被糙伏毛，具隆起的腺点。**花：** 轮伞花序多花；苞片坚硬，钻形具肋，先端刺尖，边缘疏被短缘毛；花萼紫色，齿先端微缺，具刺尖，齿间形成2小齿，边缘被微柔毛；花冠紫红色，唇瓣暗紫色，内面近基部1/3处具毛环，冠檐二唇形，上唇边缘不整齐牙齿状，内面具髯毛，下唇3圆裂；后对雄蕊花丝具附属器；花柱先端不等2裂。**果实：** 小坚果，无毛。

花期 / 6—9月　果期 / 7—10月　生境 / 林下、草地　分布 / 云南西北部、四川西南部　海拔 / 3 000~3 300 m

1

2

米林糙苏

Phlomis milingensis

外观： 多年生草本。**根茎：** 茎直立，钝四棱形，略具槽及条纹，密被倒向糙短硬毛。**叶：** 基出叶三角状卵圆形，先端钝或锐尖，基部心形，边缘圆齿状，叶柄长达7 cm；茎生叶卵圆形或三角状卵圆形，边缘粗圆齿状；全部叶片均上面密被糙硬毛，下面密被星状疏柔毛。**花：** 轮伞花序约10朵花；小苞片少数，线状钻形，短于花萼，具肋，先端刺尖，被紫褐色具节缘毛；花梗无；花萼管形，明显10脉，沿脉上被紫褐色刚毛，内面喉部被刚毛，萼齿先端微凹具小刺尖；花冠紫红色；冠筒内面基部具毛环；冠檐二唇形，上唇外面极密被灰白长柔毛，内面被灰自髯毛，下唇3圆裂；雄蕊4枚，花丝扁平，后对基部具附属器；花柱丝状，先端不等2浅裂；花盘环状。**果实：** 小坚果，无毛。

花期 / 7月　果期 / 8—9月　生境 / 云杉林下或灌丛中　分布 / 西藏东南部　海拔 / 3 400~4 400 m

2

3 裂萼糙苏

Phlomis ruptilis

外观： 多年生草本。**根茎：** 茎多分枝，四棱形，具槽及条纹，密被星状疏柔毛。**叶：** 上部茎生叶箭状长圆形，先端急尖，基部箭状心形，边缘为粗圆齿状锯齿，苞叶卵圆形，向上渐小，叶片上面疏被星状短柔毛，下面灰白色，密被星状疏柔毛。**花：** 轮伞花序多花；苞片钻形，被毛；花萼管状，被毛，近边缘呈黄褐色，常撕裂，齿半圆形，先端具小刺尖；花冠黄色，冠筒外面在背部被疏柔

3

3

4 魏来 摄影

毛，内面近基部1/3处具毛环，冠檐二唇形，上唇外面密被星状绵毛，边缘近全缘或具小齿，内面被髯毛，3圆裂，中裂片较大；雄蕊内藏，花丝具毛，后对基部具附属器；花柱先端不等2裂。**果实：**小坚果，无毛。

花期 / 9月　果期 / 9—10月　生境 / 草坡　分布 / 云南西北部　海拔 / 3 200~3 500 m

4 螃蟹甲

Phlomis younghusbandii

外观：多年生草本。**根茎：**根状茎圆柱形，其上密生宿存的叶柄，自顶上生出单茎，基部分枝；茎丛生，不分枝，圆柱形，上部四棱形，疏被贴生星状短绒毛。**叶：**基生叶多数，披针状长圆形或狭长圆形，先端钝或近圆形，基部心形，边缘具圆齿，茎生叶小，卵状长圆形至长圆形，叶片均具皱纹，上面被星状糙硬毛及单毛，下面疏被星状短绒毛。**花：**轮伞花序多花，3~5朵，下部疏离；苞片刺毛状，与萼近等长；花萼管状，外面密被星状及腺微柔毛，齿圆形，先端具小刺尖；花冠外面在唇瓣上密被柔毛，冠筒除背部外无毛，内面具毛环，上唇边缘齿状，内面具髯毛，下唇3圆裂；雄蕊及花柱微伸出，后对雄蕊具钩状附属器；花柱先端不等2裂。**果实：**小坚果，顶部被颗粒状毛被。

花期 / 7月　果期 / 8—9月　生境 / 干燥山坡、灌丛及田野　分布 / 西藏　海拔 / 4 300~4 600 m

唇形科 扭连钱属

5 扭连钱

Phyllophyton complanatum

外观：多年生草本。**根茎：**根状茎木质，褐色；茎多数，基部分枝，上升或匍匐状，四棱形，被白色长柔毛和细小的腺点，下部常无叶，呈紫红色。**叶：**通常呈覆瓦状紧密排列于茎上部，茎中部的叶较大，宽卵状圆形、圆形或近肾形，先端极钝或圆形，基部楔形至近心形，边缘具圆齿及缘毛。**花：**聚伞花序通常3朵花，花梗具长柔毛；苞叶与茎叶同形；小苞片线状钻形；花萼管状，向上略膨大，略呈二唇形，被白色长硬毛及柔毛；花冠淡红色，外面被疏微柔毛，内面无毛，冠筒管状，向上膨大，冠檐二唇形，倒扭；雄蕊4枚，2强，后对伸出花冠，花药2室；子房4裂，无毛；花柱细长，微伸出花冠，无毛，先端2裂。**果实：**小坚果，长圆形或长圆状卵形，腹部微呈三棱状，基部具一小果脐。

花期 / 6—7月　果期 / 7—9月　生境 / 高山流石滩　分布 / 西藏东部至南部、云南西北部、四川西部、青海西部　海拔 / 4 100~5 000 m

5

5

唇形科 夏枯草属

1 硬毛夏枯草

Prunella hispida

别名：白毛夏枯草、刚毛夏枯草

外观：多年生草本。**根茎：**具匍匐地下根茎；茎直立上升，基部常伏地。**叶：**两面均密被具节硬毛，有时多少脱落，叶柄近于扁平，近叶基处有不明显狭翅，被硬毛。**花：**轮伞花序通常6朵花，组成顶生的穗状花序，苞片宽大，外面密被具节硬毛，边缘明显具硬毛；花萼紫色，萼檐二唇形；花冠深紫至蓝紫色，冠筒向上在前方逐渐膨大，在喉部稍为缢缩；雄蕊4枚，前对较长，均伸出于冠筒；子房无毛。**果实：**小坚果，卵珠形，顶端浑圆，棕色无毛。

花期／6月至翌年1月　果期／6月至翌年1月　生境／路旁、林缘及山坡草地上　分布／西藏、云南、四川西南部　海拔／1 500~3 800 m

唇形科 鼠尾草属

2 开萼鼠尾草

Salvia bifidocalyx

外观：多年生草本。**根茎：**茎少数，丛生，不分枝。**叶：**基生叶及茎生，均戟形，先端急尖或近急尖，基部戟形，下面灰绿色，脉上被短柔毛，满布紫黑色腺点。**花：**轮伞花序常2朵花，组成总状或总状圆锥花序；苞片两面被短柔毛或长柔毛，具紫黑色腺点，具长柔毛状缘毛及具腺缘毛；花萼钟形，二唇形，唇裂约达花萼长的1/2，外面密被毛及腺点，上唇三角状卵圆形，先端锐尖，脉具狭翅，下唇半裂成2齿，花后花萼增大，宽钟形，口部张开；花冠黄褐色，下唇有紫黑色斑点，冠檐二唇形；能育雄蕊伸出上唇，药隔略弯；花柱超出雄蕊之上，先端弯曲，极不等2浅裂。**果实：**小坚果。

花期／7—8月　果期／8—10月　生境／林缘草坡　分布／云南西北部　海拔／3 500 m

3 栗色鼠尾草

Salvia castanea

别名：栗毛鼠尾草

外观：多年生草本。**根茎：**茎单一或少数自根茎生出，不分枝。**叶：**叶片椭圆状披针形或长圆状卵圆形，上面被微柔毛，下面被疏短柔毛或近无毛，其余部分满布黑褐色腺点。**花：**轮伞花序2~4朵花，疏离；苞片卵圆形或宽卵圆形，全缘，下面被长柔毛，边缘被具腺的长柔毛；花萼钟形，外密被具腺长柔毛及黄褐色腺点，二唇形，裂至花萼长1/3；花冠紫褐色、栗色或深紫色，外被疏柔毛，内面离冠筒基部6~8 mm具毛环，冠筒长为花萼2.5~3倍，下部之字形弯曲，在萼外

向上弯曲，双曲状，冠檐二唇形；能育雄蕊伸至上唇之下，花丝无毛，药隔上下臂近等长；花柱与花冠上唇等长，先端不等2浅裂。**果实：** 小坚果，倒卵圆形，顶端圆形，无毛。

花期 / 5—9月　果期 / 8—10月　生境 / 疏林、林缘或林缘草地　分布 / 云南西北部、四川西南部　海拔 / 2 500~2 800 m

4 雪山鼠尾草

Salvia evansiana

别名：埃望鼠尾、紫花丹参

外观： 多年生草本。**根茎：** 茎直立，密被棕色长柔毛或变无毛。**叶：** 根出和茎生，均卵圆形或三角状卵圆形，上面密被平伏长柔毛，下面被平展褐色长柔毛，散布深褐色腺点。**花：** 轮伞花序6朵花；下部苞片叶状，较花萼长，上部苞片卵圆形，与花萼等长或较短；花萼阔钟形，脉上被长柔毛，散布深褐色腺点；花冠蓝紫色或紫色，基部黄色，外被疏柔毛，内面离冠筒基部8~10 mm有毛环，冠筒自毛环以上膨大，长约为花萼长的2倍，冠檐二唇形；能育雄蕊伸至上唇之下，花丝扁平，药隔短，弯成弧形，上下臂近等长或下臂略短；退化雄蕊短小；花柱内藏，先端不等2浅裂。**果实：** 小坚果。

花期 / 7—10月　果实 / 9—11月　生境 / 高山草地、山坡或林下　分布 / 云南西北部、四川西南部　海拔 / 3 400~4 200 m

5 黄花鼠尾草

Salvia flava

别名：黄花丹参

外观： 多年生草本。**根茎：** 茎直立，常不分枝。**叶：** 叶片卵圆形或三角状卵圆形，先端锐尖或近钝形，基部戟形或稀心形，边缘具圆齿或重圆齿，下面沿脉被短柔毛，余部密布紫褐色腺点。**花：** 轮伞花序通常4朵花，组成顶生总状花序或总状圆锥花序；苞片卵圆形，比花萼长或短，先端渐尖，基部近圆形，两面均被短柔毛，下面密布紫褐色腺点；花萼钟形，外被具疏柔毛，散布明显紫褐色腺点，内面满布微硬伏毛，二唇形，裂至花萼长1/3；花冠黄色，外面近无毛，内面近冠筒基部2~2.5 mm具毛环，冠筒下部圆筒状，在喉部增大，冠檐二唇形，上唇多少呈盔状；能育雄蕊2枚，伸至上唇，药隔长约9 mm，中部着生处被小疏柔毛，上下臂约等长，横生药室，顶端联合；退化雄蕊短小；花柱稍伸出，先端不等2浅裂；花盘前方稍膨大。**果实：** 小坚果。

花期 / 7—9月　果期 / 8—10月　生境 / 林下及山坡草地　分布 / 云南西北部、四川西南部　海拔 / 2 500~4 000 m

唇形科 鼠尾草属

1 康定鼠尾草

Salvia prattii

外观： 多年生直立草本。**根茎：** 根部肥大；茎不分枝。**叶：** 基生和茎生，均具长柄，叶片长圆状戟形或卵状心形，两面被微硬伏毛，下面更多，密被深紫色腺点。**花：** 轮伞花序2~6朵花，成总状花序；苞片椭圆形或倒卵形，全缘，上面被微硬毛，下面有紫色脉纹和柔毛；花萼钟形，外被长柔毛，明显具深紫色腺点；花冠红色或青紫色，大型，外面被柔毛，内面在冠筒基部有疏柔毛环，冠筒长为花萼长的2.5~3倍；能育雄蕊伸在上唇内面，花丝扁平，药隔弧形，上臂和下臂等长；退化雄蕊短小，不育；花柱伸出花冠之外，先端2浅裂；花盘环状。**果实：** 小坚果，倒卵圆形，顶端圆，黄褐色，无毛。

花期 / 7—9月　果期 / 9—10月　生境 / 山坡草地　分布 / 四川西部及西北部、青海南部　海拔 / 3 750~4 800 m

2 甘西鼠尾草

Salvia przewalskii

别名：紫丹参、红秦艽、苦西鼠尾草

外观： 多年生草本。**根茎：** 茎自基部分枝，丛生，密被短柔毛。**叶：** 基生和茎生，均具柄，叶片三角状或椭圆状戟形，稀心状卵圆形，有时具圆的侧裂片，下面密被灰白绒毛。**花：** 轮伞花序2~4朵花，疏离，组成顶生总状花序或圆锥花序；苞片卵圆形或椭圆形，两面被长柔毛；花萼钟形，外面密被具腺长柔毛，杂有红褐色腺点，内面散布微硬伏毛，二唇形；花冠紫红色，外被疏柔毛，在上唇散布红褐色腺点，内面距基部3~5 mm具毛环，冠筒在毛环下方呈狭筒形，向上逐渐膨大，冠檐二唇形；能育雄蕊伸于上唇下

1

1

2

2

面，花丝扁平，水平伸展，药隔弧形，上臂和下臂近等长；花柱略伸出花冠，先端2浅裂。**果实：**小坚果，倒卵圆形，灰褐色，无毛。

花期／5—9月　果期／8—10月　生境／林缘、路旁、沟边、灌丛　分布／西藏、云南西北部、四川西部、甘肃西部　海拔／2 100~4 050 m

3 粘毛鼠尾草

Salvia roborowskii

外观：一年生或二年生草本。**根茎：**茎直立，多分枝，密被有黏腺的长硬毛。**叶：**叶片戟形或戟状三角形，两面被粗伏毛，下面被浅黄色腺点。**花：**轮伞花序4~6朵花，组成总状花序；下部苞片叶状，上部苞片披针形或卵圆形，边缘波状或全缘，被长柔毛及腺毛，有浅黄褐色腺点；花萼钟形，花后增大，外被长硬毛及腺短柔毛，混生浅黄褐色腺点；花冠黄色，短小，外被疏柔毛或近无毛，内面离冠筒基部2~2.5 mm具毛环，冠筒稍外伸，在中部以下稍缢缩，出萼后膨大，冠檐二唇形；能育雄蕊2枚，伸至上唇，药隔弯成弧形，上下臂近等长；花柱伸出，先端不等2浅裂。果**实：**小坚果，暗褐色，光滑。

花期／6—8月　果期／9—10月　生境／山坡草地、沟边阴湿处　分布／西藏、云南西北部、四川西部及西南部、青海、甘肃西南部　海拔／2 500~3 700 m

唇形科 黄芩属

4 连翘叶黄芩

Scutellaria hypericifolia var. *hypericifolia*

别名：魁芩、条芩

外观：多年生草本。**根茎：**根状茎肥厚，顶端多头；茎常带紫色。**叶：**具短柄或近无柄，疏被白色疏柔毛；叶片草质，顶端圆形或钝，全缘或偶有微波状，上面绿色，疏生疏柔毛，下面色较淡，常带紫色，有多数浅凹腺点。**花：**花序总状；花梗与序轴均疏被白色疏柔毛；花萼绿紫色，有时紫色，外面被疏柔毛及黄色腺点；花冠白、绿白至紫、紫蓝色，外面疏被短柔毛，内面在膝曲处及上唇片被短柔毛；冠筒基部膝曲，渐向喉部增大；雄蕊4枚，前对较长，具半药，退化半药不明显，后对较短，具全药，药室具髯毛；花丝扁平，下半部被微柔毛；花柱细长，先端锐尖，微裂；花盘环状，肥厚，前方微隆起；子房柄很短，基部具黄色腺体。**果实：**小坚果，卵球形，黑色，有基部隆起的乳突，腹面近基部有一细小果脐。

花期／6—9月　果期／6—9月　生境／山地草坡、林缘　分布／云南西北部、四川西部　海拔／2 600~3 200 m

唇形科 黄芩属

1 多毛连翘叶黄芩

Scutellaria hypericifolia var. *pilosa*

外观：多年生草本。**根茎：**根状茎肥厚，粗2 cm，顶端多头；茎多数近直立或弧曲上升，高10~30 cm，四棱形，在节上被小髯毛，常带紫色。**叶：**具短柄或近无柄，柄长1~2 mm，疏被白色疏柔毛；叶片草质，卵圆形至长圆形，长2~3.4 cm，宽0.7~1.4 cm，边缘全缘或偶有微波状，密被平展疏柔毛。**花：**花序总状，长6~15 cm；花梗与序轴均疏被白色平展柔毛；花冠白色、绿白色至紫色、紫蓝色，长2.5~2.8 cm；冠筒长1.8~2.1 cm，基部膝曲，渐向喉部增大；雄蕊4枚，前对较长，具半药，退化半药不明显，后对较短，具全药，药室具髯毛；花丝扁平，下半部被微柔毛；花柱细长，先端微裂；子房柄很短，基部具黄色腺体。**果实：**小坚果，卵球形，黑色，基部隆起的乳突。

花期 / 6—8月　果期 / 8—9月　生境 / 高山及亚高山草地　分布 / 四川西部　海拔 / 2 600~4 000 m

1　唐志远　摄影

2

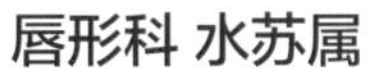

唇形科 水苏属

2 西南水苏

Stachys kouyangensis

别名：白根药、猫猫菜、山菠萝子

外观：多年生草本。**根茎：**茎纤细，曲折，基部伏地，四棱形，具槽，在棱及节上被刚毛。**叶：**茎叶三角状心形，先端钝，基部心形，边缘具圆齿，两面均被或疏或密的刚毛，叶柄近于扁平，被刚毛；苞叶向上渐小。**花：**轮伞花序5~6朵花，远离，组成不密集的穗状花序；苞片微小，线状披针形，被微柔毛；花萼倒圆锥形，短小，外被小刚毛10脉显著，齿5枚，先端具刺尖头；花冠浅

3

3

3

3

红至紫红色，近等粗，内面近基部1/3处有毛环，在毛环上前方呈浅囊状膨大，冠檐二唇形；雄蕊4枚，前对较长，均延伸至上唇，花丝被微柔毛，花药卵圆形，2室，室极叉开；花柱丝状，先端等2浅裂；花盘杯状，具圆齿。**果实：**小坚果，卵球形，棕色，无毛。

花期 / 7—9月　果期 / 9—10月　生境 / 山坡草地、潮湿沟边　分布 / 西藏、云南、四川　海拔 / 1 000~3 800 m

水鳖科 水车前属

3 海菜花

Ottelia acuminata

别名：海茄子、尖叶水车前、海菜、水性杨花

外观：沉水草本。**根茎：**茎短缩。**叶：**基生，叶形变化较大，线形至阔心形，先端钝，基部心形或少数渐狭，全缘或有细锯齿；叶柄长短因水深浅而异，深水中叶柄长达2~3 m，浅水中仅4~20 cm，叶柄及叶背常具肉刺。**花：**单生，雌雄异株；佛焰苞无翅，具2~6棱；雄佛焰苞内含40~50朵雄花，花梗长4~10 cm，3枚披针形开展的萼片，长8~15 mm，宽2~4 mm，花瓣3枚白色倒心形，基部黄色或深黄色；可育雄蕊黄色，9~12枚，花丝扁平，花药卵状椭圆形，退化雄蕊3枚，黄色线形；雌佛焰苞内含2~3朵雌花，花柱3枚，橙黄色，与雄蕊相似，是为性别间的拟态现象；子房下位，三棱柱形，有退化雄蕊3枚，线形，黄色短小。**果实：**三棱状纺锤形，褐色，长约8 cm，棱上有明显的肉刺和疣凸。

花期 / 5—10月　果期 / 5—10月　生境 / 湖泊、池塘、沟渠、水田　分布 / 云南、四川　海拔 / 1 000~2 700 m

水麦冬科 水麦冬属

4 海韭菜

Triglochin maritima

外观：多年生草本，植株稍粗壮。**根茎：**短，着生多数须根，常有棕色叶鞘残留物。**叶：**全部基生，条形，基部具鞘，鞘缘膜质，顶端与叶舌相连。**花：**花莛直立，较粗壮，圆柱形，光滑，中上部着生多数排列较紧密的花，呈顶生总状花序，无苞片；花两性；花被片6枚，绿色，2轮排列，外轮呈宽卵形，内轮较狭；雄蕊6枚，分离，无花丝；雌蕊淡绿色，由6枚合生心皮组成，柱头毛笔状。**果实：**蒴果，6棱状椭圆形或卵形，成熟后呈6瓣开裂。

花期 / 6—10月　果期 / 6—10月　生境 / 湿草地或砂地　分布 / 西藏、云南、四川、青海、甘肃　海拔 / 1 000~5 200 m

水麦冬科 水麦冬属

1 水麦冬

Triglochin palustris

外观：多年生湿生草本，植株弱小。**根茎：**根茎短，生有多数须根。**叶：**全部基生，条形，先端钝，基部具鞘，两侧鞘缘膜质，残存叶鞘纤维状。**花：**花莛细长，直立，圆柱形，无毛；总状花序，花排列较疏散，无苞片；花梗长约2 mm；花被片6枚，绿紫色，椭圆形或舟形；雄蕊6枚，近无花丝，花药卵形，2室；雌蕊由3个合生心皮组成，柱头毛笔状。**果实：**蒴果，棒状条形，成熟时自下至上呈3瓣开裂，仅顶部联合。

花期 / 6—10月　果期 / 6—10月　生境 / 湖边、浅水滩　分布 / 西藏、青海、甘肃　海拔 / 1 000~4 500 m

1

1

眼子菜科 眼子菜属

2 穿叶眼子菜

Potamogeton perfoliatus

别名：抱茎眼子菜

外观：多年生沉水草本。**根茎：**根茎白色，节处生须根；茎圆柱形，上部多分枝。**叶：**互生，叶片卵形、卵状披针形或卵状圆形，基部心形，呈耳状抱茎，边缘波状，有时具极细微的齿；无叶柄；托叶膜质，常早落。**花：**穗状花序，顶生，伸出水面，具花4~7轮；花被片4枚，黄绿色，卵形、卵状菱形或近瓢形，基部具爪；雄蕊4枚；雌蕊4枚。**果实：**核果状，倒卵形，顶端具短喙。

花期 / 5—10月　果期 / 5—10月　生境 / 湖泊、池塘、河流中　分布 / 西藏（日喀则）、云南、四川西部、青海、甘肃　海拔 / 1 400~4 000 m

2

2

3 小眼子菜

Potamogeton pusillus

别名：丝藻、线叶眼子菜

外观：沉水草本。**根茎：**茎椭圆柱形或近圆柱形，分枝，近基部常匍匐，于节处生白色须根。**叶：**互生，稀近对生，叶片线形，长2~6 cm，宽约1 mm；托叶膜质，多少合生成套管状而抱茎，常早落。**花：**穗状花序，顶生，伸出水面，具花2~3轮；花被片4枚，黄绿色或带褐色，卵圆形、卵状菱形或近瓢形，基部具爪；雄蕊4枚；雌蕊4枚。**果实：**核果状，斜倒卵形，顶端具短喙。

花期 / 5—10月　果期 / 5—10月　生境 / 池塘、湖泊、沼泽、水沟或河流静水处　分布 / 西藏、云南大部、四川西部、青海、甘肃　海拔 / 1 000~4 000 m

3

3

4 牙齿草

Potamogeton tepperi

别名：水案板、鸭子草

外观：多年生水生草本。**根茎：**茎圆柱形，黄绿色至黄红色，节上生不定根。**叶：**2型；沉水叶互生，线状长圆形，膜质透明，叶柄长4~10 cm；浮水叶漂浮于水面，长圆形至宽椭圆形，长6~12 cm，宽3~6 cm，下面常带褐色，边缘多为红褐色，叶柄长4~8 cm；托叶膜质，披针形，抱茎，常脱落。**花：**穗状花序，生上部叶腋处，直立，伸出水面；佛焰苞粉红色，透明，长圆状披针形，先端具尾状尖；花被片4枚，黄绿色，卵形或瓢形，基部具爪；雄蕊4枚；雌蕊2~4枚。**果实：**核果状，顶端具短喙。

花期／6—10月　果期／7—10月　生境／池塘、水田、湖泊、河流静水处　分布／西藏东南部及南部、云南中部至西北部　海拔／1 200~3 400 m

4

4

4

鸭跖草科 蓝耳草属

1 蓝耳草

Cyanotis vaga

别名：土贝母、苦籽

外观：多年生草本，全体密被长硬毛，有的为蛛丝状毛，有的近无毛。**根茎：**基部有球状而被毛的鳞茎。**叶：**茎通常自基部多分枝，或上部分枝，或少分枝；叶线形至披针形。**花：**蝎尾状聚伞花序顶生，单生或聚生成头状；总苞片佛焰苞状，苞片镰刀状弯曲而渐尖，两列，每列覆瓦状排列；萼片基部连合，外被白色长硬毛；花瓣蓝色或蓝紫色，顶端裂片匙状长圆形；花丝被蓝色绵毛。**果实：**蒴果，倒卵状三棱形，顶端被细长硬毛。

花期 / 7—9月　果期 / 10月　生境 / 疏林下或山坡草地　分布 / 西藏南部、云南中西部、四川南部　海拔 / 1 000~3 300 m

鸭跖草科 竹叶子属

2 竹叶子

Streptolirion volubile

外观：多年生草本。根**茎：**茎攀援，极少近直立，常无毛。**叶：**叶片心状圆形，有时心状卵形，顶端常尾尖，基部深心形，上面多少被柔毛。**花：**蝎尾状聚伞花序有花1朵至数朵，集成圆锥状，圆锥花序下面的总苞片叶状，上部的小而卵状披针形；花无梗；萼片顶端急尖；花瓣白色、淡紫色而后变白色，线形，略比萼长。**果实：**蒴果，顶端有芒状突尖。

花期 / 7—8月　果期 / 9—10月　生境 / 山地、林缘　分布 / 西藏东南部、云南、四川西南部、甘肃南部　海拔 / 1 000~3 200 m

芭蕉科 地涌金莲属

3 地涌金莲

Musella lasiocarpa

别名：地金莲、地涌莲、地母金莲

外观：粗壮草本，丛生，具水平向根状茎。**根茎：**假茎矮小，基部有宿存的叶鞘。**叶：**叶片长椭圆形，先端锐尖，基部近圆形，两侧对称，有白粉。**花：**花序直立，直接生于假茎上，密集如球穗状，苞片干膜质，黄色或淡黄色，有花2列，每列4~5朵花；合生花被片卵状长圆形，先端具5 齿裂，离生花被片先端微凹，凹陷处具短尖头。**果实：**浆果，三棱状卵形，外面密被硬毛，果内具多数种子。

花期 / 2—5月　果期 / 7—10月　生境 / 河谷中的山间坡地　分布 / 云南中部至西部　海拔 / 1 500~2 500 m

姜科 舞花姜属

4 舞花姜

Globba racemosa

外观：多年生草本，株高0.6~1 m。**根茎：**茎基膨大。**叶：**叶片长圆形或卵状披针形，顶端尾尖，基部急尖，叶片两面的脉上疏被柔毛或无毛；叶舌及叶鞘口具缘毛。**花：**圆锥花序顶生，苞片早落；花黄色，各部均具橙色腺点；花萼管漏斗形，顶端具3齿；花冠管长约1 cm，裂片反折；侧生退化雄蕊披针形，与花冠裂片等长；唇瓣倒楔形，顶端2裂，反折，生于花丝基部稍上处，花丝长10~12 mm，花药长4 mm，两侧无翅状附属体。**果实：**蒴果，椭圆形，无疣状凸起。

花期／6—9月　果期／9—11月　生境／林下阴湿处　分布／西藏（樟木）、云南、四川　海拔／1 000~2 200 m

姜科 姜花属

5 草果药

Hedychium spicatum

别名：豆蔻、疏穗姜花

外观：多年生草本。**根茎：**根状茎块状；茎高约1 m。**叶：**叶片长圆形或长圆状披针形，顶端渐狭渐尖，基部急尖；叶舌膜质，全缘。**花：**穗状花序多花；苞片长圆形，内生单花；花芳香，白色，萼具3齿，顶端一侧开裂；花冠淡黄色，管长达8 cm，裂片线形；侧生退化雄蕊匙形，白色，较花冠裂片稍长；唇瓣倒卵形，裂为2瓣，瓣片急尖，具瓣柄，花丝淡红色，较唇瓣为短。**果实：**蒴果，扁球形，熟时开裂为3瓣。

花期／6—7月　果期／10—11月　生境／山地林中　分布／西藏、云南、四川　海拔／1 200~3 200 m

姜科 象牙参属

1 早花象牙参

Roscoea cautleoides

外观： 多年生草本，高15~60 cm。**根茎：** 根粗，棒状；茎基具2~3枚薄膜质的鞘。**叶：** 2~4枚，披针形或线形，稍折叠，无柄；叶舌长仅1 mm；花后叶而出或与叶同出。**花：** 穗状花序通常有花2~8朵，基部包于卷成管状的苞片内，总花梗显著，长3~9 cm或更长，高举花序于叶丛之上，苞片长3.5~5 cm；花黄色或蓝紫色、深紫色、白色；花萼管长3~4 cm；花冠管纤细，较萼管稍长，裂片披针形，长2.5~3 cm，后方的1枚兜状而具小尖头；侧生退化雄蕊近倒卵形，长1.5~2 cm；唇瓣倒卵形，长2.5~3 cm，2深裂几达基部，稍重叠，外缘皱波状；花药线形，连距长1~1.5 cm。**果实：** 蒴果，长圆形。

花期 / 6—8月　果期 / 8—10月　生境 / 山坡草地、灌丛或松林下　分布 / 云南、四川　海拔 / 2 100~3 500 m

1

2 长柄象牙参

Roscoea debilis

外观： 多年生草本，高50~60 cm。**根茎：** 茎细长，基部具2~3枚鳞片状鞘。**叶：** 3~4枚，披针形，顶端长渐尖；叶柄显著。**花：** 穗状花序，有花2~3朵；苞片披针形，2~3枚，疏离；花紫色或红色；花萼一侧开裂，顶端具小尖头；花冠管纤细，裂片线形，后方的1枚较宽，内凹；侧生退化雄蕊倒披针形，中脉偏于一侧；唇瓣卵状披针形，微凹；花药镰状，中部略收缩；花丝与距等长。**果实：** 蒴果。

花期 / 6—8月　果期 / 8—9月　生境 / 高山草地　分布 / 云南中部至西部　海拔 / 1 600~2 400 m

2

3

3 无柄象牙参

Roscoea schneideriana

(syn. *Roscoea yunnanensis* var. *schneideriana*)

外观：多年生草本，高9~45 cm。**根茎：**根肉质。**叶：**4~6枚，在假茎端形成莲座叶丛；叶舌0.5 mm；叶片狭披针形至线形。**花：**花序梗藏于叶鞘中；苞片椭圆形，长3~7 cm；花白色或紫色，每次只开一花；花萼长3~4 cm，顶端2齿；花冠管长4~4.5 cm，花冠裂片长2.5~3 cm；花药黄色，连同距长8~9 mm。**果实：**蒴果。

花期 / 7—8月　果期 / 8—9月　生境 / 混交林缘、湿润的多石草坡及岩石上　分布 / 西藏、云南、四川　海拔 / 2 600~3 500 m

4 藏象牙参

Roscoea tibetica

别名：鸡脚参、鸡脚玉兰、土中闻

外观：多年生矮小草本，高5~15 cm。**根茎：**根粗厚；茎基部有3~4枚膜质的鞘，密被腺点。**叶：**通常1~2枚，叶片椭圆形。**花：**单生或2~3朵顶生，紫红色或蓝紫色；萼管长3~4 cm，顶部具3齿；侧生退化雄蕊长圆形；唇瓣倒卵形，与花冠裂片近等长，2裂达3/4处，裂片顶端有小尖头；子房圆柱形。**果实：**蒴果。

花期 / 6—8月　果期 / 8—9月　生境 / 山坡、草地或松林下　分布 / 西藏、云南、四川　海拔 / 2 400~3 800 m

百合科 粉条儿菜属

1 星花粉条儿菜

Aletris gracilis

(syn. *Aletris stelliflora*)

外观：多年生草本。**根茎：**具细长的纤维根。**叶：**簇生，纸质，叶片条形，中部以上渐尖，先端钝，绿色，枯死叶鞘分裂成纤维状，褐棕色。**花：**花莛无毛，中下部具几枚苞片状叶；总状花序，疏生多数花；苞片2枚，窄披针形，位于花梗的基部，短于花；花被淡黄色，分裂到中部以下；裂片窄矩圆形，反卷，膜质；雄蕊着生于花被裂片的基部，花丝下部贴生于裂片上，上部分离，花药椭圆形；子房卵形。**果实：**蒴果，卵形。

花期 / 7—9月　果期 / 10月　生境 / 灌丛边、高山沼泽地、高山草地或竹林下　分布 / 西藏东南部、云南西北部\四川西部　海拔 / 2 500~3 900 m

1

1

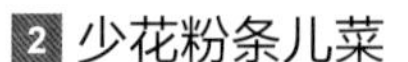

2 少花粉条儿菜

Aletris pauciflora var. *pauciflora*

别名：百味参、扁竹参、复生草

外观：草本，较粗壮。**根茎：**具肉质的纤维根。**叶：**簇生，叶片披针形或条形，长5~25 cm，无毛。**花：**花莛高8~20 cm，密生柔毛，中下部有几枚长1.5~5 cm的苞片状叶；总状花序长2.5~8 cm，具较稀疏的花；苞片2枚，条形或条状披针形，位于花梗的上端，长8~18 mm，其中一枚超过花1~2倍，绿色；花被近钟形，暗红色、浅黄色或白色，长5~7 mm，上端约1/4处分裂。**果实：**蒴果，圆锥形，长4~5 mm，无毛。

花期 / 6—9月　果期 / 6—9月　生境 / 高山草坡　分布 / 西藏、云南、四川　海拔 / 3 400~4 100 m

2

2

3 穗花粉条儿菜

Aletris pauciflora var. *khasiana*

别名：百味参、光叶肺筋草、虎须草

外观：多年生草本，高5~20 cm。**根茎：**具肉质纤维根；茎极短。**叶：**簇生于近基部，披针形或条形，有时下弯，长5~25 cm，宽2~12 mm。**花：**花莛密生柔毛，中下部有数枚苞片状叶；总状花序，有较密的花；苞片2枚，条形或条状披针形，与花等长或仅稍长于花；花被近钟形，暗红色、浅黄色或白色，裂片6枚，卵形。**果实：**蒴果，圆锥形。

花期 / 6—7月　果期 / 8—9月　生境 / 林下、林缘、草坡、沼泽地、石隙中　分布 / 西藏、云南西北部、四川西南部　海拔 / 2 300~4 875 m

3

3

4

4

5

百合科 葱属

4 镰叶韭

Allium carolinianum

别名：扁葱、多叶葱、镰叶葱

外观：多年生草本。**根茎：**鳞茎粗壮，单生或2~3枚聚生；鳞茎外皮褐色至黄褐色，革质，顶端破裂，常呈纤维状。**叶：**宽条形，扁平，光滑，常呈镰状弯曲，钝头，比花莛短。**花：**花莛粗壮，下部被叶鞘；总苞常带紫色，2裂，近与花序等长，宿存；伞形花序球状；小花梗近等长；花紫红色至白色；花被片狭矩圆形至矩圆形；花丝锥形，比花被片长，基部合生并与花被片贴生；子房近球状，腹缝线基部具凹陷的蜜穴；花柱伸出花被外。**果实：**蒴果。

花期 / 6—9月　果期 / 6—9月　生境 / 砾石山坡及草地　分布 / 西藏西部和北部、青海、甘肃西部　海拔 / 2 500~5 000 m

5 折被韭

Allium chrysocephalum

外观：多年生草本，具特殊气味。**根茎：**鳞茎圆柱状，有时下部增粗，粗0.5~1 cm；鳞茎外皮淡棕色至棕色，薄革质，顶端条裂。**叶：**宽条形，扁平，略呈镰状弯曲，长常为花莛的1/2，偶尔近等长，宽3~10 mm。**花：**花莛圆柱状，中空，高5~27 cm，下部被叶鞘；总苞干膜质，2~3裂，近与花序等长，宿存；伞形花序球状或半球状，小花密集；小花梗基部无小苞片；花亮黄绿色；外轮花被片矩圆状卵形，舟状，长5.5~6.5 mm，宽2.2~3 mm，钝头，内轮的矩圆状披针形，长7~8 mm，宽2~2.7 mm，先端向外反折；花丝约为内轮花被片长度的2/3；子房卵状至卵球状，腹缝线基部具蜜穴；花柱长2~3 mm。

花期 / 7—8月　果期 / 8—9月　生境 / 高原草甸和山坡　分布 / 青海、甘肃　海拔 / 3 400~4 800 m

百合科 葱属

1 梭沙韭

Allium forrestii

外观：多年生草本。**根茎：**鳞茎数枚聚生，圆柱状；鳞茎外皮灰褐色，破裂成纤维状，基部常近网状，稀条状破裂。**叶：**狭条形，比花莛短。**花：**花莛圆柱状，高15~30 cm，下部被叶鞘；总苞单侧开裂，早落；伞形花序具少数较松散的花；小花梗近等长，基部无小苞片；花大，钟状开展，紫红色至黑紫色；花被片椭圆形至卵状椭圆形，或倒卵状椭圆形，先端钝圆，花丝等长，约为花被片长度的1/2；子房近球状，腹缝线基部具不甚明显的蜜穴；花柱比子房短或近等长；柱头常3浅裂。**果实：**蒴果。

花期 / 8—10月　果期 / 8—10月　生境 / 碎石山坡或草坡上　分布 / 西藏、云南西北部、四川西南部　海拔 / 2 700~4 200 m

2 宽叶韭

Allium hookeri

别名：大叶韭、宽叶野葱

外观：多年生草本。**根茎：**根粗壮；鳞茎圆柱状，外皮白色，膜质，不破裂。**叶：**条形至宽条形，稀为倒披针状条形，宽5~10 mm，稀可达28 mm，比花莛短或近等长，具明显中脉。**花：**花莛侧生，圆柱状或略呈三棱柱状，高20~60 cm，下部被叶鞘；总苞早落；伞形花序近球状，多花；小花梗近等长，长为花被片的2~3倍；花白色，星芒状开展，花被片等长，披针形至条形，先端渐尖或2裂；花丝等长；花柱比子房长，柱头点状。**果实：**蒴果。

果实 / 蒴果　花期 / 8—10月　果期 / 8—10月　生境 / 湿润山坡或林下　分布 / 西藏东南部、云南西北部、四川　海拔 / 2 800~4 200 m

3 钟花韭

Allium kingdonii

外观：多年生草本。**根茎：**鳞茎单生，圆柱状；鳞茎外皮暗黄红色，薄革质，条裂。**叶：**条形顶端钝尖，比花莛短。**花：**花莛圆柱状，高10~30 cm，下部被叶鞘；总苞淡紫红色，2裂，具短喙；伞形花序具花数朵，松散；小花梗不等长，常稍长于花被片，基部无小苞片；花紫红色，钟状开展；花被片长矩圆形，先端钝圆；花丝等长，锥形，约为花被片长的1/2；花药紫色；子房球状，外壁平滑；花柱长2.5~4 mm。**果实：**蒴果。

花期 / 6—7月　果期 / 7—8月　生境 / 高山草坡和灌丛　分布 / 西藏（林芝、昌都）　海拔 / 4 500~5 000 m

1

1

2

4 大花韭

Allium macranthum

外观：多年生草本。**根茎：**鳞茎圆柱状，具粗壮的根；鳞茎外皮白色，膜质，不裂或很少破裂成纤维状。**叶：**条形，扁平，具明显的中脉，近与花莛等长。**花：**花莛棱柱状，具2~3纵棱或窄翅，下部被叶鞘；总苞2~3裂，早落；伞形花序少花，松散；小花梗近等长，比花被片长2~5倍，顶端常俯垂；花红紫色至紫色，钟状开展；花被片长8~12 mm，先端平截或凹缺；花丝等长，略长于或等长于花被片，锥形；子房倒卵状球形；花柱伸出花被。**果实：**蒴果。

花期 / 8—10月　果期 / 8—10月　生境 / 草坡、河滩或草甸上　分布 / 西藏东南部、云南西北部、四川西南部、甘肃西南部　海拔 / 2 700~4 200 m

5 滇韭

Allium mairei

外观：多年生草本。**根茎：**鳞茎常簇生，圆柱状，基部稍膨大；鳞茎外皮破裂成纤维状，非网状。**叶：**近圆柱状至半圆柱状条形，短于或近等于花莛，具细纵棱，沿棱具细糙齿。**花：**花莛具2纵棱，下部被叶鞘；总苞单侧开裂，宿存；伞形花序由两个小伞形花序组成，每花序具1枚苞片；小花梗在花期为花被片长度的1.5~2倍，稀略长于花被片，基部无小苞片；花喇叭状开展，淡红色至紫红色；花被片等长；花丝等长，为花被片长度的1/2~2/3，稀更短，基部生成环并与花被片贴生；子房的顶端和基部收狭，基部无凹陷的蜜穴；柱头稍3裂。**果实：**蒴果。

花期 / 8—10月　果期 / 8—10月　生境 / 山坡、石缝、草地或林下　分布 / 西藏东南部、云南、四川西南部　海拔 / 1 200~4 200 m

百合科 葱属

1 短莛山葱

Allium nanodes

外观： 矮小多年生草本。**根茎：** 鳞茎圆柱状，有时下部略增粗；鳞茎外皮灰褐色，破裂成纤维状，呈明显的网状。**叶：** 2枚，对生状，带紫色的深绿色，矩圆形至狭矩圆形，常向背面呈镰状反曲，先端具短尖头，基部渐狭，具短的叶柄。**花：** 花莛很短，3/4~4/5被叶鞘；总苞膜质，2裂，裂片与花序近等长，宿存或早落；伞形花序似生于叶鞘口，较松散，常有花10~15朵；小花梗粗壮，近等长，约为花被片长的1倍，基部无小苞片；花白色，外面带红色；花被片狭矩圆形，外轮的背面呈舟状隆起；花丝等长，略比花被片短，狭长三角形，内轮花丝与内轮花被片近等宽，外轮花丝约为外轮花被片的1/2宽，在基部合生并与花被片贴生；子房倒卵状，基部收狭成柄，无凹陷的蜜穴，外壁平滑；花柱与子房近等长。**果实：** 蒴果。

花期 / 6—8月　果期 / 6—8月　生境 / 高山流石滩、干燥山坡　分布 / 云南西北部、四川西南部　海拔 / 3 300~5 200 m

2 卵叶山葱

Allium ovalifolium

别名：卵叶韭、鹿耳韭、卵叶茖葱、山葱

外观： 多年生草本。**根茎：** 鳞茎单一或2~3枚聚生，近圆柱状；鳞茎外皮灰褐色至黑褐色，破裂成纤维状，呈明显的网状。**叶：** 2枚，极少3枚，靠近或近对生状，披针状矩圆形至卵状矩圆形，长8~15 cm，宽3~7 cm，先端渐尖或近短尾状，基部圆形至浅心形，很少为深心形；叶柄明显，连同叶片的两面和叶缘常具乳头状突起。**花：** 花莛圆柱状，高30~60 cm，下部被叶鞘；总苞2裂，宿存；伞形花序球状；小花梗近等长，为花被片长的1.5~4倍，果期伸长，基部无小苞片；花白色，稀淡红色；花被片长3.5~6 mm，内轮的披针状矩圆形至狭矩圆形，先端钝、凹陷或具小齿，外轮的较宽而短，狭卵形至卵状矩圆形；花丝等长，比花被片长1/4~1/2，基部合生并与花被片贴生，内轮的狭长三角形，外轮的锥形；子房具3圆棱，基部收狭为短柄。**果实：** 蒴果。

花期 / 7—9月　果期 / 7—9月　生境 / 林下、阴湿山坡、沟边或林缘　分布 / 云南西北部、四川、青海东部、甘肃东南部　海拔 / 1 500~4 000 m

1

1

2

3

3

3 太白山葱

Allium prattii

别名：太白韭、天韭、山葱。

外观：多年生草本。**根茎：**鳞茎单生或2~3枚聚生，近圆柱状；鳞茎外皮灰褐色至黑褐色，破裂成纤维状，网状。**叶：**2枚，紧靠或近对生状，少为3枚，常为条形至椭圆状披针形，短于或近等于花莛，先端渐尖，基部逐渐收狭成不明显的叶柄。**花：**花莛圆柱状，高10~60 cm，下部被叶鞘；总苞1~2裂，宿存；伞形花序半球状；小花梗近等长，比花被片长2~4倍，果期更长，基部无小苞片；花紫红色至淡红色，少有白色；内轮的花被片披针状矩圆形至狭矩圆形，先端钝、凹缺或具不规则小齿，外轮的宽而短，狭卵形至矩圆形，先端钝或凹缺，或具不规则小齿；花丝比花被片略长或长得多，基部合生并与花被片贴生，内轮的狭卵状长三角形，外轮锥形；子房具3圆棱，基部收狭成短柄，每室1胚珠。**果实：**蒴果。

花期 / 6—9月　果期 / 6—9月　生境：阴湿山坡、沟边、灌丛或林下　分布 / 西藏、云南、四川、青海、甘肃　海拔 / 2 000~4 900 m

3

4 青甘韭

Allium przewalskianum

别名：青甘野韭、臭羊蒿

外观：多年生草本。**根茎：**鳞茎数枚聚生；鳞茎外皮红色，较少为淡褐色，破裂成纤维状，网状，常紧密地包围鳞茎。**叶：**半圆柱状至圆柱状，具4~5纵棱，短于或略长于花莛。**花：**花莛圆柱状，下部被叶鞘；总苞与伞形花序近等长或较短，单侧开裂，具喙，宿存；伞形花序球状或半球状；小花梗近等长，比花被片长2~3倍；花淡红色至深紫红色；花被先端微钝，内轮的矩圆形至矩圆状披针形，外轮的卵形或狭卵形，略短；花丝等长，为花被片长的1.5~2倍，在基部合生并与花被片贴生；子房球状；花柱在花刚开放时被包围在3枚内轮花丝扩大部分所组成的三角锥体中，花后期伸出，而近与花丝等长。**果实：**蒴果。

花期 / 6—9月　果期 / 6—9月　生境 / 干旱山坡、石缝、灌丛下或草坡　分布 / 西藏、云南西北部、四川、青海、甘肃　海拔 / 2 000~4 800 m

3

4

百合科 葱属

1 高山韭

Allium sikkimense

外观：多年生草本。**根茎：**鳞茎数枚聚生，圆柱状；鳞茎外皮暗褐色，破裂成纤维状，下部近网状，稀条状破裂。**叶：**狭条形，扁平，比花莛短。**花：**花莛圆柱状，下部被叶鞘；总苞单侧开裂，早落；伞形花序半球状；小花梗近等长，基部无小苞片；花钟状，天蓝色；花被片卵形或卵状矩圆形，先端钝，内轮的边缘小齿，且常比外轮的稍长而宽；花丝等长，为花被片长度的1/2~2/3，基部合生并与花被片贴生，基部扩大，有时具齿；子房近球状，蜜穴凹陷；花柱比子房短或近等长。**果实：**蒴果。

花期 / 7—9月　果期 / 7—9月　生境 / 山坡、草地、林缘或灌丛　分布 / 西藏东南部、云南西北部、四川西北部至西南部、青海东部和南部、甘肃南部　海拔 / 2 400~5 000 m

1　唐志远　摄影

2 三柱韭

Allium trifurcatum

(syn. *Allium humile* var. *trifurcatum*)

外观：多年生草本。**根茎：**鳞茎聚生，圆柱状，具丛生、较粗壮的根；鳞茎外皮灰黑色，薄革质，老时条裂，或呈纤维状。**叶：**叶片条形，短于花莛。**花：**花莛圆柱状，具2条纵的狭翅，下部被叶鞘；总苞膜质，白色，2裂，宿存；伞形花序近扇状，花较疏散；小花梗在花开放时为花被片的1.5~2倍长，基部无小苞片；花白色，花被片狭矩圆形至矩圆状披针形；花丝为花被片长的1/3~1/2，基部约1 mm合生并与花被片贴生，分离部分的下部呈三角形扩大，向上收狭成锥形；子房倒卵状球形；花柱远短于子

2

2

房；柱头明显的3裂。**果实：**蒴果。

花期 / 5—8月　果期 / 5—8月　生境 / 阴湿山坡、溪边或树丛下　分布 / 云南西北部、四川西南部　海拔 / 3 000~4 000 m

3 多星韭

Allium wallichii

外观：多年生草本。**根茎：**鳞茎圆柱状，具稍粗的根；鳞茎外皮黄褐色，片状破裂或呈纤维状，有时近网状，内皮膜质，仅顶端破裂。**叶：**狭条形至宽条形，具明显的中脉，比花莛短或近等长。**花：**花莛三棱状柱形，具3条纵棱，有时棱为狭翅状，下部被叶鞘；总苞单侧开裂或2裂，早落；伞形花序扇状至半球状；小花梗近等长，比花被片长2~4倍，无小苞片；花红色、紫红色、紫色至黑紫色，星芒状开展；花被片矩圆形至狭矩圆状椭圆形，花后反折，先端钝或凹缺；花丝等长，锥形，比花被片略短或近等长，基部合生并与花被片贴生；子房倒卵状球形，具3圆棱，基部不具凹陷的蜜穴；花柱比子房长。**果实：**蒴果。

花期 / 7—9月　果期 / 7—9月　生境 / 湿润草坡、林缘、灌丛下或沟边　分布 / 西藏东南部、云南西北部、四川西南部　海拔 / 2 300~4 800 m

百合科 大百合属

4 云南大百合

Cardiocrinum giganteum var. *yunnanense*

外观：多年生草本，高1~2 m。**根茎：**小鳞茎卵形，干时淡褐色；茎直立，中空，深绿色，无毛。**叶：**纸质，网状脉；基生叶卵状心形或近宽矩圆状心形，茎生叶卵状心形，叶柄长15~20 cm，向上渐小，靠近花序的几枚为船形。**花：**总状花序有花10~16朵，无苞片；花狭喇叭形，白色；花被片条状倒披针形，正面具淡紫红色条纹，背面白色；雄蕊长约为花被片的1/2；花丝向下渐扩大，扁平；花药长椭圆形；子房圆柱形；花柱柱头膨大，微3裂。**果实：**蒴果近球形，顶端有1小尖突，基部有粗短果柄，具6钝棱和多数细横纹。

花期 / 6—7月　果期 / 9—10月　生境 / 林下草丛中　分布 / 云南西部至西北部、四川西南部、甘肃南部　海拔 / 1 200~3 600 m

百合科 吊兰属

1 狭叶吊兰

Chlorophytum chinense

外观：多年生草本。**根茎：**根肥厚，近纺锤状或圆柱状，粗2~3 mm。**叶：**禾状，长8~30 cm，宽2~5 mm。**花：**花莛比叶长；花单生，白色，带淡红色脉，排成总状花序或圆锥花序；花梗长7~11 mm，关节通常位于下部；花被片与花梗近等长，3~5脉聚生于中央；雄蕊稍短于花被片，花药常多少粘合，长为花丝的1倍多。**果实：**蒴果，锐三棱形。

花期 / 6—8月　果期 / 9—10月　生境 / 林缘、草坡或河谷边　分布 / 云南西北部、四川西南部　海拔 / 2 600~3 000 m

1

1

百合科 七筋姑属

2 七筋姑

Clintonia udensis

别名：蓝果七筋姑、雷公七、一根葱

外观：多年生草本。**根茎：**根状茎较硬，有残存鞘叶。**叶：**3~4枚，纸质或厚纸质，椭圆形至倒披针形，先端骤尖，基部呈鞘状抱茎或后期伸长呈柄状。**花：**花莛密生白色短柔毛；总状花序有花3~12朵，花梗密生柔毛；苞片披针形，密生柔毛，早落；花白色，少有淡蓝色；花被片矩圆形，先端钝圆，外面有微毛。**果实：**球形至矩圆形，成熟时深蓝色。

花期 / 5—6月　果期 / 7—10月　生境 / 高山疏林下或阴坡疏林下　分布 / 西藏南部、云南、四川、甘肃　海拔 / 1 600~4 000 m

2

百合科 独尾草属

3 独尾草

Eremurus chinensis

外观：多年生草本，高60~120 cm。**根茎：**根肉质，肥大。**叶：**基生，长披针形。**花：**极多，形成稠密的总状花序；苞片长8~10 mm，比花梗短，先端有长芒，具一条暗褐色脉；花被白色，窄钟状；花梗长1.5~2.5 cm，上端有关节；雄蕊短，藏于花被内。**果实：**蒴果，直径7~9 mm，表面常有皱纹。

花期 / 6月　果期 / 7月　生境 / 干暖河谷石质山坡和悬岩石缝中　分布 / 西藏（八宿）、云南西北部、四川西部、甘肃南部　海拔 / 1 000~2 900 m

3
王洽　摄影

百合科 贝母属

1 川贝母

Fritillaria cirrhosa

别名：卷叶贝母

外观：多年生草本，高15~50 cm。**根茎：**鳞茎由2枚鳞片组成，直径1~1.5 cm。**叶：**通常对生，少数在中部兼有散生或轮生；叶条形至条状披针形，先端稍卷曲或不卷曲。**花：**通常单朵，紫色至黄绿色，常有小方格；具3枚叶状苞片，苞片狭长；花被片长3~4 cm，蜜腺窝在背面突出明显；柱头裂片长3~5 mm。**果实：**蒴果，具棱。

花期 / 5—7月　果期 / 8—10月　生境 / 高山草甸和灌丛　分布 / 西藏南部至东部、云南西北部、四川西部、青海、甘肃南部　海拔 / 3 200~4 500 m

2 粗茎贝母

Fritillaria crassicaulis

外观：多年生草本，高30~60 cm。**根茎：**鳞茎由2枚鳞片组成，鳞片上端延伸为长的膜质物，鳞茎皮较厚；茎较粗，直径5~9 mm。**叶：**最下面的2枚叶对生，向上为散生、对生或轮生，矩圆状披针形，先端不卷曲。**花：**单朵，较大，黄绿色，有紫褐色斑点或小方格；叶状苞片通常3枚，有时1枚，先端不卷曲；蜜腺窝在花被背面稍凸出；雄蕊长约为花被片的1/2，花药近基着，花丝具小乳突或无；花柱较肥厚，柱头裂片很短。**果实：**蒴果。

花期 / 5—6月　果期 / 7—8月　生境 / 高山草坡或林下　分布 / 云南西北部（香格里拉、丽江）　海拔 / 3 000~3 800 m

3 梭砂贝母

Fritillaria delavayi

别名：德氏贝母、阿皮卡、炉贝

外观：多年生草本，高17~35 cm。**根茎：**鳞茎由2~3枚鳞片组成，直径1~2 cm。**叶：**3~5枚，较紧密地生于植株中部或上部，全部散生或最上面2枚对生；狭卵形至卵状椭圆形，多少肉质，先端不卷曲。**花：**单朵，浅黄色，具红褐色斑点，花被片长3.2~4.5 cm；柱头裂片很短。**果实：**蒴果，长3 cm，棱上齿很窄，包于宿存花被内。

花期／6—7月　果期／8—9月　生境／高山流石滩　分布／西藏南部及东部、云南西北部、四川西部、青海南部　海拔／3 900~5 040 m

4 暗紫贝母

Fritillaria unibracteata

别名：松贝、冲松贝

外观：多年生草本，高15~23 cm。**根茎：**鳞茎由2枚鳞片组成。**叶：**下面的1~2对为对生，上面的1~2枚为散生或对生，条形或条状披针形，先端不卷曲。**花：**单朵，深紫色，有黄褐色小方格；叶状苞片1枚，先端不卷曲；花被片长2.5~2.7 cm，内三片宽约1 cm，外三片宽约6 mm；蜜腺窝稍凸出或不很明显；雄蕊长约为花被片的1/2，花药近基部着生，花丝具或不具小乳突；柱头裂片很短。**果实：**蒴果，棱上的翅很狭。

花期／6月　果期／8月　生境／高山灌丛、草地或林缘　分布／四川西北部、青海东南部、甘肃南部　海拔／3 200~4 500 m

百合科 百合属

1 匍茎百合

Lilium lankongense

别名：澜江百合

外观：多年生草本，高40~150 cm。**根茎：**鳞茎卵圆形，高2.5~4 cm，具走茎；鳞片白色卵形至宽披针形，长1.5~2 cm；茎高40~150 cm，暗紫褐色。**叶：**散生，披针形至矩圆状披针形，长3~10 cm，宽0.5~1.7 cm，背面及边缘微有乳头状突起。**花：**单生或数朵排成总状花序；下垂，芳香；白色或粉红色，有紫色斑点；花被片反卷，蜜腺两边有乳头状突起；花丝长3.5 cm，无毛，花药紫褐色，长约1 cm；子房圆柱形；花柱长3~4 cm。**果实：**蒴果，椭圆形，长1.5~2.5 cm；种子扁平，具翅。

花期／6—7月　果期／9—10月　生境／高山及亚高山草甸　分布／西藏东南部、云南西北部　海拔／1 800~3 500 m

2 尖被百合

Lilium lophophorum

别名：尖瓣百合

外观：多年生草本，高10~45 cm。**根茎：**鳞茎近卵形，直径1.5~3.5 cm；鳞片较松散，披针形；茎高10~45 cm，无毛。**叶：**变化较大，由聚生至散生，披针形，矩圆状披针形至长披针形。**花：**通常1朵；下垂；苞片叶状，披针形；花黄色，淡黄色至黄绿色，花被片披针形，先端长渐尖，联合；内轮花被片蜜腺两边具流苏状突起。**果实：**蒴果，矩圆形，成熟时带紫色。

花期／6—7月　果期／8—9月　生境／高山草地、砂石地和灌丛　分布／西藏（察隅）、云南西北部、四川西部　海拔／2 700~4 250 m

3 小百合

Lilium nanum var. *nanum*

别名：矮茎百合

外观：多年生草本，高10~30 cm。**根茎：**鳞茎矩圆形，直径1.5~2.3 cm，鳞片披针形。**叶：**散生，条形，6~11枚。**花：**单生，钟形，下垂；花被片淡紫色或紫红色，内部常有深紫色斑点；外轮花被片椭圆形，内轮较外轮稍宽，蜜腺两边有流苏状突起。**果实：**蒴果，矩圆形，黄色，棱带紫色。

花期／6—7月　果期／8—9月　生境／高山草地、灌丛　分布／西藏南部及东南部、云南西北部、四川西部　海拔／3 500~4 800 m

1

1

2

2

4 黄花小百合

Lilium nanum var. *flavidum*

别名：矮茎百合

外观：多年生草本，高10~30 cm。**根茎：**鳞茎矩圆形，直径1.5~2.3 cm，鳞片披针形。**叶：**散生，条形，6~11枚。**花：**单生，钟形，下垂；花被片黄色。**果实：**蒴果。

花期／6—7月　果期／8—9月　生境／高山草地、灌丛　分布／西藏南部及东南部、云南西北部、四川西部　海拔／3 500~4 800 m

3

3

4

百合科 百合属

1 川滇百合

Lilium primulinum var. *ochraceum*

别名：黄花百合、披针叶百合、窄叶百合

外观：多年生草本。**根茎：**鳞茎近球形，直径3.5 cm；鳞片披针形，长3~4.5 cm；茎高60~200 cm，粗糙。**叶：**多数，散生，披针形至矩圆状披针形，长3~5.5 cm，宽0.8~1 cm，无毛。**花：**4~9朵成总状花序；下垂；花被片反卷，黄色、黄绿色，基部有紫色斑块；花丝长4.5~5.5 cm，无毛，花药长1~1.2 cm；花柱长4.2~5 cm。**果实：**蒴果，棕色，椭圆形。

花期／6—8月 果期／10—11月 生境／混交林下、林缘 分布／云南西北部、四川 海拔／1 600~3 100 m

1

2 囊被百合

Lilium saccatum

外观：多年生草本。**根茎：**鳞茎卵形，直径2 cm，鳞茎瓣淡褐色，披针形；茎高20~30 cm，无毛。**叶：**散生，偶有叶聚集似有轮生叶，卵形或椭圆状披针形。**花：**单生，钟形，下垂，紫红色，里面有细点；花被片长椭圆形，基部成囊状，蜜腺无乳头状突起。**果实：**蒴果。

花期／6—7月 果期／8—9月 生境／湿润的林下、灌丛 分布／西藏（米林、波密） 海拔／3 900~4 200 m

1

2

3 紫花百合

Lilium souliei

别名：土贝母

外观：多年生草本。**根茎：**鳞茎近狭卵形；鳞片披针形，白色；茎无毛。**叶：**散生，5~8枚，长椭圆形、披针形或条形，全缘或边缘稍有乳头状突起。**花：**单生，钟形，下垂，紫红色，无斑点，里面基部颜色变淡；外轮花被片椭圆形，先端急尖，具短尖头；内轮花被片宽1~1.8 cm，先端钝，蜜腺无乳头状突起；雄蕊向中心靠拢；花丝无毛；子房圆柱形，紫黑色；柱头稍膨大。**果实：**蒴果，近球形，带紫色。

花期／6—7月　果期／8—10月　生境／山坡草地或杜鹃灌丛　分布／云南、四川　海拔／1 200~4 000 m

4 大理百合

Lilium taliense

外观：多年生草本，高70~150 cm。**根茎：**鳞茎卵形，鳞片披针形，白色；茎高70~150 cm，有的有紫色斑点，具小乳头状突起。**叶：**散生，条形或条状披针形，中脉明显，两面无毛，边缘具小乳头状突起。**花：**总状花序具花2~5朵，少数更多；苞片叶状，边缘有小乳头状突起；花下垂；花被片反卷；内轮花被片较外轮稍宽，白色，有紫色斑点，蜜腺两边无流苏状突起；花丝钻状，长约3 cm，无毛；子房圆柱形；花柱与子房等长或稍长，柱头头状，3裂。**果实：**蒴果，矩圆形，褐色。

花期／7—8月　果期／9月　生境／山坡草地或林中　分布／云南、四川　海拔／2 600~3 600 m

百合科 洼瓣花属

1 黄洼瓣花

Lloydia delavayi

外观：多年生草本，高15~25 cm。**根茎：**鳞茎狭卵形。**叶：**基生叶3~9枚，狭条形，通常短于茎；茎生叶数枚，长1~2.5 cm。**花：**1~4朵，常排成近二歧的伞房状；苞片5~9 mm；花被片黄色，具淡紫绿色脉纹，略具毛；外轮花被片近长圆形，内轮花被片卵状椭圆形；雄蕊长约为花被片的1/2，花丝基部至中部密被毛；子房卵形，花柱长短变化较大，稍长于子房至比子房长2~3倍，柱头微3裂。**果实：**蒴果。

花期 / 7—8月　果期 / 8—9月　生境 / 湿润的高山草坡或石缝上　分布 / 云南西北部　海拔 / 2 700~3 900 m

2 平滑洼瓣花

Lloydia flavonutans

外观：多年生草本，高10~25 cm。**根茎：**鳞茎狭卵形。**叶：**基生叶3~8枚，狭条形，通常短于茎；茎生叶数枚，长1~2 cm。**花：**1~4朵，常下垂；苞片0.6~1.5 cm；花被片黄色，具淡紫绿色脉纹，无毛；外轮花被片近长圆形，内轮花被片倒卵状椭圆形；雄蕊长0.9~1.2 cm，花丝基部至中部密被毛；子房卵形，花柱长4~6 mm，柱头微3裂。**果实：**蒴果。

花期 / 5—7月　果期 / 8—9月　生境 / 高山草地　分布 / 西藏东南部至南部　海拔 / 4 000~5 000 m

3

3

3 紫斑洼瓣花

Lloydia ixiolirioides

别名：兜瓣萝蒂

外观：多年生草本，高15~30 cm。**根茎：**鳞茎狭卵形，上端延长并开裂。**叶：**基生叶通常4~8枚，边缘常疏生柔毛；茎生叶2~3枚，狭条形，向上逐渐过渡为苞片，在茎生叶与苞片的边缘，近基部处通常有白色柔毛。**花：**1~2朵；内外花被片相似，白色，中部至基部有紫红色斑，内面近基部有长柔毛；雄蕊长为花被片的1/2，花丝密生长柔毛；子房近矩圆状，长约3 mm，顶端钝；花柱与子房近等长，柱头稍高于花药之上。**果实：**蒴果，近狭矩圆状，上部开裂。

花期 / 6—7月　果期 / 8月　生境 / 山坡草地　分布 / 西藏南部、云南西北部、四川西南部　海拔 / 3 000~4 300 m

4

4

4 尖果洼瓣花

Lloydia oxycarpa

外观：多年生草本，高5~20 cm，无毛。**根茎：**鳞茎狭卵形，上端延长并开裂。**叶：**基生叶3~7枚，宽约1 mm；茎生叶狭条形。**花：**通常单朵顶生；内外花被片相似，近狭倒卵状矩圆形，长9~13 mm，先端钝，黄色或黄绿色，基部无凹穴或毛；雄蕊长为花被片的3/5~2/3，花丝近无毛；花柱与子房近等长，柱头稍膨大。**果实：**蒴果，狭倒卵状矩圆形。

花期 / 6月　果期 / 7—8月　生境 / 高山草地　分布 / 西藏南部、云南西北部至中部、四川西南部、甘肃南部　海拔 / 2 800~4 800 m

5

5

5 洼瓣花

Lloydia serotina

别名：单花萝蒂

外观：多年生草本，高10~20 cm。**根茎：**鳞茎狭卵形，上端延伸并开裂。**叶：**基生叶常2枚，较少1枚，宽约1 mm；茎生叶狭披针形或近条形。**花：**1~2朵，顶生；内外花被片近相似，白色，近基部常具紫斑；雄蕊长为花被片的1/2~3/5，花丝无毛；花柱与子房近等长，柱头不明显3裂。**果实：**蒴果，近倒卵形，略有三钝棱，顶端有宿存花柱。

花期 / 6—8月　果期 / 8—10月　生境 / 山坡、灌丛中或草地上　分布 / 西藏、四川、青海、甘肃　海拔 / 2 800~4 800 m

百合科 洼瓣花属

1 西藏洼瓣花

Lloydia tibetica

别名：高山罗蒂、狗牙贝、尖贝

外观：多年生草本，高10~30 cm。**根茎：**鳞茎狭卵形，顶端延长并开裂。**叶：**基生叶3~10枚，边缘通常无毛；茎生叶2~3枚，向上逐渐过渡为苞片，通常无毛，极少在茎生叶和苞片的基部边缘有少量疏毛。**花：**1~5朵，常排成近二歧的伞房状；花被片黄色，有淡紫绿色脉；内花被片内面下部或近基部两侧各有1~4个鸡冠状褶片，外花被片宽度约为内花被片的2/3；内外花被片内面下部通常有长柔毛，较少无毛；雄蕊长约为花被片的1/2，花丝除上部外均密生长柔毛；柱头近头状，稍3裂。**果实：**蒴果。

花期 / 5—7月　果期 / 8—9月　生境 / 山坡草地　分布 / 西藏南部、四川西部、青海东南部、甘肃南部　海拔 / 2 300~4 100 m

1

1

1

百合科 舞鹤草属

2 管花鹿药

Maianthemum henryi

(syn. *Smilacina henryi*)

别名：管花舞鹤草、虎尾七

外观：多年生草本，高50~80 cm。**根茎：**根状茎粗1~2 cm；茎中部以上有短硬毛或微硬毛。**叶：**纸质，椭圆形、卵形或矩圆形，先端渐尖或具短尖，两面有伏毛或近无毛，基部具短柄或几乎无柄。**花：**淡黄色或带紫褐色，单生，通常排成总状花序，有时基部具1~2个分枝或具多个分枝而成圆锥花序；花梗长1.5~5 mm，有毛；花被高脚碟状，筒部长6~10 mm；雄蕊生于花被筒喉部，花丝极短，极少长达1.5 mm；花柱长2~3 mm，稍长于子房，柱头3裂。**果实：**浆果，球形，成熟时红色。

花期 / 6—8月　果期 / 8—10月　生境 / 湿润的林下、灌丛和林缘　分布 / 西藏南部、云南西北部、四川、甘肃东南部　海拔 / 2 300~3 750 m

2

2

3 紫花鹿药

Maianthemum purpurea

(syn. *Smilacina purpurea*)

外观：多年生草本，高25~60 cm。**根茎：**根状茎近块状或不规则圆柱状，粗1~1.5 cm；茎上部被短柔毛。**叶：**5~9枚；叶片纸质，矩圆形或卵状矩圆形，长7~13 cm，宽3~6.5 cm，先端短渐尖或具短尖头，背面脉上有短柔毛，近无柄或具短柄。**花：**通常为总状花序；花序长1.5~7 cm，具短柔毛；花单生，白色或花瓣内面绿白色，外面紫色；花梗长2~4 mm，具毛；花被片完全离生，卵

2

状椭圆形或卵形，长4~5 mm；花丝扁平，离生部分长1.5 mm，花药近球形；花柱与子房近等长或稍长，长约1.2 mm，柱头浅3裂。**果实：**浆果，近球形，直径6~7 mm，熟时红色；种子1~4颗。

花期 / 6—7月　果期 / 9月　生境 / 灌丛下、林下或林缘　分布 / 西藏东部至南部、云南西北部　海拔 / 3 200~4 000 m

3

4 少叶鹿药

Maianthemum stenolobum

(syn. *Smilacina paniculata*)

别名：窄瓣鹿药

外观：多年生草本，高30~80 cm。**根茎：**根状茎近块状或有结节状膨大；茎无毛，具6~8叶。**叶：**叶片纸质，先端渐尖，基部圆形，具短柄，无毛。**花：**通常为圆锥花序，较少为总状花序，无毛；花序长2.5~11 cm，通常侧枝较长；花单生，淡绿色或稍带紫色；花被片仅基部合生，窄披针形，长2.5~5 mm；花丝扁平，离生部分稍长于花药或近等长；花柱极短，柱头3深裂；子房球形，稍长于花柱。**果实：**浆果，近球形，熟时红色，具1~5颗种子。

花期 / 5—6月　果期 / 8—10月　生境 / 林下、林缘或草坡　分布 / 云南北部、四川西部与南部　海拔 / 1 500~3 500 m

3

4

百合科 豹子花属

1 开瓣豹子花

Nomocharis aperta

(syn. *Nomocharis forrestii*)

别名：开瓣百合

外观：多年生草本，高25~50 cm。**根茎：**鳞茎卵形，黄白色。**叶：**互生，叶片披针形或卵状披针形。**花：**1~2朵，张开，似碟形，粉红色至红色，具深色斑点；外轮花被片卵形至椭圆形，先端急尖，全缘；内轮花被片宽椭圆形，先端急尖，里面基部具两个紫红色的垫状隆起；花丝下部稍扩大，扁平；子房长5~9 mm；花柱向上渐膨大，柱头头状，3浅裂。**果实：**蒴果，矩圆状卵形。

花期 / 6—7月　果期 / 8—10月　生境 / 生山坡林下或溪边草地　分布 / 云南西北部、四川西南部　海拔 / 3 000~3 850 m

1

1

2

2

3

4

2 豹子花

Nomocharis pardanthina

(syn. *Nomocharis mairei*)

别名：宽瓣豹子花、米百合

外观：多年生草本，高25~90 cm。**根茎：**鳞茎卵状球形。**叶：**植株上兼具散生与轮生的，狭椭圆形或披针状椭圆形。**花：**红色或粉红色；外轮花被片卵形，几无斑点，全缘；内轮花被片宽卵形至卵圆形，里面有紫红色的斑点，基部有肉质的紫红色的垫状隆起，边缘有不整齐的锯齿；花丝下部呈肉质的圆筒状的膨大；花柱向上渐粗，长约8 mm，柱头头状，3浅裂。**果实：**蒴果。

花期／5—6月　果期／7月　生境／草坡、林缘　分布／云南西北部、四川西南部　海拔／2 700~4 100 m

3 云南豹子花

Nomocharis saluenensis

(syn. *Lilium saluenense*)

别名：怒江豹子花、碟花百合

外观：多年生草本，高30~90 cm。**根茎：**鳞茎卵形，直径2~2.5 cm，白色。**叶：**散生，披针形，长3.5~7 cm，宽0.8~1.5 cm。**花：**1~7朵，张开，似碟形，粉红色，里面基部具紫色的细点；外轮花被片椭圆形至窄椭圆形，先端急尖，全缘；内轮花被片与外轮的相似，基部具明显的细点，全缘；花丝钻形，长约1 cm，花药长3~4 mm；子房长6~7 mm，径2.5~3 mm；花柱短于子房，长2.5~4 mm，向上渐膨大，柱头头状，3浅裂。**果实：**蒴果，矩圆形，紫绿色至褐色。

花期／6—8月　果期／8—9月　生境／山坡丛林、林缘或草坡　分布／西藏东南部、云南西北部、四川　海拔／2 800~4 500 m

4

4

百合科 假百合属

4 假百合

Notholirion bulbuliferum

别名：太白米、珍珠白

外观：多年生草本，高60~150 cm。**根茎：**小鳞茎多数，卵形，直径3~5 mm，淡褐色；茎近无毛。**叶：**基生叶数枚，带形，长10~25 cm，茎生叶条状披针形，长10~18 cm。**花：**总状花序具10~24朵花；苞片叶状，条形；花梗稍弯曲，长5~7 mm；花淡紫色或蓝紫色；花被片倒卵状，先端绿色；雄蕊与花被片近等长；子房淡紫色；柱头3裂。**果实：**蒴果，矩圆形，有钝棱。

花期／7—8月　果期／8—9月　生境／高山草地、灌丛、林缘　分布／西藏东南部、云南西北部、四川西部、甘肃南部　海拔／3 100~4 600 m

百合科 沿阶草属

1 沿阶草

Ophiopogon bodinieri

别名：白花麦冬、草麦冬、寸冬

外观：多年生草本。**根茎：**根纤细，有时具小块根；走茎长，节上具膜质的鞘；茎很短。**叶：**基生成丛，禾叶状，宽2~4 mm，边缘具细锯齿。**花：**总状花序长1~7 cm，有花数十朵；花常单生或2朵簇生于苞片腋内；苞片条形或披针形，半透明；花梗长5~8 mm，关节位于中部；花被片卵状披针形至近矩圆形，内轮3片宽于外轮3片，白色或稍带紫色；花丝很短，长不及1 mm；花药狭披针形，常呈绿黄色；花柱细，长4~5 mm。**果实：**浆果，黑紫色。

花期 / 6—8月　果期 / 8—10月　生境 / 山坡、山谷潮湿处、沟边、灌丛下、林下　分布 / 西藏、云南、四川、甘肃南部　海拔 / 1 000~3 600 m

1

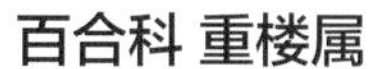

百合科 重楼属

2 毛重楼

Paris mairei

(syn. *Paris pubescens*)

外观：多年生草本，高可达1 m，全株被有短柔毛。**根茎：**根状茎粗达1~2 cm。**叶：**5~10枚轮生，叶片披针形、倒披针形或椭圆形，短柄。**花：**内轮花被片长条形，与外轮花被片等长或更长，有时可以宽达2 mm；雄蕊长1~1.5 cm，通常花丝稍短于花药，药隔突出部分长1~1.5 mm；子房通常为紫红色。**果实：**蒴果，开裂，外种皮红色，多浆汁。

花期 / 5—7月　果期 / 8—9月　生境 / 高山草丛或林下　分布 / 云南西北部、四川西南部　海拔 / 2 500~3 300 m

2

2

百合科 黄精属

3 卷叶黄精

Polygonatum cirrhifolium

别名：滇钩吻、大白芨、大黄精

外观：多年生草本，高30~90 cm。**根茎：**根状茎肥厚或连珠状，结节直径1~2 cm。**叶：**通常每3~6枚轮生，很少下部有少数散生的，细条形至条状披针形，先端拳卷或弯曲成钩状，边常外卷。**花：**花序轮生，通常具2朵花，总花梗长3~10 mm，花梗长3~8 mm，俯垂；苞片透明膜质，无脉，长1~2 mm，位于花梗上或基部，或苞片不存在；花被淡紫色，花被筒中部稍缢狭，裂片长约2 mm；花丝长约0.8 mm；花药长2~2.5 mm；子房长约2.5 mm；花柱长约2 mm。**果实：**浆果，红色或紫红色，直径8~9 mm。

花期 / 5—7月　果期 / 9—10月　生境 / 林下、

3

3

山坡或草地 分布 / 西藏东部至南部、云南西北部、四川、青海东部与南部、甘肃东南部 海拔 / 2 000~4 000 m

4 垂叶黄精

Polygonatum curvistylum

外观：多年生草本，高15~35 cm。**根茎：**根状茎圆柱状，常分出短枝，或短枝呈连珠状。**叶：**常3~6枚轮生，很少间有单生或对生，条状披针形至条形，长3~7 cm，先端渐尖，先上举，现花后向下俯垂。**花：**单花或2朵成花序；花被淡紫色，全长6~8 mm，裂片长1.5~2 mm；花丝稍粗糙，花药长约1.5 mm；花柱约与子房等长。**果实：**浆果，红色。

花期 / 5—6月 果期 / 8—10月 生境 / 林下或草地 分布 / 云南西北部、四川西部 海拔 / 2 700~3 900 m

5 独花黄精

Polygonatum hookeri

别名：矮茎黄精、矮黄精、独花玉竹

外观：矮小多年生草本。**根茎：**根状茎圆柱形，结节处稍有增粗。**叶：**数枚至10余枚，常紧接在一起，当茎伸长时可以看出下部的叶为互生，上部的叶为对生或3叶轮生。**花：**通常全株仅生1花，位于最下的一个叶腋内，少有2朵生于一总花梗上；花被浅紫色；花丝极短；花药长约2 mm；子房长2~3 mm，花柱长1.5~2 mm。**果实：**浆果，红色，直径7~8 mm。

花期 / 5—6月 果期 / 9—10月 生境 / 林下、山坡草地或冲积扇上 分布 / 西藏南部及东南部、云南西北部、四川、青海南部、甘肃东南部 海拔 / 3 200~4 300 m

百合科 黄精属

1 康定玉竹

Polygonatum prattii

外观：多年生草本，高8~30 cm。**根茎：**根状茎细圆柱形，近等粗。**叶：**4~15枚，下部的为互生或间有对生，上部的以对生为多，顶端的常为3枚轮生，叶片椭圆形至矩圆形，先端略钝或尖。**花：**花序通常具2朵花，总花梗长2~6 mm，花梗长5~6 mm，俯垂；花被淡紫色，筒里面平滑或呈乳头状粗糙；花丝极短；子房长约1.5 mm，具约与之等长或稍短的花柱。**果实：**浆果，紫红色至褐色，具1~2颗种子。

花期 / 5—6月　果期 / 8—10月　生境 / 林下、灌丛或山坡草地　分布 / 云南西北部、四川西部　海拔 / 2 500~3 300 m

1

1

2 轮叶黄精

Polygonatum verticillatum

别名：红果黄精、羊角参、玉竹参

外观：多年生草本，高40~80 cm。**根茎：**根状茎一端较粗、有短分枝，一端较细，节间长2~3 cm。**叶：**常3枚轮生，或间有少数对生或互生的，叶片矩圆状披针形至条状披针形。**花：**单朵或2~4朵成花序，总花梗长1~2 cm，俯垂；花被淡黄色或淡紫色，全长8~12 mm，裂片长2~3 mm；花丝长0.5~1 mm，花药长约2.5 mm；子房长约3 mm，具与之等长或稍短的花柱。**果实：**浆果，红色，直径6~9 mm，具6~12颗种子。

花期 / 5—6月　果期 / 8—10月　生境 / 林下或山坡草地　分布 / 西藏东部至南部、云南西北部、四川西部、青海东北部、甘肃东南部　海拔 / 2 100~4 000 m

2

百合科 吉祥草属

3 吉祥草

Reineckea carnea

外观：多年生草本。**根茎：**茎蔓延于地面，每节上有一残存的叶鞘，顶端的叶簇由于茎的连续生长。**叶：**每簇有3~8枚，叶片条形至披针形，先端渐尖，向下渐狭成柄，深绿色。**花：**花莛长5~15 cm；穗状花序，上部的花有时仅具雄蕊；花芳香，粉红色；裂片矩圆形，先端钝，稍肉质；雄蕊短于花柱，花丝丝状，花药近矩圆形，两端微凹；花柱丝状。**果实：**浆果，熟时鲜红色。

花期 / 7—11月　果期 / 7—11月　生境 / 阴湿山坡、山谷或密林下分布 / 云南、四川　海拔 / 1 000~3 200 m

3

4

4

百合科 菝葜属

4 鞘柄菝葜

Smilax stans

别名：分筋树、鞘叶菝葜、铁扫帚

外观：落叶灌木或半灌木，直立或披散，高0.3~3 m。**根茎：**茎和枝条稍具棱，无刺。**叶：**纸质，叶片卵形、卵状披针形或近圆形，长1.5~6 cm，宽1.2~5 cm，下面稍苍白色或有时有粉尘状物；叶柄长5~12 mm，向基部渐宽成鞘状，背面有多条纵槽，无卷须，脱落点位于近顶端。**花：**花序具1~3朵或更多的花；总花梗纤细，比叶柄长3~5倍；花序托不膨大；花绿黄色，有时淡红色；雄花外花被片长2.5~3 mm，宽约1 mm，内花被片稍狭；雌花比雄花略小，具6枚退化雄蕊，退化雄蕊有时具不育花药。**果实：**浆果，直径6~10 mm，黑色，具粉霜。

花期 / 5—6月　果期 / 10月　生境 / 林下、灌丛中或山坡阴处　分布 / 云南中部及西北部、四川西北部至东南部、甘肃南部　海拔 / 1 000~3 200 m

5

百合科 扭柄花属

5 小花扭柄花

Streptopus parviflorus

别名：花慈竹、冷饭砣、小花算盘七

外观：多年生草本，高20~50 cm。**根茎：**根状茎粗短，具多数根；茎通常上部分枝，光滑。**叶：**薄纸质，叶片披针形或卵状披针形，全缘，先端渐尖，基部心形，抱茎。**花：**1~2朵，白色，貌似与叶对生或出自叶下面；花梗长2.5~4 cm，光滑；花被片披针形，长7~8 mm，宽2~2.5 mm，先端短尖；花药近箭形，长3.5~4 mm；子房倒卵形，花柱长2.5 mm，稍长于子房，柱头3裂。**果实：**浆果，直径5~8 mm；种子多数，矩圆形，弯曲。

花期 / 6月　果期 / 8—9月　生境 / 灌丛、林下、林缘或高山草地　分布 / 云南西北部、四川西南部　海拔 / 2 000~3 500 m

5

百合科 扭柄花属

1 腋花扭柄花

Streptopus simplex

外观：多年生草本，高20~50 cm。**根茎：**茎不分枝或中部以上分枝，光滑。**叶：**叶片披针形或卵状披针形，先端渐尖，上部的叶有时呈镰刀形，叶背灰白色，基部圆形或心形，抱茎，全缘。**花：**大，单生于叶腋，下垂；花梗长2.5~4.5 cm，不具膝状关节；花被片卵状矩圆形，粉红色或白色，具紫色斑点；雄蕊长3~3.5 mm；花药箭形，先端钝圆，比花丝长；花丝扁，向基部变宽；花柱细长，柱头先端3裂，裂片向外反卷。**果实：**浆果，红色。

花期 / 6—7月　果期 / 8—9月　生境 / 林下、竹丛中、湿润的岩石或高山草地　分布 / 西藏、云南西北部　海拔 / 2 700~4 000 m

1

百合科 菖蒲属

2 叉柱岩菖蒲

Tofieldia divergens

别名：九节莲、扁竹参

外观：多年生草本，高8~35 cm。**叶：**基生或近基生，2列，两侧压扁，叶长3~22 cm，宽2~4 mm。**花：**总状花序长2~10 cm；花梗长1.5~3 mm；花白色，有时稍下垂；花被长2~3 mm；子房矩圆状狭卵形；花柱3枚，分离，较细，明显超过花药长度。**果实：**蒴果，常多少下垂或平展，倒卵状三棱形或近椭圆形，上端3深裂约达中部或中部以下，使蒴果多少呈蓇葖果状，柱头不明显；种子和上种相似，都不具白色纵带。

花期 / 6—8月　果期 / 7—9月　生境 / 溪边或林下的岩缝中或岩石上　分布 / 云南中西部及西北部、四川西南部　海拔 / 1 000~4 300 m

1

1

1

2

2

3 张巍巍 摄影

天南星科 天南星属

3 长耳南星

Arisaema auriculatum

别名：大耳南星

外观：多年生草本。**根茎：**块茎小，扁球形，直径1~2 cm。**叶：**叶片鸟足状分裂，裂片9~15枚，无柄，全缘或啮齿状。**花：**花序先叶抽出，序柄短于叶柄；佛焰苞长9~11 cm，喉部有黑色斑点，檐部暗绿色具条纹；两侧具分离的长耳，耳展开，深紫色；肉穗花序单性；各附属器纤细，基部粗1~2 mm，具略细而不明显的柄，向上渐细成线形，至喉部外斜上升或上部下弯。**果实：**浆果。

花期／4—5月　果期／8月　生境／杂木林或竹林内　分布／云南西北部、四川南部　海拔／2 300~3 100 m

4 拟刺棒南星

Arisaema echinoides

外观：多年生草本。**根茎：**块茎近球形，直径约2 cm，具匍匐茎；鳞叶膜质，顶端锐尖。**叶：**1枚或2枚，叶柄长约24 cm，绿色或紫色；叶片放射状分裂，裂片9枚，无柄，长渐尖，长13~16 cm，基部楔形，顶端尖锐，表面暗绿色，反面淡粉绿色。**花：**花序柄远短于叶柄，长约10 cm；佛焰苞管部具浅绿色条纹，圆柱状，约5.1 cm长，喉部开展，内面暗紫红色，具浅绿色或白色条纹，先端突然变尖；肉穗花序白色，单性；雌花序圆锥形，长约1.8 cm，花密集；雄花序无柄，雄蕊2枚或3枚。附属器直立，稍伸出喉部，附属器先端密被刺毛。**果实：**浆果。

花期／5—6月　果期／8月　生境／云南西北部（丽江）　分布／草坡、林下　海拔／2 900~3 300 m

4

4

天南星科 天南星属

1 象南星

Arisaema elephas

别名：大麻芋子、黑南星、象鼻子

外观：多年生草本。**根茎：**块茎近球形，直径3~5 cm，密生长达10 cm的纤维状须根。**叶：**鳞叶3~4枚，内面2片狭长三角形，长9~15 cm，绿色或紫色；叶1枚，叶柄长20~30 cm，黄绿色，基部粗达2 cm，无鞘，光滑或多少具疣状突起；叶片3全裂，中肋背面明显隆起。**花：**花序柄短于叶柄，长9~25 cm，绿色或淡紫色，具细疣状突起；佛焰苞青紫色，基部黄绿色，管部具白色条纹，向上渐隐；檐部长圆披针形，由基部稍内弯，先端骤狭渐尖；肉穗花序单性；雄花序花疏，附属器基部略细成柄状或几无柄，中部以上渐细，最后成线形，从佛焰苞喉部附近下弯，然后之字形上升；

1

1

1

2

2

雌花序长1~2.5 cm，附属器基部骤然扩大至5~7 mm，具长5~10 mm的柄。**果实：**浆果，砖红色，椭圆状。

花期 / 6—7月　果期 / 8月　生境 / 湿润的山坡、林下　分布 / 西藏东南部、云南西北部、四川西部和南部　海拔 / 1 800~4 000 m

2 一把伞南星

Arisaema erubescens

别名：虎掌南星、一把伞、山包谷

外观：多年生草本。**根茎：**块茎扁球形，直径可达6 cm，表皮黄色至淡红紫色。**叶：**鳞叶绿白色、粉红色、有紫褐色斑纹；叶1枚，极少2枚，叶柄长40~80 cm，中部以下具鞘，鞘部粉绿色，有时具褐色斑块；叶片放射状分裂，裂片无定数；多数具线形长尾。**花：**花序柄比叶柄短；佛焰苞颜色多样，多数为绿色，背面有清晰的白色条纹，也有淡紫色至深紫色而无条纹的情况；喉部边缘截形或稍外卷；檐部通常颜色较深，三角状卵形至长圆状卵形，有时为倒卵形；肉穗花序单性；附属器棒状，中部常稍膨大，长2~4.5 cm，中部粗2.5~5 mm，顶端钝而光滑，基部渐狭。**果实：**浆果，红色；果序柄下弯，有时直立。

花期 / 5—7月　果期 / 9月　生境 / 林下、灌丛、草坡　分布 / 西藏、云南、四川、青海、甘肃　海拔 / 1 000~3 200 m

3 黄苞南星

Arisaema flavum subsp. *tibeticum*

别名：黄花南星、达果

外观：多年生草本。**根茎：**块茎近球形，直径1.5~2.5 cm。**叶：**鳞叶3~5枚，锐尖；叶1~2枚；叶柄长12~27 cm，具鞘部分占4/5；叶片鸟足状分裂，裂片5~11枚，芽期中裂片向上，其余向下，小叶先端渐尖，基部楔形，亮绿色。**花：**花序柄常先叶出现，长于叶柄；佛焰苞为本属最小，长2.5~6 cm，管部卵圆形或球形，黄绿色，喉部略缢缩，上部深紫色，具纵条纹；檐部长圆状卵形，先端渐狭至锐尖，黄色或绿色，内面至少在下部为暗紫色；肉穗花序两性；附属器为极端的椭圆状。**果实：**浆果，干时黄绿色；果序圆球形，具宿存的附属器。

花期 / 6—7月　果期 / 8—10月　生境 / 碎石坡或灌丛　分布 / 西藏南部及东南部、云南西北部、四川西部　海拔 / 2 200~4 400 m

天南星科 天南星属

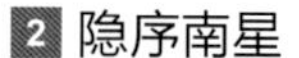 1 银南星

Arisaema saxatile

别名：岩生南星

外观：多年生草本，高10~40 cm。**根茎：**块茎近球形。**叶：**基生，1~2枚，叶片鸟足状分裂，裂片5~7枚，线形、椭圆形至卵状披针形；叶柄长16~40 cm，下部1/2~2/3具宽鞘，绿褐色或绿白色。**花：**花序柄自基部生出，有纵条纹；佛焰苞黄绿色、绿白色或淡黄色，长5~10 cm，管部长椭圆形或圆柱形，喉部边缘斜截形，檐部近直立，椭圆状披针形至披针形；肉穗花序单性，雄花序圆柱形，雌花序圆锥形，附属器向上渐细。**果实：**浆果，近球形，果序圆柱形。

花期／6—10月　果期／6—10月　生境／草坡、河谷、灌丛　分布／云南中部、东北部及西北部、四川西南部　海拔／1 800~2 800 m

1

2 隐序南星

Arisaema wardii

外观：多年生草本，高20~45 cm。**根茎：**块茎球形。**叶：**基生，叶片掌状或放射状分裂，裂片3~6枚，椭圆形，常具尾尖；叶柄长20~35 cm，下部2/3具鞘。**花：**花序柄自基部生出；佛焰苞绿色，稀具淡绿色纵条纹，长12~13 cm，管部圆柱形，喉部边缘斜截形，檐部卵形或卵状披针形，基部收缩，先端具尾尖；肉穗花序单性，雄花序圆柱形，雌花序圆柱形，附属器圆柱形，花期常内藏于管内，近果期外露。**果实：**浆果，卵形，成熟时橘红色，果序圆柱形。

花期／6—7月　果期／7—8月　生境／林下、草地　分布／西藏南部及东南部、青海　海拔／2 400~4 200 m

2

2

香蒲科 黑三棱属

3 黑三棱

Sparganium stoloniferum

别名：臭蒲子、光三棱

外观：多年生水生或沼生草本。**根茎：**块茎膨大；根状茎粗壮；茎直立，粗壮，高0.7~1.2 m，挺水。**叶：**叶片长40~90 cm，宽0.7~16 cm，上部扁平，下部背面呈龙骨状凸起，或呈三棱形，基部鞘状。**花：**圆锥花序开展，长20~60 cm，具3~7个侧枝，每个侧枝上着生7~11个雄性头状花序和1~2个雌性头状花序，主轴顶端通常具3~5个雄性头状花序，无雌性头状花序；花期雄性头状花序呈球形；雄花花被片早落，花丝长约3 mm，丝状，弯曲，褐色；雌花花被着生于子房基部，宿存，柱头分叉或否，子房无柄。**果实：**倒圆锥形，上部通常膨大呈冠状，具棱，褐色。

花期 / 5—10月　果期 / 5—10月　生境 / 湖泊、河沟、沼泽、水塘边浅水处　分布 / 西藏、云南、甘肃　海拔 / 1 000~3 600 m

鸢尾科 鸢尾属

4 西南鸢尾

Iris bulleyana

别名：布氏鸢尾、空茎鸢尾

外观：多年生草本。**根茎：**根状茎包有老叶残留的叶鞘及膜质的鞘状叶；须根绳索状，有皱缩的横纹。**叶：**基生，条形，顶端渐尖，基部鞘状，略带红色，无明显的中脉。**花：**花茎中空，光滑，生有2~3片茎生叶，基部围有少量红紫色的鞘状叶；苞片2~3枚，膜质，绿色，边缘略带红褐色，内包含有1~2朵花；花天蓝色至蓝紫色，直径6.5~7.5 cm；花被管三棱状柱形，无附属物，具蓝紫色的斑点及条纹，内花被裂片直立，花盛开时略向外倾；雄蕊长约2.5 cm，较花丝略短；花柱分枝片状，中肋隆起，深蓝紫色，长约3.5 cm，顶端裂片近方形，全缘。**果实：**蒴果，三棱状柱形，6条肋明显，顶端钝，无喙，明显具网纹。

花期 / 6—7月　果期 / 8—10月　生境 / 湿润的山坡草地或溪流旁的湿地　分布 / 西藏、云南、四川　海拔 / 2 300~3 500 m

鸢尾科 鸢尾属

1 金脉鸢尾

Iris chrysographes

别名：金纹鸢属、金网鸢属

外观：多年生草本，高25~50 cm。**根茎：**植株基部围有大量棕色披针形的鞘状叶。**叶：**基生叶条形，长25~70 cm，宽0.5~1.2 cm，基部鞘状；花茎中下部有1~2枚茎生叶，叶鞘宽大抱茎。**花：**花茎中空；苞片3枚，绿色略带红紫色；花深蓝紫色，稀近白色，花被片6枚，有金黄色条纹，爪部突然变狭，内轮狭倒披针形，常向外倾斜；雄蕊3枚，花药蓝紫色，花丝紫色；花柱3分枝，深紫色，呈拱形弯曲。**果实：**蒴果，三棱状圆柱形。

花期／6—7月　果期／8—10月　生境／山坡草地、林缘　分布／西藏东南部、云南西部及西北部、四川　海拔／1 200~4 400 m

2 尼泊尔鸢尾

Iris decora

别名：兰花草、小兰花

外观：多年生草本，基部围有大量老叶叶鞘的残留纤维。**根茎：**根状茎短而粗，块状；根膨大呈纺锤形，肉质，有皱缩的横纹。**叶：**条形，宽6~8 mm，有2~3条纵脉。**花：**花茎高10~25 cm；花蓝紫色或浅蓝色，直径2.5~6 cm；花梗长1~1.5 cm；花被管细长，上部扩大成喇叭形，外花被裂片长椭圆形至倒卵形，中脉上有黄色须毛状的附属物；雄蕊长约2.5 cm，花药淡黄白色；花柱分枝扁而宽，顶端裂片钝三角形。**果实：**蒴果，卵圆形，顶端有短喙。

花期／6月　果期／7—8月　生境／山坡草地、石隙及疏林下　分布／西藏、云南、四川　海拔／1 500~3 000 m

3 云南鸢尾

Iris forrestii

别名：大紫石蒲、滇鸢尾

外观：多年生草本，基部有鞘状叶及老叶残留的纤维。**根茎：**根状茎斜伸，包有老叶残留纤维。**叶：**条形，黄绿色，宽4~7 mm，基部鞘状，无明显的中脉。**花：**花茎光滑，有1~3枚茎生叶；花黄色，直径6.5~7 cm；花梗长3.5~5 cm；外花被裂片倒卵形，有紫褐色的条纹及斑点，爪部狭楔形，无附属物，内花被裂片直立；雄蕊长约3 cm，花药褐黄色；花柱分枝淡黄色。**果实：**蒴果，钝三棱状椭圆形，有短喙，室背开裂。

花期／5—6月　果期／7—8月　生境／水沟、溪流旁的湿地或山坡草丛　分布／西藏、云南、四川　海拔／3 000~4 000 m

鸢尾科 鸢尾属

1 锐果鸢尾

Iris goniocarpa

别名：细锐果鸢尾、小排草

外观： 多年生草本。**根茎：** 根状茎短，棕褐色；须根细，黄白色，多分枝。**叶：** 柔软，黄绿色，条形，顶端钝，中脉不明显。**花：** 花茎高10~25 cm，无茎生叶；苞片2枚，披针形，顶端渐尖，向外反折，内包含有1朵花；花蓝紫色；花被管长1.5~2 cm，外花被裂片倒卵形或椭圆形，有深紫色的斑点，中脉上的须毛状附属物基部白色，顶端黄色，内花被裂片狭椭圆形或倒披针形；花柱分枝花瓣状。**果实：** 蒴果，黄棕色，三棱状圆柱形或椭圆形，顶端有短喙。

花期／5—6月　果期／6—8月　生境／高山草地、向阳山坡的草丛中以及林缘、疏林下　分布／西藏、云南、四川、青海、甘肃　海拔／3 000~4 000 m

2 卷鞘鸢尾

Iris potaninii

别名：波氏鸢尾、甘青鸢尾、高原鸢尾

外观： 矮小多年生草本，植株基部围有大量老叶叶鞘的残留纤维，毛发状，向外反卷。**根茎：** 根状茎木质，块状，很短；根粗而长，近肉质，少分枝。**叶：** 条形，花期叶长4~8 cm，果期叶长可达20 cm。**花：** 花茎极短，基部生有1~2枚鞘状叶；苞片2枚，膜质，狭披针形，内包含有1朵花；花黄色，直径约5 cm；花被管长1.5~3.7 cm，下部丝状，上部逐渐扩大成喇叭形，外花被中脉上密生有黄色的须毛状附属物，内花被裂片倒披针形，顶端微凹，直立；雄蕊长约1.5 cm，花药短宽，紫色；花柱分枝扁平，黄色，顶端裂片近半圆形，外缘有不明显的牙齿。**果实：** 蒴果，椭圆形，顶端有短喙。

花期／5—6月　果期／7—9月　生境／石质山坡　分布／西藏、四川、青海、甘肃　海拔／3 200~5 000 m

3 紫苞鸢尾

Iris ruthenica

(syn. *Iris ruthenica* var. *nana*)

别名：细茎鸢尾、矮紫苞鸢尾、俄罗斯鸢尾

外观： 多年生草本。**根茎：** 根状茎斜伸，二歧分枝，节明显，外包以棕褐色老叶残留的纤维；须根粗，暗褐色。**叶：** 条形，灰绿色，长8~15 cm，宽1.5~3 mm。**花：** 花茎远低于叶；苞片长1.5~3 cm；花淡蓝色或蓝紫色，直径3.5~4.5 cm；花被管长

1

2　徐波　摄影

1~1.5 cm，外花被裂片长约2.5 cm，具深色条纹及斑点，内花被裂片长约2 cm；雄蕊长约1.5 cm，子房狭卵形，柱状，长约4 mm。**果实：**蒴果，球形或卵圆形，6条肋明显，顶端无喙。

花期 / 4—6月　果期 / 7—8月　生境 / 向阳砂质地或山坡草地　分布 / 西藏、云南、四川、甘肃　海拔 / 1 800~3 600 m

4 准噶尔鸢尾

Iris songarica

外观：多年生密丛草本，植株基部围有棕褐色折断的老叶叶鞘。**根茎：**地下生有不明显的木质、块状的根状茎，棕黑色；须根棕褐色，上下近于等粗。**叶：**灰绿色，条形，花期叶较花茎短，果期叶比花茎高，有3~5条纵脉。**花：**花茎光滑，生有3~4枚茎生叶；花下苞片3枚，草质，绿色，边缘膜质，颜色较淡，顶端短渐尖，内包含有2朵花；花蓝色；花被管长5~7 mm，外花被裂片提琴形，上部椭圆形或卵圆形，爪部近披针形，内花被裂片倒披针形，直立；花药褐色；花柱分枝长约3.5 cm，顶端裂片狭三角形，子房纺锤形。**果实：**蒴果，三棱状卵圆形，顶端有长喙，果皮革质，网脉明显。

花期 / 6—7月　果期 / 8—9月　生境 / 向阳的高山草地、坡地及石质山坡　分布 / 四川、青海、甘肃　海拔 / 3 400~4 200 m

5 鸢尾

Iris tectorum

别名：蓝蝴蝶、紫蝴蝶、扁竹花

外观：多年生草本，高20~40 cm。**根茎：**植株基部围有老叶残留的膜质叶鞘及纤维；根状茎二歧分枝，斜伸；花茎直立。**叶：**基生叶宽剑形，稍弯曲，长15~50 cm，宽1.5~3.5 cm，黄绿色，基部鞘状；花茎中下部有1~2枚茎生叶。**花：**苞片2~3枚，草质，边缘膜质，披针形或长卵圆形，含1~2朵花；花蓝紫色，花被管上端膨大成喇叭形，裂片6枚，2轮，外轮圆形或宽卵形，顶端微凹，中脉上有不规则的鸡冠状附属物，呈不整齐撕裂状，内轮椭圆形；雄蕊3枚；花柱3分枝，扁平，淡蓝色，顶端裂片有疏齿。**果实：**蒴果，长椭圆形或倒卵形。

花期 / 4—5月　果期 / 6—8月　生境 / 向阳坡地、林缘、水边湿地　分布 / 西藏南部及东部、云南西北部、四川、甘肃　海拔 / 1 900~3 800 m

鸢尾科 庭菖蒲属

1 庭菖蒲

Sisyrinchium rosulatum

外观： 一年生莲座丛状草本。**根茎：** 须根纤细，黄白色，多分枝；茎纤细，节常呈膝状弯曲，沿茎的两侧生有狭的翅。**叶：** 基生或互生，狭条形，基部鞘状抱茎，顶端渐尖，无明显的中脉。**花：** 花序顶生；苞片5~7枚，外侧2枚狭披针形，内包含有4~6朵花；花淡紫色，喉部黄色；花梗丝状；花被管甚短，有纤毛，内、外花被裂片同形，等大，2轮排列，顶端突尖，白色，有浅紫色的条纹，外展，爪部楔形，鲜黄色，并有浓紫色的斑纹；雄蕊3枚，花丝下部合成管状，包住花柱，外围有大量的腺毛；花柱丝状，上部3裂，子房圆球形。**果实：** 蒴果，球形，黄褐色或棕褐色。

花期 / 5月　果期 / 6—8月　生境 / 栽培花卉，原产于北美洲；逸为半野生，见于草坡　分布 / 西藏东南部（波密）　海拔 / 3 000 m

石蒜科 小金梅草属

2 小金梅草

Hypoxis aurea

别名：关慈菇、金梅草、山慈菇

外观： 多年生矮小草本。**根茎：** 根状茎肉质，球形或长圆形，外面包有老叶柄的纤维残迹。**叶：** 基生，4~12枚，狭线形，顶端长尖，基部膜质，有黄褐色疏长毛。**花：** 花茎纤细，高2.5~10 cm；花序有花1~2朵，有淡褐色疏长毛；苞片小，2枚，刚毛状；花黄色；无花被管，花被片6枚，长圆形，长6~8 mm，宿存，有褐色疏长毛；雄蕊6枚，着生于花被片基部，花丝短；子房下位，有疏长毛，花柱短，柱头3裂，直立。**果实：** 蒴果，棒状，成熟时3瓣开裂。

花期 / 4—7月　果期 / 7—9月　生境 / 林缘荒地　分布 / 云南、四川　海拔 / 1 000~2 800 m

兰科 无柱兰属

3 一花无柱兰

Amitostigma monanthum

别名：单花无柱兰、单叶无柱兰

外观： 多年生草本，高6~10 cm。**根茎：** 块茎小，卵球形或圆球形；茎纤细，基部具1~2枚筒状鞘。**叶：** 叶片披针形至狭长圆形，长2~3 cm，宽6~10 mm，基部收狭成抱茎的鞘。**花：** 苞片线状披针形；子房扭转，无毛；花淡紫色，粉红色或白色，具紫色斑点；萼片先端钝，中萼片直立，凹陷呈舟状，狭卵形；侧萼片狭长圆状椭圆形；花瓣直立，斜卵形，与中萼片等长而较宽，并与

4

中萼片相靠合，具1脉；唇瓣向前伸展，张开，内面被短柔毛，近基部收狭成短爪，基部具距，中部以下3裂；距圆筒状，下垂，长3~4 mm；蕊柱短，直立。**果实：**蒴果，近于直立。

花期 / 7—8月　果期 / 8—10月　生境 / 山谷溪边或高山潮湿草地　分布 / 西藏东南部（察隅）、云南西北部、四川西部、甘肃东南部　海拔 / 2 800~4 000 m

兰科 虾脊兰属

4 流苏虾脊兰

Calanthe alpina

别名：高山虾脊兰、羽唇根节兰

外观：多年生草本，高可达50 cm。**根茎：**假鳞茎短小；假茎不明显或有时长达7 cm，具3枚鞘。**叶：**3枚，花期全部展开，叶片椭圆形或倒卵状椭圆形。**花：**花莛从叶间抽出，高出叶层之外；总状花序长3~12 cm，疏生3~10余朵花；苞片宿存；花梗和子房长约2 cm；萼片和花瓣浅紫堇色，先端急尖或渐尖而呈芒状；花瓣狭长圆形至卵状披针形，具3条脉；唇瓣浅白色，后部黄色，前部具紫红色条纹，与蕊柱中部以下的蕊柱翅合生，半圆状扇形，前端边缘具流苏；距浅黄色或浅紫堇色，劲直，长1.5~3.5 cm；蕊柱白色，上端扩大；蕊喙2裂，裂片近镰刀状。**果实：**蒴果，倒卵状椭圆形。

花期 / 6—9月　果期 / 11月　生境 / 山地林下和草坡上　分布 / 西藏南部及东南部、云南西北部、四川西南部、甘肃南部　海拔 / 1 500~3 500 m

5 三棱虾脊兰

Calanthe tricarinata

别名：九子连环草、三板根节兰

外观：多年生草本。**根茎：**假鳞茎圆球状；假茎粗壮，长4~15 cm；鞘大型，先端钝。**叶：**在花期时尚未展开，叶片椭圆形或倒卵状披针形，通常长20~30 cm，宽5~11 cm。**花：**花莛直立，粗壮，高出叶层外，长达60 cm；总状花序疏花；苞片宿存；花梗和子房长1~2 cm，密被短毛；花张开，萼片和花瓣浅黄色；萼片相似，长圆状披针形；花瓣倒卵状披针形，先端锐尖或稍钝，基部收狭为爪，具3条脉；唇瓣红褐色，基部合生于整个蕊柱翅上，3裂；中裂片肾形，先端微凹并具短尖，边缘强烈波状；唇瓣上具3~5条鸡冠状褶片，无距；蕊柱粗短，蕊喙2裂。**果实：**蒴果。

花期 / 4—6月　果期 / 8—11月　生境 / 山坡草地或混交林下　分布 / 西藏东南部、云南西部至西北部、四川西南部、甘肃南部　海拔 / 1 600~3 500 m

5

5

兰科 头蕊兰属

1 头蕊兰

Cephalanthera longifolia

别名：长叶头蕊兰、四叶一支花

外观：地生草本，高20~47 cm。**根茎：**茎直立，下部具3~5枚排列疏松的鞘。**叶：**4~7枚；叶片披针形至长圆状披针形。**花：**总状花序，具2~13朵花；花白色，稍开放或不开放；萼片狭菱状椭圆形或狭椭圆状披针形，先端渐尖或近急尖，具5脉；花瓣近倒卵形，先端急尖或具短尖；唇瓣长5~6 mm，3裂，基部具囊；侧裂片近卵状三角形，多少围抱蕊柱；中裂片三角状心形，近顶端处密生乳突；唇瓣基部的囊短而钝，包藏于侧萼片基部之内。**果实：**蒴果。

花期 / 5—6月　果期 / 5—6月　生境 / 林下、灌丛中、沟边或草丛中　分布 / 西藏南部至东南部、云南西北部、四川西部、甘肃南部　海拔 / 1 000~3 600 m

兰科 杓兰属

2 黄花杓兰

Cypripedium flavum

别名：扫帚七

外观：地生草本。**根茎：**茎直立，密被短柔毛。**叶：**3~6枚，较疏离；叶片椭圆形至椭圆状披针形先端急尖或渐尖，两面被短柔毛，边缘具细缘毛。**花：**花序顶生，常1朵花，罕有2朵花；苞片叶状、椭圆状披针形；花黄色，有时具红晕，唇瓣上偶见栗色斑点；中萼片椭圆形至宽椭圆形，先端钝；花瓣长圆形至长圆状披针形；唇瓣深囊状，囊底具长柔毛；退化雄蕊基部近无柄，多少具耳，下面略有龙骨状突起，上面有明显的网状脉纹。**果实：**蒴果，被毛。

花期 / 6—9月　果期 / 6—9月　生境 / 林下、林缘、灌丛中或草地　分布 / 西藏东南部、云南西北部、四川、甘肃南部　海拔 / 1 800~3 450 m

3 紫点杓兰

Cypripedium guttatum

别名：小口袋花、斑花杓兰、紫斑囊兰

外观：地生草本，高15~25 cm。**根茎：**茎直立，被短柔毛和腺毛。**叶：**2枚，极罕3枚。**花：**花序顶生，具1朵花；花苞片叶状；花白色，具淡紫红色；唇瓣深囊状，多少近球形，具宽阔的囊口，囊口前方几乎不具内折的边缘，囊底有毛；退化雄蕊卵状椭圆形，先端微凹或近截形，背面有较宽的龙骨状突起。**果实：**蒴果，近狭椭圆形，下垂。

花期 / 5—7月　果期 / 8—9月　生境 / 林下、灌丛中或草地上　分布 / 西藏、云南西北部、四川　海拔 / 1 000~4 000 m

2

兰科 杓兰属

1 波密杓兰

Cypripedium ludlowii

外观：多年生草本，高25~40 cm。**根茎：**茎直立，基部具数枚鞘。**叶：**常3枚，叶片椭圆状卵形或椭圆形，长6~13 cm，宽3.6~7.5 cm，疏被短柔毛，偶具腺毛。**花：**顶生，具1朵花；苞片疏被短柔毛；花梗偶具腺毛；花紫褐色或淡绿黄色；中萼片卵状椭圆形；合萼片卵形至披针形，先端2浅裂；花瓣斜披针形，边缘略呈波状；唇瓣囊状，近椭圆形，囊底有毛。**果实：**蒴果。

花期 / 6—7月　果期 / 7—8月　生境 / 湿润的林下　分布 / 西藏东南部　海拔 / 3 500~4 300 m

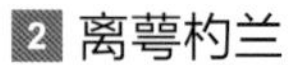

2 离萼杓兰

Cypripedium plectrochilum

别名：合唇杓兰

外观：地生草本，高12~30 cm。**根茎：**具根状茎；茎直立，被短柔毛，基部具数枚鞘。**叶：**叶片通常3枚。**花：**花序顶生，具1朵花；花序柄纤细，被短柔毛；花苞片叶状；花梗和子房密被短柔毛；花在该属中较小；萼片褐色或浅绿褐色，花瓣浅红褐色或褐色并有白色边缘，唇瓣白色而有粉红色晕；侧萼片完全离生，线状披针形；花瓣线形，内表面基部具短柔毛；唇瓣深囊状，倒圆锥形，囊口周围具短柔毛，囊底亦有毛；退化雄蕊宽倒卵形或方形的倒卵形，基部具很短的柄，背面有龙骨状突起。**果实：**蒴果，狭椭圆形，有棱，棱上被短柔毛。

花期 / 4—6月　果期 / 7月　生境 / 较干燥的松林下、林缘、灌丛中或草坡上　分布 / 西藏东南部、云南中部至西北部、四川西部　海拔 / 2 000~3 600 m

1

1

2

2

2

3

3

3

3

3 西藏杓兰

Cypripedium tibeticum

别名：藏杓兰

外观：多年生草本，高15~35 cm。**根茎：**具根状茎；茎直立。**叶：**通常3枚，椭圆形、卵状椭圆形或宽椭圆形，无毛或疏被微柔毛，边缘具细缘毛。**花：**花序顶生，具1朵花；花苞片叶状；花梗和子房无毛或上部偶见短柔毛；花紫色至暗栗色，通常有淡绿黄色的斑纹，唇瓣的囊口周围有白色或浅色的圈；唇瓣深囊状，近球形至椭圆形，宽亦相近或略窄，外表面常皱缩，后期尤其明显，囊底有长毛；退化雄蕊卵状长圆形，背面多少有龙骨状突起，基部近无柄。**果实：**蒴果。

花期／5—8月　果期／6—9月　生境／疏林下、林缘及草坡　分布／西藏东部至南部、云南西北部、四川西部、甘肃南部　海拔／2 300~4 200 m

兰科 杓兰属

1 云南杓兰

Cypripedium yunnanense

外观：地生草本，高20~37 cm。**根茎：**具粗短的根状茎；茎直立。**叶：**3~4枚，叶片椭圆形或椭圆状披针形，先端渐尖，被微柔毛。**花：**花序顶生，具1朵花；花苞片叶状，先端急尖或渐尖，两面疏被短柔毛；花梗和子房无毛或上部稍被毛；花略小，粉红色或偶见灰白色，有深色的脉纹，退化雄蕊白色并在中央具1条紫条纹；花瓣披针形，先端渐尖，稍扭转或不扭转，内表面基部具毛；唇瓣深囊状，椭圆形，囊口周围有浅色的圈，囊底有毛，外面无毛；退化雄蕊椭圆形或卵形，基部近无柄。**果实：**蒴果。

花期／5—6月　果期／6—8月　生境／松林下、灌丛中或草坡上　分布／西藏东南部、云南西北部、四川西部至西南部　海拔／2 700~3 800 m

1

兰科 掌裂兰属

2 掌裂兰

Dactylorhiza hatagirea

(syn. *Orchis latifolia*)

别名：宽叶红门兰、阔叶红门兰

外观：多年生草本，高12~40 cm。**根茎：**块茎下部3~5裂，呈掌状，肉质；茎直立，中空，基部具2~3枚筒状鞘，其上具叶。**叶：**常4~6枚，互生，叶片长圆形、长圆状椭圆形、披针形至线状披针形，长8~15 cm，宽1.5~3 cm，基部收狭成抱茎的鞘，向上渐变小，最上部者呈苞片状。**花：**总状花序，顶生，圆柱状；苞片披针形；花紫红色、玫瑰红色或蓝紫色；中萼片卵状长圆形，凹陷，与花瓣靠合呈兜状；侧萼片偏斜，卵状披针形或卵状长圆形；花瓣直立，卵状披针形，稍偏斜；唇瓣向前伸展，卵形、卵圆形、宽菱状横椭圆形或近圆形，有时先端具1凸起，3浅裂状，边缘略具细圆齿，具1个匙形的斑纹；距圆筒形、圆筒状锥形至狭圆锥形，下垂，微向前弯曲。**果实：**蒴果。

花期／6—8月　果期／8—9月　生境／山坡、沟边、灌丛、潮湿草地　分布／西藏东南部、云南（大理）、四川西部、青海、甘肃　海拔／1 000~4 100 m

1

1

1

2

2

2

3 凹舌掌裂兰

Dactylorhiza viridis

(syn. *Coeloglossum viride*)

别名：凹舌兰

外观：多年生草本，高14~45 cm。**根茎：**块茎肉质，2~3分裂；茎直立，基部具2~3枚筒状鞘。**叶：**常3~5枚，叶片狭倒卵状长圆形至椭圆状披针形，绿色无斑点，长5~12 cm，宽1.5~5 cm，先端钝或急尖。**花：**总状花序具多数花，长3~15 cm；花苞片线形或狭披针形，下部者明显较花长；花小，绿黄色或绿棕色，子房连花梗长约1 cm；直立伸展；中萼片直立，卵状椭圆形，长4.2~8 mm，具3脉；侧萼片偏斜，较中萼片稍长，先端钝，具4~5脉；花瓣直立，线状披针形，较中萼片稍短，与中萼片靠合呈兜状；唇瓣下垂，肉质，倒披针形，较萼片长，基部具囊状距，上面在近部的中央有1条短的纵褶片，前部3裂，侧裂片较中裂片长，中裂片小；距卵球形，长2~4 mm。**果实：**蒴果，直立，椭圆形，无毛。

花期 / 6—8月　果期 / 9—10月　生境 / 山坡林下、灌丛或山谷林缘湿地　分布 / 西藏东北部、云南西北部、四川、青海、甘肃　海拔 / 1 200~4 300 m

3

3

3

4　魏来　摄影

兰科 尖药兰属

4 长苞尖药兰

Diphylax contigua

别名：独龙舌唇兰

外观：多年生草本，高20~24 cm。**根茎：**具肉质根状茎，细长；茎直立或多少弯曲，圆柱形。**叶：**茎基部具5枚筒状鞘，鞘上具2~3枚叶；叶片下部者匙形或带状匙形，长7~13 cm，宽1.2~2.2 cm，基部收狭成鞘抱茎，上部者较小，披针形。**花：**总状花序，顶生，具10余朵花，常偏向一侧；苞片披针形；子房纺锤形，扭转；花绿白色，花被片靠合呈兜状；萼片披针形，侧萼片稍偏斜；花瓣斜披针形；唇瓣线状长圆形，前伸，稍下弯，肉质，上面略具柔毛；距下垂，圆筒状椭圆形；蕊柱直立。**果实：**蒴果。

花期 / 8—9月　果期 / 9—10月　生境 / 山坡、林下　分布 / 云南西北部（贡山）　海拔 / 3 000~3 200 m

兰科 火烧兰属

1 火烧兰

Epipactis helleborine

别名：小花火烧兰、膀胱七、灰岩火烧兰

外观： 地生草本，高20~70 cm。**根茎：** 根状茎粗短；茎上部被短柔毛，下部无毛，具鞘。**叶：** 4~7枚，互生；叶片卵圆形至披针形。**花：** 总状花序长10~30 cm，通常具3~40朵花；花苞片叶状，线状披针形，下部的长于花2~3倍或更多，向上逐渐变短；花梗和子房具黄褐色绒毛；花绿色或淡紫色，下垂，较小；中萼片卵状披针形，舟状，先端渐尖；侧萼片斜卵状披针形，先端渐尖；花瓣椭圆形，先端急尖或钝；唇瓣中部明显缢缩；下唇兜状；上唇近三角形或近扁圆形，先端锐尖，在近基部两侧各有1枚半圆形褶片，近先端有时脉稍呈龙骨状。**果实：** 蒴果，倒卵状椭圆状。

花期／7月　果期／9月　生境／山坡林下、草丛或沟边　分布／西藏、云南、四川、青海、甘肃　海拔／1 000~3 600 m

1

1

2 大叶火烧兰

Epipactis mairei

别名：黑搜山虎、火烧兰、鸡嗉子花

外观： 地生草本，高30~70 cm。**根茎：** 根状茎粗短，具多条细长的根；茎直立，上部和花序轴被锈色柔毛。**叶：** 通常5~8枚，互生，中部叶较大；叶片卵圆形至椭圆形，先端短渐尖至渐尖，基部延伸成鞘状，抱茎，茎上部的叶多为卵状披针形，向上过渡为苞片。**花：** 总状花序长10~20 cm，具10~20朵花，有时花更多；苞片椭圆状披针形，下部的等于或稍长于花，向上逐渐变为短于花；子房和花梗被黄褐色或绣色柔毛；花黄绿带紫色、紫褐色或黄褐色，下垂；花瓣长椭圆形或椭圆形，先端渐尖；唇瓣中部稍缢缩而成上下唇；下唇两侧裂片近斜三角形，顶端钝圆，中央具2~3条鸡冠状褶片；上唇肥厚，卵状椭圆形至椭圆形，先端急尖。**果实：** 蒴果，椭圆状，无毛。

花期／6—7月　果期／9月　生境／山坡灌丛中、草丛中、河滩　分布／西藏、云南西北部、四川西部、甘肃　海拔／1 200~3 400 m

2

兰科 虎舌兰属

3 裂唇虎舌兰

Epipogium aphyllum

外观： 腐生草本，高10~30 cm。**根茎：** 地下根状茎珊瑚状，分枝；茎直立，淡褐色，肉质。**叶：** 无绿叶；具数枚膜质鞘，鞘抱茎，长5~9 mm。**花：** 总状花序，顶生，具2~6朵花，稀单花；苞片狭卵状长圆形；花黄色，

带粉红色或淡紫色晕，多少下垂；萼片披针形或狭长圆状披针形；花瓣与萼片相似，常略宽于萼片；唇瓣近基部3裂，边缘近全缘并多少内卷，内面常有4~6条紫红色纵脊；距粗大，末端浑圆。**果实：**蒴果。

花期／8—9月　果期／8—9月　生境／林下、岩隙、苔藓丛中　分布／西藏东南部、云南西北部、四川西北部、甘肃南部　海拔／1 200~3 600 m

兰科 盔花兰属

4 二叶盔花兰

Galearis spathulata

(syn. *Orchis diantha*)

别名：二叶红门兰、匙叶红门兰

外观：多年生草本，高8~15 cm。**根茎：**具伸长而平展的根状茎；茎直立，圆柱形，基部具1~2枚筒状鞘，其上具叶。**叶：**通常2枚，近对生，叶片倒披针形、椭圆形或匙形，基部渐狭成柄，下部抱茎。**花：**花茎直立，具1~5朵花，多偏向一侧；苞片直立伸展，近长圆形或狭椭圆状披针形；花紫红色；萼片近等长，近长圆形，中萼片直立凹陷，与花瓣靠合呈兜状，侧萼片近直立伸展；花瓣直立，卵状长圆形或近长圆形；唇瓣长圆形或近四方形，上面具乳头状突起，基部具短爪，距短，圆筒状。**果实：**蒴果。

花期／6—8月　果期／7—9月　生境／山坡、灌丛、高山草地　分布／西藏东部至南部、云南西北部、四川西部、青海东北部、甘肃东南部　海拔／2 300~4 300 m

兰科 盔花兰属

1 斑唇盔花兰

Galearis wardii

(syn. *Orchis wardii*)

别名：斑唇红门兰

外观：多年生草本，高12~25 cm。**根茎：**根状茎狭圆柱状；茎直立，基部具2~3枚筒状鞘。**叶：**2枚，宽椭圆形至长圆状披针形，长7~15 cm，宽2.5~4.5 cm，基部收狭成抱茎的鞘。**花：**总状花序，顶生；苞片披针形；花紫红色，萼片、花瓣和唇瓣上均具深紫色斑点；中萼片狭卵状披针形；侧萼片开展或反折，镰状狭卵状披针形；花瓣直立，卵状披针形，与中萼片靠合呈兜状；唇瓣向前伸展，宽卵形或近圆形，具深紫色斑块，边缘蚀齿状且具褶皱；距圆筒状，下垂，稍向前弯曲。**果实：**蒴果。

花期 / 6—7月　果期 / 7—8月　生境 / 山坡、林下、高山草甸　分布 / 西藏东南部、云南西北部、四川西部　海拔 / 2 400~4 500 m

兰科 山珊瑚属

2 毛萼山珊瑚

Galeola lindleyana

外观：高大腐生植物，半灌木状，高1~3 m。**根茎：**根状茎粗厚，直径可达2~3 cm，疏被卵形鳞片；茎直立，红褐色，基部多少木质化。**叶：**无叶，节上具宽卵形鳞片。**花：**圆锥花序；花梗和子房长1.5~2 cm，常多少弯曲，密被锈色短绒毛；花黄色，开放后直径达3.5 cm；萼片椭圆形至卵状椭圆形，背面密被锈色短绒毛并具龙骨状突起；侧萼片常比中萼片略长；花瓣宽卵形至近圆形，略短于中萼片；唇瓣凹陷成杯状，边缘具短流苏，内面被乳突状毛，近

1

1

2　魏来　摄影

2 魏来 摄影

2 魏来 摄影

3

4

4

基部处有1个平滑的胼胝体；蕊柱棒状；药帽上有乳突状小刺。**果实：**蒴果，近长圆形，外形似厚的荚果，淡棕色。

花期／5—8月　果期／9—10月　生境／疏林下、沟谷边湿润处　分布／西藏东南部（墨脱）、云南西北部、四川　海拔／1 600~2 200 m

兰科 斑叶兰属

3 大花斑叶兰

Goodyera biflora

别名：长花斑叶兰，双花斑叶兰、大斑叶兰

外观：地生草本，高5~15 cm。**根茎：**根状茎伸长，茎状，匍匐，具节；茎直立，绿色，具4~5枚叶。**叶：**叶片卵形或椭圆形，上面绿色，具白色均匀细脉连接成的网状脉纹，背面淡绿色，有时带紫红色，具柄；叶柄基部扩大成抱茎的鞘。**花：**花茎很短，被短柔毛；总状花序通常具2朵花，罕有3~6朵花，常偏向一侧；苞片披针形，先端渐尖；子房圆柱状纺锤形，被短柔毛；花大，长管状，白色或带粉红色，萼片线状披针形，近等长，中萼片与花瓣粘合呈兜状；花瓣白色，无毛，稍斜菱状线形；唇瓣白色，线状披针形，基部凹陷呈囊状，内面具多数腺毛，前部舌状，先端向下卷曲；蕊柱短；花粉团倒披针形；蕊喙细长，叉状2裂；柱头1个，位于蕊喙下方。**果实：**蒴果，直立。

花期／2—7月　果期／7—10月　生境／林下阴湿处　分布／西藏、云南、四川、甘肃南部　海拔／1 000~2 200 m

兰科 手参属

4 手参

Gymnadenia conopsea

别名：虎掌参、手掌参

外观：多年生草本，高20~60 cm。**根茎：**块茎肉质，下部掌状分裂；茎直立，圆柱形，基部具2~3枚筒状鞘，其上具叶。**叶：**互生，常4~5枚叶，上部具1至数枚苞片状小型叶；叶片线状披针形、狭长圆形或带形，长5.5~15 cm，宽1~2 cm，基部收狭成抱茎的鞘。**花：**总状花序，具多数密生的花；苞片披针形，先端渐尖成尾状；花粉红色，稀为粉白色；中萼片宽椭圆形或宽卵状椭圆形，略呈兜状；侧萼片斜卵形，反折；花瓣直立，斜卵状三角形，边缘具细锯齿；唇瓣向前伸展，宽倒卵形，前部3裂；距细长，狭圆筒形，下垂，稍向前弯。**果实：**蒴果。

花期／6—8月　果期／8—9月　生境／山坡、林下、草地、砾石滩草丛中　分布／西藏（察隅）、云南西北部、四川西部至北部　海拔／1 000~4 700 m

兰科 手参属

1 西南手参

Gymnadenia orchidis

外观：多年生草本，高17~35 cm。**根茎：**块茎卵状椭圆形，肉质，下部掌状分裂；茎直立，较粗壮。**叶：**基部具2~3枚筒状鞘，其上具3~5枚叶，上部具1至数枚苞片状小叶；叶片椭圆形或椭圆状长圆形，基部收狭成抱茎的鞘。**花：**总状花序具多数密生的花，圆柱状，长4~14 cm；苞片披针形，先端渐尖；子房纺锤形，顶部稍弧曲；花紫红色、粉红色或白色；中萼片直立，卵形，先端钝，具3脉；侧萼片反折，斜卵形，边缘向外卷，先端钝；花瓣直立，斜宽卵状三角形，与中萼片等长且较宽，边缘具波状齿；唇瓣向前伸展，宽倒卵形，前部3裂，中裂片较侧裂片稍大或等大；距细而长，狭圆筒形，下垂，长7~10 mm，稍向前弯；花粉团卵球形，具细长的柄和粘盘，粘盘披针形。**果实：**蒴果。

花期 / 7—9月　果期 / 9—10月　生境 / 山坡林下、灌丛下和高山草地　分布 / 西藏东部至南部、云南西北部、四川西部、青海南部、甘肃东南部　海拔 / 2 800~4 100 m

兰科 玉凤花属

2 凸孔坡参

Habenaria acuifera

别名：尖玉凤花

外观：多年生草本，高14~38 cm。**根茎：**块茎长圆形或狭椭圆形，肉质；茎直立，圆柱形。**叶：**互生，常3~4枚，叶片长圆形或长圆状披针形，长4~12 cm，宽1~1.5 cm，基部抱茎；叶之下具2~3枚筒状鞘，向上具多枚苞片状小叶，披针形，边缘具缘毛。**花：**总状花序，顶生，具8~20余朵花；苞片披针

形，边缘具缘毛；子房细圆柱状纺锤形，扭转；花黄色；中萼片宽卵形，直立，凹陷，与花瓣靠合呈兜状；侧萼片反折，斜卵状椭圆形；花瓣直立，斜长圆形；唇瓣伸展，基部3裂，中裂片线形，侧裂片钻状；距细圆筒状棒形，下垂。**果实：**蒴果。

花期／6—8月　果期／8—9月　生境／山坡林下、灌丛、草地　分布／云南西北部至西南部、四川西部至西南部　海拔／1 000~2 800 m

3 落地金钱

Habenaria aitchisonii

外观：多年生草本，高12~33 cm。**根茎：**块茎肉质；茎直立，被乳突状柔毛。**叶：**叶片平展，卵圆形或卵形，稍肥厚，绿色。**花：**总状花序，花序轴被乳突状毛；苞片卵状披针形；子房圆柱形，扭转，被乳突状毛；花较小，黄绿色或绿色；中萼片直立，卵形，凹陷呈舟状，与花瓣靠合呈兜状；侧萼片反折，斜卵状长圆形，具3脉；花瓣直立，2裂，上裂片斜镰状披针形，具1脉；唇瓣较萼片长，基部之上3深裂；中裂片线形，反折；侧裂片近钻形，角状，先端稍钩曲；距圆筒状棒形，下部稍膨大且向前弯，较子房短；蕊柱短；药隔较窄，顶部凹陷；柱头突起棒状。**果实：**蒴果。

花期／6—9月　果期／8—10月　生境／山坡林下、灌丛下或草地　分布／西藏东南部至南部、云南中西部至西北部、四川西部、青海南部　海拔／2 100~4 300 m

4 粉叶玉凤花

Habenaria glaucifolia

别名：粉红玉凤花、粉叶玉凤兰

外观：多年生草本，高15~50 cm。**根茎：**块茎肉质；茎直立，被短柔毛。**叶：**叶片平展，较肥厚，近圆形或卵圆形，上面粉绿色，背面带灰白色。**花：**总状花序具3~10朵花，花序轴被短柔毛；苞片直立伸展，披针形或卵形；子房圆柱形，扭转，被短柔毛；花较大，白色或白绿色；中萼片卵形或长圆形，直立，凹陷呈舟状，具5脉，与花瓣靠合呈兜状；侧萼片反折，斜卵形或长圆形，具5脉；花瓣直立，2深裂，上裂片与中萼片近等长，匙状长圆形，具3脉，具缘毛；下裂片小，线状披针形，无缘毛；唇瓣反折，基部具短爪，基部之上3深裂；侧裂片叉开，线状披针形，前部拳卷状；中裂片线形；距下垂，近棒状；药隔极宽；柱头的突起长，披针形。**果实：**蒴果。

花期／6—8月　果期／8—10月　生境／山坡林下、灌丛下或草地上　分布／西藏东南部、云南西北部至东南部、四川西部、甘肃南部　海拔／2 000~4 300 m

兰科 玉凤花属

1 大花玉凤花

Habenaria intermedia

外观：多年生草本，高23~30 cm。**根茎：**块茎肉质，椭圆形；茎粗壮，圆柱形，具3~5枚疏生的叶。**叶：**叶片卵状披针形，先端急尖，基部抱茎。**花：**总状花序具1~4朵花；苞片卵形；子房圆柱形，扭转，连花梗长3.8~4.5 cm；花大，白色或带绿色；萼片边缘具缘毛，中萼片卵状长圆形，直立，凹陷呈舟状；侧萼片反折，斜镰状披针形；花瓣白色，直立，斜半卵状镰形，不裂，边缘具缘毛，与中萼片靠合呈兜状；唇瓣较萼片长，基部以上3深裂，裂片边缘具缘毛，侧裂片线形，外侧边缘为蓖齿状深裂，其裂片10余条，丝状；中裂片线形，较侧裂片稍短；距圆筒状，下垂。**果实：**蒴果。

花期／7月　果期／8—9月　生境／林下和草坡　分布／西藏南部（吉隆）　海拔／2 600~3 000 m

1　魏来　摄影

兰科 舌喙兰属

2 扇唇舌喙兰

Hemipilia flabellata

别名：长距舌喙兰、单肾草、独叶一枝花

外观：直立草本，高20~28 cm。**根茎：**块茎狭椭圆状。**叶：**叶片贴地，心形至宽卵形，基部心形或近圆形，上面绿色并具紫色斑点，背面紫色。**花：**总状花序长5~9 cm，3~15朵花疏生；苞片披针形，向上渐小；花梗和子房线形；花紫红色至纯白色；中萼片长圆形或狭卵形；侧萼片斜卵形或镰状长圆形；花瓣宽卵形，具5脉；唇瓣基部具明显的爪；爪长圆形或楔形；爪以上扩大成扇形或近圆形，边缘具不整齐细齿，先端平截或圆

2

2

2

钝，有时微缺；近距口处具2枚胼胝体；距圆锥状圆柱形，直或稍弯曲；蕊喙舌状，先端浑圆。**果实：**蒴果，圆柱形，长3~4 cm。

花期／6—8月　果期／9—10月　生境／林下、林缘或石灰岩石缝中　分布／云南中部及西北部、四川西南部　海拔／1 600~3 200 m

兰科 紫斑兰属

3 紫斑兰

Hemipiliopsis purpureopunctata

(syn. *Habenaria purpureopunctata*)

别名：紫斑玉凤花、拟舌喙兰

外观：多年生草本，高20~50 cm。**根茎：**块茎卵圆形或长椭圆形，肉质；茎直立，具紫色斑点。**叶：**基生叶1枚，椭圆形或长椭圆形，长5~15 cm，宽2~5 cm，下面淡紫色，上面绿色具紫色斑点；茎生叶2~5枚，互生，苞片状。**花：**总状花序，总花梗和花序轴均具紫色斑点；苞片卵状披针形，下面具紫色斑点；花淡紫色，花被片和子房均具紫色斑点；中萼片直立，长圆形而凹陷，与花瓣靠合呈兜状；侧萼片斜卵状椭圆形，常反折；花瓣直立，斜卵圆形；唇瓣较萼片和花瓣长而大，宽楔形，前部3裂，中裂片常上举，侧裂片具粗锯齿；距向下渐狭，末端膨大呈圆球状。**果实：**蒴果。

花期／6—7月　果期／7—8月　生境／林下、山坡草地　分布／西藏南部及东南部　海拔／2 100~3 400 m

兰科 角盘兰属

4 角盘兰

Herminium monorchis

别名：开口箭、牛党参、人参果

外观：多年生草本，高5.5~35 cm。**根茎：**块茎球形，肉质；茎直立，无毛，基部具2枚筒状鞘。**叶：**下部具2~3枚，在叶之上具1~2枚苞片状小叶；叶片狭椭圆状披针形或狭椭圆形。**花：**总状花序具多数花，圆柱状；苞片线状披针形，先端长渐尖，尾状；子房圆柱状纺锤形，扭转，顶部明显钩曲，无毛；花小，黄绿色，下垂；萼片近等长，具1脉；唇瓣与花瓣等长，肉质增厚，基部凹陷呈浅囊状，近中部3裂，中裂片线形，侧裂片三角形，较中裂片短很多；蕊柱粗短；药室并行；花粉团近圆球形，具极短的花粉团柄和黏盘，黏盘较大，卷成角状；蕊喙宽而矮；柱头2个，位于蕊喙之下；退化雄蕊2个，近三角形。**果实：**蒴果。

花期／6—9月　果期／8—10月　生境／灌丛下、山坡草地或河滩沼泽草地　分布／西藏南部至东部、云南西北部、四川西部、青海、甘肃　海拔／1 000~4 500 m

兰科 羊耳蒜属

1 镰翅羊耳蒜

Liparis bootanensis

别名：不丹羊耳兰、一叶羊耳兰、折叠羊耳兰

外观：多年生附生草本，高5~25 cm。**根茎：**假鳞茎卵形、卵状长圆形或狭卵状圆柱形，密集。**叶：**假鳞茎顶端生1叶，狭长圆状倒披针形、倒披针形至近狭椭圆状长圆形，长8~22 cm，宽11~33 mm，基部收狭成柄；叶柄长1~7 cm。**花：**总状花序，顶生，外弯或下垂；花序柄略压扁，两侧具狭翅；苞片狭披针形；花黄绿色，有时稍带褐色，较少近白色；中萼片近长圆形，侧萼片略宽；花瓣狭线形；唇瓣近宽长圆状倒卵形，先端近截形并有凹缺或短尖，前缘常具不规则细齿；蕊柱稍向前弯曲，上部两侧具翅。**果实：**蒴果，倒卵状椭圆形。

花期 / 8—12月　果期 / 12月至翌年5月　生境 / 林缘、林下、山谷阴处的树上或岩壁上　分布 / 西藏东南部、云南西北部至东南部、四川西南部　海拔 / 1 000~3 100 m

1　魏来　摄影

2 羊耳蒜

Liparis campylostalix

外观：多年生草本，高12~50 cm。**根茎：**假鳞茎卵形，外被白色薄膜质鞘。**叶：**基生叶2枚，卵形、卵状长圆形或近椭圆形，长5~10 cm，宽2~4 cm，边缘皱波状或近全缘，基部收狭成鞘状柄。**花：**花序柄圆柱形，两侧略具狭翅；总状花序；苞片狭卵形；花通常淡缘色，有时粉红色或带紫红色；中萼片线状披针形，侧萼片稍斜歪；花瓣丝状；唇瓣近倒卵形，先端具短尖，边缘具不明显的细齿或近全缘，基部逐渐变狭。**果实：**蒴果，倒卵状长圆形。

花期 / 6—8月　果期 / 9—10月　生境 / 林下、灌丛　分布 / 西藏东南部、云南北部及西部、四川　海拔 / 1 100~2 750 m

2

2

兰科 沼兰属

3 沼兰

Malaxis monophyllos

别名：原沼兰、小柱兰

外观：多年生草本，高8~40 cm。**根茎：**假鳞茎卵形，外被白色薄膜质鞘。**叶：**基生，通常1枚，较少2枚，斜立，卵形、长圆形或近椭圆形，长2.5~7.5 cm，宽1~3 cm，基部收狭成柄。**花：**花莛直立；总状花序；苞片披针形；花淡黄绿色至淡绿色；中萼片披针形或狭卵状披针形；侧萼片线状披针形；花瓣近丝状或极狭披针形；唇瓣先端骤然收狭而成线状披针形的尾，唇盘近圆形、宽卵形

3

3

4

4

4

或扁圆形，中央略凹陷，两侧边缘变为肥厚并具疣状突起，基部具短耳。**果实：**蒴果，倒卵形或倒卵状椭圆形。

花期／7—8月　果期／7—8月　生境／林下、灌丛、草坡　分布／西藏南部及东部、云南西部及西北部、四川　海拔／1 000~4 100 m

4

兰科 鸟巢兰属

4 尖唇鸟巢兰

Neottia acuminata

别名：小鸟巢兰

外观：腐生小草本，高14~30 cm。**根茎：**茎直立，黄褐色；中部以下具3~5枚鞘，膜质，长1~5 cm，抱茎。**叶：**无绿叶。**花：**总状花序，顶生，通常具20余朵花；苞片长圆状卵形；花黄褐色，常3~4朵聚生而呈轮生状；中萼片狭披针形；侧萼片与中萼片相似而较宽；花瓣狭披针形；唇瓣形状变化较大，通常卵形、卵状披针形或披针形。**果实：**蒴果，椭圆形。

花期／6—8月　果期／6—8月　生境／林下、阴湿草坡　分布／西藏（波密、米林）、云南西北部、四川、青海、甘肃　海拔／1 500~4 100 m

5

5

5 高山鸟巢兰

Neottia listeroides

外观：腐生小草本，高15~35 cm。**根茎：**茎直立，上部具乳突状短柔毛，中部以下具3~5枚鞘，鞘膜质，下半部抱茎。**叶：**无绿叶。**花：**总状花序顶生，具10~20朵或更多花；花序轴具乳突状短柔毛；苞片近长圆状披针形，在花序基部的1枚长1.2~1.5 cm，向上渐短，但均明显长于花梗；花梗被短柔毛；子房棒状，密被短柔毛；花小，淡绿色；萼片长圆状卵形，先端钝，具1脉；侧萼片斜歪；花瓣近线形或狭长圆形，无毛，具1脉；唇瓣狭倒卵状长圆形，先端2深裂；裂片近卵形或卵状披针形，向前伸展，彼此近平行，具细缘毛；蕊柱稍向前倾斜；蕊喙近宽卵状舌形，水平伸展。**果实：**蒴果。

花期／7—9月　果期／8—10月　生境／林下草坡　分布／西藏东南部至南部、云南西北部、四川西部、甘肃中部　海拔／2 500~3 900 m

兰科 鸟巢兰属

1 西藏对叶兰

Neottia pinetorum

(syn. *Listera pinetorum*)

别名：独龙对叶兰

外观：地生小草本，高6~33 cm。**根茎：**茎近基部处具1枚鞘，中部或中部以上具2枚对生叶，叶以上部被短柔毛，并常有一枚苞片状小叶。**叶：**叶片宽卵形至卵状心形，无柄。**花：**总状花序，具2~14朵花；花苞片卵状披针形或卵形，向上渐变小；子房无毛；花绿黄色；中萼片狭椭圆形或近长圆形；侧萼片斜狭椭圆形，多少弯曲；花瓣线形，与中萼片等长或略短；唇瓣倒卵状楔形至倒披针形，先端2裂；两裂片平行向前伸或叉开，在裂片间具细尖头或不明显突起，基部明显收狭或稍收狭，中央具一条粗厚的蜜槽；裂片长圆状卵形至月牙形；蕊柱稍向前倾；蕊喙大。**果实：**蒴果。

花期 / 6—7月　果期 / 7—8月　生境 / 林下及林缘草坡　分布 / 西藏东南部至南部、云南西北部（贡山）　海拔 / 2 200~3 600 m

兰科 山兰属

2 短梗山兰

Oreorchis erythrochrysea

别名：连珠白芨、小山兰

外观：多年生草本。**根茎：**假鳞茎宽卵形至近长圆形，具2~3节，被撕裂成纤维状的鞘。**叶：**1枚，叶片狭椭圆形至狭长圆状披针形，长6~13 cm，宽1.2~2.3 cm。**花：**花葶长13~27 cm，中下部有2~3枚筒状鞘；总状花序长5~11 cm，具10~20朵或更多花；苞片卵状披针形；花梗和子房长3~5 mm；花黄色，唇瓣有栗色斑；萼片狭长圆形；先端钝或急尖；侧萼片略小于中萼片，常稍斜歪；花瓣狭长圆状匙形，长5.5~6.5 mm，宽约1.5 mm，多少弯曲；唇盘有2条很短的纵褶片；蕊柱较粗。**果实：**蒴果。

花期 / 5—6月　果期 / 8—12月　生境 / 林下、灌丛中、高山草坡　分布 / 西藏东南部、云南西北部、四川西南部　海拔 / 2 900~3 600 m

3 囊唇山兰

Oreorchis foliosa var. *indica*

(syn. *Oreorchis indica*)

外观：多年生草本，高可达60 cm。**根茎：**假鳞茎卵球形或近椭圆形，具2~3节。**叶：**1枚，叶片狭椭圆形或狭椭圆状披针形，基部具短柄。**花：**花葶直立，中下部有2~3枚筒状鞘；总状花序，具4~9朵花；花苞片长圆状披针形；萼片与花瓣暗黄色而有大量紫褐

2

3

色脉纹和斑，唇瓣白色而有紫红色斑；萼片狭长圆形，先端急尖；侧萼片略斜歪；花瓣狭卵形或狭卵状披针形，先端渐尖；唇瓣轮廓为倒卵状长圆形或宽长圆形，在中部至上部1/3处略成3裂或仅两侧有裂缺，基部具爪并有明显的囊状短距，上半部边缘波状，先端多少有不规则缺刻，唇盘上无褶片；蕊柱细长，基部肥厚并略扩大。**果实：**蒴果。

花期 / 6月　果期 / 7—8月　生境 / 林下或高山草甸上　分布 / 西藏（朗县、亚东）、云南西北部、四川西南部　海拔 / 2 500~3 400 m

兰科 阔蕊兰属

4 凸孔阔蕊兰

Peristylus coeloceras

别名：凸孔角盘兰

外观：多年生草本，高9~35 cm。**根茎：**块茎卵球形；茎直立，无毛。**叶：**叶片狭椭圆状披针形或椭圆形，直立伸展。**花：**总状花序具多数花，圆柱状；花苞片披针形，均比子房稍长；子房圆柱状纺锤形，扭转，无毛；花小，较密集，白色；中萼片阔卵形，直立，凹陷；侧萼片楔状卵形，较中萼片稍长而狭；花瓣直立，斜卵形，具3脉；唇瓣楔形，前部3裂；裂片半广椭圆形，先端急尖，侧裂片较中裂片稍短；唇盘上具明显隆起的胼胝体；胼胝体半球形，围绕距口，顶部向后钩曲；距圆球状；蕊柱粗短；花粉团具极短的花粉团柄和黏盘，黏盘椭圆形；蕊喙小，三角形。**果实：**蒴果。

花期 / 6—8月　果期 / 7—9月　生境 / 山坡针阔叶混交林下、山坡灌丛下和高山草地　分布 / 西藏东部至东南部、云南西北部至东北部、四川西部　海拔 / 2 000~3 900 m

4

4

5 一掌参

Peristylus forceps

外观：多年生草本，高15~45 cm。**根茎：**块茎卵圆形或长圆形；茎直立。**叶：**叶片狭椭圆状披针形或披针形。**花：**总状花序具多数花；花苞片直立伸展，披针形，先端长渐尖呈尾状，均长于子房；子房圆柱状纺锤形，扭转，微被短柔毛；花小，绿色；中萼片卵形，先端钝，具3脉；侧萼片与中萼片等长，先端钝，具1脉；花瓣斜卵状披针形，与萼片近等长，常具2脉；唇瓣舌状披针形，不裂，较中萼片稍长，基部有距；距倒卵球形，末端钝；蕊柱粗短；花粉团倒卵形，具短的花粉团柄和黏盘；黏盘小，圆盘形，裸露；蕊喙小。**果实：**蒴果。

花期 / 6—8月　果期 / 8—9月　生境 / 山坡草地、林下　分布 / 西藏东南部（察隅）、云南西北部、四川西南部、甘肃东南部　海拔 / 1 200~4 000 m

5

5

兰科 鹤顶兰属

1 少花鹤顶兰

Phaius delavayi

(syn. *Calanthe delavayi*)

别名：少花虾脊兰

外观：地生草本，高20~35 cm。**根茎：**无明显的根状茎；假鳞茎近球形，粗约1 cm，具2~3枚鞘和3~4枚叶；假茎长3~8 cm。**叶：**在花期几乎全部展开，椭圆形或倒卵状披针形，长12~22 cm，宽约4 cm，基部收狭为长2~6 cm的柄。**花：**花莛稍高出叶层之外，长达25 cm，近中部具1枚鞘；总状花序长3~5 cm，俯垂，疏生2~7朵花；苞片宿存，披针形，近等长于花梗和子房；花梗和子房长约2 cm，稍弧曲，子房棒状；花紫红色或浅黄色，萼片和花瓣边缘带紫色斑点，无毛；萼片略相似，具5条脉；花瓣狭长圆形至倒卵状披针形；唇瓣基部稍与蕊柱基部的蕊柱翅合生，近菱形，两侧围抱蕊柱，先端近截形而微凹，前端边缘啮蚀状；唇盘上具3条龙骨脊；距圆筒形，长6~10 mm，无毛或疏被毛；蕊柱细长，上端扩大，两侧具翅，腹面被短毛；蕊喙近方形。**果实：**蒴果。

花期 / 6—9月　果期 / 8—10月　生境 / 山谷溪边、林下　分布 / 云南西南部至西部、四川西部、甘肃南部　海拔 / 2 700~3 450 m

兰科 舌唇兰属

2 二叶舌唇兰

Platanthera chlorantha

别名：土白芨

外观：多年生草本，高30~50 cm。**根茎：**块茎卵状纺锤形，肉质；茎直立，无毛。**叶：**近基部具2枚彼此紧靠、近对生的大叶，椭圆形或倒披针状椭圆形；在大叶之上具2~4枚变小的披针形苞片状小叶。**花：**总状花序长13~23 cm，具12~32朵花；苞片披针形，先端渐尖；最下部的长于子房；子房圆柱状，上部钩曲，连花梗长1.6~1.8 cm；花较大，绿白色或白色；中萼片直立，舟状，基部具5脉；侧萼片张开，斜卵形；花瓣直立，偏斜，狭披针形；唇瓣向前伸，舌状，肉质；距棒状圆筒形，长25~36 mm，水平或斜的向下伸展，稍微钩曲或弯曲，向末端明显增粗，为子房长的1.5~2倍；蕊柱粗，药室明显叉开；花粉团椭圆形，具细长的柄和近圆形的粘盘；退化雄蕊显著；蕊喙宽，带状；柱头位于蕊喙之下穴内。**果实：**蒴果。

花期 / 6—8月　果期 / 7—9月　生境 / 山坡林下或草丛中　分布 / 西藏、云南、四川、青海、甘肃　海拔 / 1 000~3 400 m

3 魏来 摄影

4

3 条叶舌唇兰

Platanthera leptocaulon

外观：多年生草本，高19~25 cm。**根茎：**根状茎匍匐，圆柱形，指状，肉质；茎圆柱形，直立。**叶：**茎基部具1~2枚鞘，下部具1枚大叶，罕有2枚，叶之上常具1~3枚苞片状小叶；大叶线形或线状长圆形，长3.5~8.5 cm，宽0.7~1.4 cm，基部鞘状抱茎。**花：**总状花序，顶生；苞片披针形或卵状披针形；子房圆柱状纺锤形，稍扭转；花黄绿色；萼片边缘具睫毛状细齿，中萼片近披针形，侧萼片披针形，反折；花瓣直立，肉质，偏斜，三角状披针形，与中萼片相靠合呈兜状；唇瓣伸出，舌状披针形，肉质；距细长，圆筒状。**果实：**蒴果。

花期 / 8—10月　果期 / 9—10月　生境 / 林下、灌丛、山坡草地　分布 / 西藏东南部至南部、云南西北部、四川西南部　海拔 / 2 300~4 000 cm

兰科 小红门兰属

4 短距小红门兰

Ponerorchis brevicalcarata

(syn. *Orchis brevicalcarata*)

别名：短距红门兰

外观：多年生草本，高5~17 cm。**根茎：**块茎椭圆形或卵球形，长1~2 cm，肉质，不裂；茎直立，基部具1~2枚筒状、膜质鞘，鞘之上具叶。**叶：**1枚，基生，叶片心形或宽卵形，长1~3 cm，上面深绿色，具5~7条近白色脉，在脉之间具暗紫色斑点，背面常带紫红色，先端急尖，基部近心形收狭、抱茎。**花：**花茎细长，直立或稍弯曲，花序具1~3朵花，长1.5~4.5 cm，疏生，常偏向一侧，花序轴无毛；花苞片小，宽卵形，先端渐尖，较子房短很多，长不及子房长的1/2；子房细长，圆柱形，扭转，连花梗长10~12 mm；花紫红色；中萼片直立，凹陷呈舟状，先端钝，具1脉，与花瓣靠合呈兜状；侧萼片张开，偏斜，先端钝或钝尖，具1脉，常有羽状支脉；花瓣直立，斜卵形，先端钝；边缘无睫毛；唇瓣向前伸展，外形为楔状倒卵形，边缘全缘或微波状，基部具距，前部3裂，侧裂片较中裂片宽，先端钝圆，中裂片近四方形，先端圆钝，中部具微凹缺；距囊状，短，末端钝。**果实：**蒴果。

花期 / 6—7月　果期 / 7—9月　生境 / 山坡林下或草地　分布 / 云南西北部、四川西南部　海拔 / 1 500~3 400 m

兰科 小红门兰属

1 广布小红门兰

Ponerorchis chusua

(syn. *Orchis chusua*)

别名：广布红门兰、千鸟兰、珍珠参

外观：多年生草本，高5~45 cm。**根茎：**块茎长圆形或圆球形；茎直立。**叶：**常为2~3枚；叶片长圆状披针形至线形。**花：**花序具2~20余朵花，多偏向一侧；花苞片披针形或卵状披针形；花紫红色或粉红色；子房纺锤形，连花梗长7~15 mm；中萼片长圆形或卵状长圆形，凹陷呈舟状，先端稍钝或急尖，与花瓣靠合呈兜状；侧萼片向后反折，偏斜，卵状披针形，先端稍钝或渐尖；花瓣直立，边缘无睫毛，前侧近基部边缘稍鼓出或明显鼓出；唇瓣向前伸展，边缘无睫毛，3裂，中裂片长圆形至卵形，边缘全缘或稍具波状，先端中部具短凸尖或稍钝圆，少数中部稍微凹陷，侧裂片扩展，镰状长圆形或近三角形，边缘全缘或稍具波状，先端稍尖，钝或急尖；距圆筒状或圆筒状锥形，通常长于子房。**果实：**蒴果。

花期 / 6—8月　果期 / 7—10月　生境 / 高山草地、灌丛、林缘、沼泽草甸　分布 / 西藏南部和东南部、云南西北部和东北部、四川、青海东部　海拔 / 2 000~4 500 m

1

1

1

兰科 鸟足兰属

2 缘毛鸟足兰

Satyrium nepalense var. *ciliatum*

(syn. *Satyrium ciliatum*)

别名：对对参、壮精丹

外观：多年生草本，高14~32 cm。**根茎：**块茎长圆状椭圆形或椭圆形；茎直立，基部具1~3枚膜质鞘。**叶：**叶片卵状披针形至狭椭圆状卵形，上面的较小，先端渐尖或急尖，边缘略皱波状，基部的鞘抱茎。**花：**总状花序，密生20余朵或更多的花；花苞片卵状披针形，反折；花粉红色，通常两性，较少雄蕊退化而成为雌性（雌花两性花异株）；中萼片狭椭圆形，近先端边缘具细缘毛；侧萼片长圆状匙形，与中萼片等长，亦具类似细缘毛；花瓣匙状倒披针形，先端常有不甚明显的齿缺或裂缺；唇瓣位于上方，兜状，半球形，急尖并具不整齐齿缺，背面有明显的龙骨状突起；距2个，较少缩短而成囊状或完全消失；蕊柱向后弯曲；柱头唇近方形；蕊喙唇3裂。**果实：**蒴果，椭圆形。

花期 / 8—10月　果期 / 8—10月　生境 / 山地草坡上、疏林下或高山松林下　分布 / 西藏南部至东南部、云南西部至西北部、四川西部至西南部　海拔 /　1 800~4 100 m

2

2

3

3 唐志远 摄影

3

4

兰科 绶草属

3 亚太绶草

Spiranthes sinensis

别名：盘龙参

外观：多年生草本，高13~30 cm。**根茎：**根数条，指状，肉质，簇生于茎基部；茎较短。**叶：**基部2~5枚叶片，宽线形或宽线状披针形，先端急尖或渐尖，基部收狭具柄状抱茎的鞘。**花：**花茎直立，长10~25 cm，上部被腺状柔毛至无毛；总状花序长4~10 cm，具多数密生的花，呈螺旋状扭转；苞片卵状披针形，先端长渐尖，下部的长于子房；子房纺锤形，扭转，被腺状柔毛，连花梗长4~5 mm；花小，紫红色、粉红色或白色；萼片的下部靠合，中萼片狭长圆形，舟状，与花瓣靠合呈兜状；侧萼片偏斜，披针形；花瓣斜菱状长圆形，先端钝，与中萼片等长但较薄；唇瓣宽长圆形，凹陷，先端极钝，前半部上面具长硬毛，且边缘具强烈皱波状啮齿，唇瓣基部凹陷呈浅囊状，囊内具2枚胼胝体。**果实：**蒴果。

花期 / 7—9月　果期 / 8—10月　生境 / 山坡林下、灌丛下、河滩、沼泽草甸　分布 / 西藏、云南、四川、青海、甘肃　海拔 / 1 000~3 400 m

兰科 筒距兰属

4 筒距兰

Tipularia szechuanica

外观：多年生草本。**根茎：**假鳞茎圆筒状，彼此以近末端处相连接，横走，貌似根状茎，通常中部有1节，较少无节，连接处生1~2条肉质根。**叶：**1枚，叶片卵形，长2.5~4 cm，先端渐尖或钝，基部圆形或近截形；叶柄长1.3~2 cm。**花：**花莛长12~20 cm，较纤细；总状花序长3~6 cm，疏生5~9朵花；花梗和子房长5~7 mm；花淡紫灰色，常平展；萼片狭长圆状披针形或近狭长圆形，先端近短渐尖；花瓣狭椭圆形，与萼片近等长，先端钝；唇瓣略短于萼片，近基部处3裂；侧裂片宽卵形，边缘有不规则的缺刻；中裂片舌状；距细长，平展或向上斜展，长1.2~1.5 cm，粗约0.7 mm，先端钝；蕊柱长约3 mm。**果实：**蒴果。

花期 / 6—7月　果期 / 8月　生境 / 云杉或冷杉林下　分布 / 云南西北部、四川西北部、甘肃南部　海拔 / 3 300~3 700 m

4

灯芯草科 灯芯草属

1 葱状灯芯草
Juncus allioides

外观：多年生草本，高10~55 cm。**根茎：**根状茎横走；茎稀疏丛生，直立，圆柱形，有纵条纹。**叶：**基生叶常1枚，圆柱形，稍压扁，长可达21 cm；茎生叶1枚，稀为2枚而互生，圆柱形，稍压扁，具明显横隔，长1~5 cm；叶鞘边缘膜质。**花：**头状花序，单一顶生，有7~25朵花；苞片3~5枚，披针形，褐色或灰色，最下方1~2枚较大；小苞片卵形；花被片6枚，2轮，披针形，灰白色至淡黄色，内外轮近等长；雄蕊6枚，伸出，花药淡黄色；雌蕊1枚，柱头3分叉。**果实：**蒴果，长卵形，顶端有尖头。

花期 / 6—8月　果期 / 7—9月　生境 / 山坡、沼泽草地、林下潮湿处　分布 / 西藏南部及东部、云南中西部至西北部、四川西部及北部、青海、甘肃　海拔 / 1 800~4 700 m

1

1

2 走茎灯芯草
Juncus amplifolius

别名：草香附

外观：多年生草本，高20~40 cm。**根茎：**根状茎横走，外包褐色纤维状被覆物；茎直立，圆柱形或稍扁平，有纵条纹。**叶：**基生叶线形，扁平，长可达14 cm，宽2~6 mm；茎生叶1~2枚，长5~10 cm；叶鞘边缘稍膜质，抱茎。**花：**头状花序，2~5个组成顶生聚伞花序，每个头状花序有3~10朵花；总苞片叶状；苞片披针形或卵状披针形，褐色；花被片6枚，2轮，披针形，具膜质边缘，红褐色至紫褐色，外轮者稍短；雄蕊6枚，短于花被片，花药浅黄色；雌蕊1枚，柱头3分叉，暗褐色。**果实：**蒴果，长椭圆形，顶端具短尖头。

花期 / 5—7月　果期 / 6—8月　生境 / 高山湿草地、林下　分布 / 西藏东南部、云南西北部、四川西部、青海、甘肃　海拔 / 1 700~4 900 m

2

3 显苞灯芯草
Juncus bracteatus

外观：多年生草本，高14~20 cm。**根茎：**根状茎短；茎直立。**叶：**基生叶常1枚，线形，长2~3 cm；茎生叶1枚，生于茎中部，线形，长2.5~3 cm；叶鞘紧密抱茎，基部和边缘常带淡红褐色，叶耳钝圆，边缘黑褐色。**花：**头状花序，单一顶生，呈半球形，通常有4~5朵花；苞片常2枚，黄褐色至深褐色，下方1片宽卵形，逐渐细长而延伸，远超出花序；花被片6枚，2轮，披针形，白色至淡黄色，内外轮近等长；雄蕊6枚，长于花被，花药淡黄色；雌蕊1枚，柱头3分叉。**果实：**蒴

2

3

3

果，三棱状卵形，顶端具喙。

花期 / 7—8月　果期 / 8—9月　生境 / 高山草甸、潮湿草地、山沟、林下　分布 / 西藏南部、云南西北部、甘肃　海拔 / 3 100~4 000 m

4

4

4 小灯芯草

Juncus bufonius

外观：一年生草本，高4~20 cm。**根茎：**茎丛生，直立或斜升，有时稍下弯，基部常红褐色。**叶：**基生叶线形，扁平；茎生叶常1枚，线形，扁平，长1~13 cm，宽约1 mm；叶鞘具膜质边缘。**花：**二歧聚伞花序，或排列成圆锥状，生于茎顶；总苞片叶状，常短于花序；小苞片2~3枚，三角状卵形，膜质；花被片6枚，2轮，披针形，外轮者背部中间绿色，边缘宽膜质，白色，内轮者几乎全为膜质；雄蕊6枚，长为花被的1/3~1/2，花药淡黄色；雌蕊1枚，柱头3分叉，外向弯曲。**果实：**蒴果，三棱状椭圆形。

花期 / 5—7月　果期 / 6—9月　生境 / 湿草地、湖岸、沼泽地　分布 / 西藏南部及东部、云南中西部至西北部、四川西部　海拔 / 1 000~3 400 m

5

5

5 星花灯芯草

Juncus diastrophanthus

外观：多年生草本，高15~25 cm。**根茎：**根状茎短；茎丛生，直立，微扁平，两侧略具狭翅。**叶：**基生叶线形，扁平，松弛抱茎；茎生叶1~3枚，线形，扁平，长4~10 cm，宽1~3.5 mm，具不明显的横隔；叶鞘长1~3 cm，有时边缘为膜质，叶耳稍钝。**花：**顶生，6~24个头状花序排列成复聚伞状，每个头状花序呈星芒状球形，有5~14朵花；总苞片叶状，线形，短于花序；苞片2~3枚，披针形；小苞片1枚，卵状披针形；花被片6枚，2轮，绿色至黄褐色，狭披针形，内轮比外轮长，顶端具刺状芒尖，边缘膜质；雄蕊3枚，长约为花被片的1/2~2/3；雌蕊1枚，柱头3分叉，深褐色。**果实：**蒴果，三棱状长圆柱形。

花期 / 5—8月　果期 / 5—8月　生境 / 溪边、林下、潮湿草地　分布 / 云南中西部及西北部、四川西南部　海拔 / 1 000~3 200 m

灯芯草科 灯芯草属

1 多花灯芯草

Juncus modicus

外观：多年生草本，高4~15 cm。**根茎：**茎丛生，直立，常为鬃毛状。**叶：**基生叶线形；茎生叶线形，长1~5 cm，或生于上部者刺芒状，长1~2 cm；叶鞘松弛抱茎，具膜质边缘，叶耳钝圆。**花：**头状花序，单生茎顶，含4~8朵花；苞片2~3枚，披针形或卵状披针形，与花序近等长或稍短，淡黄色至乳白色；花被片6枚，2轮，线状披针形，内外轮近等长，乳白色或淡黄色；雄蕊6枚，超出花被片，花药淡黄色；雌蕊1枚，柱头3分叉。**果实：**蒴果，三棱状卵形，顶端具喙。

花期／6—8月　果期／8—9月　生境／山谷、阴湿岩石缝中、林下湿地　分布／西藏、云南西北部、四川西部　海拔／1 700~3 600 m

1

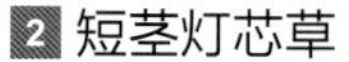

2 短茎灯芯草

Juncus perpusillus

外观：多年生草本，高1.5~5 cm。**根茎：**茎直立。**叶：**基生叶线形，长0.6~2.5 cm；叶鞘边缘膜质，淡白色至暗淡棕色，具叶耳。**花：**头状花序，单一，呈半球形，常有1~2朵花；苞片2~3枚，栗褐色，最下面1片卵状披针形，顶端伸长，余者卵形而较短；花被片6枚，2轮，长圆状披针形，乳白色至栗褐色；雄蕊6枚，长于花被片，花药淡黄色；雌蕊1枚，柱头3分叉。**果实：**蒴果，三棱状卵形，顶端具短尖头。

花期／7—8月　果期／8—9月　生境／山坡、高山草甸　分布／西藏（林芝）　海拔／4 300~4 600 m

1

2

3 锡金灯芯草

Juncus sikkimensis

外观：多年生草本，高10~26 cm。**根茎：**根状茎横走；茎直立，圆柱形，稍压扁，有纵条纹。**叶：**基生叶常2~3枚，近圆柱形或稍压扁，长7~14 cm，宽1~2 mm，有时具棕色或淡黑色小点；叶鞘边缘膜质，叶耳圆钝。**花：**花序假侧生，通常由2个头状花序组成，头状花序有2~5朵花；总苞片叶状，卵状披针形，下部黑褐色；苞片2~4枚，宽卵形，黑褐色；花被片6枚，2轮，披针形，黑褐色；雄蕊6枚，短于花被片，花药黄色；雌蕊1枚，柱头3分叉。**果实：**蒴果，三棱状卵形，顶端有喙。

花期／6—8月　果期／7—9月　生境／山坡草丛、林下、沼泽湿地　分布／西藏西南部及东南部、云南西北部、四川西部、甘肃　海拔／4 000~4 600 m

3

3

4

5

5

5

灯芯草科 地杨梅属

4 多花地杨梅

Luzula multiflora

外观：多年生草本，高16~35 cm。**根茎：**根状茎短；茎直立，丛生。**叶：**茎生叶1~3枚，线状披针形，长4~11 cm，宽1.5~3.5 mm，边缘具白色丝状长毛；叶鞘闭合抱茎，鞘口密生丝状长毛。**花：**头状花序，5~9个排列成近伞形聚伞花序；头状花序含3~8朵花；总苞片叶状，线状披针形；小苞片2枚，膜质，宽卵形，边缘具丝状长毛或撕裂状；花被片内外轮近等长，淡褐色至红褐色。**果实：**蒴果，三棱状倒卵形。

花期 / 5—7月　果期 / 7—8月　生境 / 山坡草地、溪边潮湿处　分布 / 西藏南部及东南部、云南中西部至西北部、四川西部　海拔 / 2 200~3 600 m

5 华北地杨梅

Luzula oligantha

别名：少花地杨梅

外观：多年生草本，高8~20 cm。**根茎：**茎直立，丛生，圆柱形，有纵条纹。**叶：**基生叶线状披针形，扁平，边缘具稀疏长毛；茎生叶1~2枚，线状披针形，边缘具稀疏长毛；叶鞘成筒状抱茎，鞘口簇生丝状长毛。**花：**头状花序，4~12个排成伞形；头状花序含3~7朵花；总苞片线形，短于花序；小苞片2枚，膜质，宽卵形，淡黄白色；花被片6枚，内外轮近等长，边缘膜质，暗褐色；雄蕊6枚，花药黄色；雌蕊1枚，柱头3分叉。**果实：**蒴果，三棱状椭圆形，顶端有小尖头。

花期 / 6—7月　果期 / 7—8月　生境 / 山坡林下、草地　分布 / 西藏（米林、亚东）　海拔 / 1 900~3 700 m

莎草科 薹草属

1 甘肃薹草

Carex kansuensis

外观：多年生草本，高45~100 cm。**根茎：**秆丛生，锐三棱形，基部具紫红色叶鞘。**叶：**常基生，条形至线形，短于秆，宽5~7 mm，边缘粗糙。**花：**苞片下部者短叶状，边缘粗糙，上部者刚毛状，短于花序；小穗4~6个，顶生1个雌雄顺序，其余雌性；穗状花序，长圆状圆柱形；小穗柄纤细，下垂；雌花鳞片暗紫色，边缘具狭的白色膜质。**果实：**小坚果，疏松地包于果囊中。

花期 / 7—9月　果期 / 7—9月　生境 / 高山草甸、灌丛、湖岸、湿润草地　分布 / 西藏南部及东南部、云南西北部、四川西部、青海、甘肃　海拔 / 3 400~4 600 m

1

2

2 云雾薹草

Carex nubigena

别名：无翅薹草

外观：多年生草本，高10~70 cm。**根茎：**根状茎木质；秆丛生，三棱形，上部粗糙，基部具棕褐色叶鞘。**叶：**常基生，线形，短于秆，宽1~2 mm，平张或对折，具紫红色小点。**花：**苞片下部者1~2枚叶状，显著长于花序，上部者刚毛状；小穗卵形，雄雌顺序；穗状花序，长圆状圆柱形；雄花鳞片卵状长圆形，绿白色，中脉绿色；雌花鳞片卵形，顶端具短芒尖，白绿色，膜质。**果实：**小坚果，紧包于果囊中。

花期 / 7—8月　果期 / 7—8月　生境 / 水边、林缘、山坡　分布 / 西藏南部、云南西北部、四川　海拔 / 1 350~3 700 m

3 刺囊薹草

Carex obscura var. *brachycarpa*

外观：多年生草本，高15~80 cm。**根茎：**秆丛生，锐三棱形，上部粗糙，基部叶鞘紫红色。**叶：**常基生，条形至线形，短于秆，宽2~5 mm，边缘粗糙。**花：**苞片叶状，最下部者1~2枚长于花序；小穗3~6个，顶生1个雌雄顺序，其余雌性；穗状花序，长圆形；雌花鳞片卵形或宽卵形，暗紫红色。**果实：**小坚果，包于果囊中。

花期 / 7—8月　果期 / 7—8月　生境 / 林下阴湿处、浅水中、沼泽草地　分布 / 西藏东南部、云南西北部、四川西部　海拔 / 2 700~4 100 m

3

莎草科 莎草属

4 香附子

Cyperus rotundus

别名：香头草

外观： 多年生草本，高15~95 cm。**根茎：** 根状茎匍匐，块茎椭圆形；秆锐三棱形。**叶：** 常基生，条形至线形，短于秆，宽2~5 mm。**花：** 叶状苞片常2~3枚，罕有5枚，常长于花序，稀较短；穗状花序，具3~10个小穗，排列为聚伞花序，生于长侧枝顶端，具3~10个辐射枝；小穗线形，小穗轴具白色透明的翅；鳞片稍密地复瓦状排列，膜质，卵形或长圆状卵形，紫红色或红棕色，中间绿色；雄蕊3枚，花药暗血红色；柱头3枚。**果实：** 小坚果，长圆状倒卵形至三棱形。

花期 / 5—11月　果期 / 5—11月　生境 / 山坡、荒地、草丛、水边潮湿处　分布 / 云南中西部、四川　海拔 / 1 000~2 600 m

莎草科 荸荠属

5 卵穗荸荠

Eleocharis ovata

(syn. *Eleocharis soloniensis*)

别名：卵穗针蔺

外观： 多年生草本，高4~50 cm。**根茎：** 秆丛生，圆柱状，稀具浑圆肋条。**叶：** 无叶，在秆的基部有1~3个叶鞘；鞘上部淡绿色或麦秆黄色，下部微红色，管状，鞘口斜，顶端有短尖头，高5~30 mm。**花：** 小穗卵形或宽卵形，锈色，密生多数花；鳞片松散复瓦状排列，卵形、长圆状卵形或宽卵形，膜质，背部微绿色，两侧血红色；下位刚毛6条，有倒刺；柱头2枚。**果实：** 小坚果，倒卵形，不平衡的双凸状。

花期 / 8—12月　果期 / 8—12月　生境 / 沼泽、浅水塘　分布 / 西藏东南部至南部、云南东北部　海拔 / 2 500~3 200 m

6 具刚毛荸荠

Eleocharis valleculosa var. *setosa*

(syn. *Eleocharis valleculosa* f. *setosa*)

别名：针蔺、具刚毛槽秆荸荠

外观： 多年生草本，高6~50 cm。**根茎：** 根状茎匍匐；秆圆柱状，有少数锐肋条。**叶：** 无叶，在秆的基部有1~2个叶鞘；鞘膜质，下部紫红色，鞘口平，高3~10 cm。**花：** 小穗长圆状卵形或线状披针形，常麦秆黄色；鳞片卵形或长圆状卵形，背部淡绿色或苍白色，两侧淡血红色，边缘白色，干膜质；下位刚毛4条，具密的倒刺；柱头2枚。**果实：** 小坚果，圆倒卵形，双凸状。

花期 / 6—8月　果期 / 6—8月　生境 / 沼泽、浅水塘、河湖畔湿地及浅水处　分布 / 西藏西南部及东南部、云南西北部、四川、青海、甘肃　海拔 / 1 000~4 300 m

中文名称索引

学名索引

带“*”标记的名称为异名

B

C

E

F

G

H

P

S

T

U

V

W

Y

Z

主要参考文献

[1] 耿玉英. 中国杜鹃花属植物 [M]. 上海：上海科学技术出版社，2014.

[2] 钱子刚. 东喜马拉雅地区雀儿豆属的修订 [J]. 云南植物研究，1998，20: 399-402.

[3] 吴丁，卢金梅，王红. 中国梅花草属(梅花草科) 一些种类的订正 [J]. 云南植物研究， 2008, 30: 657-661.

[4] 徐波，李志敏， 孙航. 横断山冰缘带种子植物 [M]. 北京：科学出版社，2014.

[5] 于胜祥. 中国凤仙花 [M]. 北京：北京大学出版社，2012.

[6] 张镱锂，李炳元， 郑度. 论青藏高原范围与面积 [J]. 地理研究，2002， 21: 1-8.

[7] 中国科学院中国植物志编委会. 中国植物志 [M]. 北京：科学出版社，1959—2004.

[8] AL-SHEHBAZ I A, YUE J P, SUN H. *Shangrilaia* (Brassicaceae), a new genus from China [J]. Novon, 2004, 14: 271-274.

[9] GREY-WILSON C. The Genus *Meconopsis*: Blue poppies and their relatives [M]. London: Royal Botanic Gardens, Kew, 2015.

[10] WANG Q, MA X T, HONG D Y. Phylogenetic analyses reveal three new genera of the Campanulaceae [J]. Journal of Systematics and Evolution, 2014, 52: 541-550.

[11] WANG Q, ZHOU S L, HONG D Y. Molecular phylogeny of the platycodonoid group (Campanulaceae *s. str.*) with special reference to the circumscription of Codonopsis [J]. Taxon, 2013, 62: 498-504.

[12] WU C Y, RAVEN P H, HONG D Y. Flora of China [M]. Beijing & St. Louis: Science Press & Missouri Botanical Garden Press, 1994-2013.

[13] YOSHIDA T. Himalayan Plants Illustrated [M]. Tokyo: YAMA-KEI, 2005.

[14] YUE J P, SUN H, LI J H, Al-SHEHBAZ I A. A synopsis of an expanded *Solms-laubachia* (Brassicaceae), and the description of four new species from Western China [J]. Annals of the Missouri Botanical Garden, 2008, 95: 520-538.

[15] YUE J P, Al-SHEHBAZ I A, SUN H. *Solms-laubachia zhongdianensis* (Brassicaceae), a new species from the Hengduan Mountains of Yunnan, China [J]. Annales Botanici Fennici, 2005, 42: 155-158.

[16] ZHANG J W, BOUFFORD D E, SUN H. *Parasyncalathium* J.W. Zhang, Boufford & H. Sun (Asteraceae, Cichorieae): A new genus endemic to the Himalaya-Hengduan Mountains [J]. Taxon, 2011, 60: 1678-1684.

后 记

对自然爱好者而言，拍摄植物是一种"膜拜"，于姿势或于心态都是如此。一张照片虽不能涵盖植物的所有特征，却能有效地令自然之美得以传播。和大多数爱好者一样，我所从事的专业并不是植物分类学，只是身处植物学的大领域中，或多或少地需要认识植物。在查阅专业志书的过程中，我深切体会到术语对于描述物种的重要性，但同时也感受到用文字塑造形态的有限与无力。您很难用语言教会别人如何系鞋带，我也很难通过阅读文字来理解马先蒿的喙如何扭曲得千奇百怪、绿绒蒿花瓣的颜色如何教人心醉。于是，我们希望借助精美的图片，向自然爱好者展示一个更为生动的植物世界。

青藏高原及其邻近地区是生物多样性的热点地区，这一点即使在编写书稿的过程中我也有深刻体会。由于之前没有系统整理过自己拍摄的照片，在筹划编写本书伊始，我对这件事情的艰巨性没有充分的认识。"或许整理出600或800种？"我如是想。在实际整理过程中我们才发现，任何稍微仔细的收集，都令最后的数字远远超出预期。而本书中涵盖的种类与想象中的完美相比，还相差很远的距离——我们不停地想到还有某个重要的物种被落下了，抑或是最近一趟野外工作又拍到了可以补充的种类。但这种补充终究不能无休止地进行，一本书大概永远不可能囊括这片土地的所有物种。我们仅希望它能够将豹之一斑展现给爱好者。

青藏高原及邻近的西南山地乃是诸多自然爱好者魂牵梦绕的地方，于我亦是如此。然而，在若干年前，我还不曾想到有一天自己能够在这里学习、工作，更不曾想过能够参与编写一本有关高原野花的厚书。

在此，首先要感谢我的研究生导师，中国科学院昆明植物研究所的孙航研究员。孙老师有着广博而扎实的分类学功底，并且在青藏高原地区有着深厚的学术积累，是他给了我接触"青藏高原野花"的机会，鼓励我认识她们，并为此书欣然作序。此外，我要感谢父母，是他们赠予我人生中第一台相机，有了他们的鼓励和支持，我才能无所顾忌地记录自然。

本书中部分图片的拍摄，得到了以下组织的大力支持（排名不分先后）：野生动植物保护国际（FFI）、"西藏生物影像保护"机构（TBIC）、影像生物多样性调查所（IBE）、《中国国家地理》杂志社、山水自然保护中心。

部分植物类群的识别和鉴定工作，蒙以下专家指导（排名不分先后）：于文涛博士、魏来博士（紫草科）；郁文彬博士、顾垒博士（马先蒿属）；丛义艳博士、于胜祥博士（凤仙花科）；谢磊博士（毛茛科）；王英伟博士（紫堇属）；陈洪梁博士（十字花科）；张卓欣博士（虎耳草属）；舒渝民博士（梅花草属）；高云东博士（百合科）；杨斌先生、Pam Eveleigh女士（报春花属）；陈家辉博士（柳属）；徐波博士（无心菜属）；马祥光博士（伞形科）；唐颖博士（兰科）；徐源博士（点地梅属）；孙明洲博士（鸢尾属）；陈又生博士、刘莹博士（菊科）；吉田外司夫先生、贺家仁先生、周卓博士、刘冰博士、陈亮俊先生、彭鹏女士、叶建飞博士、余天一先生、许子龙先生、刘渝宏先生、马政旭先生等亦为物种识别提出了宝贵意见。此外，本书承蒙刘冰博士审校，并对植物中文名称及植物学术语中汉字的规范使用提供了宝贵的建议。

书中所选用的图片除来自三位编著者之外，亦蒙以下摄影师提供图片资源：魏来博士、朱鑫鑫博士、徐波博士、唐志远先生、张巍巍先生、王洽博士、李新辉博士、张志强博士、吴之坤博士、周卓博士、张建文博士、岳亮亮博士、马祥光博士、高云东博士、董磊先生、计云先生、王继涛先生、曲上先生、徐健先生、陈亮俊先生、张建文博士、余天一先生、陈峰先生、王培嘉先生、孙小美女士、杨斌先生、杨福生博士、天涯紫桔梗女士。

本书自策划之日起，即蒙鹿角文化工作室的张巍巍先生、李元胜先生慧眼所识。全书构架、内容及表达方式虽因故几经调整，更兼耽搁许久，张李二位先生却始终全力支持。重庆大学出版社编辑梁涛女士亦为本书的顺利出版付出甚多。

在此我谨代表本书编著者，向上述组织及个人，表示诚挚的感谢！

此外，我也从本书的合作者王辰先生那里获益非浅——他也是我认识植物的启蒙老师之一。本书的编写，没有他的统筹和督促是不可能完成的。再次，感谢我的爱人沙雯女士在文字编写中投入的精力，她挑剔的眼光也为本书图片的选取做了第一道把关。同时，我也代本书作者王辰先生，感谢他的爱人张洁女士为文字编写、资料和文献整理所做的工作。最后，感谢各位曾经一同在野外"膜拜"过高原野花的老师、同事及同行，纵然有寒风冷雨，与自然爱好者同行的时光是轻松和惬意的。

编著者 牛 洋

2018年8月25日